汽油吸附脱硫工艺与工程

孙丽丽　主编

中国石化出版社

内 容 提 要

本书论述了汽油吸附脱硫工艺和工程的理论与实践。内容包括汽油吸附脱硫的技术发展与作用、原料及产品、反应化学、吸附剂及其生产技术、工艺过程及主要影响因素、吸附剂循环输送系统、装备工程、装置集成化工程设计与建造，以及装置操作方法、生产优化、安全生产技术、节能与环保、技术经济分析等。

本书突出理论与实践相结合、工艺与工程相结合、技术与经济相结合，具有较好的系统性和完整性，可供炼油和石化行业从事生产、科研、设计和管理工作的广大技术人员和高等院校有关专业师生阅读参考。

图书在版编目(CIP)数据

汽油吸附脱硫工艺与工程 / 孙丽丽主编. —北京：中国石化出版社，2018.12(2024.8重印)
ISBN 978-7-5114-5125-5

Ⅰ.①汽… Ⅱ.①孙… Ⅲ. ①汽油-脱硫
Ⅳ. ①TE626.21

中国版本图书馆CIP数据核字(2018)第275199号

中国石化出版社出版发行
地址:北京市东城区安定门外大街58号
邮编:100011 电话:(010)57512500
发行部电话:(010)57512575
http://www.sinopec-press.com
E-mail:press@sinopec.com
北京捷迅佳彩印刷有限公司印刷
全国各地新华书店经销

*

787×1092毫米 16开本 26.25印张 640千字
2019年1月第1版 2024年8月第2次印刷
定价:268.00元

序

本世纪初我国进入汽车社会，2000年我国汽车保有量只有1609万辆，2018年底已达到2.4亿辆。为了减少汽车尾气中的污染物排放、保护大气环境，在汽车保有量快速增长的同时，我国加快了车用汽柴油质量升级的步伐。车用汽柴油从2000年1月1日全国执行国一标准，到今年1月1日部分城市执行国六标准、7月1日重点地区执行国六标准、2020年7月1日全国执行国六标准，我国汽柴油质量已达到世界先进水平。车用汽油和柴油质量升级中，硫含量分别从不大于1g/kg和不大于2g/kg降低到了不大于10mg/kg。

汽柴油中的硫来自原油，含硫原油的硫含量在5~20g/kg，高硫原油大于20g/kg，即使低硫原油也在1~5 g/kg，小于1g/kg的低硫原油很少，车用汽柴油实现超低硫必须克服一系列技术挑战。汽油选择性加氢脱硫和汽油吸附脱硫是车用汽油实现超低硫的两种主要技术。汽油吸附脱硫和加氢脱硫相比具有脱硫效率高、辛烷值损失小、能耗低、氢耗低等优点。2007年中国石化购买了原美国康菲公司汽油吸附脱硫技术的所有权，针对该技术在工业化运行中存在的吸附剂强度低、损耗大、装置运行周期短等一系列问题，深入开展应用基础研究，催化剂制备技术、装备技术、控制技术、工程技术研究，形成了新一代汽油吸附脱硫技术，实现了工业装置安全稳定长周期运行，加工负荷可灵活调整，吸附剂损耗大幅度减少，脱硫效率更高，辛烷值损失更小，氢耗及能耗更低，汽油吸附脱硫技术的优势进一步显现，成为我国汽油超低硫质量升级中的主体技术。截至2018年底，我国已建成汽油吸附脱硫装置35套，加工的催化汽油超过了催化裂化汽油总产量的50%。

孙丽丽教授级高级工程师担任主编，组织从事汽油吸附脱硫技术及催化剂的研究与开发、工程设计、工业装置运行与管理的专家编写了《汽油吸附脱硫工艺与工程》一书，系统总结了汽油吸附脱硫的应用基础研究、工艺、吸附剂及工程技术开发、生产运行与管理中的成果与经验，科学、完整地论述了汽油吸附脱硫技术的工艺原理、设计方法、生产实践和最新技术进展。本书是一部理论和实践结合、具有较高学术水平的科技著作，对推动汽油吸附脱硫技术的持续进步，管理好、运行好已建成的汽油吸附脱硫装置具有指导意义。我们相信本书的出版发行，一定会得到广大读者的欢迎。

2019 年 1 月 22 日

前言

在中国石化出版社和炼油事业部的大力支持下，《汽油吸附脱硫工艺与工程》一书即将出版，这对推动我国汽油质量升级是一件重要的事。

随着我国的环境保护要求日趋严格，对油品的质量要求愈来愈高。汽油中的硫是造成汽车尾气污染的最主要原因之一，降低硫含量是汽油质量升级的关键。催化裂化汽油约占我国汽油总量70%，并且硫含量高、烯烃含量高。汽油吸附脱硫技术具有高脱硫率、低辛烷值损失、低能耗、低氢耗和高可靠性等优点，十分契合我国汽油池的特点，在汽油质量升级中得到了极大的推广。据统计，截至2018年底，我国建成催化汽油吸附脱硫装置35套，加工了超过50%的催化裂化汽油。

新一代汽油吸附脱硫技术从科研开发至今，只有短短十余年的时间，但是在吸附脱硫工艺、吸附剂研究、工程设计和生产实践方面均取得了不少成果，创造了连续运行45个月的长周期纪录，积累了丰富的知识和经验。为了适应我国石油、石化工业迅猛发展的趋势，编写本书以全面总结我国汽油吸附脱硫的成果和经验，对促进此项技术的发展和人才培养十分必要。

参与本书编写的人员多年来一直从事催化汽油吸附脱硫技术科研、设计和生产工作，主要来自于中国石化工程建设有限公司、中国石油化工股份有限公司石油化工科学研究院、中国石化上海高桥石油化工有限公司和中国石化金陵分公司，另外还邀请了安泰科技股份有限公司李生勇同志参与有关章节的编写。这些同志都具有较高的理论水平和丰富的实践经验，为本书的质量提供了基本保证。

本书的编写力求做到理论与实践相结合、工艺与工程相结合、技术与经济相结合，以使本书具有科学性、新颖性、系统性和实用性。但由于专业面广、水平有限，虽经多次讨论和修改，仍难免有不妥或不足之处，敬请广大读者批评指正。

中国工程院曹湘洪院士在百忙之中为本书写序，中国石化出版社和各参编单位的领导给予了大力支持，谨在此致以深深的感谢！

目 录

第一章 绪论

第一节 概述

车用汽油中的硫是造成汽车尾气污染的最主要原因之一。世界各国在汽油质量升级过程中普遍把降低硫含量作为一项主要工作。随着我国经济和社会的快速发展，汽油消费量随之迅速增长。2000 年我国车用汽油消费量约 35Mt，2016 年增长到 120Mt，见图 1-1-1。车用汽油成为关系国计民生的重要生产和生活物资，与人民生活息息相关。

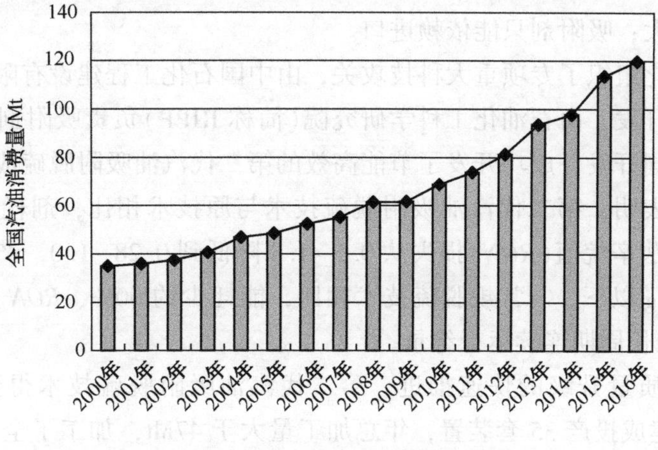

图 1-1-1 我国车用汽油消费量的增长

为减少汽车尾气污染，我国快速推进汽油质量升级。车用汽油国家标准 GB 17930 和部分地方标准以实现超低硫为主要目标，分区域、分阶段在 5~8 年内将汽油硫含量从不大于 150mg/kg 降低至 10mg/kg，达到世界一流水平，见表 1-1-1。

表 1-1-1 我国汽油质量升级进程和主要指标变化[1]

阶段		车用汽油(Ⅱ)	车用汽油(Ⅲ)	车用汽油(Ⅳ)	车用汽油(Ⅴ)	车用汽油(Ⅵ)
执行时间		2005 年 7 月 1 日	2010 年 1 月 1 日	2014 年 1 月 1 日	2017 年 1 月 1 日	2019 年 1 月 1 日(A) 2023 年 1 月 1 日(B)
限值	硫含量/(mg/kg)	500	150	50	10	10
	烯烃/%(体)	35	30	28	24	18/15
	芳烃/%(体)	40	40	40	40	35
	苯/%(体)	2.5	1	1	1	0.8
	锰含量/(g/L)	0.018	0.016	0.008	0.002	0.002

催化裂化(简称FCC)工艺在国内炼厂广泛应用，所产汽油占我国汽油总量约70%，对汽油产品硫含量的贡献达90%以上，生产清洁汽油的关键是对催化裂化汽油的超深度脱硫。常规汽油脱硫大多采用选择性加氢类技术，这类技术存在超深度脱硫造成辛烷值损失大、能量消耗高、加工成本高等问题。如何实现节能高效地对催化裂化汽油进行超深度脱硫并减少辛烷值损失，成为我国汽油质量升级面临的关键难题。

针对此项难题，世界各主要专利商和研究机构开发了多种催化裂化汽油超深度脱硫工艺技术，大多为选择性加氢技术。为解决这一难题，中国石化开放创新，经评估发现康菲公司的原始汽油吸附脱硫技术原理先进，具有发展潜力，其原理是在流化床反应器中在临氢条件下用吸附剂吸附汽油中的硫，吸硫后的吸附剂送至再生器进行氧化再生，吸附剂循环使用。

中国石化于2007年收购了汽油吸附脱硫技术的知识产权。但原技术在工业应用中存在诸多严重问题：所建装置连续运行不足6个月，远不能满足工业生产要求；剂耗大、能耗高、辛烷值损失偏大；吸附剂只能依赖进口。

为此，中国石化组织了专项重大科技攻关，由中国石化工程建设有限公司(简称SEI)负责工艺与工程技术开发，由石油化工科学研究院(简称RIPP)负责吸附剂配方及生产技术的开发。经过多年协同开发，成功开发了节能高效的第二代汽油吸附脱硫成套技术。

工业运行结果表明，第二代汽油吸附脱硫技术与原技术相比，剂耗降低约50%、能耗降低约40%、研究法辛烷值(*RON*)损失从0.5~1.8降低到0.28~1.0，产品汽油硫含量长期稳定控制在10mg/kg以下。与常规脱硫技术相比，能耗少约60%、*RON*损失少约50%，装置实现了45个月的长周期连续运行纪录。

伴随我国汽油质量升级的快速推进，第二代汽油吸附脱硫技术得到广泛应用。截至2018年10月，已建成投产35套装置，年总加工量大于47Mt，加工了全国超过50%的催化裂化汽油，并且第二代汽油吸附脱硫技术实现出口美国。该技术的广泛应用为我国实现低成本汽油质量升级做出了卓越贡献，经济和社会效益巨大。

第二节　汽油吸附脱硫工艺的发展历程

汽油吸附脱硫技术的发展主要分为两个阶段[2]。

第一个阶段是美国康菲公司负责开发、应用的原始汽油吸附脱硫技术。其中2001~2003年是第一批工业应用阶段，此阶段的原始汽油吸附脱硫技术开始实施工业化应用，其特点是反应压力低，再生方式为类似连续重整工艺的循环再生，采用两个闭锁料斗系统，分别进行待生吸附剂和再生吸附剂的输送，其中待生吸附剂闭锁料斗用于待生剂向再生系统的转移，再生吸附剂闭锁料斗用于再生剂向反应系统的转移。原始汽油吸附脱硫技术的基本流程见图1-2-1。

原始汽油吸附脱硫技术应用于美国Borger炼厂和Ferndale炼厂两套装置，其中Borger炼厂装置于2001年投产，是汽油吸附脱硫技术首次工业化应用。Ferndale炼厂装置于2003年11月建成投产。现在仅Ferndale炼厂装置仍在运行，见表1-2-1。

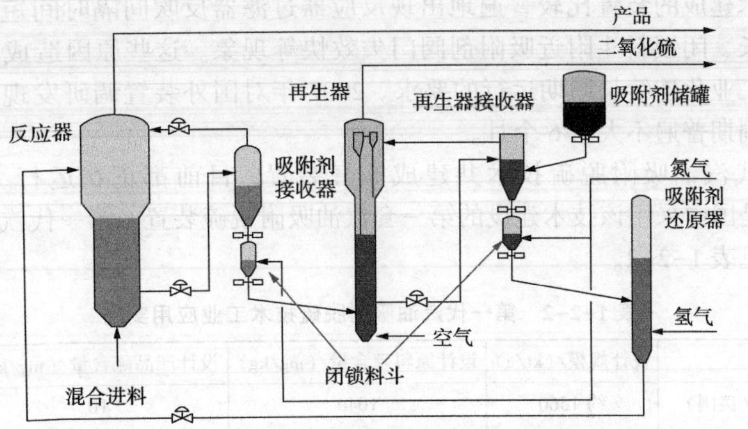

图 1-2-1 原始汽油吸附脱硫技术反再系统示意图

表 1-2-1 原始汽油吸附脱硫技术工业应用实例

项目单位	设计规模/(kt/a)	设计原料硫含量/(mg/kg)	设计产品硫含量/(mg/kg)	投产时间
Borger 炼厂	约 250	—	—	2001 年 4 月
Ferndale 炼厂	约 830	1500	10	2003 年 11 月

在原始技术基础上，康菲公司开发了第一代汽油吸附脱硫技术，2005~2008 年开始工业推广应用。与原始汽油吸附脱硫技术相比，第一代汽油吸附脱硫技术提高了反应压力，用一个闭锁料斗系统实现待生吸附剂和再生吸附剂在反应器和再生器之间的循环输送，再生方式调整为一次通过。第一代汽油吸附脱硫技术基本流程见图 1-2-2。

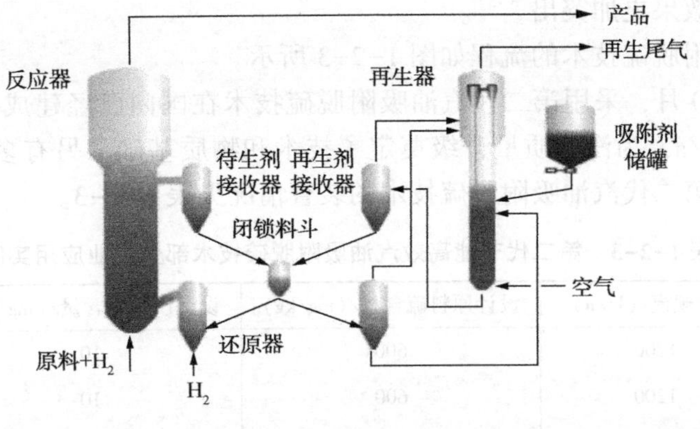

图 1-2-2 第一代汽油吸附脱硫技术反再系统原则流程示意图

第一代汽油吸附脱硫技术的单闭锁料斗输送系统简化了吸附剂输送流程，但待生剂和再生剂在循环输送中需要轮流交替通过闭锁料斗，由闭锁料斗实现氢氧环境、高低压环境的隔离与变换，闭锁料斗控制系统的复杂性和控制精度相应提高。

第一代汽油吸附脱硫技术相对于原始技术降低了装置建设投资和运行费用，提高了汽油吸附脱硫技术的竞争力。与此同时，这些变化给装置的可靠性带来负面影响，采用第一代汽油吸附脱硫技术建成的装置比较普遍地出现反应器过滤器反吹间隔时间短、吸附剂输送困难、循环周期长、闭锁料斗附近吸附剂阀门失效快等现象。这些原因造成连续运行周期偏短，不能满足工业化连续长周期运行的要求。2007 年对国外装置调研发现，第一代技术装置的连续运行周期普遍不大于 6 个月。

采用第一代汽油吸附脱硫技术共建成 5 套装置，目前都正在运行。其中燕山石化 1200kt/a 装置是国内采用该技术建设的第一套汽油吸附脱硫装置，第一代汽油吸附脱硫技术工业应用情况见表 1-2-2。

表 1-2-2　第一代汽油吸附脱硫技术工业应用实例

项目单位	设计规模/(kt/a)	设计原料硫含量/(mg/kg)	设计产品硫含量/(mg/kg)	投产时间
Lake Charles 炼厂(美国)	约 1560	1040	10	2005 年 11 月
Wood River 炼厂(美国)	约 1300	785	8.5	2007 年 2 月
PRSI 炼油厂(美国)	约 1600	1100	25	2007 年 4 月
燕山石化	1200	600	10	2007 年 6 月
Western 炼厂(美国)	约 1200	1000	5	2008 年 3 月

第二阶段是 2008 年以后，中国石化创新开发了第二代节能高效的汽油吸附脱硫技术并推广应用。

2007 年，中国石化组织对汽油吸附脱硫进行专项重大科技攻关，对工艺、吸附剂、工程、控制和装备等方面进行全方位的创新突破，形成五个方面的核心技术创新与成果，包括创新开发第二代汽油吸附脱硫工艺技术、研发第二代高性能吸附剂、创新开发高可靠性成套工程技术以及开发更可靠的吸附剂循环输送精密控制技术和关键装备技术。第二代汽油吸附脱硫技术可靠性显著提高，运行周期大幅延长，脱硫效率更高，辛烷值损失更低，吸附剂消耗更少，节能降耗效果更加突出[3~5]。

第二代汽油吸附脱硫技术的流程如图 1-2-3 所示。

截至 2018 年 10 月，采用第二代汽油吸附脱硫技术在国内已经建成投产 35 套装置，总加工能力超过 47Mt/a，为汽油质量升级奠定了技术和物质基础，另有多套装置正在设计和建设过程中。采用第二代汽油吸附脱硫技术的装置情况见表 1-2-3。

表 1-2-3　第二代节能高效汽油吸附脱硫技术部分工业应用实例

项目单位	设计规模/(kt/a)	设计原料硫含量/(mg/kg)	设计产品硫含量/(mg/kg)	投产时间
燕山石化	1200	600	10	2007 年 6 月
高桥石化	1200	600	10	2009 年 9 月
济南炼厂	900	800	10	2009 年 12 月
镇海炼化	1500	600	10	2009 年 12 月
广州石化	1500	600	10	2010 年 1 月
齐鲁石化	900	750	10	2010 年 2 月
沧州炼厂	900	1100	10	2010 年 3 月
长岭炼厂	1200	950	10	2010 年 11 月
金陵石化	1500	600	10	2012 年 8 月

续表

项目单位	设计规模/(kt/a)	设计原料硫含量/(mg/kg)	设计产品硫含量/(mg/kg)	投产时间
上海石化	1500	600	10	2012年11月
茂名石化	1500	600	10	2013年7月
燕山石化2#	1200	600	10	2013年10月
洛阳石化	1500	600	10	2013年10月
华北石化	1200	600	10	2013年11月
海南炼化	1200	600	10	2013年11月
永坪炼厂	900	150	10	2013年11月
延安炼厂	1800	200	10	2013年12月
安庆石化	1500	600	10	2013年12月
福建炼化	1200	600	10	2013年12月
扬子石化	900	600	10	2013年12月
青岛炼化	1500	600	10	2014年7月
石家庄炼化	1500	600	10	2014年8月
镇海炼化	900	600	10	2014年8月
金陵石化2#	1500	600	10	2014年9月
茂名石化2#	1500	600	10	2016年1月
天津石化	900	400	10	2016年5月
武汉石化	1500	600	10	2016年8月
齐鲁石化	1500	600	10	2016年9月
九江石化	1200	600	10	2016年9月
荆门石化	1500	600	10	2016年9月
长岭石化2#	1200	600	10	2016年10月
惠州炼化	2400	300	10	2017年9月
湛江东兴石化	1200	600	10	2017年11月
济南炼厂2#	900	600	10	2018年9月
北海炼化	1500	1400	10	2018年10月

工业运行结果表明，第二代汽油吸附脱硫技术解决了第一代技术存在的各种问题，剂耗、能耗、研究法辛烷值(*RON*)损失等指标有了长足进步，产品汽油硫含量长期稳定控制在10mg/kg以下，与常规脱硫技术相比，技术优势突出，满足与催化裂化装置同步运转的要求。

依托汽油质量升级的快速进程和装置大规模建设，SEI开发了高水平的汽油吸附脱硫装置标准化工程设计技术[6]，有力促进了装置的大规模广泛推广应用。为便于表述，本书的附录1和2分别为标准化的设备和控制仪表编号对照表。

目前，中国石化正在研发第三代汽油吸附脱硫技术。

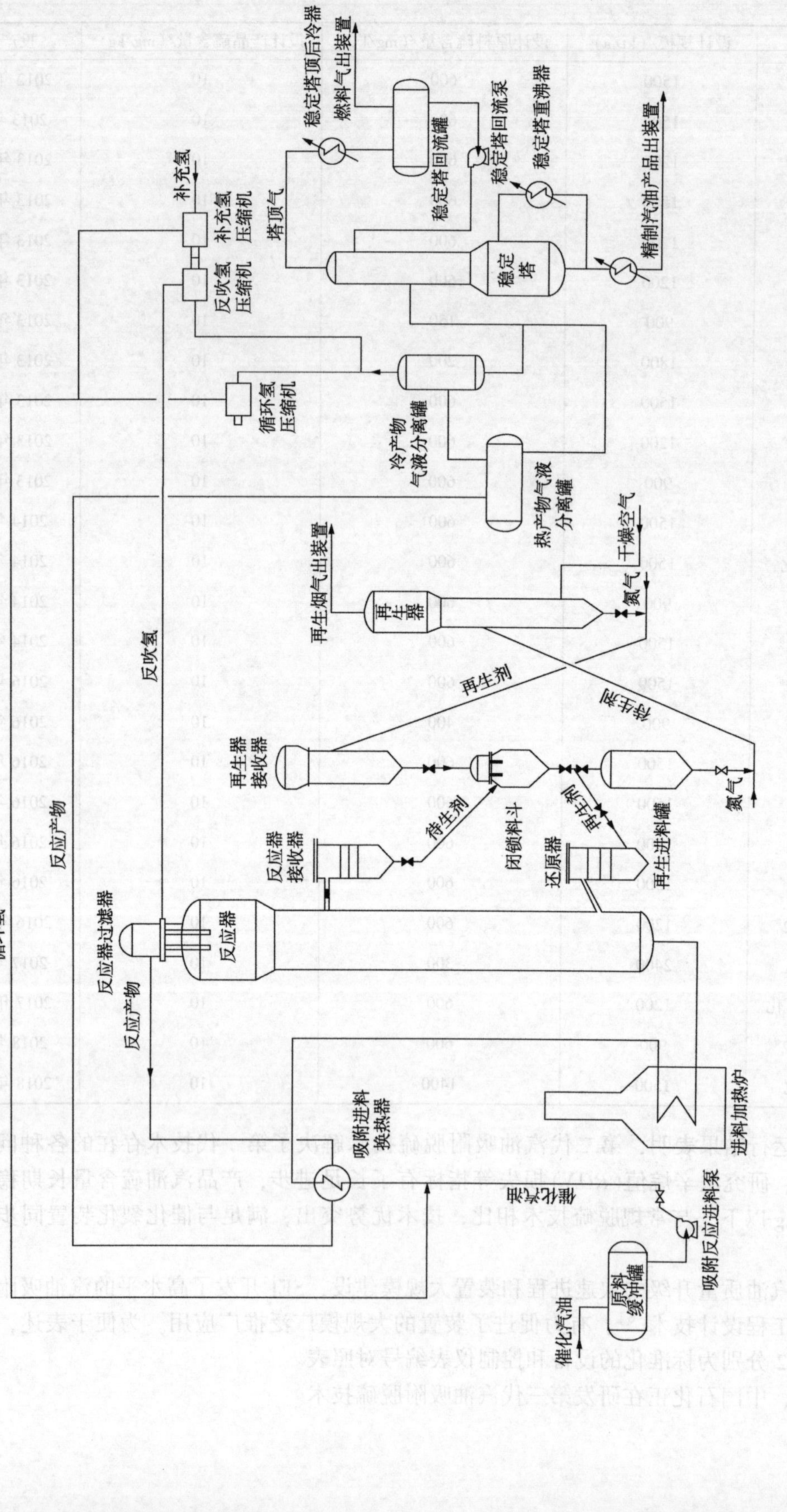

图1-2-3 第二代汽油吸附脱硫技术的流程图

第三节　汽油吸附脱硫装置在炼油厂的地位和作用

自2017年1月1日起，随着国家标准GB 17930—2016第五阶段(车用汽油V)的全面实施，汽油硫含量限值为不大于10 mg/kg。这一限值处于国际一流水平，也意味着汽油池各个组分的硫含量都必须严格控制。

催化汽油占我国汽油总量约70%，其所含硫占汽油池总硫含量的90%以上。对于加工常规中、高硫原油的炼油厂，即使配置了催化裂化原料加氢预处理装置对催化裂化原料进行精制，催化汽油的硫含量也难以达到100 mg/kg以下。对于加工低硫原油的炼油厂，催化汽油的硫含量难以达到50mg/kg以下。受硫含量高的影响，几乎所有催化汽油都必须经过脱硫精制才能作为满足国V标准的成品油调和组分。建设催化汽油脱硫装置以降低催化汽油的硫含量成为炼油厂生产合格车用汽油的必由之路。换言之，没有催化汽油脱硫装置就无法实现汽油质量升级。催化汽油脱硫装置的重要性将伴随车用汽油标准的升级而日渐提高。

催化汽油脱硫主要有选择性加氢脱硫和吸附脱硫两大类技术。

选择性加氢脱硫技术种类较多，国外的主要工艺技术有Axens公司的Prime-G和Prime-G^+工艺，CDTECH公司的CDhydro/CDHDS工艺，ExxonMobil公司的SCANFining&OCTGAIN工艺以及UOP公司的ISAL等工艺，其中应用较多的是Prime-G^+和CDhydro/CDHDS工艺。国内也成功开发了催化汽油脱硫工艺技术，RIPP开发的RSDS工艺以及抚顺石油化工研究院开发的OCT-M等工艺都已成功地工业化应用。中国石油石油化工研究院与中国石油大学联合开发的GARDES(Gasoline Aromatization and Desulfurization)工艺在大连石化开展了工业应用试验[7]。

Prime G^+、CDhydro/CDHDS和RSDS是三种典型的催化汽油选择性加氢技术。

Prime-G和Prime G^+工艺开发和应用较早，在全球应用相对较广泛。该技术采用固定床加氢工艺技术，通过提高催化剂的加氢脱硫/烯烃饱和选择性来实现高脱硫效率的同时，尽量降低汽油的辛烷值损失。通常，该工艺包括全馏分汽油选择性加氢和重汽油加氢脱硫两部分[8]。中海油中捷石化600kt/a汽油脱硫装置和吉林石化的1200kt/a汽油脱硫装置均采用了Primg G^+技术[9~11]。

CDHydro/CDHDS工艺是CD TECH公司的专利技术。该技术根据催化裂化汽油中烯烃、硫化物含量和类型与汽油的沸点密切相关的特点，将反应和蒸馏结合在一起，以实现对不同馏分分别在其适宜的条件下单独进行处理。轻汽油组分烯烃含量高、硫含量低，且以硫醇为主，可以轻度脱硫。重汽油组分烯烃含量低、硫含量高，采用催化蒸馏的方式在CDHDS塔中进行深度加氢脱硫。根据原料和产品的性质要求不同，CDTECH的技术可以有不同的组合形式，包括CDHydro+CDHDS工艺或(SHU+分离塔)+CDHDS工艺[12~15]。经CDHydro反应器处理后的塔顶产物硫醇含量一般低于1 mg/kg，可直接作为汽油产品调和组分，也可作为醚化装置原料。中化泉州石化采用CDhydro/CDHDS技术用于催化汽油脱硫，标定结果表明[14,16]，将汽油硫含量从599~981mg/kg降低至3.7~7mg/kg，*RON*损失2.1~2.9个单位。

RSDS工艺实施了多套工业化应用，目前已经发展到第三代技术(RSDS-III)。RSDS技术[17]采用的主要工艺路线是先将原料油切割成轻重馏分，轻馏分进入碱洗抽提脱硫醇单元，生产硫含量小于10mg/kg的轻汽油调和馏分，重馏分进入加氢单元进行选择性加氢脱硫，再与精制后的轻馏分混合。RSDS-Ⅲ技术采用较强脱硫活性的专用催化剂[18]，可降低操作温度，且配合采用了催化剂选择性调控技术。应用表明，与RSDS-Ⅱ相比，RSDS-Ⅲ技术运行的稳定性和加氢脱硫/烯烃饱和选择性更好，专用催化剂对烯烃的加氢饱和活性小，在确保硫含量满足要求的同时可尽量降低辛烷值损失。青岛某炼厂600kt/a催化汽油加氢脱硫装置采用RSDS-Ⅲ技术后[19]，辛烷值*RON*损失从RSDS-Ⅱ的1.9降低为0.6单位。

选择性加氢类技术从催化汽油中脱除的硫以H_2S的形式进入加氢装置的产品气和液化气中，一般要先送到工厂的气体和液化气脱硫装置中进行脱硫，然后再随脱硫富溶剂到溶剂再生装置中脱除酸性气，H_2S随酸性气到硫黄回收装置回收硫。通过选择性加氢技术进行催化汽油脱硫的硫回收流程见图1-3-1。由此可见，采用该类技术回收催化汽油的硫所经过的工艺流程较长，增加了下游装置的生产负荷和操作费用。

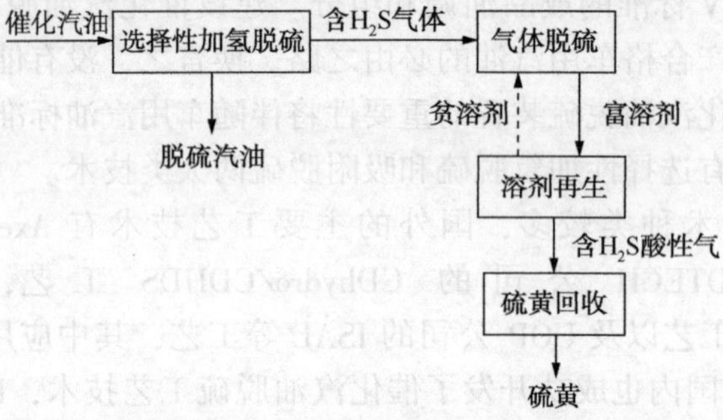

图1-3-1　通过选择性加氢进行催化汽油脱硫的硫回收流程

中国石化第二代节能高效的汽油吸附脱硫技术，应用吸附反应原理，采用流化床技术，对全馏分催化汽油一步脱硫。产品硫含量在10mg/kg以下并且不含硫醇，脱除的硫以SO_2的形式进入再生尾气中，可直接送至硫黄回收装置回收硫，实现硫的资源化利用，也可以进入催化裂化再生烟气脱硫等设施处理。回收催化汽油的硫所经过的工艺流程短，不额外增加下游装置的生产负荷和操作费用。

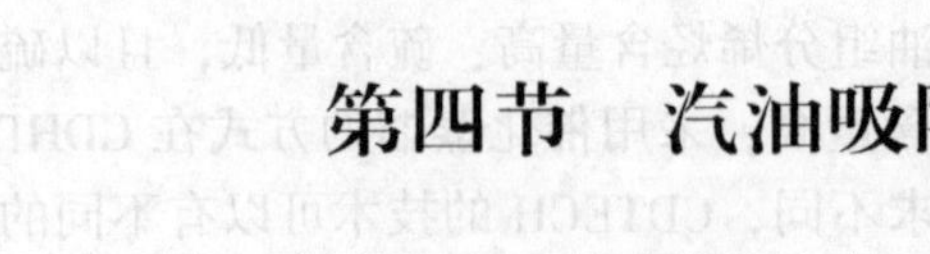

图1-3-2　通过吸附脱硫工艺技术进行催化汽油脱硫的硫回收流程

通过吸附脱硫工艺技术进行催化汽油脱硫的硫回收流程见图1-3-2。

第四节　汽油吸附脱硫主要技术进展

第二代节能高效汽油吸附脱硫技术主要在五个方面进行了创新研发，在技术可靠性、辛烷值损失、能耗和剂耗方面取得了长足进步。

一、创新开发第二代汽油吸附脱硫工艺技术[20~26]

(1)研究发现了吸附剂在氧气再生和氢气还原两种环境下的失活机理，开发了贫氧再生、临氢还原新工艺，减少吸附剂失活结块，实现稳定运行

第一代技术采用富氧再生工艺，其硫酸锌生成速率高，导致吸附剂快速失活、结块严

重。针对此问题，深入研究再生工艺，掌握了氧分压对硫酸锌生成的影响规律[20]，发现了贫氧环境可抑制结块前驱物水合硫酸锌生成的机理，开发了贫氧再生新工艺，既保证再生效果，又实现再生系统稳定运行。

第一代技术采用高氢分压吸附剂还原工艺，存在易生成硅酸锌导致吸附剂失活的问题。针对此问题，通过深入研究硅酸锌生成规律，发现了水分压影响硅酸锌生成的机理[21~25]，开发了低氢分压还原新工艺，在保证高效还原的前提下，吸附剂失活速率降低了90%以上，大幅减少剂耗。

创新开发的贫氧再生和低氢分压还原新工艺降低了吸附剂的失活速率、减少吸附剂结块量，大幅减少吸附剂消耗，提高了装置的运行稳定性[26]。

此外，创新开发吸附剂在线回收技术解决了转剂过程吸附剂回收难题，进一步降低剂耗。

(2)构建了吸附、还原、再生、稳定全流程一体化工艺模型，实现工艺与能量利用的整体优化，装置能耗较第一代技术降低约40%

由于整体过程和相态复杂，第一代技术的吸附脱硫和还原、氧化再生及产品稳定是三个独立的工艺模型，相互之间没有关联，严重影响全流程整体优化，开发集成整体的工艺模型难度极高。

反应部分：$R-S + Ni + H_2 \rightarrow R-2H + NiS$

$NiS + ZnO + H_2 \rightarrow Ni + ZnS + H_2O$

再生部分：$ZnS + 1.5\ O_2 \rightarrow ZnO + SO_2$

还原部分：$NiO + H_2 \rightarrow Ni + H_2O$

通过对复杂反应过程的深入研究，掌握了反应机理和反应动力学规律，建立了吸附脱硫及氧化再生反应动力学模型[27,28]，创新构建反应参数与脱硫率、辛烷值损失预测的工艺模型和计算方法。在此基础上，构建了吸附、还原、再生、稳定全流程整体集成的一体化工艺模型，实现工艺与能量利用的整体优化。

(3)创新集成了吸附脱硫与催化裂化组合工艺

第一代技术与催化裂化没有能量和物料集成，装置物料损失大，能量利用不合理。通过集成创新工艺流程，控制匹配稳定塔与催化裂化装置分馏塔压力梯度，充分利用催化裂化的吸收稳定系统回收液化气组分，实现物料充分回收及能量分级利用。在此基础上，优化了稳定塔的换热网络，充分利用低温热。组合工艺大幅降低了装置蒸汽消耗，进一步提高了液体产品收率。

以规模为1200kt/a的装置为例，组合工艺的稳定塔塔底温度由177℃降低至148℃，重沸器的热负荷大幅降低，重沸器所需蒸汽的等级由3.5MPa(g)降低为1.0MPa(g)，流量由7.7t/h降低至3.5t/h，实现了产品稳定部分能耗降低近62%。

(4)提升用能水平，进一步降低能耗

第一代技术反应进料加热炉排烟温度较高，加热炉效率为80%左右。通过创新开发和优化设计，对加热炉烟气余热进行回收，使加热炉的效率提高到92%以上，节省大量燃料。

第二代技术优化了稳定塔重沸器加热蒸汽和凝结水的利用方案，实现梯级和循环利用。创新开发了利用低温工艺介质直接进入有机朗肯循环(ORC)发电机组发电的新工艺，其净发电量占装置用电量的50%以上，属国内首创。

采用上述节能措施后，第二代技术的能耗较原有技术降低40%以上。

二、研发第二代高性能吸附剂

(1)首次设计并应用超深度脱硫的吸附-加氢耦合吸附剂结构模型[29,30]

在第一代技术基础上，通过理论计算和实验验证后发现，吸附剂的活性中心以零价镍存在时，具有脱硫率高、辛烷值损失低的特点。通过量子化学计算，获得了汽油中典型的烯烃、芳烃和噻吩三类化合物的电子结构信息，并考察了这些分子在不同化学态镍表面的吸附选择性，如图1-4-1所示。研究结果表明，零价镍对汽油中最难脱除的含硫化合物-噻吩类化合物具有最优的吸附选择性，为优选吸附剂的活性组元、合理控制活性组元的化学态提供了理论依据。

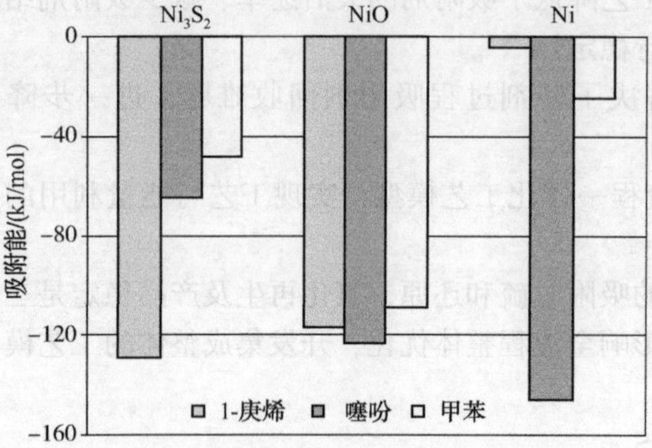

图1-4-1　不同化学态的镍对1-庚烯、噻吩和甲苯的吸附能

在此基础上，提出了吸附-加氢耦合机理，构建了零价镍和氧化锌耦合的结构模型，确立了吸附剂设计路线，实现了超深度脱硫与低辛烷值损失协同的目标。汽油吸附脱硫技术的反应机理如图1-4-2所示[29]，以零价镍作为活性中心，与硫储存组元氧化锌处于最短可及距离，共同构成零价镍-氧化锌协同脱硫中心。该脱硫活性中心能够瞬时吸收硫化镍加氢生成的硫化氢，提高了噻吩脱硫反应的平衡转化率，避免了硫化氢与烯烃生成硫醇的副反应，使镍保持在对噻吩具有高吸附选择性的零价态，减少烯烃在吸附剂表面吸附、发生加氢反应的概率。提高了最难脱除的噻吩类化合物的脱硫率，更好地解决了高效脱硫和保持辛烷值的矛盾。

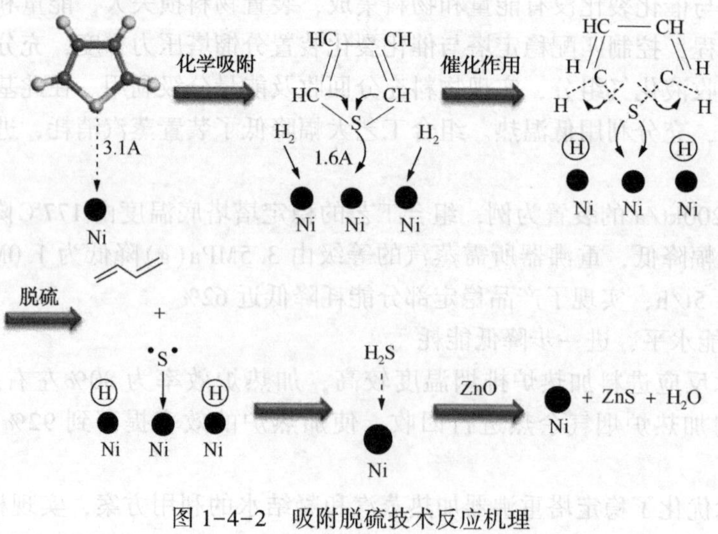

图1-4-2　吸附脱硫技术反应机理

(2)开发了高强度吸附剂工业化生产技术[31]

设计并构建了稳定的吸附剂骨架结构，优选片状结构组元和新型复合粘结剂，创新建立了稳定骨架结构的制备方法，开发出高强度载体的工业化生产技术。吸附剂磨损指数从8降至5，细粉产生速率降低了45%。

开发出微球瞬时均匀浸渍技术和专利设备，解决了载体颗粒团聚、成品收率低的工业生产难题，实现活性组元在载体中均匀分布，最大程度地实现了零价镍-氧化锌协同脱硫中心，大幅提高了吸附剂的活性和选择性。

目前，中国石化研发生产的汽油吸附脱硫吸附剂不仅供应了国内30余套装置，而且实现了吸附剂生产技术对美国制造商的许可，美国的汽油吸附脱硫装置也将实现中国石化技术的普遍应用。

三、创新开发高可靠性汽油吸附脱硫成套工程技术

(1)研究掌握了流态复杂的流化床气固分离规律，首创反应器内构件高效降尘技术

吸附脱硫反应器采用流化床型式，反应器内表观气速约0.3m/s，压力3.0MPa。为防止吸附剂进入汽油产品，需要进行气固精密分离，因此在反应器顶部设置有反应产物过滤器。第一代技术反应产物过滤器反吹频繁，反吹时间间隔6~10min，故障率高，无法实现长周期稳定运行。

通过深入研究反应器内气固两相流动特点，掌握了流态复杂的流化床气固分级分离规律，创新开发内构件高效降尘技术，降低反应产物过滤器的过滤负荷。简化的降尘技术效果示意图见图1-4-3。

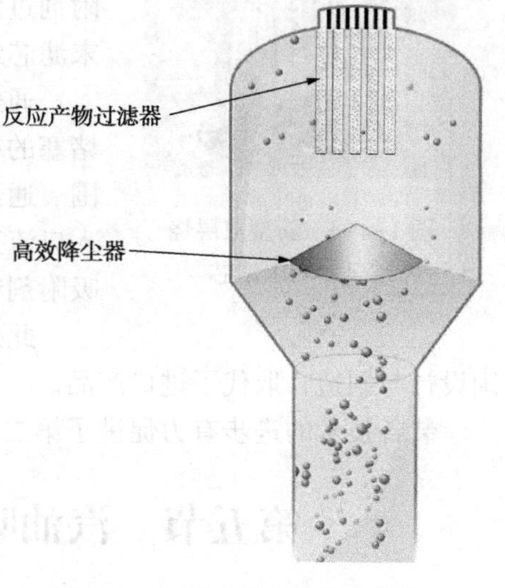

图1-4-3　降尘技术效果示意图

工业应用结果表明，该技术使反应油气中携带的吸附剂粉尘颗粒浓度降低约80%，大幅减轻了过滤器的除尘负荷，反应产物过滤器反吹间隔时间由6~10min提高到60~120min，运行寿命延长10倍以上，解决了影响长周期运行的主要问题，装置连续运行周期达创记录的45个月，实现与催化裂化装置同步检修的目标。

(2)开发可在线除垢的进料系统等工程技术

针对第一代技术进料系统结垢严重，经常导致装置停工的问题，通过研究结垢组成，发现原料中含有的固体杂质和结焦前驱物是进料系统结垢的主要成因。通过对原料预处理、进料加热系统等流场和相态与结垢生成之间关系的研究，掌握了系统各部分的结垢特点及规律，创新开发可在线除垢的进料系统及原料管理方法，延长了连续运行周期。

四、开发更可靠的吸附与再生系统吸附剂循环输送精密控制技术

汽油吸附脱硫技术的反应与再生系统之间压差高，反应器为高压临氢环境，再生器为常压含氧环境。正常生产操作期间，吸附剂需要在反再系统之间连续循环输送，存在高压窜低

压及氢氧高温接触的风险。

由于步序控制程序问题，第一代技术存在高压氢气直接窜至再生氧气环境的安全隐患以及吸附剂输送困难的问题，难以长周期连续稳定运行。本技术创新开发了专有控制及专家系统，实施在线诊断和智能控制，解决了吸附剂在高差压、变温、氢氧环境间切换的安全问题和吸附剂易堵塞的难题，实现了安全稳定循环输送。

五、创新开发系列关键装备技术

研发了高效吸附剂过滤系统，制造了新型双层金属粉末烧结滤芯，实现了反应器中大于0.8μm颗粒的精密过滤，过滤效率达到99.97%，全面替代进口产品。由于吸附剂最小粒径不足1μm，气固分离难度大，开发可靠的气固高效分离技术是关键课题之一。通过深入研究反应器气固两相流态分布及其在烧结金属粉末多孔材料中的渗流机理，掌握了反向脉冲气流的流场与滤饼脱除之间的耦合规律，创新开发了以新型双层烧结金属粉末滤芯为核心的高效吸附剂过滤系统，图1-4-4为正在吊装的新型双层烧结金属粉末滤芯组件。

图1-4-4 新型双层烧结金属粉末滤芯

通过研究吸附剂颗粒、剂耗及活性、流化床操作、过滤器堵塞的相互影响，确定了再生器吸附床内颗粒分布的最佳范围。通过试验与模拟计算相结合，攻克了再生器内旋风分离器入口流速低于10m/s的低流速下高效分离的技术难题，开发了吸附剂精密分级分离的高效旋风分离器，替代进口技术。

此外，成功实现高温高压防氢爆电加热器等相关装备的中国设计与制造，取代了进口产品。

装备技术的进步有力促进了第二代汽油吸附脱硫技术的工业应用。

第五节　汽油吸附脱硫工艺未来发展前景

汽油吸附脱硫成套技术具有脱硫高、辛烷值损失小、剂耗少、运行稳定、能耗低等突出特点，获得了广泛的应用，经济效益巨大，社会效益突出。但还存在以下两方面的技术局限性，有待于今后进一步开展研究。

一是进一步开发超深度脱硫耦合提高辛烷值技术。现有技术能够最大限度地减少辛烷值损失，较常规脱硫技术辛烷值损失少约50%，处于世界领先水平。但随着汽车引擎设计不断提升，对高辛烷值汽油的需求日渐增加，从市场需求的角度，还需要进一步开发出超深度脱硫的同时提高汽油辛烷值的技术，着重在于提高吸附剂的异构化能力，实现更多的低辛烷值正构烷烃转化为高辛烷值的异构烷烃。目前已开始了基础研究工作。

二是开发适应各种原料特点、保持辛烷值能力更强的系列技术，尤其是开发原料硫含量高达1000mg/kg或烯烃含量超过35%的吸附剂和工艺技术。

从世界范围来看，发展中国家的汽油质量升级普遍刚刚起步，汽油吸附脱硫技术将有广阔的发展和应用前景。

参考文献

[1] GB 17930—2016 车用汽油．

[2] 侯晓明，庄剑．SZorb 催化汽油吸附脱硫装置技术手册[M]．北京：中国石化出版社，2013：3-5.

[3] 吴德飞，孙丽丽，等．S Zorb 技术进展与工程应用[J]．炼油技术与工程，2014，44(10)：1-4.

[4] 吴德飞，庄剑，等．S Zorb 技术国产化改进与应用[J]．石油炼制与化工，2012，43(7)：76-79.

[5] 朱云霞，徐惠．S Zorb 技术的完善与发展[J]．炼油技术与工程，2009，39(8)：7-12.

[6] 吴德飞，黄泽川．批量 S Zorb 装置的标准化设计与建设[J]．石油化工设计，2014，31(3)：37-38.

[7] 李大东，聂红，孙丽丽．加氢处理工艺与工程(第二版)[M]．北京：中国石化出版社，2016：1043-1069.

[8] 程光南等．FCC 汽油加氢脱硫工艺技术研究进展[J]．，山东化工，2018，47(11)：73-76.

[9] 王辉．Prime G$^+$技术在 60 万 t/a 汽油加氢装置上的应用[J]．石油化工设计，2018，35(2)：9-11.

[10] 乔景辉．吉化 Prime G$^+$装置国Ⅴ质量升级技术方案及运行分析[J]．化工科技，2017，25(6)：62-66.

[11] 冯连坤．选择性汽油加氢工艺流程分析及应用措施[J]．辽宁化工，2016，45(9)：1215-1217.

[12] 孙俊楠，韩凤山．FCC 汽油深度脱硫技术研发现状概述[J]．炼油技术与工程，2012，42(7)：18-21.

[13] 刘利．催化裂化汽油脱硫技术方案对比与应用分析[J]．炼油技术与工程，2008，38(11)：11-15.

[14] 刘文凤．采用 CDhydro/CDHDS 工艺处理催化裂化汽油[J]．石化技术与应用，2014，32(01)：47-50.

[15] 张星．CDhydro/CDHDS FCC 汽油选择性加氢脱硫工艺设计[J]．炼油技术与工程，2010，40(11)：6-9.

[16] 孙守华．催化蒸馏技术在催化裂化重汽油加氢脱硫装置中的应用[J]．石油炼制与化工，2015，46(5)：48-52.

[17] 赵晓宇．RSDS-Ⅲ 技术在汽油加氢装置的工业应用[J]．化工管理，2017(11)75-76.

[18] 刘东英．浅析 RSDS-Ⅲ技术在汽油加氢装置的工业应用[J]．化工管理，2018(03)83.

[19] 刘飞．生产国Ⅴ排放标准汽油的 RSDS-Ⅲ技术的工业应用[J]．石油炼制与化工，2017，48(01)：11-13.

[20] 王明哲，阮宇军．催化裂化汽油吸附脱硫反应工艺条件的探讨[J]．炼油技术与工程，2010，40(9)：5-10.

[21] 徐莉，邹亢，徐广通，等．S Zorb 工业吸附剂结构、组成及再生行为研究[J]．石油炼制与化工，2013，44(6)：44-48.

[22] 张欣，徐广通，邹亢，等．S Zorb 吸附剂中锌铝尖晶石形成原因的研究[J]．石油学报(石油加工)，2012，28(2)：242-247.

[23] 邹亢，黄南贵，徐广通．S Zorb 吸附剂 Rietveld 物相定量方法研究[J]．石油学报．2012，28(4)：38-44.

[24] 林伟，王磊，田辉平．S Zorb 吸附剂中硅酸锌生成速率分析[J]．石油炼制与化工，2011，42(11)：1-4.

[25] LimeiQiu, Kang Zou, Guangtong Xu. Investigation on the sulfur state and phase transformation of spent and regenerated S Zorb sorbents using XPS and XRD[J]. Applied Surface Science, 2013, 266: 230-234.

[26] 郭晓亮．汽油吸附脱硫装置长周期运行影响因素及对策[J]．炼油技术与工程，2013，43(1)：5-9.

[27] Xu L, Zou K. Study on the Mechanism of Zn_2SiO_4 Formation in S Zorb sorbent and its Inhibition Methods [J]. China Petroleum Processing & Petrochemical Technology, 2015, 17(1): 1-6.

[28] Zou K, Lin W, Tian H P, et al. Study on Zn_2SiO_4 Formation Kinetics and Activity Stability of Desulfurization Sorbent[J]. China Petroleum Processing & Petrochemical Technology, 2015, 17(1): 1-6.

[29] 龙军，林伟，代振宇．从反应化学原理到工业应用Ⅰ．S Zorb 技术特点及优势[J]．石油学报(石油加工)，2015，31(1)：1-6.

[30] 林伟，龙军．从反应化学原理到工业应用Ⅱ．S Zorb 催化剂设计开发及性能[J]．石油学报(石油加工)，2015，31(2)：453-459.

[31] 林伟．氧化硅源和氧化锌颗粒大小对汽油吸附脱硫吸附剂脱硫活性的影响[J]．石油学报(石油加工)，2012，28(5)：739-743.

第二章　汽油吸附脱硫原料和产品

第一节　原　料

汽油吸附脱硫工艺采用全馏分汽油一次通过的工艺流程，在临氢条件下使用专利吸附剂，通过选择性吸附汽油中含硫化合物中的硫原子，从而实现脱硫目的。

一、原料汽油的来源和种类

目前汽油吸附脱硫装置的原料主要为FCC装置生产的全馏分汽油、其他工艺生产的含硫汽油，以及满足工艺要求的属于含硫的汽油组成范围内的单组分及混合烃类化合物等。

吸附脱硫工艺原料具有多样性，不同装置原料性质差别较大，主要是由于不同工艺生产的汽油性质差别较大。即使吸附脱硫工艺的原料均来自于FCC装置，也由于不同的FCC装置所采用的原料、工艺类型、催化剂种类及操作参数的差别，生产得到的汽油性质也不同。

汽油吸附脱硫工艺采用全馏分汽油直接进料，对汽油中的硫含量及烯烃含量没有明确要求。对于不同硫含量和烯烃含量的汽油原料，采用吸附脱硫工艺，均可设计出具有最优运行结果的工业装置。目前工业装置中原料硫含量的范围较宽，在70~1500mg/kg，原料中烯烃含量差别也较大，范围为8%~43%。

汽油吸附脱硫工艺对原料中的杂质含量有一定的要求，主要控制指标见表2-1-1。

表2-1-1　汽油吸附脱硫工艺对原料中杂质要求指标

序号	杂质	单位	含量
1	硅	mg/kg	<1
2	氯	mg/kg	<1
3	氮	mg/kg	<75
4	氟	mg/kg	<1
5	钠	mg/kg	<1
6	胶质	mg/100mL	<3

为了保持装置平稳长周期运行，选择合理的工艺参数及操作条件，得到理想的汽油精制产品，需要对装置原料进行组成及性质的详细分析，并根据各装置的特点及要求确定合理的控制指标。

原料汽油需分析的项目主要有密度、蒸气压、馏程、族组成、硫含量、辛烷值、溴价和胶质等。有时也需要对原料汽油中的烯烃种类、硫化物的类型进行详细分析。表2-1-2列出了装置日常生产中需对原料汽油进行的常规分析项目。表2-1-3~表2-1-6列出了某工业装置原料汽油的分析结果[1]。

表 2-1-2 原料汽油分析项目

分析项目	分析方法
族组成/%(体)	GB/T 11132(ASTM D1319) SH/T 0741(ASTM D7753)
PONA 组成测定	ASTM D6733-01(2011)
辛烷值(研究法)	GB/T 5487(ASTM D2699)
辛烷值(马达法)	GB/T 503 (ASTM D2700)
硫含量/(mg/kg)	ASTMD7039、SH/T 0842 ASTM D5453、SH/T 0689
蒸气压/kPa	GB/T 8017 (ASTM D5191)
密度(20℃)/(kg/m^3)	SH/T 0604(ISO 12185)
氯含量/(mg/kg)	ASTM D4929
溴价/(gBr/100g)	SH/T 0630
实际胶质/(mg/100mL)	GB/T 8019(ASTM D381)
馏程	GB/T 6536 (ASTM D86)

表 2-1-3 某装置原料汽油性质

性质	数据
API 度	62.54
研究法辛烷值(*RON*)	93.7
马达法辛烷值(*MON*)	82.0
溴价/(gBr/100g)	77.08
未洗胶质/(mg/100mL)	2
蒸气压/kPa	58
硫/(mg/kg)	755.65
总氯/(mg/kg)	0.54
硅/(mg/kg)	<0.1
水含量/(mg/L)	118

表 2-1-4 某装置原料汽油烃类组成

碳数	P/%(质)	I/%(质)	O/%(质)	N/%(质)	A/%(质)	总量/%(质)
C_4	0.40	0.11	1.55			2.06
C_5	1.94	8.27	15.48			25.69
C_6	1.23	6.46	11.16	2.01	1.12	21.98
C_7	0.92	3.26	5.58	2.53	5.09	17.38
C_8	0.61	3.24	3.52	1.30	7.39	16.06
C_9	0.25	1.92	1.82	1.09	7.01	12.09

续表

碳数	P/%(质)	I/%(质)	O/%(质)	N/%(质)	A/%(质)	总量/%(质)
C_{10}	0.18	0.89	1.24	0.22	1.17	3.70
C_{11}	0.06	0.83	0.13	0.00	0.02	1.04
总量	5.59	24.98	40.48	7.15	21.8	100.00

注：P、I、O、N、A分别代表正构烷烃、异构烷烃、烯烃、环烷烃、芳烃。

表2-1-5　某装置原料汽油烯烃分布

类型	含量/%(质)	类型	含量/%(质)
直链，1-烯烃	2.14	支链，其他位置烯烃	0.24
直链，2-烯烃	8.66	环状烯烃	5.71
直链，其他位置烯烃	2.69	二烯/三烯/炔	1.08
支链，1-烯烃	9.93	未知物	—
支链，2-烯烃	9.69	总量	40.14

表2-1-6　某装置原料汽油硫组成

化合物	含量/%(质)	化合物	含量/%(质)
噻吩	0.0082	C_2苯并噻吩	—
C_1噻吩	0.0187	C_{3+}苯并噻吩	—
C_2噻吩	0.0188	硫醇和硫醚	0.0073
C_{3+}噻吩	0.0153	其他	0.0048
苯并噻吩	0.0001	总硫	0.0732
C_1苯并噻吩	—		

注：C_n中的n指在母环上取代基的碳数，如C_1噻吩指甲基噻吩，包括2-甲基噻吩及3-甲基噻吩；C_2噻吩指母环上有两个碳原子取代的噻吩，包括二甲基噻吩及乙基噻吩，其他以此类推。

二、催化裂化汽油的主要性质[2]

催化裂化工艺是将重质石油烃类在催化剂的作用下反应生产液化气、汽油、柴油等轻质油品的主要过程，在汽油和柴油等轻质油品的生产中占有很重要的地位。特别是在我国，FCC汽油是我国车用汽油的主要组分，约占车用汽油池中的70%。与重整汽油、异构化汽油、直馏汽油以及醚化汽油等其他工艺生产的汽油相比，FCC汽油组成中烯烃含量较高，硫含量也较高。我国汽油池中90%左右的硫化物来自FCC汽油组分，因此汽油质量升级脱硫工作也主要集中在FCC汽油上。

1. 催化裂化汽油组成

FCC汽油是一种由多种碳氢化合物组成的复杂混合物，其烃类组成主要分为链烷烃(包括正构烷烃P和异构烷烃I)、环烷烃(N)、烯烃(O)和芳烃(A)。FCC汽油组成随着催化裂化工艺的发展处于不断变化之中，不同FCC装置生产的汽油由于装置所采用的催化裂化工艺类型、原料油性质、催化剂性能、反应条件、转化率和汽油干点的不同其组成也不同，而同一FCC装置生产的汽油性质也会随装置加工原料情况及操作参数的改变而变化。了解

FCC 汽油的组成和分布状况，对充分发挥汽油吸附脱硫吸附剂的反应性能、优化反应操作条件以及在吸附脱硫的同时控制汽油产品的辛烷值损失等方面都具有重要的指导作用。

我国催化裂化工艺[3]发展较快，目前催化裂化工艺技术水平处于国际先进水平。多年来，针对市场的需求，国内催化裂化工艺先后开发出密相流化床、沸石催化剂提升管、多产低碳烯烃的 DCC 和 CPP 以及生产低烯烃汽油的 MIP 和 FDFCC 技术等，FCC 汽油组成随着工艺技术发展而变化较大。

表 2-1-7 是 4 套不同 FCC 装置的汽油碳数分布和烃族组成的数据。可见，当前不同 FCC 装置生产得到的 FCC 汽油组成差别较大，FCC 汽油的碳数主要分布在 C_5 ~ C_{12}之间，其组成主要有链烷烃、烯烃及芳烃等。装置 1 生产的 FCC 汽油烯烃和环烷烃含量较高，饱和烃和烯烃主要是 C_5组分为主。装置 2 生产的 FCC 汽油与其他三套 FCC 装置生产的汽油差别较大，饱和烃的含量低而芳烃含量高，汽油中的饱和烃与烯烃主要分布在 C_6 ~ C_{11}，以 C_7居多。装置 3 的 FCC 汽油烯烃含量较低，烷烃主要以异构烷烃和环烷烃为主，同时芳烃含量也高，相对来说辛烷值较高。装置 4 的 FCC 汽油烯烃含量高，芳烃含量低。

表 2-1-7 催化裂化汽油不同碳原子数的 PONA 分布 %(质)

装置编号	装置 1	装置 2	装置 3	装置 4	
P	C_4	0.7	0	0.61	0.42
	C_5	1.25	0.08	1.4	1.97
	C_6	0.77	0.41	0.86	1.17
	C_7	0.71	0.84	0.48	0.86
	C_8	0.29	0.78	0.28	0.53
	C_9	0.21	0.6	0.3	0.31
	C_{10}	0.22	0.63	0.3	0.23
	C_{11}	0.15	0.5	0.16	0.07
	C_{12}	0.11	0.23	0.08	0
	合计	4.41	4.07	4.47	5.56
I	C_4	0.99	0	0.58	0.12
	C_5	8.73	0.21	13.83	13.33
	C_6	7.27	2.73	10.37	9.84
	C_7	3.27	3.17	3.68	4.84
	C_8	2.81	4.52	3.13	4.07
	C_9	1.68	3.77	1.79	2.58
	C_{10}	1.31	3.37	1.25	1.91
	C_{11}	1.87	4.2	1.6	1.12
	C_{12}	1.12	2.04	0.99	0.15
	合计	29.05	24.01	37.22	37.96

续表

装置编号	装置1	装置2	装置3	装置4
O	C_4	3.95	0	1.94	1.59
	C_5	12.39	1.17	6.63	12.23
	C_6	7.81	5.17	3.44	7.53
	C_7	3.17	6.1	1.75	5.57
	C_8	2.68	5.22	1.37	3.35
	C_9	1.61	4.21	0.71	2.29
	C_{10}	0.66	2.51	0.36	0.99
	C_{11}	0.26	0.66	0.18	0.15
	合计	32.53	25.04	16.38	33.70
N	C_5	0.14	0	0.19	0.14
	C_6	1.95	0.82	2.5	1.36
	C_7	2.98	2.44	3.37	2.44
	C_8	1.48	1.68	1.38	1.22
	C_9	0.63	1.37	0.46	0.75
	C_{10}	0.18	0.52	0.13	0.2
	C_{11}	0.04	0.28	0.03	0.05
	合计	7.40	7.11	8.06	6.16
A	C_6	0.75	0.37	1.03	0.45
	C_7	3.29	3.51	4.86	2.63
	C_8	6.64	9.84	9.57	5.67
	C_9	7.59	13.39	10.04	5.88
	C_{10}	6.04	9.55	6.78	1.85
	C_{11}	2.3	3.11	1.59	0.14
	合计	26.61	39.77	33.87	16.62

将4种不同FCC汽油组成的PONA详细分布列在图2-1-1~图2-1-5中。图2-1-1及图2-1-2列出了4种FCC汽油中不同碳数链烷烃的分布情况，链烷烃为FCC汽油的主要烃类组分，占汽油总量的30%以上，主要分布在C_5~C_9之间。4种FCC汽油中正构烷烃与异构烷烃分布相近，大多FCC汽油中为C_5~C_7含量较高，第2种FCC汽油中C_8的链烷烃含量最高。

图2-1-3为4种FCC汽油中不同碳数烯烃的分布情况。烯烃是FCC汽油的重要组分，也是汽油辛烷值的重要提供者。随着汽油标准中对烯烃含量的限制，一些降低汽油中烯烃含量的催化裂化工艺的推广和应用，不同FCC汽油组成中烯烃的含量差别较大。FCC汽油中烯烃主要是以低碳烯烃为主，分布在C_4~C_8，大多以C_5居多。

图2-1-4为4种FCC汽油中不同碳数环烷烃的分布情况。环烷烃在FCC汽油中所占比例比较小，一般小于10%。大多FCC汽油中环烷烃主要分布在C_6~C_9，其中C_7含量最多。

图 2-1-5 列出了 4 种 FCC 汽油中不同碳数芳烃的分布情况。芳烃在 FCC 汽油中通常属于第三大组分，主要分布在 C_7 ~ C_{11}，以 C_8、C_9居多，也是汽油辛烷值的主要来源之一。

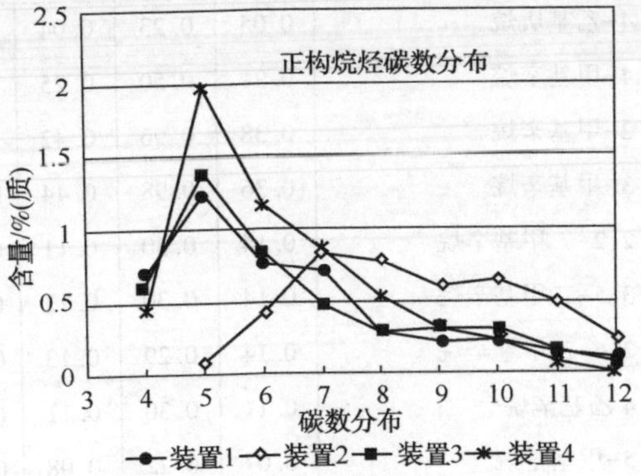

图 2-1-1 部分 FCC 装置汽油正构烷烃碳数分布

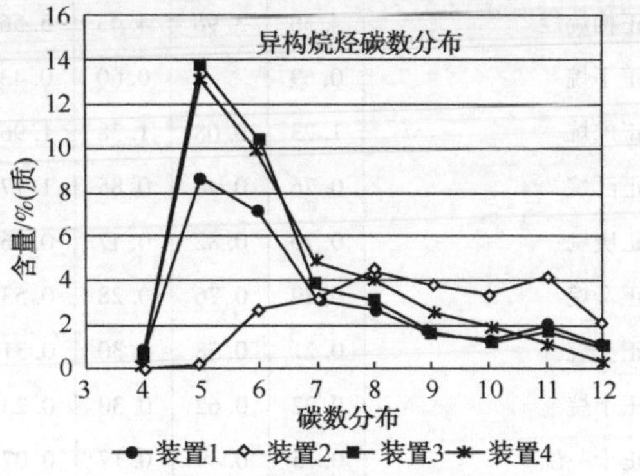

图 2-1-2 部分 FCC 装置汽油异构烷烃碳数分布

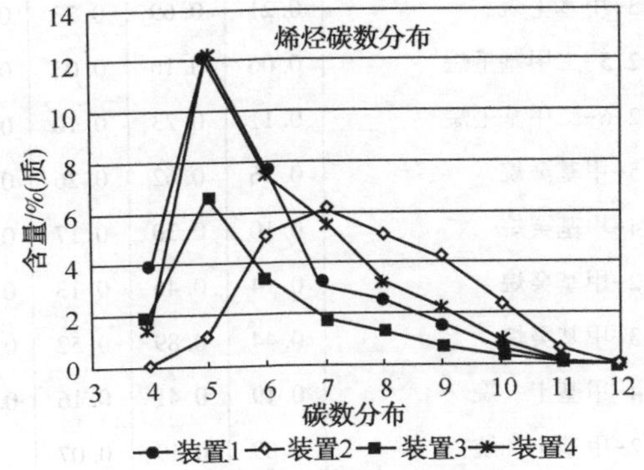

图 2-1-3 部分 FCC 装置汽油烯烃碳数分布

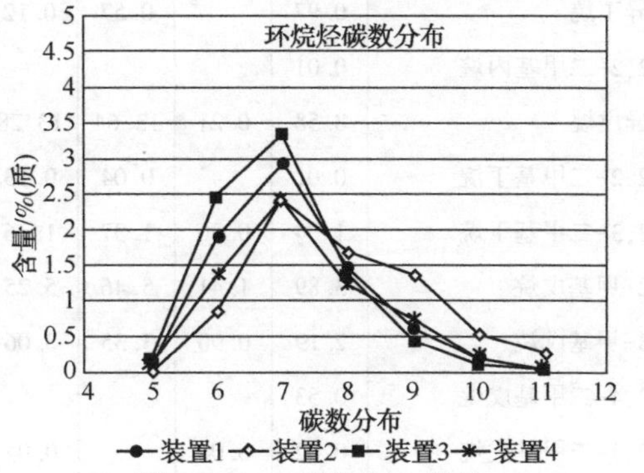

图 2-1-4 部分 FCC 装置汽油环烷烃碳数分布

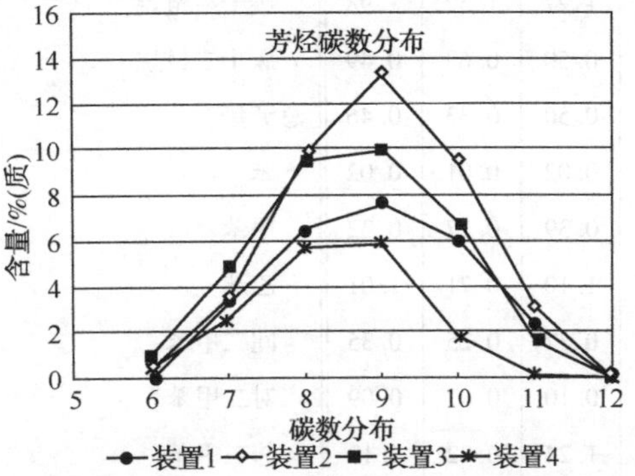

图 2-1-5 部分 FCC 装置汽油芳烃碳数分布

FCC 汽油是由 400 多种单体烃构成的复杂混合物，烃类化合物种类繁多，采用色谱分析方法可以得到汽油详细的组成分布。表 2-1-8 详细列出了 4 种不同装置 FCC 汽油的单体烃分布情况。

表 2-1-8　部分 FCC 汽油烃类质量组成　　%(质)

装置编号	装置 1	装置 2	装置 3	装置 4	装置编号	装置 1	装置 2	装置 3	装置 4
总正构烷烃	4.36	3.98	4.43	5.56	4-乙基庚烷	0.05	0.23	0.04	0.15
正丁烷	0.69		0.60	0.43	4-甲基辛烷	0.21	0.50	0.25	0.37
正戊烷	1.23	0.08	1.38	1.96	2-甲基辛烷	0.38	0.96	0.42	0.62
正己烷	0.76	0.40	0.85	1.17	3-甲基辛烷	0.36	0.98	0.44	0.67
正庚烷	0.70	0.82	0.47	0.86	2,2-二甲基辛烷	0.14	0.30	0.11	0.17
正辛烷	0.29	0.76	0.28	0.53	3,5-二甲基辛烷	0.14	0.30	0.12	0.18
正壬烷	0.21	0.58	0.30	0.31	2,6-二甲基辛烷	0.14	0.29	0.13	0.17
正十烷	0.22	0.62	0.30	0.23	4乙基辛烷	0.11	0.30	0.11	0.17
正十一烷	0.15	0.49	0.17	0.07	5-甲基壬烷	0.07	0.22	0.08	0.12
正十二烷	0.11	0.23	0.08		4-甲基壬烷	0.18	0.51	0.18	0.27
总异构烷烃	28.56	23.47	36.74	37.83	2-甲基壬烷	0.21	0.56	0.23	0.35
异丁烷	0.97		0.57	0.12	3-甲基壬烷	0.21	0.69	0.23	0.37
2,2-二甲基丙烷	0.01				2,5-二甲基壬烷	0.06	0.16	0.05	0.06
异戊烷	8.58	0.21	13.64	13.28	2,6-二甲基壬烷	0.11	0.23	0.10	0.09
2,2-二甲基丁烷	0.02		0.04	0.13	5-甲基癸烷	0.26	0.62	0.26	0.17
2,3-二甲基丁烷	1.04	0.36	1.37	1.36	4-甲基癸烷	0.10	0.30	0.17	0.09
2-甲基戊烷	3.89	1.41	5.46	5.25	2-甲基癸烷	0.14	0.46	0.13	0.13
3-甲基戊烷	2.19	0.90	3.35	3.06	3-甲基癸烷	0.44	0.89	0.52	0.22
2,4-二甲基戊烷	0.53				4-甲基十一烷	0.19	0.41	0.16	0.03
3,3-二甲基戊烷	0.02	0.04		0.04	2-甲基十一烷	0.09	0.19	0.07	
2-甲基己烷	1.22	1.45	1.62	2.22	3-甲基十一烷	0.09	0.18	0.07	
2,3-二甲基戊烷	0.37	0.34	0.49	0.58	碳十链烷	0.09	0.11	0.05	0.11
3-甲基己烷	1.09	1.27	1.52	1.98	碳十一链烷	0.72	1.44	0.36	0.38
2,5-二甲基己烷	0.50	0.50	0.63	0.49	碳十二链烷	0.73	1.22	0.69	0.12
2,4-二甲基己烷	0.40	0.50	0.33	0.46	总芳烃	26.21	38.86	33.43	16.53
3,3-二甲基己烷	0.03	0.02	0.01	0.02	苯	0.74	0.36	1.02	0.45
2,3-二甲基己烷	0.22	0.39	0.17	0.32	甲苯	3.24	3.43	4.79	2.62
2-甲基庚烷	0.57	1.10	0.71	1.01	乙苯	1.14	1.55	1.45	0.85
4-甲基庚烷	0.20	0.37	0.25	0.35	间二甲苯	3.01	4.53	4.52	2.76
3,4-二甲基己烷	0.06	0.10	0.07	0.09	对二甲苯	0.94	1.34	1.36	0.79
3-甲基庚烷	0.71	1.24	0.82	1.12	邻二甲苯	1.45	2.19	2.11	1.25
3-乙基己烷	0.09	0.22	0.10	0.18	异丙基苯	0.11	0.18	0.08	0.09
2,3,5-三甲基己烷	0.03	0.04	0.02	0.03	正丙基苯	0.38	0.65	0.45	0.25
2,4-二甲基庚烷	0.13	0.21	0.10	0.17	间甲乙苯	1.55	2.50	2.08	1.14
2,6-二甲基庚烷	0.22	0.34	0.23	0.24	对甲乙苯	0.60	1.07	0.82	0.50
2,5-二甲基庚烷	0.25	0.41	0.27	0.32	1,3,5-三甲基苯	0.66	1.28	1.02	0.67

续表

装置编号	装置1	装置2	装置3	装置4	装置编号	装置1	装置2	装置3	装置4
邻甲乙苯	0.54	0.89	0.66	0.42	3-甲基-1-丁烯	0.49	0.01	0.25	0.36
1,2,4-三甲基苯	2.28	4.25	3.32	1.97	1-戊烯	0.80	0.05	0.42	1.07
1,2,3-三甲基苯	0.74	1.14	0.78	0.52	2-甲基-1-丁烯	2.48	0.11	1.33	2.16
茚满	0.62	1.13	0.70	0.30	反-2-戊烯	2.07	0.24	1.11	2.71
1,3-二乙苯			0.30	0.15	顺-2-戊烯	1.17	0.15	0.63	1.51
1-甲基,3-丙基苯	0.52	0.80	0.57	0.22	2-甲基-2-丁烯	4.67	0.47	2.52	3.94
1-甲基-4-丙基苯	0.28	0.63	0.31	0.17	4-甲基-1-戊烯	0.16	0.06	0.07	0.15
1-乙基-2,3-二甲基苯	0.65	1.14	0.80	0.34	3-甲基-1-戊烯	0.22	0.08	0.10	0.21
2-乙基,1,4-二甲基苯	0.41	0.72	0.43	0.17	顺-4-甲基-2-戊烯	0.15	0.06	0.07	0.14
5-甲基茚满	0.17	0.25	0.18	0.05	2-甲基-1-戊烯	0.76	0.38	0.35	0.69
1,2,4,5-四甲基苯	0.35	0.56	0.36	0.09	1-已烯	0.21	0.19	0.09	0.33
1,2,3,5-四甲基苯	0.47	0.70	0.50	0.10	2-乙基-1-丁烯	0.24	0.12	0.10	0.20
甲基茚满	0.63	0.86	0.61	0.07	反-3-已烯	0.34	0.29	0.15	0.46
4-甲基茚满	0.77	1.00	0.74	0.07	顺-3-已烯	0.13	0.11	0.06	0.18
1,2,3,4-四甲基苯	0.22	0.32	0.17	0.03	反-2-已烯	0.70	0.62	0.31	0.94
萘	0.43	0.61	0.64	0.03	2-甲基-2-戊烯	1.14	0.66	0.52	1.03
二甲基茚满	0.64	0.76	0.40	0.02	4,4-二甲基-1-戊烯	0.12	0.07	0.05	0.09
碳十芳烃	1.05	1.74	1.08	0.35	顺-2-已烯	0.40	0.36	0.18	0.53
碳十一芳烃	1.62	2.28	1.18	0.09	反-3-甲基-2-戊烯	1.12	0.71	0.52	1.00
总环烯烃	4.07	3.84	1.67	3.42	反4,4-二甲基-2-戊烯	0.01	0.01	0.01	0.03
环戊烯	0.38	0.09	0.25	0.29	2,3,3-三甲基-1-丁烯	0.05	0.03	0.02	0.03
3-甲基环戊烯	0.96	0.55	0.43	0.79	3,4-二甲基-1-戊烯	0.02	0.02		0.02
1-甲基环戊烯	0.95	0.71	0.35	0.69	2,4-二甲基-1-戊烯	0.05	0.05	0.02	0.07
环已烯	0.12	0.12	0.05	0.10	3-甲基-1-已烯	0.02	0.03	0.04	0.04
碳六环烯	0.01				3-乙基-1-戊烯	0.08	0.09		0.14
2-甲基环已烯	0.03	0.03		0.02	5-甲基-1-已烯	0.04	0.06		0.07
3-乙基环戊烯	0.05	0.08	0.02	0.05	2,3-二甲基-1-戊烯		0.07	0.17	0.08
4-甲基环已烯	0.02	0.03		0.02	反-2-甲基-3-已烯	0.06	0.14	0.03	0.15
1,2-二甲基环戊烯	0.50	0.63	0.18	0.41	4-甲基-1-已烯	0.09	0.11	0.05	0.11
1-乙基环戊烯	0.12	0.18	0.04	0.11	(顺,反)-4-甲基-2-戊烯	0.15	0.28	0.02	0.28
1-甲基环已烯	0.12	0.23	0.08	0.19	顺-3,4-二甲基-2-戊烯	0.06	0.11	0.03	0.11
碳七/八环烯	0.81	1.19	0.27	0.75	1-庚烯	0.07	0.16	0.03	0.14
总链烯烃	27.66	20.54	14.35	29.9	顺-3-甲基-3-已烯	0.09	0.20	0.03	0.17
丁烯	1.44		0.50	0.26	反-3-庚烯	0.10	0.40	0.11	0.38
反-2-丁烯	1.26		0.73	0.61	顺-3-庚烯	0.31	0.77	0.04	0.70
顺-2-丁烯	1.18		0.69	0.71	反-3-甲基-3-已烯	0.13	0.28	0.03	0.25

续表

装置编号	装置1	装置2	装置3	装置4	装置编号	装置1	装置2	装置3	装置4
反-2-庚烯	0.10	0.36	0.03	0.32	环己烷	0.17			
3-乙基-2-戊烯	0.10	0.17	0.06	0.15	1,1-二甲基环戊烷	0.02	0.01	0.02	0.02
反3-甲基-2-己烯	0.16	0.39	0.09	0.33	顺1,3-二甲基环戊烷	0.63	0.41	0.76	0.45
2,4,4-三甲基-1-戊烯	0.24	0.24	0.05	0.18	反1,3-二甲基环戊烷	0.72	0.68	0.82	0.74
顺-2-庚烯	0.05	0.35		0.32	反1,2-二甲基环戊烷	0.41	0.42	0.45	0.45
碳七烯	0.09	0.66	0.46	0.72	顺1,2-二甲基环戊烷	0.39	0.30	0.42	0.27
2,4,4-三甲基-2-戊烯	0.03	0.03		0.03	甲基环己烷	0.76	0.56	0.86	0.51
3,4-二甲基-1-己烯	0.07	0.14	0.02	0.08	1,1,3-三甲基环戊烷	0.11	0.09	0.13	0.09
顺4-甲基-2-庚烯	0.08	0.19	0.02	0.13	1,反2,4-三甲基环戊烷	0.24	0.21	0.26	0.19
2-甲基-3-庚烯		0.01		0.01	顺1,3-二甲基环己烷	0.35	0.37	0.33	0.27
2-甲基-1-庚烯	0.08	0.25	0.03	0.17	反1,4-二甲基环己烷	0.13	0.16	0.11	0.12
辛烯	0.31	0.26	0.25	0.18	顺1-乙基-3-甲基环戊烷	0.23	0.31	0.22	0.22
反-4-辛烯	0.19	0.46	0.06	0.30					
反-3-辛烯	0.18	0.66	0.10	0.43	顺-1-甲基-2-乙基环戊烷	0.15	0.18	0.10	0.13
顺-3-辛烯	0.06	0.17	0.01	0.11	顺1,2-二甲基环己烷	0.11	0.13	0.09	0.09
反-2-辛烯	0.28	0.45	0.21	0.31	乙基环己烷	0.14	0.19	0.13	0.12
顺-2-辛烯	0.14	0.28	0.09	0.11	1,1,3-三甲基环己烷	0.06	0.11	0.04	0.08
2-甲基-1-辛烯	0.09	0.16	0.01	0.10	1,1,4-三甲基环己烷		0.16	0.02	0.10
3-乙基庚烯	0.11	0.30	0.09	0.16	碳九环烷	0.56	1.07	0.39	0.57
1-壬烯	0.19	0.25	0.13	0.14	碳十环烷	0.18	0.51	0.13	0.20
反-4-壬烯	0.16	0.41	0.09	0.22	碳十一环烷	0.04	0.28	0.03	0.05
反-3-壬烯		0.29		0.16	总二烯烃	0.32	0.24	0.14	0.30
顺-3-壬烯	0.04	0.25		0.13	碳五二烯	0.05	0.00	0.02	0.05
反-2-壬烯	0.04	0.21	0.02	0.11	1,3-戊二烯	0.04	0.01	0.02	0.05
顺-2-壬烯	0.06	0.15	0.03	0.08	1,3-环戊二烯	0.05	0.01	0.02	0.04
碳八烯	0.49	0.82	0.29	0.60	2-甲基-1,3-戊二烯	0.02	0.02	0.02	0.01
碳九烯	0.83	1.98	0.30	1.14	2-甲基-1,3-环戊二烯	0.02			0.03
碳十烯	0.65	2.45	0.35	0.98	1,3-环己二烯	0.04	0.02	0.02	0.02
碳十一烯	0.26	0.65	0.18	0.15	2,3-二甲基-1,4-戊二烯	0.05	0.06	0.01	0.04
总环烷烃	7.29	6.95	7.97	6.17	碳九二烯	0.05	0.12	0.03	0.06
环戊烷	0.14		0.19	0.14	未知	1.53	2.12	1.27	0.29
甲基环戊烷	1.75	0.80	2.47	1.36	合计	100.00	100.00	100.00	100.00

2. 催化裂化汽油硫含量以及硫分布

汽油中的含硫化合物除了影响油品的储存安全性外，在使用时还会生成大气污染物SO_2。近年来，随着环保要求越来越严格，为减少汽车尾气中有害物质的排放，各国标准对汽油中的硫含量提出了更严格的限制指标。降低汽油中含硫化合物含量以减少环境中SO_X的排放是当前清洁汽油研究的重点之一，因此详细了解FCC汽油中硫化物的形态、含量和分布，是选择最优的脱硫工艺条件以达到最佳脱硫效果的基础。

在FCC工艺过程中，原料中的硫化物以不同的形式转化并分布到裂化产物中，其中大约原料硫的2%~10%进入汽油馏分。FCC汽油中的硫含量及硫形态与原料油的性质、裂化反应的深度和催化剂类型等因素有关。

典型FCC汽油中的含硫化合物，可采用气相色谱-硫化学发光检测器(GC-SCD)法分析，得到相应的含硫化合物的详细分布列于表2-1-9。从表2-1-9可以看出，FCC汽油中主要的硫化物种类有硫醇、硫醚、噻吩、烷基噻吩、苯并噻吩、甲基苯并噻吩等。硫醚含量较少，硫醇硫占总硫含量的7%左右。FCC汽油中硫含量较多的是噻吩类化合物，它的相对含量占硫化物总量的70%以上。因此汽油深度脱硫技术的开发主要以脱除这两类硫化物为主[4]。

表2-1-9 典型FCC汽油中的硫化物质量分布

组分名称	含量/%	组分名称	含量/%
硫化氢	0.04	碳五硫醚	0.07
羰基硫	0.08	甲基乙基二硫	2.88
甲硫醇	0.06	2-甲基四氢噻吩	0.37
乙硫醇	1.7	乙基噻吩	2.72
二甲硫醚	0.11	2,5-二甲基噻吩	1.89
二硫化碳	0.08	碳六硫醇	1.8
异丙硫醇	1.14	2,4-二甲基噻吩	4.18
烯丙基硫醇	0.08	2,3-二甲基噻吩	4.45
叔丁硫醇	0.16	甲基异丙基二硫	0.07
正丙硫醇	0.94	3,4-二甲基噻吩	2.15
甲乙硫醚	0.08	碳六硫醚	0.7
硫化丙烯	0.03	2,4-二甲基四氢噻吩	0.04
仲丁硫醇	0.13	甲基丙基二硫	0.2
噻吩	10.52	正丙基二硫	0.09
异丙基甲基硫醚	0.04	碳三噻吩	12.11
异丁硫醇	0.11	碳七硫醇	0.39
乙硫醚	0.05	碳四噻吩	7.42
正丁硫醇	0.19	碳八硫醇	0.43
叔戊硫醇	0.06	苯并噻吩	9.54
二甲二硫	5.98	四氢苯并噻吩	0.29
异戊硫醇	0.05	甲基苯并噻吩	4.4
2-甲基噻吩	7.8	碳八硫醚	0.41
3-甲基噻吩	8.45	其他	3.46
四氢噻吩	2.06	合计	100.00

影响FCC汽油含硫化合物类型分布的因素较多，如原料油、催化剂、操作条件等，因此不同的FCC装置生产得到的汽油中硫化物含量和类型均有差别，表2-1-10列出了部分装置FCC汽油中硫化物含量及分布的情况。不同FCC装置生产的汽油总硫含量差别较大，硫形态分布也存在一定差异。但是大多FCC汽油中含硫化合物主要以噻吩类含硫化合物为主，且分布在高沸点馏分中。

表2-1-10 不同装置催化裂化汽油硫含量和硫化物类型分布情况

装置编号	装置1	装置2	装置3	装置4
硫含量/(mg/kg)	201	371	508	840
硫化物类型分布/%(质)				
噻吩	10.10	11.59	9.65	14.35
C_1噻吩	15.15	16.17	23.83	32.69
C_2噻吩	12.38	15.09	24.6	27.99
C_{3+}噻吩	11.27	16.71	16.44	17.73
苯并噻吩	15.62	8.09	0.4	0.24
C_1苯并噻吩	8.32	5.39	0.21	0.12
硫醇和硫醚	17.73	20.75	12.81	4.46
其他	9.43	6.21	12.06	2.42
合计	100.00	100.00	100.00	100.00

由于原料变化或生产操作参数调整等原因，即使同一FCC装置在不同时间内生产的产品汽油性质也会有较大的不同，图2-1-6所示为某FCC装置生产的汽油在四个月时间内产品汽油中硫含量的变化情况。可见，不同时间该装置FCC汽油硫含量的波动较大，在该段时间内汽油硫含量最高为774 mg/kg，最低为465mg/kg。

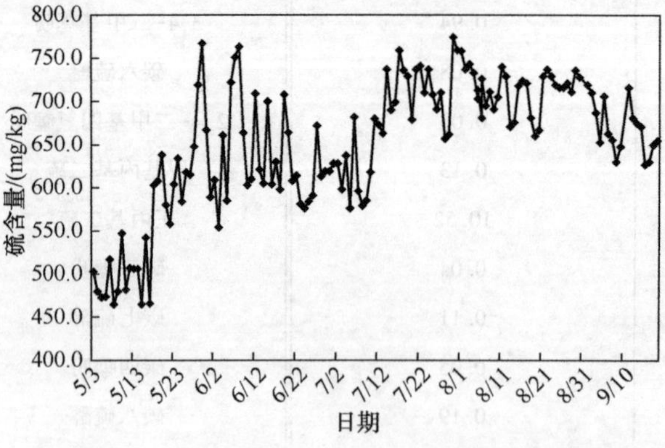

图2-1-6 不同时间某FCC装置汽油中的硫含量

3. 催化裂化汽油氮含量以及含氮化合物分布

石油产品中的氮化合物比硫化合物少很多，但许多研究者发现，油品在储存过程产生的沉淀中，其氮含量却往往比硫含量高。沉淀中的氮含量与油品中的氮含量相比时，有时会高出几十倍到几百倍，而硫含量之比只有数倍。这充分说明氮化合物是油品成胶的主要因素之一。油品中的碱性氮化物能促使可溶性胶质的生成略有增加，苯胺、喹啉等能使油品的颜色加深。而非碱性氮化合物，如吡咯、吖啶等，对于油品储存安定性有极大的影响，主要生成不溶性胶质并使油品颜色变深。此外，油品储存或者运输中含氮化合物会腐蚀设备；含氮化合物燃烧形成的 NO_x 排放到大气中还会造成环境污染。

汽油中含氮化合物的质量分数一般在 0.05%～0.5%，FCC 汽油中的含氮化合物种类主要是苯胺类、吡啶类、喹啉类碱性氮化物，也存在吡啶类、吲哚类等非碱性氮化物[5]，不同来源和不同馏分段的汽油样品中含氮化合物的类型分布不同。表 2-1-11 列出了 4 种不同 FCC 装置所产汽油中含氮化物的类型及分布情况。可见 4 套装置的 FCC 汽油中的氮含量一般在 10～50 mg/L 之间(以氮计含量)，氮主要以苯胺类氮化物的形式存在。

表 2-1-11　不同 FCC 汽油含氮化合物分布(以氮计)　mg/L

装置编号	装置 1	装置 2	装置 3	装置 4
乙腈	0.1	—	0.3	—
丙腈	0.4	—	0.2	—
吡咯	0.6	1.3	—	—
一甲基吡咯	1.2	—	—	—
苯胺	5.2	8.4	3.3	8.1
邻甲苯胺	4.7	8.6	3.2	8.7
对甲苯胺	2.6	2.9	1.8	0.6
间甲苯胺	5.8	8.3	4	7.7
2-乙基苯胺	0.3	0.6	0.3	0.3
2,4/2,6-二甲苯胺	3	3.5	1.3	2.4
2,5-二甲苯胺	2.9	3.2	1.2	2.4
3,5-二甲苯胺	1.6	0.9	0.6	1.2
3,4-二甲苯胺	1	—	—	0.6
2,3-二甲苯胺	0.7	1	0.6	0.5
2,4,6-三甲基苯胺	0.1	—	—	—
2,4,5-三甲基苯胺	0.4	0.3	—	—
未知	0.6	4.5	—	1.3
含氮总量	31.2	43.5	16.8	33.8

4. 催化裂化汽油的辛烷值

车用汽油最重要的质量指标是辛烷值，一般用研究法辛烷值(*RON*)、马达法辛烷值(*MON*)或者抗爆指数[(*RON*+*MON*)/2]来表示。马达法辛烷值测定(GB/T 503—2016)的试验工况规定为发动机转速 900r/min、冷却液温度 100℃、混合气温度 149℃。研究法辛烷值测定(GB/T 5487—2015)的试验工况规定为发动机转速 600r/min、冷却液温度 100℃、混合气温度不控制。用研究法测定时，由于其发动机的转速较低，混合气温度也较低，条件不如马达法苛刻，所得到的 *RON* 通常比 *MON* 高 5～10 个单位。

表 2-1-12 列举了各族烃类的辛烷值。可见，汽油的抗爆性主要取决于其化学组成。当相对分子质量相近时，各族烃类抗爆性优劣的大致顺序如下：正构烷烃<异构烷烃<烯烃<芳烃。

表 2-1-12　不同烃类的辛烷值

烃类名称	*RON*	*MON*	烃类名称	*RON*	*MON*
正构烷烃			异丁烯	88.1	101.5
丁烷	90.1	93.6	1-戊烯	77.1	90.9
戊烷	61.9	61.7	2-甲基-1-丁烯	108	118
己烷	26.0	24.8	2-甲基-2-丁烯	84.7	97.3
庚烷	0	0	1-己烯	68.4	76.4
辛烷	-17	-19	2,3-二甲基-1-戊烯	93	>100
异构烷烃			2,3-二甲基-2-戊烯	81	97
异丁烷	97.6	101.1	2,3,3-三甲基-1-丁烯	130	142
异戊烷	90.3	92.3	环烷烃		
新戊烷	80.2	85.5	环戊烷	85	100
异己烷	73.5	73.4	甲基环戊烷	80	91.3
新己烷	93.4	91.8	乙基环戊烷	61.2	67.2
异庚烷	46.4	42.4	环己烷	77.2	83.0
2,2,3-三甲基丁烷	—	116	甲基环己烷	71.1	74.8
2-甲基庚烷(异辛烷)	23.6	21.7	芳烃		
2,2,4-三甲基戊烷(异辛烷)	100	100	苯	91	99
烯烃			甲苯	142	124
1-丁烯	81.7	97.4	二甲苯	127	146
反-2-丁烯	86.5	99.6			

烷烃分子的碳链上分支越多、排列越紧凑，则抗爆性越好。烯烃比同碳数的直链烷烃的抗爆性好，而且烯烃中的双键越接近分子链中间位置，其抗爆性越好。环烷烃比同碳数的正构烷烃的抗爆性好得多，但是比异构烷烃的差。环烷烃上带有侧链则其抗爆性变差，侧链越长其辛烷值越低，如果侧链上有支链，则其抗爆性有所改善。芳香烃的抗爆性在各类烃中是最好的，许多芳香烃的辛烷值超过 100，带有侧链的芳香烃的抗爆性稍差，其辛烷值随着侧链的加长而降低。

FCC 汽油中含有较多的芳香烃、异构烷烃和烯烃，所以抗爆性较好，其 *RON* 能达到 90 以上。表 2-1-13 列出了部分 FCC 汽油的辛烷值数据。不同 FCC 装置生产的汽油辛烷值存在差异，不同 FCC 工艺类型、原料性质、反应温度、转化率和催化剂类型等都会影响汽油的辛烷值。

表 2-1-13　不同 FCC 汽油辛烷值对比

装置编号	装置 1	装置 2	装置 3	装置 4	装置 5	装置 6
RON	94.3	90.3	93	94.7	91.4	92.5
MON	82.5	80.1	81.8	83	81.4	82.6

5. 催化裂化汽油的蒸发性

车用汽油在发动机气缸内，必须要迅速汽化并与空气形成均匀的可燃混合气，这主要是由汽油本身的蒸发性所决定的。反映汽油蒸发性能的指标是馏程和蒸气压。

(1)馏程

汽油规格标准中用恩氏蒸馏的馏程描述其蒸发性能，对10%、50%、90%馏出温度和终馏点做出了具体要求。

10%馏出温度表示汽油中所含低沸点馏分的多少，对汽油机启动的难易有决定性影响。50%馏出温度表示汽油的平均蒸发性能，与汽油机启动后升温时间的长短以及加速是否及时均有密切关系。90%馏出温度和终馏点表示汽油中重馏分含量的多少。

(2)饱和蒸气压

汽油的饱和蒸气压是用规定的仪器，在燃料蒸气与液体的体积比为4：1以及37.8℃的条件下(GB/T 8017—2012)测定的，国外将此指标称为雷德蒸气压(RVP)。汽油的饱和蒸气压越大，蒸发性也越强，这样发动机易于冷启动，但同时蒸发损耗也越大，会带来相应的环境污染。

在我国，FCC汽油占据了汽油池中的大部分。生产过程中在保证汽油产率的情况下，可以通过改变工艺条件和原料性质来改变其稳定汽油组成，并结合吸收稳定系统的操作调节FCC汽油蒸气压的上下限。表2-1-14中列出了不同装置FCC汽油的蒸气压和馏程。

表2-1-14　不同装置催化裂化汽油蒸气压和馏程对比

装置编号	装置1	装置2	装置3	装置4
蒸气压(RVP)/kPa	67.4	65.4	61.6	68.3
常压馏程/℃				
初馏点	28.5	37	31.5	30.9
5%蒸发温度	38.6	41.2	43.5	41.6
10%蒸发温度	44.7	46.5	50	46.8
30%蒸发温度	61.2	58	72	62
50%蒸发温度	89.5	76.2	100.7	85
70%蒸发温度	131.7	107.7	136.2	122.1
90%蒸发温度	170.5	147.7	169.7	164.2
95%蒸发温度	182.7	159.6	179.5	177.5
终馏点	203	174.5	194.5	196.5

6. 催化裂化汽油的安定性

汽油在常温和液相条件下抵抗氧化的能力称为汽油的氧化安定性，简称安定性。安定性不好的汽油在储存和输送过程中容易发生氧化反应，生成胶质，使汽油的颜色变深，甚至会产生沉淀。影响汽油安定性的最根本原因是其化学组成，汽油中的烷烃、环烷烃和芳香烃在常温下均不易发生氧化反应，而汽油中的各种不饱和烃则容易发生氧化和叠合等反应，从而生成胶质，其产生胶质的倾向依下列次序递增：链烯烃<环烯烃<二烯烃。汽油中含有的不饱和烃是导致其性质不安定的主要原因之一。

评定汽油安定性的重要指标为实际胶质(按照GB/T 8019—2008测定)。实际胶质是指在一定的温度条件下，用一定流速的热空气吹过汽油表面使它蒸发至干，所留下的棕色或者黄色残渣经正庚烷抽提后的残余物。表2-1-15中列出国内不同FCC汽油所含胶质情况。

表 2-1-15　国内不同装置催化裂化汽油胶质分析结果对比

装置编号	装置 1	装置 2	装置 3	装置 4
(未洗)胶质/(mg/100mL)	1.2	2	2.7	3

FCC 汽油中的二烯烃含量的高低及进料方式对汽油吸附脱硫装置的生产运行有很大影响。当 FCC 汽油中含有一定量的二烯烃并在进料过程中与空气中的氧接触后，会在进料换热器的特殊部位形成胶质并逐渐积累。当形成的胶质积累到一定程度时就会堵塞换热器，造成换热器压降升高，以至无法正常生产。因此，汽油吸附脱硫装置要求从 FCC 装置直接热进料。对于在原料中间罐区储存过的汽油原料不宜直接作为装置进料，应返回 FCC 装置再处理。

三、氢气

汽油吸附脱硫工艺对反应进料中的氢气来源未做明确要求，重整氢、化肥氢以及制氢工艺得到的氢气等均可使用。工艺要求氢气纯度高于 75%，且氢气组成中氯含量不能高于 10mg/kg，水含量不能高于 50mg/kg。在装置日常生产过程中需定时分析氢气的纯度及组成。

第二节　产　品

汽油吸附脱硫装置的主要产品是超低硫精制汽油，并副产少量的气体。脱硫汽油产品的性质会随原料性质的变化及装置操作参数的改变而变化。

一、超低硫精制汽油产品

汽油吸附脱硫装置的液体产品为可满足车用汽油要求的硫含量小于 10 mg/kg 的超低硫精制汽油。根据《车用汽油》GB 17930—2016 的要求，该产品的关键控制指标包括硫含量、蒸气压、烃族组成等。

在日常生产过程中，根据企业油品调和质量要求制定汽油吸附脱硫装置汽油产品需满足的控制指标数值，同时，产品汽油需按时进行组成及性质的详细分析。各装置对产品汽油的分析项目及分析频次以及检测标准的要求会略有不同。汽油吸附脱硫的目的是对催化汽油脱硫，其装置产品的主要控制质量指标是精制汽油的硫含量，其他的质量指标基本由上游催化裂化稳定塔控制。当上游催化裂化稳定塔对汽油蒸气压不能完全控制时，汽油吸附脱硫装置的稳定塔可进行适当的补充控制。

催化汽油经过汽油吸附脱硫装置加工后，其组成及基本性质会发生部分变化。表 2-2-1~表 2-2-4 列出了某汽油吸附脱硫装置原料及产品的基本性质。对产品和原料的性质数据进行综合对比分析可知，产品汽油中硫含量较低。与原料相比，烯烃含量有所降低，辛烷值有少量损失。

1. 产品与原料主要性质的变化

表 2-2-1 列出了某汽油吸附脱硫装置分别加工两种原料，在正常运行工况下产品的主要性质。

表 2-2-1　不同原料产品汽油的主要性质

项目	工况Ⅰ	工况Ⅱ
原料硫含量/(mg/kg)	318.0	311.0
产品硫含量/(mg/kg)	7.0	9.0
脱硫率/%	97.8	97.2
原料辛烷值		
RON	89.4	90.4
MON	79.8	80.3
产品辛烷值		
RON	88.6	89.6
MON	79.8	80.3
抗爆指数损失	0.4	0.4

由表 2-2-1 中数据可见，经汽油吸附脱硫装置加工后，产品汽油中的硫含量由原料中的 318.0mg/kg 及 311.0mg/kg 分别降低到 7.0mg/kg 及 9.0mg/kg，脱硫率分别为 97.8%及 97.2%。产品汽油的研究法辛烷值由原料的 89.4 及 90.4 分别降低到 88.6 及 89.6。马达法辛烷值与原料相同，没有损失。汽油吸附脱硫装置加工过程中汽油抗爆指数的损失均为 0.4。

表 2-2-2 列出了某汽油吸附脱硫装置正常运行时不同原料及产品的部分性质对比情况。

表 2-2-2　原料及产品汽油的性质对比

项目	工况Ⅰ		工况Ⅱ	
	原料	产品	原料	产品
密度/(mg/L)	720.3	720.3	719.2	719.5
碱性氮/(mg/kg)	30	28	27	24
蒸气压/kPa	63.1	60.7	64.8	64.4
实际胶质/(mg/100mL)	1	1	<0.5	<0.5
溴价/(gBr/100mL)	32.1	25.9	29.3	24.5
铜片腐蚀	1b	1a	1b	1a
馏程/℃				
10%蒸发温度	49	49	49	50
50%蒸发温度	92	92	102.5	103
90%蒸发温度	170	170	174	175
终馏点	199	199	202.5	203
族组成/%(体)				
芳烃	17.3	17.4	18.2	19.8
烯烃	25.7	20.1	23.6	17.6
饱和烃	57.0	62.7	58.2	62.6

由表 2-2-2 中对比数据可以看出，经过汽油吸附脱硫装置加工后，产品汽油的密度、馏程等性质基本不变，族组成的变化主要表现为烯烃含量的降低及饱和烃含量的增加，芳烃含量基本不变。

2. 产品与原料中硫的形态和分布对比

催化汽油中主要的硫化物种类有硫醇、硫醚、噻吩、烷基取代噻吩、苯并噻吩、甲基苯并噻吩等。不同类型的硫化物在汽油吸附脱硫加工过程中反应机理不同，反应速率及转化率也不相同。表 2-2-3 列出了某汽油吸附脱硫装置汽油原料及产品中各种类型硫化物的含量情况。由表中数据可以看出，经汽油吸附脱硫工艺加工后，原料汽油中所含的硫醇、硫醚及甲基苯并噻吩类硫化物几乎可以完全脱除。产品中的硫化物类型主要为少量噻吩、烷基取代噻吩及苯并噻吩类，且烷基取代噻吩类硫化物中取代基碳数越多，在产品中所占的比例越高。由此可见，在汽油吸附脱硫反应过程中相对于硫醇、硫醚等硫化物，噻吩类化合物尤其是高碳数烷基取代噻吩脱除较难。

表 2-2-3　原料及产品中不同硫化物类型及含量

硫化物类型	含量/（mg/L）			
	工况Ⅰ		工况Ⅱ	
	原料	产品	原料	产品
噻吩	20.6	0.2	20.8	0.4
C_1噻吩	44.6	0.4	48.3	1.0
C_2噻吩	48.5	1.3	49.8	1.6
C_{3+}噻吩	56.0	3.4	50.6	2.7
苯并噻吩	25.7	—	21.7	0.4
甲基苯并噻吩	11.9	—	13.2	—
硫醚和硫醇	29.2	—	27.1	—
其他类型硫化物	18.7	—	19.3	—
合计	255.2	5.3	250.8	6.2

3. 原料与产品烃类的变化

(1)烃族组成及辛烷值变化

对汽油吸附脱硫装置原料汽油和产品汽油烃组成进行测定，可以清楚地了解脱硫过程中催化汽油馏分族组成及辛烷值变化情况，可为成品汽油调和提供数据依据。表 2-2-4 列出了脱硫前后催化汽油烃类族组成及辛烷值的变化情况。

表 2-2-4　脱硫前后汽油烃族组成及辛烷值的变化情况

物料	含量/%(体)				*RON*	*MON*
	饱和烃	苯	烯烃	芳烃		
原料	47.4	0.41	32.6	20.0	90.7	80.9
产品 1	50.0	0.44	29.3	20.7	90.1	80.4
产品 2	53.3	0.44	26.3	20.4	89.3	80.6

通过对表 2-2-4 的数据分析可以看出，在吸附脱硫过程中，由于临氢的原因，原料中有一定量的烯烃被饱和，导致产品中烯烃含量降低。由于催化汽油馏分中的烯烃是高辛烷值贡献组分，这也是脱硫后产品的辛烷值降低的主要原因，烯烃的饱和程度越高，辛烷值的损失就越大。

(2)烃组成变化

表 2-2-5 列出了汽油吸附脱硫装置汽油原料及产品中碳氢化合物类型的变化情况。

表 2-2-5 原料及产品中碳氢化合物变化

类型	含量/%(体)			
	工况Ⅰ		工况Ⅱ	
	原料	产品	原料	产品
正构烷烃	5.21	6.71	4.77	6.25
异构烷烃	36.15	37.44	36.07	37.46
烯烃	24.83	21.70	24.75	21.34
环烷烃	7.56	7.94	7.43	7.66
芳烃	25.53	25.49	25.70	25.87

对比表 2-2-5 中数据可以看出，经过汽油吸附脱硫工艺加工后汽油中碳氢化合物组成也发生了一定的变化。变化较大的是烯烃和烷烃，烯烃饱和后生成为烷烃。与原料相比，产品的烯烃含量降低，烷烃含量增加，环烷烃及芳烃含量基本不变。

(3)烯烃变化情况

汽油吸附脱硫加工过程中辛烷值的损失大都是由烯烃的饱和引起的。表 2-2-6 列出了汽油吸附脱硫原料及产品汽油中各种类型烯烃的变化情况。

表 2-2-6 原料及产品汽油中烯烃种类变化

烯烃类型	含量/%(体)			
	工况Ⅰ		工况Ⅱ	
	原料	产品	原料	产品
异构烯烃	13.11	11.85	13.13	11.87
正构烯烃	8.62	7.18	8.67	6.95
环烯烃	2.93	2.60	2.77	2.42
二烯烃	0.17	0.07	0.18	0.10
合计	24.83	21.70	24.75	21.34

由表 2-2-6 中的数据可知，原料中异构烯烃的数量分别 13.11%及 13.13%，产品分别变为 11.85%及 11.87%，与原料相比，产品异构烯烃含量分别降低了约 9.6%；原料中正构烯烃的数量分别为 8.62%及 8.67%，产品分别变为 7.18%及 6.95%，分别降低了约 16.7%和 19.8%；原料中环烯烃的数量分别为 2.93%及 2.77%，产品变为 2.60%及 2.42%，分别降低了约 33%和 12.6%；原料中二烯烃数量分别为 0.17%及 0.18%，产品中变为 0.07%及 0.1%，分别降低了约 58.8%和 44.4%。

与原料相比，产品二烯烃降幅最大，异构烯烃降幅最小。二烯烃不稳定、易氧化是造成汽油安定性差的主要原因，因此产品汽油中的二烯烃含量越低越好。而在烯烃中异构烯烃的抗爆指数最高，希望损失越少越好。由此可见，汽油吸附脱硫工艺产品烯烃的变化特点既能提高汽油安定性从而提升质量，又能最大限度地保留抗爆指数，进一步优化了汽油质量。

综合上述数据和分析对比可以看出，经过汽油吸附脱硫装置加工后，汽油的组成及性质会发生一定的变化，而且不同的原料类型及组成以及不同的工艺操作条件均会影响产品的性质。因此，在汽油吸附脱硫装置运行过程中，为了保持装置平稳运行，得到合格的产品，应及时掌握汽油吸附脱硫装置原料的组成及性质变化，进行相应的操作调整。

4. 蒸气压变化

由于影响汽油蒸气压的主要组分是碳四，因此控制汽油产品的蒸气压指标实质上就是控制汽油里的碳四含量。

因汽油吸附脱硫装置的原料是催化裂化的稳定汽油，来自催化裂化的稳定塔底。在催化裂化的稳定塔已经对催化汽油进行了稳定分离，即对其中的 C_{4-}组分进行了脱除，并且汽油吸附脱硫反应很少或基本不产生 C_{4-}的轻组分，因此，汽油吸附脱硫装置加工后的汽油蒸气压与原料蒸气压变化不大。

通常情况下，汽油的蒸气压应该由上游的催化裂化稳定塔来控制。由于操作等原因，当上游催化裂化稳定塔不能有效地脱除汽油中的轻组分控制蒸气压时，也可通过适当地调整汽油吸附脱硫装置的操作来补充调整蒸气压。通常可在稳定塔回流罐连续或间断排出轻烃(液化气)组分来实现控制汽油产品蒸气压的目的。

二、汽油吸附脱硫气体产品

除了液体汽油产品，汽油吸附脱硫装置还会副产很少量的气体产品，主要是稳定塔顶气。

1. 稳定塔顶气的来源

汽油吸附脱硫装置中设置稳定塔的目的是将由热产物气液分离罐和冷产物气液分离罐底来的反应产物中的轻重组分分离，以降低汽油产品的蒸气压。

反应产物中的绝大部分轻组分(主要是 C_4)是由原料带入装置的，吸附反应过程仅产生极少量的轻组分。由于气液平衡的原因，冷产物气液分离罐底的液体中也会溶解少量的氢气，也需要从稳定塔分离出去。

一般情况下，催化裂化稳定塔已经将液化气组分(C_3、C_4)从汽油中分离出去，进入吸附汽油脱硫装置的催化汽油中携带轻组分(C_3、C_4)很少，而反应过程产生的轻组分也极少。因此，吸附汽油脱硫装置的稳定塔没有必要再进行液化气组分(C_3、C_4)的分离，只是从稳定塔顶将少量的轻组分同气体一起分离出去。当回流罐的液位超高时不定期地排出液体轻烃，送回催化稳定塔处理，或作为液化气送出装置。

如果从催化裂化来的原料汽油中的轻烃(C_3、C_4)组分含量较多时，建议从稳定塔回流罐产出液化气(LPG)组分。

2. 稳定塔顶气的组成

从严格意义来说，稳定塔顶气不是干气，其中含有 H_2、C_1 ~ C_4和少量的 C_{5+}组分。塔顶气的组成主要取决于进料中轻组分的含量、装置所用含氢气体的纯度、反应条件、产品气液分离器以及稳定塔的操作条件。稳定塔顶气中的 H_2、C_1和 C_2基本是由装置所用含氢气体带入；C_3和 C_4大部分是原料汽油带入，少部分由反应生成；所携带的少量的 C_{5+}组分是由于塔顶物携带进入回流罐，回流罐的气液相平衡使 C_{5+}进入气体中。

如果稳定塔分离效果不好，会对装置汽油产品的质量和收率尤其是对蒸气压有影响。在一定的进料和氢气组成条件下，稳定塔顶产生的气体量基本上与原料和含氢气体所带入的轻烃量以及冷气液分离器溶解的氢气量相当，气体的组成也与之相对应。如果分出的气体量相对偏少并且与对应的组成(或平均分子量)相比偏轻的话，则说明稳定塔底的产品中有一部分轻组分未完全蒸出，可能会造成产品汽油的蒸气压超标；若塔顶气体量相对偏多并且组成偏重，说明汽油产品中的一部分组分(C_{5+})被蒸至塔顶，这样不但会造成汽油产品的收率降低，同时还会造成辛烷值的损失。

表 2-2-7 为某装置在不同操作工况下稳定塔顶气的组成。

表 2-2-7 稳定塔顶气组成

组成类型	工况Ⅰ		工况Ⅱ	
	%(体)	%(质)	%(体)	%(质)
氢气	45.9	3.7	55.6	4.75
甲烷	13.2	8.6	6.02	4.11
乙烷	10.3	12.6	4.19	5.37
乙烯	0.1	0.1	0.16	0.19
丙烷	5.9	10.6	1.98	3.72
丙烯	1.6	2.7	0.94	1.69
异丁烷	0.5	1.2	15.45	38.25
正丁烷	2.5	5.9	4.99	12.35
正丁烯	4.2	9.6	3.87	9.25
C_{5+}组分	15.8	45.0	6.8	20.32
合计	100.0	100.0	100.0	100.0

由表 2-2-7 可见，若以体积分数计，稳定塔顶气的主要组分是氢气，占全部组成的 50%左右。另外，其他主要组成则是 C_1~C_4、少量的 C_{5+}组分。若以质量分数计，则反之。

三、汽油吸附脱硫再生尾气

再生尾气是从再生器中排出的吸附剂再生气体。在反应器中吸附了硫的吸附剂在再生器内用空气氧化再生，将吸附剂上吸附的硫氧化成 SO_2后进入再生尾气中。

1. 再生尾气组成

再生尾气中含有一定量的二氧化硫，其典型组成见表 2-2-8。

表 2-2-8 再生尾气组成

组成	数据/%(体)
N_2	90.6
SO_2	4.9
H_2O	2.3
CO_2	2.0
O_2	0.2
CO	0.0
合计	100.0

从表 2-2-8 可见，再生尾气中的主要组成是氮气，另外还有少量的二氧化硫、水蒸气、二氧化碳和氧等。其中，氮和氧来自于再生所用的干燥空气，二氧化硫则是氧化反应发生后的产物，其含量通常会小于5%(体)。且为了避免低温条件下二氧化硫氧化生成三氧化硫并与氧气结合生成硫酸腐蚀输送管线，需根据现场情况采取蒸汽伴热或电伴热措施，保证二氧化硫始终呈气态。

再生反应生成的再生尾气出装置前，通常操作温度需维持在 180~204℃之间，压力约 0. 07MPa。流量会随着装置处理量和原料硫含量的变化而有所不同。例如，某厂公称规模 1. 5Mt/a、原料硫含量为 600 mg/kg 的汽油吸附脱硫装置，汽油产品的硫含量在 10 mg/kg 以下，正常工况下再生尾气的流量约 1. 6 t/h。

2. 再生尾气处理方式

由于再生尾气中含有 SO_2，若直接排放会造成严重的环境污染，因此，必须对再生尾气进行后处理。对于再生尾气的后处理有送往硫黄回收、催化烟气脱硫或碱洗装置进行处理三种成熟的处理方法，三种方法各有其优缺点。

国内建成的汽油吸附脱硫装置大多将再生尾气送往硫黄回收装置处理。通常包括引入制硫炉、催化转化反应器和尾气加氢反应器三种方式。该方法将尾气中的 SO_2 转化为硫黄产品进行回收，最经济合理。但受输送距离限制，在距离硫黄装置较远时此方法不可行。

目前，催化裂化装置都配套建设烟气脱硫脱硝设施，加之大部分汽油吸附脱硫与催化裂化都作为联合装置布置在一起，因此，汽油吸附脱硫装置的再生尾气可方便地送至催化烟气脱硫脱硝装置进行处理。

由于各种原因，在再生尾气不能实现在硫黄回收装置或催化裂化烟气脱硫脱硝设施进行处理的情况下，也可配套建设碱洗设施对其进行碱洗处理，但要消耗碱液，同时废碱液的处理也会给工厂带来麻烦。

参 考 文 献

[1] 侯晓明，庄剑 . S-Zorb 催化汽油吸附脱硫装置技术手册[M]. 北京：中国石化出版社，2013.

[2] 陈俊武，许友好 . 催化裂化工程与工艺[M]. 北京：中国石化出版社，2015.

[3] 许友好 . 我国催化裂化工艺技术进展 [J]. 中国科学：化学，2014，44(1)：13-24.

[4] 王文寿，毛安国，刘宪龙 . 催化裂化汽油中硫化物的吸附脱除研究[J]. 石油炼制与化工，2012，43(6)：6-10.

[5] 毛安国 . S Zorb 工艺过程反应规律分析 [J]. 石油炼制与化工，2017，48(6)：30-34.

第三章　汽油吸附脱硫反应化学

第一节　汽油中含硫化合物脱硫反应

催化裂化汽油中的硫主要为硫醇类硫、硫醚类硫、噻吩类硫等硫化物。在汽油吸附脱硫反应过程中，使用的吸附剂中含有镍和氧化锌组分。在再生过程中镍被氧化成氧化镍，在进行脱硫反应之前氧化镍先被还原为镍，各类硫化物在镍催化剂和氧化锌储硫剂的协同作用下，发生脱硫反应以及储硫反应[1~3]。

Tawara 等[4~6]报道了 Ni/ZnO 吸附剂用于燃料电池所使用的煤油的吸附脱硫效果，可稳定获得低硫浓度的超清洁油品。发现 Ni 在氢气的氛围下可与硫化物直接反应转化成 NiS，然后把硫再转移给 ZnO 形成硫化物 ZnS，同时 NiS 又还原为单质 Ni。Tawara 等人认为，Ni/ZnO 吸附剂为一种可“自再生”的反应吸附脱硫剂。基于上述研究结果，Babich 和 Moulijn[7]研究了 Ni/ZnO 吸附剂的反应吸附脱硫机理，结果如图 3-1-1 所示，单质 Ni 为反应的活性中心，而 ZnO 为吸附剂的主要容硫组分。NiO 在氢气的还原下变为单质，含硫化合物如噻吩的硫原子在吸附力的作用下，C—S 键断裂，S 原子与 Ni 继续反应成为硫化镍，而烃类部分从吸附剂上释放返回油品；硫化镍在氢气气氛中被还原回单质 Ni，产生的 H_2S 被 ZnO 迅速吸收成为 ZnS，从而使吸附剂可保持较长时间的脱硫活性，且不向外界释放硫化合物[8~10]。

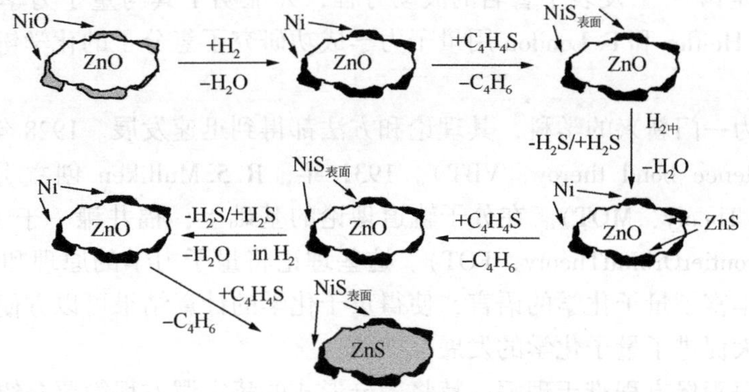

图 3-1-1　Ni/ZnO 反应吸附脱硫过程机理图

最初设计的汽油吸附脱硫吸附剂活性组分为氧化锌，载体为硅胶或氧化铝；新型的吸附剂载体为复合氧化物，MnO_2/ZnO/CaO 具有吸收 H_2S 的能力，以 ZnO 和活性 0 价金属锡或钴及双金属为活性组分，Ni 具有脱硫选择性和高活性，用作脱除裂化汽油或柴油中各种硫化物以生产超低硫燃料油。

范景新等[11~13]通过干混法制备了 3 种 Ni 基反应吸附脱硫剂，以催化裂化汽油考察不同吸附剂的反应吸附脱硫性能，镍基吸附脱硫剂经过还原和预硫化后，分别处理获得了不同镍化学形态的吸附剂。通过实验室小型固定床实验装置评价发现，活性组分 Ni 处于不同化学形态时，吸附剂脱硫活性有所同，脱硫性能最佳的吸附剂为还原态的镍基吸附剂，实验还考察了该吸附剂的最佳工艺条件，饱和硫容可高达 32.18%。

有文献报道[14]称 ZnO 和 NiO 晶相为吸附剂中的活性物相，镍提供吸附硫化物的活性位，通过氨气的还原作用将硫原子迅速转移给 ZnO 组分吸收，硫以 ZnS 的形式被储存在吸附剂中而不向油品中释放气体硫化产物。对 Ni/ZnO 吸附剂的动力学研究表明，反应初始阶段，镍吸附硫化物反应的速率为整个过程的速率控制步骤，随着反应不断进行，ZnO 表面被不断硫化造成吸附剂内硫扩散阻力不断增大，使得硫化物不能快速接触新鲜 ZnO，硫的扩散速度成为过程的速率控制步骤[15]。

在反应吸附脱硫过程中，ZnO 为主要的吸附剂成分，它的物理结构、化学性质和容硫能力对提高吸附剂的脱硫效果具有重要的影响。根据动力学研究发现，小颗粒 ZnO 活性组分能够快速接触硫化物转化为 ZnS，不仅可以提高脱硫活性，且可以提高 ZnO 组分的利用率，从而增加吸附剂的容硫能力。

因此，众多学者[16]研究了 ZnO 的合成及其在脱硫方面的应用。纳米 ZnO 是粒径在 1~100nm 之间的新型无机材料，颗粒尺寸的细微化使颗粒的比表面积急剧增加，具有了普通 ZnO 所不具备的小尺寸效应、表面效应、宏观量子隧道效应和量子尺寸效应。有文献报道，粒度在纳米级的 ZnO 脱硫剂脱硫效果是普通分析纯 ZnO 的 40 倍，而其活性的提高不是源于表面改性的方式，而是源于粒径、比表面积及颗粒形态的改变，使得纳米 ZnO 比普通的 ZnO 具有更多的优异性能。

一、量子化学与第一性原理研究方法简介

量子力学是 20 世纪最伟大的发现之一。1925 年，海森堡[17,18]创立量子力学的矩阵形式。1926 年，薛定谔[19~22]发表了著名的波动方程，并证明了其与量子力学矩阵表述的等价性。1927 年，W. Heitler 和 F. London 用量子力学成功研究了氢分子的化学键，标志着量子化学的开始。

量子化学作为一门新兴的学科，其理论和方法都得到迅速发展。1928 年，Lpauling 创立了价键理论（Valence bond theroy，VBT）。1931 年，R. 5. Mulliken 创立分子轨道理论（Moleeular orbital Theory，MOT）。在分子轨道理论的基础上，福井谦一于 1952 年提出了前线轨道理论　（FrontierOrbitalTheory，FOT）。这些理论将量子力学的原理和传统化学的直观经验紧密结合，丰富了量子化学的语言，使得量子化学的计算结果可以方便地对应于化学上的基本概念，大大促进了量子化学的发展。

矩阵形式的海森堡方程难于理解，特将微分形式的薛定谔方程简要介绍如下。

薛定谔方程是量子力学基本方程，理论上来说，对薛定谔方程的求解可以获得对分子多电子体系中电子结构和相互作用的全部描述，从而了解分子体系的全部内在性质。

不含时的薛定谔方程的一般形式为 $H\Psi=E\Psi$，其在非相对论近似下可以表示为：

$$\{-\sum_{p}\frac{1}{2m_p}\nabla^2{}_p-\frac{1}{2}\sum_{j}\nabla^2{}_j+\sum_{p<q}\frac{Z_pZ_q}{R_{pq}}+\sum_{j<k}\frac{1}{r_{jk}}-\sum_{p,j}\frac{Z_p}{r_{pj}}\}\Psi(R,\ r)=\varepsilon\Psi(R,\ r) \qquad (3\text{-}1\text{-}1)$$

式中，p 和 q 代表原子核，j 和 k 代表电子，m_p 为原子核 p 的质量，Z_p 为 p 原子的核电荷数，Z_q 为 q 原子的荷电核数，R_{pq} 为原子 p 和 q 之间的距离，r_{jk} 为第 j 个和第 k 个电子之间的距离，r_{pj} 为第 p 个原子核与第 i 个电子之间的距离，$\Psi(R,\ r)$ 为分子体系的波函数，R 代表所有

原子核的坐标，r 代表所有电子的坐标，ε 为分子体系的能量。方程{}中的第一项为原子核的动能项，第二项为电子的动能项，其后二项为体系的势能项，用 $V(R, r)$ 表示：

$$V(R, r)=\sum_{p<q}\frac{Z_pZ_q}{R_{pq}}+\sum_{j<k}\frac{1}{r_{jk}}-\sum_{p,j}\frac{Z_p}{r_{pj}} \tag{3-1-2}$$

从式(3-1-1)和式(3-1-2)中不难看出，含有多个电子和原子核的薛定谔方程异常复杂，在数学上几乎是不可解的，为了解决这一问题，人们对其进行了许多简化和近似。

由于分子体系中电子的运动速度很高，根据相对论，其质量不是一个常数。忽略相对论效应，把电子的质量 m 视为其静止质量(9.1093897×10^{-31} kg)，可以使所处理的问题得以简化，称之为非相对论近似。

Born-Oppenhimer 近似(B-O 近似)是针对分子体系的量子化学计算的一条基本近似。分子体系中核的质量比电子的质量要大 1000 倍以上，核的运动比电子的运动要慢得多，故当核发生任何微小移动时，电子都可以在瞬间作出响应，建立起与变化后的核力场相应的运动状态。Born-Oppenhimer 近似认为电子在核的相对位置固定不变的力场中运动，因此该近似条件也称为冻核近似。采用这一近似后，可以使分子体系中的核运动和电子运动分别处理，实现 $\Psi(R, r)$ 中变量 R 和变量 r 的分离，大大方便了薛定谔方程的求解。

在本章的研究过程中，大量采用了第一性原理的研究方法，现将第一性原理的基本概念介绍如下。

根据原子核和电子相互作用的原理及其基本运动规律，运用量子力学原理，从具体要求出发，经过一些近似处理后直接求解薛定谔方程的算法，习惯上称为第一性原理。第一性原理一般采用从头计算的方式，不需要任何参数，只需要一些基本的物理常量，就可以得到体系基态的基本性质。

石油中的烃分子结构多种多样，但究其本质，均属于多电子体系，即由很多个电子和不同种类的原子核构成的体系，在长期的化学研究过程中，化学家们得到了一个普遍的准则：分子结构决定了分子的性质。这条准则是化学家们长期以来根据实验事实归纳总结得到的，之前并未得到严格的证明。1964 年，美国加利福尼亚大学的 Water Kohn 教授和 Hobenberg 博士从薛定谔方程出发，严格证明了它。

Hobenberg-Kohn 第一定理：多电子体系若其基态是非简并的，则该基态体系中核与电子的相互作用势能 $V(r)$ 唯一的取决于体系的电子密度 $\rho(r)$（只差一个无关紧要的常数项）。

具体证明过程从略，感兴趣的读者可以参看相关量子力学教材。

关于 Hobenberg-Kohn 第一定理，还可以得出以下推论。

1）尽管以上的定理是在基态非简并的条件下证明的，但是进一步的研究可以证明，即使是在简并的基态下，以上定理依然成立。

2）推论：处于基态的多电子体系的所有性质取决于体系的电子密度 $\rho(r)$，其原因是，既然基态多电子体系的电子云密度 $\rho(r)$ 和外场 $V(r)$ 是一一对应的，于是 $\rho(r)$ 只可能对应一个 Hamilton 算符，根据量子力学原理，该体系的电子总能量 E 是密度的唯一泛函 $E[\rho]$ 也就决定了。同样，电子动能 $T[\rho]$、电子间势能 $Vee[\rho]$、电子的化学势 $\mu=\left(\frac{\partial E}{\partial N}\right)_V$、电负性 $\chi=-\left(\frac{\partial E}{\partial N}\right)_V$、绝对硬度 $\eta=\frac{1}{2!}\left(\frac{\partial^2 E}{\partial N^2}\right)_V$ 等也就随之确定了，其他所有的性质也就随之确定了。

3) Hobenberg-Kohn 第一定理表明，基态体系的核骨架决定了体系的一切物理化学性质，即“结构决定一切”，只要薛定谔方程和变分原理成立，这一结论就成立。

4) 基态的分子结构决定一切，所以关于基态体系的一切化学计算、模拟必定要先从结构入手，通过结构来推测分子或原子基团的反应性能和反应特点。

密度泛函理论(Density Functional Theory，DFT)，是基于量子力学和玻恩-奥本海默绝热近似的从头算方法中的一类解法，与量子化学中基于分子轨道理论发展而来的众多通过构造多电子体系波函数的方法(如 Hartree-Fock 类方法)不同，这一方法构建在一个定理的基础上，即体系的基态唯一的决定于电子密度的分布(即上述的 Hohenberg-Kohn 第一定理)，从而使得我们可以采用最优化理论，通过 KS-SCF 自洽迭代求解单电子多体薛定谔方程来获得电子密度分布，这一操作减少了自由变量的数量，减小了体系物理量振荡程度，并提高了收敛速度，并易于通过应用 HF 定理等手段，与分子动力学模拟方法结合，构成从头算的分子动力学方法。

1965 年，Kohn 和沈吕九提出了 KS-DFT 方程，引入了轨道，且形式与 HF 颇为相似，一般所说的 DFT 计算都是基于 KS-DFT 方程的计算，有的研究者坚持不依赖于轨道做 DFT 计算，称之为 Orbital-free DFT，但是没有什么实用性。

密度泛函理论最普遍的应用是通过 Kohn-Sham 方法实现的。在 Kohn-Sham DFT 的框架中，最难处理的多体问题(由于处在一个外部静电势中的电子相互作用而产生的)被简化成了一个没有相互作用的电子在有效势场中运动的问题。这个有效势场包括了外部势场以及电子间库仑相互作用的影响，例如，交换和相关作用。处理交换相关作用是 KS-DFT 中的难点。目前并没有精确求解交换相关能 EXC 的方法。最简单的近似求解方法为局域密度近似(LDA)，此外还有广义梯度近似(GGA)和杂化泛函等方法。

在本文的计算过程中，我们采用了 Materials Studio 这一款计算工具中的 Dmol3 计算模块进行了计算。

DMol3 是一种独特的密度泛函(DFT)量子力学程序，是唯一的可以模拟气相、溶液、表面及固体等过程及性质的商业化量子力学程序，应用于化学、材料、化工、固体物理等许多领域。可用于研究均相催化、多相催化、分子反应性、分子结构等，也可预测溶解度、蒸气压、配分函数、溶解热、混合热等性质。

在本研究过程中，主要采用了广义梯度近似 GGA 泛函 PBE 来进行计算。

PBE 是 GGA 泛函的一种，它的参数多数是通过物理背景推导出来的，结果较为可靠，特别是在涉及能量的计算中，一般结果较好。

对于化学反应细节的研究中，通常还涉及反应过渡态和反应中间体的概念。

20 世纪 30 年代，Eyring 等[23]提出了一个开创性的理论——化学反应过渡态理论，成功地应用于阐释化学反应的机理及结构与反应性的关系。他们认为任何绝热的化学反应过程，均要经过一个能量高于反应物和产物的过渡态，而且这一过渡态处于化学键生成和断裂的中间状态，其结构极不稳定，可以生成产物，也可以回到反应物。因此，如果能够充分了解反应过渡态的分子结构和电子结构性质，对于了解反应的机理及影响化学反应速率的因素极有帮助。但是反应过程中过渡态的存在时间极短，很难从实验上得到大量有关的结构和物理性质等数据。

对于化学反应机理的研究，一般是通过基元反应进行研究的，基元反应是指反应物通过简单的过渡态直接生成产物的过程，在有机化学反应中，这类反应所占比例不大。要通过几个基元反应才能描述的化学反应，称为复杂反应。在复杂反应中，每个基元反应都有其自身的过渡态。

虽然通过研究反应的活化能、活化熵以及动力学同位素效应能给出相应的过渡态实验信息，但远远不能满足化学家、生物学家对化学反应机理的探索。为了从理论上对过渡态进行研究，理论化学家们做了大量的工作，现在可以利用分子力学、量子化学等方法从理论上找到过渡态的分子结构。

在简单反应或者基元反应中，沿着反应坐标轴有一最高能垒，具有这种能垒的结构状态称之为过渡态，它是由一组简单的核运动来完成的，在过渡态中，表现为要断裂的键尚未完全断裂，要生成的键尚未完全生成。而在复杂反应中，沿着反应坐标轴常有多个最高能垒，在每两个最高能垒之间有一个最低能垒，具有这种最低能垒结构的状态称为反应中间体。尽管反应中间体的能量低于最高能垒，但其能量依然高于反应物和产物。由反应物至反应中间体，再由反应中间体进一步反应至产物，都需要经过高能垒的过渡态。

反应中间体不同于过渡态，它具有一定的价键结构。过渡态的生命周期极短，相当于振动能级的大小，约为 $10^{-13}\sim10^{-14}$s。反应中间体则不同，它们尽管同样很活泼，但却有一定的生命周期，比过渡态稳定，大部分可以用近代物理仪器测定出来。对于生命周期较长的反应中间体，甚至可以通过改变反应条件或运用其他手段，将其直接分离出来。

从数学角度分析化学反应基态势能面得知，反应物、生成物和过渡态是曲面的极值点。对于 N 个原子的体系（$3N-6$ 维坐标），极值点的一阶导数满足条件：

$$\frac{\partial E}{\partial R_i}=0\ (i=l,\ 2,\ \cdots,\ 3N-6)$$

式中：E 为能量；R_i 为坐标。

而过渡态处于势能面的“鞍点”上，只有一个坐标的二阶导数小于零，其余均大于零，如图 3-1-2 所示。

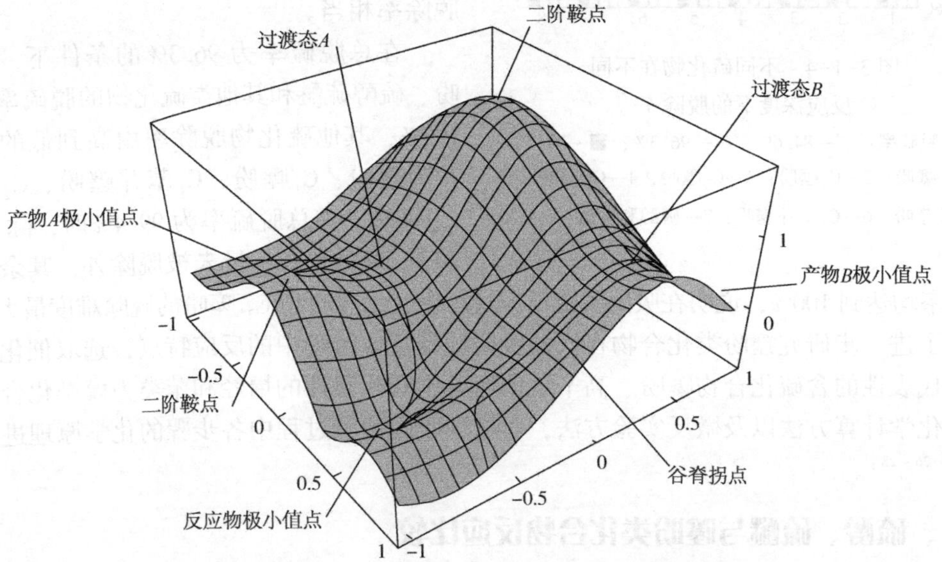

图 3-1-2　反应物、生成物和过渡态示意图

由图 3-1-2 和图 3-1-3 可知，过渡态是一个特殊的点，它是反应方向上的能量最大值，同时又是其他所有方向上的能量最小值。

反应热即反应的焓变(用 ΔH 表示)，指的是生成物与反应物之间的能量差距。反应热对反应平衡的影响非常大，反应热每变化 1 kJ/mol，反应的平衡常数将变化 150%。

反应的能量势垒是指反应物转化为生成物的过程中需要越过的能量最高点，用 E_a 表示，能量势垒越低，表明反应在动力学上越容易发生。

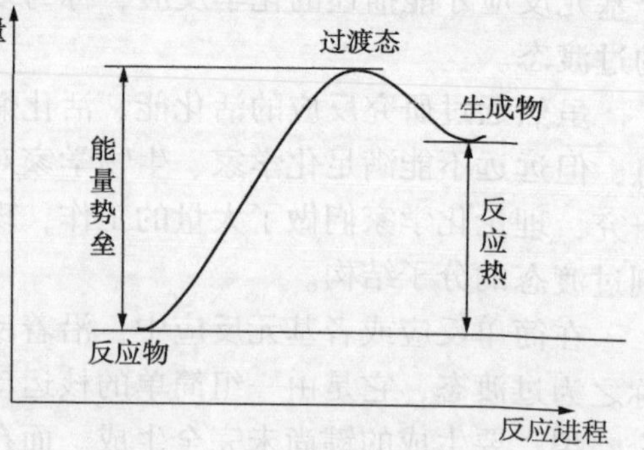

图 3-1-3　过渡态、反应热和能量势垒示意图

二、不同类型含硫化合物反应差异

催化裂化汽油中不同类型硫化物在汽油吸附脱硫反应过程中的脱除率相差较大[24,25]，图 3-1-4 为汽油吸附脱硫反应过程中汽油脱硫率为 84.6%、96.3%、99.4%时各类硫化物的脱除率。在总硫脱除率为 84.6%时，苯并噻吩和硫醇硫醚类硫化物的脱硫率均大于 90%，以苯并噻吩居首，脱硫率高达 98.9%。按脱硫率由高到低的顺序依次为苯并噻吩、硫醇硫醚、噻吩、C_1苯并噻吩、C_1噻吩、C_2噻吩和 C_{3+}噻吩，其中 C_1噻吩和 C_1苯并噻吩的脱除率相当，其他未鉴别硫化物与硫醇硫醚类脱除率相当。

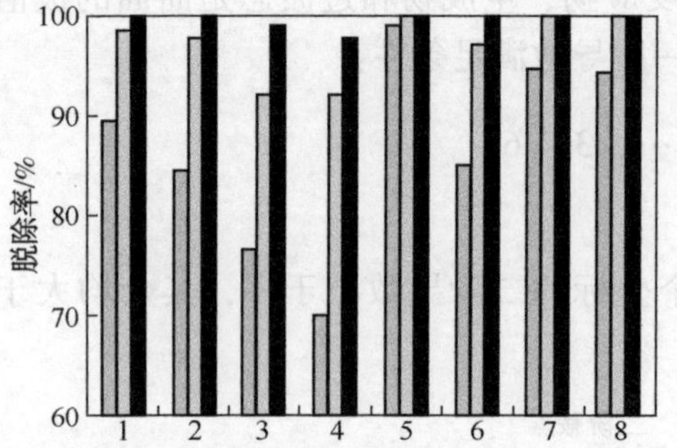

图 3-1-4　不同硫化物在不同反应深度下的脱除率

汽油脱硫率：■—84.6%；■—96.3%；■—99.4%

1—噻吩；2—C_1噻吩；3—C_2噻吩；4—C_{3+}噻吩；5—苯并噻吩；6—C_1苯并噻吩；7—硫醇和硫醚；8—其他

在总脱硫率为 96.3%的条件下，苯并噻吩、硫醇硫醚和其他类硫化物的脱硫率均达到 100%，其他硫化物脱除率由高到低的顺序依次为噻吩、C_1噻吩、C_1苯并噻吩、C_2噻吩和 C_{3+}噻吩。在总脱硫率为 99.4%时，除 C_2噻吩和 C_{3+}噻吩尚有痕量未被脱除外，其余硫化物的脱硫率均达到 100%，说明在吸附脱硫反应过程中，C_2噻吩和 C_{3+}噻吩的脱除难度最大。

为了进一步研究噻吩类化合物在汽油吸附脱硫反应过程中的反应特点，选取催化裂化汽油中有代表性的含硫化合物噻吩、高辛烷值组分中有代表性的烯烃和苯类为模型化合物，采用量子化学计算方法以及微反实验方法，对汽油吸附脱硫过程中各步骤的化学原理进行了深入分析[26~28]。

三、硫醇、硫醚与噻吩类化合物反应比较

从前文的讨论中可知，噻吩类化合物发生反应的难度高于硫醇硫醚类化合物，接下来从分子结构和反应化学的角度对这一过程进行研究。

首先列出硫醇、硫醚类化合物和噻吩类化合物的结构数据。如表 3-1-1 所示。

表 3-1-1 硫醇、硫醚和噻吩结构数据

化合物结构	左边 C—S 键长/nm	右边 C—S 键长/nm
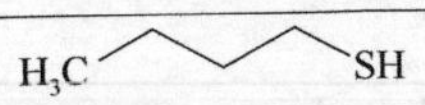	0.184374	
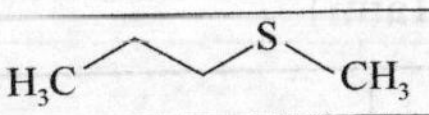	0.183260	0.182008
	0.172940	0.172940

从表 3-1-1 可知，与噻吩分子中 C—S 键相比，硫醇和硫醚的 C—S 键键长较长，键能较低，较容易发生反应，即更加容易脱除。

通过量子力学计算，可以得出硫醇、硫醚以及噻吩发生裂化的焓变 ΔH 以及反应活化能 E_a，其结果如表 3-1-2 所示。

表 3-1-2 硫醇、硫醚和噻吩裂化反应能量数据

反应式	ΔH(0K)/(kJ/mol)	E_a/(kJ/mol)
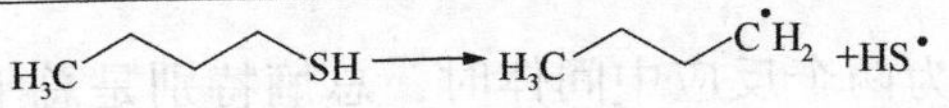	288.23	313.77
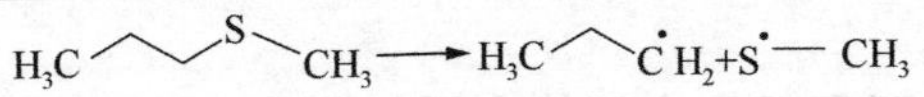	313.17	312.77
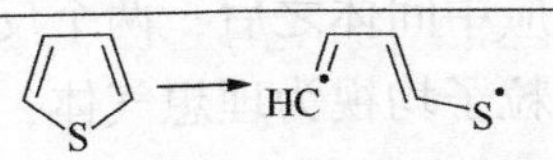	320.83	569.32

从表 3-1-2 可知，硫醇、硫醚和噻吩分子发生裂化反应时均为吸热反应，且噻吩分子发生裂化反应所需吸收的热量较多，反应的活化能也较高，反应的发生较为困难。

表 3-1-2 从反应热和活化能两个方面说明了噻吩分子发生开环裂化的难度较高，但这并非反应细节的全部，也非噻吩类化合物难以转化的全部原因。

在文献中已经报道和讨论了链状结构烃类和环状结构烃类的反应异同点，下面针对硫醇类化合物和噻吩类化合物，来详细分析这一问题。

影响一个反应的热力学因素，一般用 ΔG 来表示，ΔG 代表了反应前后吉布斯自由能的变化情况，$\Delta G=-RT\ln K$，当 ΔG 为绝对值很大的正数时，表明在该反应条件下反应的平衡常数很小，平衡状态下反应进行的程度很小；当 ΔG 为绝对值很大的负数时，表明在该反应条件下反应的平衡常数很大，平衡状态下反应进行的程度很大。

根据热力学公式 $\Delta G=\Delta H-\Delta TS$，在恒温条件下，该公式可以写做：

$$\Delta G=\Delta H-T\Delta S$$

裂化反应中 ΔH 一般为绝对值较大的正数，如表 3-1-2 所示，为了使得 ΔG 为负数，需要有较大的 ΔS，即反应的熵变较大。

链状结构发生反应时，可以写做 AB→A+B，即 1mol 反应物生成 2mol 产物，而环状结构发生反应时，可以写作 A→B，即 1mol 反应物生成 1mol 产物。

根据统计热力学的理论，$S=S_t+S_r+S_v+S_e+S_n$，其中 S_t、S_r、S_v、S_e 和 S_n 分别代表平动

熵、转动熵、振动熵、电子熵和核熵。在常规反应条件下(低于2500℃)，S_e和S_n几乎不发生变化，因此考察常规化学反应时，主要讨论平动熵、转动熵和振动熵即可。

常规的裂化反应通常在气体条件下进行，气体的熵中，平动熵占据主要比例，表3-1-3列出几种烃类分子及自由基的熵数据。

表3-1-3　硫醚与噻吩及其裂化产物熵数据(298.15K，1atm)

烃类结构	总熵/[J/(mol·K)]	平动熵/[J/(mol·K)]	转动熵/[J/(mol·K)]	振动熵/[J/(mol·K)]
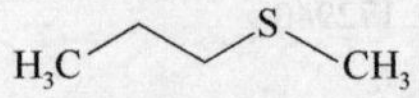	346.14	164.81	112.00	69.32
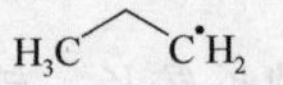	269.20	155.60	94.17	19.42
S·——CH_3	243.28	156.71	83.64	2.92
	288.91	163.95	105.67	15.12
	322.07	163.95	109.10	49.03

从表3-1-3可以看出，当一个烃类分子裂化为两个反应中间体时，总熵特别是总平动熵有非常明显的增加。

除此之外，还需要考虑当一个烃类分子裂化为两个反应中间体之后，两个反应中间体混合引起的熵变。为了计算简单起见，不妨将反应前后三种粒子均视为理想气体，则：

$$\Delta_{mix}S=-R\sum_{B}n_B\ln x_B$$

式中，n_B为物质B的摩尔数，x_B为物质B的摩尔分数。将数据代入得：

$$\Delta_{mix}S=11.526\ J/(mol\cdot K)$$

通过表3-1-3的数据可知，在298.15K条件下，甲丙硫醚发生裂化反应的熵变为177.87 J/(mol·K)，而噻吩发生裂化反应的熵变为33.16 J/(mol·K)，噻吩裂化反应的熵变明显不足。

为了更进一步说明这个问题，分别讨论了甲丙硫醚和噻吩在650K(377℃)、675K(402℃)和700K(427℃)条件下反应的ΔG。

首先给出不同温度下各个反应物的能量数据，见表3-1-4。

表3-1-4　甲丙硫醚和噻吩及其裂化产物不同温度下能量数据

烃类分子	T/K	S/[J/(mol·K)]	C_p/[J/(mol·K)]	H/(kJ/mol)
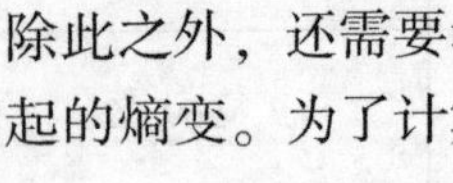	650	462.22	196.06	413.16
	675	469.71	200.84	418.12
	700	477.09	205.43	423.19
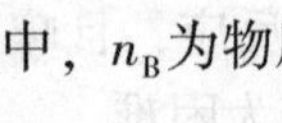	650	342.14	122.95	272.44
	675	346.83	125.97	275.56
	700	351.47	128.89	278.74

续表

烃类分子	T/K	S/[J/(mol·K)]	C_p/[J/(mol·K)]	H/(kJ/mol)
	650	285.30	66.08	123.26
$S—CH_3$	675	287.82	67.31	124.93
	700	290.29	68.50	126.63
	650	365.65	133.84	222.71
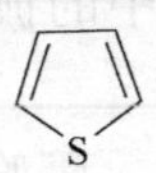	675	370.75	136.47	226.09
	700	375.76	138.96	229.53
	650	412.09	140.74	214.95
	675	417.45	143.03	218.50
	700	422.69	145.20	222.10

表 3-1-4 中，H 是指该温度下生成焓与 0K 时生成焓的差值。对于一个反应，当温度由 T_1 升至 T_2 时，其反应热可以由基尔霍夫公式求出：

$$\Delta_r H_m(T_2) = \Delta_r H_m(T_1) + \int_{T_1}^{T_2} \Delta_r C_{p,m} dT$$

式中：$\Delta_r H_m(T_1)$ 和 $\Delta_r H_m(T_2)$ 分别为温度 T_1 和 T_2 的摩尔反应热；$\Delta_r C_{p,m}$ 表示产物与反应物的热容差。但在本计算过程中，可以直接求出不同温度下反应物焓和产物焓的修正值，就可以省去复杂的积分过程，直接将反应物焓和产物焓的修正值相减，就可以得到不同温度下的摩尔反应热。

通过计算，可以得出两个反应在不同温度下的 ΔG 数据，如表 3-1-5 所示。

表 3-1-5　甲丙硫醚和噻吩不同温度下 ΔG 数据

反应式	ΔG(650K)/(kJ/mol)	ΔG(675K)/(kJ/mol)	ΔG(700K)/(kJ/mol)
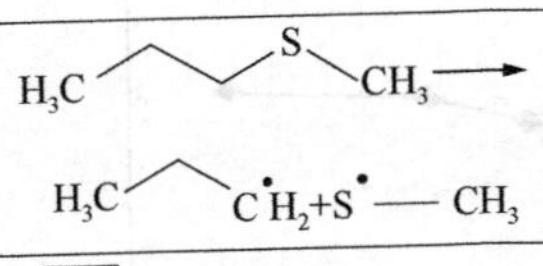	180.83	176.43	172.01
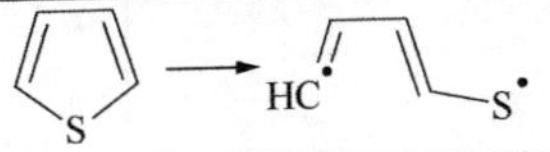	282.88	281.72	280.55

从表 3-1-5 可以看出，在相同的反应温度下，甲丙硫醚和噻吩的 ΔG 数据相差约 100 kJ/mol，表明其反应难易程度有着非常明显的不同。

综上所述，噻吩类化合物由于其自身的结构特点，导致其发生反应较为困难，与硫醇和硫醚相比，在同样的反应条件下，转化率相对较低。在接下来的研究中，将重点研究噻吩类化合物，考察其在加氢条件下的反应规律和特点。

四、噻吩分子与金属 Ni 的相互作用

对噻吩分子的电子结构特征研究结果表明，噻吩分子具有 π_5^6 的共轭结构，且 S 原子电负性高于 C 原子，具有吸电子性，使噻吩分子中其他原子向 S 原子提供电子，其结构如图 3-1-5 所示。

S 原子的吸电子活性和噻吩环的共轭特性使 S 原子带 -0.361e 电荷，具有了供电子活

性，而与 S 相邻的 C 原子带 0.047e 电荷，处于缺电子状态。在深入认识噻吩电子结构的基础上，对汽油吸附脱硫吸附剂中的活性组元 Ni 原子核外电子排布进行了分析研究。金属 Ni 原子外核电子为[Ar]$3d^8 4s^2$，其 3d 轨道上有 8 个电子，倾向于再获得 2 个电子，形成全满的 $3d^{10}$稳定结构。根据分子轨道杂化理论，Ni 原子容易形成 dsp^2杂化，参加反应时其外层轨道分别是 $3d^2z$、4s、4py、4pz，其中 $3d^2z$ 和 4s 轨道是半填充轨道，容易接受带有单电子的自由基；4py 和 4pz 为空轨道，容易接受孤对电子，这也意味着噻吩分子中的孤对电子可能进入 Ni 的空轨道，并进一步发生反应。

噻吩分子与 Ni 二元体系相互作用过程的分子模拟结果如图 3-1-6 所示。噻吩分子中 S 原子与 Ni 原子两者距离为 0.8nm 时，随着噻吩分子向 Ni 原子移动，二元体系能量逐渐降低，说明噻吩分子能够靠范德华力自发地向 Ni 原子表面靠近；当它们的间距达到 0.31nm 时，体系能量达到第 1 个极低点，此时噻吩分子中的 S 与 Ni 之间距离又接近两者原子半径之和，该能量极低点意味着噻吩分子与 Ni 原子可以自发接近并达到物理吸附状态。再进一步靠近，由于原子之间的斥力，体系能量攀升到一个极高点，达到由物理吸附转变为化学吸附的过渡态。极高点与第 1 极低点之间的能量差值可以认为是噻吩分子中的 S 与 Ni 原子之间由物理吸附转变为化学吸附时需要跨越的能垒（约 70kJ/mol）。越过这个能垒之后，噻吩与 Ni 原子的电子云开始重叠形成分子轨道，体系能量急剧下降，并在 0.16nm 时达到第 2 最低点，噻吩 S 进一步向金属 Ni 转移电子形成 Ni—S 弱配位键。此时 C—S 键的 p-π 共轭作用减弱，噻吩环上 C—S 共价键被弱化；这个过程中与 S 相邻的 C 上的电子向 S 转移，C 原子缺电子活性增强。这表明吸附脱硫过程中噻吩分子在金属 Ni 表面的吸附并不是简单的物理吸附过程，而是典型的化学吸附过程。因此，有必要对化学吸附状态下 C—S 键的键能变化进行深入研究[27,29]。

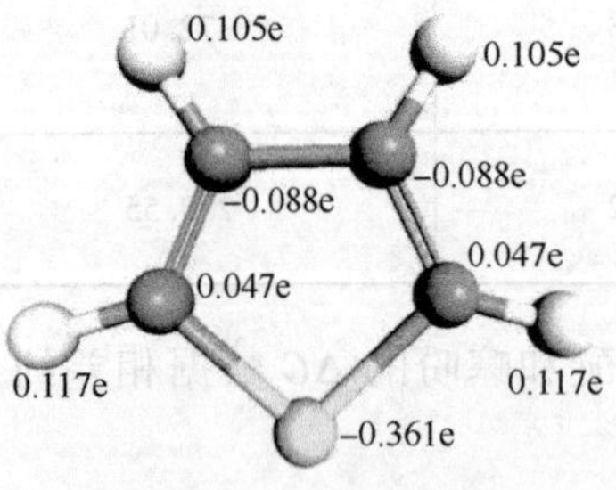

图 3-1-5　噻吩分子的结构和电荷分布

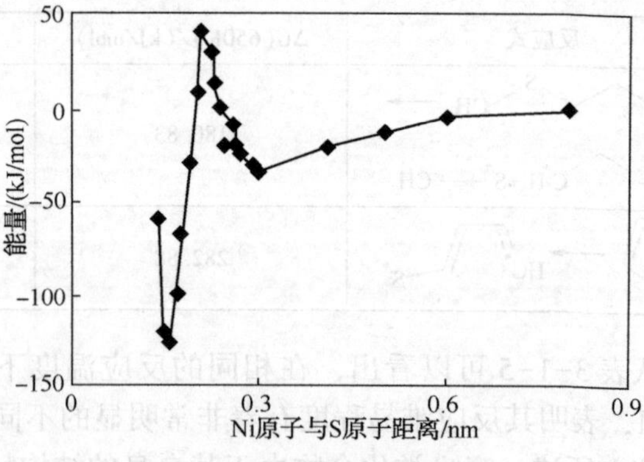

图 3-1-6　噻吩 S 在金属 Ni 表面吸附体系能量变化趋势

研究结果表明，噻吩分子中的 C—S 共价键的均裂能约为 470kJ/mol，而吸附在金属 Ni 上之后，该 C—S 键的均裂能下降到 427kJ/mol，键级亦从 1.202 降至 0.972，表明噻吩分子与金属 Ni 二元体系之间存在的这一较强相互作用，在一定程度上能起到降低噻吩分子 C—S 共价键强度的效果。但单靠噻吩和 Ni 的相互作用仅使噻吩分子 C—S 键能从 470kJ/mol 下降到 427kJ/mol，不足以使噻吩分子 C—S 键断裂。即汽油吸附脱硫反应机制并不是简单的吸附脱硫，需要结合反应体系特征，进一步研究分析其选择性脱硫机理。

五、噻吩加氢脱硫反应机理

汽油吸附脱硫是在H_2气氛下进行，因此，采用量子化学方法研究了H_2在Ni表面的吸附。结果表明，在范德华力的作用下，H_2分子可以自发地向Ni原子靠近，实现H_2分子在Ni表面的物理吸附；随着两者继续靠近，H_2分子与Ni原子之间仅需克服较低的能垒即可达到化学吸附状态。根据分子模拟结果，在该过程中，有0.092e的电子由H_2转移到Ni原子上，表明在金属Ni吸电子作用下，H_2分子H—H成键轨道的电子被转移到金属Ni的半填充轨道，使得H_2分子H—H键的均裂能由正常状况下的436kJ/mol降至214kJ/mol；此时，H_2分子比较容易发生均裂，解离为2个H自由基。当体系中同时有处于化学吸附在金属Ni表面的噻吩分子时，噻吩S的电子会向金属Ni转移。由于金属所具有的导电性，Ni原子可将从噻吩S原子得到的电子传导给周围的其他Ni原子。这些Ni原子在得到电子后，即向被吸附的H_2分子的反键轨道供电子，使H—H键的解离能力进一步降低，H_2分子H—H均裂能由单一金属Ni吸电子作用下的214kJ/mol再下降到132kJ/mol。因此，汽油吸附脱硫过程中的H_2分子容易在金属Ni作用下发生解离，形成的H自由基以弱化学力与Ni原子结合。

当体系中噻吩分子的S原子与金属Ni发生化学作用时，一方面噻吩分子C—S键上的C原子缺电子性更强；另一方面也进一步促进了体系H_2的解离，生成更多的H自由基，并且此状态下噻吩分子C—S键上的C与金属Ni更具有可接近性。于是，反应体系中大量存在的、与金属Ni呈弱化学结合的H自由基便会自发地进攻噻吩分子中C—S键上的C原子，并与之化合(该加氢能垒约为134kJ/mol)形成新的C—H键。这样，一方面该C原子由SP^2杂化转为SP^3杂化，另一方面噻吩分子双键加氢后形成了噻吩自由基；缺电子的中心C原子恰好能对C—S键位置产生β效应，从而使噻吩分子中C—S键键能由电中性时的470kJ/mol下降到与金属Ni呈吸附态时的427kJ/mol，再进一步大幅度降低至59kJ/mol。这样低的能垒使C—S键在反应温度为400℃以上的汽油吸附脱硫过程中很容易断裂，于是噻吩硫被脱除，产物为丁烯与Ni—S物种。因此可以认为，汽油吸附脱硫过程实质上是一个加氢脱硫过程，整个过程如图3-1-7所示。

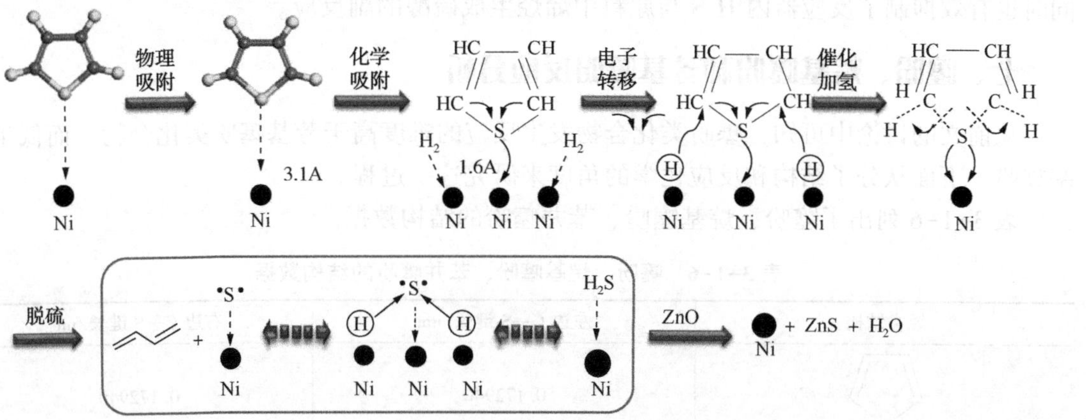

图3-1-7　汽油吸附脱硫技术反应机理

为了进一步证实汽油吸附脱硫工艺是加氢脱硫反应实质，选用相同的汽油吸附脱硫吸附剂和相同的工艺参数，分别在 H_2 气氛和 N_2 气氛下进行了脱硫实验。汽油吸附脱硫工业吸附剂在 H_2 气氛下还原后，尽管 Ni 同样呈零价的金属态，但是，在没有 H_2 的脱硫反应过程中，如前面所述，Ni 和噻吩的相互作用仅使噻吩分子 C—S 键能从 471kJ/mol 下降到 427kJ/mol，较难发生脱硫反应，脱硫活性只有 40 左右；而在 H_2 气氛中，由于 H_2 分子及噻吩在金属 Ni 上协同作用下，使噻吩分子中 C—S 键能大幅度下降，从而大大促进了脱硫反应的进行，脱硫活性接近 100。

六、H_2S 的生成及转移

若吸附态 S 能顺利从金属 Ni 活性位脱附，则金属 Ni 外电子层空轨道获得再生，脱硫活性得到恢复；但若该吸附态 S 不能顺利从金属 Ni 活性位脱附，该金属 Ni 活性位便得不到再生，而处于失活状态。分子模拟结果表明，具有未饱和的 1s 外层电子的 H 自由基会自发地向 Ni—S 结合体中的 S 原子进攻，形成 H—S 共价键(能垒仅为 30kJ/mol)，促使 S 原子与 Ni 原子之间的配位键断裂，并生成 H_2S 分子。但是根据热力学计算结果，NiS 在 H_2 作用下还原($NiS+H_2 = Ni+H_2S$)是个平衡反应，在汽油吸附脱硫技术中，当反应温度为 425℃时，该反应的平衡常数只有 0.34。这意味着该反应是一个可逆反应，若生成的 H_2S 无法及时转移，NiS 很难完全转化为金属 Ni。在传统催化加氢脱硫过程中，从金属活性位脱附的 H_2S 进入反应器气相空间并累积；从原料中脱除的含硫化合物越多，生成的 H_2S 越多，反应器气相的 H_2S 浓度越高，形成的 H_2S 分压越大，对金属活性位上 H_2S 的顺利脱附抑制越严重。

汽油吸附脱硫技术的优势在于其专用催化剂中除含有金属 Ni 外还含有 ZnO，用于吸收转移反应生成的 H_2S，即：

$$ZnO+H_2S = ZnS+H_2O$$

在汽油吸附脱硫过程中，经催化加氢脱硫生成的 H_2S 分子与催化剂上的 ZnO 快速反应生成 ZnS，使反应器中 H_2S 分压极低，金属 Ni 活性位上吸附态 H_2S 一经生成，便可顺利地从金属 Ni 活性位上脱附，并被催化剂中的 ZnO 稳定吸收。这相当于在催化加氢脱硫反应器内巧妙地增加了催化剂再生技术措施，有利于催化剂上活性金属 Ni 活性位的在线及时恢复，同时也有效抑制了反应器内 H_2S 与原料中烯烃生成硫醇的副反应。

七、噻吩、烷基噻吩和芳基噻吩反应分析

从前文的讨论中可知，噻吩类化合物发生反应的难度高于芳基噻吩类化合物，而低于烷基噻吩，下面从分子结构和反应化学的角度来研究这一过程。

表 3-1-6 列出了噻吩、烷基噻吩、苯并噻吩的结构数据。

表 3-1-6　噻吩、烷基噻吩、苯并噻吩的结构数据

烃类结构	左边 C—S 键长/nm	右边 C—S 键长/nm
	0.172940	0.172940
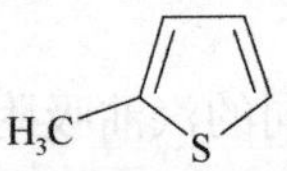	0.174440	0.173124

续表

烃类结构	左边 C—S 键长/nm	右边 C—S 键长/nm
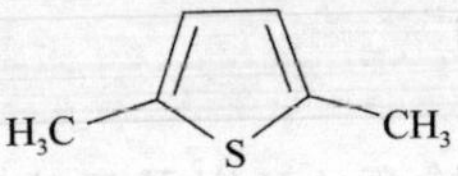	0. 174572	0. 174572
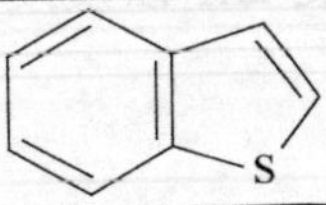	0. 175016	0. 174400
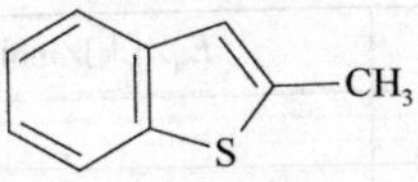	0. 175005	0. 175954

从表 3-1-6 可以看出，当引入烷基或芳基后，噻吩中 C—S 键键长有了一定程度的增加，表明其反应活性有所增加。

噻吩环具有芳香性，在汽油吸附脱硫的反应过程中，噻吩环与 H 自由基发生反应，生成噻吩基自由基，其结构如表 3-1-7 所示。

表 3-1-7　噻吩、烷基噻吩、苯并噻吩生成自由基后结构数据

烃类结构	左边 C—S 键长/nm	右边 C—S 键长/nm
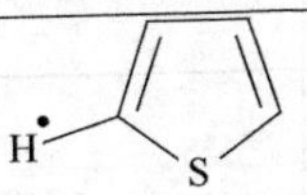	0. 185046	0. 174653
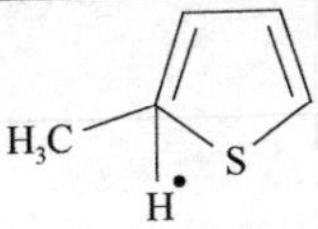	0. 186771	0. 174318
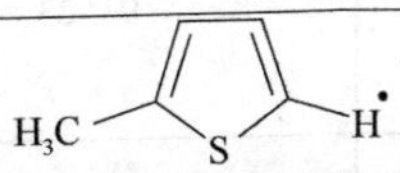	0. 176101	0. 185119
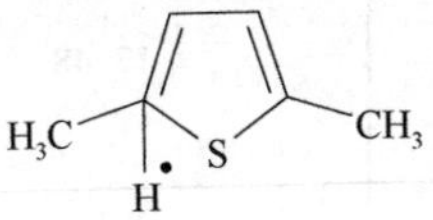	0. 186495	0. 175787
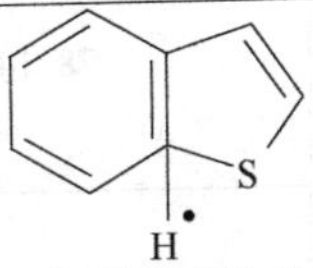	0. 189184	0. 174334
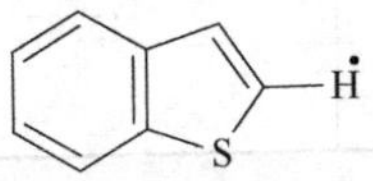	0. 175863	0. 184534
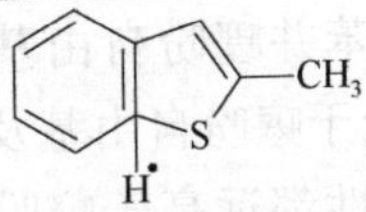	0. 188753	0. 175936
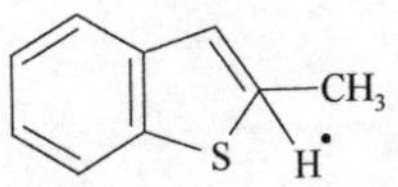	0. 175520	0. 186202

从表 3-1-7 可以看出：当噻吩分子形成自由基后，会极大程度地影响原烃分子的结构，使得 C—S 键长增加，C—S 键得到活化，从而更加容易发生反应。从表中还可以看出：芳基噻吩生成自由基后，C—S 键增长的更加明显，表明其反应活性更高。

接下来从反应化学的角度进一步分析噻吩类分子的裂化反应。

利用量子力学的计算方法，可以得出噻吩类自由基开环裂化的焓变 ΔH 以及反应活化能 E_a，其结果如表 3-1-8 所示。

表 3-1-8　噻吩类自由基开环裂化能量数据

反应式	ΔH(0K)/(kJ/mol)	E_a/(kJ/mol)
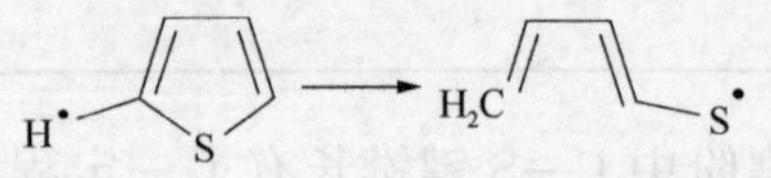	53.80	70.36
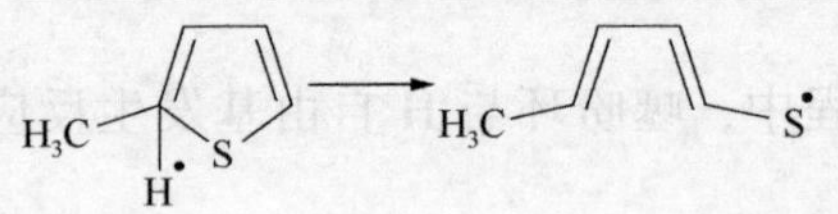	35.10	76.79
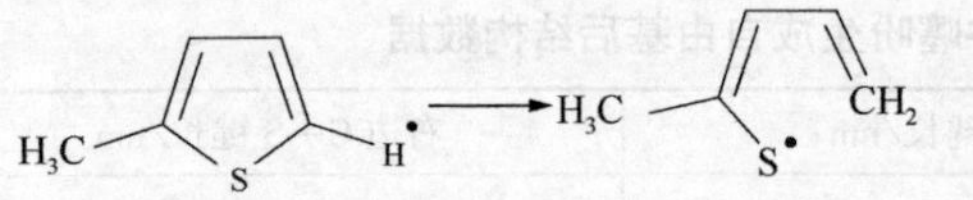	59.27	77.45
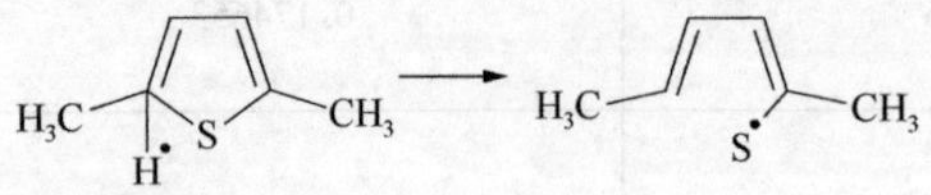	41.30	67.95
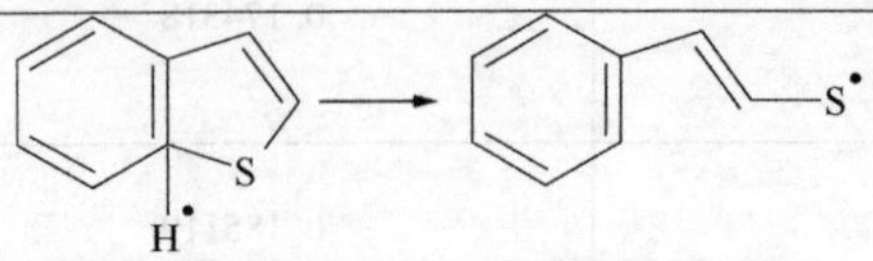	61.09	91.23
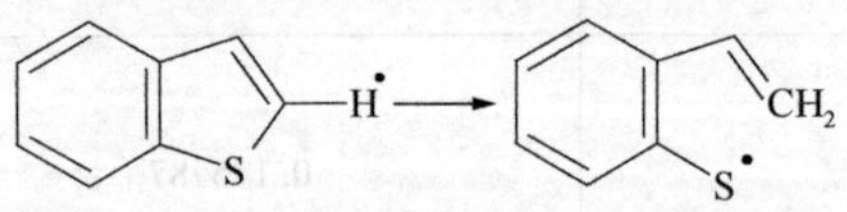	−48.97	17.48
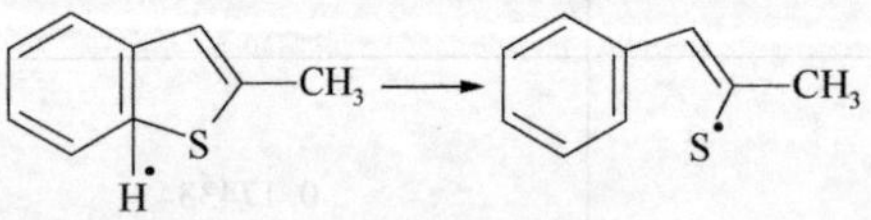	46.07	78.14
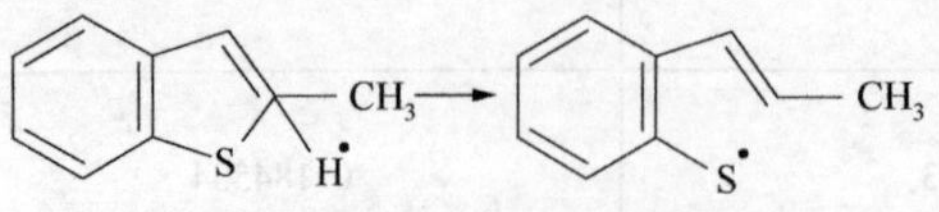	−40.50	15.87

从表 3-1-8 可以看出，与噻吩自由基及烷基噻吩自由基相比，苯并噻吩自由基发生开环裂化反应的反应热为负值，即为放热反应，而反应活化能又明显低于噻吩自由基及烷基噻吩自由基。从热力学和动力学两方面来看，苯并噻吩发生反应的活性都远高于噻吩及烷基噻吩。

第二节 烯烃和芳烃在吸附脱硫中的反应及其对辛烷值的影响

烯烃和芳烃均属于不饱和烃类，在临氢并存在金属催化剂的条件下，烯烃和芳烃均可能发生加氢反应，生成饱和度较高的烃类。

汽油吸附脱硫技术的优势在于脱硫的同时具有较高的辛烷值保留能力，与加氢脱硫技术相比，其氢分压相对较低，烯烃和芳烃的饱和率大大降低，但在汽油吸附脱硫反应过程中，依然存在一定的烯烃和芳烃饱和反应。

烯烃在汽油吸附脱硫反应过程中，也可能发生环化反应，生成环烷烃等产物。

下面采用量子化学计算的方法，对烯烃和芳烃在汽油吸附脱硫条件下的反应进行详细分析和研究。

一、氢气在金属表面的解离反应

氢气解离是临氢反应体系中一个非常重要的反应，是临氢反应区别于常规热反应和催化反应的重要因素之一。其中氢气解离反应可以分为热解离反应和金属解离反应。在汽油吸附脱硫反应体系中，由于金属的存在，发生的是金属解离反应。

根据文献[29~39]报道，氢气裂解的主要过程是在金属表面的催化作用下，氢气分子发生裂化，生成氢自由基，并吸附于金属表面。常见的催化加氢金属包括贵金属 Pt、Pd、Rh 和非贵金属 Ni、W、Mo 等。

表 3-2-1 列出了这几种金属的晶胞结构和晶胞常数。

表 3-2-1 常用加氢金属的晶胞结构和晶胞常数

金属	晶胞结构	晶胞常数/pm
Pt	面心立方	138.8
Pd	面心立方	137.6
Rh	面心立方	134.5
Ni	面心立方	124.6
W	体心立方	137.1
Mo	体心立方	136.2

其中贵金属 Pt、Pd 和 Rh 以及非贵金属 Ni 都属于面心立方晶胞，每个晶胞中含有四个金属原子，其结构示意图如图 3-2-1 所示。

在面心立方晶胞中，(111)面为金属的最密堆积面，如图 3-2-2 所示。

最密堆积面在晶体中容易暴露出来，因此，研究其上面的反应具有较好的代表意义。在本节中，将对 H_2 在金属 Ni 表面的解离反应进行考察。研究 Ni 金属表面对于 H_2 裂解反应的催化作用。

Ni 晶体结构属于面心立方结构。

在金属 Ni 晶体中切割出其(111)面，切割的深度为两层原子。并在其上附加了一个 8Å 的真空层。其结构如图 3-2-3 所示。

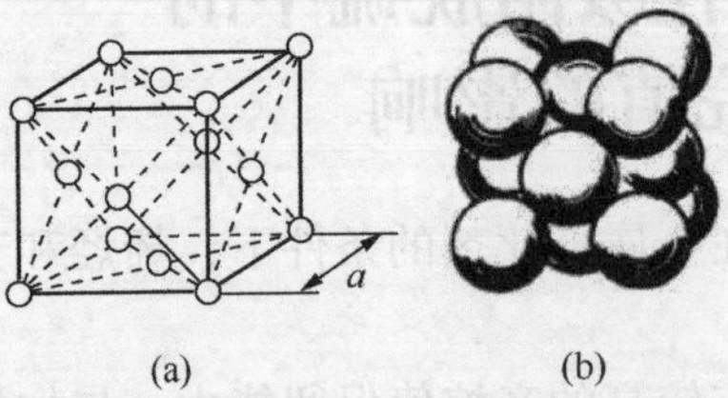

图 3-2-1　面心立方晶胞结构示意图

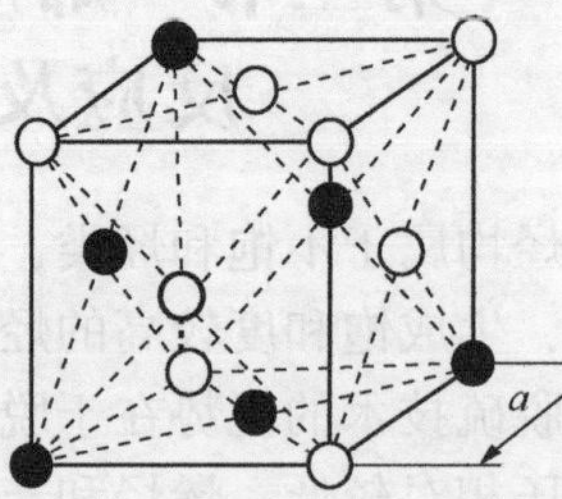

图 3-2-2　面心立方结构中(111)面示意图

图 3-2-3 所示的为计算所用的晶胞，其在三个方向上的长度分布为 0.431600nm、0.431600nm 和 1.00346nm，其中金属层的厚度为 0.20346nm，真空层厚度为 0.8nm，A 轴与 B 轴的夹角为 120°，A 轴与 C 轴和 B 轴与 C 轴的夹角均为 90°。

接下来研究 H_2在 Ni 金属表面的吸附情况。首先在图 3-2-3 所示的晶胞中加入 H_2，H 分子与金属表面的距离为 0.3986nm，其结构如图 3-2-4 所示。

图 3-2-3　Ni 金属表面示意图

图 3-2-4　H_2与 Ni 金属表面吸附前示意图

计算得出此时系统的整体能量为-786537.334 kJ/mol。

反应结束后，H_2发生解离，生成两个 H 原子吸附于 Ni 金属的表面，其结构如图 3-2-5 所示。

计算得出此时系统的整体能量为-786473.878kJ/mol，发生吸附解离反应后，系统的整体能量有所上升。

通过计算，可以得出反应的过渡态如图 3-2-6 所示。

计算得出，该反应的反应热为 90.490kJ/mol，能量势垒为 292.088kJ/mol。

从计算结果可以看出，在 Ni 的催化作用下，H 分子发生解离的能量势垒有了较为明显的降低，且反应热也有了较大程度的降低，说明 Ni 金属表面对于 H 分子的解离有较强的促进作用。

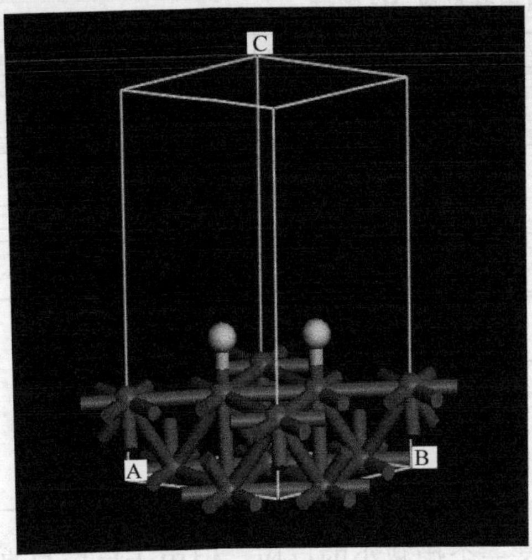

图 3-2-5　H 分子与 Ni 金属表面吸附解离后示意图

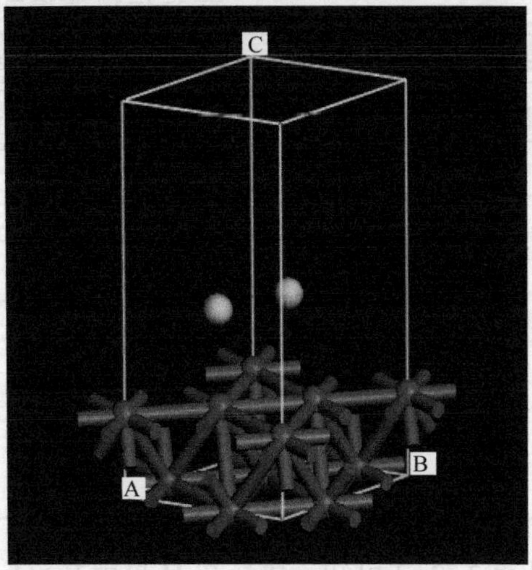

图 3-2-6　H 分子与 Ni 金属表面吸附解离过渡态示意图

通过上述研究得出以下主要结论：

在金属 Ni 的催化作用下，H 分子解离反应的能量势垒有了较为明显的降低，整体反应由强烈的吸热反应变为较微弱的吸热反应，反应发生的难度有了比较明显的降低。

二、H 自由基与烯烃的加成反应

H 自由基生成之后，容易与烯烃发生加成反应，生成烷基自由基，烷基自由基可以进一步与 H 自由基发生反应，生成烷烃。

通过量子力学计算，可以得到 H 自由基与部分烯烃反应的能量数据，如表 3-2-2 所示。

表 3-2-2　烯烃与 H 自由基反应焓变数据

反应	ΔH(0K)/(kJ/mol)
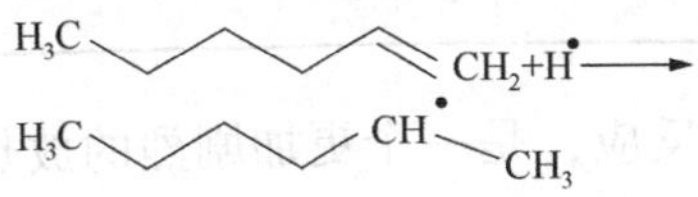	-264.68
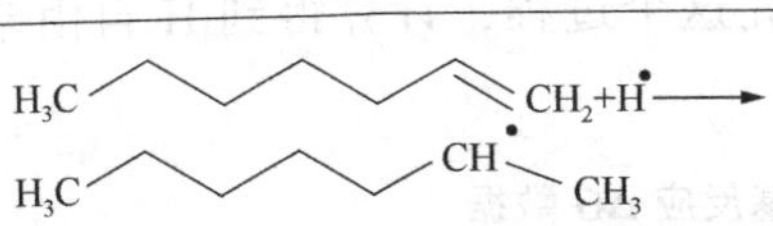	-264.67
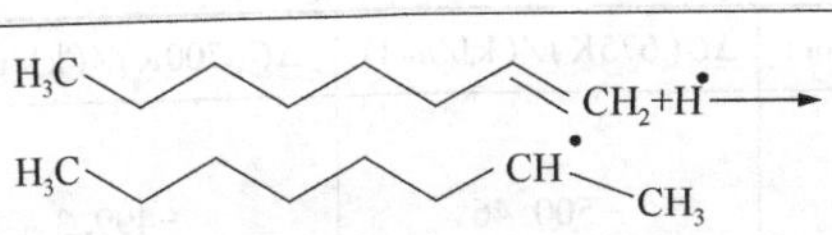	-264.57

表 3-2-2 的计算结果表明，H 自由基与烯烃反应，是一个剧烈的放热反应，且活化能极低，反应速度相当快。为了更进一步地研究这个过程，计算得到 H 自由基与烯烃反应在不同温度下的 ΔG，如表 3-2-3 所示。

表 3-2-3　烯烃与 H 自由基反应 ΔG 数据

反应	ΔG(650K)/(kJ/mol)	ΔG(675K)/(kJ/mol)	ΔG(700K)/(kJ/mol)
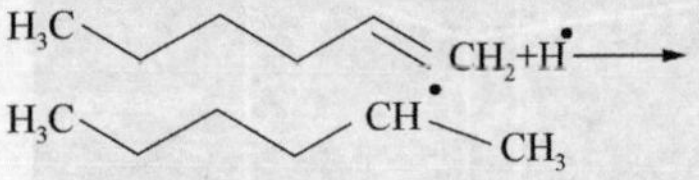	-218.49	-217.66	-219.22
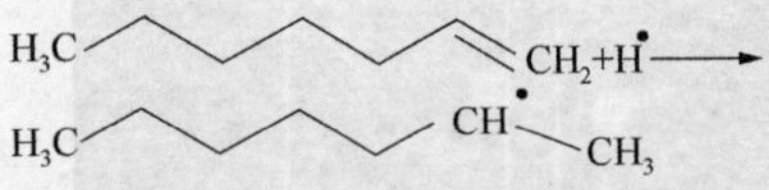	-235.79	-235.52	-235.26
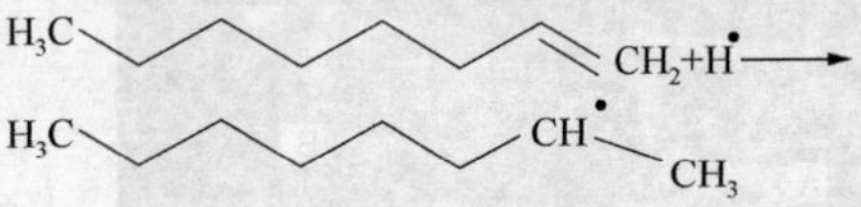	-193.91	-191.96	-190.01

从表 3-2-3 可知，烯烃与 H 自由基反应，是一个熵减小的反应，但由于反应自身的放热过于剧烈，故反应进行的程度依然非常高。

烯烃与 H 自由基反应生成的烷基自由基可以进一步与 H 自由基反应，生成烷烃分子，表 3-2-4 列出 H 自由基与部分烷基自由基反应的能量数据

表 3-2-4　烷基自由基与 H 自由基反应焓变数据

反应	ΔH(0K)/(kJ/mol)
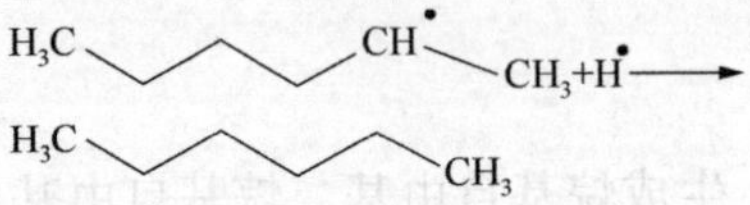	-521.66
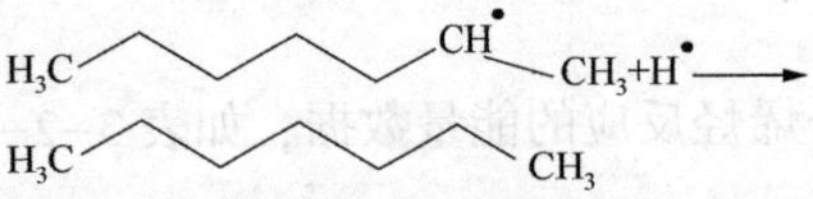	-521.99
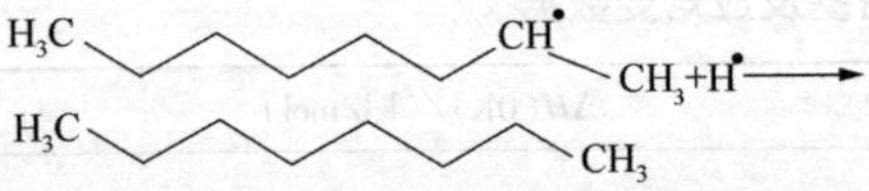	-521.92

表 3-2-4 的计算结果表明，H 自由基与烷基自由基反应，是一个更加剧烈的放热反应，且活化能极低，反应速度非常快。为了更进一步地研究这个过程，计算得到 H 自由基与烷基自由基反应在不同温度下的 ΔG，如表 3-2-5 所示。

表 3-2-5　烷基自由基与 H 自由基反应 ΔG 数据

反应	ΔG(650K)/(kJ/mol)	ΔG(675K)/(kJ/mol)	ΔG(700K)/(kJ/mol)
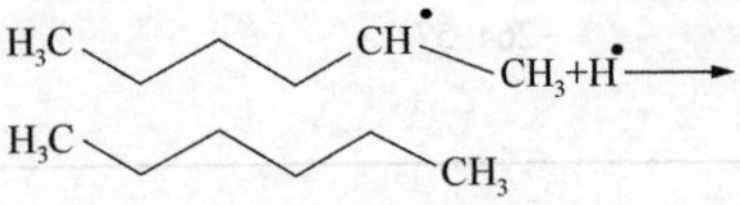	-501.31	-500.46	-499.3
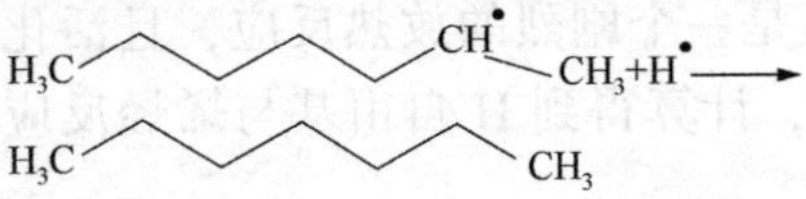	-502.41	-500.69	-498.59

续表

反应	ΔG(650K)/(kJ/mol)	ΔG(675K)/(kJ/mol)	ΔG(700K)/(kJ/mol)
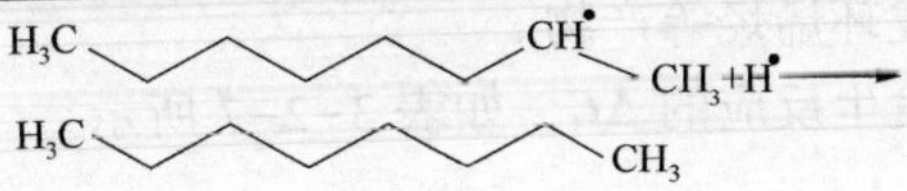	-500.42	-499.63	-498.24

从表3-2-5可知，烷基自由基与H自由基反应，是一个熵减小的反应，但由于反应自身的放热过于剧烈，故反应进行的程度依然非常高。事实上，该反应是烷烃热脱氢的逆反应，烷烃脱氢反应进行较为困难，需要在很高的温度下才能进行，与之相对应，烷基自由基与H自由基反应难度极低，二者发生接触的情况下几乎必然发生反应。

在临氢反应过程中，H自由基的浓度与催化剂金属、H_2分压密切相关，金属催化能力越强，H_2分压越高，反应体系中的H自由基浓度也越高。

与加氢裂化反应相比，汽油吸附脱硫反应的氢分压相对较低，且体系中不存在高活性的催化金属，因此H自由基的浓度处于相对较低的水平，不会引起大规模的烯烃加氢反应，使得反应的辛烷值损失可以控制在一定范围内。

三、H自由基与芳烃的加成反应

H自由基生成之后，也可以与芳烃发生加成反应，生成芳基自由基，芳基自由基可以进一步与H自由基发生反应，生成环烯烃乃至环烷烃。

通过计算化学工具，可以得到H自由基与部分芳烃反应的能量数据，如表3-2-6所示。

表3-2-6　芳烃与H自由基反应能量数据

反应	ΔH/(0K)/(kJ/mol)
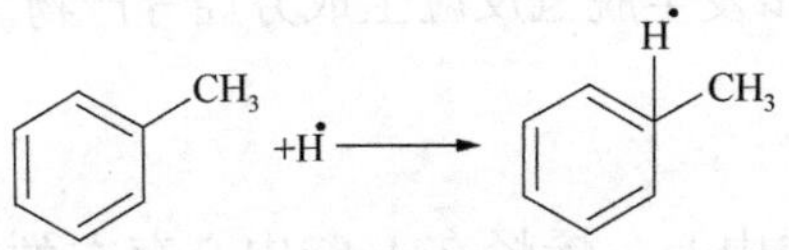	-188.5
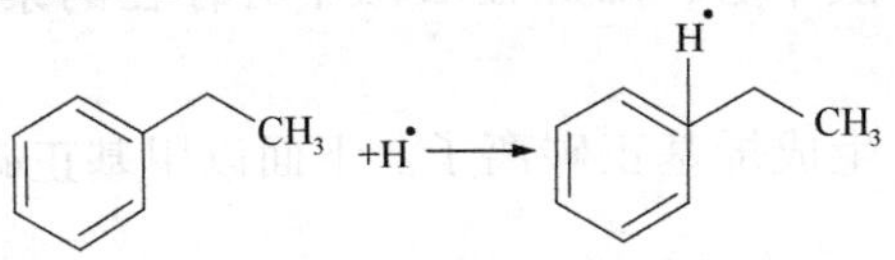	-189.97
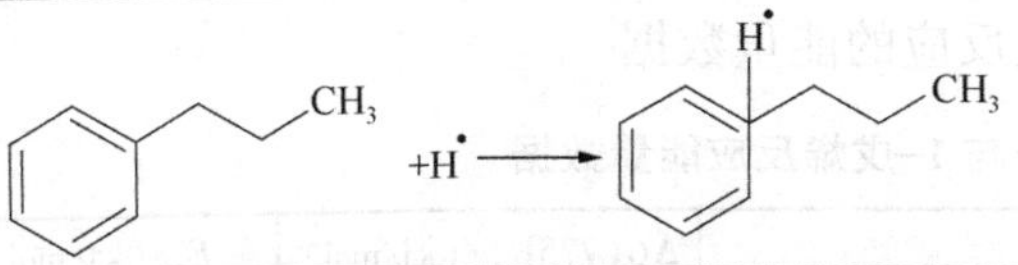	-189.12
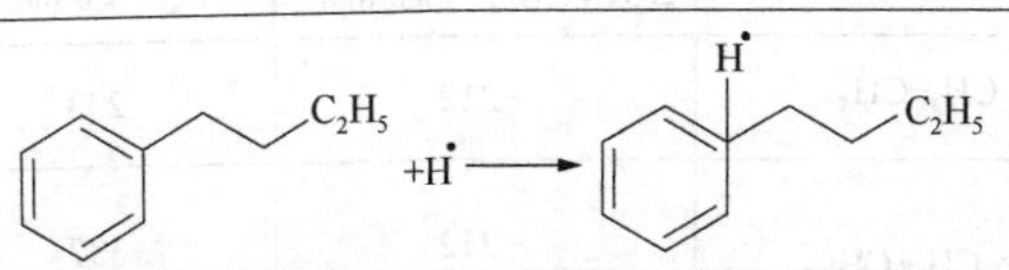	-189.23
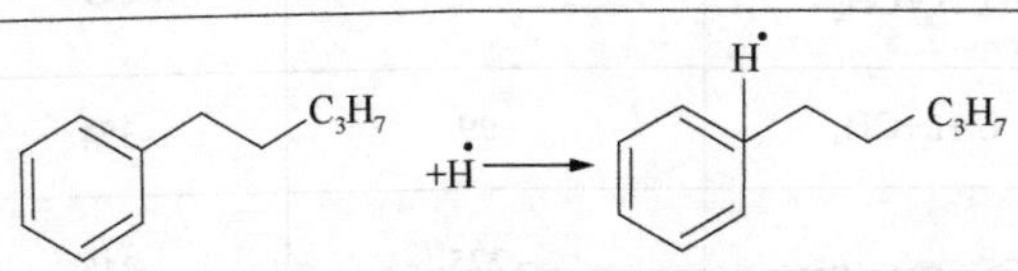	-189.38

从表 3-2-6 可知，H 自由基自身的能量较高，而芳烃芳环结构上具有高的电子云密度，故 H 自由基容易与芳环结构发生反应，生成芳基自由基，该反应的能量势垒极低。芳基自由基生成以后，可以进一步与 H 自由基发生反应，生成环烯烃等产物。

同样可以给出 H 自由基与部分芳烃在不同温度下发生反应的 ΔG，如表 3-2-7 所示。

表 3-2-7　部分芳烃与 H 自由基反应 ΔG 数据

反应	ΔG(650K)/(kJ/mol)	ΔG(675K)/(kJ/mol)	ΔG(700K)/(kJ/mol)
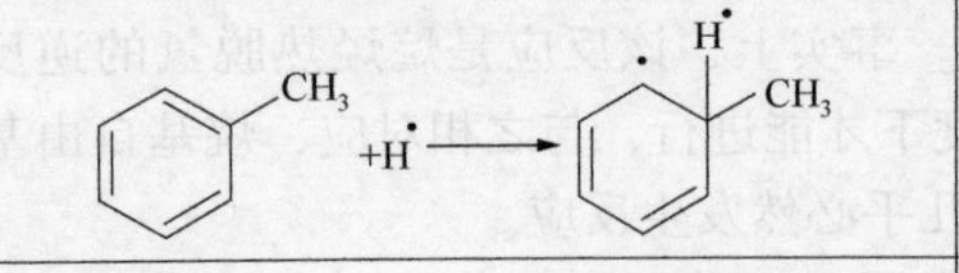	-168.15	-167.1	-166.14
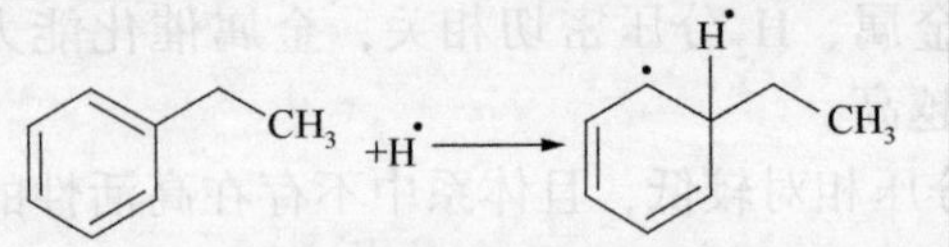	-170.39	-168.61	-166.57
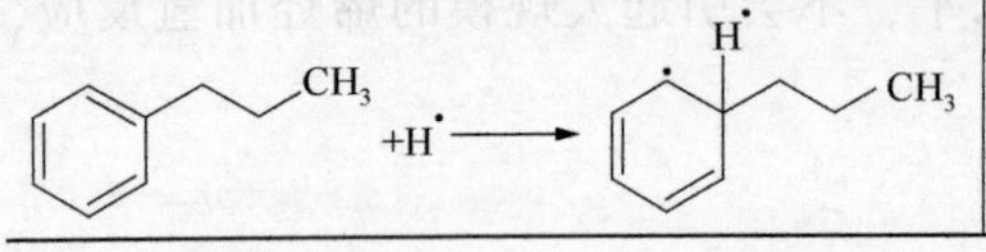	-167.62	-166.53	-165.44

从表 3-2-7 可知，芳烃与 H 自由基反应，是一个熵减小的反应，但由于反应自身的放热过于剧烈，故反应进行的程度依然非常高。

同理由本节第一部分的研究可知，在临氢反应过程中，H 自由基的浓度与催化剂金属、H_2分压密切相关，金属催化能力越强，H_2分压越高，反应体系中的 H 自由基浓度也越高。

在汽油吸附脱硫反应过程中，由于氢分压相对较低，芳烃很难发生加氢反应生成环烷烃，而在加入合适的催化材料后，环烷烃可以进一步发生脱氢反应生成芳烃等产物。

四、烯烃环化反应

在汽油吸附脱硫吸附剂中，存在一定量的 L 酸中心，烯烃在 L 酸中心存在的条件下，可能发生一系列的反应，生成环烷烃等产物。

在 L 酸中心作用下，烯烃可以失去 H^- 离子，生成烯基正碳离子。下面以甲基正碳离子为 L 酸模型来研究这一问题。

表 3-2-8 为部分烯烃与甲基正碳离子发生反应的能量数据。

表 3-2-8　甲基正碳离子与 1-戊烯反应能量数据

反应类型	ΔG(775K)/(kJ/mol)	E_a/(kJ/mol)
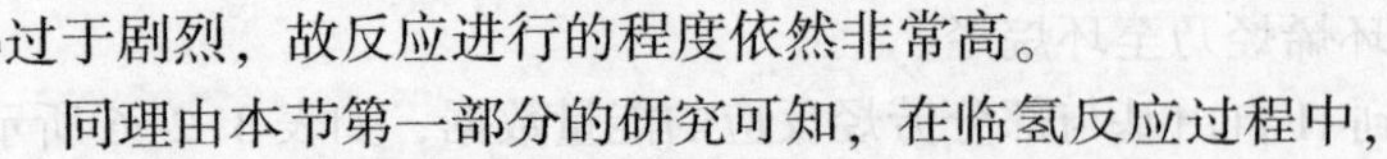	-212	233
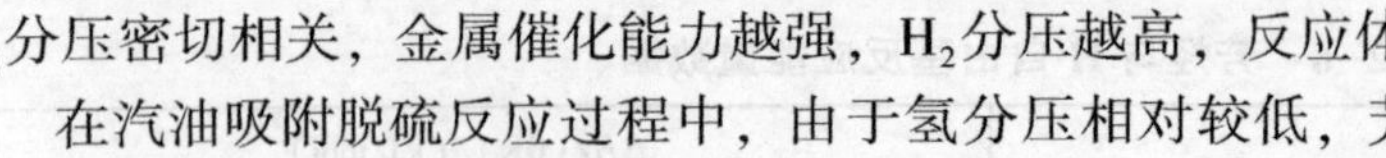	-212	337
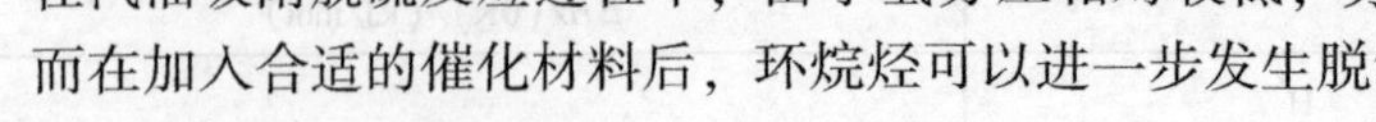	-99	354
	-225	245

续表

反应类型	ΔG(775K)/(kJ/mol)	E_a/(kJ/mol)
	−155	293
	−141	306
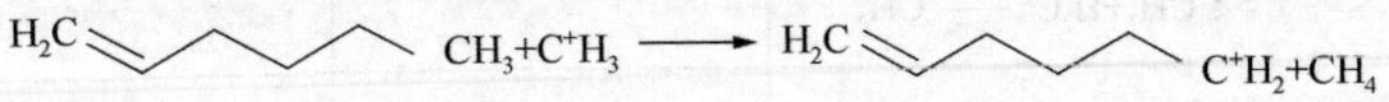	−96	355

从表 3-2-8 可以看出，烯烃与甲基正碳离子发生反应时，容易在双键 αC 原子上失去 H^- 离子，生成烯基正碳离子，这与烯烃双键结构的影响密切相关。

烯基正碳离子生成时，中心 C 原子一般在双键的 αC 原子上，烯基正碳离子可以发生移位反应，生成其他类型的烯基正碳离子。

表 3-2-9 为部分烯基正碳离子发生移位反应的能量数据。

表 3-2-9　烯基正碳离子移位反应能量数据

反应类型	ΔG(775K)/(kJ/mol)	E_a/(kJ/mol)
	60	75
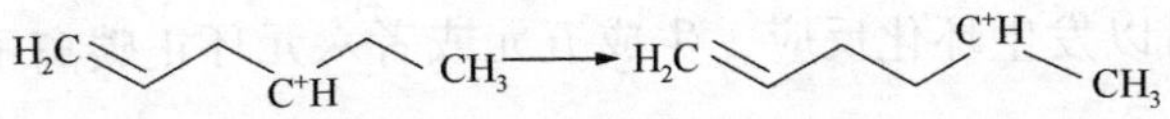	−12	34
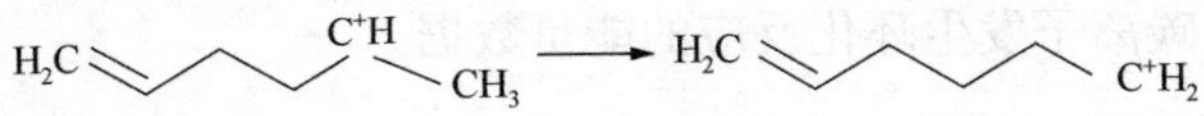	76	103
	54	83
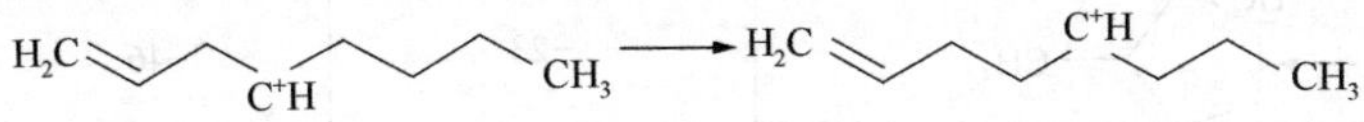	−8	61
	21	59
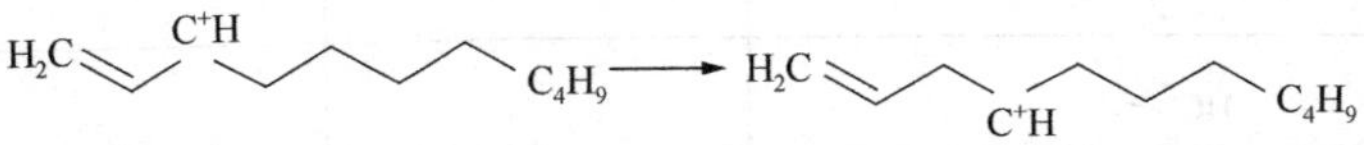	60	140
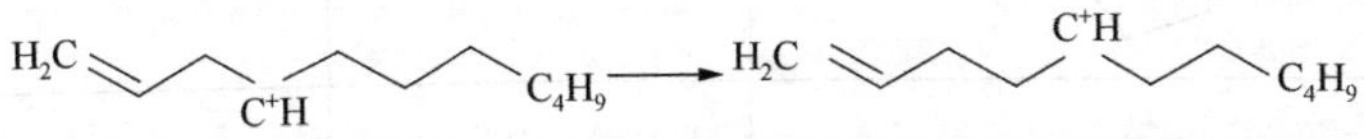	−3	97
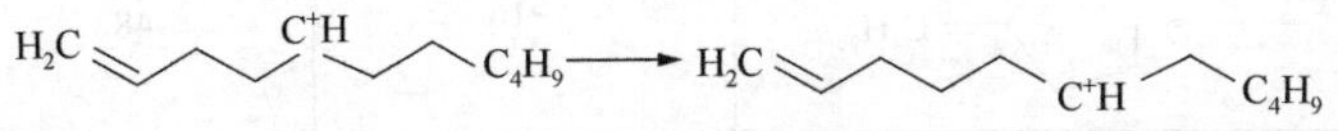	9	63

从表 3-2-9 可以看出，与烯基自由基类似，烯基正碳离子发生移位反应时，从双键的 α 位移到 β 位较为困难，不仅能量势垒较高，且反应平衡常数较小。从整体能量上看，烯基正碳离子移位反应的能量势垒在 60~140kJ/mol 左右。

烯基正碳离子也可以发生裂化反应，生成二烯烃和新的烷基正碳离子。表 3-2-10 为部分烯基正碳离子发生裂化反应的能量数据。

表 3-2-10 烯基正碳离子裂化反应能量数据

反应类型	ΔG(775K)/(kJ/mol)	E_a/(kJ/mol)
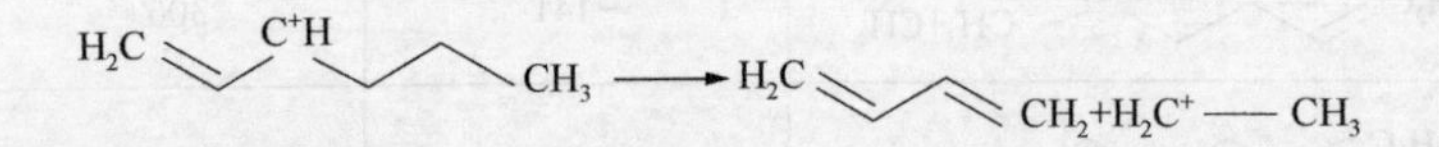	23	180
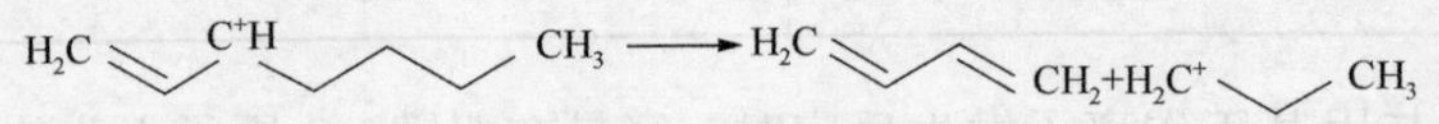	25	181
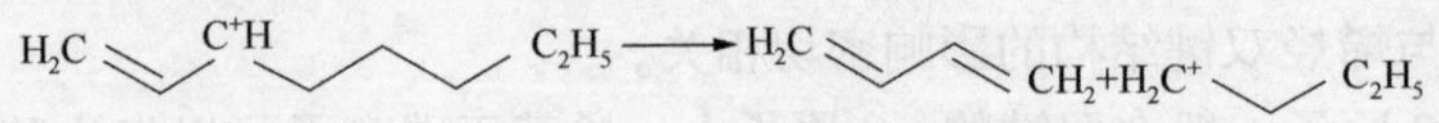	29	179
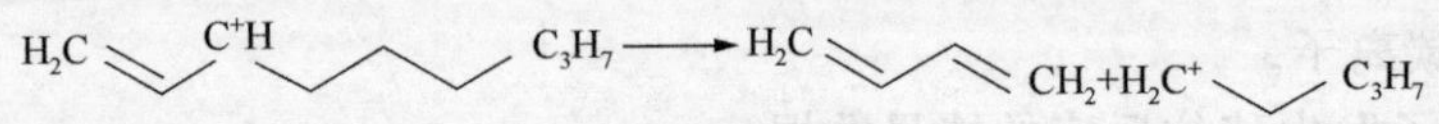	29	181
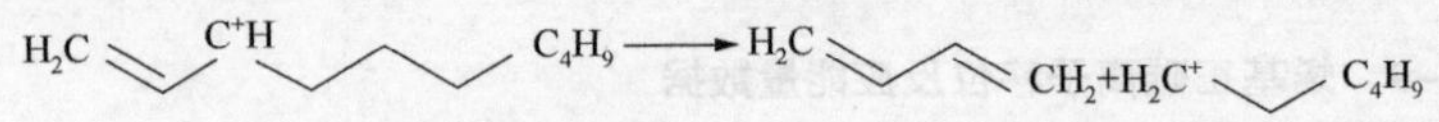	25	180

从表 3-2-10 可以看出，烯基正碳离子发生裂化反应的能量势垒在 180 kJ/mol 左右，与烯基正碳离子移位反应相比，裂化反应的能量势垒明显较高，说明与发生裂化反应相比，烯基正碳离子更容易发生移位反应，生成其他类型的烯基正碳离子。

在合适的条件下，烯基正碳离子可以发生环化反应，生成五元或者六元环正碳离子，并进一步发生反应生成环烷烃或环烯烃。

表 3-2-11 和表 3-2-12 为烯基正碳离子发生环化反应的能量数据。

表 3-2-11 烯基正碳离子环化生成五元环能量数据

反应类型	ΔG(500℃)/(kJ/mol)	E_a/(kJ/mol)
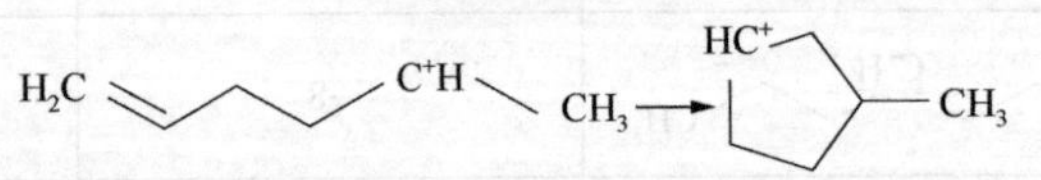	−23	46
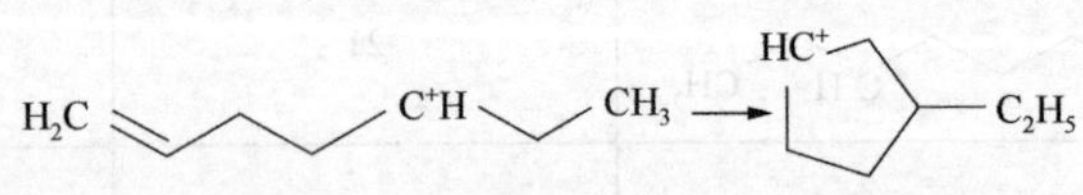	−31	35
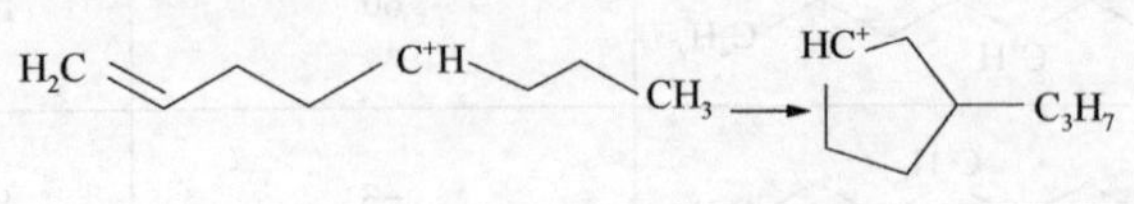	−24	47
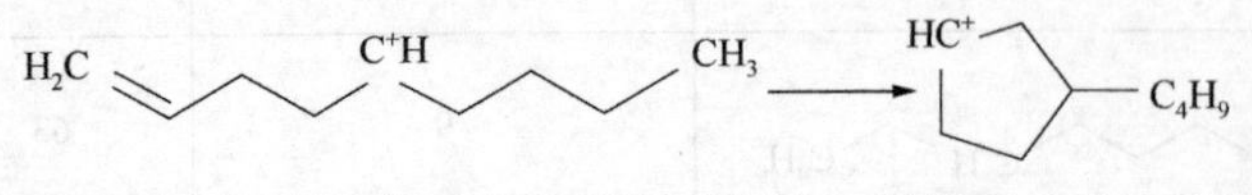	−16	48
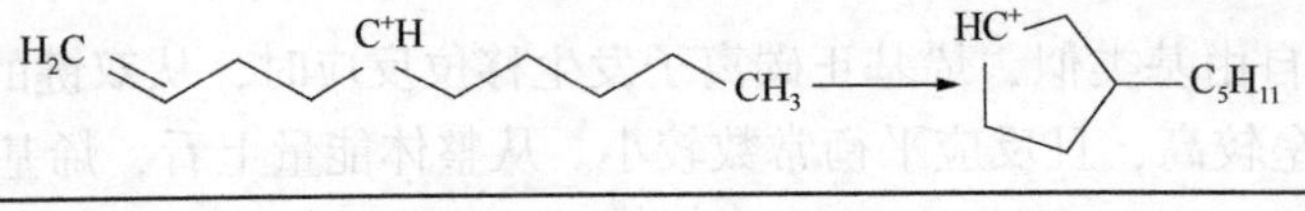	−24	37

表 3-2-12　烯基正碳离子环化生成六元环能量数据

反应类型	ΔG(500℃)/(kJ/mol)	E_a/(kJ/mol)
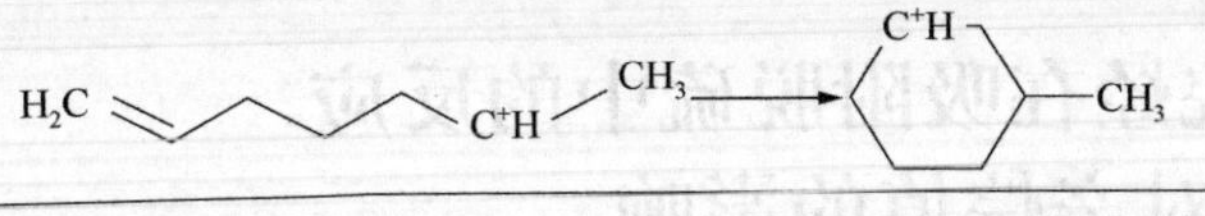	-66	23
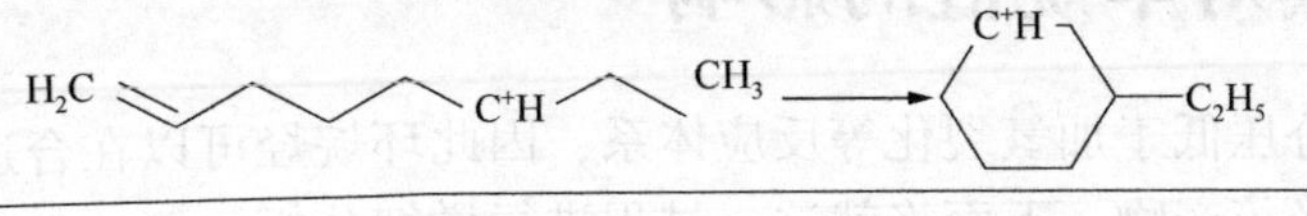	-59	30
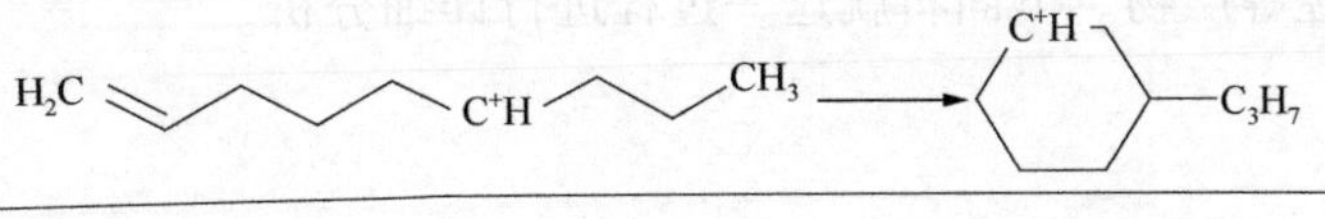	-35	26
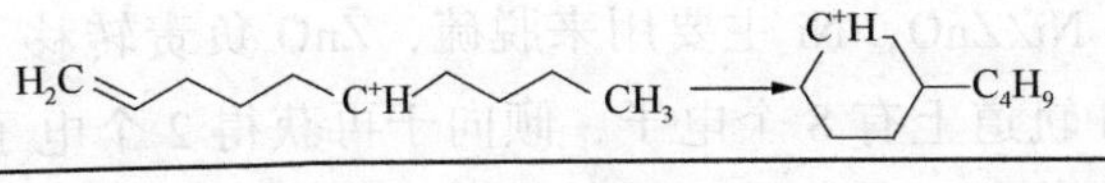	-53	25

从表 3-2-11 和表 3-2-12 可以看出，烯基正碳离子环化生成五元环或者六元环的能量势垒都比较低，在动力学上较容易发生，反应的平衡常数也较大，表明反应进行得很完全。

在催化裂化产物中存在大量的环烷烃和芳烃等环化产物，这些环化产物主要是通过烯基正碳离子环化的方式生成的。

综上所述，烯烃在 L 酸中心上容易在双键 αC 原子上被抽取 H^-，生成烯基正碳离子，烯基正碳离子除了可以发生移位反应、异构化反应和裂化反应之外，还可以发生环化反应，生成环烷基正碳离子，并进一步发生裂化生成环烷烃和环烯烃。

五、烯烃及芳烃反应对汽油辛烷值的影响

汽油的不同组分具有不同的辛烷值[41-45]，图 3-2-7 是不同烃类不同碳数辛烷值的变化规律示意图，从图中可以看出，低碳烯烃和芳烃均属于辛烷值较高的组分，对汽油辛烷值起到了较大的贡献。

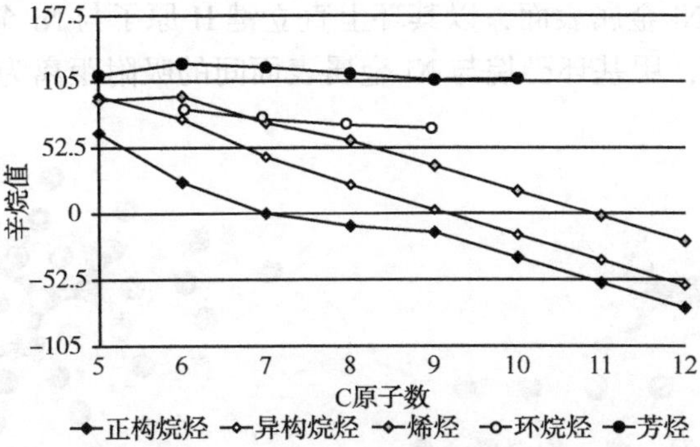

图 3-2-7　不同烃类不同碳数的辛烷值

当烯烃和芳烃发生饱和，生成烷烃或环烷烃之后，会使得汽油的整体辛烷值发生较大程度的减少，对于产品汽油的经济效益造成比较明显的影响，因此在汽油吸附脱硫的操作过程

中，要尽量改进操作条件，减少这两类反应发生的可能性。

烯烃发生环化生成环烷烃后，对辛烷值基本无改善，但如果环烷烃进一步反应生成环烯烃乃至芳烃，对汽油辛烷值会有比较明显的改善。

第三节　环烷烃在吸附脱硫中的反应及其对辛烷值的影响

汽油吸附脱硫反应过程中，氢分压低于加氢裂化等反应体系，因此环烷烃可以在合适的催化条件下发生脱氢反应，生成芳烃等产物。下面将就这一过程进行详细分析。

一、Ni 催化剂的初始构型

汽油吸附脱硫吸附剂的活性组分是 Ni/ZnO，Ni 主要用来脱硫，ZnO 负责转移 H_2S，Ni 原子核外电子排布为[Ar]$3d^8 4s^2$，其 3d 轨道上有 8 个电子，倾向于再获得 2 个电子，形成全满的 $3d^{10}$稳定结构，最外层只有 4s 轨道有 2 个电子，还未达到八偶体稳定结构，电子亲和势较高(1.10)，具有夺电子活性，因此也具有脱氢催化活性。分子模拟结果表明，Ni 原子更容易形成 dsp 杂化，参加反应时其外层轨道分别是 $3dz^2$、4s、4pz，其中 $3dz^2$、4s 轨道是半填充轨道，容易接受带有单电子的自由基。而 4py、4pz 为空轨道，容易接受孤对电子，认为缺电子性是金属 Ni 在原子水平上具有化学活性的内因。

研究表明，Ni 在室温下能相对稳定存在的晶型通常属于面心立方晶胞，即面心立方密堆积结构。Ni 晶胞的表面分布通过 Morphology 模块计算得到，Ni 金属晶体中可见度最大的晶面为 Ni(111)晶面，晶面可见比例为 77.6%，Ni(200)晶面比例为 22.4%，因此后续计算选用 Ni(111)晶面作为 Ni 金属表面模型。

二、甲基环己烷在 Ni 活性中心表面的吸附研究

采用 Adsorption Locator 模块对甲基环己烷在 Ni 活性中心表面的吸附进行研究。图 3-3-1、图 3-3-2 为计算得到的甲基环己烷在 Ni 金属表面的最稳定吸附构象图，由侧视图看出，甲基环己烷分子平躺于 Ni 金属表面，以其环上直立键 H 原子与 Ni 金属表面作用，分子中的 C 原子与 Ni 表面无作用，甲基环己烷与 Ni 金属表面间的吸附距离为 0.225nm。

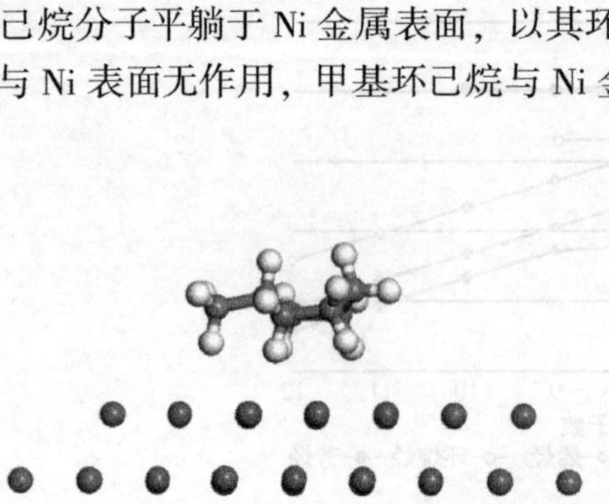

图 3-3-1　Ni(111)晶面吸附构象图侧视图

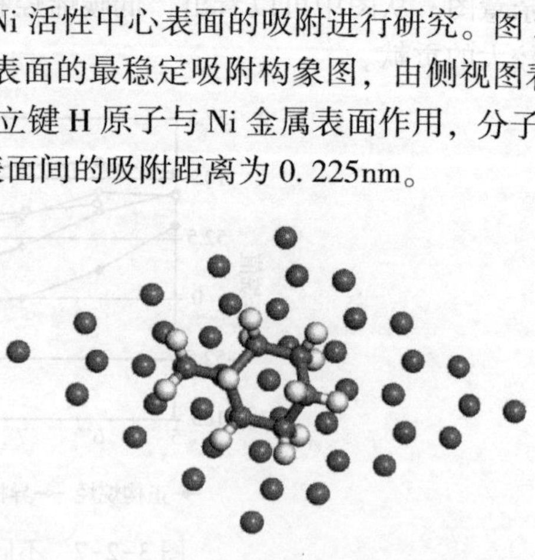

图 3-3-2　Ni(111)晶面吸附构象俯视图

三、甲基环己烷脱氢反应化学研究

通过系统地计算甲基环己烷逐步脱氢反应的基元步骤反应焓变(ΔH)、反应能垒(E_a)和过渡状态(TS)结构，深入探索了甲基环己烷脱氢过程的机理。为了便于计算，直接从 Ni 的面心立方晶体中直接取出一个 Ni 原子做为单 Ni 模型。

表 3-3-1 呈现了甲基环己烷逐步脱氢过程的结构变化。反应 $C_7H_{14} \rightarrow C_7H_{13}+H$ 开始时，与 Ni 作用的 C—H 键的键长为 0.111nm，该键上的 H 原子到 Ni 的距离为 0.273nm，此时是 C_7H_{14} 被 Ni 吸附的稳定的化学吸附态，频率分析结果显示没有虚频。被活化的 C—H 键中的 H 原子逐渐向 Ni 原子靠近形成 TS1，根据频率分析得知 TS1 有且只有一个虚频，且虚频的振动方向为反应进行的方向，所以判断 TS1 为反应过渡态，过渡态 TS1 中不参与反应的 C-H 键的键长在 0.110~0.111nm 之间，与未被活化的 C—H 键长相近，参与反应的 H 原子与 C 之间的距离为 0.212nm，与 Ni 之间的距离为 0.148nm，此时 C—H 键正在断裂。最终形成 C_7H_{13} 和 H—Ni，频率分析结果显示没有虚频，H 原子距离 Ni 原子的距离为 0.147nm，距 C 的距离为 0.555nm。

甲基环己烷脱氢第二步反应 $C_7H_{13} \rightarrow C_7H_{12}+H$ 的初始状态为 C_7H_{13} 的稳定化学吸附态，频率分析结果显示没有虚频，与 Ni 作用的 H 原子距离 Ni 原子 0.318nm，随后经过过渡态 TS2，最终形成产物甲基环己烯 C_7H_{12} 和 H—Ni。根据频率分析知 TS2 结构有且只有一个虚频，且虚频的振动方向为反应进行的方向，因此认为 TS2 为反应过渡态。在过渡态 TS2 的结构中，未参与反应的 C—H 键键长变化不明显，而参与反应的 H 距离 C 为 0.124nm，此时 H-Ni 键键长为 0.182nm。对终态产物频率分析结果显示没有虚频，最终形成的 C_7H_{12} 中 C-H 的键长在 0.110~0.111nm 之间，H—Ni 键键长 0.146nm。C_7H_{12} 脱氢过程的初始态为 C_7H_{12} 的稳定化学吸附态，频率分析结果显示没有虚频，吸附在 Ni 上的 H 原子距离 Ni 原子 0.235nm。对 TS3 结构的频率分析表明 TS3 有且只有一个虚频，且虚频的振动方向为反应进行的方向，故认为 TS3 为反应过渡态。在形成的过渡态 TS3 中，未反应的 C—H 键键长变化微小，参与反应的 H 与 C 原子距离为 0.211nm，H 与催化剂 Ni 原子的距离为 0.147nm。之后 H 继续逐渐远离 C 原子，形成终态产物 C_7H_{11} 和 H—Ni，频率分析结果显示没有虚频，H—Ni 键键长为 0.146nm。

表 3-3-1　甲基环己烷脱氢过程基元反应的反应物、过渡态和产物

基元反应	反应物	过渡态	产物
$C_7H_{14}+* \rightarrow C_7H_{13}\bullet+H*$	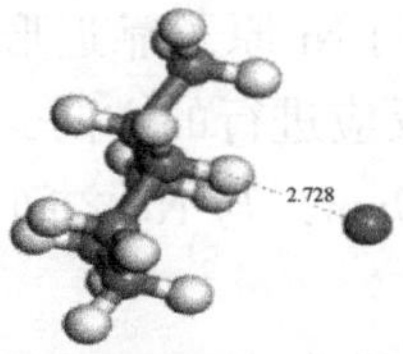	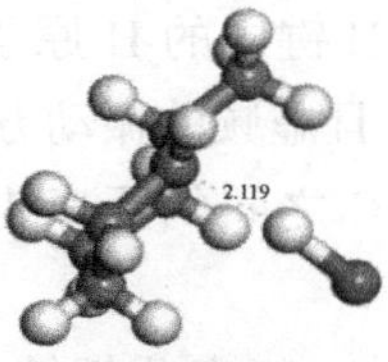	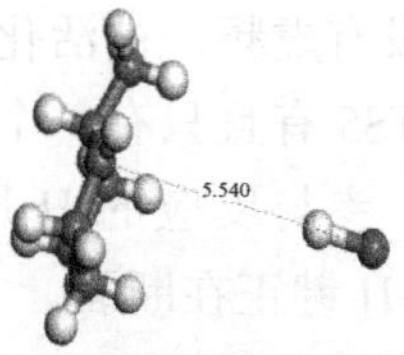
$C_7H_{13}\bullet+* \rightarrow C_7H_{12}\bullet+H*$	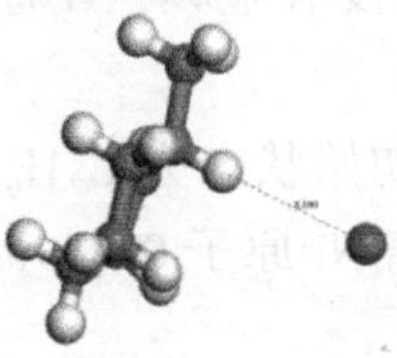	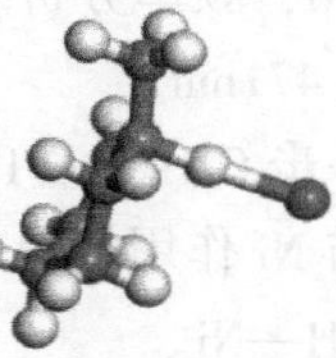	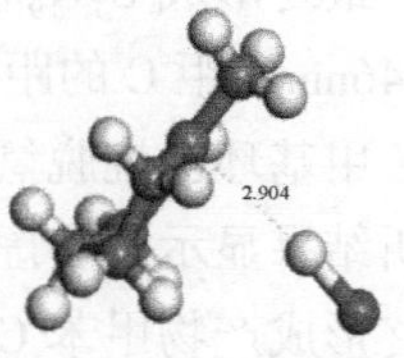

续表

基元反应	反应物	过渡态	产物
$C_7H_{12}\bullet + * \rightarrow C_7H_{11}\bullet + H*$	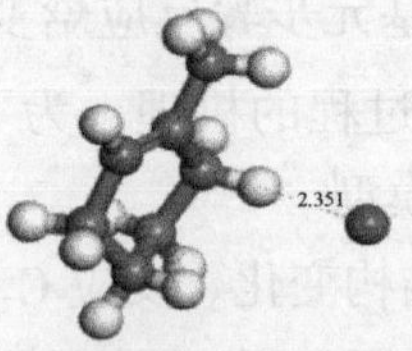	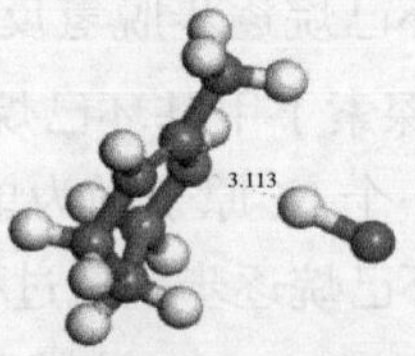	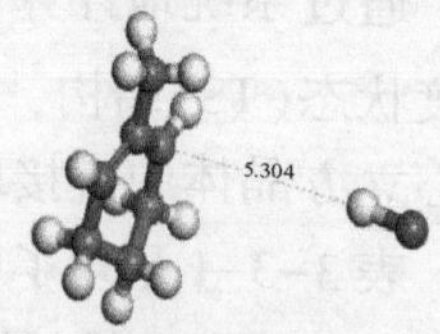
$C_7H_{11}\bullet + * \rightarrow C_7H_{10}\bullet + H*$	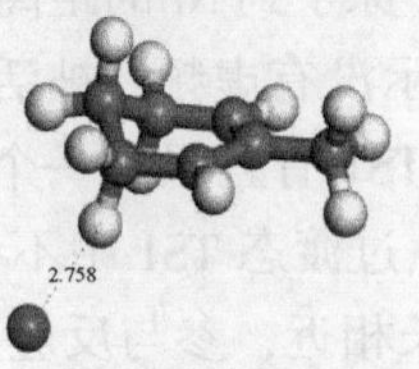	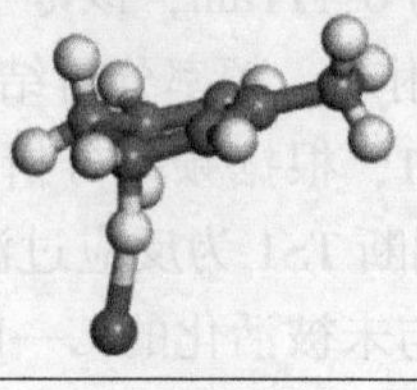	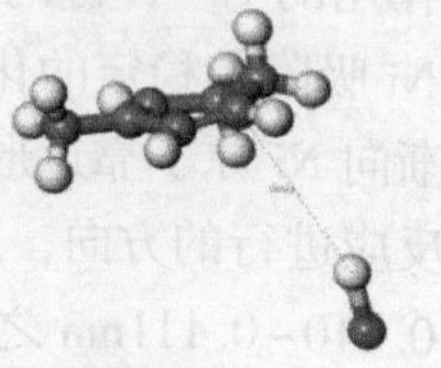
$C_7H_{10} + * \rightarrow C_7H_9\bullet + H*$	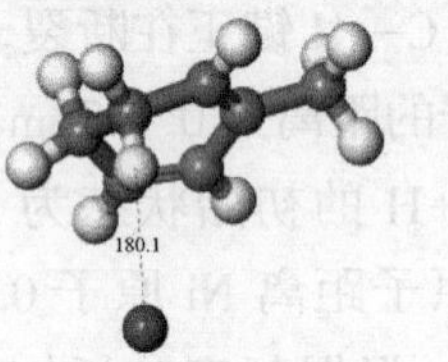	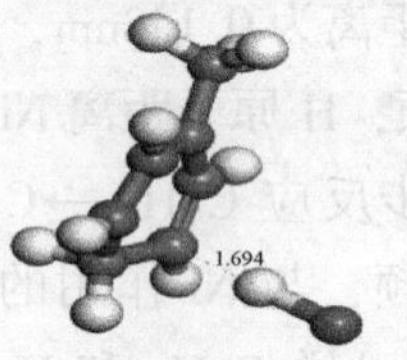	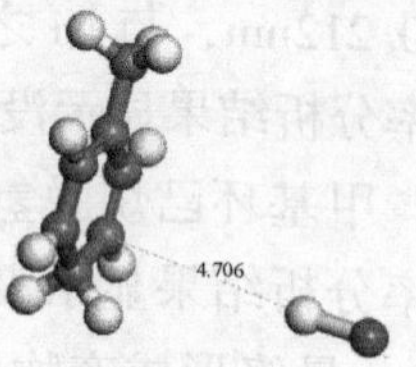
$C_7H_9\bullet + * \rightarrow C_7H_8\bullet + H*$	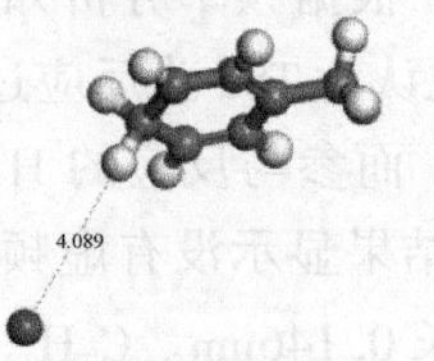	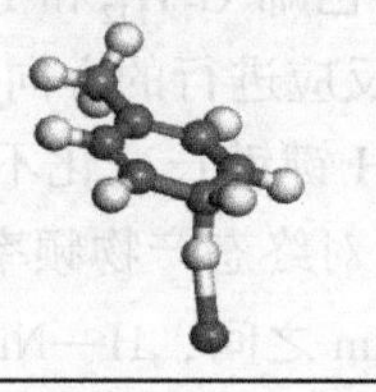	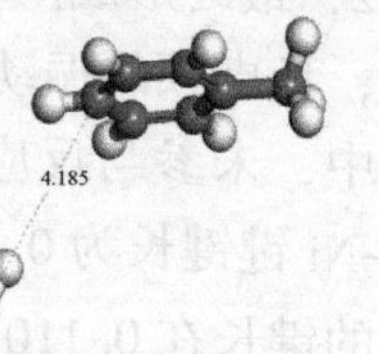

C_7H_{11}的脱氢反应 $C_7H_{10}\rightarrow C+H$ 初态为 C_7H_{11} 在 Ni 催化剂上的稳定化学吸附态，频率分析结果显示没有虚频，与 Ni 作用的 H 原子距 Ni 的距离为 0.276nm。对 TS4 进行频率分析，结果显示 TS4 有且仅有一个虚频，且振动方向是反应方向，所以认为 TS4 是 CH 脱氢反应的过渡态。在过渡态 TS4 中，被活化的 C—H 的距离为 0.124nm，H—Ni 的距离为 0.179nm。最后形成终态产物甲基环己二烯 C_7H_{10}和 H—Ni，并且频率分析显示没有虚频，其 H—Ni 键长 0.147nm。

反应 $C_7H_{10}\rightarrow C_7H_9+H$ 开始时，与 Ni 作用的 C—H 键的键长为 0.112nm，该键上的 H 原子到 Ni 的距离为 0.308nm，此时是 C_7H_{10}被 Ni 吸附的稳定的化学吸附态，频率分析结果显示没有虚频。被活化的 C—H 键中的 H 原子逐渐向 Ni 原子靠近形成 TS5，根据频率分析得知 TS5 有且只有一个虚频，且虚频的振动方向为反应进行的方向，所以判断 TS5 为反应过渡态，参与反应的 H 原子与 C 之间的距离为 0.169nm，与 Ni 之间的距离为 0.152nm，此时 C—H 键正在断裂。

最终形成 C_7H_9和 H—Ni，频率分析结果显示没有虚频，H 原子距离 Ni 原子的距离为 0.146nm，距 C 的距离为 0.471nm。

甲基环己烷脱氢最后一步 $C_7H_9\rightarrow C_7H_8+H$ 的初始状态为 C_7H_9的稳定化学吸附态，频率分析结果显示没有虚频，与 Ni 作用的 H 原子距离 Ni 原子 0.449nm，随后经过过渡态 TS6，最终形成产物甲苯 C_7H_8和 H—Ni。

根据频率分析知 TS6 结构有且只有一个虚频，且虚频的振动方向为反应进行的方向，因此认为 TS6 为反应过渡态。在过渡态 TS6 的结构中，未参与反应的 C—H 键键长变化不明显，而参与反应的 H 距离 C 为 0.130nm，此时 H—Ni 键键长为 0.186nm。对终态产物频率分析结果显示没有虚频，最终形成的 C_7H_8 中 C—H 的键长在 0.110~0.111nm 之间，H—Ni 键键长为 0.146nm。

反应活化能(E_a)采用 LST/QST(Linear Synchronous Transit/Quadratic Synchronous Transit)方法计算，甲基环己烷逐步脱氢反应的基元步骤反应焓变(ΔH)、反应能垒(E_a)结果如表 3-3-2 所示。

表 3-3-2 甲基环己烷脱氢过程的活化能和反应热

步骤	基元反应	ΔH/(0K)/(kJ/mol)	E_a/(kJ/mol)
1	$C_7H_{14}+*\rightarrow C_7H_{13}\bullet+H*$	143.36	158.85
2	$C_7H_{13}\bullet+*\rightarrow C_7H_{12}\bullet+H*$	-102.32	10.55
3	$C_7H_{12}\bullet+*\rightarrow C_7H_{11}\bullet+H*$	66.96	71.22
4	$C_7H_{11}\bullet+*\rightarrow C_7H_{10}\bullet+H*$	-26.28	4.17
5	$C_7H_{10}+*\rightarrow C_7H_9\bullet+H*$	20.52	43.98
6	$C_7H_9\bullet+*\rightarrow C_7H_8\bullet+H*$	-146.91	0.35

C_7H_{14}脱氢形成 C_7H_{13}与 H 的反应需要体系跨越 158.85kJ/mol 的能垒，此反应是一个吸热过程，焓变为 143.36kJ/mol，此反应较高的反应能垒表明 C_7H_{14}脱氢过程在动力学上是不被支持的。C_7H_{13} 脱氢形成 C_7H_{12} 和 H 的过程是一个放热过程，相应的反应热为 -102.33kJ/mol。同时在这个过程中，反应能垒较低，为 10.55kJ/mol，主要原因是甲基环己烷自由基不稳定，倾向于生成稳定的甲基环己烯。其余五个基元反应的反应能垒和反应热如表 3-3-2 所示，第 1、3、5 步脱氢均是吸热反应，生成不稳定的自由基，反应能垒相对较高，分别为 143.36 kJ/mol、71.22 kJ/mol、43.98kJ/mol，第 2、4、6 步脱氢过程均为放热反应，生成比较稳定的甲基环己烯、甲基环己二烯和甲苯，反应能垒分别为 10.55kJ/mol、4.17kJ/mol、0.35kJ/mol。在这六个基元反应中，C_7H_{14}脱氢形成 C_7H_{13}+H 过程是决速步骤，需要克服最大反应能垒。

为了清楚理解甲基环己烷在 Ni 催化剂上的解离过程，C_7H_{14}脱氢的能量变化曲线如图 3-3-3 所示。

由上述甲基环己烷在金属 Ni 上脱氢过程的能量变化分析可知，C_7H_{14}脱氢形成 C_7H_{13}+H 过程是决速步骤，需要克服最大反应能垒。根据上述研究，可以得出如下结论：

1)在甲基环己烷脱氢过程中，金属 Ni 是起夺电子作用，金属 Ni 的脱氢能力有限，甲基环己烷脱氢生成芳烃能垒相对较高；

2)过渡金属 d 带电子离域性越强，夺电子能力越强；金属表面 d 带中心越靠近费米能级，则其可能具有更好的催化脱氢活性。

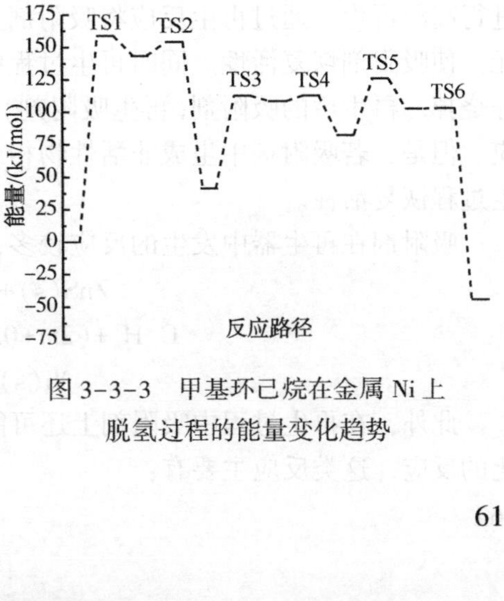

图 3-3-3 甲基环己烷在金属 Ni 上脱氢过程的能量变化趋势

四、环烷烃脱氢反应对于汽油辛烷值的影响

图 3-2-7[41~45] 中已经讨论了不同烃类不同碳数辛烷值的变化规律，从图中可以看出，同样 C 数的环烷烃，其辛烷值低于相应 C 数的芳烃。

为了更详细地研究这个问题，将不同 C 数环烷烃及对应芳烃的辛烷值列于表 3-3-3。

表 3-3-3　不同 C 数环烷烃及芳烃辛烷值变化

碳数	烃类	研究法辛烷值
6	环己烷	83
6	苯	98
7	甲基环己烷	75
7	甲苯	103
8	乙基环己烷	46
8	二甲苯	117

从表 3-3-3 可以看出，当环烷烃发生反应变化为相应的芳烃后，辛烷值会发生比较明显的上升。

第四节　吸附剂的再生

再生过程是汽油吸附脱硫工艺中最重要的工艺步骤之一[46~48]，直接决定了吸附剂在连续运转过程中是否能持续提供足够的脱硫活性。

在连续运行过程中，吸附剂在反应器及再生器之间不断地进行循环。在反应器中进行吸附脱硫反应过程中，汽油中含硫化合物中的硫原子不断转移到吸附剂上，形成了硫化锌组元。随着脱硫反应的不断深入，当吸附剂中一定量的氧化锌转变成硫化锌后，吸附剂的活性就不足以满足脱硫的需要了。与此同时，原料汽油中的胶质、生焦物种等组分在脱硫反应过程中也会与吸附剂发生物理和化学反应，通过吸附或者生成积炭等方式沉积到吸附剂上。因此，从反应器中转移出来的吸附剂(待生吸附剂)上含有一定的硫和积炭，需要在再生器中进行高温再生，通过再生反应将吸附剂上的硫化锌组元重新转变为具有脱硫活性的氧化锌组元，使吸附剂恢复活性。同时再生过程中吸附剂上的吸附烃、积炭等物质也会被完全或者部分烧掉。再生后的吸附剂(再生吸附剂)可以通过闭锁料斗转移回反应器中继续参加脱硫反应。但是，若吸附剂中生成非活性物相或者被金属污染等导致永久性失活后，则无法通过再生过程恢复活性。

吸附剂在再生器中发生的反应较多，主要为氧化反应，主要反应式如下：

$$ZnS(s)+1.5O_2 \rightarrow ZnO(s)+SO_2$$

$$C_mH_n+(2m+0.25n)O_2 \rightarrow mCO_2+0.5nH_2O$$

$$Ni(s)+0.5O_2 \rightarrow NiO(s)$$

此外，在再生过程中吸附剂上还可能会发生其他的导致吸附剂的组成和结构发生一定变化的反应，这类反应主要有：

$$3ZnS(s)+5.5O_2 \rightarrow ZnO(SO_4)_2(s)+SO_2$$

$$2ZnO+2SO_2+O_2+2nH_2O \rightarrow 2ZnSO_4 \cdot nH_2O$$

$$ZnO+Al_2O_3 \rightarrow ZnAl_2O_4$$

$$2ZnO+SiO_2 \rightarrow Zn_2SiO_4$$

汽油吸附脱硫工艺要求对吸附剂采用“贫氧再生”的方法进行再生，即在再生过程中严格控制再生风量及再生条件，实现需要的再生强度。这样再生过程即可保证再生效果，又降低了吸附剂的失活反应速率，再生吸附剂上按需保留一定的硫及碳，以保证吸附剂具有适宜的反应活性。

一、工业吸附剂中活性组元 ZnO 的再生

ZnO 是吸附脱硫吸附剂中的脱硫活性组元，在反应过程中从原料汽油中脱除的 S 原子和 ZnO 反应生成 ZnS 从而被固定在吸附剂上，吸附剂中 ZnO 含量的高低决定了吸附剂的脱硫活性。再生过程的主要目的是将反应生成的非活性的 ZnS 重新转化为活性的 ZnO，转换的数量根据装置脱硫的需要而定。为了把特定硫含量的原料汽油脱硫到目标硫含量以下，汽油吸附脱硫工业装置运行时以“硫差”(即待生吸附剂上硫含量与再生吸附剂上硫含量的差值)作为一个重要衡量指标，亦即要将多少数量的 ZnS 再生成为 ZnO。其反应式如下：

$$2ZnS+3O_2 \rightarrow ZnO+2SO_2$$

通过上述反应式可知，影响 ZnO 再生结果的因素主要有两个：一是再生体系中参与反应的氧气的量，即氧分压；二是再生温度。前者主要由再生气体流量和再生时间决定；后者主要通过动力学作用影响反应，在温度变化不太大的高温区间里，对 ZnO 再生含量的影响较小。

(一)再生空气流量和时间的影响

考察某工业待生吸附剂再生温度为 500℃、再生气体为空气、再生时间为 40min 时，ZnO、ZnS 随再生气体流量变化的情况可知，随着再生气体流量的增大，ZnS 含量降低，ZnO 含量随之升高。可见随着参加反应的氧气量的增加，ZnS 逐渐反应生成 ZnO。

同样，考察某工业待生吸附剂再生温度为 500℃、再生气体为空气、再生气体流量固定在 3mL/min 时，吸附剂中 ZnO、ZnS 含量随再生时间变化的情况可知，随着再生时间的增加，ZnS 含量逐渐降低，ZnO 含量逐渐升高；而且，不论是变化再生气体流量还是再生时间，通入体系中的氧气的量相同时，ZnO、ZnS 的含量基本相同。

在再生过程中，改变再生气体流量或改变再生时间，结果都是改变通入再生体系中参加反应的氧气的量，进而改变 ZnO 的生成和 ZnS 转化的数量。如果再生吸附剂 ZnS 含量在一定范围内，那么对应待生吸附剂和再生吸附剂 ZnS 含量的差值和供氧量有很好的线性关系；同时，对应待生吸附剂和再生吸附剂 ZnO 含量的差值和供氧量也有较好的线性关联。

综上可知，再生过程中，可根据需要的再生目标，计算出再生过程中需要消耗的氧气的量，进而确定再生过程中再生时间和再生气体流速这两个关键变量。

(二)再生温度对再生结果的影响

考察某工业待生吸附剂以空气为再生气体，再生气体流量为 5mL/min 及 2mL/min，再生时间为 40min 时，ZnO、ZnS 的量随再生温度变化情况，得到如下结果。

1)在 460~530℃的区间范围里，只要通入再生体系中的氧气的量相同，再生温度的变

化对再生吸附剂 ZnO、ZnS 含量的再生结果影响较小。

2）再生温度对再生过程的影响主要在动力学方面，在再生工况可变化的温度区间（460~530℃）里，一方面较高的温度已经能够使 ZnO 的再生反应快速进行，另一方面上下 70℃的温度变化对 ZnO 再生反应的影响也不够明显。

由此可见，在进入再生体系的总的氧气的量相同的情况下，在 460~530℃的温度区间里，再生温度的变化对于再生吸附剂中 ZnO 的再生结果影响不大。

（三）降低再生气体氧含量的再生结果

在使用空气为再生气体时，影响 ZnO 再生的主要因素是参与再生反应的氧气的量，再生过程中的供氧量和再生吸附剂 ZnO、ZnS 质量含量差存在很好的线性关系。但是在实际运行过程中，再生气体可能为空气与氮气的混合气体，因此考察了某工业装置待生吸附剂再生温度为 500℃、再生时间为 40min 时，分别采用空气和氧含量为 5%的混合气进行再生反应的情况，结果发现，降低再生气体氧含量后 ZnO、ZnS 的再生情况都基本相同，前述 ZnO、ZnS 质量含量差和再生供氧量的线性关联模型，在再生气体为氧含量为 5%的混合气体的情况下依旧可信。

二、工业吸附剂上硫和碳的再生行为[49]

待生吸附剂上含有一定的硫和积炭，再生过程不仅可以将硫化锌组元重新转变为具有脱硫活性的氧化锌组元，同时吸附剂上的吸附烃、积炭等物质也会被完全或者部分烧掉，使吸附剂恢复活性。

对某硫、碳元素质量分数均较高的工业待生吸附剂进行再生行为的研究中发现，再生温度及再生过程中的氧含量是再生过程的主要影响因素。待生吸附剂上硫和碳的再生存在着竞争关系，在再生过程中碳的起始再生温度低于硫的起始再生温度。

考察该工业待生吸附剂在 320~540℃温度区间内的再生情况可知，再生温度较低时，再生烟气中的 CO_2 含量已经较高，且再生烟气中的 CO_2 含量随再生温度的升高而持续增加，其原因可能是由于吸附剂上吸附烃的燃烧造成的。尽管从脱硫反应器中卸出的待生吸附剂经过了氢气汽提以及氮气吹扫等步骤，但是待生吸附剂上仍然可能吸附一定量的反应油气，这部分吸附烃较易与空气中的 O_2 燃烧生成 CO_2。随再生温度的升高，吸附剂上的积炭也参与了再生反应，尤其是在再生温度达到 420℃以上时，积炭燃烧反应急剧增加。

再生温度对再生烟气中 SO_2 的含量影响与对 CO_2 的含量影响不同。再生温度较低，如低于 400℃时，再生烟气中的 SO_2 含量变化不大，均较低。当再生温度高于 420℃时，烟气中的 SO_2 含量急剧增加，且在 460℃时达到了与 CO_2 相同的含量水平。随再生温度的继续升高，SO_2 含量又急剧降低，表现出与积炭再生不同的变化趋势。这主要是因为在较高的再生温度，如高于 460℃的情况下，再生气中的 O_2 更容易与积炭发生反应，首先生成 CO_2，消耗了大部分的 O_2，造成吸附剂中的硫难以与足够量的 O_2 接触进行再生。即积炭与硫的再生反应属于竞争反应，当温度高于 460℃时，将首先发生积炭的再生反应，硫的再生反应受到抑制。

考察不同再生温度下再生时间对再生过程的影响可知，在不同温度下再生时，随反应时间的延长，CO_2 含量呈先升高后降低的趋势。在再生初始阶段，烟气中 CO_2 含量低主要是因为待生吸附剂中含有较多量的还原态 Ni，Ni 与 O_2 的氧化反应消耗了部分 O_2，导致与碳发生

反应的 O_2 的量较少。随再生时间的延长，Ni 的氧化反应逐渐完成，更多量的 O_2 可以提供给烧碳反应，使得烟气中的 CO_2 含量增加。反应时间继续延长时，由于易燃烧积炭的量逐渐减少，烧碳反应再次减弱，导致 CO_2 含量降低。而且试验结果也表明，高温有利于积炭的燃烧反应，再生温度越高，烟气中的 CO_2 含量越高。同样，再生烟气中 SO_2 含量变化趋势与 CO_2 含量的变化趋势相似，在待生剂与再生空气接触初期，烟气中的 SO_2 含量极低，而且再生温度越高，烟气中的 SO_2 含量越低，如当再生温度为 540℃时，反应初期吸附剂中的 Ni 和碳消耗了绝大部分的 O_2，导致吸附剂的烧硫反应难以进行，再生烟气中的 SO_2 体积分数极低。随反应时间的延长，Ni 的氧化反应结束，而且 CO_2 的再生速率也逐渐降低，烟气中的 SO_2 含量逐渐升高。但是与烧碳反应不同的是，当再生温度较低，如为 460℃时，烟气中的 SO_2 含量出现了最高值，这进一步说明较低的再生温度有利于提高吸附剂的烧硫选择性。在 540℃的高再生温度下，再生初期烟气中 CO_2/SO_2 摩尔比非常高，主要是由于高温有利于烧碳反应的发生，且待生剂上吸附烃的燃烧也消耗了大量 O_2，烧硫反应受到抑制，因此在反应初期，烟气中以 CO_2 为主，随再生时间的延长，烧碳反应逐渐减弱，烧硫反应逐渐增强，使得 CO_2/SO_2 摩尔比逐渐下降。在 460℃的低再生温度下，烟气中的初始 CO_2/SO_2 摩尔比仍较高，主要是由于再生初始阶段，待生剂上的吸附烃更容易燃烧生成 CO_2，同时吸附烃燃烧耗氧抑制了烧硫反应，使得初始 CO_2/SO_2 摩尔比高。待生剂上的吸附烃完全燃烧之后，由于较低的再生温度有利于烧硫反应，因此烟气中的 CO_2/SO_2 摩尔比只有 1.05，随再生时间的延长，烟气中的 CO_2/SO_2 摩尔比逐渐升高。这主要是由于烧硫反应随时间的延长迅速减弱，而烧碳反应较为稳定导致的。当再生温度为 500℃时，烟气中的 CO_2/SO_2 摩尔比较为稳定。

可见，吸附剂上硫和碳的氧化再生反应受再生温度影响较大，主要是因为吸附剂上负载的硫和碳在再生过程中存在着竞争反应，较低的再生温度如 460℃有利于提高再生反应的烧硫选择性，高的再生温度如 540℃时，有利于烧碳反应。高温再生时，烧碳反应消耗了大量的氧气，使得用于烧硫的氧气不足，进而抑制了烧硫反应的进行。当再生温度为 500℃时，吸附剂上负载硫和碳的氧化再生反应较为稳定，再生烟气中 CO_2/SO_2 摩尔比约为 2.1~2.3。尽管较低的再生温度有利于提高烧硫反应的选择性，但再生温度过低，吸附剂的烧硫、烧碳再生速率也降低，再生气中氧气的利用率下降。

三、工业吸附剂热解行为[50]

在再生过程中待生吸附剂上负载的硫和碳会发生氧化反应，在再生烟气中有 CO_2 及 SO_2 的出现，同时，在再生过程中吸附剂上的主要物相和组成也会发生变化。下面利用 TG-MS 结合高温原位 XRD 的分析表征，初步阐述再生烟气组成和吸附剂物相组成变化的关系。

将某工业装置吸附剂的 TG-MS 谱图列于图 3-4-1 中，DS-1 为待生吸附剂，ZS-1 为再生吸附剂，可以看出，系列吸附剂的热解可以分为 4 个阶段。在 200℃ 前，吸附剂出现了明显的失重，而质谱图上只能观测到明显的 H_2O 谱峰，可归结为物理吸附水和结构水的脱除，对比其高温原位 XRD 谱图可知，吸附剂的各特征衍射峰在此时均未发生明显变化。DS-1 在 424℃ 、502℃ 、651℃ 左右同时出现了明显的 H_2O 和 CO_2 的质谱峰，推测为烃类化合物或积炭燃烧。在 in situ HT-XRD 谱图(图 3-4-2)上可以看到，537℃ 和 552℃ 左右的 SO_2 质谱峰归属于 ZnS 物相的热解，而 892℃ 左右 SO_2 质谱峰则归属于 $Zn_3O(SO_4)_2$ 物相的热解。

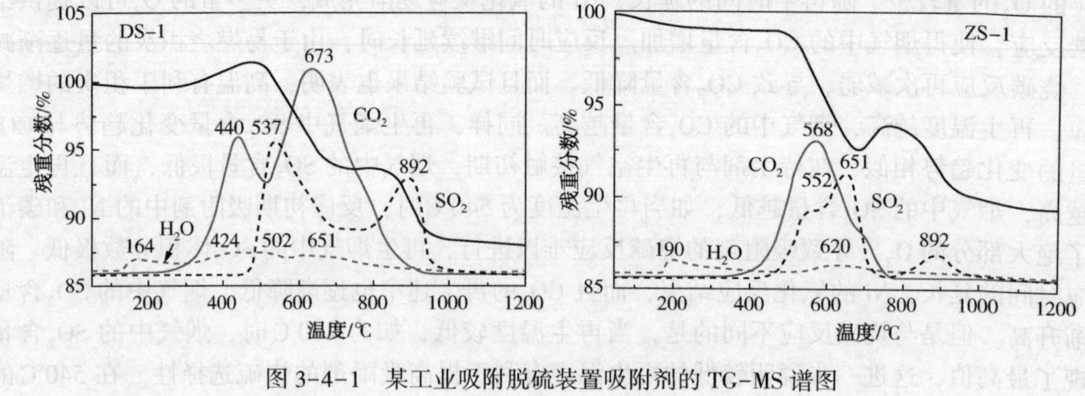

图 3-4-1　某工业吸附脱硫装置吸附剂的 TG-MS 谱图

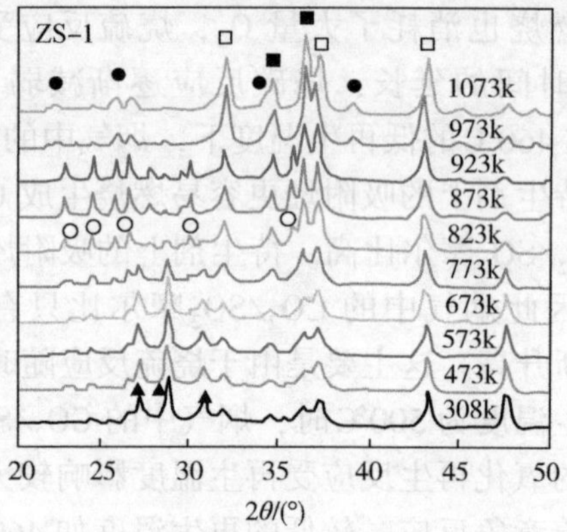

图 3-4-2　某工业吸附脱硫装置吸附剂的 in situ HT-XRD 谱图

可见，吸附剂在再生环境下首先进行的是吸附水的脱附，然后进行烃类化合物或积炭燃烧，随着温度升高才开始 ZnS 物相氧化再生过程。在实际的工业再生过程中，吸附剂上吸附的水和部分烃类化合物燃烧，释放出较多 H_2O 和 CO_2，其与再生产生的 SO_2 和 SO_3 混合形成了酸性水热环境，易导致吸附剂的失活。此外，从图 3-4-1 可以看到，有较大一部分 H_2O 和 CO_2 的热解温度明显低于 SO_2 的热解温度，也证明了在再生过程中炭的燃烧先于硫的燃烧。

四、工业吸附剂的组成、结构及再生行为的综合分析[49,52~54]

在汽油吸附脱硫工业装置实际运行中，再生器中还会存在更多反应，因为在吸附剂中除含有氧化锌、硫化锌、氧化镍等活性组元外，还存在硅酸锌、铝酸锌等非活性物相，在监测过程中也发现[55]，再生过程中吸附剂上除生成氧化锌及氧化镍等物相外，也会出现明显的硫酸锌的物相。因此，还需系统探讨工业吸附剂的再生行为，通过合理再生保障吸附剂的活性。

(一)工业吸附剂的晶体结构和物相组成

图 3-4-3 是某工业装置待生和再生吸附剂的 XRD 谱图，所有样品均可以看到晶型规整的 ZnO、ZnS 和 $ZnAl_2O_4$ 物相特征衍射峰。经过工业再生后，位于 2θ 角 26.96°、28.52°、30.58°处归属于 ZnS 物相的特征衍射峰的强度显著降低，同时位于 2θ 角 31.52°、34.36°、

36.16°处归属于 ZnO 物相的特征衍射峰的强度显著增加，说明大量 ZnS 物相转变为 ZnO 物相[51]。此外，Ni 和 $ZnNi_3C$ 物相特征衍射峰消失，出现了明显的 NiO 特征衍射峰。B、C 和 D 组样品在 2θ 角 12.68°、22.06°、25.52°、31.52°、34.00°、38.80°、48.90°处出现了明显的 Zn_2SiO_4 物相的特征衍射峰。

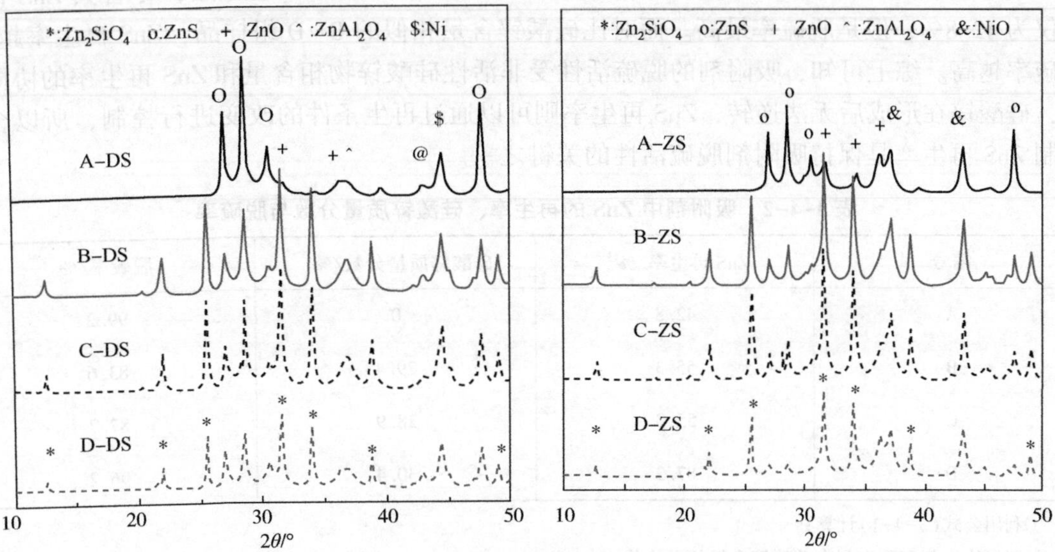

图 3-4-3 待生和再生吸附剂的 XRD 谱图

表 3-4-1 为某工业装置待生和再生吸附剂主要含锌物相的定量分析结果。在 B~D 组样品中均出现了约 30%的非活性物相硅酸锌，对于吸附脱硫吸附剂而言，ZnO 物相含量越高，其脱硫活性越高，而硅酸锌的形成会大量消耗活性组元 ZnO 物相，导致吸附剂活性降低[51]。不含硅酸锌的 A-DS 和 A-ZS 中活性 ZnO 物相的含量明显高于 B~D 组样品。此外，A-DS 和 A-ZS 中 ZnS 物相的含量也明显较高，ZnS 物相可以通过正常的再生反应转变为具有活性的 ZnO 物相。D 组样品中非活性硅酸锌物相含量与 B 和 C 相似，但是 D-ZS 中活性 ZnO 物相的含量明显高于 B-ZS 和 C-ZS。进一步对比发现，B-DS、C-DS 和 D-DS 中 ZnS 物相含量相似，但是 D-ZS 中 ZnS 含量明显低于 B-ZS 和 C-ZS，说明在再生过程中 D-DS 中有相对较多的 ZnS 物相转变为 ZnO 物相。

表 3-4-1 吸附剂主要含锌物相质量分数 %

物相	ZnO	ZnS	$ZnAl_2O_4$	Zn_2SiO_4
A-DS	5.3	43.2	16.0	0
B-DS	1.7	19.0	22.0	30.9
C-DS	1.5	19.0	22.6	29.9
D-DS	5.0	17.9	18.4	30.8
A-ZS	19.1	24.7	14.9	0
B-ZS	9.8	8.5	24.0	27.9
C-ZS	9.6	8.5	23.8	27.9
D-ZS	15.7	2.3	23.1	29.9

利用公式(3-4-1)可以计算出系列待生剂中ZnS的再生率：

$$\text{ZnS 再生率}=\frac{\text{待生中 ZnS 含量}-\text{再生中 ZnS 含量}}{\text{待生中 ZnS 含量}}\cdot 100\% \qquad (3-4-1)$$

计算结果如表3-4-2所示。对于没有非活性硅酸锌物相的A组样品，尽管其ZnS再生率仅为42.8%，但是脱硫率最高。而对比硅酸锌含量相似的B~D组样品，ZnS再生率越高，脱硫率越高。综上可知，吸附剂的脱硫活性受非活性硅酸锌物相含量和ZnS再生率的协同影响，硅酸锌在形成后无法逆转，ZnS再生率则可以通过再生条件的改变进行控制，所以合理控制ZnS再生率是保持吸附剂脱硫活性的关键之一。

表3-4-2 吸附剂中ZnS的再生率、硅酸锌质量分数与脱硫率

编号	ZnS 再生率/%①	硅酸锌质量分数/%②	脱硫率/%
A	42.8	0	99.2
B	55.3	29.4	83.6
C	55.3	28.9	87.7
D	87.2	30.4	96.2

①利用公式(3-4-1)计算；

②同组待生剂和再生剂中硅酸锌含量的平均值。

(二)FT-IR和XPS分析

图3-4-4是新剂、再生和待生吸附剂的FT-IR谱图。从新剂的红外谱图上可以看到，在3430 cm^{-1}和1632 cm^{-1}处出现了O—H的伸缩振动吸收峰，在1069 cm^{-1}和803 cm^{-1}处出现了二氧化硅的Si—O—Si反对称和对称伸缩振动，475cm^{-1}处出现了SiO_2的Si—O弯曲伸缩振动。对比A-DS和A-ZS的红外谱图可知，其与新剂的谱图基本相似。从B-DS和B-ZS的红外谱图中不仅可以看到与新剂相似的吸收峰，还观测到系列新的吸收峰：在987 cm^{-1}和868cm^{-1}处出现了归属于硅酸锌的$Si-O_4$的伸缩振动吸收峰，在577cm^{-1}为处出现了归属于硅酸锌的$Zn-O_4$的伸缩振动吸收峰，与XRD的分析结果一致。此外，B-DS和B-ZS还在1127 cm^{-1}、931 cm^{-1}、905 cm^{-1}、614 cm^{-1}处出现了归属于SO_4^{2-}的S-O伸缩振动吸收峰，说明还出现了明显的硫酸根，值得注意的是，从XRD谱图上没有观测到硫酸根化合物的物相，其可能以非晶态的形式存在。

图3-4-5是待生和再生吸附剂表面硫元素的XPS谱图。所有样品均在162.3eV处出现了归属于S^{2-}的峰，结合XRD分析可知，其主要为ZnS物相；在196.6eV处均出现了归属于SO_4^{2-}的峰，进一步验证了FT-IR的分析结果。此外，对比A-DS和A-ZS、B-DS和B-ZS可知，再生后S^{2-}的峰强度明显降低，同时SO_4^{2-}的峰强度增加，推测可能是在氧化再生过程中，部分S^{2-}转变为SO_4^{2-}。值得注意的是，SO_4^{2-}多以硫酸锌的形式存在[55]，导致具有脱硫活性的ZnO物相含量降低，影响脱硫活性。

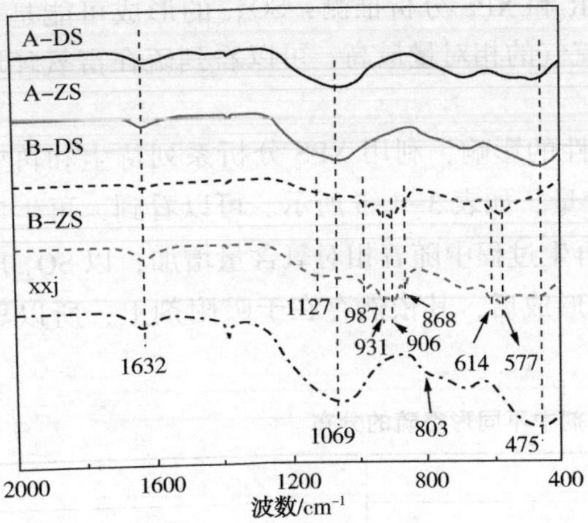

图 3-4-4　新剂、待生和再生吸附剂的 FT-IR 谱图

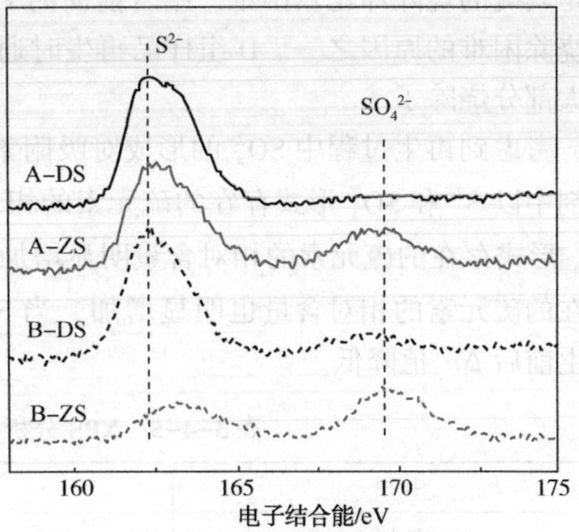

图 3-4-5　待生和再生吸附剂表面硫元素的 XPS 谱图

(三)影响吸附剂中硫元素再生的因素分析[56~60]

考虑到 XRD 只能较好地分析晶体类化合物的含量，而部分硫元素在再生过程中会转变为无定形的硫酸根类化合物，所以利用碳硫分析对再生前后的吸附剂中硫元素的总量进行了定量分析，如表 3-4-3 所示。可以看到，A 和 D 的硫差明显高于 B 和 C，结合 XRD 分析可知，A 和 D 中有较多的 ZnS 物相转变为活性 ZnO 物相，二者的脱硫活性也明显较高，与 XRD 分析结果的变化规律基本一致。

表 3-4-3　再生前后吸附剂硫元素含量　　%(质)

样品	A	B	C	D
待生剂	14.1	7.1	7.3	7.4
再生剂	9.5	4.5	4.6	3.3
再生前后硫含量之差	4.6	2.6	2.7	4.1

表 3-4-4 是再生过程中吸附剂上硫元素与氧元素摩尔数之比，n_S/n_O 比值越小，说明再生过程中通入的氧气的相对量越高。可以看到，从 A 到 D 组样品的 n_S/n_O 的比值依次降低，可知 ZnS 物相的再生率同步降低，说明再生过程中通入的氧气的相对量越高，ZnS 再生率越高。

表 3-4-4　再生过程中吸附剂硫元素与氧元素摩尔数之比

比值	A	B	C	D
n_S/n_O	0.91	0.53	0.52	0.41
$\Delta n_S/n_O$	0.18	0.10	0.10	0.17

表 3-4-4 中 Δn_S 为吸附剂在再生过程中烧除掉的硫的摩尔数，$\Delta n_S/n_O$ 比值越高，说明吸附剂上的硫越容易被氧气烧除掉。可以看到，尽管 A 组样品再生时通入氧气的相对量最低，但是 A 组样品中的硫最易被氧气烧除。B 和 C 组样品再生时通入氧气的相对量较高，

但是其硫的烧除却比较困难，结合前面的 FT-IR 和 XPS 分析推测，SO_4^{2-} 的形成可能是导致硫烧除困难的原因之一。D 组样品再生时通入氧气的相对量最高，可以看到硫在富氧环境中被大部分烧除了。

考虑到再生过程中 SO_4^{2-} 的形成对吸附剂活性的影响，利用 XPS 分析系列待生和再生吸附剂中以 S^{2-} 和 SO_4^{2-} 形式存在的硫元素的相对含量，如表 3-4-5 所示。可以看到，再生后以 SO_4^{2-} 形式存在的硫元素的相对含量明显增加。再生过程中随着相对氧含量增加，以 SO_4^{2-} 形式存在的硫元素的相对含量也明显增加。当 SO_4^{2-} 形成后，其依然存在于吸附剂上，所以导致再生前后 Δn_S 值降低。

表 3-4-5　XPS 分析吸附剂中不同形态硫的分布　%

物相	S^{2-}	SO_4^{2-}
A-DS	94.3	5.7
B-DS	87.6	12.4
C-DS	86.8	13.2
D-DS	85.6	14.4
A-ZS	73.4	26.6
B-ZS	42.9	57.1
C-ZS	33.2	66.8
D-ZS	28.7	71.3

由于 XPS 分析的是吸附剂表面 2~5nm 深度范围，对于体相吸附剂而言，需要进一步分析吸附剂上硫元素形态的整体分布。对比 XRD 和碳硫分析结果发现，XRD 物相定量所获得的硫质量分数明显偏低(表 3-4-6)，考虑到 XRD 难以分析无定形物相，可以推测 XRD 分析中偏低的硫含量是由于非晶相的 SO_4^{2-} 类化合物所致。因此将 XRD 物相定量结果和碳硫分析结果中硫元素的含量进行对比，可以近似地推算 SO_4^{2-} 在吸附剂体相中的含量。从表 3-4-6 可以看到再，生后以 SO_4^{2-} 形式存在的硫元素的相对含量明显增加，再生过程中随着相对氧含量增加，以 SO_4^{2-} 形式存在的硫元素的相对含量也明显增加，除了 B-ZS，待生剂体相和表面的 SO_4^{2-} 相对含量相似，而再生剂表面 SO_4^{2-} 相对含量明显高于体相。这可能是由于吸附剂外表面局部氧含量较高，所以 SO_4^{2-} 优先在吸附剂表面形成，再逐步向吸附剂内部扩散。而 B-ZS 再生过程中相对氧含量过高，导致表面和体相均出现了过度氧化。

表 3-4-6　XRD 和 CS 分析吸附剂中硫含量

物相	XRD/%(质)	CS/%(质)	偏差/%(质)	SO_4^{2-} 形式 S 的占比/%
A-DS	13.5	14.1	−0.6	4.3
B-DS	6.5	7.1	−0.8	11.0
C-DS	6.5	7.3	−1.0	14.2
D-DS	6.0	7.4	−1.4	18.9
A-ZS	8.1	9.5	−1.4	14.7
B-ZS	2.8	4.5	−1.7	37.8

续表

物相	XRD/%(质)	CS/%(质)	偏差/%(质)	SO_4^{2-}形式 S 的占比/%
C-ZS	2.8	4.6	-1.8	39.1
D-ZS	0.8	3.3	-2.5	75.8

图 3-4-6 是 SO_4^{2-} 形成率、ZnS 再生率与 n_S/n_O 比值关联趋势示意图。可以看到，提高再生过程中氧元素的相对含量，可以提高 ZnS 再生率，但是同时副产物 SO_4^{2-} 的生成率也同步增加。

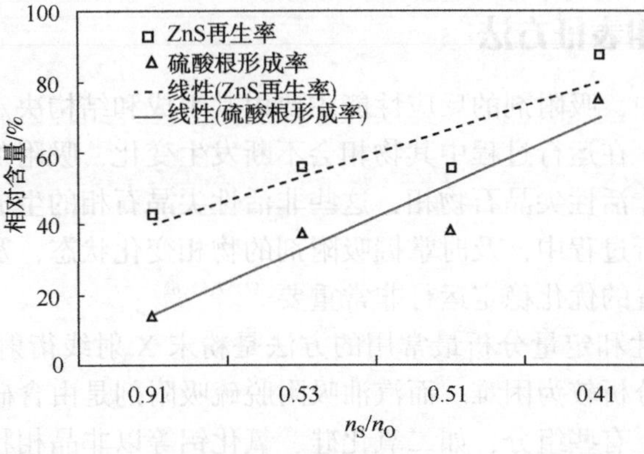

图 3-4-6 SO_4^{2-} 形成率、ZnS 再生率与 n_S/n_O 比值关联趋势示意图

(四)形貌分析

图 3-4-7 是 B-DS 和 B-ZS 的 SEM 谱图。可以看出，吸附剂均为球形颗粒，粒径大多在 40~120μm 之间，表面负载了致密的小颗粒，再生前后粒径没有出现显著差异。

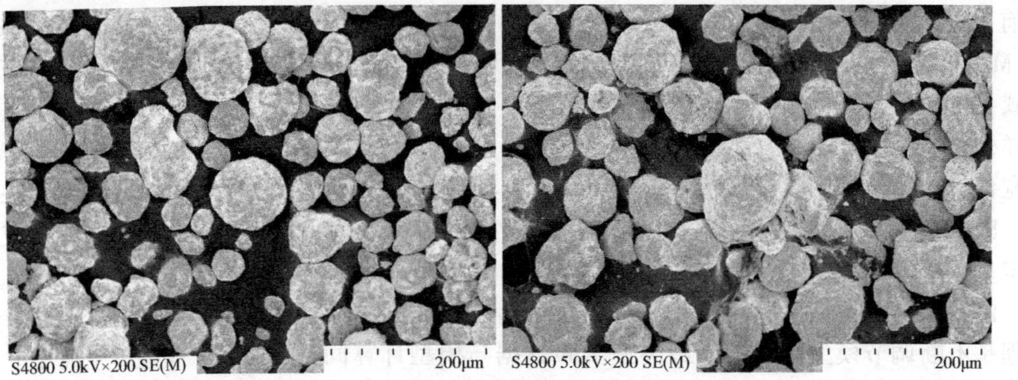

图 3-4-7 B-DS(左)和 B-ZS(右)的 SEM 谱图

对系列待生和再生吸附剂的晶体结构和物相组成分析发现，吸附剂的脱硫活性受非活性物相硅酸锌和硫化锌再生率的协同影响，硅酸锌含量越高、硫化锌再生率越低，活性氧化锌物相的含量就越低，从而导致吸附剂脱硫活性降低。非活性硅酸锌物相形成后难以逆转，但是硫化锌的再生率则可以通过控制再生条件予以调节。FT-IR 和 XPS 分析发现，在再生过程中，吸附剂上的硫元素形成了无定形的硫酸锌。结合 XRD 物相定量分析和碳硫分析结果

发现，硫酸锌主要富集在再生剂表面，其在一定程度上会降低活性氧化锌物相的含量。通过提高再生过程中氧气的相对含量，可以显著提高硫化锌的再生率，但同时会增加副产物硫酸锌的含量，吸附剂反应生成硫酸锌后会形成结块而失活，不仅增大剂耗，而且脱落的块状物将堵塞再生滑阀、影响再生吸附剂的输送和装置的平稳操作。再生前后吸附剂形貌和粒径均未发生明显变化。

第五节　吸附剂失活原因及解决对策

一、吸附剂的物相表征方法

汽油吸附脱硫工艺中，吸附剂的反应性能主要由其组成和结构决定，吸附剂中主要活性组元为氧化锌及氧化镍，在运行过程中其物相会不断发生变化，吸附剂中的活性氧化锌会与载体反应，逐步转化为非活性尖晶石物相，这些非活性尖晶石相的生成会显著降低吸附剂的活性。因此，在装置运行过程中，及时掌握吸附剂的物相变化状态，及时判断吸附剂活性状态和失活程度对保障装置的优化稳定运行非常重要[47,57,61,62]。

固体粉末物相的定性和定量分析最常用的方法是粉末 X 射线衍射技术，但是粉末 X 射线衍射对无定形物相的分析较为困难。而汽油吸附脱硫吸附剂是由含硅、铝组元的载体和含镍、锌的活性组元组成，有些组分，如二氧化硅、氧化铝等以非晶相状态存在，这就对吸附剂物相组成的定性和定量分析带来很大的困难。为此，RIPP 建立了采用 X 射线荧光光谱完成元素组成分析再结合 X 射线衍射全谱拟合的(Rietveld)相定量方法对吸附剂物相进行定量分析的方法，取得了很好的定量结果。

(一)吸附剂组成的定量分析方法

利用 XRD 对吸附剂进行定量分析是判断吸附剂失活原因和失活程度的关键分析方法。目前，人们一般利用 Rietveld 全谱拟合定量法进行分析。Rietveld 方法是由 Rietveld H. M.[63]提出的，后来 Young R. A. 和 Hill R. J. 等[64~66]将此方法引入到 X 射线粉末衍射领域，目前已广泛应用于无标定量相分析中，并取得了丰硕的成果。Rietveld 相定量法无需标样校正，可用于多相复杂的样品，通过对模型的修正可以较好地校正由择优取向、消光、线宽化、测角仪等因素引起的系统误差，具有较高的精度，可有效应用于科研和工业在线监控。RIPP 对汽油吸附脱硫吸附剂的三种形态(新剂、待生剂和再生剂)分别建立了相应的物相定量分析方法，为工业监控和吸附剂研究提供了有力保障[55,67~69]。

Rietveld 分析是利用整个衍射空间的散射信息，用数学模型对使用数据进行拟合。拟合过程是不断调节模型中参数，最终使实验数据与模型计算间达到差别(残差 S_y)最小，该过程是通过非线性最小二乘法来完成的，其数学表达式为：

$$S_y = \sum_i W_i \ (Y_i - Y_{ci})^2 \tag{3-5-1}$$

式中　S_y——残差；

Y_i——为数字衍射图中第 i 个实验点的实验值；

Y_{ci}——为对应的模型计算值；

W_i——为 $1/Y_i$，按 Poisson 统计得到的权重因子，加和是对所有数据点进行的。

每个衍射峰均具有一定的形状和宽度，可以用函数来模拟，Rietveld 方法采用了晶体结构依赖的衍射强度计算方法，它可以在结构模型的基础上，同时得到各个相的衍射强度及比例关系。$Y_{c,i}$的计算公式为：

$$Y_{c,j}=\sum_{k,j}S_jL_{k,j}|F_{k,j}|^2\varphi_{k,j}(2\theta_{i,j}-2\theta_{k,j})P_{k,j}A_j+Y_{b,j} \quad (3-5-2)$$

求和包括试样中各已知物相的全部衍射峰。

式中 S_j——第 j 相的标度因子，可用于无标样定量分析；

k——某一(hkl)衍射，$L_{k,j}$包括第 j 相第 k 衍射峰的洛伦兹-偏振因子和多重因子；

$\varphi_{k,j}(2\theta_{i,j}-2\theta_{k,j})$——面积归一化的峰形函数，比较常用的是 Pseudo-Voigt 函数和 Pearson Ⅶ函数；

$2\theta_{k,j}$——第 j 相(hkl)衍射面的 Bragg 角；

$P_{k,j}$——择优取向修正因子；

A_j——第 j 相的微吸收校正因子；

$Y_{b,j}$——背景强度；

$F_{k,j}$——第 j 相第 k 衍射峰的结构因子。

对于 Rietveld 分析来说，混合体系中每一相的质量分数与其精修的比例因子、晶胞质量和晶胞体积成正比，假设混合样品中所有相均为晶体结构，那么第 i 相的质量分数可以表示为：

$$w_i=\frac{S_iM_iV_i}{\sum_j(S_jM_jV_j/\tau_j)/\tau_j} \quad (3-5-3)$$

式中 S——比例因子；

M——单位晶胞的质量；

V——晶胞体积；

τ——吸收因子，其大小与颗粒的体积和线性吸收系数的中数有关；

下标 i——第 i 个晶相。

w_i满足$\sum w_i=1.0$。

Rietveld 拟合结果的好坏可用计算可信度因子来判断，通常使用的可信度因子包括衍射谱因子(R_p)、加权剩余方差因子(R)、Bragg 因子(R_B)、结构因子(R_F)和期望值因子(E)，从数学角度上看，R 因子最能反映精修的进程，因为其分子就是残差。

Jade 7 是目前最常见的分析软件之一，其采用的判据是加权衍射谱因子(R)和期望值因子(E)。R 值越小，计算谱图和实际谱图吻合度越高，由于实验数据本身的偏差，R 值不可能为 0。对 X 射线粉末衍射数据精修所得到的 R 值一般为 10%左右，但是对于含有无定形相的体系，R 值在 15%以内都是比较理想的结果，这主要是背景的高度造成的。此外，当 R 和 E 的比值越接近 1 的时候，拟合结果在数学上越接近实验结果，其比值的平方 S 也称为拟合优度参数。

值得注意的是，粉末衍射数据经最小二乘方法修正后得到的加权剩余方差因子 R 的最小值经常出现虚假最小的现象，仅仅依靠 R 值远不能像单晶结构数据那样稳定和可靠地判断拟合结果的正确性，而且一味地追求 R 值最小往往会得到错误的信息。因此，结合其他表征手段(如 XRF、ICP、Mossbauer、NMR 等)，对修正过程进行监控，使实际含量与拟合结果之间差异最小才是最重要的判据。

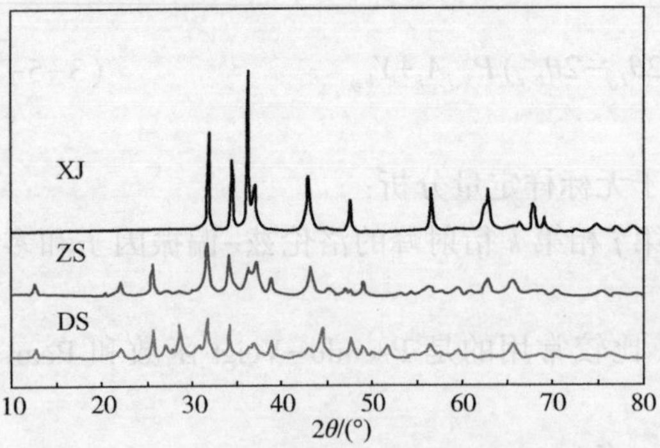

图 3-5-1　吸附脱硫吸附剂的新剂(XJ)、待生剂(DS)和再生剂(ZS)的 XRD 谱图

图 3-5-1 是某汽油吸附脱硫工业装置中的吸附剂的 XRD 谱图。新剂中出现了 ZnO 的特征衍射峰，峰形尖锐，强度高，是主要的活性组元。此外，新剂中还有含硅铝元素的载体等物质。待生剂和再生剂中的锌类化合物主要包括 ZnO、ZnS、$ZnAl_2O_4$ 和 Zn_2SiO_4。结合反应机理可知，ZnO 和 ZnS 是活性相，$ZnAl_2O_4$ 和 Zn_2SiO_4 是非活性相。在 Al_2O_3-SiO_2-ZnO 三元体系中，生成 $ZnAl_2O_4$ 和 Zn_2SiO_4 的 Gibbs 自由能在 1000℃ 以下均为负值，所以在汽油吸附脱硫工业装置的运行条件下，吸附剂在理论上也会生成 $ZnAl_2O_4$ 和 Zn_2SiO_4，这些尖晶石类化合物自身没有活性且无法再生，还消耗了大量的活性物相 ZnO，导致吸附剂失活。

表 3-5-1 是物相定量和 XRF 表征结果的对比，二者基本一致，验证了物相定量结果的准确性。

表 3-5-1　新剂的物相定量与 XRF 结果对比

新剂	XRD	XRF	偏差
	含量/%(质)		
Zn	54.1	54.5	-0.4
Si	8.3	7.4	0.9
Al	13.9	13.5	0.4
待生剂	XRD	XRF	偏差
Zn	46.9	48.9	-2.0
Si	9.0	9.2	-0.2
Al	15.2	14.1	1.1
再生剂	XRD	XRF	偏差
Zn	54.5	54.4	0.1
Si	9.1	9.4	-0.3
Al	14.6	14.0	0.6

注：偏差=XRD 结果-XRF 结果。

为了进一步验证无定形相的表征结果，利用 ^{29}Si NMR 表征了载体、新剂和系列再生剂中硅的化学环境。新剂和载体中 ^{29}Si 的化学位移约为-106.5，说明新剂和载体中存在无定形 SiO_2 [70,71]，与 XRD 物相表征结果一致。再生剂在-105.77 处也出现了无定形 SiO_2 的峰，但是强度显著降低，同时在低场-75.20 处出现了一个尖锐的强峰，归属于

Zn_2SiO_4[70~72]。

^{29}Si NMR 和 XRD 物相定量结果对比见表 3-5-2，二者分析结果基本一致，最大偏差仅为 4%，进一步验证了方法的准确性。

表 3-5-2　形成 Zn_2SiO_4 的 Si 相对总 Si 量的质量分数

样品	XRD	^{29}Si NMR	偏差
再生剂	0.43	0.42	0.01
再生剂-a	0.36	0.32	0.04
再生剂-b	0.28	0.25	0.03
再生剂-c	0.15	0.14	0.01
XJ	0	0	0
载体	0	0	0

注：偏差=XRD 结果-NMR 结果。

针对汽油吸附脱硫工艺吸附剂的三种形态(新剂、待生剂和再生剂)，分别建立了相应的 Rietveld 相定量方法，可以准确、快捷地发现各物相变化情况，及时提供非活性相的变化信息，为装置工业运行情况和吸附剂开发提供支持。

(二)吸附剂物相快速定量分析方法

利用 Rietveld 全谱拟合的方法对不同类型的汽油吸附脱硫吸附剂进行物相定量分析的方法具有准确可靠、适用范围广、无需标样等优点，为工业装置的稳定运行[57]和新剂的研发[73]提供了大量的分析结果。但是该方法不仅要求分析人员具有较丰富的晶体学等相关专业知识，还需要较长的测试和分析时间，所以无法在一线生产企业直接使用，难以及时地发现并应对工业装置中出现的各类异常问题[67]。为此，RIPP 利用 Rietveld 方法建立了汽油吸附脱硫吸附剂物相组成数据库，将数据库、PLS 化学计量学方法和专家经验结合在一起，建立了汽油吸附脱硫装置新剂、待生剂和再生剂中主要含锌和含镍物相的快速定量方法，方法中针对再生和还原过程中出现的问题，建立了待生和再生剂中硫酸氧锌物相、待生剂中氧化镍物相的报警模型。

利用 Rietveld 物相定量法，对 1276 个汽油吸附脱硫吸附剂样品进行了物相定量分析，结果如表 3-5-3 所示。数据库中汽油吸附脱硫新剂、待生剂和再生剂中主要含锌和含镍物相的含量范围基本上覆盖了新剂在生产和研发过程中以及待生和再生剂在工业装置运行过程中所出现过的各种情况。

表 3-5-3　数据库中不同剂型吸附剂中主要物相的含量范围　%(质)

物相	新剂	待生剂	再生剂
Zn_2SiO_4	—	0~39.8	0~39.8
$ZnAl_2O_4$	0~16.0	10.0~26.0	10.0~28.0
ZnS	—	11.5~55.2	1.0~35.7
ZnO	40.0~58.0	1.0~25.0	7.0~43.5
$Zn_3O(SO_4)_2$	—	0~5.5	0~15.0
NiO	18.0~26.0	1.0~14.0	12.4~24.0
Ni	—	4.0~16.3	0~7.8

运用 PLS 化学计量学方法，将 XRD 的谱图信息与数据库进行关联，并结合专家经验建

立了待生和再生剂中 ZnO、ZnS、Zn_2SiO_4 和 $ZnAl_2O_4$ 物相快速定量分析模型，以及新剂中 ZnO、NiO、Zn_2SiO_4 和 $ZnAl_2O_4$ 物相快速定量分析模型，具体方法同前期报道所述[68]。分别利用 Rietveld 物相定量法和物相快速定量分析法对 100 个工业待生剂和 100 个工业再生剂中 ZnO、ZnS、$ZnAl_2O_4$ 和 Zn_2SiO_4 物相进行快速定量分析(均在 TTR-Ⅲ 型衍射仪上测试)，并计算两种定量方法结果的偏差 ΔC_n：

$$\Delta C_n = C_{\text{Rietveld},n} - C_{\text{Fast},n} \tag{3-5-4}$$

式中 $C_{\text{Rietveld},n}$——Rietveld 物相定量法对物相 n 的定量结果，%；

$C_{\text{Fast},n}$——物相快速定量分析法对物相 n 的定量结果，%；

ΔC_n——物相 n 在两种方法下定量结果的偏差，%。

从图 3-5-2 可以看到，待生剂中所有物相定量结果的 ΔC_n 均在±5.0%以内。待生剂的 400 个 ΔC_n 中大于±4.0%的只有 4 个(占比 1%)，同样，再生剂的 400 个 ΔC_n 中大于±4.0%的只有 1 个(占比 0.25%)，准确性与前期报道的结果基本一致[11]，说明物相快速定量分析技术具有较高的准确性。

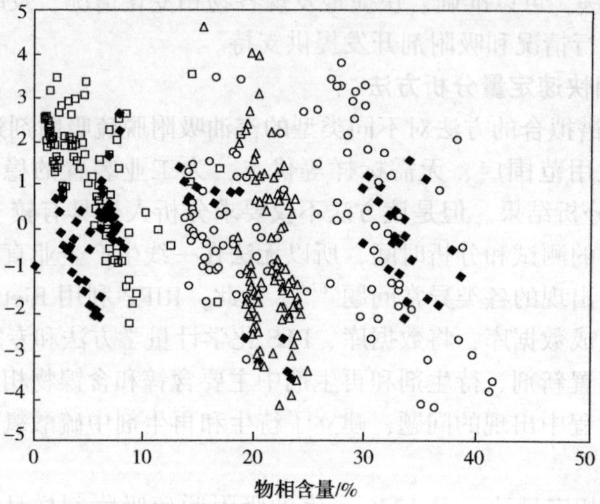

图 3-5-2 待生剂中主要含锌物相的 ΔC_n 随 $C_{\text{Rietveld},n}$ 变化趋势示意图

■—Zn_2SiO_4；□—ZnO；Δ—$ZnAl_2O$；○ZnS

分别利用 Rietveld 物相定量法和物相快速定量分析法对 100 个新剂中 ZnO、NiO 和 $ZnAl_2O_4$ 物相进行定量分析(均在 TTR-Ⅲ 型衍射仪上测试)，并计算两种定量方法结果的偏差 ΔC_n。新剂中所有物相定量结果的 ΔC_n 均在±4.0%以内，而 300 个 ΔC_n 中大于±3.0%的只有 1 个(占比 0.33%)，分析准确性优于待生剂和再生剂的定量结果，这是因为新剂中主要物相的含量的变化范围相对于待生剂和再生剂较小所致。

实验室常用衍射仪的 X 射线是由 X 射线管或相似结构的射线源提供的，由阴极和阳极两部分组成并封装在真空管中。阴极钨丝通电后即可产生大量的热电子，热电子在两极高压作用下被加速，当这些高速热电子轰击阳极靶(Cu)时，若其动能超过阳极靶原子 K 层电子的电离能，K 层电子被击出导致原子内电离并出现空位，当较外层电子填补到这些空位时，就发射出该原子的特征 X 射线[74,75]。在衍射仪的使用过程中无法避免地会出现阴极钨丝高温下缓慢升华、阳极靶和射线窗口受到污染、真空度下降、更换钨丝或射线管等问题，这些因素都会导致 X 射线强度随机性降低，从而影响 XRD 谱图的重复性。

图 3-5-3 是工业再生剂 ZS-1 在 TTR-III 型 XRD 上利用同样的方法测试的 XRD 原始谱图，2010 年的测试结果命名为 ZS-2010，2011 年的测试结果命名为 ZS-2011，各特征衍射峰的归属如前所述。样品 ZS-1 在 2010 年和 2011 年两次测试的谱图中特征衍射峰的数量、峰型和 2θ 角度均基本一致，但是可以明显观测到，2010 年测试谱图的基线和衍射峰峰顶的强度均略微高于 2011 年的测试结果。此外，将 2θ 角 30°~40°处的谱图进行局部放大[图 3-5-3(b)]，可以清晰地看到两条谱线的强度出现了明显的差异，并且基线处的强度差(ΔI)明显小于衍射峰的峰顶处。当同一样品采用同样的方法在不同时期两次测试的谱图具有如此显著差异的时候，会严重影响定量结果的重复性。值得注意的是，XRD 测试不能像光谱一样预先进行背景扫描[74~76]，再加上无定形物相的影响，难以直接对背景进行扣除，而采用内标或者外标对其进行随时校正又会显著增加工作量和成本[67]。

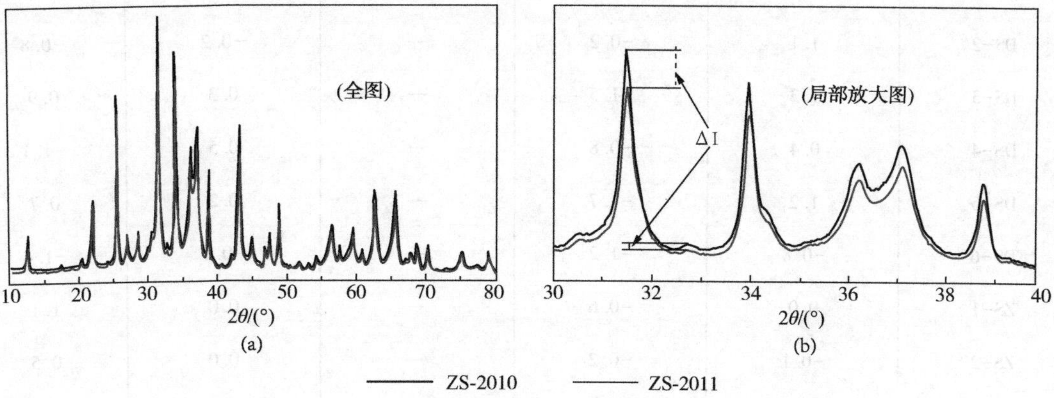

图 3-5-3　ZS-2010 和 ZS-2011 的 XRD 谱图和局部放大图

将 ZS-2010 和 ZS-2011 进行标准化处理后，分别命名为 ZS-2010-S 和 ZS-2011-S，结果如图 3-5-4 所示。可以看到，ZS-2010-S 和 ZS-2011-S 中特征衍射峰的数量、峰型和 2θ 角度也基本一致，并且谱图的基线和衍射峰峰顶的强度也基本一致，说明标准化处理后可以获得重复性较高的 XRD 谱图，从而提高定量结果的重复性。

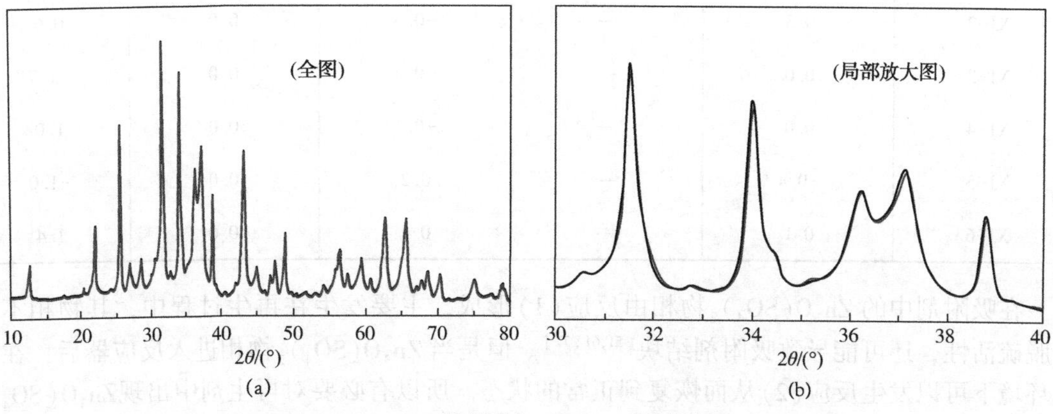

图 3-5-4　ZS-2010-S 和 ZS-2011-S 的 XRD 谱图和局部放大图

利用锐影型衍射仪分别在2013年和2014年两次测试系列吸附剂，然后进行物相快速定量分析，计算两次定量结果的差值：

$$\Delta C'_n = C_{2013,n} - C_{2014,n} \tag{3-5-5}$$

式中 $C_{2013,n}$——2013年测试并进行快速分析后获得的物相 n 的定量结果，%；

$C_{2014,n}$——2014年测试并进行快速分析后所获得的物相 n 的定量结果，%；

$\Delta C'_n$——物相 n 在两次测试后快速定量结果的重复性偏差，%，结果列于表3-5-4。

可以看到，所有样品主要物相两次定量结果的 $\Delta C'_n$ 均小于±1.7%，重复性较高。利用物相快速定量分析技术可以有效地消除衍射仪工况变化所导致的分析误差。

表3-5-4 物相快速定量分析结果的重复性偏差 $\Delta C'_n$

物相	ZnO	ZnS	NiO	Zn_2SiO_4	$ZnAl_2O_4$
DS-1	0.8	-0.8	—	-0.6	-0.9
DS-2	1.1	-0.2	—	-0.2	-0.8
DS-3	1.3	-1.5	—	0.3	0.9
DS-4	0.4	-0.8	—	0.5	-1.1
DS-5	1.2	-1.7	—	0.2	0.7
DS-6	-0.8	-1.2	—	-0.7	-1.4
ZS-1	0.0	-0.6	—	0.0	1.1
ZS-2	-0.1	-0.2	—	0.0	0.5
ZS-3	0.6	-0.6	—	0.3	-0.5
ZS-4	0.1	-0.4	—	-0.4	1.3
ZS-5	0.5	-0.3	—	0.1	-0.5
ZS-6	1.0	-0.5	—	-0.4	-0.5
XJ-1	0.1	—	0.4	0.0	-0.2
XJ-2	0.3	—	-0.3	0.0	0.6
XJ-3	0.0	—	-0.4	0.0	-1.7
XJ-4	0.0	—	-0.1	0.0	1.0
XJ-5	-0.4	—	0.2	0.0	-1.0
XJ-6	0.1	—	0.1	0.0	1.4

在吸附剂中的 $Zn_3O(SO_4)_2$ 物相由反应(1)形成，主要发生在再生过程中，其物相不具有脱硫活性，还可能导致吸附剂结块[51,61,77]。但是当 $Zn_3O(SO_4)_2$ 物相进入反应器后，在临氢环境下可以发生反应(2)从而恢复到正常的状态。所以有必要对再生剂中出现 $Zn_3O(SO_4)_2$ 物相进行报警，以便能及时发现和解决问题。通过对多套工业装置运行情况长期监控后发现，当吸附剂中 $Zn_3O(SO_4)_2$ 物相的含量小于3%时，其可以在反应器的正常工况下全部发生

反应(2)从而恢复正常。因此，设定其为待生剂和再生剂中 $Zn_3O(SO_4)_2$ 物相的报警阈值。

$$6ZnS+11O_2 \rightarrow 2Zn_3O(SO_4)_2+2SO_2 \quad (1)$$

$$Zn_3O(SO_4)_2+8H_2 \rightarrow 2ZnS+ZnO+8H_2O \quad (2)$$

由于 NiO 需要还原成 Ni 才具有脱硫活性，并且 NiO 的还原可以通过工艺参数来调节，所以有必要对待生剂中出现的 NiO 物相进行报警，以便装置操作人员及时应对。通过对多套工业装置运行情况长期监控后发现，当待生剂中 NiO 物相的质量分数低于 5%时，脱硫反应可以正常进行，所以选择其为报警阈值，采用 $Zn_3O(SO_4)_2$ 物相报警模型相同的方法建立了 NiO 物相报警模型。

长期工业应用结果表明，物相快速定量分析技术可以有效地指导工业装置操作参数的优化，降低了吸附剂中非活性物相的含量并将其控制在可以接受的范围内。

二、吸附剂的失活

尽管可以快速、高效、准确地表征吸附剂的状态，为吸附剂置换提供了定量化的分析指标，但是吸附剂如何失活、失活的影响程度、如何避免失活是生产企业长期关注的重点。为此，本节介绍了吸附剂失活的原因，初步探讨了失活的机理，并利用数学模型将主要的工艺参数、汽油硫含量和吸附剂的物相状态进行了定量关联。汽油吸附脱硫工艺的吸附剂是由硅铝材料为载体加含锌和含镍的活性组分按专利方法制备而成，具有脱硫率高、辛烷值损失小等优点[1~3]。但是，在吸附脱硫装置运行过程中曾多次出现吸附剂失活的问题，一度成为影响脱硫装置长周期运行的主要问题之一。对多套汽油吸附脱硫装置中运行的吸附剂进行了跟踪采样。对系列样品(包括新剂、待生剂和再生剂)的形貌、化学组成、物相组成、表面性质等进行了分析表征，找到了引起吸附剂失活的关键因素，建立了吸附剂的失活模型。

(一)吸附剂失活原因分析

图 3-5-5~图 3-5-7 分别为汽油吸附脱硫装置吸附剂(新剂、待生剂和再生剂)的 SEM 分析图像，比较新剂与待生剂和再生剂的图片，可以明显看到吸附剂有碎化现象，这也是为什么在装置细粉收集罐里有大量粉状物的原因。

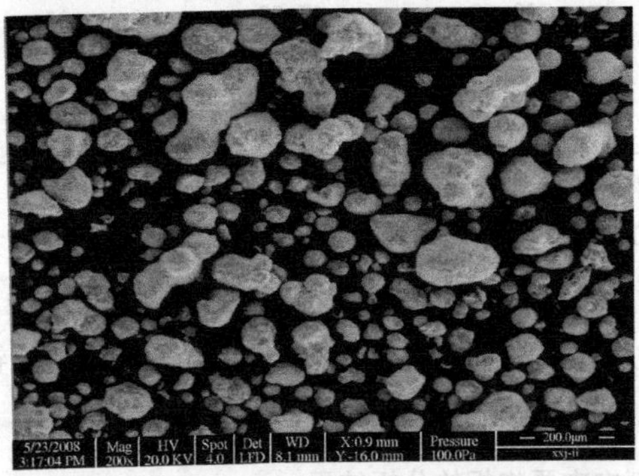

图 3-5-5 新剂的 SEM 图片

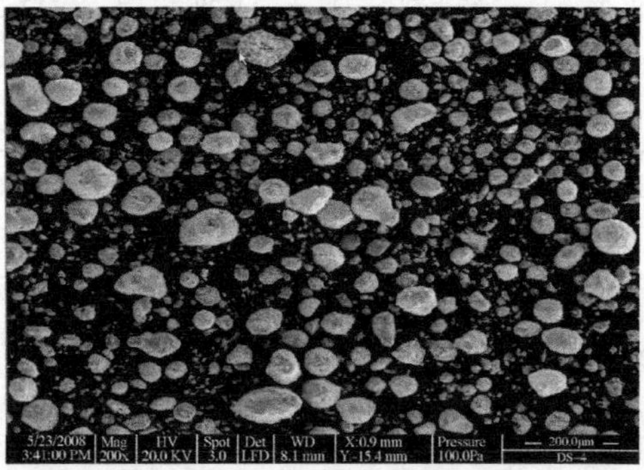

图 3-5-6 待生剂的 SEM 图片

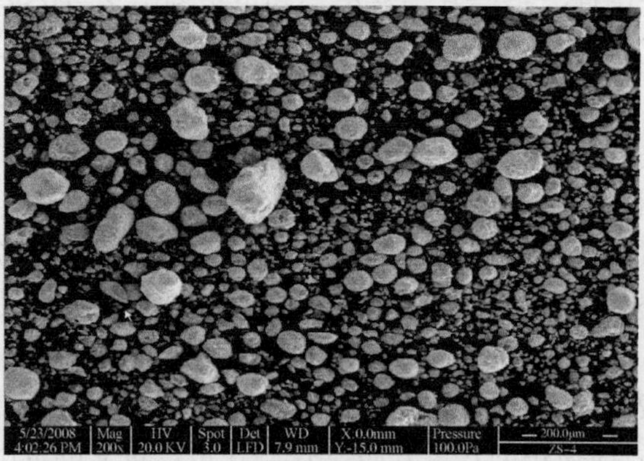

图 3-5-7　再生剂的 SEM 图片

表 3-5-5 为两组新剂(XJ)、待生剂(DS)和再生剂(ZS)中主要元素的体相组成分析结果。其中待生剂和再生剂的元素组成为扣除硫后重新换算的结果。可以看出，在待生剂和再生剂中，作为活性组元的锌、镍含量(以 ZnO、NiO 表示)有所下降，但并不明显，说明吸附剂中锌、镍组分没有明显的流失。从卸出剂的细粉(XF)组成看，铝、硅含量(以 Al_2O_3 和 SiO_2 表示)略有增加，由此推测吸附剂活性的下降可能源于活性组分的存在形态或分布情况发生变化，需对锌、镍元素的存在形态和含量的分布情况做进一步的分析。从比表面积看，再生剂和新剂无明显差异。

表 3-5-5　不同阶段吸附脱硫吸附剂上的部分元素组成及比表面积

吸附剂编号	吸附剂形态	Al_2O_3/%(质)	SiO_2/%(质)	NiO/%(质)	ZnO/%(质)	比表面积 / (m^2/g)
XJ-1	新剂	14.20	10.35	22.10	51.99	21
DS-1	待生剂	14.40	12.57	20.75	46.87	23
ZS-1	再生剂	13.61	11.55	21.15	48.48	20
XJ-2	新剂	14.12	9.73	22.80	51.98	22
DS-2	待生剂	14.28	12.32	20.62	47.22	25
ZS-2	再生剂	13.66	11.92	20.88	48.10	20
XF-2	细粉	15.75	13.20	20.50	44.81	16

注：表中待生剂和再生剂组成为扣除硫后归一化换算的结果。

为研究非活性含锌组元的情况，在建立系列吸附剂 XRD Rietveld 物相定量方法的基础上，对新剂、待生剂和再生剂的物相组成进行了分析，物相识别及定量分析结果见表 3-5-6。从表 3-5-6 可以看出，与新剂的物相情况相比，再生剂上铝锌尖晶石($ZnAlO_4$)和硅锌矿(Zn_2SiO_4)含量明显提高。

表 3-5-6　不同形态的吸附剂中主要物相的分析结果

物相组成	含量/%(质)		
	新剂	待生剂	再生剂
ZnO	47.6	3.8	17.7
NiO	21.4	0	17.1

续表

物相组成	含量/%(质)		
	新剂	待生剂	再生剂
$ZnNi_3C$	0	4.2	0
ZnS	0	16.1	6.4
Ni	0	13.6	0
$ZnAl_2O_4$	8.6	19.4	17.7
Zn_2SiO_4	0	23.6	24.0

从XRD分析结果上看，新剂中主要的特征衍射峰是ZnO和NiO，另有少量的$ZnAl_2O_4$。待生剂少量未完全参加脱硫反应的ZnO外，还有还原产物$ZnNi_3C$、Ni、脱硫产物ZnS、$ZnAl_2O_4$和Zn_2SiO_4等新的物相生成。再生剂的主要物相是再生产物ZnO和NiO，以及部分再生不完全的ZnS，而$ZnAl_2O_4$和Zn_2SiO_4在再生过程中没有再转化为有活性的ZnO组元，说明其难以再生，而是形成非活性组元。由于其含量较高，导致活性组元ZnO损失量较大，对吸附剂的活性和其他性能可能产生影响。由于待生剂和再生剂的XRD分析结果显示生成的$ZnAl_2O_4$物相的衍射峰特征并不明显，为确认XRD的分析结果，对合成的$ZnAl_2O_4$、新剂和再生剂分别进行了Al^{27}核和Si^{29}核的魔角自旋固体核磁共振分析(MAS-NMR)，合成的$ZnAl_2O_4$其化学位移为10.0。在新剂的Al^{27} MAS-NMR谱图中，出现了7.2、51.6和68.3三个谱峰，$ZnAl_2O_4$的谱带不明显，这与XRD的分析结果相一致；而在再生剂中，化学位移位于7.2的非骨架铝基本消失，位于51.6的骨架铝也大幅度下降。说明在吸附剂的运行过程中，吸附剂中的非骨架铝先行与ZnO发生反应，随后部分骨架上的铝也与ZnO发生反应生成$ZnAl_2O_4$。吸附剂运行一段时间后，出现了新的含硅组分(化学位移-75.2)，即Zn_2SiO_4，其峰面积比与XRD测量的物相变化结果完全一致。

鉴于吸附剂运行过程中出现$ZnAl_2O_4$、Zn_2SiO_4以及出现吸附剂破碎的情况，对待生剂进行了振荡破碎处理，采用X射线光电子能谱(XPS)测定样品表面Zn形态的变化情况，结果见图3-5-8，图中左侧为吸附剂的SEM粒径形貌，右侧为XPS谱图。可以看出，随着吸附剂破碎度的增加，新增加的破碎界面上$ZnAl_2O_4$、Zn_2SiO_4浓度明显增加，说明$ZnAl_2O_4$、Zn_2SiO_4存在的部位是吸附剂破碎的薄弱点，即$ZnAl_2O_4$、Zn_2SiO_4的形成将导致吸附剂的强度变差。

综合上述研究结果认为，汽油吸附脱硫吸附剂在运行过程中出现失活的根本原因在于吸附剂上的活性ZnO不断与载体中的铝源和硅源反应生成无活性的锌铝尖晶石和硅锌矿，这两个物相在再生过程中无法再转化为具有脱硫活性的ZnO。活性ZnO的大幅降低致使吸附脱硫过程中硫转移的困难，导致脱硫效率的明显降低，甚至无法达到预定的脱硫目标。另外，破碎实验结合XPS研究证明，锌铝尖晶石和硅锌矿的生成将导致吸附剂的强度下降，更容易破碎。MAS-NMR研究证明，锌铝尖晶石的生成是一个从非骨架铝到骨架铝的过程，而硅锌矿的形成则来源于载体中的硅源，这个转化过程将导致吸附剂的载体骨架被破坏，导致吸附剂的强度下降。由此看出，汽油吸附脱硫装置运行过程中，加强对吸附剂物相组成的分析监控，对掌握吸附剂的物相变化情况、保障装置的平稳运行和稳定的脱硫效果具有重要价值。

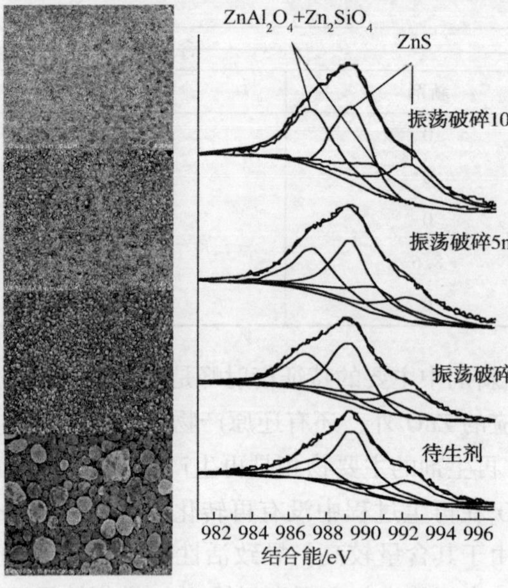

图 3-5-8　待生剂的破碎程度与表面 Zn 形态的关系

(二)吸附剂失活机理

汽油吸附脱硫吸附剂中含锌物相的含量影响吸附剂的反应性能。吸附剂中含锌物相主要有氧化锌、硫化锌、铝酸锌和硅酸锌等。吸附剂中 ZnO 物相的含量越高，其脱硫活性越高。ZnS 物相可以通过正常的再生反应转变为 ZnO 物相，也可认为是吸附剂中的活性组元。吸附剂在运行过程中会生成硅酸锌及铝酸锌等含锌尖晶石结构的物相，这些非活性物相的生成会降低吸附剂的活性，是导致吸附剂失活的主要因素，为了在脱硫过程中抑制其形成，人们开展了大量研究以揭示其形成机理，为工艺优化提供帮助和指导。

1. 铝酸锌生成机理[52]

表 3-5-7 为采用 Rietveld 精修方法测定对应的两种新剂、待生剂、再生剂的含锌化合物的物相组成含量。可以看出，两种新剂中均有一定量锌铝尖晶石的存在，从装置运行情况看，当锌铝尖晶石含量较高时会导致新剂补加时脱硫的初活性不好。与新剂相比，再生剂中锌铝尖晶石和硅锌矿的含量明显增加。由于生成的锌铝尖晶石和硅锌矿在再生过程中不能再转换为活性 ZnO，导致吸附剂中有效 ZnO 的含量大幅度降低，从而影响吸附剂的脱硫活性。

表 3-5-7　新剂、待生剂和再生剂中含锌化合物的物相组成

物相组成	含量/%(质)				
	ZnO	$ZnNi_3C$	ZnS	$ZnAl_2O_4$	Zn_2SiO_4
新剂-1	52.6	0	0	5.2	0
新剂-2	47.9	0	0	13.1	0
待生剂	6.2	0.8	14.1	23.7	30.5
再生剂	10.7	0	7.8	24.5	28.5

Al_2O_3 和 ZnO 生成锌铝尖晶石的反应式如下：

$$Al_2O_3+ZnO=\!=\!=ZnAl_2O_4$$

由热力学参数方程可以计算出，该反应的标准自由能在1326.85℃以下始终为负值。在汽油吸附脱硫吸附剂制备和运行工艺操作温度(200~650℃)下时，$\Delta_r G_m^{\ominus}<0$，从热力学角度看，锌铝尖晶石可能是比较容易生成的。锌铝尖晶石属于立方晶系，空间群为Fd3m，具有高熔点(1950℃)和较低的热膨胀系数(25~900℃，7.0×10^{-6}/℃)，高的热稳定性，对酸和碱均有较强的抵抗作用。为了认识汽油吸附脱硫吸附剂制备过程中铝源对锌铝尖晶石生成的影响，分别对三种铝源进行元素分析，结果见表3-5-8。

表3-5-8 三种铝源的元素组成分析结果

组成	含量/%(质)		
	Al_2O_3	SiO_2	ZnO
铝源1	99.6	0.1	
铝源2	44.5	52.8	0.1
铝源3	13.1	75.5	

由表3-5-8可知，铝源1的主要组成为Al_2O_3，铝源2的主要组成为Al_2O_3和SiO_2，铝源3的主要组成为SiO_2，且含有少量Al_2O_3，可得出三种铝源均含有Al_2O_3。采用原位高温XRD技术研究了吸附剂中的不同铝源在高温处理过程中物相的变化规律。在400℃以前，铝源1主要为AlO(OH)，但其晶面衍射峰(020，120，031，051，200)较弱且峰宽，晶型较差。当温度升高到450℃时，原来归属于AlO(OH)的特征衍射峰消失了，出现γ-Al_2O_3的特征衍射峰，但是衍射峰很弱，晶型规整度较差，说明还存在一定量无定形的Al_2O_3。在450℃以前，铝源2主要为规整的$Al_2(Si_2O_5)(OH)_4$，晶面衍射峰(001，002)较强，峰型尖锐，当温度升高到500℃时，原来归属于$Al_2(Si_2O_5)(OH)_4$的特征衍射峰消失了，晶型规整度很差，转化为无定形的Al_2O_3和无定形的SiO_2，且随着温度的升高，峰型稳定。结合元素分析，铝源3含有少量的Al_2O_3，因晶型的规整度很差，推测为无定形的Al_2O_3。为进一步认识各铝源与锌铝尖晶石的形成关系，分别对3种铝源、600℃焙烧后的3种铝源、合成的锌铝尖晶石、新剂(XXJ-3)和再生剂(ZSJ-2)进行了^{27}Al核的魔角自旋固体核磁共振分析(MAS-NMR)。可以看出，铝源1、铝源2、铝源3中^{27}Al的化学位移δ分别位于8.0、4.3和51.6，铝源1焙烧后会产生两种不同的铝形态，分别为γ-Al_2O_3(化学位移δ为68.0)和无定形Al_2O_3(化学位移δ为7.2)。铝源2焙烧后会产生化学位移δ为52.0的Al_2O_3，这与铝源3焙烧后的铝形态相同，说明这两种铝源焙烧后显微晶Al_2O_3的形态。合成的锌铝尖晶石的化学位移δ主要为10.0。新剂(XXJ-3)的^{27}AlMAS-NMR的化学位移δ分别为7.2、51.6和71.0，基本为3种铝源焙烧后的叠加。而含有较大量锌铝尖晶石的再生剂的^{27}AlMAS-NMR的化学位移δ分别为10.0、55.4和71.7，说明新剂中化学位移δ为7.2处的无定形Al_2O_3转变为锌铝尖晶石，化学位移δ为51.6的微晶Al_2O_3含量明显下降，推断其中一部分也转变为锌铝尖晶石。由此推断吸附剂制备及运行过程中形成锌铝尖晶石的铝源首先可能来自无定形的Al_2O_3，其后微晶的Al_2O_3也开始逐渐转变为锌铝尖晶石。为了进一步确认锌铝尖晶石的形成与铝源的关系，将ZnO分别与3种铝源按特定比例单独混合干燥后，在650℃焙烧1h观察有无锌铝尖晶石的形成。活性组元ZnO分别与铝源1、铝源2、铝源3混合焙烧后，在与铝源1的焙烧产物中发现有明显的锌铝尖晶石生成，而与铝源2和铝源3在焙烧过程中基本没有反应。这说明汽油吸附脱硫吸附剂铝源1中的无定形Al_2O_3最容易与ZnO反应生成锌铝尖晶

石，短时间内由铝源 2、铝源 3 中的微晶 Al_2O_3转变为锌铝尖晶石的现象并不明显。

由于待生剂及再生剂中均发现有大量的锌铝尖晶石生成，所以研究了不同温度下吸附剂在运行一定时间内锌铝尖晶石生成量的变化。将成品吸附剂在 580℃、600℃、620℃、640℃、660℃、680℃下各焙烧 5h，观察在一定焙烧时间内，锌铝尖晶石的生成随温度的变化情况。当焙烧时间为 5h，焙烧温度为 580℃、600℃、620℃、640℃、660℃、680℃时，吸附剂中均有锌铝尖晶石的特征衍射峰出现，且随着温度的升高，其生成量逐渐增加。由表 3-5-9 可知，当焙烧时间为 5h 时，随着温度的升高，吸附剂中锌铝尖晶石的生成量呈明显增加的趋势，660℃后尖晶石的生成量趋于稳定，其质量分数维持在 14%左右，同时吸附剂中 Al_2O_3含量有所降低。

表 3-5-9　吸附剂在 580~680℃时焙烧 5h 时各物质的定量结果

物相	含量/%(质)						
	30℃	580℃	600℃	620℃	640℃	660℃	680℃
Al_2O_3	9.1	8.1	5.5	4.6	4.2	4.6	5.2
$ZnAl_2O_4$	7.3	8.4	11.1	11.9	12.5	13.9	13.4

2. 硅酸锌生成机理

硅酸锌的生成方程式为：

$$2ZnO+SiO_2 \xrightarrow{\triangle,\ H_2O} Zn_2SiO_4$$

有研究报道了[54,73]汽油吸附脱硫新剂 FCAS-R09 中硅酸锌的形成，研究发现随着温度升高和水分压增加，催化剂中硅酸锌的形成速率呈上升趋势。还有研究报道了[52,79]不同条件下汽油吸附脱硫新剂和工业平衡剂中硅酸锌的形成过程，并利用 FT-IR 研究了水热环境下催化剂中硅羟基的变化对硅酸锌形成的影响。此外有研究表明[52,78,79]，相比干燥和单纯的水热环境，酸性水热环境下更易导致催化剂中出现硅酸锌，且酸性水热环境更加贴近于实际的再生工况条件。还有大量研究涉及铝酸锌形成过程[52]、硅酸锌对吸附剂上元素分布规律的影响[81]、硅酸锌形成动力学[80,82]等。

为了在工业装置运行过程中保持吸附剂脱硫活性的同时尽可能地抑制非活性物相的形成，下面详细讨论酸性水热环境中汽油吸附脱硫催化剂中硅酸锌的形成机理。

不同形态的吸附剂样品在不同气氛下的老化主要是在高通量水热炉中进行的，水热炉的基本构造及相关参数如图 3-5-9 所示，在通水状况下时，设定的高压平流泵的水量为 200mL/h，反应器的规格：外径×内径×长度为 110mm×100mm×1016mm，汽化室温度设定为 250℃，载气 N_2 的流量为 50L/h。

在常压、空气气氛下，新剂在 550℃、600℃、800℃不同温度和焙烧时间下，晶相峰主要为 ZnO 特征晶相峰及 NiO 特征晶相峰。当处理温度不超过 600℃时，各样品的晶相同新剂基本一致；当处理温度为 800℃、处理时间超过 2h 时，出现弱的硅酸锌的晶相峰，这是因为氧化锌和二氧化硅在 634~773℃条件下可通过高温固相反应机理生成硅酸锌[64]。再生器作为吸附脱硫装置中操作温度最高的操作单元，装置设计可操作最高温度为 550℃，当焙烧温度达到 600℃，从焙烧 40h 的结果看，也没发现硅酸锌的生成，即使再生过程中存在的各种飞温因素，其导致升温至 634℃的可能性不大。显然，在空气气氛中，在低于硅酸锌的固

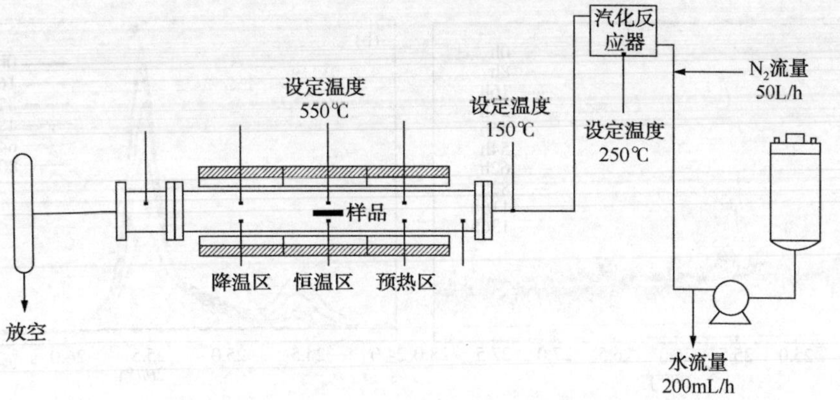

图 3-5-9 高通量水热炉的基本结构及相关参数

相反应生成温度以下，硅酸锌并不容易生成。因此，可以推断汽油吸附剂中硅酸锌的形成不是通过氧化物间的高温固相反应形成的，其生成与吸附剂在装置中所处环境的其他因素有关。文献表明，硅酸锌也可在低温下将硅酸作为中间产物形成，合成方式主要为水热合成[83]、溶胶-凝胶合成[84]和燃烧合成[85]。以上合成工艺体系均为含水体系，水的存在可能是导致硅酸锌生成的主要因素。在常压下，纯水蒸气的气氛中，在 550℃下连续水热处理新剂及 S1 和 S2 样品，新剂、S1、S2 样品中主要是 ZnO 和 NiO 的特征晶相峰，并未出现硅酸锌的特征晶相峰。因此在纯粹的水热气氛下，新剂难以生成硅酸锌，在模拟吸附剂的组成情况下，硅物种和锌物种也难以相互反应生成硅酸锌。显然，单纯的水热环境也不是装置中导致硅酸锌形成的主要因素。

为弄清楚硅酸锌的生成原因，模拟了实际吸附剂存在环境。新剂在反应器中转化为载硫的待生剂，待生剂通过再生得到再生剂，再生剂还原后再回到反应器，如此循环，而再生剂因再生深度的不同，还保留一定量的硫化锌。新剂总是伴随着再生剂一起使用。将新剂、S1、S2 样品同再生剂在同一体系下水热处理，处理前后样品的 XRD 谱图如图 3-5-10 所示，新剂伴随再生剂连续焙烧 47h 后出现了硅酸锌的特征晶相峰，并随着处理时间的延长，硅酸锌的特征晶相峰峰强逐渐增大。同时，S2 样品中焙烧 16h 出现硅酸锌的特征峰峰，硅酸锌的特征晶相峰峰强随焙烧时间延长逐渐增大，S1 样品中则出现 $ZnSO_4$ 的晶相峰。在高通量水热老化炉尾气端检测到有酸性气体的存在。与纯干焙和水热处理不同，在有再生剂存在焙烧的过程中，再生剂上的 ZnS 转化为 ZnO，释放 SO_2 含酸气体，含酸气体的高温水热环境极大程度上促进了硅酸锌的生成。之前研究表明，压力会促进硅酸锌的生成。实际工况均为带压含酸高温水热条件，均有利于硅酸锌的生成。若出现换热器漏水等特殊工况时，酸性水热环境更严重，必将加速硅酸锌的生成。

在汽油吸附脱硫装置的实际运转中发现，吸附剂一旦生成硅酸锌就会导致硅酸锌的大量生成。将待生剂 3 和待生剂 4 置于 550℃的水热条件下连续水热处理，处理前后的 XRD 谱图如图 3-5-11 所示，吸附剂中一旦有硅酸锌的产生，将极大程度上促进硅酸锌的生成，该现象同装置中现象一致。

从上述实验结果可以看出，吸附剂中硅酸锌在较低温度下生成，水和酸性气氛共存是一个重要的前提，这是因为在酸的存在下，硅源更容易水解生成活性的硅羟基，然后同 ZnO

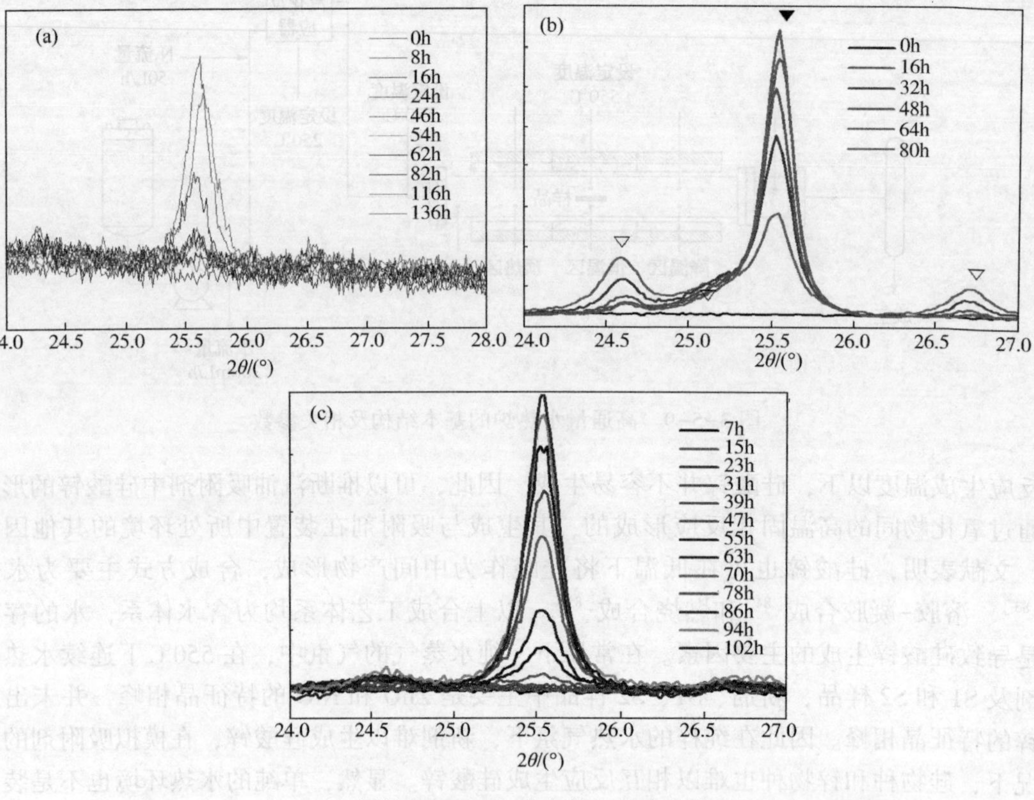

图 3-5-10　S1、S2 和新剂在 550℃含酸水蒸气水热连续老化的 XRD 谱图

(a) S1；(b) S2；(c) XJ

▼-Zn_2SiO_4；▽-$Zn_{1.7}SiO_4$

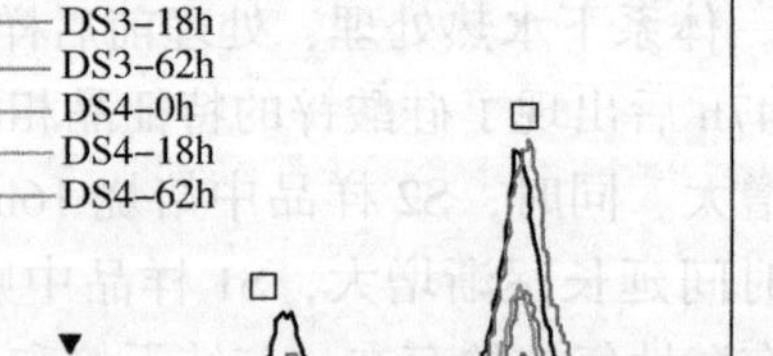

图 3-5-11　含少量硅酸锌的待生剂和

不含硅酸锌的待生剂水热处理前后 XRD 谱图

▼—Zn_2SiO_4；□—ZnS

反应生成硅酸锌，红外光谱验证了这一点。吸附剂中无定形的 SiO_2 在酸性水热条件下形成了硅羟基[$O_xSi-(OH)_{4-x}$]，其易与活性物相 ZnO 发生固相反应。

进一步对 550℃酸性水热条件下处理不同时间后的 S1 进行真空红外分析，结果如图 3-

5-12 所示。可以看到，S1 在 3740 cm^{-1}、3670 cm^{-1}、3580 cm^{-1}处出现了硅羟基的特征吸收峰。据文献[86~88]报道，二氧化硅表面有三种类型的硅羟基，分别为孤立羟基、双生羟基以及连生羟基(如图 3-5-13 所示)，其中孤立和双生的羟基对应的红外波数为 3780~3610cm^{-1}，二者也被称为末端硅羟基，而连生的羟基对应的红外波数为 3580cm^{-1}左右。

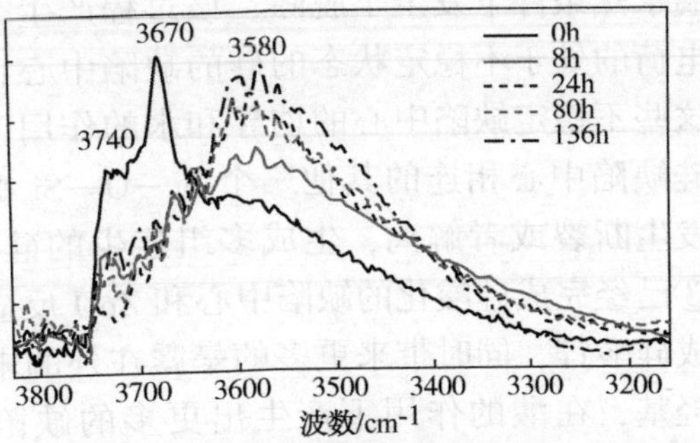

图 3-5-12 S1 在含酸水热条件下处理不同时间后的真空红外谱图

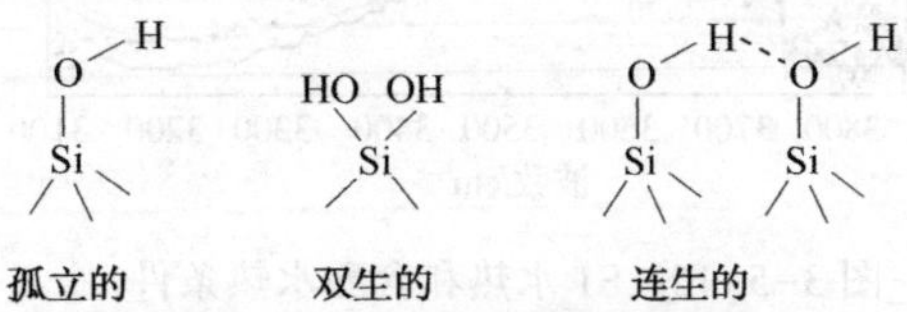

图 3-5-13 三种不同类型硅羟基的结构示意图

对比可知，在 S1 中未出现硅酸锌物相，硅羟基的主要特征吸收峰位于 3740cm^{-1}和 3670cm^{-1}，归属于孤立和双生的硅羟基(末端硅羟基)，随着酸性水热处理时间的增加(处理时间为 8h 和 24h)，末端硅羟基特征吸收峰的强度明显降低了，同时位于 3580cm^{-1}处归属于连生硅羟基的特征吸收峰的强度明显升高，这说明在酸性水热条件下，无定形 SiO_2上的末端硅羟基大量脱除，转而形成更多的连生硅羟基。对比硅酸锌形成前后的样品(处理时间为 24h 和 80h)，可以看到，二者位于 3580 cm^{-1}处归属于连生硅羟基的谱峰强度基本一致，这说明当连生硅羟基增加到一定程度后，就会出现硅酸锌物相的生成。对比不同硅酸锌含量的样品(处理时间为 80h 和 136h)，位于 3580 cm^{-1}处归属于连生硅羟基的谱峰显著增强了，说明随着硅酸锌含量的增加，会导致更多连生硅羟基的出现，这样可能会进一步加速硅酸锌的形成。基于上述结果，推测酸性水热条件下汽油吸附脱硫催化剂中硅酸锌形成机理示意图如图 3-5-14 所示。

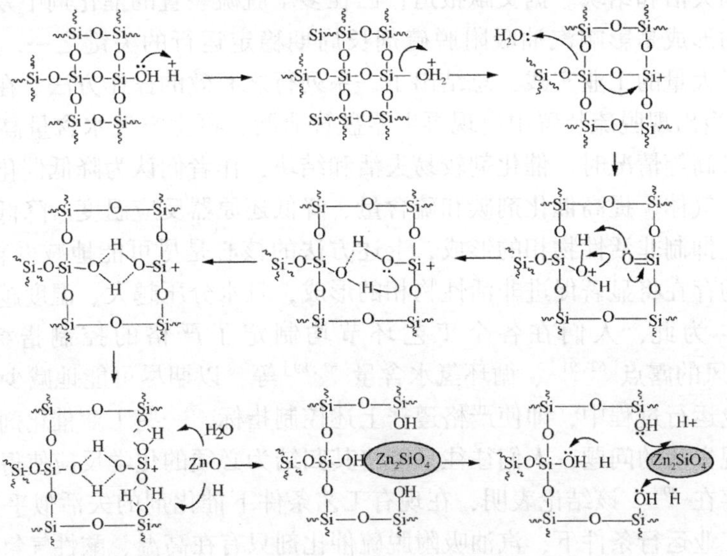
图 3-5-14 酸性水热条件下吸附剂中硅酸锌形成机理示意图

与硅酸锌的形成密切关联的是处于连生状态的硅羟基，而非末端孤立或者双生的硅羟基，酸在这个过程中起到了关键的作用，其导致末端孤立、双生的硅羟基大量减少，同时连生的硅羟基大量生成，其具体的作用过程可能如下：① 酸的存在导致处于末端的硅羟基在高温水热条件下发生了脱除，该过程产生了带正电荷的处于不稳定状态的硅的缺陷中心；②在这些不稳定缺陷中心的诱导和水的作用下，与硅缺陷中心相连的其他三个 Si—O—Si 键相继发生断裂或者解离，生成多组连生的硅羟基；③已经完成硅酸化的缺陷中心和 ZnO 反应，生成硅酸锌，同时带来更多的暴露在外的末端硅羟基，在酸的作用下产生出更多的缺陷硅中心，进而诱导出更多易生成硅酸锌的区域，加速硅酸锌的生成。为了进一步验证汽油吸附脱硫催化剂中硅酸锌形成机理，对比了 S1 以及分别利用 550℃ 酸性水热和纯水热条件下处理 80h 后样品的 FT-IR 谱图，如图 3-5-15 所示。

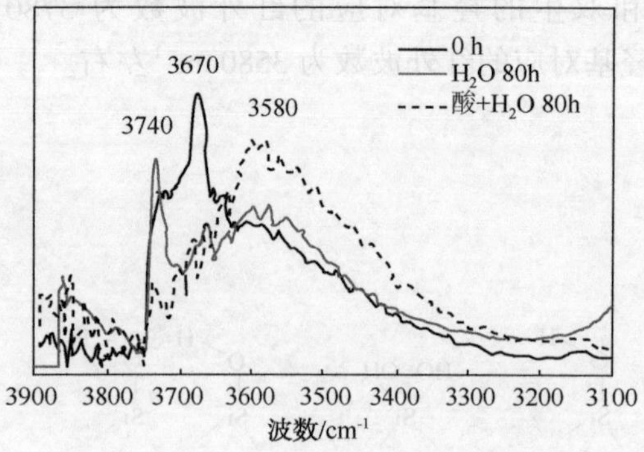

图 3-5-15 S1 水热和含酸水热条件下处理后的真空红外谱图

可以看到，若仅仅对 S1 进行水热处理，其位于 3670cm^{-1}处的特征吸收峰消失，同时 3740 cm^{-1}处的特征吸收峰明显增加，但是位于 3580cm^{-1}处的特征吸收峰未出现明显变化，表明尽管末端孤立和双生的硅羟基出现了变化，但是连生的硅羟基没有太大变化，较好地解释了单纯水热条件下汽油吸附脱硫催化剂不易形成硅酸锌物相的现象。而对 S1 进行含酸水热处理后，3670cm^{-1}和 3740cm^{-1}处的特征吸收峰强度显著降低，3580cm^{-1}处的特征吸收峰的强度显著增加，可以看到，酸性气体的存在显著增加了连生羟基的含量。

(三)吸附剂失活抑制方法

对工业装置的监控结果表明，硅酸锌可以在较短时间内快速生成，也可以在较长时间内逐渐累积增加，从而显著降低催化剂的脱硫活性和机械强度。此外，硫酸锌类化合物的出现也将导致催化剂失活和结块。据文献报道，已在多个脱硫装置的催化剂中发现上述现象，目前非活性物相的形成是影响汽油吸附脱硫剂长周期稳定运行的关键之一。为了解决上述问题，人们开展了大量的工业实践，总结出了一系列行之有效的操作方法。在多套工业装置上发现[62,89~92]，当出现脱硫装置中出现再生器盘管泄漏、再生空气水含量高、循环氢水含量高、原料水含量高等情况时，催化剂较易失活和结块，作者们认为降低催化剂的循环量、使用干燥后的再生气体、提高催化剂碳和硫含量、降低还原器反应温度、降低再生强度等，可以在一定程度上抑制非活性物相的形成，上述方法的核心是尽可能地减少装置中的水含量。研究表明，水的存在将显著促进非活性物相的形成，且水分压越大、温度越高，非活性物相形成速率越快。为此，人们在各个工艺环节均制定了严格的控制指标，如还原器温度[62,89]、再生风的露点[62,91]、循环氢水含量[62,89]等，以期尽可能地减少装置中的水。然而，在实际工业运行过程中，即使严格遵守上述控制指标，一些工业催化剂依然会在运行一年到两年后出现失活的问题，人们往往只能将其归结为必须的化学反应使得脱硫装置中无法完全避免水的存在[89]。该结论表明，在现有工艺条件下催化剂的失活似乎是难以完全控制的。在实际的工业运行条件下，汽油吸附脱硫催化剂只有在高温、酸性气氛和水蒸气三者共存的环境中才是易失活的，而当前述三个条件只具备任意一个或两个时，催化剂均具有极高的稳定性，这一发现为进一步抑制非活性物相的形成提供了参考。为保持吸附剂长周期的良好活性，在汽油吸附脱硫装置运行过程中，应该尽可能地避免可能会导致吸附剂中硅酸锌含量迅速增加的原因，尽可能降低硅酸锌的生成速率。结合硅酸锌的生成机理，为了降低硅酸锌的生成速率，保障吸附剂的长周期运行，在装置运行过程中，可以进行的操作方面的调整主要有：

1）加强原料管理。由硅酸锌的生成机理可知，硅酸锌的生成过程中一定会有水的参与，因此在装置运行过程中要尽量降低水的影响，严格控制可能进入装置的水的含量，严格对原料汽油及氢源进行管理，控制原料中的水及其他杂质含量不超标。

2）保持吸附剂上合理的硫碳含量。前期的研究结果[68]表明，在吸附剂上保留合理的硫、碳含量有利于保持吸附剂的结构，有利于降低反应过程中的辛烷值损失。在装置操作过程中维持吸附剂的合理活性，在吸附剂上保留合适的硫碳含量，同样可以降低硅酸锌的生成速率。

3）控制反应操作条件，保证反应系统合理水分压范围。在汽油吸附脱硫工艺过程中，吸附剂还原时会生成还原水，而且吸附剂上也会吸附少量氢气和烃类化合物，在反应过程中吸附剂上会生成部分焦炭。前期的研究工作表明[55]，在吸附剂上的还原反应在还原器中发生时，由于水分压较高，硅酸锌的生成速率较快，其生成速率为还原反应在反应器中发生的10倍以上。因此，为降低汽油吸附脱硫吸附剂中硅酸锌的生成速率，要将还原反应控制在反应器中完成，尽可能控制还原器的温度在280℃以下。此外，为避免将氢气及烃类化合物带入再生器中，燃烧后产生水，在装置操作过程中要严格执行闭锁料斗吹烃程序，保证进入再生器的吸附剂上的烃含量合格。

4）严格再生操作条件，不对吸附剂进行过度再生。由硅酸锌的生成机理可知，目前汽油吸附脱硫装置中硅酸锌生成的最主要的场所是在还原器中，因此，为降低吸附剂中硅酸锌的生成速率，保障吸附剂的长周期运行，严格控制再生器的操作条件非常必要。首先要严格控制再生空气中的水含量，保证再生空气的露点合格。此外，为了避免再生器中的水分压过高，要选择合理的再生条件，选择适宜的再生空气用量及再生温度，严格控制再生烟气中氧含量不超标，对吸附剂进行贫氧再生，避免对吸附剂进行过度再生，避免吸附剂中出现过氧硫酸锌等物相。

根据汽油吸附脱硫催化剂中硅酸锌形成机理可知，降低水和酸的浓度可以减少连生硅羟基的数量，从而抑制硅酸锌的生成。而工业再生过程是最易出现酸性水热环境的工艺工程之一[70,71]。采用氧体积分数为5%的氮氧混合气体替代再生过程中普遍使用的干燥空气，减少再生气氧气浓度，以降低再生过程中因为汽油吸附脱硫催化剂燃烧而产生的水和酸的浓度。分别将D1和D2在500℃、空气和氧含量5%的氮氧混合气体中再生后，检测催化剂中ZnO、ZnS和Zn_2SiO_4物相含量的变化情况。根据汽油吸附脱硫再生反应过程可知[70,71]，为了达到相同的再生深度，含氧5%的氮氧混合气体的流速需要为空气的4倍。分别采用含氧5%氮氧混合气体和空气再生D1和D2后，随着再生时间的增加，ZnO物相含量逐渐增加，同时ZnS含量逐渐降低，硅酸锌含量出现微弱增加，与文献报道的汽油吸附脱硫再生过程和热解行为基本一致。值得注意的是，采用含氧5%氮氧混合气体和空气再生后，催化剂中主要活性物相ZnO和ZnS的含量基本相似，说明在确保氧气总量的同时降低氧气的体积浓度并不会影响催化剂中活性物相的再生。然而，采用含氧5%氮氧混合气体再生后的D1和D2中硅酸锌的增加量明显减少。这是由于待生剂上的积炭等含氢化合物热解可生成水，同时ZnS热解可生成SO_2，从而使再生器中出现酸性水热气氛，导致硅酸锌的形成。而5%氮氧混合气体的流量是空气的4倍，稀释了酸性气氛和水蒸气的浓度，从而抑制了硅酸锌的形成[93,94]。

(四)吸附剂活性评价模型

在实际工业生产中，各企业的原料汽油硫含量、装置运行参数、对产品汽油硫含量的要求均不相同，对吸附剂活性的要求也大相径庭。以非活性含锌物相的含量作为吸附剂失活的标准，可能会造成吸附剂的浪费，但是对非活性含锌物相的出现视而不见，又可能会导致产品汽油硫含量超标，造成更大的损失。此外，在汽油吸附脱硫工业吸附剂运行过程中，还有很多因素也会直接或间接地影响吸附剂的脱硫活性，如ZnS的再生效率、ZnO的利用率等，这些因素进一步增加了评价吸附剂活性的难度。因此有必要建立汽油吸附脱硫吸附剂活性评价模型，用于衡量不同工况下吸附剂的活性状态与装置脱硫能力的关系。本节对汽油吸附脱硫工业吸附剂的主要活性和非活性物相含量进行分析，结合工业装置运行条件、原料和产品汽油的硫含量，建立了基于特定脱硫要求的汽油吸附脱硫吸附剂活性评价模型，以期对工艺操作提供指导和帮助[26]。

汽油吸附脱硫反应过程如下：

$$R-S+2H_2+ZnO \xrightarrow{Ni} ZnS+R-2H+H_2O$$

考虑反应吸附脱硫机理和固液扩散的特点，定义吸附剂中ZnO物相的总质量与实际参与脱硫反应的ZnO物相的质量之比称为吸附剂的活性指数(I)：

$$I=\frac{m_{ZnO}}{m_{ZnO}^{R}} \tag{3-5-6}$$

此外，吸附剂再生后ZnS并不会完全转化为ZnO，残留的ZnS没有脱硫活性，但是强化再生条件后，这部分ZnS可以轻易地转变为具有脱硫活性的ZnO。所以，将再生剂上ZnS转化为ZnO的潜量与m_{ZnO}^{R}之比称为吸附剂的潜活性指数(I^q)。

$$I^q=\frac{m_{ZnS}}{m_{ZnO}^{R}} \tag{3-5-7}$$

式中：m_{ZnS}为再生剂中ZnS物相总量，t。

DSJ61和ZSJ61与DSJ1和ZSJ1的晶体结构相似，但是在DSJ61和ZSJ61中发现了明显的Zn_2SiO_4物相的特征衍射峰，峰型尖锐，强度高，质量分数分别为19.6%和18.3%，同时，$ZnAl_2O_4$物相含量也略微增加。此外，DSJ61和ZSJ61中ZnS物相的质量分数相对于DSJ1和ZSJ1分别降低了21.3%和19%，而ZnO和含镍物相的质量分数均未出现明显变化，这是由于装置上采用了强化再生的方式将更多的ZnS物相转变为ZnO物相[63]。图3-5-16是汽油吸附脱硫工业装置中再生剂尖晶石含量、ZnS含量、脱硫率和产品硫含量的变化趋势。从图中可以看到，在第49天之前，再生剂中尖晶石质量分数在14%~20%之间缓慢波动，而到第79天，再生剂中尖晶石质量分数迅速地增加到58.1%，从第79天到第250天，再生剂中尖晶石的质量分数一直在46%~62%之间波动，明显高于第49天之前的尖晶石含量。对比产品汽油硫含量可知，第49天之前产品汽油中硫元素的质量分数为5~50mg/kg，尤其在第25天到第49天之间产品汽油中硫元素的质量分数仅为10~15mg/kg，说明当吸附剂中尖晶石含量较低时，装置具有较强的脱硫活性；到第79天时，随着吸附剂中尖晶石含量的显著增加，产品汽油硫质量分数迅速升高到111mg/kg，脱硫率也从98%左右迅速降低到85%，从第79天到第250天，产品汽油硫质量分数在35~86mg/kg之间大幅波动，装置脱硫能力显著降低。从上述结果可以看出，装置脱硫能力与吸附剂中尖晶石含量具有明显的关联性，但是产品汽油硫含量并不完全受尖晶石含量的影响，如：第一天的再生剂中尖晶石含量明显低于第66天，但是二者产品汽油硫含量和脱硫率均相似，结合XRD分析结果可知，第66天通过强化再生将更多的ZnS转变为具有脱硫活性的ZnO，确保了吸附剂的脱硫活性。与之类似的情况也发生在第6天到第25天，再生剂中尖晶石含量一直较低，但是过高的ZnS物相含量导致吸附剂活性降低，所以产品汽油硫含量较高。

除了吸附剂物相外，装置运行参数、原料硫含量等工艺条件的变化明显也会影响产品汽油硫含量和脱硫率，所以在建立活性评价模型的时候，需要对上述因素进行综合考虑。通过对多套工业装置两年间的运行情况进行连续监测，收集了近500组数据，根据式(3-5-6)计算出相应的吸附剂活性指数，再利用数学统计方法建立活性指数与装置脱硫能力的关联模型，拟合相关系数R为0.978。根据生产企业的实际要求，提出拟生产的产品汽油硫含量C_{SP}^{T}，可计算出该装置在此工况下的实际活性指数I，如$I \geqslant I^{T}$，则吸附剂的活性可以满足装置的脱硫要求；反之则需要调节装置运行参数或置换新剂。

此外，根据式(3-5-7)可以计算吸附剂潜活性指数，图3-5-17为潜活性指数与活性指数的关系。从图3-5-17可以看出，潜活性指数与活性指数具有一定关联，如：第13天到第49天，通过强化再生可将潜活性指数转化为活性指数；第49天之后，为了应对再生剂中尖晶石含量显著增加而刻意降低了潜活性指数；以保障吸附剂活性，为再生工况的调整提供指导和帮助。

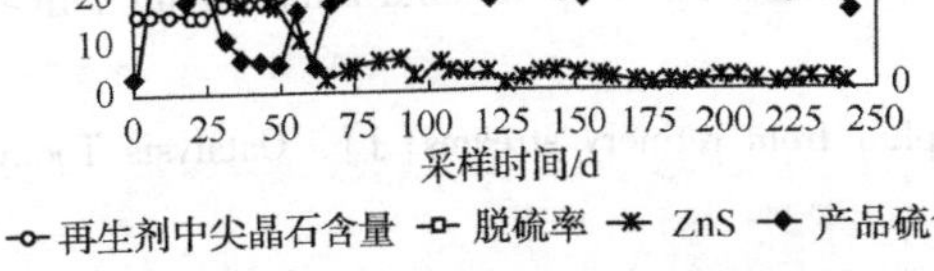

图3-5-16　再生剂部分物相含量及对应的脱硫率和产品硫含量

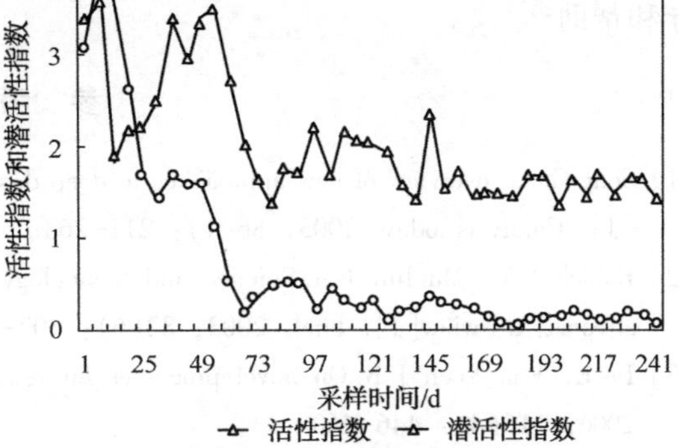

图3-5-17　潜活性指数与活性指数的关系

图3-5-18为汽油吸附脱硫工业装置活性评价模型应用效果示意图，原料汽油硫质量分数为500~700mg/kg。若要求产品汽油硫含量C_{SP}^{T}不高于50mg/kg，则目标活性指数$I^{T}=1.1$，可计算出该装置在不同时期的实际活性指数I。可以看到，第361天到第421天，$I-I^{T}<0$，产品汽油中硫的质量分数大于50mg/kg；之后通过调节装置参数并置换部分新剂后，$I-I^{T}>$

0，产品汽油中硫的质量分数小于 50mg/kg。

图 3-5-19 是利用活性评价模型预测产品汽油硫含量与实际生产结果的对比，将实际活性指数 I 代入活性评价模型，可以计算出该装置生产出的产品汽油的硫含量。由图 3-5-19 可以看到，预测值与实际生产结果相似，因此，可以利用活性评价模型预测装置的实际生产能力。

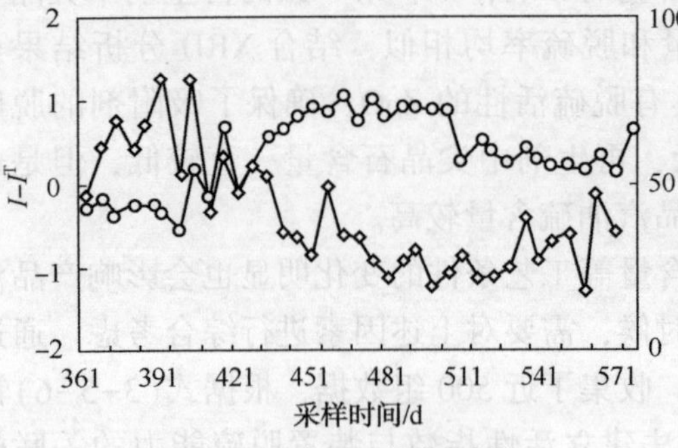

图 3-5-18 活性评价模型的应用

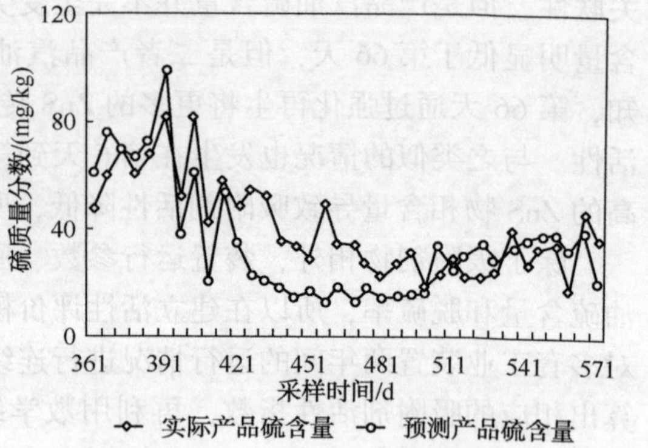

图 3-5-19 活性评价模型的应用

工业吸附剂的脱硫活性主要取决于吸附剂中 ZnO 物相的含量，非活性尖晶石的生成会消耗大量 ZnO 物相，并导致吸附剂出现不可逆失活，此外 ZnS 的再生率也会影响 ZnO 物相的含量。综合考虑吸附剂物相状态、装置工况、原料汽油硫含量与产品汽油硫含量的关系，提出并定义了吸附剂活性指数和潜活性指数，对多套工业装置长期运行情况连续监控后建立了活性指数与产品硫含量的关联模型，拟合相关系数 R 为 0.978。活性评价模型可以准确地评价吸附剂的活性状况、预测产品硫含量、指导吸附剂的置换操作。潜活性指数可以有效评估通过强化再生将吸附剂中 ZnS 转变为 ZnO 后活性指数的增量，为再生工况的调整提供指导和帮助。

参考文献

[1] Song C. An overview of new approaches to deep desulfurization for ultra-clean gasoline, diesel fuel and jet fuel [J]. Catalysis today. 2003, 86(1): 211-263.

[2] Babich I V, Moulijn J A. Science and technology of novel processes for deep desulfurization of oil refinery streams: a review[J]. Fuel. 2003, 82(6): 607-631.

[3] Ito E, Van Veen J R. On novel processes for removing sulphur from refinery streams[J]. Catalysis Today. 2006, 116(4): 446-460.

[4] Tawara K, Nishimura T, Iwanami H, et al. New Hydrodesulfurization catalyst for petroleumfed fuel cell vehicles and cogenerations[J]. Industrial & Engineering Chemistry Research. 2001, 40: 2367-2370

[5] Tawara K, Imai J, Iwanami H. Ultra-deep hydrodesulfrization of kerosene for fuel cell system. Part1: Evalutions of conventionalcatalysts[J]. Sekiyu Gakkaishi. 2000, 43: 105

[6] Tawara K, Imai J, Iwanami H. Ultra-deep hydrodesulfrization of kerosene for fuel cell system. Part1: Regeneration of sulfur-poisoned nickel catalyst in hydrogen and finding of autoregenetative nickel catalyst[J]. Sekiyu Gakkaishi. 2000, 43: 114-120

[7] Babich I V, Moulijin J A. Science and technology of novel process for deep desulfrization of oil refinery streams:

a review[J]. Fuel. 2003, 82: 607

[8] 吴德飞，孙丽丽，黄泽川，等．S Zorb 技术进展与工程应用[J]. 炼油技术与工程，2014，44(10)：1-4.

[9] UOP and CB&I combine resources to deliver Merox technology[J]. Focus on Catalysts, 2005, 2005(11): 5-9

[10] Babich I, Moulijn J. Science and technology of novel pocesses for deep desulfurization of oil refinery streams: a review[J]. Fuel, 2003, 82(6): 607-631

[11] 范景新，王刚，张文慧，等．Ni 基吸附剂上催化裂化汽油反应吸附深度脱硫性能研究[J]. 现代化工，2009，29(S1)：207-209.

[12] 范景新，于海斌，臧甲忠，等．汽油吸附脱硫研究进展[J]. 工业催化，2011，19(09)：13-18.

[13] 段林海，范景新，宋丽娟，等．噻吩、苯和正辛烷在 Y 型分子筛上的选择性吸附[J]. 工业催化，2006(10)：12-14.

[14] Igor Bezverkhyy, Andrey Ryzhikov, Geoffroy Gadacz, Jean-Pierre Bellat. Kinetics of thiophene reactive adsorption on Ni/SiO 2 and Ni/ZnO[J]. Catalysis Today, 2007, 130(1).

[15] Andrey Ryzhikov, Igor Bezverkhyy, Jean-Pierre Bellat. Reactive adsorption of thiophene on Ni/ZnO: Role of hydrogen pretreatment and nature of the rate determining step[J]. Applied Catalysis B, Environmental, 2008, 84(3).

[16] 邵纯红，姜安玺，李芬，等．纳米 ZnO 脱硫剂表面结构与室温脱除 H_2S 性能的研究[J]. 无机化学学报，2005(08)：1149-1154+1108.

[17] M. Born, P, Jordon, Z. Physik34, 858(1925).

[18] M. Born, W. Heisenberg, P, Jordon, Z. Physik35, 557(1926).

[19] E. Schrodinger, Ann. Physik79, 361(1926).

[20] E. Schrodinger, Ann. Physik79, 489(1926).

[21] E. Schrodinger, Ann. Physik80, 437(1926).

[22] E. Schrodinger, Ann. Physik81, 109(1926).

[23] Eyring H et al. Basic Chemical Kinetics[M]. Wiley, New York, 1980.

[24] Keramati N, Moheb A, Ehsani M R. Effect of operating parameters on NaOH recovery from waste stream of Merox tower Using membrane systems: electrodialysis and electrodeionization processes[J]. Desalination, 2010, 259(1): 97-102.

[25] 毛安国．S Zorb 工艺过程反应规律分析[J]. 石油炼制与化工，2017，48(06)：30-34.

[26] 徐广通，邹亢，盖金祥，等．S Zorb 吸附剂活性评价模型及其应用[J]. 石油炼制与化工，2014，45(11)：18-22.

[27] 龙军，林伟，代振宇．从反应化学原理到工业应用 Ⅰ．S Zorb 技术特点及优势[J]. 石油学报(石油加工)，2015，31(01)：1-6.

[28] 林伟，龙军．从反应化学原理到工业应用 Ⅱ．S Zorb 催化剂设计开发及性能[J]. 石油学报(石油加工)，2015，31(02)：453-459.

[29] Antos G J, Solari R B, Monque R. Hydroprocessing to produce reformulated gasolines: The ISALTM process[J]. Studies in Surface Science and Catalysis, 1997, 106(1): 27-40

[30] 黄晓媛．热等离子体裂解反应机理的密度泛函理论及实验研究[D]. 杭州浙江大学，2014.

[31] 薛育宴．PDMS/PS 复合膜分离催化裂解干气中氢气的研究[D]. 天津天津理工大学，2014.

[32] 柳泉润，李永丹．氢气还原对 $Co/Cu/Al_2O_3$ 甲烷裂解催化剂的影响[A]. 中国化学会催化委员会．第十三届全国催化学术会议论文集[C]. 中国化学会催化委员会：中国化学会，2006：(1).

[33] 朱丽华．多元金属纳米催化剂在加氢反应中的协同效应研究[A]. 中国化学会、中国化学会催化委员会．第十一届全国环境催化与环境材料学术会议论文集[C]. 中国化学会、中国化学会催化委员会：

沈阳师范大学化学化工学院，2018：(1).
[34] 韩波，程寒松．镍族金属团簇在催化加氢过程中的应用(英文)[J]．物理化学学报，2017，33(07)：1310-1323.
[35] 陈瑶．双金属纳米粒子催化剂的制备及其加氢应用[D]．北京：北京化工大学，2017.
[36] 张涛，王燕，王书芹，等．金属分散位置对加氢裂化催化剂性能的影响[J]．石油炼制与化工，2017，48(03)：81-84.
[37] 钱梦丹，薛继龙，夏盛杰，等．Pd/Cu(111)双金属表面催化糠醛脱碳及加氢的反应机理[J]．燃料化学学报，2017，45(01)：34-42.
[38] 赵锋东，姚楠．金属与载体间相互作用及对 CO 加氢反应的影响[J]．浙江化工，2016，47(10)：26-28.
[39] 王文雪．气相中过渡金属催化 CO_2 加氢反应的理论研究[D]．西安：西北师范大学，2016.
[40] 谷牧，何代平，江平，等．活性炭负载 Pt-Fe 双金属催化剂催化对氯硝基苯选择性加氢[J]．应用化学，2015，32(10)：1164-1169.
[41] 司延龙，郜佳．不同组分对汽油辛烷值的影响[J]．化工管理，2017(32)：158.
[42] 吕卓强．C_4 烷基化生产高辛烷值汽油组分工艺技术开发[D]．北京：中国石油大学(北京)，2016.
[43] 郑朝蕾，覃炎忻．汽油替代物辛烷值预测与组分比例确定模型[J]．西南交通大学学报，2015，50(03)：523-528+549.
[44] 仇爱波，周如金，邱松山，等．汽油组分及汽油辛烷值预测方法研究进展[J]．天然气化工(C1 化学与化工)，2014，39(02)：62-66.
[45] 谷涛，于海明，田松柏．汽油高辛烷值添加组分的应用与发展[J]．石化技术与应用，2005(01)：5-10+87.
[46] 张景成，柳云骐，安高军，等．吸附脱硫技术生产清洁油品[J]．化学进展，2008，20(11)：1834-1845.
[47] 朱云霞，徐惠．S-Zorb 技术的完善及发展[J]．炼油技术与工程，2009，39(8)：7-12.
[48] 宋以常．满足国Ⅴ汽车排放标准汽油的生产技术路线[J]．石油炼制与化工，2012，43(12)：50-54.
[49] 王文寿．负载硫和碳的 S Zorb 吸附剂的再生行为[J]．石油炼制与化工，2018，49(2)：6-11.
[50] Andrey Ryzhikov et al. Reactive adsorption of thiophene on Ni/ZnO：Role of hydrogen pretreatment and nature of the rate determining step[J]．Applied Catalysis B：Environmental，2008，84：766~772.
[51] 徐莉，邹亢，徐广通，等．S Zorb 工业吸附剂结构、组成及再生行为研究[J]．石油炼制与化工，2013，44(6)：44-48.
[52] 张欣，徐广通，邹亢，等．S Zorb 吸附剂中锌铝尖晶石形成原因的研究[J]．石油学报(石油加工)，2012，28(2)：242-247.
[53] 邹亢，黄南贵，徐广通．S Zorb 吸附剂 Rietveld 物相定量方法研究[J]．石油学报．2012，28(4)：38-44.
[54] 林伟，王磊，田辉平．S Zorb 吸附剂中硅酸锌生成速率分析[J]．石油炼制与化工，2011，42(11)：1-4.
[55] Limei Qiu，Kang Zou，Guangtong Xu. Investigation on the sulfur state and phase transformation of spent and regenerated S Zorb sorbents using XPS and XRD[J]．Applied Surface Science，2013，266：230-234.
[56] Fan Jingxin，Wang Gang，Sun Yu，et al. Research on reactive adsorption desulfurization over Ni/ZnO-SiO_2-Al_2O_3 adsorbent in a fixed-fluidized bed reactor [J]．Ind Eng Chem Res，2010，49(18)：8450-8460.
[57] 徐广通，刁玉霞，邹亢，等．S Zorb 装置汽油脱硫过程中吸附剂失活原因分析[J]．石油炼制与化工，2011，42(12)：1-6.
[58] 刘传勤．S Zorb 清洁汽油生产新技术[J]．齐鲁石油化工，2012，40(1)：14-17.

[59] 张景成，柳云骐，安高军，等．吸附脱硫技术生产清洁油品[J]．化学进展，2008，22(11)：1834－1845.

[60] 王文寿，毛安国，刘宪龙，等．催化裂化汽油中硫化物的吸附脱除研究[J]．石油炼制与化工，2012，43(6)：6-10.

[61] 王明哲，阮宇军．催化裂化汽油吸附脱硫反应工艺条件的探讨[J]．炼油技术与工程，2010，40(9)：5-10.

[62] 郭晓亮．汽油吸附脱硫装置长周期运行影响因素及对策[J]．炼油技术与工程，2013，43(1)：5-9.

[63] Rietveld H M. Line profiles of neutron powder diffraction peak for structure refinement[J]. Acta Cryststallographica，1967，22(1)：151-152.

[64] Hill R J and Howard C J. Quantitative phase analysis form neutron powder diffraction using Rietveld method. Journal of Applied Crystallography[J]. 1987，20：467-474.

[65] Young R A. The Rietveld method[M]. The Netherlands：Oxford University press，1989.

[66] Young R A. Rietveld 方法概述[C]．理学 X 射线衍射仪用户协会论文选集，1999.

[67] 邹亢，黄南贵，徐广通．汽油吸附脱硫催化剂物相定量方法研究[J]．石油学报(石油加工)，2012，28：598-604.

[68] 付颖，张欣，邹亢，等．PLS-XRD 快速测量汽油吸附脱硫再生剂中尖晶石含量[J]．石油学报(石油加工)，2013，29(3)：453-458.

[69] 邹亢，徐广通，盖金祥，等．脱硫催化剂物相快速定量分析技术及其应用[J]．石油炼制与化工，2014，45(10)：99-105.

[70] 郭敏．无机开放骨架材料的合成、结构与表征[D]．吉林：吉林大学化学院，2008.

[71] Miguel A C，Davis M E. 29Si MAS NMR spectroscopy of tectozincosilicates[J]. Journal Physical Chemistry，1994，98：13151-13156.

[72] Annen M J，Davis M E. Raman and 29Si MAS NMR spectroscopy of framework materials containing three-membered rings. Microporous Materials，1993，1：57-65.

[73] 林伟．氧化硅源和氧化锌颗粒大小对汽油吸附脱硫吸附剂脱硫活性的影响[J]．石油学报(石油加工)，2012，28(5)：739-743.

[74] 徐光明．X 射线管的工作院里及常见故障分析[J]．中国医疗器械信息，2012，9：62-63.

[75] 胡海洪．X 射线管焦点控制研究[J]．真空电子技术，2003，6：54-57.

[76] 徐广通，袁洪福，陆婉珍．现代近红外光谱技术及应用进展[J]．光谱学与光谱分析，2000，20(2)：134-142.

[77] 姚智．1.2Mt/a 汽油吸附脱硫装置生产超低硫清洁汽油运行概况[J]．石油炼制与化工，2013，44(8)：69-72.

[78] 中国石油化工股份有限公司．脱硫吸附剂物相现场快速分析专家系统：中国，2014SR051945[P]，2014-05-19.

[79] Xu L，Zou K. Study on the Mechanism of Zn2SiO4 Formation in S Zorb sorbent and its Inhibition Methods[J]. China Petroleum Processing & Petrochemical Technology，2015，17(1)：1-6.

[80] 徐华，杨行远，邹亢，等．不同气氛环境对汽油吸附脱硫催化剂中硅酸锌生成的影响[J]．石油炼制与化工，2011，45(6)：9-14.

[81] 张君颖，徐广通，邹亢等．汽油吸附脱硫吸附剂再生前后硫分布规律[J]．石油学报(石油加工)，2015，31(6)：1418-1424.

[82] Zou K，Lin W，Tian H P，et al. Study on Zn2SiO4 Formation Kinetics and Activity Stability of Desulfurization Sorbent[J]. China Petroleum Processing & Petrochemical Technology，2015，17(1)：1-6.

[83] Yu X，Wang Y. Synthesis and VUV spectral properties of nanoscaled Zn2SiO4：Mn2+ green phosphor

[J]. Physics and Chemistry of Solid, 2009, 70: 1146-1149.

[84] Lin J, SangerDU, Menning M, et al. Sol-gel synthesis and characterization of Zn2SiO4: Mn phosphor films [J]. Materials Science and Engineering, 1999, 64: 73-78.

[85] Kingsley JJ, Patil KC. A novel combustion process for the synthesis of fine particle α-alumina and related oxide materials [J]. Material Letters, 1988, 7(7): 427-432.

[86] 高月英，顾锡人. 无定型二氧化硅的表面结构[J]. 石油化工，1984，13：205-211.

[87] 戴闽光，高月英，赵振国，等. 硅胶表面结构的热稳定性研究[J]. 高等学校化学学报，1981，4(2)：495-502.

[88] Huo Q S, Margoles D I, Ciesla U, et al. Generalized Synthesis of Periodic Surfactant /Inorganic Composite materials[J]. Nature, 1994, 368: 317-321.

[89] 刘传勤，由慧玲. 齐鲁汽油吸附脱硫装置吸附剂硅酸锌含量升高原因分析及对策[J]. 齐鲁石油化工，2014，42(3)：199-203.

[90] 华炜. S-Zorb 吸附剂及其工艺进展[J]. 中外能源，2013，18(3)：70-78.

[91] 吴言泽. S Zorb 吸附剂失活问题的研究及对策[J]. 炼油技术与工程[J]. 2015，45(7)：51-54.

[92] 王军强，阚宝训，蒋红斌. S Zorb 装置生产国Ⅴ汽油的实践[J]. 炼油技术与工程[J]. 2015，45(4)：1-4.

[93] 候晓明，庄剑. 催化汽油吸附脱硫(S Zorb)装置技术手册[M]. 北京：中国石化出版社，2013：18.

[94] 邹亢，徐广通，盖金祥，等. 高温原位 XRD 和 TG-MS 原位定量法研究汽油吸附脱硫工业催化剂热解行为[J]. 石油学报(石油加工)，2015，31(3)：732-733.

第四章　汽油吸附脱硫吸附剂

第一节　吸附脱硫吸附剂的类型及早期吸附剂的特点

吸附脱硫技术最早被应用到原料气脱硫，燃料油吸附脱硫的应用是吸附脱硫技术的一大进步。

吸附脱硫技术中，脱硫吸附剂的性能是决定吸附脱硫技术水平高低的重要因素之一。影响脱硫吸附剂性能的主要因素包括脱硫吸附剂材料的选择及吸附材料的利用水平。

吸附脱硫材料主要包括以下几种类型。

一、白土类吸附脱硫吸附剂

活性白土吸附剂是一种吸附性能较强的物质，能吸附有色物质、有机物质。它主要以黏土(主要是膨润土)为原料，经无机酸化处理，再经水漂洗、干燥制成的吸附剂，外观为乳白色粉末，无臭、无味、无毒，吸附性能很强。相对于活性炭或者分子筛来说，活性白土吸附剂价格较便宜，具有较好的吸附性能，受到越来越多的关注和研究。

Mikhail 等研究者采用多种固体材料(活性高岭土、活性白土、木炭、石油焦及水泥窑灰)作为吸附剂，考察其吸附脱除模拟溶液中的二甲基二硫酸的性能。通过实验证明，在反应温度为30℃条件下，活性白土取得了最好的脱除二甲基二硫酸的性能，说明活性白土吸附剂具有较高的脱硫性能。

二、分子筛类脱硫吸附剂

分子筛表面积大且具有高度局部集中的极点荷，这些局部集中的极点荷能强烈吸附可极化的硫化物，且吸附后的分子筛可用热蒸汽再生。分子筛在较早时期就被用于脱除硫化氢，到20世纪60年代，人们开始利用分子筛选择性脱除烃类中的硫醇、硫醚等有机硫。

Marathon Oil 公司研究了稀土交换的 USY 型分子筛对油中含硫化合物的吸附性能[1]。从实验结果看，该吸附剂吸附直馏汽油中含硫化合物的能力较强，硫吸附脱除率超过40%(质)；经烧焦再生后仍具有一定的吸附硫化合物能力。吸附剂中对硫吸附能力起重要作用的是硅铝比和比表面积，而不是稀土含量。

研究证明，经过不同阳离子交换处理的分子筛在相同离子交换度和吸附条件下，硫吸附能力也不同[2]。研究发现，各种改性 X 型分子筛从正癸烷中吸附正辛基硫醇的能力由大到小依次为：HX，MgX，CaX，CoX，NaX，NiX，AgX，CuX 。

Song[3]等用液相离子交换法分别制备了 Cu(Ⅱ)-Y、Zn(Ⅱ)-Y、Ni(Ⅱ)-Y、Pd(Ⅱ)-Y 、Ce(Ⅳ)-Y 吸附剂，并用于模拟和实际喷气燃料的吸附脱硫。结果发现，用 Ce 交换的 Y 分子筛对燃料中的硫化物的吸附选择性比对芳烃的吸附选择性高；对于仅含苯并噻吩、2-甲基苯并噻吩和5-甲基噻吩的模拟喷气燃料，吸附剂对硫的穿透吸附量与饱和吸附量分别为 0.070mmol/g 和 0.225 mmol/g。

Velu[4,5] 等对经 Ce 阳离子交换处理后所得 Ce-Y 分子筛吸附脱硫性能进行了深入研究，发现该类型分子筛几乎能脱除所有噻吩，并具有高达 10mg/g 的硫容。

大量研究证明，不同类型分子筛可以吸附脱除不同类型的硫化物，同一类型分子筛若处理方式不同，脱硫效果也不同。即使采用相同处理方式的同种分子筛，最终利用效果也不尽相同。决定材料利用效果的主要因素包括两方面：一是要选择合适的分子筛，它包括两点，第一点是分子的尺寸和几何构形的择形性，另一点是吸附剂与要脱除的硫化物应具有较强的分子亲和力，即具有良好的脱硫吸附能力；二是要对分子筛进行有效处理，使吸附剂具有优越的选择吸附性以及较易脱附的再生能力。

三、活性炭类脱硫吸附剂

因具有较大的表面积、良好的孔结构、丰富的表面基团和较强的脱硫吸附性能，而且价格低、资源丰富，活性炭是较早用于原料气吸附脱硫的材料。20 世纪 90 年代，随着活性炭改性技术的发展，工业化产品不仅能脱除原料气中的 H_2S、COS 和 CS_2，而且对硫醇、硫醚和噻吩也具有一定的脱除能力，如湖北化工研究院开发的 T103、EAC-4 等。李春虎等[6] 制成一种常温改性活性炭有机硫脱硫吸附剂，该吸附剂用球形或柱状活性炭，经水煮、真空干燥后，用占载体质量 0.5%～15% 的 KOH、K_2CO_3 或 KI 与乙二胺和乙醇的混合液，在室温下等体积浸渍、干燥、焙烧、活化制得，在室温下对有机硫有很好的吸附能力。

黄岳元等[7] 用碳酸钠浸渍过活性炭后发现，改性后的活性炭吸附 H_2S 的能力比普通活性炭大大提高。谭小耀等[8] 研究了浸渍活性炭脱除 H_2S 的反应动力学，认为脱硫过程主要是 H_2S 在活性炭的吸附水膜内离解后，被活化的氧分子以及活性氧原子氧化生成单质硫逐渐沉积在炭表面，他们还提出了脱硫动力学方程。

活性炭脱除燃料油中的有机硫是随着燃料油吸附脱硫技术的发展而兴起的。

张金昌等[9~11] 考察了负载非贵金属硝酸盐活性组分的活性炭的脱噻吩硫性能，并得出负载型活性炭吸附噻吩过程的动力学方程。研究发现，经 N_2/水蒸气混合气焙烧处理过的活性炭，平均孔径增大，促进噻吩在其内部的表面扩散，吸附能力明显增强。适当增加其中活性组分的含量，有利于增加吸附剂的穿透硫容；而随着吸附温度的不断提高，活性炭的穿透硫容也逐渐增加，60℃时穿透硫容达到最大，随后就明显降低；压力对活性炭吸附性能的影响不大。

Velu[12] 等采用负载过渡金属氧化物的活性炭对正癸烷和正十六烷混合液中的 4,6 -DMDBT 进行选择性脱除研究。结果表明，当温度达 60℃时，4,6-DMDBT 被完全脱除，1g 吸附剂能吸附 12.6mg 硫。随后，Velu 等又考察了 70℃时配比为 1∶1 的甲醇和甲苯混合溶液洗涤再生吸附剂的性能，发现溶液洗涤再生效果良好。

尽管活性炭经过改性对无机硫和有机硫已具有较好的吸附脱除能力，但对于复杂有机硫如噻吩类硫化合物的脱除能力仍有限，无法满足工业化要求。

人们对活性炭表面基团和各类活性炭活性的认识和利用还很不够。通过有效改性，将提高活性炭表面对噻吩类硫化合物的吸附选择性，满足工业化吸附脱硫的要求。

四、金属及其氧化物类脱硫吸附剂

金属及金属氧化物脱硫吸附剂主要包括锌基脱硫吸附剂、铁基脱硫吸附剂和锰基脱硫吸附剂等。

氧化锌脱硫剂通常在中高温条件下进行，因脱硫效率高、使用简便、性能稳定可靠、硫容高等优点而占据重要地位，如中温吸附脱硫剂T305。20世纪80年代末，随着制备工艺的改进，助催化剂成分的加入使其广泛应用于常温下的精脱硫，如常温脱硫吸附剂KT310等。

尽管氧化锌脱硫吸附剂的吸附脱硫能力较好，但脱除有机硫的能力较弱，再生能力不高，高温下在硫化过程中被还原成锌后易气化。为了保证氧化锌在高温条件下仍能高效脱硫，人们分别研究了钛酸锌(Zn-Ti-O)和铁酸锌(Zn-Fe-O)的脱硫性能，发现氧化钛加入氧化锌能阻止氧化锌还原为挥发性锌，且脱硫效率与氧化锌相似，可将出口的硫化氢体积分数降至$1\times10^{-6}\sim5\times10^{-6}$。加入氧化钛能增加吸附脱硫剂的稳定性，但因其不与硫化氢反应导致吸附剂的硫容降低；当温度高于1193℃时易碎、易裂缝，使活性降低。若添加钴可使吸附剂多次再生循环后活性不下降，添加镍能使脱硫吸附剂在中温条件下具有较好的反应活性和机械稳定性。

氧化锌与氧化铁混合后形成铁酸锌，在高温时既可减少锌的挥发，也可保证脱硫效率和脱硫精度。卢朝阳对铁酸锌的动力学研究表明，铁酸锌的反应活性随着硫化氢浓度及硫化温度升高而增强，550℃时硫容最高，物理性质基本不变，硫化反应可用未反应收缩模型描述。

单一的氧化铁多用于粗脱硫。添加助剂和改变制备工艺后，不仅能在中温下精脱硫，如TG-4、EN-2等，而且能在常温下精脱硫，如EF-2等。尽管铁基脱硫吸附剂脱硫性能有很大提高，但仍存在脱有机硫吸附能力差等缺点。太原理工大学的高志华、李春虎等[13]进行了纳米α-FeOOH催化剂一段法脱除COS和H_2S性能的研究，为常温氧化铁精脱硫开辟了新领域。该研究初步表明，以纳米α-FeOOH为活性组分制备的催化剂在催化COS水解的同时也可有效脱除H_2S。

采用天然锰矿脱硫是一种古老的脱硫法，适用于有机硫形态不复杂的情况。目前已开发出具有一定转化功能的脱硫吸附剂。铁锰脱硫剂的主要组分是Fe_2O_3和MnO_2，并添加ZnO作促进剂。使用前，在有氢气条件、温度低于450℃时，还原成具有脱硫活性的Fe_3O_4和MnO_2。目前国内工业化产品有SH-512等。这些产品广泛应用于天然气、油田气、半水煤气、合成气及焦炉气的净化过程。

五、早期的汽油吸附脱硫吸附剂GenIV

在汽油吸附脱硫工艺过程中，吸附剂将汽油中的硫化合物吸附下来并转移到再生器中，是汽油吸附脱硫工艺发挥作用的重要关键因素之一。汽油吸附脱硫工艺采用流化床工艺，因此其吸附剂符合一般流化床工艺的特点，为微球吸附剂，其粒度分布集中于0~150μm。

反应吸附脱硫剂主要由活性组分和载体组成，载体一般由金属氧化物和非金属氧化物组成，活性组分由氧化锌和活性金属组成，ZnO、MnO_2、CaO或一些复合金属氧化物对H_2S均表现出了较好的吸附性能。

Phillips公司申请了大量专利，公开了吸附剂的组成、制备方法和应用情况，并委托美国南方化学公司(后被瑞士克莱恩公司收购)制备了相应的汽油吸附脱硫吸附剂，命名为GenIV。

GenIV吸附剂具有较好的脱硫活性，但在工业生产过程中，剂耗相对偏大，细粉生成速率较高，对汽油吸附脱硫的稳定生成造成了一定的影响。

第二节　第一代吸附剂

2007 年，中国石化从美国康菲公司收购了汽油吸附脱硫技术的全部知识产权，但不包括吸附剂的制备技术。RIPP 通过自主研发，开发出了具有自主知识产权的第一代吸附剂 FCAS-R09。

一、第一代吸附剂 FCAS-R09 的组成及反应机理

第一代吸附剂 FCAS-R09 的主要组成为氧化锌、氧化镍以及一部分硅铝成分。在汽油吸附脱硫过程中，该吸附剂能够吸附汽油中的含硫化合物并将硫原子从分子中除去。在这个过程中，硫原子被吸附保留在吸附剂上，而其余碳氢组分则返回到物料流中，其反应原理如下：

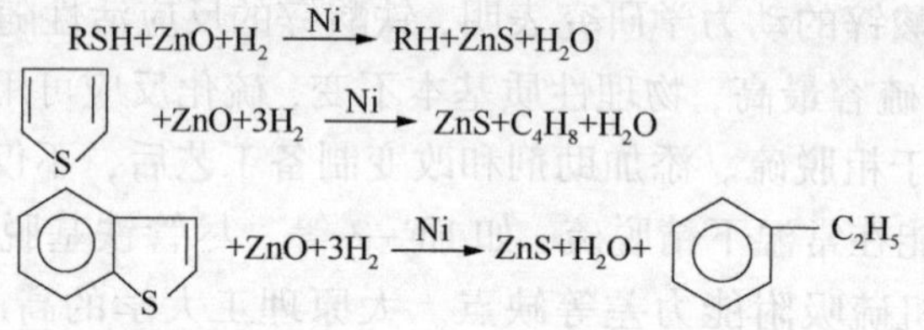

在脱硫反应过程中，吸附剂上的镍主要以金属镍的形式存在，主要起到催化活化含硫化合物的作用，而以氧化态存在的锌主要起到硫存储的作用。含硫化合物与金属状态的镍发生反应生成硫化镍，在氢分压较高的反应氛围中，硫化镍可以被还原为金属镍和硫化氢，由于吸附剂中同时含有对硫化氢吸收性能很好的氧化锌，产生的硫化氢还没逸出吸附剂表面就被吸收生成硫化锌。硫化氢不断被吸收，使得整个化学平衡反应不断进行下去，因此要求吸附剂中必须含有较高含量的氧化锌，以提供足够的储硫能力。

在这个反应过程中，随着硫化氢不断被吸收，吸附剂中的氧化锌逐渐转化为不具备储硫能力的硫化锌，因此当吸附剂中硫含量达到一定值时，需要经过闭锁料斗到再生器中进行氧化再生，重新转化为氧化锌，释放出的二氧化硫可以采用 Clause 法、碱洗法或其他烟气脱硫技术处理。

汽油吸附脱硫通过氧化锌和硫化锌的转化达到硫转移的目的，为了保证催化剂具有好的硫转移能力，需要较高含量的氧化锌。汽油吸附脱硫吸附剂中氧化锌和硫化锌主要以六方晶相存在。吸收硫前后的催化剂的 XRD 谱如图 4-2-1 所示，新鲜剂在 2θ 为 31.52°、34.36°、36.16°、47.58°、56.46°和 62.70°处出现了六方氧化锌的系列特征衍射峰，在 2θ 为 37.01°和 43.10°处出现了 NiO 物相的系列特征衍射峰；吸收硫之后的催化剂在 2θ 为 26.97°、28.52°、30.51°、47.47°、51.75°、56.40°出现了六方硫化锌的晶相峰，在 2θ 为 36.62°、44.38°处出现了镍的晶相峰[14]。

六方晶相的氧化锌和硫化锌的结构如图 4-2-2 所示，其晶胞参数列于表 4-2-1。由表 4-2-1 可知，当氧化锌吸收硫变为硫化锌时，体积明显增加，反之体积变小。伴随着吸硫和脱硫，氧化锌与硫化锌的相互转变，催化剂的体积反复膨胀、缩小，容易发生结构性破碎；高氧化锌含量则加剧了催化剂颗粒的破碎，导致催化剂大量跑损。

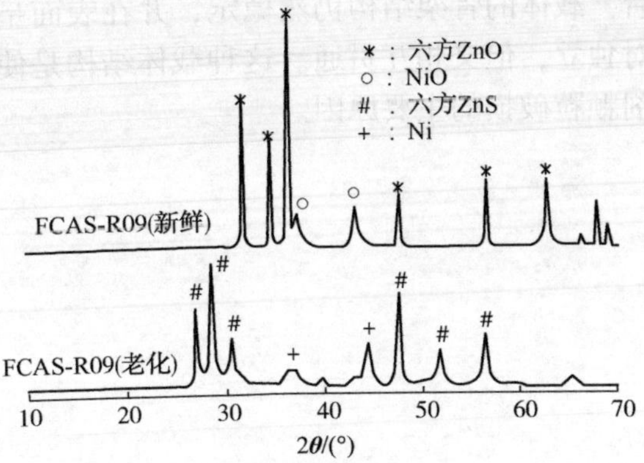

图 4-2-1　吸收硫前后汽油吸附脱硫吸附剂的 XRD 谱

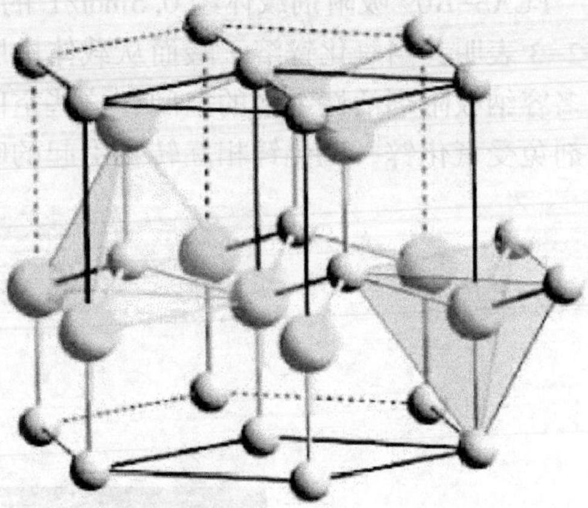

图 4-2-2　六方氧化锌和硫化锌的晶体结构

表 4-2-1　六方氧化锌和硫化锌的晶胞参数

组成	阳离子半径/nm	阴离子半径/nm	结构参数 a/nm	结构参数 c/nm	空间群
ZnO	0.074	0.140	0.325	0.521	P63mc
ZnS	0.074	0.184	0.381	0.626	P63mc

由于汽油吸附脱硫需在临氢气氛下进行，烯烃也不可避免地发生加氢反应，导致产品汽油辛烷值降低。在该反应体系中，金属镍与硫化镍始终处于动态平衡。根据对汽油吸附脱硫技术反应化学的研究，该反应遵循催化加氢转化脱硫原理，硫化镍含量越低，烯烃加氢越少，从而有利于汽油辛烷值的保留。当硫化镍与氧化锌的微观距离较远时，硫从硫化镍转移到氧化锌上需要更多时间，这就增加了烯烃吸附在吸附剂表面的概率，从而有更多的烯烃发生加氢[15]。

根据上述分析，吸附剂在载体结构上应具有柔性骨架结构，给氧化锌一定的膨胀/收缩的空间，能够避免体积变化引起的结构性破碎问题；同时，为了使吸附剂具有较高的脱硫活性，并减少硫化镍对烯烃的加氢作用，必须保证活性组元与氧化锌的微观距离较短，也就是活性金属镍应该尽可能分散于氧化锌颗粒周围，即均匀分布在吸附剂的内表面。

吸附剂 FCAS-R09 中的硅铝成分主要起到提供结构稳定性的功能，为了保证吸附剂的活性，吸附剂 FCAS-R09 中的硅铝成分含量相对较低，导致吸附剂强度相对较低。

二、第一代吸附剂 FCAS-R09 的制备工艺及流程

根据吸附剂 FCAS-R09 结构目标，开发出具有完全自主知识产权的工业催化剂。首先，在该吸附剂微球内建立柔性骨架架构，解决了脱硫和再生过程中由于氧化锌和硫化锌之间相互转化引起吸附剂结构性破碎的问题，提高了吸附剂的耐磨损强度；其次，开发出微球瞬时均匀浸渍技术，该技术包括制备方法和专用设备，实现镍均匀浸渍在吸附剂载体内孔道并与载体中氧化锌处于最短可及距离的目标，使得吸附剂能够同时保持高的脱硫活性及低的辛烷值损失性能。

FCAS-R09 吸附剂载体经 0.5mol/L 的硝酸处理 1h 后的扫描电镜照片示于图 4-2-3。图 4-2-3 表明，当氧化锌溶于酸而从载体中脱除后，载体的骨架结构仍然稳定，并在表面呈现很多容纳吸附剂活性组元的空间，这些空间相对独立，但又相互贯通。这种载体结构是使吸附剂免受氧化锌—硫化锌相互转化引起的吸附剂颗粒破损的主要原因。

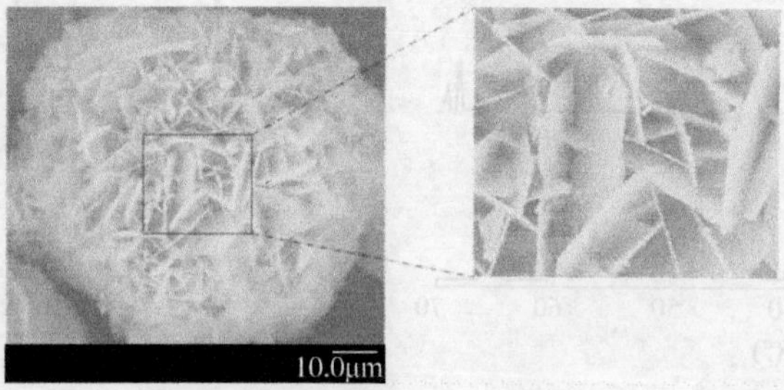

图 4-2-3　汽油吸附脱硫剂载体经硝酸处理后的 SEM 照片

第一代吸附剂 FCAS-R09 的工业制备流程克服了吸附剂载体浆液运输困难、吸附剂成型不规则、活性组元镍分布不均匀及容易流失、工业使用中细粉含量偏高等一系列问题。该工业制备流程具有很好的稳定性，并且在工业放大生产中容易控制，在某催化剂企业建成 2000t/a 汽油吸附脱硫吸附剂生产装置，并实现了 FCAS 吸附剂的清洁生产。吸附剂 FCAS-R09 的工业应用实践表明，该吸附剂的各项指标均达到或优于进口吸附剂的水平。

三、第一代吸附剂 FCAS-R09 的工业应用结果

某催化剂企业首批生产工业吸附剂 FCAS-R09 分别于 2010 年 7 月和 8 月在炼油企业 A 和炼油企业 B 进行工业试验，整个工业试验的时间分别为 10 个月和 12 个月。当 FCAS-R09 吸附剂在装置中藏量达到 60%左右时进行总结标定，结果列于表 4-2-2，其中 GenIV 为进口吸附剂。由表 4-2-2 可见，对于炼油企业 A 和炼油企业 B 汽油吸附脱硫装置空白标定和总结标定的主要反应条件基本一致，说明在脱硫率相近的情况下，FCAS 吸附剂具有更好的辛烷值保留能力，这也与镍在 FCAS 吸附剂孔道内均匀分布、镍和载体中氧化锌处于最短可及距离相对应。

表 4-2-2　吸附剂 FCAS-R09 在炼油企业 A 和 B 的工业试验结果

企业	吸附剂	时间	硫含量 /(mg/kg)	反应温度/℃	反应压力 /MPa	产品硫含量 /(mg/kg)	脱硫率/%	烯烃损失/%
A	GenIV	2010.7	269	429	2.47	11.8	95.6	0.60
A	60%FCAS-R09+40% GenIV	2011.3	233	432	2.64	5.6	97.6	0.54
B	GenIV	2010.8	314	426	2.49	8.0	97.4	1.0
B	60%FCAS-R09+40% GenIV	2011.8	306	426	2.51	6.8	97.8	0.6

整体工业应用的结果表明，吸附剂 FCAS-R09 可以满足工业装置生产需要，可以生产硫质量分数在 10mg/kg 以下的汽油产品；与进口吸附剂 GenIV 相比，具有略高的脱硫反应活

性及稳定性、更好的辛烷值保留能力，并且具有较好的流化性能及耐磨性能，能够满足工业装置长周期运行的需要。

吸附剂 FCAS-R09 取得了较好的工业应用，在汽油吸附脱硫装置汽油原料烯烃含量不超过 35%、硫含量不大于 600mg/kg 的情况下，可以生产出硫含量不超过 10mg/kg 的清洁汽油，产品汽油质量收率高于 99%，抗爆指数损失不超过 0.7。

第三节 适用于高硫原料的高稳定型吸附剂

在吸附剂的工业运转过程中，吸附剂中的活性组元氧化锌容易与氧化硅组元发生反应生成硅酸锌，使氧化锌含量降低，从而导致吸附剂的硫储运能力下降，吸附剂活性降低。在国内外的汽油吸附脱硫工业装置中，出现多起由于吸附剂中硅酸锌含量过高使得汽油脱硫效率下降，产品中硫含量超标的现象。

此外，随着汽油质量标准的提高，为了防止意外生成的高硫汽油对汽油调和造成巨大的不利影响，工业上倾向于尽可能生产无硫汽油(汽油硫含量基本为 0)。因此提高汽油吸附脱硫吸附剂的平衡活性并减少辛烷值损失是汽油吸附脱硫吸附剂面临的新挑战。这就要求平衡吸附剂上的活性组元要尽可能地保留，因此减少汽油吸附脱硫吸附剂在使用过程中硅酸锌的生成非常关键。

特别是在某些高硫含量的原料油中，由于操作条件较为苛刻，更加容易生成硅酸锌，从而导致生产波动。某些炼厂的装置中，平衡剂中的硅酸锌含量甚至超过 30%。为了解决上述问题，RIPP 经过自主研发，开发出了适用于高硫原料的高稳定性吸附剂 FCAS-Ⅱ。

一、吸附剂 FCAS-Ⅱ 的配方设计和开发理念

汽油吸附脱硫技术的首要目的是生产硫含量低于 10mg/kg 的超低硫汽油，在考虑其应用性能时，应该首先考虑其脱硫活性以及其活性稳定性。在此基础上，还可以进一步考虑辛烷值改善能力等催化性能。

由前述汽油吸附脱硫的反应原理可知，汽油吸附脱硫吸附剂的活性主要由活性组元氧化锌和金属镍提供，特别是其中起到硫吸收和硫转移功能的氧化锌，其含量对于吸附剂活性起着至关重要的作用。

为了保证吸附剂中活性氧化锌的含量，除了需要在制备过程中提供足够的氧化锌含量外，还要减少氧化锌的副反应，防止其转化为其他惰性物质，影响吸附剂的性能。氧化锌最容易发生的副反应是生成硅酸锌[16,17]。

二、氧化硅源的选择及其对硅酸锌生成速率的影响

为了降低硅酸锌的生成，保证吸附剂的活性稳定性，在实验室采用了四种不同的氧化硅源来进行研究，其中原 FCAS-09 中的氧化硅源命名为 P，其余三种氧化硅源分别命名为 S、L 和 Y，参照工业吸附剂 FCAS-09 的生产方法制备出 4 个吸附剂小试样品，记为吸附剂 R1～R4。

为了考察不同氧化硅源对所制备的吸附剂中硅酸锌生成速率的影响，对 R1～R4 这 4 种吸附剂进行了老化处理。经过老化处理后，吸附剂中都出现了硅酸锌的晶相峰，但硅酸锌晶

相峰强度存在明显的差异，根据 Rietveld 模型计算出不同吸附剂中硅酸锌的含量，从而得到不同吸附剂在该条件下的硅酸锌生成速率，结果如表 4-3-1 所示。

表 4-3-1 不同吸附剂老化过程中硅酸锌的生成速率

吸附剂	氧化硅源	硅酸锌含量/%	硅酸锌生成速率/(%/h)
R1	P	6.2	0.21
R2	S	7.5	0.25
R3	L	3.0	0.10
R4	Y	4.8	0.16

由表 4-3-1 可知，吸附剂 R1～R4 在相同处理条件下，硅酸锌的生产速率差异比较明显，采用氧化硅源 L 制备出来的吸附剂 R3 具有最低的硅酸锌生成速率，在 550℃ 老化 30h 后，硅酸锌的质量分数只有 3.0%，其硅酸锌生成速率为 0.10%/h，而采用氧化硅源 S 制备出的吸附剂 R2 的硅酸锌生成速率高达 0.25%/h，氧化硅源 P 和 Y 制备出的吸附剂 R1 和 R4 的硅酸锌生成速率介于这二者之间，由此能看出，不同氧化硅源对吸附剂中硅酸锌生成速率的影响很大。

为了进一步考察硅酸锌的生成速率对吸附剂脱硫活性的影响，对老化前后的 4 种吸附剂的脱硫活性进行了分析，结果如表 4-3-2 所示。

表 4-3-2 吸附剂 R1～R4 在水热老化前后的脱硫活性

吸附剂	脱硫活性/%	
	新鲜剂	老化后吸附剂
R1	89	79
R2	87	75
R3	88	83
R4	87	80

吸附剂 R1～R4 在水蒸气处理之前都具有较高的脱硫活性，其脱硫活性基本相近，为 87%～89%。经过水蒸气处理后，4 种吸附剂的活性均明显降低，但不同吸附剂活性降低的幅度有较大的差别。

吸附剂 R2，其硅酸锌生成速率最高，为 0.25%/h，其活性下降也最明显，从 87%下降至 75%。吸附剂 R3，其硅酸锌生成速率最低，为 0.10%/h，其活性下降幅度最低，从 88%下降至 83%。其余两种吸附剂 R1 和 R4，其硅酸锌生成速率介于 R2 和 R3 之间，脱硫活性的下降幅度也介于 R2 和 R3 之间。

从上面的分析可以看出：采用不同氧化硅源制备的吸附剂，其在水热老化条件下的硅酸锌生成速率不同，采用低硅酸锌生成的氧化硅源 L 代替氧化硅源 P 之后，能够大大降低吸附剂在工业生产中的硅酸锌生成速率，使吸附剂具有较高的活性稳定性。

三、吸附剂 FCAS-Ⅱ的配方设计及工业制备流程开发

根据前述的研究结果，确定了 FCAS-Ⅱ吸附剂中，以新型氧化硅源 L 代替原工业剂中的氧化硅源 P。

FCAS-Ⅱ吸附剂增加了低硅酸锌生成速率的硅源L，为了使该吸附剂具有良好的流动性和磨损强度，需要进一步强化载体的骨架结构，且将孔体积维持在一个适中的值，使得吸附剂在使用过程中因氧化锌和硫化锌的体积变化而造成的吸附剂破碎问题得到减少，使FCAS-Ⅱ吸附剂具有合适的物化性质。

基于以上的考虑，开发了FCAS-Ⅱ吸附剂的工业制备流程，该工艺流程主要分为吸附剂载体制备和浸渍引入活性组元镍两个主要步骤。通过对生产过程的控制，特别是成型过程中浆液性质的控制来保证吸附剂产品的质量。

四、吸附剂FCAS-Ⅱ的反应性能及中试应用

为了进一步考察吸附剂FCAS-Ⅱ吸附剂的反应性能，选取吸附剂样品FCAS-Ⅱ进行活性稳定性评价，并与FCAS-R09的工业剂作为对比。考虑到汽油吸附脱硫吸附剂在工业使用过程中可生成硅酸锌失活，该项目的主要目标是开发具有高活性稳定性的吸附剂。采用了多轮还原—脱硫反应—氧化再生的评价过程，其中还原、反应以及再生均接近工业装置反应的条件，原料硫含量为368mg/kg，进行为期一个月的活性评价，具体评价结果如图4-3-1所示。

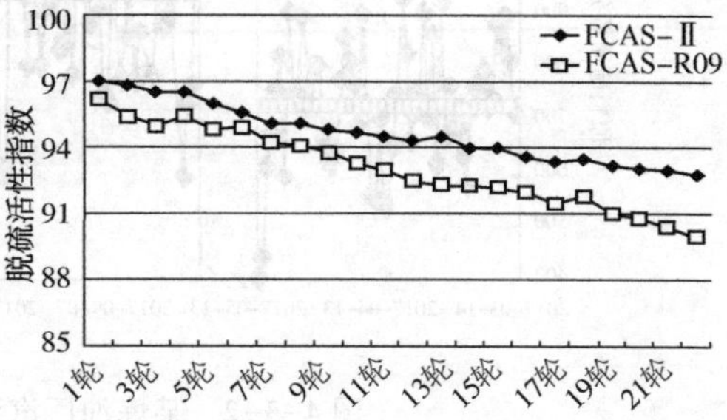

图4-3-1 FCAS-Ⅱ吸附剂工业循环评价数据

吸附剂FCAS-Ⅱ以及对比剂FCAS-R09均具有较高的脱硫活性及稳定性，在22轮活性评价过程中，脱硫活性均保持在90以上，但这两种吸附剂由于组成差异以及生产工艺的区别，脱硫活性及稳定性仍然有明显的差别。对比剂FCAS-R09具有较高的初始活性，脱硫活性高于96，但在循环评价过程中活性降低的速率相对较快，第22轮评价时脱硫活性只有90左右。吸附剂FCAS-Ⅱ的初始脱硫活性较高，第22轮评价时脱硫活性依然保持在92以上。

综合FCAS-Ⅱ吸附剂的工业制备情况及工业应用情况表明：采用新配方及新生产工艺制备的FCAS-Ⅱ吸附剂，各项性能指标均达到或优于目前工业吸附剂，工业应用情况良好，特别是具有非常低的硅酸锌生成速率，在高硫含量原料的装置上具有更加良好的应用前景和工业推广价值。

五、吸附剂FCAS-Ⅱ的工业应用结果

某炼油厂汽油吸附脱硫装置是对原汽油吸附脱硫专利技术改进后建设的第七套装置。设计处理量为0.9Mt/a，原料主要为催化裂化装置的稳定汽油，产品为低硫精制汽油。该装置于2010年3月投产，生产出硫含量低于10mg/kg的合格精制汽油产品。

该汽油吸附脱硫装置投产时使用FCAS-R09吸附剂，装置原料汽油硫含量较高，达600~800mg/kg，且波动较大，经常因精制汽油产品硫含量超标需将产品进行循环回炼加工，影响装置经济效益。为提高吸附剂脱硫效率，装置需要加大再生强度，造成硅酸锌适宜生成的水热环境，导致硅酸锌质量分数高，同时为提高吸附剂脱硫效率，吸附剂循环量高，因而吸附剂磨损大，会产生大量细粉，所以会导致过滤器压差过高，影响装置长周期运行。由于装置原料汽油硫含量的进一步提高，达800~1200mg/kg，原吸附剂FCAS-R09较难达到连续稳定生产的要求。因此该装置于2017年8月将原来的吸附剂逐步更换为高稳定性的

FCAS-Ⅱ吸附剂。截至 2018 年 3 月，FCAS-Ⅱ吸附剂占系统总藏量的 64%左右，并进行了总结标定。标定结果表明，装置运行良好，各项性能指标均达到正常生产要求。

图 4-3-2 中列出了高稳定性汽油吸附脱硫吸附剂工业应用试验期间该汽油吸附脱硫装置原料硫含量变化情况。为了做对比，图 4-3-2 也同时列出了工业试验前一段时间内装置原料汽油硫含量的变化情况。

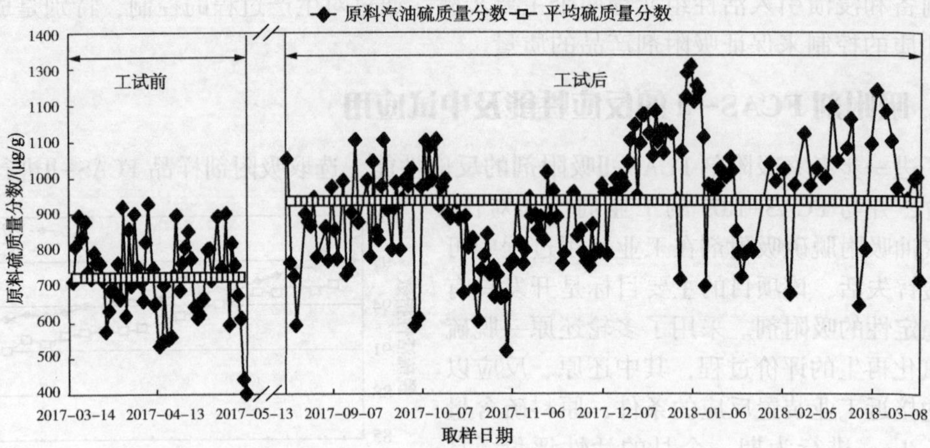

图 4-3-2　某炼油厂汽油吸附脱硫装置原料硫含量情况

由于该装置原料油为催化装置汽油直接进料，原料性质随催化装置加工原油情况及装置操作变化情况而变化较大，原料硫含量波动较大。在高稳定性吸附剂工业应用试验过程中，原料油硫含量的平均值为 924mg/kg；统计在高稳定性吸附剂加入装置前 60 天装置的运行数据，其原料硫含量的平均值为 723mg/kg。

图 4-3-3 中列出了该装置在装填高稳定性的 FCAS-Ⅱ吸附剂前后一段时间内装置产品精制汽油硫含量的变化情况，产品硫含量平均值为 5mg/kg 左右。同时统计了装填 FCAS-Ⅱ前后一段时间内运行过程中得到的产品硫含量小于 5mg/kg 的数据点。总结发现，在高稳定性吸附剂加入前的运行过程中，产品硫含量大于 10mg/kg 的点占总数据量的 1%，而高稳定性吸附剂加入装置后，产品硫含量出现超标(>10mg/kg)的次数为 0。

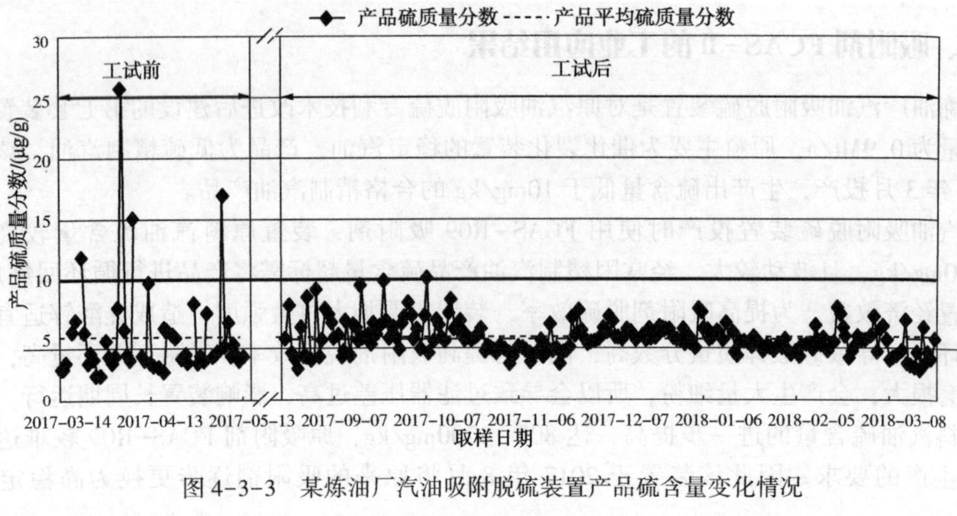

图 4-3-3　某炼油厂汽油吸附脱硫装置产品硫含量变化情况

图 4-3-4 为装填 FCAS-Ⅱ前后一段时间内该装置脱硫率曲线，在高稳定性吸附剂加入装置前运行过程中平均脱硫率为 99.24%，而高稳定性吸附剂加入装置后平均脱硫率为 99.43%。

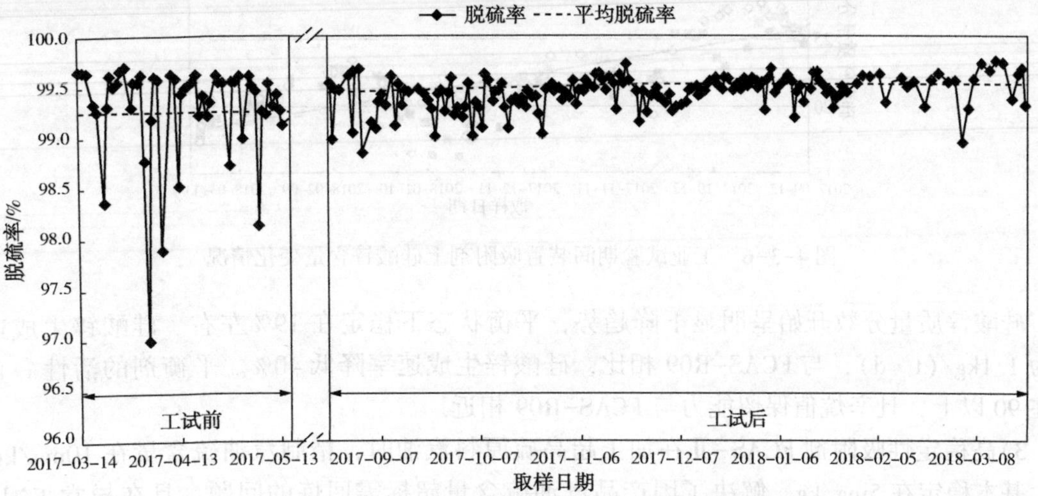

图 4-3-4　某炼油厂汽油吸附脱硫装置脱硫率曲线

高稳定性吸附剂工业应用试验前后对取得的吸附剂样品进行了硅酸锌质量分数的表征，见图 4-3-5 和图 4-3-6。置换 FCAS-II 前装置硅酸锌质量分数高达 30%以上，吸附剂的硅酸锌生成速率约为 1.83kg/(t·d)，硅酸锌生成速率高，有效 ZnO 质量分数低，再生苛刻度需提高，影响装置稳定性。置换高稳定性吸附剂后，装置吸附剂硅酸锌质量分数明显下降，运行稳定后，硅酸锌质量分数维持稳定在 20%，吸附剂的硅酸锌生成速率约为 1.1 kg/(t·d)，硅酸锌生成速率降低 40%。

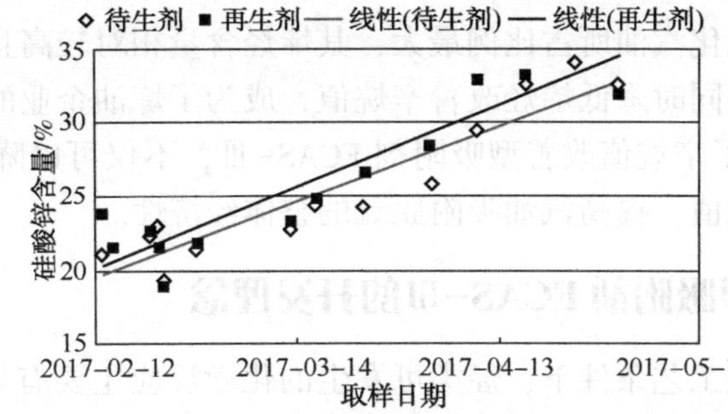

图 4-3-5　工业试验前装置吸附剂上硅酸锌含量变化情况

高稳定性汽油吸附脱硫吸附剂 FCAS-Ⅱ在某炼油厂汽油吸附脱硫装置上的工业应用结果良好。

1) 标定期间装置运行平稳，精制汽油收率为 99.33%，高于设计值。精制产品汽油硫含量均在 10mg/kg 以下，平均值为 4.0mg/kg。催化裂化汽油经过深度脱硫后，*RON* 损失平均值为 1.46。

2) FCAS-Ⅱ催化剂具有较高的活性稳定性和较低的硅酸锌生成速率，在工业试验过程

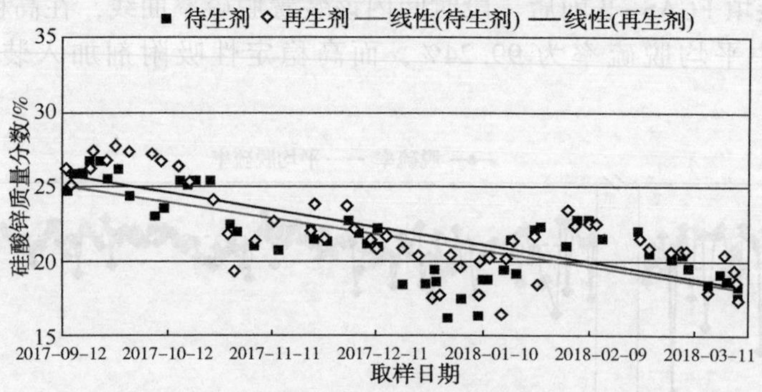

图 4-3-6 工业试验期间装置吸附剂上硅酸锌含量变化情况

中，硅酸锌质量分数开始呈明显下降趋势，平衡状态下稳定在19%左右。硅酸锌生成速率约为1.1kg/(t·d)，与FCAS-R09相比，硅酸锌生成速率降低40%。平衡剂的活性一直维持在90以上，且辛烷值保留能力与FCAS-R09相近。

3)高稳定性吸附剂FCAS-Ⅱ在加工超高硫原料汽油时，精制汽油硫含量在10mg/kg以下，基本稳定在5mg/kg。解决了因产品汽油硫含量超标需回炼的问题，且在异常工况下，高稳定性吸附剂有一定的调节能力，减少了整个装置更换吸附剂的需求，实现了超高硫原料长周期稳定生产清洁汽油。

第四节 辛烷值改善型吸附剂

2016年12月27日，环境保护部、国家质检总局联合发布《轻型汽车污染物排放限值及测量方法(中国第六阶段)》即轻型车“国六”标准。“国六”标准分阶段将汽油烯烃含量限制为18%~15%。

我国汽油池中催化裂化汽油所占比例最大，其烯烃含量相对较高且为辛烷值的主要来源之一，在发生脱硫反应的同时降低烯烃改善辛烷值，成为了炼油企业的迫切需要。为了解决上述问题，RIPP开发出了辛烷值改善型吸附剂FCAS-Ⅲ，不仅可以降低汽油中的烯烃，还可以增加产品汽油的辛烷值，提高汽油吸附脱硫的整体经济性。

一、辛烷值改善型吸附剂FCAS-Ⅲ的开发理念

在目前汽油吸附脱硫工艺条件下，烃类可发生的化学反应主要有烯烃异构化(辛烷值增加)、烯烃加氢饱(辛烷值减少)，但是没有芳构化、裂化、烯烃骨架异构化等辛烷值增加反应。所以可以通过改善吸附剂组成，促进汽油中直链烯烃及烷烃的异构化、环烷烃脱氢芳构化以及适度的裂化等反应，来提高产品汽油的辛烷值。但是裂化反应的发生往往会造成汽油收率的降低，所以异构化及芳构化反应成为了改善产品汽油辛烷值的最佳选择。将FCC汽油中低辛烷值的正构烷烃、环烷烃、直链烯烃等通过异构化和芳构化反应转化为具有较高辛烷值的异构烷烃和芳烃，可以成为在加氢脱硫的同时增加汽油辛烷值的理想途径，还能实现汽油降烯烃的目的。

目前普遍接受的烷烃异构化和芳构化反应机理是Mills等[18,19]提出的双功能反应机

理。双功能催化剂需要具有两种不同的催化性能，包括酸性和金属性能，分别起异构化和加氢脱氢作用，常用的金属有贵金属、Ni 等。贵金属 Pt 具有较强的脱氢活性，将 Pt 负载在具有一定量强酸中心和合适孔道结构的分子筛上制得的催化剂具有较好的正构烷烃异构化反应性能。Poldan 等[20]考察了正庚烷在不同分子筛负载 Pt 的催化剂上的异构化反应性能，结果表明，正构烷烃的转化率主要取决于分子筛的酸性。Pascal 等[21]研究发现，异构化的选择性与分子筛酸性无直接关系，而与分子筛的孔道结构有关。林伟等[22]考察了正辛烷在 SAPO-11、USY 和 ZSP-3 分子筛负载 Ni 催化剂上的异构化反应性能，结果表明，稀土改性可以调节 ZSP-3 分子筛为载体的催化剂表面酸中心分布，提高异构化和芳构化选择性。

环烷烃脱氢反应会有一系列副反应发生，如缩合、开环裂化、异构化等，因此催化剂在提高高辛烷值目标产物的选择性上起着重要的作用。虽然环烷烃脱氢反应可以在单一金属中心或酸中心上进行，但也有研究表明，双功能催化剂上的脱氢活性高于单一活性中心。不少研究尝试考察沸石分子筛的酸性对芳构化选择性的影响，但并没有明确的结果。

二、FCAS-Ⅲ吸附剂的配方设计及制备工艺

选择了四种具有较好芳构化及异构化的多孔酸性材料，采用新开发的吸附剂的生产方法制备出 4 个吸附剂样品，分别标记为 FCAS-1、FCAS-2、FCAS-3、FCAS-4 及参比样 FCAS-R09。

（一）FCAS-Ⅲ系列吸附剂 XRD 表征

吸附剂 FCAS-1、FCAS-2、FCAS-3、FCAS-4 和 FCAS-R09 的 XRD 衍射图如图 4-4-1 所示。

5 种吸附剂均出现氧化镍的晶相峰（$2\theta=37.0°$、$43.1°$、$62.8°$），其中 FCAS-4 的 NiO 衍射峰强度大于其他 4 个吸附剂，其 NiO 分散性较差，吸附剂 FCAS-1、FCAS-2、FCAS-3、FCAS-R09 上 NiO 分散优于吸附剂 FCAS-4 上 NiO 分散。

（二）FCAS-Ⅲ系列吸附剂 XRD 表征

对于气固非均相催化反应来说，根据扩散理论，必须经过外扩散—内扩散—吸附—反应—脱附—内扩散—外扩散这几个步骤。对于小分子反应来说，不同催化剂对于甲基环己烷的吸附性能在一定程度上也能影响到该催化剂的反应性能。采用饱和吸附甲基环己烷后程序升温脱附考查了吸附剂 FCAS-1、FCAS-2、FCAS-3、FCAS-4 和 FCAS-R09 对甲基环己烷的吸附性能，结果如图 4-4-2 所示。

5 个吸附剂样品对甲基环己烷的吸附容量顺序为：FCAS-3>FCAS-4>FCAS-2>FCAS-1>FCAS-R09，饱和吸附后，5 个吸附剂样品上甲基环己烷的脱附温度由低到高的顺序为：FCAS-4<FCAS-R09<FCAS-1≈FCAS-2≈FCAS-3。吸附容量较小、脱附温度较低都会在一定程度上减少催化剂表面的反应物浓度，对反应活性的提高不利。

（三）FCAS-Ⅲ系列吸附剂的还原性能

H_2-TPR 可以提供金属活性催化剂在还原过程中金属物种与载体之间相互作用的信息。图 4-4-3 是添加不同酸性材料制备的吸附剂的 H_2-TPR 谱图。

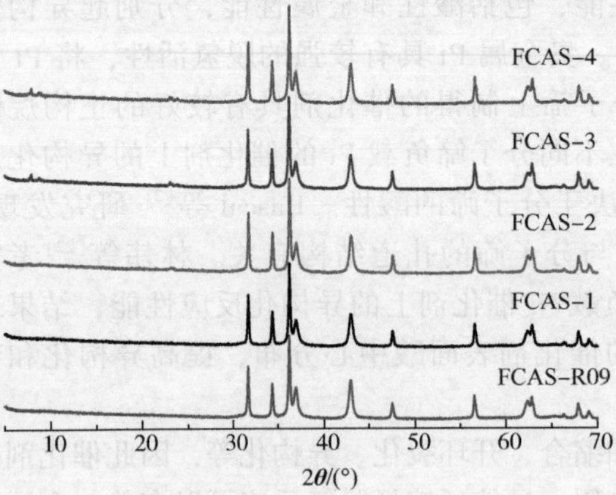

图 4-4-1　FCAS-Ⅲ系列吸附剂的 XRD 谱图

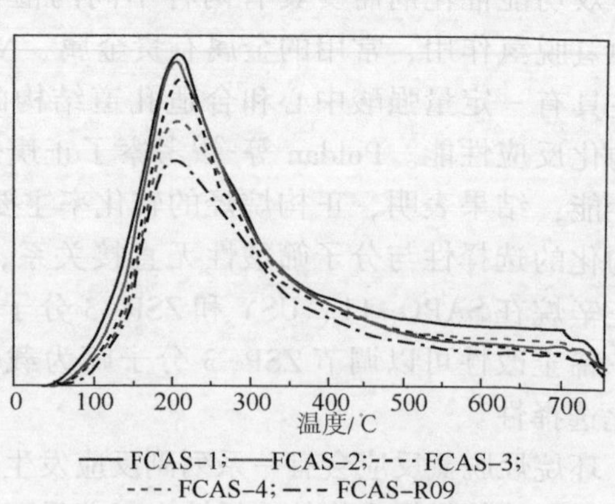

图 4-4-2　FCAS-Ⅲ系列吸附剂对甲基环己烷的脱附曲线

由图 4-4-3 可以看出，汽油吸附脱硫吸附剂上镍的还原峰集中在 450℃和 650℃左右，不同酸性材料的加入对吸附剂上镍的还原性能产生了一定的影响。还原温度由低到高的顺序为：FCAS-4<FCSA-3<FCSA-1<FCSA-2<FCSA-R09，还原温度越低，NiO 更容易还原，这对提高金属 Ni 的脱氢活性是有利的。

（四）FCAS-Ⅲ系列吸附剂的酸性分析

汽油吸附脱硫吸附剂 FCAS-R09 本身是没有酸性中心的，在 FCA-Ⅲ系列吸附剂中添加了不同类型的酸性材料，会使吸附剂的酸性活性中心有所变化，为了对吸附剂的酸性活性中心深入了解，采用红外吡啶吸附的方法对其酸类型及酸强度进行分析，一般利用 $1540cm^{-1}$ 吸收带表征 B 酸活性中心，$1450cm^{-1}$ 吸收带表征 L 酸活性中心。图 4-4-4 为 FCAS-OCT 系列吸附剂的红外-吡啶吸附谱图。

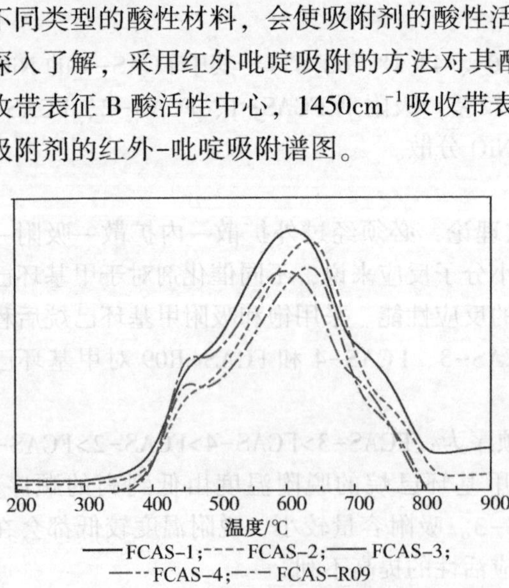

图 4-4-3　FCAS-Ⅲ系列吸附剂的 H_2-TPR 谱图

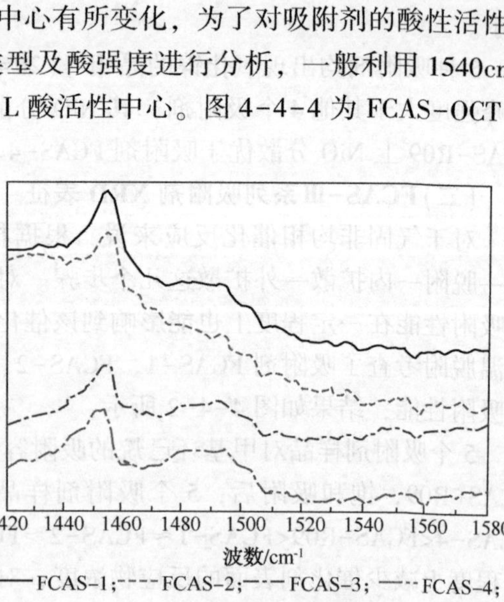

图 4-4-4　FCAS-Ⅲ系列吸附剂的红外-吡啶吸附谱图

由图 4-4-4 可以看出，吸附剂 FCAS-1、FCSA-2、FCAS-3、FCAS-4 在 $1450cm^{-1}$ 和 $1540cm^{-1}$ 处均出现了明显的吸收峰。说明该添加不同酸性材料后的吸附剂上均有一定量的 L

酸和 B 酸活性中心，酸强度由高到低顺序为：FCAS-4>FCSA-3>FCSA-2≈FCAS-1>FCAS-R09，L 酸和 B 酸活性中心可以促进甲基环己烷开环，异构化、裂化反应会增加，B 酸活性中心还可以和 Ni 相互耦合，改变金属 Ni 本身的电子性能，进而促进 Ni 对甲基环己烷的脱氢活性。

(五) FCAS-III 系列吸附剂上 MCH 的反应活性及产物选择性

目前汽油吸附脱硫吸附剂主要是通过 NiO 和 ZnO 相互耦合，实现脱硫效果，在现有汽油吸附脱硫剂中引入不同酸性材料后，使吸附剂成为双功能催化剂，既有金属活性中心，也有酸性活性中心。本研究选用甲基环己烷为模型化合物，考察了其在 FCAS-Ⅲ系列吸附剂上的反应活性及产物分布。

图 4-4-5 和图 4-4-6 分别为 FCAS-OCT 系列吸附剂上 MCH 的转化率和产物选择性。从图 4-4-5 和图 4-4-6 中可以看出，吸附剂 FCAS-3 上 MCH 反应活性最高，主要发生脱氢芳构化、开环异构化反应，有少量裂化反应，结合吸附剂表征分析结果可知，吸附剂 FCAS-3 上 NiO 具有较好的还原性能，引入其中的酸性材料不仅使 NiO 的还原温度降低，且促进了吸附剂上对甲基环己烷的吸附性能，因此吸附剂 FCAS-3 上甲基环己烷的转化率较高，且主要发生脱氢芳构化反应。吸附剂 FCAS-4 上异构化、裂化产物选择性均最高，分别在 21%、2%左右，吸附剂 FCAS-4 上由于酸强度较高，甲基环己烷在该吸附剂上易于发生开环裂化和异构化反应。FCAS-R09 几乎没有裂化产物，但是甲基环己烷的转化率较低，只有 41%左右。

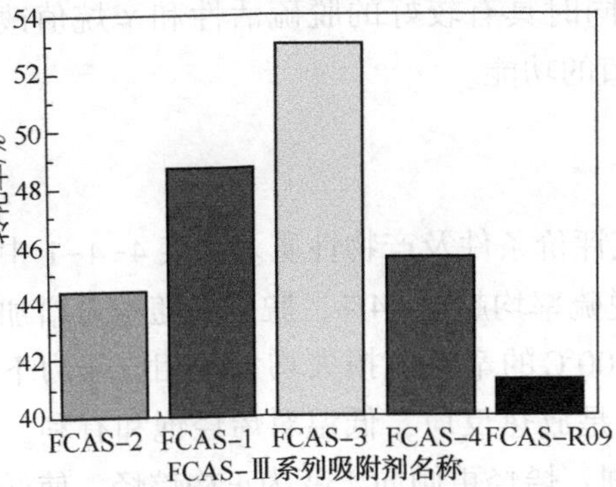

图 4-4-5　FCAS-Ⅲ系列吸附剂上 MCH 的转化率

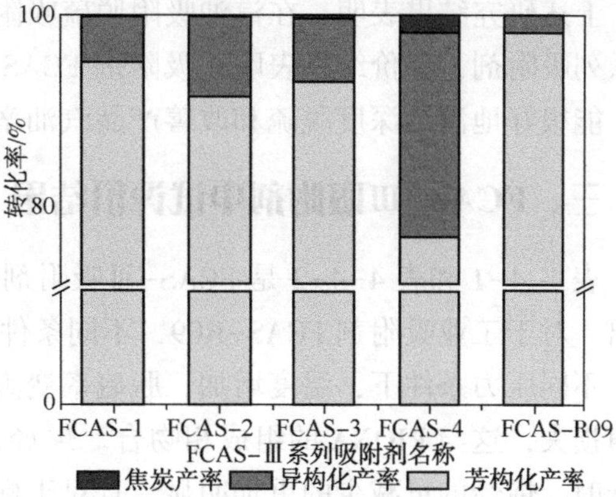

图 4-4-6　MCH 在 FCAS-Ⅲ系列吸附剂上的产物质量选择性

(六) FCAS-Ⅲ系列吸附剂上脱硫活性及辛烷值改善能力

FCAS-Ⅲ系列吸附剂的脱硫活性和辛烷值改善性能评价结果如图 4-4-7 和图 4-4-8 所示。由图 4-4-7 和图 4-4-8 可知，吸附剂 FCAS-2、FCAS-3、FCAS-4 的辛烷值损失均低于 0.5，与工业剂 FCAS-R09 相比有较好地辛烷值改善效果。不同酸性材料的引入会对汽油吸附脱硫吸附剂产生不同程度的影响，吸附剂 FCAS-2 和 FCAS-4 中引入的酸性材料使脱硫活性有所降低，可能是在上述两种吸附剂中引入的酸性材料会减少吸附剂对噻吩类含硫化合物的吸附。FCAS-3 可以保持高脱硫活性的同时，改善产品汽油辛烷值，三轮循环后，辛烷值损失仅为 0.4，明显好于对比剂的评价结果，能很好地满足深度脱硫和改善产品汽油辛烷值的功能，这和甲基环已烷在 FCAS-OCT 系列吸附剂上的评价结果比较一致，说明 FCAS-3 吸附剂具有较好的芳构化反应性能，使少量环烷烃脱氢生成芳烃。芳烃具有较高辛烷值，少量芳烃的生成也会使产品汽油辛烷值增加，这对于部分汽油芳烃含量不足的炼厂具有较好的推广意义。

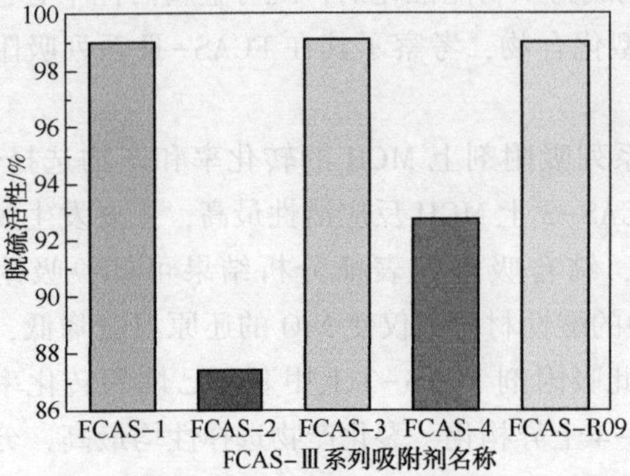

图 4-4-7　FCAS-Ⅲ系列吸附剂上的脱硫活性

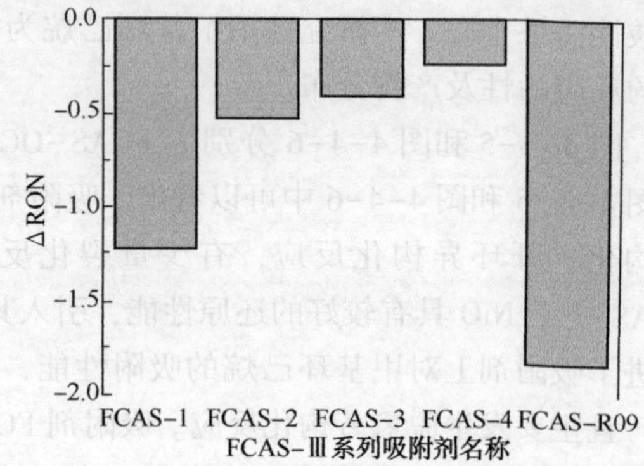

图 4-4-8　FCAS-Ⅲ系列吸附剂上产品汽油辛烷值变化

上述研究结果表明，在汽油吸附脱硫吸附剂中引入不同酸性材料 A～D，开发出 FCAS-Ⅲ系列吸附剂，评价结果表明，吸附剂 FCAS-Ⅲ同时具有较好的脱硫活性和辛烷值改善能力，能很好地满足深度脱硫和改善产品汽油辛烷值的功能。

三、FCAS-Ⅲ吸附剂中试评价结果

表 4-4-1 和表 4-4-2 是 FCAS-Ⅲ吸附剂中试评价条件及产物性质。从表 4-4-1 中可以看出，对于工业吸附剂 FCAS-R09，不同条件下脱硫率均超过 94%，脱硫率随压力增加而变大；不同压力条件下，温度增加，脱硫率变大。400℃的辛烷值损失均大于相应压力下的辛烷值损失，这与 PIONA 的组成相吻合。烯烃饱和是放热反应，低温对烯烃饱和有利，故温度低时，烯烃的量减少的更加明显，且对于标准剂，烯烃更倾向于变为正构烷烃，使低温时的辛烷值损失大，*RON* 损失大于 *MON* 损失。

从表 4-4-2 中可知，对于 FCAS-R09，噻吩和苯并噻吩类硫可以完全脱除，对于硫醇和其他的硫物质，有些无法完全分清，导致其脱除率略低。对于噻吩类物质，包括 T、C_1T、C_2T、C_3T，随侧链取代数量的增加，其脱除率降低。压力增加，停留时间延长，不同取代噻吩的脱除率增加；温度增加，反应速率加快，各硫化物的脱除率增加。

表 4-4-1 FCAS-Ⅲ吸附剂中试评价结果

温度/℃	430		430		430	
压力/MPa	2.5		2.7		2.9	
吸附剂	FCAS-R09	FCAS-Ⅲ	FCAS-R09	FCAS-Ⅲ	FCAS-R09	FCAS-Ⅲ
物料平衡/%	100.93	102.05	97.84	101.81	100.51	101.64
液体收率 %	97.3	97.73	97.5	97.04	97.9	98.16
脱硫率	0.95	0.92	0.96	0.92	0.97	0.94
RON 损失	0.3	−0.8	0.4	−0.7	0.5	−0.7
MON 损失	−0.3	−1.1	−0.2	−1.1	−0.2	−1.0
PIONA 变化						
NP	1.03	1.82	1.94	1.96	1.70	1.06
IP	0.91	1.98	0.34	2.47	1.33	2.41
O	−1.79	−3.62	−2.69	−4.28	−3.08	−4.75
N	0.14	−0.56	0.11	−0.27	0.32	−0.30
A	−0.30	0.37	0.31	0.12	−0.07	1.58

表 4-4-2 FCAS-Ⅲ吸附剂硫化合物脱除结果分析

温度/℃	430		430		430	
压力/MPa	2.5		2.7		2.9	
吸附剂	FCAS-R09	FCAS-Ⅲ	FCAS-R09	FCAS-Ⅲ	FCAS-R09	FCAS-Ⅲ
脱硫率	0.95	0.92	0.96	0.92	0.97	0.94
含硫化合物脱除率/%						
S	94.96	97.17	97.10	94.64	97.23	95.81
T	100.00	93.73	100.00	95.14	100.00	96.88
C_1T	95.41	77.06	96.64	85.18	97.81	88.79
C_2T	90.24	70.96	93.68	76.29	95.23	84.73
C_3T	89.77	51.57	90.98	59.47	92.97	64.03
B	100.00	100.00	100.00	100.00	100.00	100.00
BT	100.00	83.96	100.00	100.00	100.00	100.00

注：S、T、C_1T、C_2T、C_3T、B、BT 分别代表硫醇硫醚类化合物、噻吩、C_1噻吩、C_2噻吩、C_3噻吩、苯和苯并噻吩。

辛烷值改善剂 FCAS-Ⅲ的脱硫率随温度和压力变化较小，辛烷值明显得到改善，辛烷值损失小于 0。虽然烯烃质量分数显著降低，但异构烷烃的量增加显著，且芳烃的量也略有增加，与工业吸附剂 FCAS-R09 不同，FCAS-R09 烯烃减少的量主要贡献给了正构烷烃，而 FCAS-Ⅲ吸附剂作用下烯烃主要转化为异构烷烃和芳烃。

与工业吸附剂 FCAS-R09 不同，辛烷值改善型吸附剂 FCAS-Ⅲ苯并噻吩可以完全脱除，但取代苯并噻吩不能完全脱除，此处变化较大，是因为原料中的取代苯并噻吩的量较少，产品中取代苯并噻吩的量略有波动，即会对脱除率有显著影响。噻吩类物质的脱除规律相同，侧链取代基数量越多，脱除率越低。

脱硫率及产品收率相近的情况下，采用工业吸附剂 FCAS-R09 时 *RON* 降低 0.4 个单位，而催化剂 FCAS-Ⅲ反应后产品汽油的 *RON* 提高 0.7 左右，具有很好的经济效益，较好地验证了吸附剂的研发思路。

第五节 吸附剂的清洁生产

在汽油吸附脱硫吸附剂生产过程中，镍的引入主要是利用饱和硝酸镍溶液浸渍的方式实现的。在工业中，饱和硝酸镍溶液是最常用的镍盐溶液，它具有溶解度高、焙烧后无残留、对工业装置无腐蚀性等多种优势，但随着国家环保法规的日渐严格，其产生的 NO_x 气体排放对环保的压力越来越大。

硝酸镍在焙烧过程中会产生大量的 NO_x 气体，在工业装置焙烧炉的出口处，NO_x 气体的质量浓度最高可达 $10^5 mg/m^3$，这给后续的 NO_x 吸收处理装置带来了非常大的操作压力。

氮氧化物 NO_x 对人体及动物的致毒作用：NO 是无色、无刺激气味的不活泼气体，在大气中的 NO 会迅速被氧化成 NO_2。NO_2是棕红色有刺激性臭味的气体。NO_x 可刺激肺部，使人较难抵抗感冒之类的呼吸系统疾病，呼吸系统有问题的人士如哮喘病患者，较易受二氧化氮影响。

以 NO 和 NO_2为主的氮氧化物是形成光化学烟雾和酸雨的一个重要原因。汽车尾气中的氮氧化物与碳氢化合物经紫外线照射发生反应形成的有毒烟雾，称为光化学烟雾。光化学烟雾具有特殊气味，刺激眼睛，伤害植物，并能使大气能见度降低。另外，氮氧化物 NO_x 与空气中的水反应生成的硝酸和亚硝酸是酸雨的成分。

目前国家制定的相关环保标准中，要求 NO_x 排放低于 $100mg/m^3$，未来可能进一步降低。

一、目前工业上的 NO_x 吸收方法

目前某催化剂厂采用如下的流程工艺来吸收 NO_x 气体。

含有 NO_x 气体的废气，首先进入超重力吸收装置，与尿素溶液进行接触吸收，吸收后的气体进入喷淋吸收塔，与尿素溶液进行进一步的接触吸收。喷淋吸收塔的尾气进入臭氧氧化装置，进一步吸收后排空。

应用尿素作为 NO_x 气体的吸收剂，其主要化学反应如下：

$$NO+NO_2 \longrightarrow N_2O_3$$

$$N_2O_3+H_2O \longrightarrow 2HNO_2$$

$$(NH_2)_2CO+2HNO_2 \longrightarrow CO_2+2N_2+3H_2O$$

而臭氧氧化的化学反应式如下：

$$NO+O_3 \longrightarrow NO_2+O_2$$

$$2NO_2+H_2O \longrightarrow HNO_3+HNO_2$$

$$(NH_2)_2CO+2HNO_2 \longrightarrow CO_2+2N_2+3H_2O$$

由于 NO 几乎不溶于水，也不溶于碱溶液，如果不将其氧化为 NO_2，就会影响总的 NO_x 吸收效率。

目前的吸收装置虽然可有效地将 NO_x 气体质量浓度吸收至 80 mg/m^3 左右，但进一步提升效率的可能性很小。随着未来国家环保法规的进一步严格，目前的吸收水平很难保证吸附脱硫吸附剂的安全稳定生产，一旦因为环保问题导致吸附脱硫吸附剂生产装置停工，不但影响吸附剂的生产，更可能影响国六汽油的安全生产，给国家经济发展和社会稳定带来不利的影响。

二、低 NO_x 排放汽油吸附脱硫吸附剂制备工艺开发

为保证汽油吸附脱硫吸附剂的安全稳定生产，需要开发新型低 NO_x 排放汽油吸附脱硫吸附剂制备工艺，而低 NO_x 排放汽油吸附脱硫吸附剂制备工艺的关键，就在于低 NO_x 排放的汽油吸附脱硫吸附剂浸渍溶液。

经过长时间的摸索和试验，RIPP 开发了相应的低 NO_x 排放镍盐浸渍溶液，该溶液具有高镍含量、低 NO_x 排放、高稳定性等特点，且浸渍过程中对吸附剂载体影响较小，具有良好的工业应用价值。

三、低 NO_x 排放汽油吸附脱硫吸附剂中试样品制备及表征

将低 NO_x 排放汽油吸附脱硫吸附剂中试相关样品，命名为 FCAS-Ⅳ。对 FCAS-Ⅳ进行了 XRD、XRF、BET 和 SEM 等相关表征，并与目前工业吸附剂 FCAS-R09 进行了比较。FCAS-Ⅳ的各项理化指标与对比剂 FCAS-R09 相当，具备较好的工业推广价值。

对 FCAS-Ⅳ吸附剂进行了中试评价，为半连续式操作的装置。吸附剂的预硫化和再生均为间歇式操作，吸附脱硫反应为连续式操作。关闭计量阀，将新鲜吸附剂装入流化床反应器，在相应操作条件下通入含 CS_2 的汽油进行预硫化，产品中未检测出 CS_2，故认为汽油中的硫被完全吸附在吸附剂上，当吸附剂上的硫质量分数达到 10%时，完成预硫化过程。将所有吸附剂移至流化床再生器中进行贫氧再生，根据吸附剂装量及其持硫量计算所需的再生时间，将吸附剂的硫质量分数再生至 6 %，使吸附剂的持硫量与工业剂的持硫量基本相同，完成吸附剂的再生过程。

将 1.5kg 再生后的吸附剂移至反应器，另约 3kg 移至吸附剂储罐，反应器中的吸附剂经氢气还原后，通原料汽油进行脱硫反应，打开反应器上部和下部的吸附剂计量阀，吸附剂储罐中的吸附剂以 75g/h 的流率进入反应器，反应器中的吸附剂以相同的流率从反应器底部离开，进入脱气罐。

FCAS-Ⅳ吸附剂的中试评价结果如表 4-5-1 所示。

表 4-5-1　吸附剂 FCAS-R09 与 FCAS-Ⅳ的中试评价数据

吸附剂类型	反应温度/℃	反应压力/MPa	脱硫率/%
FCAS-R09	400	2.5	83
	400	2.7	86
	400	2.9	88
	430	2.5	88
	430	2.7	89
	430	2.9	92
FCAS-Ⅳ	400	2.2	89
	400	2.2	86
	400	2.5	87
	400	2.5	87
	400	2.8	88

从表 4-5-1 可以看出：FCAS-Ⅳ吸附剂的活性和活性稳定性较好，具备良好的工业推广价值。

在汽油吸附脱硫吸附剂生产过程中，要经过闪蒸干燥和焙烧两道工序。为了考察在闪蒸干燥和焙烧过程中 NO_x 排放的具体情况，进行了程序升温焙烧试验，研究 FCAS-Ⅳ吸附剂在生产过程中的 NO_x 排放情况。

将 FCAS-Ⅳ吸附剂第一次浸渍的样品置于程序升温的焙烧炉中，按照 120℃/h 的升温速度升温至 600℃，对其进行焙烧干燥，每隔 0.5h 收集气体样品并分析其组成。第一次浸渍的样品焙烧完成后，对其进行第二次浸渍，并进行第二次程序升温焙烧试验，以此类推，进行第三次浸渍和第三次程序升温焙烧试验。

三次程序升温焙烧试验过程中，FCAS-Ⅳ吸附剂在焙烧过程中释放的 NO_x 很少，最高质量浓度约为 950 mg/m^3，仅有硝酸镍焙烧过程($10^5mg/m^3$)的1%左右。

以上研究结果表明：采用低 NO_x 排放镍盐浸渍溶液，在干燥和焙烧过程中产生的 NO_x 很低，有效减少了汽油吸附脱硫吸附剂生产过程中的 NO_x 排放。

制备了相应的低 NO_x 排放镍盐浸渍溶液中试样品，命名为 FCAS-Ⅳ吸附剂。表征结果表明：FCAS-Ⅳ吸附剂的各项理化指标与工业剂 FCAS-R09 相当，具备良好的工业推广价值。中试评价结果表明，FCAS-Ⅳ吸附剂具有良好活性及活性稳定性，与工业剂 FCAS-R09 相当。

参 考 文 献

[1] Mara thon oil corporation . Removal of sulfur From a hydrocarbon stream by low severity adsorption [P]. WO98/51762, 1999.

[2] 单国秉，刘会州，邢建民，等．汽油吸附脱硫研究进展[J]．现代化工，2003，23(6)：18.

[3] Song Chunshan, Ma Xiao liang . New design approachesto ultra-clean die sel fuels by deep desulfurization and deeparomatiza-tion [J] . Appf Catal, B, 2003 , 41 : 207-238.

[4] Velu S , Watanabe S , M a X , et al . Fuel cell g rade g asolinepro ductio n by selective adsorption for removing sulfur[J] . Petrol ChemDivPrepr , 2003, 48(2) : 58-59.

[5] Yang R T , He rnandez-Maldo nado A J , Yang F H . Desulfurization of transportation fuels with zeolites under-ambient co nditions[J] . Science , 2003, 301 : 79-81.

[6] 李春虎，郭晓汾，上官炬．常温改性活性炭有机硫脱硫剂及制备[P]．CN 1186841 , 1998.

[7] 黄岳元，赵天成，杨一心，等．改性活性炭吸附 H_2S 和 C_2H_2 相平衡研究[J]．西北大学学报(自然科学版)2000，30(3)：275-277.

[8] 潭晓耀，吴迪镛，袁权．浸渍活性炭脱除 H_2S 的反应动力学[J]．化学反应工程与工艺，1996 , 12(2)：129-137.

[9] 张金昌，王艳辉，陈标华，等．负载活性炭催化脱除油品中硫化物的研究：Ⅰ 脱硫实验研究[J]．石化技术与应用，2002 ,（3)：149-151.

[10] 张金昌，王艳辉，陈标华，等．负载活性炭催化脱除油品中硫化物的研究：Ⅱ 脱硫剂再生[J]．石化技术与应用，2002 ,（4)：224-226.

[11] 张金昌，王艳辉，陈标华，等．负载活性炭催化脱除油品中硫化物的研究：Ⅲ 脱硫动力学实验研究[J]. 石化技术与应用，2002,（5)：299-301.

[12] Velu S , Watanabe S , Ma X, et al . Development of selective absorbent for removing sulfur from gas online for fuel application [J] . AmChem So c Fuel Chem DivPrepr , 2003, 48 : 526-528.

[13] 高志华，阴丽华，李春虎，等．纳米α-FeOOH 催化剂一段法脱除 COS 和 H_2S 性能的研究[J]．燃料化学学报，2003，31(3)：249-252.

[14] 龙军，林伟，代振宇．从反应化学原理到工业应用Ⅰ．S Zorb 技术特点及优势[J]．石油学报(石油加工)，2015，31(1)：1-6.

[15] 徐莉，邹亢，徐广通，等．S Zorb 工业吸附剂结构、组成及再生行为研究[J]．石油炼制与化工，2013，44(6)：44-48.

[16] 林伟．氧化硅源和氧化锌颗粒大小对 S Zorb 吸附剂脱硫活性的影响[J]．石油学报(石油加工)，2012，28(5)：739-743.

[17] 邹亢，黄南贵，徐广通．S Zorb 吸附剂 Rietveld 物相定量方法研究[J]．石油学报(石油加工)，2012，28(4)：598-604.

[18] 张春勇，刘靖，王祥生．分子筛催化剂在异构化反应中的研究进展[J]．工业催化，2004，12(6)：1-5.

[19] CHICA A，CORMA A. Hydroisomerization of pentane，hexane，and heptane for improving the octane number of gasoline[J]. Journal of catalysis，1999，187(1)：167-176.

[20] ROLDÁN R，ROMERO F J，JIMÉNEZ-SANCHIDRIÁN C，et al. Influence of acidity and pore geometry on the product distribution in the hydroisomerization of light paraffins on zeolites[J]. Applied Catalysis A：General，2005，288(1)：104-115.

[21] RAYBAUD P，PATRIGEON A，TOULHOAT H. The origin of the C7-hydroconversion selectivities on Y，β，ZSM-22，ZSM-23，and EU-1 zeolites[J]. Journal of Catalysis，2001，197(1)：98-112.

[22] 林伟，田辉平，王磊，等．不同分子筛负载镍催化剂的正辛烷异构化和芳构化性能[J]．石油炼制与化工，2012，43(7)：12-15.

第五章 汽油吸附脱硫工艺流程和操作参数

第一节 汽油吸附脱硫工艺流程概述

一、汽油吸附脱硫工艺特点

催化汽油吸附脱硫技术基于化学吸附作用原理对汽油进行脱硫，通过吸附剂选择性地吸附含硫化合物中的硫原子而达到脱硫目的，其原则工艺流程如图 5-1-1 所示。

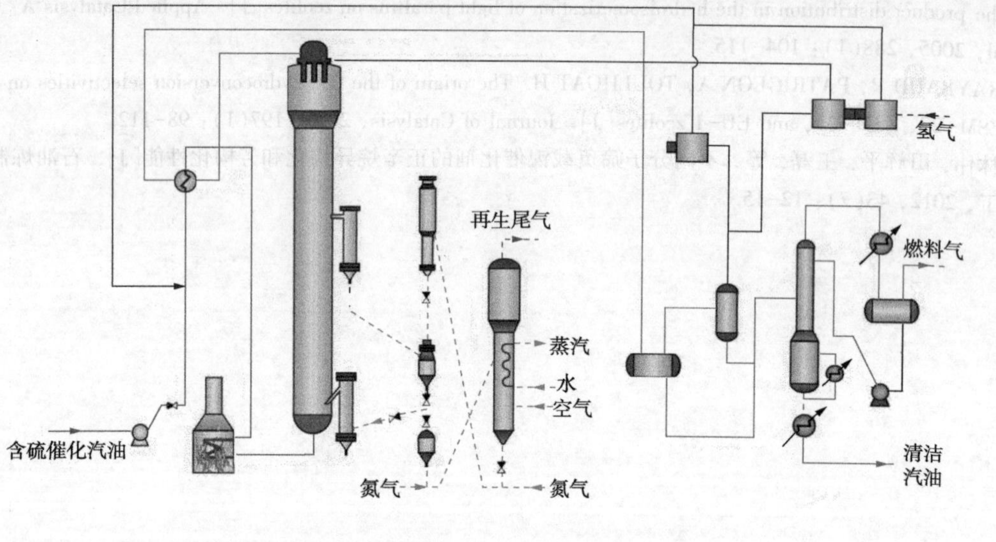

图 5-1-1 催化汽油吸附脱硫工艺流程

由图 5-1-1 可知，催化汽油吸附脱硫技术采用全馏分催化汽油一次通过脱硫工艺，主要包括进料与脱硫反应、吸附剂再生、吸附剂循环和产品稳定四个部分。原料汽油中的硫经过反应和再生部分后，随再生烟气以二氧化硫方式排出。反应器内发生流化床吸附脱硫反应，再生器发生流化床氧化反应。反应部分为中压临氢环境，再生部分为低压含氧环境，由闭锁料斗步序控制实现反应和再生之间的氢氧环境隔离和吸附剂的输送。

吸附脱硫技术采用专有吸附剂，适用于脱除催化裂化汽油及其他汽油调和物中的硫，使之符合最新的中国乃至世界最严格的汽油硫含量标准，并可一步到位满足未来无硫汽油的要求。与选择性加氢脱硫技术相比，本技术在实现汽油超深度脱硫的同时，最大限度地保持了汽油产品宝贵的辛烷值，同时具有氢耗低、操作费用低等优点。

二、汽油吸附脱硫化学反应

前文提到，汽油吸附脱硫技术中吸附剂在脱硫过程中参与反应，需要考虑吸附剂的再生及还原，因此该技术工艺过程相对复杂，涉及的化学反应较多。其中反应器内主要发生吸附脱硫反应、烯烃加氢饱和反应、烯烃加氢异构化反应、吸附剂还原反应等；再生器内则主要发生待生吸附剂所含的硫和碳等与再生空气发生的氧化反应。

1. 吸附脱硫反应

在反应器中，吸附剂可以一步到位按汽油池要求降低汽油中的硫含量。在脱硫过程中，利用金属镍具有较高的脱有机硫活性的特点，以及氧化锌与硫原子的结合能力大于镍的原理，硫化物中的硫原子与吸附剂上的镍及氧化锌两种成分先后发生反应。镍将汽油中的硫原子吸附出来后，硫原子即与氧化锌发生反应，生成硫化锌，而镍金属则恢复为自由的镍原子，重新从汽油中吸附出其他硫原子。其反应过程如下：

$$R{-}S+Ni(s)+H_2 \rightarrow R{-}2H+NiS(s)$$

$$NiS(s)+ZnO(s)+H_2 \rightarrow Ni(s)+ZnS(s)+H_2O$$

2. 烯烃加氢反应

催化裂化汽油烯烃含量普遍较高，是汽油池中烯烃含量最主要的组成。烯烃是含有双键的碳氢化合物，化学式为C−C−C−C=C。烯烃通常在汽油馏分轻组分中占比较高，主要是C_5、C_6和C_7馏分。典型的烯烃加氢饱和反应可表示如下：

$$C{-}C{-}C{-}C{=}C+H_2 \rightarrow C{-}C{-}C{-}C{-}C$$

辛烷值是表示点燃式发动机燃料抗爆性的一个约定数值。通常是在规定条件下的标准发动机试验中，通过和标准燃料进行比较来测定，采用和被测定燃料具有相同抗爆性的标准燃料中异辛烷的体积分数表示。测定辛烷值的方法不同，所得值也不同[1]，通常可采用研究法辛烷值(Research Octane Number，简称RON)、马达法辛烷值(Motor Octane Number，简称MON)或道路辛烷值表示。烯烃加氢饱和后形成的烷烃的辛烷值通常低于烯烃，如上述所列反应式，戊烷的*RON*是61.8，而加氢饱和之前的1−戊烯的*RON*是90.9；烯烃加氢饱和前后辛烷值损失高达29.1个单位。因此，在实现超深度脱硫的同时，最大程度保留汽油产品中的辛烷值，是各类汽油脱硫技术研究的重点和难点。虽然相比选择性加氢脱硫技术，吸附脱硫技术独特的吸附机理可以大大减少烯烃的饱和，但由于其反应也在氢气环境下进行，因此不可避免地也会有少量的烯烃加氢饱和反应发生。总体来说，烯烃加氢饱和反应是脱硫过程中不希望发生的副反应，应尽可能通过各项操作参数调整减少其发生。

烯烃加氢饱和反应是强放热反应，因此通过增加反应温度可抑制减少其发生。同时，若反应器内发生大量的烯烃加氢反应，反应器内温度将显著升高且氢气损耗加大，而反应温度的升高又反过来会抑制烯烃加氢反应的进行，因此这是一个自我调节的过程。

3. 烯烃加氢异构化反应

烯烃加氢异构化反应是指烯烃中的烯键在吸附脱硫反应环境下发生了位置变化。典型的异构化反应如下：

$$C{=}C{-}C{-}C{-}C{-}C+H_2 \rightarrow C{-}C{=}C{-}C{-}C{-}C+H_2$$

$$C{=}C{-}C{-}C{-}C{-}C+H_2 \rightarrow C{-}C{-}C{=}C{-}C{-}C+H_2$$

烯烃加氢异构化反应多为1位烯烃转化为烯键处于其他位置的烯烃，而双键在内部的烯烃的辛烷值高于双键在两端的烯烃的辛烷值，因此烯烃加氢异构化反应通常可增加汽油产品的辛烷值。如上面的例子，1−已烯的*RON*为76.4，而2−已烯和3−已烯的*RON*分别为92.7

和94.0。烯烃的异构化反应是在反应器内发生的有利副反应，它通常将使汽油产品的辛烷值提高，可部分补偿烯烃加氢饱和反应造成的辛烷值损失。因为烯烃的加氢异构化反应是微放热反应，其在汽油组分中所占比例很小，因此不会使反应器的温度或温升产生显著的变化。

4. 吸附剂的氧化反应

氧化反应发生在再生器内，主要目的是脱除吸附剂上的硫以及积炭，使吸附剂上的镍和锌转变成氧化物的形式。氧化反应也可以称为燃烧，这类似于催化裂化装置再生器内所发生的过程。吸附剂的氧化过程中共有以下六种反应，第一种反应和第二种反应中涉及了硫和锌的氧化反应，第三种、第四种、第五种反应里涉及了碳和氢的氧化反应，第六种反应涉及了镍的氧化反应。六种反应均为放热反应。

① $ZnS(s)+1.5O_2 \rightarrow ZnO(s)+SO_2$

② $3\ ZnS(s)+5.5\ O_2 \rightarrow ZnO(SO_4)_2(s)+SO_2$

③ $C+O_2 \rightarrow CO_2$

④ $C+0.5O_2 \rightarrow CO$

⑤ $2H_2+0.5\ O_2 \rightarrow H_2O$

⑥ $Ni(s)+0.5\ O_2 \rightarrow NiO(s)$

再生烟气中主要是N_2、SO_2和CO_2以及少量的水蒸气和少许CO，另有烟气中携带的少量吸附剂粉尘。

5. 吸附剂的还原反应

还原反应主要发生在反应器内，其目的是使吸附剂中氧化态镍回到还原态，以恢复其活性，氧化镍的还原反应如下：

$$NiO(s)+H_2 \rightarrow Ni(s)+H_2O$$

除了镍的还原反应外，再生器中第二步反应所产生的含锌化合物在还原器内也发生转变，生成水、氧化锌和硫化锌。

$$Zn_3O(SO_4)_2+8H_2 \rightarrow 2ZnS(s)+ZnO(s)+8H_2O$$

这些反应都是吸热反应，对反应器温升的影响很小。水是反应产物之一，被反应物料携带，最后聚集到冷产物分离罐和稳定回流罐的水包内。

6. 其他反应

部分汽油吸附脱硫装置由于厂区硫黄回收装置或催化烟气脱硫装置存在处理量不足的问题，可单独设置烟气脱硫设施，一般采用碱洗或类似方案。碱洗方案中主要发生的是中和反应。碱液(NaOH)与在再生烟气中的SO_2反应，由于碱洗设施会带来新的废碱液排放，通常尽量考虑不设置。中和反应式如下：

$$SO_2+2NaOH+1/2O_2 \rightarrow Na_2SO_4+H_2O$$

第二节　进料与脱硫反应工艺

一、概述

吸附脱硫装置吸附脱硫进料及反应部分流程如图5-2-1所示。

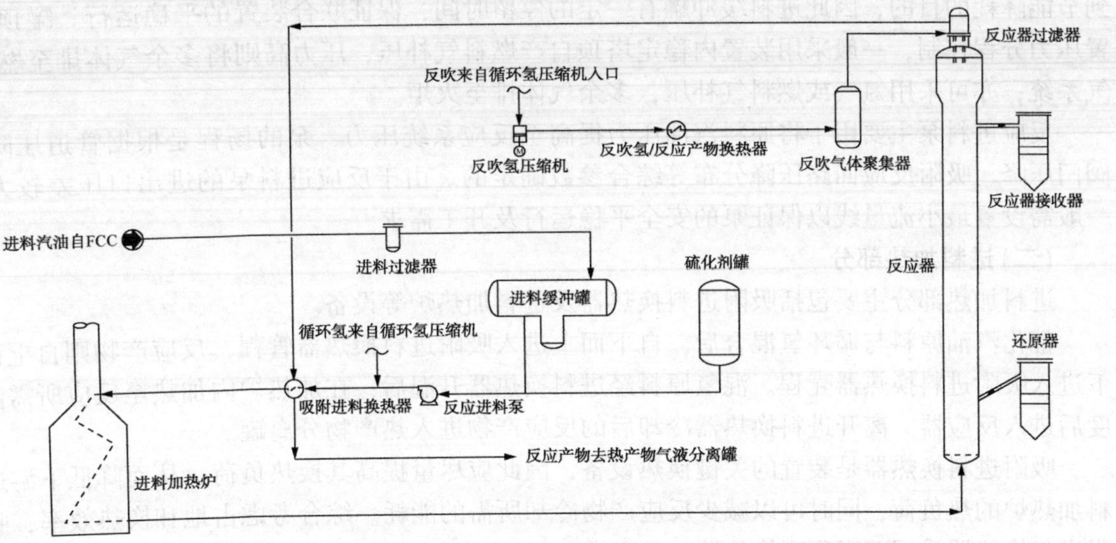

图 5-2-1　汽油吸附脱硫部分流程

自催化装置来的含硫汽油经过滤后进入进料缓冲罐，经吸附反应进料泵升压并与循环氢混合，混氢原料与脱硫反应产物进行换热，换热后的混氢原料去进料加热炉进一步升温，达到预定的温度后进入脱硫反应器底部，并在反应器中进行吸附脱硫反应。脱硫反应器内装有吸附剂，混氢原料在反应器内部自下而上流动，使反应器内吸附剂呈流化床状态。含硫原料在氢气环境中，经吸附剂化学吸附后将其中的硫化物脱除，生成超低硫汽油产物。为了防止吸附剂带入到后续的分离系统，在反应器顶部设有精密过滤器及其自动反吹设施，用于分离产物中携带的少量吸附剂粉尘。

自脱硫反应器顶部出来的热反应产物，除少量用于加热反吹氢压缩机来的反吹气体，其余大部分与混氢原料换热后去热产物气液分离罐。热产物气液分离罐底部的液体进入稳定塔，罐顶气相部分经空冷器、水冷器冷却后进入冷产物气液分离罐。冷产物气液分离罐底部液体进入稳定塔上部，罐顶部气体进入循环压缩机入口分液罐，再经循环氢压缩机升压后，大部分与外来的新氢混合后返回到反应系统中循环使用，少部分气体经进料加热炉对流室和电加热器加热后用于闭锁料斗升压、还原器提升等操作。另一部分来自循环压缩机入口分液罐的气体经反吹氢压缩机升压、与反应产物换热后去反吹气体聚集器，用于反应器过滤器的反吹。

二、吸附脱硫部分工艺流程

(一) 进料部分

吸附脱硫装置进料部分主要包括进料过滤器、进料缓冲罐、反应进料泵、硫化剂等设备。

进料过滤器是用来过滤进料汽油中存在的机械杂质及其他固体物质，以免堵塞下游管道或设备。在物料进入进料缓冲罐及下游设备之前，进料过滤器可除掉其中 25μm 左右的固体杂质颗粒。

进料缓冲罐一般采用卧式容器，其主要作用是缓冲上游来料的波动及装置操作的异常，由于目前多数催化汽油吸附脱硫装置和上游催化装置设置为联合装置，且多采用热进料以达到节能降耗的目的，因此进料缓冲罐有一定的停留时间，保证联合装置的平稳运行。罐顶设置压力分程控制，一般采用装置内稳定塔顶自产燃料气补压，压力高则将多余气体排至燃料气系统；亦可采用氮气或燃料气补压，多余气体排至火炬。

反应进料泵主要用于将原料汽油压力提高至反应系统压力，泵的扬程是根据管道压降、阀门压降、吸附反应回路压降分布等综合参数确定的。由于反应进料泵的进出口压差较大，一般需设置最小流量线以保证泵的安全平稳运行及开工需求。

(二)进料加热部分

进料加热部分主要包括吸附进料换热器及进料加热炉等设备。

催化汽油原料与循环氢混合后，自下而上进入吸附进料换热器管程，反应产物则自上而下进入吸附进料换热器壳程。混氢原料经进料换热器升温后，在加热炉内加热至反应所需温度后进入反应器。离开进料换热器冷却后的反应产物进入热产物分离罐。

吸附进料换热器是装置的关键换热设备，因此应尽量提高其换热负荷，从而降低下游进料加热炉的热负荷，同时可以减少反应产物冷却所需的能耗。综合考虑占地和换热效率，吸附进料换热器采用双壳程型换热器。

进料加热炉将进入其中的混氢气体原料升温至反应器床层所需的温度。加热炉是反应进料温度的最后控制设备，而反应温度又是吸附脱硫工艺中影响脱硫率及辛烷值保持能力的重要参数，因此加热炉的出口温度由反应器入口温度控制器控制，温度控制器与加热炉的燃气压力相关联。另进料加热炉顶对流段用于加热来自循环氢压缩机的循环氢气，加热后的氢气为还原器和反应接收器提供流化气体，同时也在吸附剂转剂系统中间断供给闭锁料斗使用。

进料加热炉一般为圆筒炉，燃料气采用多管程并设计成流量均匀分布。其中燃料气除了来自管网外，来自闭锁料斗的外排气一般也在燃料气系统混合后作为燃料。值得一提的是，由于闭锁料斗外排气组成中氢气比例较高，热值较低，且为间断排放，为了减少对于吸附脱硫装置操作平稳性的影响，比较好的做法是将闭锁料斗外排气在离装置较远的位置并入燃料气管网，混匀后进入装置加热炉。

吸附进料换热器的性能直接影响进料加热炉的负荷，因此其平稳操作是装置能耗的“晴雨表”。催化裂化汽油具有烯烃高的特点，并且含有少量的二烯烃组分。二烯烃本身化学性质不稳定，如系统中存在氧气，则在升温时极易发生聚合，而吸附进料换热器的局部结构及温度等条件恰恰适合二烯烃发生聚合。二烯烃聚合物可造成吸附进料换热器结垢以及偏流等，会严重影响装置的平稳运行。

催化汽油吸附脱硫装置基本是在汽油质量升级时陆续建成，晚于催化裂化装置及部分配套设施如催化裂化汽油罐等的建成时间。先期建成的催化汽油罐基本不设置氮气保护，因此其中存储的吸附脱硫进料汽油极易混入氧气，造成装置的吸附进料换热器结垢等后果。因此，对采用汽油吸附脱硫装置对催化汽油进行脱硫的情况，催化汽油罐应补充设置氮气保护措施，并且应设置汽油罐中的汽油可返回催化裂化装置稳定塔回炼的流程等具体配套措施，这样就从源头上解决了二烯烃聚合造成吸附进料换热器结垢的问题。

(三)反应及过滤系统

反应器是汽油吸附脱硫工艺过程的核心部分，为了达到理想的脱硫效果和辛烷值保持水平，必须控制反应器内的四个关键参数，即质量空速、表观气速、吸附剂的含硫量、氢气分压。

反应器包括下部的吸附剂流化床和上部的沉降段两部分，其中主要的脱硫反应发生在床层下部的吸附剂流化床，反应器上部扩径的沉降段使反应产物气体流速降低，以便被夹带的吸附剂回落，返回床层下部。

混氢原料自反应器底部进入，通过气体分布器进入反应器的吸附剂床层。设置气体分布器的目的是在气体通过限流孔时产生一定的压降，从而使气体有良好的分布。同时每个出气孔上都设有固定的泡帽，可以起到减少吸附剂的磨损和防止漏到分布器下方的作用。

混氢原料以适宜的速度通过床层，使吸附剂流化起来并确保良好的气固接触。需要注意的是，气速太高可能使得过多的吸附剂被夹带到反应器顶部，造成反应器顶部过滤器负荷大幅增加，从而影响该设备乃至装置的长周期平稳运行。而气速太低会造成床层流化不均匀甚至流化不起来。

反应器过滤器的作用是过滤掉反应器出口气体中夹带的吸附剂。气体从流化床层中进入扩径段后气速下降，大部分被夹带的吸附剂回落到下部床层中，气体经由反应器过滤器净化。

含有一定过滤单元的过滤器安装在反应器顶部，伸入到反应器内部空间，这些过滤单元焊接在底部的过滤器管板上，而管板被固定夹在过滤器顶部及过滤器的法兰之间。当由反应器出来的气体经过这些过滤单元时，其中夹带的吸附剂颗粒即被过滤下来。

过滤器的每一个过滤单元可由反吹气进行反吹，经过过滤器的高压气体及时清理了积存在过滤器表面的吸附剂粉尘，保证了过滤器的连续运行。反吹气由过滤器的压降或继电器设定时间进行控制启动，反吹气体为高压富氢气体。反吹系统包括反吹氢压缩机、反吹氢/反应产物换热器、反吹气体聚集器、反吹阀、加热盘管及相应的系统管线等设备和设施。

每一个过滤单元内部都有保安滤芯，如果某个单元断裂或开焊，其内部保险丝就会被牵动，而这个过滤单元将被封住，使这个单元不再起作用而避免大量吸附剂通过这个损坏的过滤单元，保证了下游汽油产品的合格和装置的长周期运行。

从反吹氢压缩机出口来的反吹氢被过滤后的产品气在反吹氢/反应产物换热器加热后进入反吹气聚集器，当反吹阀开启时，反吹气从聚集器进入过滤器进行反吹。反应过滤器的反吹启动由继电器定时或过滤器的压降进行触发，为间歇式定时吹扫。反吹气体来自循环氢压缩机入口缓冲罐。反吹氢压缩机为往复式压缩机，通常与循环氢压缩机采用二合一机组，共用一台电机。

(四)产物冷却及循环氢系统

产物冷却及循环氢系统流程见图5-2-2。

如图5-2-2所示，热产物气液分离罐及冷产物气液分离罐是将经过换热和冷却的反应产物和循环氢进行分离，一般情况下，热产物气液分离罐采用卧式罐，冷产物罐则采用立式罐。自吸附进料换热器冷却后的反应产物进入热产物气液分离罐，轻烃和氢气自顶部出来经过反应产物空冷器和吸附反应产物冷却器后进入冷产物气液分离罐。冷产物气液分离罐顶气体主要是含氢气体，这些含氢气体进入循环氢压缩机入口分液罐，然后再分别进入循环氢压缩机和反吹风压缩机。热产物气液分离和冷产物气液分离罐底的液体则直接分别进入稳定塔。从反应器携带的少量水分从冷产物气液分离罐底部脱出并间歇排送出界区。

循环氢压缩机出口的大部分气体在反应进料泵出口与进料混合，其余部分经氢气过滤器过滤后在加热炉的对流部分加热，热的循环氢作为反应器、接收器、还原器和闭锁料斗的流化介质及反吹气体。一般情况下循环氢压缩机采用往复式压缩机。

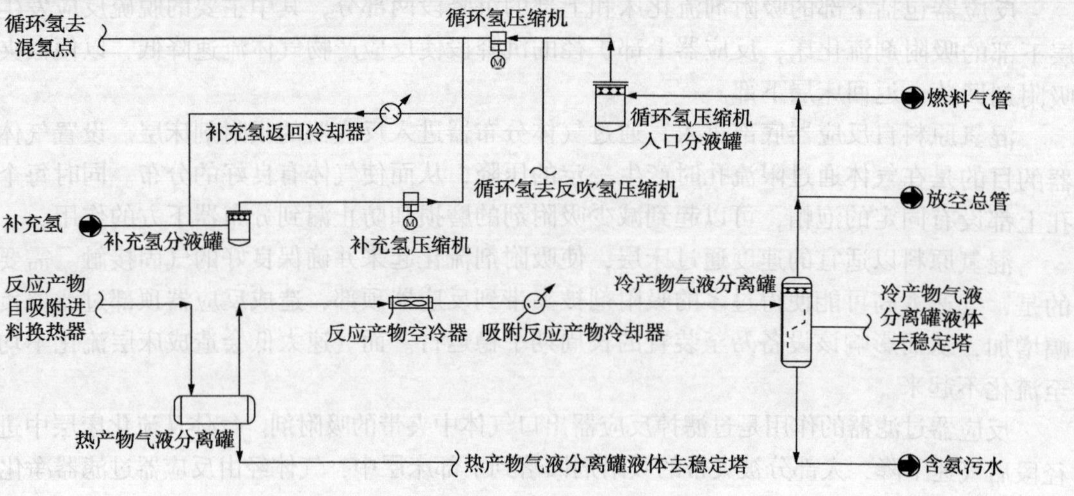

图 5-2-2　产物冷却及循环氢系统流程

第三节　吸附剂循环工艺

一、吸附剂循环部分工艺流程

吸附剂循环部分的目的是将已吸附一定数量硫的待生吸附剂自氢气环境的反应部分输送到氧气环境的再生部分，同时将再生后的吸附剂自再生部分送回到反应系统，并对吸附剂的循环速率进行控制，此过程通过闭锁料斗的步序自动控制实现。吸附剂循环流程见图 5-3-1。

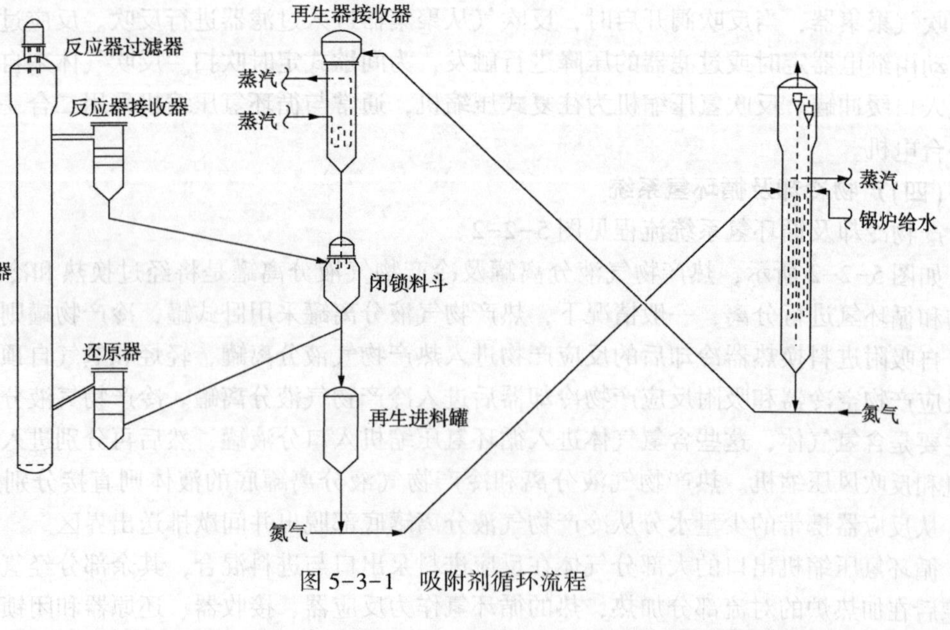

图 5-3-1　吸附剂循环流程

如图 5-3-1 所示，待生吸附剂自反应器上部的反应器接收器送到闭锁料斗，然后降压并通过氮气置换其中的氢气，置换至氢/烃含量合格后，通过压差和重力送到再生进料罐。再生进料罐的吸附剂则通过氮气提升到再生器内进行再生反应。再生进料罐的吸附剂输送线上装有滑阀，用于控制吸附剂循环速率。再生器内已完成氧化再生的再生吸附剂通过滑阀和氮气提升到再生器接收器，通过压差和重力送到闭锁料斗。用氮气置换再生吸附剂带入闭锁料斗中的氧气，氧气含量合格后用氢气升压，最后通过压差和重力将再生吸附剂送到还原器，然后返回到反应系统。再生与待生吸附剂通过闭锁料斗实现反应系统和再生系统的相互输送和氢氧环境的隔离，步序和操作由闭锁料斗控制系统完成，按设计的再生规模，每小时完成三次循环。

二、吸附剂循环部分主要设备

(一) 反应器接收器

反应器接收器简图见图 5-3-2。

反应器接收器的作用是收集来自反应器的待生吸附剂，如图 5-3-2 所示，接收器与反应器通过转剂横管连接，横管中设置专用松动气，以保证吸附剂顺畅输送循环。接收器同时为从吸附剂中脱除烃类气体提供场所，并为进入闭锁料斗的吸附剂提供缓冲空间。热氢气从气体入口进入接收器，一方面作为接收器内吸附剂的流化介质，同时对吸附剂夹带的烃进行气提，这些氢气及从吸附剂夹带的烃类气体通过接收器顶排气口返回反应器内，底部设置的松动气可减少吸附剂在接收器顶部沉积，待生吸附剂自下部依靠重力流入闭锁料斗。

(二) 闭锁料斗

闭锁料斗简图见图 5-3-3，其作用是将待生吸附剂从高压烃/氢环境的反应系统输送至低压氧/氮环境的再生系统，并将再生后的吸附剂由低压氧/氮环境的再生器系统输送至高压烃/氢环境的反应系统。闭锁料斗顶部设有过滤器，以防止吸附剂被排出的气体携带出去。闭锁料斗以下述方式交替输送待生和再生吸附剂。

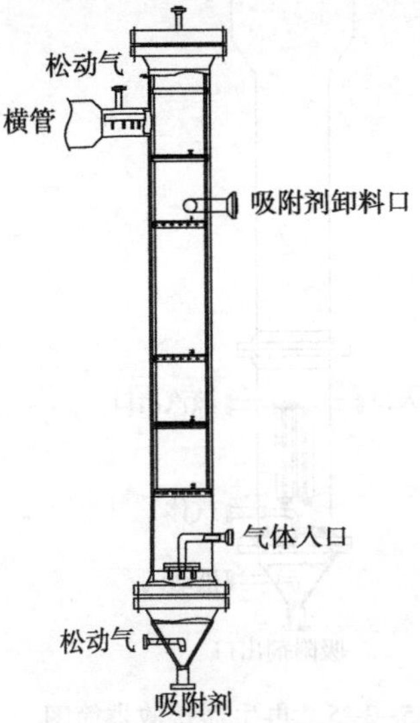

图 5-3-2　反应器接收器简图

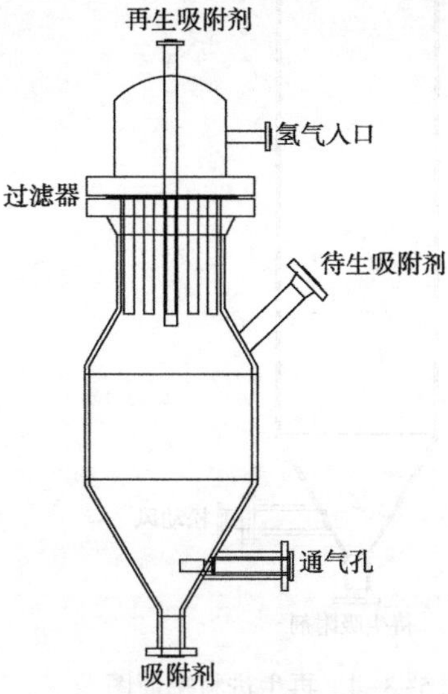

图 5-3-3　闭锁料斗简图

待生吸附剂在闭锁料斗控制系统(LMS)控制下，依靠重力由反应器接收器间歇式进入闭锁料斗，当料位达到设定值后，关闭反应器接收器至闭锁料斗阀门。闭锁料斗开始从氢气环境到氮气环境的置换，首先闭锁料斗压力降低并且用氮气置换，当闭锁料斗中氢/烃含量达到设定值后，待生吸附剂进行下一步的输送，依靠重力进入再生进料罐。

当闭锁料斗中待生吸附剂全部送至再生进料罐后，通过LMS控制相关阀门，启动再生吸附剂返回程序。首先，再生吸附剂同样依靠重力由再生器接收器进入闭锁料斗，闭锁料斗达到料位后，与再生器接收器隔断，闭锁料斗通过氮气置换至氧含量合格后，引入氢气增压至反应器压力，然后再生吸附剂由闭锁料斗进入反应还原器。

在下一次循环启动时，反应器接收器的物料再次进入闭锁料斗前须先对闭锁料斗的压力进行调整。操作人员可以控制各个设备在每一个步骤的料位，从而达到控制吸附剂循环速率的目的。

(三)再生进料罐

再生进料罐简图见图5-3-4，其作用是作为再生器的进料缓冲罐连续为再生器提供进料，其容纳了来自闭锁料斗的间歇进料而为再生器提供连续进料。待生吸附剂通过滑阀连续地从再生进料罐流出后，由氮气提升至再生器。再生进料罐底部设置热氮气松动风，以防止床层架桥再生进料罐，进料罐顶部通过气体出口排出少量气体以保持罐内压力，外排的气体被送入再生器上部的扩径段。

(四)再生器接收器

再生器接收器简图见图5-3-5。

图5-3-4　再生进料罐简图

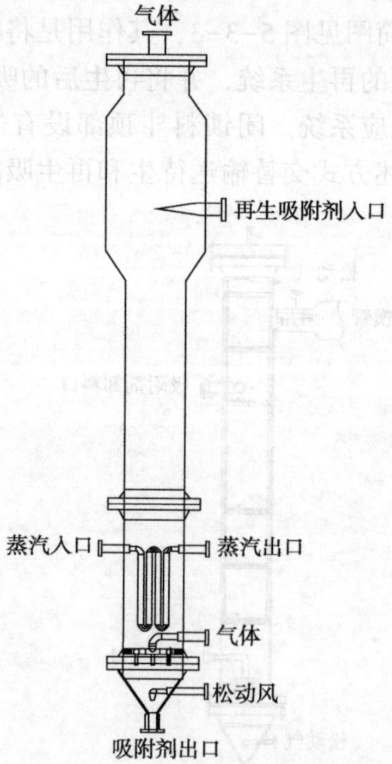

图5-3-5　再生器接收器简图

如图5-3-5所示，再生器接收器为进入闭锁料斗的再生吸附剂提供了一个缓冲空间，从再生器出来的吸附剂在再生器接收器内冷却到小于426℃，并先充入氮气使吸附剂内富含SO_2的再生烟气脱除。

离开再生器的再生吸附剂通过滑阀连续排出后，用氮气提升至再生器接收器。再生器接收器内的吸附剂用冷氮气进行流化，流化和提升氮气通过接收器顶部气体出口返回到再生器的扩径段。

自冷凝水罐来的低压蒸汽经过再生器接收器内的冷却盘管取走再生吸附剂的热量，使其温度降到426℃以下，蒸汽在盘管内被加热为过热蒸汽。通向每个冷盘管的管线上都安装限流孔板以保证流量均匀。蒸汽流速由温控阀控制，以此来保持再生器接收器的床层温度。若所产蒸汽压力远远高于再生器操作压力，易出现泄漏情况，因此，一般所产蒸汽等级为0.45MPa(g)。

第四节　吸附剂的再生与还原

一、吸附剂再生部分工艺流程

吸附剂在反应器内参与脱硫反应，在反应过程中，反应物料中的硫不断被吸附剂吸附，随着吸附剂上所吸附硫逐渐增加，吸附剂活性逐渐下降。因此，装置设有吸附剂连续再生系统，如图5-4-1所示，用于恢复吸附剂的活性，使装置能够连续运行。

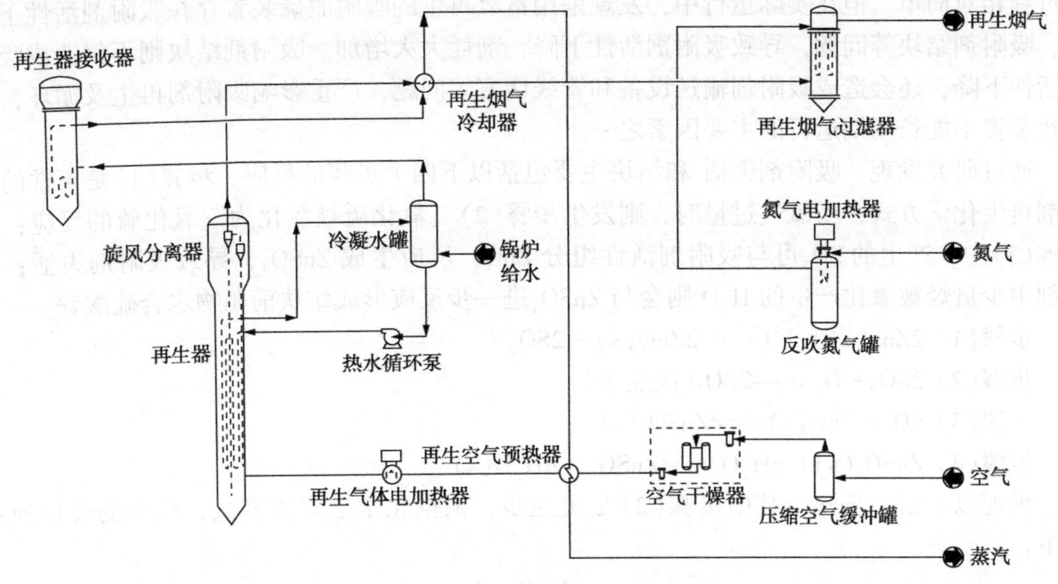

图5-4-1　吸附剂再生部分流程

再生过程是以空气作为氧化剂的氧化反应，压缩空气依次经过空气干燥器、再生空气预热器和再生气体电加热器加热后送入再生器底部，与再生进料罐来的待生吸附剂发生氧化再生反应。再生器内的吸附剂为流化床，再生后的吸附剂用氮气提升到再生接收器送至闭锁料斗。

再生器内部装有二级旋风分离器，再生生成的烟气以及再生进料罐、再生器接收器顶部返回再生器的气体经旋风分离器回收有效大颗粒吸附剂，然后自再生器顶部排出。再生烟气主要成分为氮气、二氧化碳和二氧化硫以及少量的吸附剂细粉，先经再生烟气冷却器并与来自冷凝水罐顶部的蒸汽换热，再经再生烟气过滤器除去烟气中夹带的吸附剂细粉后送出装置。根据不同的系统配套方案，再生烟气可送到硫黄回收装置、催化烟气脱硫或进行碱洗处理。

为了降低再生器内床层的温度，吸附脱硫工艺设有一套热水循环系统，并在再生器和再生器接收器内设有取热盘管，用于取出再生过程和吸附剂冷却所释放的热量，并预热再生空气。

吸附剂循环和输送过程中磨损生成的细粉通过旋风分离器与有效颗粒吸附剂进行精密分级分离，分离出的吸附剂细粉随再生烟气进入再生烟气过滤器后被拦截。通过对再生烟气过滤器的反吹，这些细粉最终被收集到再生粉尘罐并定期排出装置。

装置设有吸附剂储罐，用于装置开工、停工装剂和卸剂。并设置新鲜剂罐，用于正常操作中的吸附剂补充。

二、贫氧再生工艺

吸附剂再生过程需要引入空气作为氧化剂，脱除待生吸附剂中的硫，使其转化为二氧化硫。

第一代汽油吸附脱硫技术采用富氧再生工艺，该工艺可保证吸附剂中的硫高效脱除，控制过程相对简单。但在实际运行中，发现采用富氧再生的吸附脱硫装置存在吸附剂活性下降快、吸附剂结块等问题，导致吸附剂活性下降，剂耗大大增加。吸附剂结块则不仅造成吸附剂活性下降，还会造成吸附剂输送设备和管线堵塞等问题，严重影响吸附剂再生及循环，是导致装置不能长周期运行的主要因素之一。

通过研究发现，吸附剂失活 和结块主要包括以下四个步骤的反应，步骤(1)是正常的吸附剂再生化学方式；当氧气过量时，则发生步骤(2)二氧化硫被氧化为三氧化硫的反应；在步骤(3)中，产生的SO_3可与吸附剂活性组分ZnO，反应生成$ZnSO_4$，导致吸附剂失活；吸附剂中少量烃被氧化产生的H_2O则会与$ZnSO_4$进一步反应形成结块前驱物水合硫酸锌。

步骤(1) $2ZnS(s)+3O_2 \rightleftharpoons 2ZnO(s)+2SO_2$

步骤(2) $2SO_2+O_2 \rightleftharpoons 2SO_3$(决速步)

步骤(3) $SO_3+ZnO(s) \rightleftharpoons ZnSO_4(s)$

步骤(4) $ZnSO_4(s)+nH_2O \rightleftharpoons ZnSO_4 \cdot nH_2O(s)$

纵观以上四个步骤，其中步骤(2)是决速步，根据化学速率方程式，该步的反应速率如下：

$$r=K\times P_1\times P_2 \tag{5-4-1}$$

式中 r——化学反应速率；

K——反应速率常数；

P_1——SO_2分压；

P_2——O_2分压。

在再生过程中，SO_2的分压和再生负荷相关。因此控制该决速步反应速率的关键是控制O_2的分压。

从第二代吸附脱硫技术开始，针对原技术富氧再生导致硫酸锌生成速率高，从而使吸附剂快速失活、结块的问题，深入研究再生工艺，掌握了氧分压对硫酸锌生成的影响规律，发现了贫氧环境可抑制结块前驱物水合硫酸锌生成的机理，开发了再生新工艺，既保证再生效果，又实现再生系统稳定运行。

三、吸附剂再生主要设备

(一) 再生器

再生器的主要作用是对吸附剂进行再生以除掉吸附剂上的硫和碳。再生过程以压缩空气作为再生气体，再生气体采用一次通过再生器的方式。含氧的再生气体由再生器的底部进入，经气体分布器后使再生器内的吸附剂流化。

在再生器内，氧气主要与吸附剂上的硫、碳、金属元素发生反应。反应所生成的再生烟气经过再生器旋风分离器后排出。

在再生器顶部的扩大段内设置旋风分离器，这些旋风分离器可将再生烟气中夹带的大于20μm左右的颗粒吸附剂脱除。二级旋风分离器料腿底部的吸附剂保持一定的高度，以避免旋风分离器顶部浓度过大。再生烟气及夹带的少量吸附剂细粉从再生器出来后，进入再生器烟气冷却器热流一侧，然后再送入再生烟气过滤器。

若吸附剂再生不充分，则高硫含量的吸附剂就会回到反应器，这些高硫含量的吸附剂将影响反应器的脱硫效果而最终不能满足产品硫含量的要求。

温度是再生反应的一个重要操作参数。正常操作时，再生器的温度通过调节再生空气入口温度来控制。入口气体须先经再生气体预热器进行预热，再生空气预热器所使用的加热介质为再生器盘管产生的低压蒸汽，先经过了再生烟气冷却器过热。

在装置开车时，由于再生器没有足够的自给热量，需要用再生气体电热器将再生气体加热。只有在理想的操作温度下，再生器才能正常运行，若温度太低，就不能保证燃烧正常进行。

采用锅炉给水通过再生器冷却盘管取出再生过程的燃烧热。再生器冷却盘管内的介质为来自冷凝水罐底热水泵的过热水，加热后的汽水混合物返回冷凝水罐，蒸汽和水在罐内进行分离。分出的蒸汽先进入再生器接收器蒸汽过热盘管，再进入再生烟气冷却器。再生器里每一个冷却盘管上都安装限流孔板，以控制锅炉给水的均匀分布。

(二) 再生烟气冷却器

再生烟气的热量由再生器冷却器和再生烟气冷却器取出，从再生器排出的烟气进入再生烟气冷却器，用再生器产生的低压蒸汽进行冷却，然后再进入后续系统。

(三) 再生空气预热器

再生空气进入再生气体预热器的冷流侧，被来自再生烟气冷却器的低压蒸汽加热，然后进入再生气体电加热器。

(四) 再生气体电加热器

再生气体电加热器可在再生系统冷态启动时为再生器提供热量，也可以在再生过程产生的热量低于维持正常操作所需要的温度时为再生器提供热量。由再生气体电加热器加热后的再生气体由底部通入再生器。

（五）冷凝水罐

冷凝水罐的主要作用是为再生器冷却盘管的锅炉给水循环提供缓冲容积，并为水蒸气和水的分离提供空间。因再生过程有波动，所产生的蒸汽带水，将所产生的蒸汽水合物送至冷凝水罐进行汽水的闪蒸分离，以保证系统产生饱和蒸汽，供后续系统使用。

（六）热水循环泵

热水循环泵的主要作用是为在冷凝水罐和再生器冷却盘管内循环的锅炉给水提供动力。

四、吸附剂还原部分

吸附剂还原反应主要发生在还原器和反应器下部，还原器的结构如图 5-4-2 所示。

吸附剂在再生器中发生氧化反应，吸附剂上硫化态的镍转化为氧化态，而氧化态的镍没有吸附活性，需进行还原态，因此再生吸附剂需要通过氢气还原将其转化为金属态。

所使用的还原气体在进入还原器之前在加热炉内被加热到还原器床层的理想温度，即 426℃左右。控制还原器内的温度不超过 454℃，否则吸附剂将会遭到破坏。

第一代吸附脱硫技术，再生吸附剂全部在还原器内进行还原。再生吸附剂由闭锁料斗进入还原器，热氢气作为还原器内吸附剂流化介质的同时对吸附剂进行还原活化。氢气与吸附剂上的氧进行反应生成水。被还原的吸附剂、热氢气及生成的水一同进入反应器。

通过运行数据和研究发现，由于还原器内空间相对较小，吸附剂还原反应产生的水导致还原器内有较高的水分压，吸附剂在高温高湿环境下极易生成硅酸锌结块并失活，不仅大幅增加了吸附剂的消耗，对于装置的长周期运行也存在较大影响。

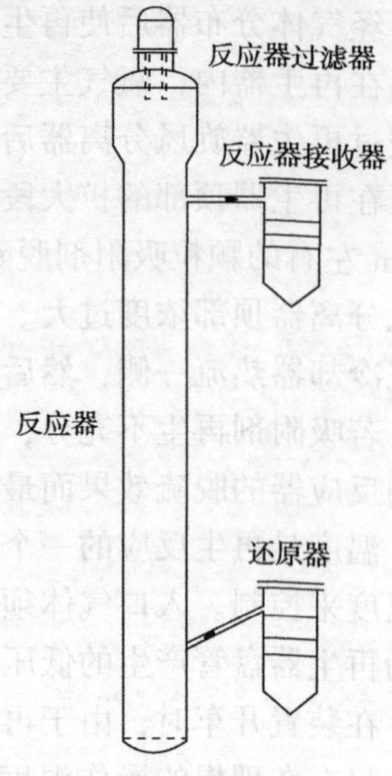

图 5-4-2　吸附剂还原部分

吸附剂生成硅酸锌失活反应式如下：

$$2ZnO + SiO_2 \rightarrow Zn_2SiO_4$$

虽然水蒸气不直接参与反应，但是其对 SiO_2 的活化增大了硅酸锌生成的速率。通过研究发现，硅酸锌生成速率和水分压的关系如图 5-4-3 所示，可以看到，随着水分压的增大，硅酸锌生成速率随之线性增大。因此，如何通过控制水分压从而减少还原过程中的吸附剂失活是工艺改进的关键。

图 5-4-3　硅酸锌生成速率和水分压的关系

针对原技术吸附剂还原时易生成硅酸锌导致吸附剂失活的问题，深入研究了其生成规律。第二代吸附脱硫技术开始，吸附剂还原反应位置调整为在反应器下部进行，利用反应器内相对较大的空间减少了环境的水分压，基本避免了还原过程硅酸锌的生成。

以某 1.2Mt/a 催化汽油吸附脱硫装置为例，反应器空间是还原器的约 50 倍，反应器内的氢分压为 560kPa，远低于还原器内的 2600kPa。反应器中还原所产生的水分压约为还原器中的 1/50。

低氢分压还原新工艺，在保证高效还原的前提下，吸附剂失活速率降低了 90% 以上，大幅减少剂耗，提高了装置的经济效益。

第五节　产品稳定部分工艺

稳定塔用于处理脱硫后的汽油产品，分离出产物所带的轻组分，补充控制汽油产品蒸气压。

汽油蒸气压一般采用雷氏蒸气压进行表征，这是一种汽油挥发度表示方法，是指汽油在 37.8℃、蒸气油料体积比为 4∶1 时的蒸气压。根据车用汽油 GB 17930—2016 标准的要求，汽油在冬季和夏季蒸气压控制范围分别为 45～85kPa 和 40～65kPa，具体指标根据各地气候条件进行控制。稳定塔部分工艺流程如图 5-5-1 所示。

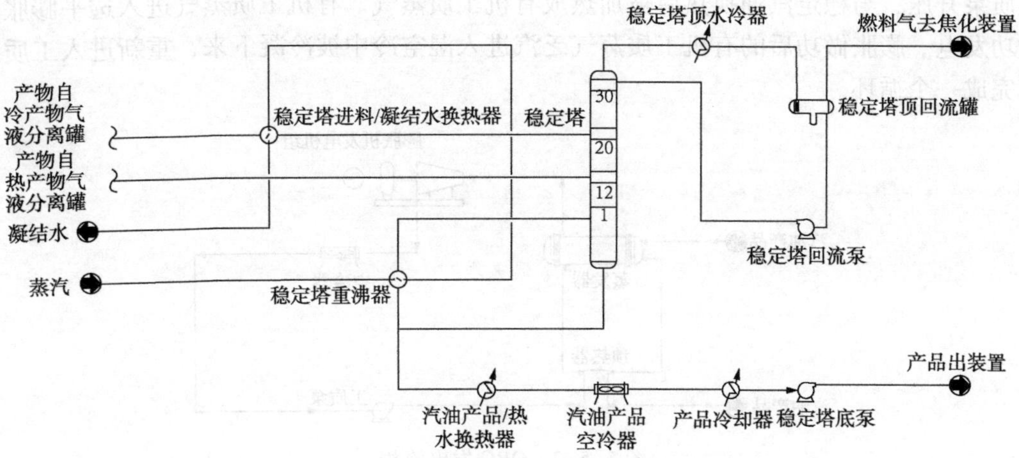

图 5-5-1　产品稳定部分工艺流程

催化装置都设有吸收稳定部分，吸附脱硫装置的原料基本为催化稳定后的汽油，汽油的蒸气压等技术指标基本在催化裂化装置进行控制。而吸附脱硫技术独特的脱硫机理，使得在反应过程中基本不发生烃类的加氢裂化，因此反应产物经过热产物分离罐和冷产物分离罐后，罐底液体所含轻组分以溶解氢气为主，只含有少量的小分子气体。正是基于此特点，塔顶部的气体经稳定塔顶水冷器冷却后进入稳定塔顶回流罐，一般装置不外送液体轻组分，采用全回流操作。

稳定塔回流罐顶燃料气主要为氢气，携带有少量 C_5 组分，一般考虑送至催化装置分馏塔以进行回收。通过吸附脱硫装置和催化裂化装置的组合处理，既保证了精制汽油产品蒸气压合格，又减少了 C_5 汽油组分的损失。罐底液体经回流泵升压后送回稳定塔顶部。

塔底稳定的精制汽油产品一般先加热热水或进行发电回收低温热后，再经空冷器和水冷器后送出装置，视装置距离汽油产品罐的距离确定是否配置稳定塔底泵。采用 1.0 MPa(g) 的蒸气作为稳定塔塔底重沸器的热源。

催化汽油吸附脱硫装置稳定塔主要用于汽提轻组分，催化汽油的蒸气压主要是通过上游的催化装置进行调整，如果吸附脱硫产品的蒸气压不合格时，可通过调整稳定塔的操作条件进行补充调整。

稳定塔底温度一般为140℃左右，而热产物分离器罐底油的温度也在140℃左右，无法与之换热。吸附脱硫装置稳定塔底汽油的低温热回收基本采用加热热水或发电两种方式，利用汽油吸附脱硫装置稳定塔底汽油的低温热进行发电技术已经成功应用于工业装置。以某1.2Mt/a汽油吸附脱硫装置装置为例，在实施余热发电项目后，装置用电由原设计的920kW/h降至约400kW/h，减少70%以上。

目前采用的有机朗肯循环（Organic Ranking Cycle，简称ORC）发电系统是以有机介质为循环工质的发电系统。由于有机工质在较低的温度下就能气化产生较高的压力，推动膨胀机做功，具有效率高、构成简单的优点，而且不需要除氧、除盐、排污及疏放水设施[3]。如图5-5-2所示，ORC余热发电机组工艺流程主要包括有机工质回路、稳定汽油流程两部分。稳定汽油依次进入ORC余热发电机组的蒸发器和预热器，与有机工质换热后，温度降低到(70±5)℃左右，离开ORC余热发电机组，返回产品空冷器冷却后送出装置。液体有机工质经工质泵升压，与稳定汽油换热后被加热成有机工质蒸气。有机工质蒸气进入透平膨胀机膨胀做功发电。膨胀做功后的有机工质蒸气乏汽进入湿空冷中被冷凝下来，重新进入工质泵加压，完成一个循环。

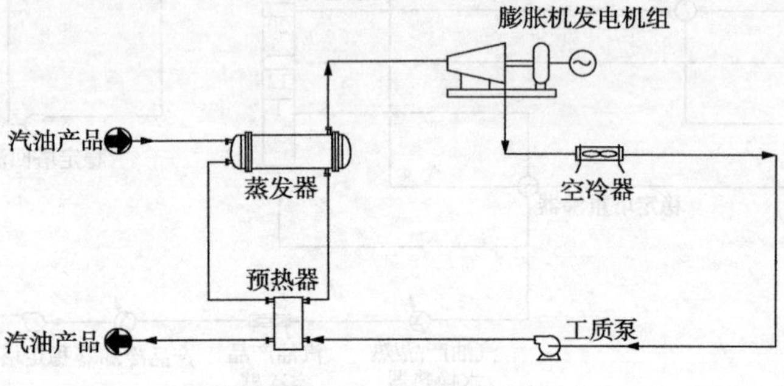

图5-5-2　ORC发电流程

第六节　汽油吸附脱硫主要影响因素

一、原料性质影响

（一）原料中的硫化物含量及分布对脱硫率的影响

通常催化汽油中主要的硫化物种类有硫醇、硫醚、噻吩、烷基取代噻吩、苯并噻吩、甲基苯并噻吩等。不同类型硫化物在汽油吸附工艺中反应速率不同。经吸附脱硫工艺加工后，原料中的硫醇、硫醚及甲基苯并噻吩类硫化物几乎被全部脱除。产品中仍含有少量的噻吩、烷基取代噻吩及苯并噻吩类硫化物，且烷基噻吩中取代基碳数越多，在产品中所占比例越高。在吸附脱硫反应过程中，硫醇、硫醚等硫化物较容易脱除，噻吩类化合物尤其是烷基取代噻吩脱除相对较难，烷基取代噻吩中取代基碳数越高，脱除率越低。某装置原料和产品硫化物含量分布见表5-6-1。

表 5-6-1 原料和产品硫化物含量分布对比

不同类型硫化物	原料硫化物含量/(mg/kg)	产品硫化物含量/(mg/kg)
噻吩	25.01	0.32
C_1噻吩	40.77	0.75
C_2噻吩	44.64	2.46
C_{3+}噻吩	62.23	6.70
苯并噻吩	29.27	0.00
C_1苯并噻吩	24.5	0.71
硫醇和硫醚	38.52	0.00
其他	34.15	1.66

当原料中噻吩类化合物含量较高时，应该通过适当调整反应温度，同时通过适当提高氢分压、降低反应质量空速、增加吸附剂硫差等方式增加脱硫效果。

原料硫含量条件和产品硫含量要求是装置操作最重要的表观指标，当原料硫含量发生变化时，空速、压力、温度以及吸附剂硫差应及时进行调整，在保证产品质量合格的情况下，尽可能减少烯烃饱和带来的辛烷值损失。

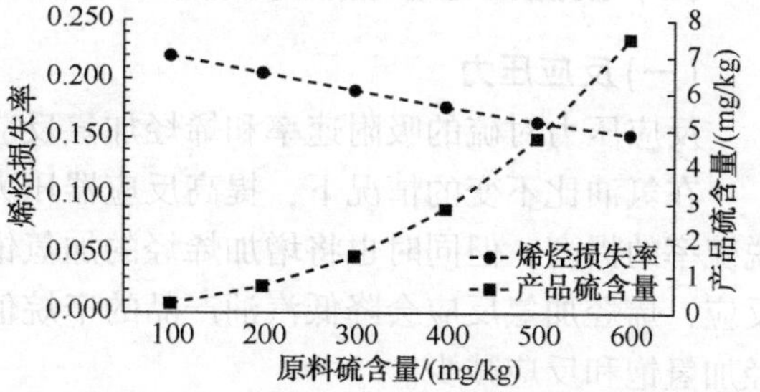

图 5-6-1 原料与产品硫含量、烯烃损失

以某催化汽油吸附脱硫装置为例，其原料烯烃含量为 20.43%(分子)，原料和产品硫含量与烯烃损失的关系见图 5-6-1。在原料硫含量增加的情况下，可以利用吸附脱硫技术特有的调节手段，控制烯烃损失率。可以看到，虽然原料汽油硫含量从 100 mg/kg 增加 5 倍，达到 600 mg/kg，但烯烃损失只增加了约 80%。

(二)原料中烯烃含量对辛烷值损失的影响

催化汽油中烯烃含量一般在 25%~35%之间。反应过程中，若达到相同的脱硫率，则烯烃含量越高，辛烷值损失越大。当烯烃含量较高时，在保证脱硫效果的前提下，可通过适当提高反应温度，并适当降低氢分压、控制吸附剂活性等手段减少辛烷值损失。

(三)原料中胶质含量对装置操作的影响

当原料汽油中的二烯烃含量相对较高时，可能会形成氧化物胶质或硫化物杂质，容易造成装置进料换热器管程结垢及压差的增加，降低装置进料换热器换热能力。实际操作中，应注意分析原料中的胶质含量，同时对原料罐区储罐进行氮封改造，防止原料汽油接触氧气形成胶质及杂质。

二、吸附剂硫差的影响

吸附脱硫工艺过程中的辛烷值损失和脱硫率受吸附剂硫差、氢油比、反应温度、反应压力以及反应质量空速等一系列因素的综合影响。在装置长周期运行中，如何确保达到辛烷值损失与脱硫率的调节平衡，最大化地实现装置经济效益和社会效益兼顾，是装置运行中需要重点思考和总结的问题之一。

经过长周期运行数据的积累和总结，认为吸附剂硫差是影响辛烷值损失和保证脱硫率的特征参数，而吸附剂硫差的变化可以通过反应温升加以表征。反应温升是一个从动参数，需要调节一系列主动参数，如通过再生系统的贫氧控制法调节吸附剂活性，通过闭锁料斗循环速率的调整控制反应再生系统吸附剂的硫差，通过反应氢油比的调整控制反应环境的氢气分压，通过吸附剂藏量与进料量的调整控制反应器的质量空速，通过调整反应系统压力控制反应线速。通过这些综合调节方式，最终实现反应温升的合理控制，从而实现装置辛烷值损失与脱硫率的平衡统一。

辛烷值损失以及脱硫率的变化与吸附剂硫差变化规律基本一致，吸附剂硫差的增加会导致辛烷值损失的增大，但与此同时，装置的脱硫率也会随之增加。根据此规律特点，装置通过合理控制吸附剂硫差并通过观察反应温升水平表征，达到辛烷值损失和脱硫率的相对合理和平衡。

三、反应工艺参数的影响因素

(一)反应压力

反应压力对硫的吸附速率和烯烃加氢反应均有影响。

在氢油比不变的情况下，提高反应器压力使氢分压提高且停留时间延长，二者均有利于脱硫率的提高，但同时也将增加烯烃的加氢饱和。烯烃加氢反应是不希望在反应器内发生的反应，烯烃加氢反应会降低汽油产品的辛烷值；反之，降低反应压力会导致脱硫率降低，烯烃加氢饱和反应减少。

在反应操作压力不变的情况下，提高氢油比会增加氢分压，在一定的氢油比改变范围内，反应脱硫率会随着氢油比的增加而上升。在反应压力不变的情况下，通过废氢排放、新氢质量控制等方式提高循环氢的浓度，也有利于氢分压的提高，从而促进反应脱硫。

(二)反应温度

受反应动力学控制，提高反应器的温度到426℃时，脱硫反应速率也相应增加。超过426℃后，受反应热力学控制，脱硫率将会下降。在吸附反应操作温度(399~438℃)范围内，辛烷值的损失随温度的增加而减少。通常情况下，在操作温度范围内，烯烃加氢反应及辛烷值的降低会随温度的升高而降低。烯烃加氢反应是强放热反应，若反应器内发生大量的加氢反应，将会使反应器内温度升高且氢气损耗加大，而反应温度的升高又反过来会抑制烯烃加氢反应的进行。

(三)质量空速

质量空速(WHSV)是反应器内单位质量的吸附剂在单位时间内处理的进料的质量。通过增加反应器内的吸附剂藏量即降低质量空速时可以提高脱硫率，但降低质量空速将使烯烃加氢反应速率增加，导致辛烷值的损失加大；质量空速对烯烃加氢反应的影响小于对硫的转化的影响。

(四)反应线速

反应线速，即反应油气在反应器内的空塔线速决定了反应油气在反应器中的停留时间。反应线速过快会导致脱硫率的下降，同时会对反应过滤器造成相当程度的冲击，造成过滤器压差上升迅速而反吹频繁；反应线速过低，会造成一定程度上的辛烷值损失增加，同时反应器下部床层密度增加，反应料位降低，造成反应吸附剂的溢流困难，闭锁料斗运转缓慢。

四、再生工艺参数的影响因素

(一)再生温度

通常，再生温度越高，氧化反应的速率也越大，但一般再生器温度的操作范围较窄，为524~530℃，限制了对该操作条件的利用。当再生温度低于510℃时，将会发生不完全再生，从而使未得到再生的吸附剂进入反应器。这也同样会促使不希望的锌的硫氧化物的生成，导致再生吸附剂的硫含量增加。当再生温度超过530℃时，吸附剂即可得到完全再生。但当操作温度超过正常范围时，已接近了再生器钢材能够承受的设计极限。

(二)再生风量

当再生烟气氧浓度保持最低水平并且也能达到再生效果时，即为再生器最适宜的操作条件。要完成再生器中的氧化反应必须有足够的氧气，但过量的氧气会促使副反应发生，比如锌的硫氧化物的形成。

此外，再生空气也同时是再生器的流化介质，当再生器的出口烟气氧含量浓度大于一定水平时，可以适当降低再生空气的流量并向再生器内通入氮气，既有利于控制吸附剂生成过氧化物，又可以保证再生器内的正常流化。

第七节 汽油吸附脱硫工艺参数及优化

汽油吸附脱硫工艺的操作人员最为关注的是精制汽油产品的硫含量指标能否达到汽油池的要求，其次是脱硫过程中辛烷值损失情况，还有装置关键设备长周期运行、公用工程消耗、氢气消耗等一系列与装置相关的技术经济运行指标等。在装置操作中，需要调整和优化各项工艺参数，实现装置的高效脱硫、低辛烷值损失、低能耗氢耗以及长周期稳定运行。

一、吸附脱硫速率的工艺参数优化

可以通过以下几个因素来降低或增加反应器内脱硫的速率和数量。

(一)WHSV

通过增加反应器内的吸附剂可以降低WHSV，从而提高脱硫率。图5-7-1给出了WHSV与产品硫含量、烯烃保持之间的关系。由图5-7-1可以看出，在其他条件不变的情况下，随着质量空速的增加，烯烃保持率曲线逐渐走平，即烯烃饱和随空速增加而放缓；而产品硫含量曲线则随之变陡，即质量空速对产品硫含量控制影响更大。

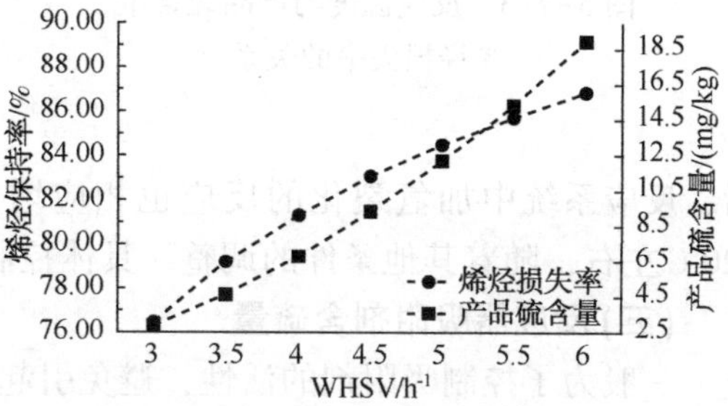

图5-7-1 WHSV与产品硫含量、烯烃保持率的关系

(二)反应器的压力

在H_2/HC一定的情况下，提高反应器压力使氢的分压及停留时间延长，二者均有利于脱硫率的提高；反之，降低压力，脱硫率降低。

(三)氢分压

汽油吸附脱硫装置的氢分压指反应器入口

氢气与汽油烃类的摩尔比。

氢分压增加使反应速率增加。在反应器总压力不变的情况下，通过增加组分中的氢气的浓度或比例，也可使反应速率增加。当然，额外的反应会使氢的耗量加大。正如反应器的压力变化一样，氢分压增加使辛烷值降低。反之，降低氢气分压会降低脱硫率及减少辛烷值的损失。

图 5-7-2 表示了氢分压与产品硫含量、烯烃保持率的关系。由图 5-7-2 可以看出，随着氢分压的增加，产品硫含量和烯烃损失均随之增加，因此在满足产品硫含量要求的前提下，尽量通过调整其他参数，同时采用较低的氢分压进行操作有利于控制产品的烯烃损失，进而控制产品的辛烷值损失。

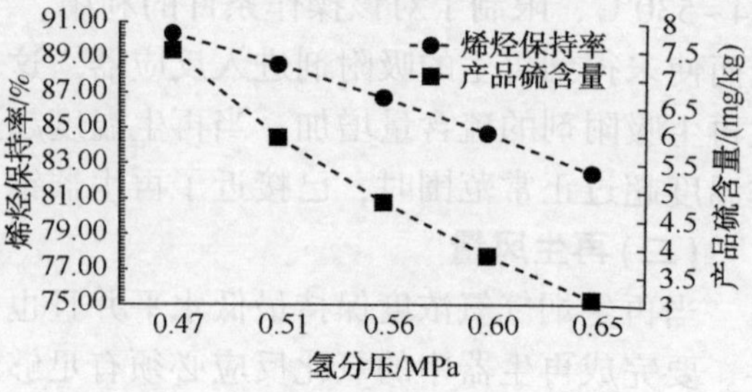

图 5-7-2　氢分压与产品硫含量、烯烃保持率的关系

为了减少产品的烯烃饱和和辛烷值损失，装置基本采用低压操作方式，需要注意的是，在满负荷或超负荷运行时，随着反应压力的减小，反应介质的体积量增加，反应器内油气线速度增加，导致吸附剂床层密度减小，床层高度增加。过高的床层高度可能会影响到反应器过滤器的运行，因此在进行操作调整时，应同时关注反应压力和氢分压变化对过滤器的影响，保证装置的长周期平稳运行。

(四)温度

提高反应器的温度到设计操作温度(426℃)时，脱硫反应速率也相应增加。超过 426℃后，脱硫率将会下降。超过正常的操作温度范围(399~438℃)，辛烷值的损失随温度的增加而减少。以某装置为例，其原料硫含量 600mg/kg、烯烃含量 20.43%(摩尔分数)、反应压力 2.76MPa，考察不同反应温度下的烯烃损失和产品硫含量情况，其结果如图 5-7-3 所示。在其他反应条件不变的情况下，随着反应温度的提高，由于烯烃饱和是放热反应而受到抑制，烯烃损失率逐渐下降，而脱硫率则随着反应温度的提高而提高，在 420℃左右脱硫效果达到最高，而后随温度升高其脱硫率反而下降。

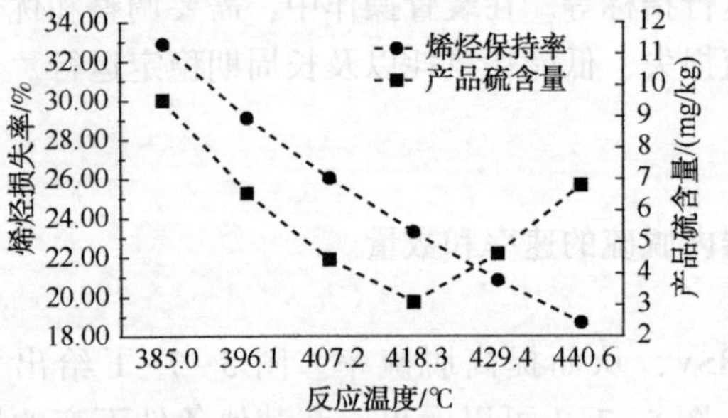

图 5-7-3　反应温度与产品硫含量、烯烃损失率的关系

在实际装置操作中，不仅需要考虑烯烃的饱和，同时也需要综合考虑提高反应温度以后，反应系统中加氢裂化的反应也相应增加。目前多数装置的反应温度最高一般控制在 420℃左右，随着其他条件的调整，具体控制温度会有所变化。

(五)反应器吸附剂含硫量

一般为了控制吸附剂的活性，避免引起反应器床层飞温，在装置开工时，吸附剂需要经过预硫化以适当降低吸附剂的活性。在正常操作中，也需要通过控制再生温度、氧含量等，即采用适宜的再生强度保持再生后吸附剂与原料相适应的活性，避免吸附剂活性过剩引起烯烃的不必要损失。

催化汽油所含的硫是唯一的硫来源。出装置的硫元素主要包括产品中残留的少量硫以及烟气中的硫，其中烟气中的硫在反应器表现为吸附剂循环速率和待生与再生吸附剂的硫差。根据装置的硫平衡，可以得出装置吸附剂上硫的含量是由进料中硫的浓度、产品中硫的浓度、汽油的进料速率以及吸附剂的循环速率、吸附剂硫差共同决定的。通常，吸附剂上的硫越少，其活性越高，而且能够从汽油中脱除更多的硫；反之吸附剂上的硫越多，其能够脱除的硫就越少。当然，在其他操作条件的补偿下，硫的转化仍能够保持较高的数值。

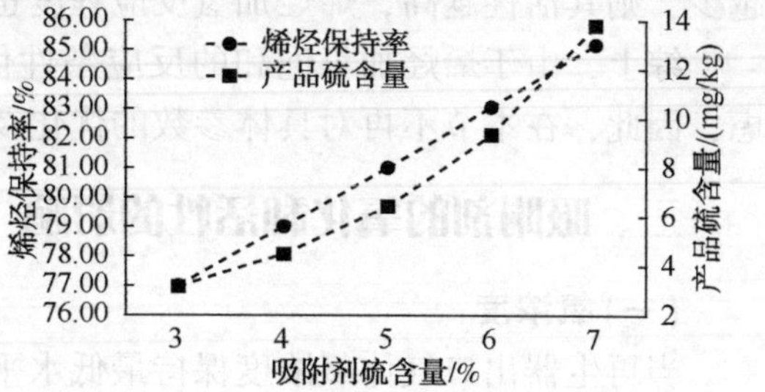

图 5-7-4　吸附剂含硫量与产品硫含量、烯烃保持率的关系

图 5-7-4 表示在其他反应条件不变的情况下，烯烃保持率和产品含硫量与反应器内吸附剂硫含量的关系。可以看出，随着吸附剂硫含量的提高，其脱硫活性降低，表现为产品硫含量随之增加。但对吸附脱硫工艺来说，更为重要的是，吸附剂硫含量降低烯烃保持率增加，即烯烃饱和减少，辛烷值损失减少。因此在装置实际操作中，在满足产品硫含量要求的情况下，尽量维持吸附剂硫含量处于相对较高的水平，大多数吸附脱离装置采用小硫差的操作方式。

二、烯烃加氢饱和反应的工艺参数优化

除温度外，有利于提高脱硫率的参数，大多也有利于烯烃的加氢反应。应该通过综合选择操作参数即能达到在硫能够充分脱除的同时烯烃加氢反应尽可能少的发生。

(一) 吸附剂藏量

降低 WHSV 将使烯烃加氢反应速率增加，导致辛烷值的损失加大，但 WHSV 对烯烃加氢反应的影响小于对硫的转化的影响。

(二) 反应器压力

在保持 H_2/HC 不变时，增加反应器压力将使氢气分压增加，从而使烯烃加氢反应的速率增加。反之，降低压力使烯烃加氢反应速率降低。

(三) 氢分压

增加氢气分压，烯烃加氢反应速率也随之增大，在不改变反应器总压力的情况下，增大氢气的浓度或氢气所占的比例，同样会使烯烃加氢反应增加。当然，氢气的耗量也相应的增加。因此，氢气分压增加将使烯烃加氢反应增加而辛烷值降低。

(四) 温度

通常情况下，当超过操作温度(399~438℃)时，烯烃加氢反应及辛烷值的降低会随温度的升高而降低。由于烯烃加氢反应是放热反应，使得反应器内温度的升高与反应进料加热炉的出口温度有关。由于反应器内温度升高使烯烃加氢反应减少，所以温升的幅度也随反应器温度升高而减小。

随着温度的升高，气体产量将增加，尤其是超过 426℃后。当气体量大幅度超过设计值时将会影响到稳定塔的操作。

(五)吸附剂的硫含量

吸附剂的硫含量即在反应器内吸附的汽油原料的硫量。吸附剂上的硫含量主要决定于进料中的硫含量(浓度)、产品硫含量(浓度)以及吸附剂的循环速率。通常，吸附剂的硫含量越少，则其活性越高，烯烃加氢反应程度也越大。

综上，由于烯烃加氢饱和的反应条件优化一般需要同吸附脱硫反应条件的优化结合考虑，因此，在本节不再对具体参数的优化及调整进行讨论。

三、吸附剂的氧化和活性的影响

(一)氧浓度

当再生器出口气体氧浓度保持最低水平时，即为再生器最适宜的操作条件。要完成反应必须有足够的氧气，过量的氧气会促使锌的硫氧化物的形成。通常控制再生烟气中氧气含量为0.5%(体积分数)。

(二)温度

一般再生器温度的操作范围较窄，为524~532℃。当再生温度低于510℃时，将会发生不完全再生，从而使未得到再生的吸附剂进入反应器。这也同样会促使不希望的锌的硫氧化物的生成，导致再生吸附剂的硫含量增加。当再生温度超过532℃时，吸附剂即可得到完全再生。但当操作温度超过正常范围时，已接近了再生器钢材能够承受的设计极限。

(三)水蒸气分压

进入再生器的空气中含有水分，同时吸附剂积炭的燃烧也会产生水蒸气，水分不会直接影响吸附剂的氧化反应，但再生器内过多的水蒸气会使吸附剂发生不可逆的副反应，从而降低其在反应器中吸附硫的能力。由于积炭的燃烧不可避免在再生器中生成水分，降低水蒸气分压的有效方法是对工厂风进行干燥。通过干燥系统将工厂风的露点降低至不高于-65℃，可以消除外来介质带入再生器的水对再生过程的不利影响。

四、还原反应速率的影响

(一)温度

还原反应是吸热反应，由吸附剂和循环气体的温度为反应提供热量。如果温度太低(低于371℃)就会发生不完全反应，使吸附剂活性降低，导致反应器内吸附剂的脱硫效率降低。还原反应器的温度不能超过454℃，超过这一温度吸附剂里的锌就会气化，将影响吸附剂对硫的吸附能力而大大降低其脱硫的能力。

新的低氢分压还原工艺将还原过程转移到反应器底部进行，避免了上述不利情形的发生。

(二)氢气的浓度

如果循环氢中氢气的浓度太低，还原反应的速率就会降低，从而影响反应器吸附剂的活性。

综上可以看出，吸附脱硫工艺的参数种类较多，反应部分包括温度、压力、空速、氢分压、吸附剂硫含量等参数；再生氧化部分包括氧气浓度、温度、水蒸气压等参数；吸附剂还原部分则包括温度、氢分压、停留时间等参数。这些参数相互交叉又相互影响，通过不同操作参数的调整可能达到同样的操作调整目的，但随之而来对其他工艺操作的影响却不尽相同。因此，在实际生产中，操作人员应根据装置的原料情况和产品需求，依据上述因素关系具体优化适用的操作参数。

第八节 汽油吸附脱硫工艺模拟

流程模拟技术是综合运用过程工程、系统工程、计算数学等学科的理论和方法，用开发专用的软件，对流程工业的单元过程及整个流程系统进行物料平衡、热量平衡、化学平衡、相平衡等的模拟计算技术。应用此技术可以预测操作变量对过程运行以及产品的产量和质量的影响，从而指导科研、工程设计和生产装置操作优化[4]。石油化工流程模拟技术广泛应用于新装置设计、新工艺开发、工况研究以及生产调优和故障诊断等，是石化企业节能降耗、挖潜增效、提高经济效益的重要技术支撑[5]。

一、物料平衡和热平衡

装置或系统的物料平衡和热平衡是工艺设计的关键和核心，也是工艺流程模拟必须满足的约束条件。下面介绍汽油吸附脱硫装置的物料平衡和反应热平衡。

(一)物料平衡

根据质量守恒原理，处于稳定状态下的给定系统，物料平衡可表示为进料量等于出料量。通常情况下，汽油吸附脱硫装置的进料为催化裂化汽油和补充氢，产物为稳定汽油和燃料气，因此，其物料平衡可表示为：

$$F_{feed}+F_{H_2}=F_{prod}+F_{FG}+\Delta F \tag{5-8-1}$$

式中 F_{feed}——催化裂化汽油进料流量，kg/h；

F_{H_2}——补充氢流量，kg/h；

F_{prod}——稳定汽油流量，kg/h；

F_{FG}——燃料气流量，kg/h；

ΔF——物料损失，kg/h。

稳定汽油为C_5(包括C_5)及以上组分，燃料气即干气，主要为C_1和C_2组分。此外，有的装置还生产液化气，其主要组成为C_3和C_4组分。

已知物料平衡数据即可计算出汽油收率。

(二)热平衡

汽油吸附脱硫工艺发生的主要反应包括汽油吸附脱硫、烯烃加氢饱和以及氧化再生等，其净热效应表现为放热反应。放热反应释放的反应热使反应器内反应物受热升温，若没有有效的取热措施，严重时将发生吸附剂床层的飞温事故，因此必须做好操作过程的热平衡[6]。热平衡对反应器结构和取热设施的设计具有重要的指导作用。

汽油吸附脱硫工艺中吸附脱硫和加氢饱和等反应的净反应热较小，反应器内温升也较小，可不设取热措施。氧化再生反应的反应热较大，为防止飞温事故发生，在再生器内设置取热盘管，并利用反应热，将其中的除氧水加热为低压蒸汽，在及时移走反应热的同时，为装置提供低压蒸汽。

1. 无取热措施时的反应热平衡

根据能量守恒原理，反应器热平衡可表示为：

$$Q_1+Q_R=Q_2+Q_L \tag{5-8-2}$$

式中 Q_1——进口条件下的反应物热量，kJ/h；

Q_2——出口条件下的生成物热量，kJ/h；

Q_R——反应热，kJ/h；

Q_L——反应器散热损失，kJ/h。

在反应器外表面保温绝热良好的情况下，散热损失通常低于2%的反应热，反应近似在绝热状态下操作，散热损失可忽略[6]，则式(5-8-2)可简化为：

$$Q_R=Q_2-Q_1 \tag{5-8-3}$$

2. 有取热措施时的反应热平衡

同理，根据能量守恒，有取热措施时，反应器热平衡可表示为：

$$Q_1+Q_R=Q_2+Q_3 \tag{5-8-4}$$

式中 Q_1——进口条件下的反应物热量，kJ/h；

Q_2——出口条件下的生成物热量，kJ/h；

Q_3——取热设施取走的热量，kJ/h；

Q_R——反应热，kJ/h。

3. 反应热计算

汽油吸附脱硫反应具有高温、高压、临氢或临氧的特点，反应器进出口条件下物料的物性数据难以通过资料或手册直接获取，目前的工程设计多是采用自主开发模型或流程模拟软件 Aspen Plus 计算。以吸附脱硫和加氢饱和反应热计算为例，首先按照给定的反应操作条件，在 Aspen Plus 中选择合适的热力学方法，计算反应器进出口状态下的反应热 Q_1 和 Q_2，进而计算出反应热，其计算框图见图 5-8-1。

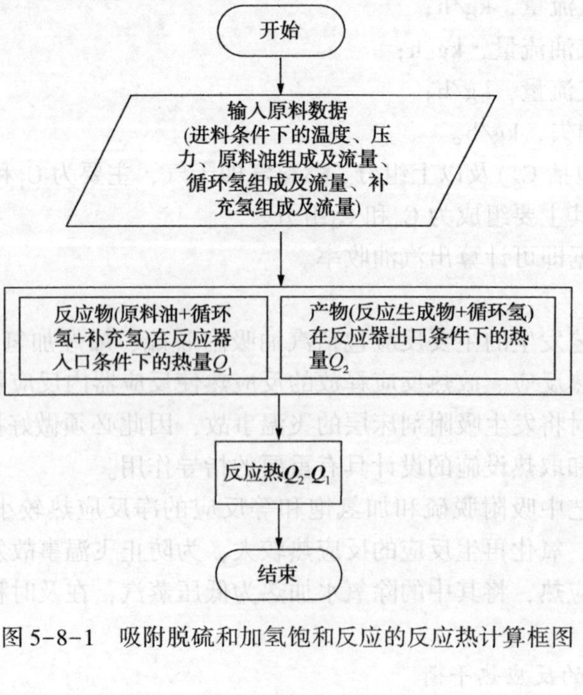

图 5-8-1 吸附脱硫和加氢饱和反应的反应热计算框图

二、自主开发模型

汽油吸附脱硫工艺由于其独特的吸附剂和脱硫反应机理，直接在现有的商业流程模拟软件中建立模型比较困难。为此，在实验研究的基础上，结合生产数据，自主开发了反应动力学和反再系统计算模型，并实现该工艺的一体化建模和全流程模拟。

(一)反应动力学模型

通过对反应机理的深入研究，建立反应动力学模型，并在大量实验数据和生产数据的基础上回归模型参数。该模型的主要构成见图 5-8-2，其主要功能是通过对反应条件的优化，使精制汽油的硫含量、辛烷值损失等关键性质满足要求。由图 5-8-2 可以看出，基于该模型，可以预测产物硫化物含量及分布、产物烯烃含量及分布以及研究法辛烷值(*RON*)和马达法辛烷值(*MON*)的损失等。

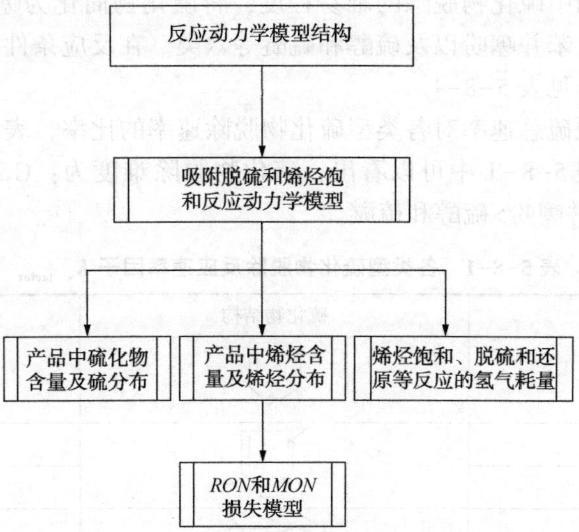

图 5-8-2 反应动力学模型结构

汽油吸附脱硫反应为复杂的气固非均相催化反应。在反应条件下，反应物为气相，扩散到固相的吸附剂表面，借助于吸附剂的镍活性中心和氧化锌储硫组元共同完成吸附脱硫反应。该过程包括扩散、吸附、反应、脱附、扩散等步骤，实验研究表明，其中反应步骤为速控步骤。因此，在误差允许范围之内，将吸附脱硫过程简化为拟均相反应过程。

从反应动力学考虑，反应速率常数与温度密切相关，定量表示反应速率常数的关系式有著名的阿伦尼乌斯(Arrhenius)方程：

$$k = Ae^{\frac{-E_a}{RT}} \tag{5-8-5}$$

式中 k——反应速率常数，min^{-1}；

A——指前因子，min^{-1}；

E_a——活化能，J/mol；

R——摩尔气体常数，8.314J/(mol·K)；

T——绝对温度，K。

对汽油吸附脱硫反应，假设的拟均相一级不可逆反应动力学模型中忽略了反应器内传热、传质、流体流动等因素。严格来讲，这些因素的大小随着温度、压力、氢油比、物料组成等的变化而变化，但为了实际应用的方便，一般认为在一定时间内，若操作条件变化不大，则同一套装置的因素不变，可以并入反应速率常数，即吸附脱硫反应的反应速率常数不仅是温度的函数，还受反应压力、氢油比等因素的影响。综合考虑这些因素，并认为反应速率常数与温度的关系服从指数关系，因此，基于 Arrhenius 方程提出了修正的反应速率方程。

在本反应动力学模型中，脱硫反应和烯烃加氢反应是汽油吸附脱硫过程的主反应，直接决定了产物的硫含量及其分布，以及辛烷值损失。下面将介绍这两种反应在吸附脱硫吸附剂作用下的反应速率计算。

1. 脱硫反应速率计算

(1)脱硫反应速率因子

根据催化裂化汽油中硫化物脱除的难易程度，将硫化物简化为噻吩、C_1 ~ C_2噻吩、C_{3+}噻吩、烷基苯并噻吩、苯并噻吩以及硫醇和硫醚等六类。在反应条件下，各类型硫化物脱除反应速率因子(K_{s_factor})见表 5-8-1。

反应速率因子是脱硫总速率对各类型硫化物脱除速率的比率，表示了各类型硫化物脱除的相对速率大小。从表 5-8-1 中可以看出，硫化物脱除难度为：C_{3+}噻吩>烷基苯并噻吩>C_1 ~ C_2噻吩>噻吩>苯并噻吩>硫醇和硫醚。

表 5-8-1 各类型硫化物脱除反应速率因子 K_{s_factor}

硫化物	硫化物结构	K_{s_factor}
噻吩	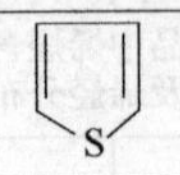	1.3
C_1 ~ C_2噻吩	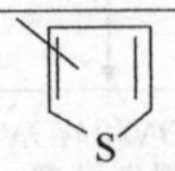	1.05
C_{3+}噻吩		0.71
烷基苯并噻吩	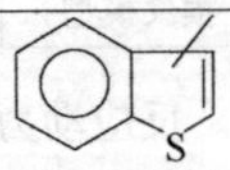	0.84
苯并噻吩		1.8
硫醇和硫醚	——SH	5

(2)脱硫速率计算

除了反应速率因子，氢油比也是脱硫反应过程的关键参数之一。实验表明，氢油比与脱硫速率常数成正比，因此提出了以下修正的脱硫速率常数方程：

$$Ks(i) = K_{s\_factor}(i) \times Ao_S \times H_2R \times e^{\frac{-Ea}{R\times(T+459.67)}} \tag{5-8-6}$$

式中 $Ks(i)$——i 类型硫化物的脱硫速率常数，min^{-1}；

$K_{s\_factor}(i)$——i 类型硫化物的反应速率因子；

Ao_S——脱硫反应指前因子，min^{-1}；

H_2R——氢油摩尔比。

因此，硫化物脱除速率计算方程为：

$$Ks = \sum_1^6 [S(i)_{Feed} \times Ks(i)] \tag{5-8-7}$$

式中 Ks——硫化物反应总速率；

$S(i)_{Feed}$——i 类型硫化物在进料中的质量含量；

$Ks(i)$——i 类型硫化物的反应速率常数。

基于此，用轴向扩散模型计算流化床反应器中硫化物的出口转化率。

2. 烯烃加氢反应速率计算

(1)加氢饱和反应速率因子

根据催化裂化汽油及烯烃加氢饱和反应的特点，将烯烃分为九类，分别为直链烯烃-1、直链烯烃-2、直链烯烃-3⁺、支链烯烃-1、支链烯烃-2、支链烯烃-3⁺、环状烯烃、二烯/三烯/炔和其他。在反应条件下，各类型烯烃的加氢反应速率因子见表 5-8-2。

从表 5-8-2 可以看出，在反应条件下，烯烃加氢难度为：支链烯烃-2>支链烯烃-3⁺>直链烯烃-3⁺>支链烯烃-1>环状烯烃>直链烯烃-2>其他>直链烯烃-1>二烯/三烯/炔。

表 5-8-2　各类型烯烃加氢反应速率因子 K_{s_factor}

烯烃	烯烃结构	K_{s_factor}
直链烯烃-1	$CH_2=CHCH_2CH_2CH_2CH$	5.82
直链烯烃-2	$CH_3CH=CHCH_2CH_2CH_3$	1.7
直链烯烃-3⁺	$CH_3CH_2CH=CHCH_2CH_3$	0.844
支链烯烃-1	$CH_3C(CH_3)=CHCH_2CH_3$	0.894
支链烯烃-2	$CH_3C(CH_3)=C(CH_3)CH_3$	0.748
支链烯烃-3⁺	$CH_3C(CH_3)=CHCH(CH_3)CH(CH_3)$	0.749
环状烯烃	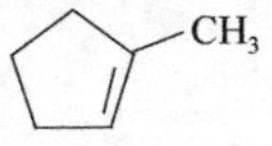	1.61
二烯/三烯/炔	$CH_2=CHCH_2CH_2CH=CH_2$	30.6
其他	—	1.8

(2)加氢饱和反应速率计算

与脱硫反应速率常数计算类似，提出了如下修正的烯烃加氢饱和反应的速率常数方程：

$$K_o(i)=K_{o\_factor}(i)\times Ao_o\times H_2R\times e^{\frac{-Ea_o}{R\times(T+459.67)}} \tag{5-8-8}$$

式中　$K_o(i)$——i 类型烯烃加氢反应速率常数，min^{-1}；

$K_{o\_factor}(i)$——i 类型烯烃加氢反应速率因子；

Ao_o——烯烃加氢反应指前因子，min^{-1}；

H_2R——氢油摩尔比。

因此，烯烃加氢反应速率计算方程为：

$$K_o=\sum_{1}^{6}[O(i)_{Feed}\times K_o(i)] \tag{5-8-9}$$

式中　K_o——烯烃加氢饱和总反应速率；

$O(i)_{Feed}$——i 类型烯烃在进料中的摩尔含量；

$K_o(i)$——i 类型烯烃加氢反应的反应速率常数。

基于此，用轴向扩散模型计算流化床反应器中烯烃的出口转化率。

3. 产物性质预测模型

在反应动力学模型的基础上，进一步提出产物性质预测模型，可进行产物的硫含量和辛烷值损失等的预测。

式(5-8-10)为研究法辛烷值损失预测模型：

$$\Delta RON=(a\times H_2R)+(b\times P_{H_2})-(c\times\Delta S)-(d\times T)+(e\times OC)+f \tag{5-8-10}$$

式中　ΔRON——研究法辛烷值损失；

H_2R——氢油摩尔比；

P_{H_2}——反应氢分压，MPa；

ΔS——吸附剂硫差，即待生吸附剂含硫量与再生吸附剂上的含硫量的差值，%；

T——反应温度，℃；

OC——烯烃转化率；

a，b，c，d，e，f——常数，通过实验数据和生产数据拟合得到。

(二)反再系统计算模型

自主开发的反再系统计算模型结构见图5-8-3，其主要功能是对反应系统、再生系统以及吸附剂循环系统等进行详细计算。

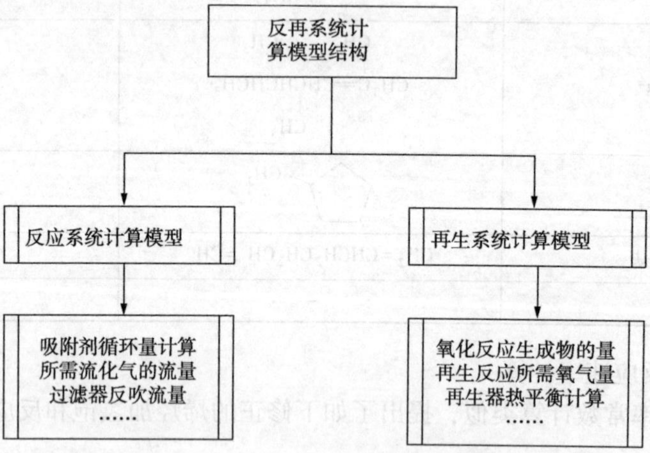

图5-8-3　反再系统计算模型结构

1. 反应系统计算模型

该模型主要对反应系统(含反应器、反应器接收器、反吹氢/反应产物换热器、补充氢压缩机、循环氢压缩机、反吹氢压缩机等单元设备)进行详细计算，计算内容包括反应生成的水量、吸附剂循环量、接收器所需流化气的流量、循环氢压缩机出口压力、反应器过滤器的反吹时间、反吹气体积流量和质量流量等。此外，该模型还对反应产物收率进行计算。

以吸附剂循环量为例，其计算模型为：

$$F_{cat}=\frac{F_{feed}\times(S_{feed}-S_{prod})}{\Delta S} \tag{5-8-11}$$

式中 F_{cat}——吸附剂循环量，kg/h；

F_{feed}——催化裂化汽油流量，kg/h；

S_{feed}——原料中的硫含量,%；

S_{prod}——产物中的硫含量,%；

ΔS——吸附剂硫差,%。

2. 再生系统计算模型

该模型主要对再生系统(含再生器、还原器、再生器接收器等单元设备)的反应和热量，以及关键的设备进行详细计算，计算内容包括氧化反应生成的 CO_2、CO、H_2O 和 SO_2 的流量、再生反应需要的氧气量、再生器中的吸附剂量、再生器热量平衡计算、再生吸附剂和提升气的总热量、还原器中吸附剂床层温差、再生器过滤器反吹时间、反吹气体积流量和质量流量等。

氧化再生反应热效应较大，需设置取热设置以及时移走反应热，防止飞温事故的发生。汽油吸附脱硫工艺在再生器中增设取热盘管，以利用反应热将其中的除氧水加热为低压蒸汽，再生反应热平衡模型说明如下。

(1)氧化再生反应释放的热量

$$Q_{oxd}=((-1)\times(a-b\times\Delta S)\times c)\times F_{cat} \tag{5-8-12}$$

式中 Q_{oxd}——氧化再生反应释放的热量，kJ/h；

F_{cat}——吸附剂循环量，kg/h；

ΔS——吸附剂硫差,%；

a，b，c——与热量有关的常数，由实验数据和生产数据拟合得到。

(2)空气进料带入的热量

$$Q_{gas}=F_{gas}\times C_{p_{gas}}\times(T_{gen}-T_{gas}) \tag{5-8-13}$$

式中 Q_{gas}——空气进料带入的热量，kJ/h；

F_{gas}——空气流量，kg/h；

$C_{p\,gas}$——空气的定压比热容，kJ/(kg·℃)；

T_{gen}——再生器内吸附剂床层温度,℃；

T_{gas}——空气的温度,℃。

(3)待生吸附剂携带的热量

$$Q_{scat}=F_{scat}\times C_{p_{scat}}\times(T_{gen}-T_{scat}) \tag{5-8-14}$$

式中 Q_{scat}——待生吸附剂携带的热量，kJ/h；

F_{scat}——待生吸附剂流量，kg/h；

$C_{p_{scat}}$——待生吸附剂在在闭锁料斗温度下的定压比热容，kJ/(kg·℃)；

T_{gen}——再生器内吸附剂床层温度,℃；

T_{scat}——待生吸附剂和再生进料罐提升气的混合温度,℃。

(4)根据式(5-8-4)，取热盘管中除氧水吸收的热量 Q_{BFW} 为

$$Q_{BFW}=Q_{oxd}-Q_{gas}-Q_{scat} \tag{5-8-15}$$

三、一体化模型建立

Aspen Plus 流程模拟软件具有丰富的化工单元模型库、物性数据库以及算法库，可以准确、高效地进行热力学性质以及物料和热量的衡算。将上述自主开发模型与 Aspen Plus 流程模拟技术集成，并建立如图 5-8-4 所示的汽油吸附脱硫技术一体化模型。

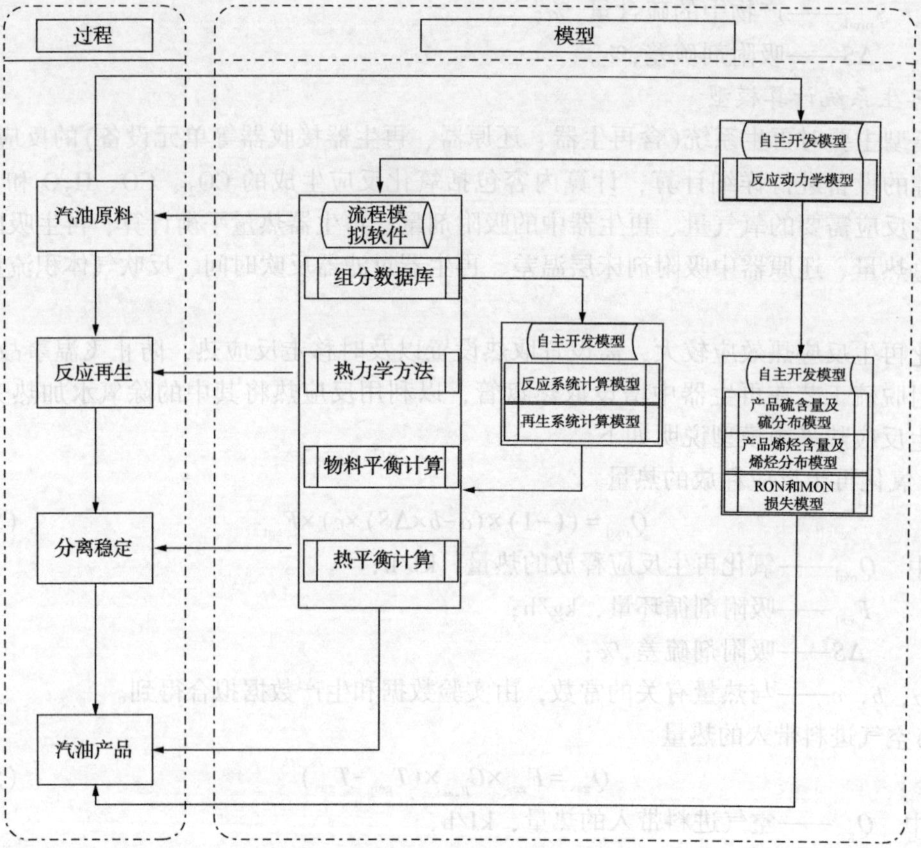

图 5-8-4　汽油吸附脱硫技术一体化模型

1. 原料部分

催化裂化汽油馏分属于单体烃较多、组成较复杂的烃类混合物，其组成常用族组成表示。根据催化裂化汽油馏分特点，其族组成(PIONA)用 $C_4 \sim C_{13+}$ 的烷烃(P)、异构烷烃(I)、烯烃(O)、环烷烃(N)和芳烃(A)的含量表示。若原料来自不同装置的催化裂化汽油，需要根据混合规则，计算混合原料的族组成。

在反应动力学模型中，根据反应机理及原料族组成和碳数，将进料简化为 53 个原料组分，并作为 Aspen Plus 的原料数据来源。

此外，在反应动力学模型中，根据原料分析数据，计算进料中各类硫化物和各类烯烃的质量含量。若原料为来自不同催化裂化装置的多股进料，根据混合规则，计算混合后的硫化物和烯烃的分布。

2. 反再部分

反再部分是一个集成化的模型，通过 Aspen Plus 中的反应器模型和自主开发模型的集成，进行反应、再生和吸附剂循环等关键系统的计算。其中，基于反应动力学模型计算产物收率，基于反再系统模型，计算反再系统及其设备的相关信息，最后在 Aspen Plus 中完成反再部分的物料和热量平衡计算。

3. 分离稳定部分

分离稳定部分为常规模拟，采用 Aspen Plus 自带模型即可完成相关计算。

4. 产物部分

与反再部分类似，产物部分也是一个集成化的模型，其物料平衡及其常规物性(如分子量、密度和饱和蒸气压等)利用 Aspen Plus 自带模型完成；其关键性质，如硫含量和辛烷值损失等，采用自主开发的反应动力学模型计算。

四、全流程模拟

基于图 5-8-4 所示的一体化模型，在 Aspen Plus 中进行汽油吸附脱硫技术全流程建模和模拟，该过程的关键是物性方法的选择、断裂流股的设置以及单元模块的选择等。

(一)物性方法选择

物性方法是决定模拟结果精确度的关键因素。对于汽油吸附脱硫，其原料主要由烷烃、环烷烃和芳烃等组成，可视为非极性物质。结合大量的核算认为，状态方程方法 RKS-BM 能较准确地计算非极性真实组分物料的热力学物性和传递性质。

RKS-BM 物性计算方法是 1972 年由 G. Soave 提出[7,8]，被推荐应用于烃类混合物的高压过程。该方法以 SRK(Redlich-Kwong-Soave)为标准状态方程，并以 BM(Boston-Mathias)方程替换了原来的 α 方程。

RKS 方程是 Soave 在 R-K 方程的基础上改进而得[7,8]：

$$p=\frac{RT}{V-b}-\frac{a}{V(V+b)} \tag{5-8-16}$$

式中　p——系统压力；

T——系统温度；

R——气体常数；

V——纯组分或混合物的摩尔体积；

a，b——纯组分或混合物的参数，其中 a 与温度 T 有关。

对纯组分 i 来说，临界温度下，参数 a_i、b_i 可通过其临界常数 T_{ci}和 P_{ci}得到：

$$a_i(T_{ci})=a_{ci}=0.42747\frac{R^2T_{ci}^2}{P_{ci}} \tag{5-8-17}$$

$$b_i=0.08664\frac{R^2T_{ci}}{P_{ci}} \tag{5-8-18}$$

在温度 T 下，a_i 的计算需引入 BM 方法的 α 方程：

$$a_i(T)=a_{ci}\alpha_i(T) \tag{5-8-19}$$

$$a_i(T)=\{\exp[c_i(1-T_{Ri}^{d_i})]\}^2 \tag{5-8-20}$$

$$T_{Ri}=\frac{T}{T_{ci}} \tag{5-8-21}$$

$$d_i=1+\frac{m_i}{2} \tag{5-8-22}$$

$$c_i=1-\frac{1}{d_i} \tag{5-8-23}$$

$$m_i=0.48508+1.55171\omega_i-0.15613\omega_i^2 \tag{5-8-24}$$

式中　ω_i——组分 i 的偏心因子，可通过工具书或计算手册获取。

对于混合物，a、b 可由纯组分的参数 a_i、b_i 应用 Redlich-Kwong 混合规则计算得到，同时考虑到混合物组分之间相互影响造成的偏差，参数 a 的混合规则需引入经验校正因子 k_{ij}，其表达式为：

$$a_{\mathrm{L}}=\sum_{i=1}\sum_{j=1}x_ix_ja_{ij},\quad a_{\mathrm{V}}=\sum_{i=1}\sum_{j=1}y_iy_ja_{ij} \tag{5-8-25}$$

$$a_{ij}=(a_ia_j)^{0.5}(1-k_{ij}) \tag{5-8-26}$$

$$b_{\mathrm{L}}=\sum_{i=1}x_ib_i,\quad b_{\mathrm{V}}=\sum_{i=1}y_ib_i \tag{5-8-27}$$

其中，k_{ij}也称为二元交互参数，由相平衡数据回归得到；x_i、y_i 为液相和气相的组分摩尔分数。

若令：

$$A_{\mathrm{L}}=\frac{a_{\mathrm{L}}p}{R^2T^2},\quad A_{\mathrm{V}}=\frac{a_{\mathrm{V}}p}{R^2T^2} \tag{5-8-28}$$

$$B_{\mathrm{L}}=\frac{b_{\mathrm{L}}p}{RT},\quad B_{\mathrm{V}}=\frac{b_{\mathrm{V}}p}{RT} \tag{5-8-29}$$

$$V=\frac{ZRT}{RT} \tag{5-8-30}$$

式(5-8-13)可改写成如下方程：

$$Z^3-Z^2+(A_{\mathrm{L}}-B_{\mathrm{L}}-B_{\mathrm{L}}{}^2)Z-A_{\mathrm{L}}B_{\mathrm{L}}{}^2=0 \tag{5-8-31}$$

$$Z^3-Z^2+(A_{\mathrm{V}}-B_{\mathrm{V}}-B_{\mathrm{V}}{}^2)Z-A_{\mathrm{V}}B_{\mathrm{V}}{}^2=0 \tag{5-8-32}$$

Z 为压缩因子，式(5-8-31)和式(5-8-32)分别用于求解液相根和气相根，方程具有一个或三个实根，在两相区最大的根表示气相的压缩因子 Z_{V}，最小的根表示液相的压缩因子 Z_{L}。式(5-8-16)、式(5-8-31)和式(5-8-32)可称为 SRK 方程。

由 SRK 状态方程和基本热力学关系式可导出计算气相或液相混合物中 i 组分的逸度系数 φ_i^{V} 和 φ_i^{L} 的公式：

$$\ln(\varphi_i^{\mathrm{V}})=\frac{b_i}{b_{\mathrm{V}}}(Z_{\mathrm{V}}-1)-\ln(Z_{\mathrm{V}}-B_{\mathrm{V}})-\frac{A_{\mathrm{V}}}{B_{\mathrm{V}}}\left(2\frac{SV_i}{a_{\mathrm{V}}}-\frac{b_i}{b_{\mathrm{V}}}\right)\ln\left(1+\frac{B_{\mathrm{V}}}{Z_{\mathrm{V}}}\right) \tag{5-8-33}$$

$$\ln(\varphi_i^{\mathrm{L}})=\frac{b_i}{b_{\mathrm{L}}}(Z_L-1)-\ln(Z_{\mathrm{L}}-B_{\mathrm{L}})-\frac{A_{\mathrm{L}}}{B_{\mathrm{L}}}\left(2\frac{SL_i}{a_{\mathrm{L}}}-\frac{b_i}{b_{\mathrm{L}}}\right)\ln\left(1+\frac{B_{\mathrm{L}}}{Z_{\mathrm{L}}}\right) \tag{5-8-34}$$

式中：

$$SV=a_{ij}{}^{\mathrm{T}}y \tag{5-8-35}$$

$$SL=a_{ij}{}^{\mathrm{T}}x \tag{5-8-36}$$

由气液相的逸度系数可求得相平衡常数 K_i：

$$K_i=\frac{\varphi_j^{L}}{\varphi_i^{V}} \tag{5-8-37}$$

RKS-BM 方法的热力学和传递性质计算模型见表 5-8-3[6]。

表 5-8-3　RKS-BM 性质方法

性质	模型名称
热力学性质	
逸度、密度	Redlich-Kwong-Soave
焓、熵	理想状态气体热容
Gibbs 自由能	Redlich-Kwong-Soave
传递性质	
黏度	TRAPP
导热系数	TRAPP
气体扩散系数	Dawson-khoury-kobayashi
液体扩散系数	Wilke-Chang
表面张力	API

(二)单元模块选择

汽油吸附脱硫工艺的主要单元设备包括反应器、再生器、加热炉、精馏塔、气液分离罐、换热器、压缩机和泵等，其模块均选用 Aspen Plus 内置的单元操作模块。

精馏塔系统(含塔顶冷凝器、塔底重沸器、回流罐等相关设备)选用严格基于机理的用于模拟所有类型的多级气-液分离操作的 RadFrac 模块。

气液分离罐选用基于自由水的 3 相(气-液-液)平衡计算的 Flash3 模块。

换热器采用 Heater 或 Heatx 模块，其中 Heatx 模块采用简捷算法。

加热炉采用 Heater 简捷算法。

泵和压缩机则采用 Pump 和 ComPr 模块。

压降模拟采用 Valve 模块。

图 5-8-5 为在 Aspen Plus 中建立的汽油吸附脱硫工艺全流程的局部视图。

(三)断裂流股设置

汽油吸附脱硫工艺流程中，从冷产物气液分离罐分离出的气相将作为循环氢回到反应器入口，与原料汽油混合后进入反应器。因为循环氢一直在系统中循环，若按常规物流处理，流程收敛将变得异常困难。为此，将循环氢物流设置为断裂流股，并根据物料平衡，为其赋予初值。此外，考虑到因溶解等原因会造成氢气的损失及其浓度的降低，需在流程中补充氢气。同理，再生器取热盘管的出口物流、反应器过滤器反吹气体等也应设置为断裂流股，并根据物料平衡，为其赋予初值。

此外，断裂流股的收敛需选择合适的迭代方法[9]。直接迭代法将循环物流切断，将上一次迭代计算得到的迭代变量的值直接用作下一次迭代的设定值，直至前后两次的迭代变量的差值小于规定的误差，流程迭代完成。该方法迭代速度较慢，但应用较为广泛，只要迭代变量的初始值足够接近于解，该法必定能收敛。

加速迭代是将迭代变量的上一次设定值和计算得到的新值的某种加权平均值作为下一次的设定值，包括 Wegstein 和 Broyden 法。Wegstein 法忽略各收敛变量之间的相互作用和影

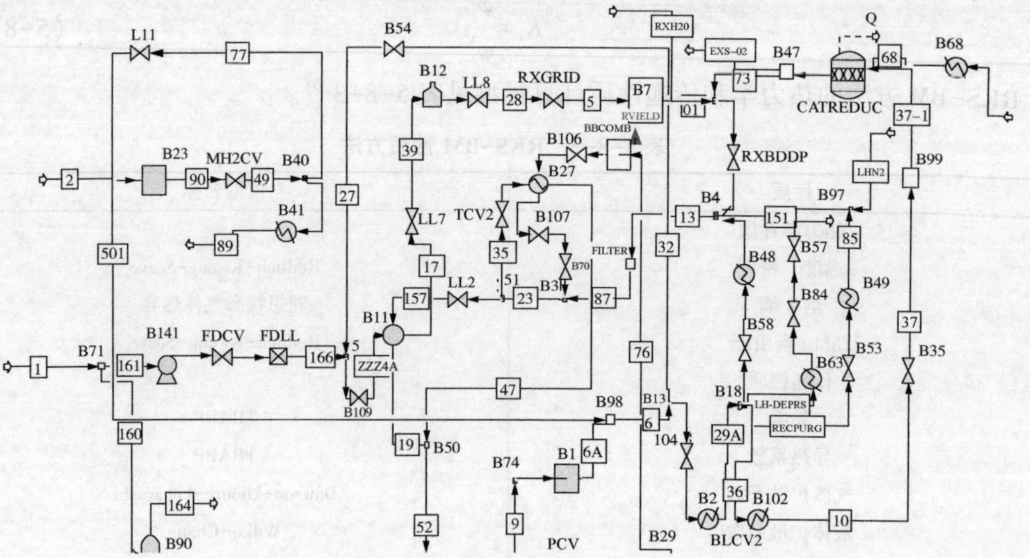

图 5-8-5　Aspen Plus 中汽油吸附脱硫工艺全流程的局部视图

响，收敛速度最快，对大多数石化过程，结果可靠，是 Aspen Plus 中撕裂流的默认收敛方法。Broyden 法对迭代变量进行修正时，考虑了收敛变量间的交互作用，特别适用于求解变量间存在的强交联问题。结合汽油吸附脱硫过程撕裂流的特点，选择 Wegstein 法可获得较快的收敛速度。

(四) 贫氧再生工艺控制

在 Aspen Plus 中通过控制器对再生烟气中氧含量(体积分数)进行严格控制，实现贫氧再生工艺过程。

五、工业应用

结合自主开发模型，在 Aspen Plus 中构建的一体化模型，已应用于多套汽油吸附脱硫装置的工程设计。应用结果表明，模拟数据与生产数据的吻合度较好，即该一体化模型的准确性和精度均较高，不仅可用于工艺流程的设计，而且对装置的生产和优化具有重要的指导作用。

参 考 文 献

[1] GB/T 5487—2015. 汽油辛值的测定研究法.

[2] GB 17930—2016. 车用汽油.

[3] 李辉. 低温发电技术在 S Zorb 装置上的应用[J]. 炼油技术与工程，2018，48(1).

[4] 曹湘洪. 石油化工流程模拟技术进展及应用[M]. 北京：中国石化出版社，2010.

[5] 贾鹏林. 中国石化流程模拟技术应用现状综述[J]. 2011，16(增刊 1)：1-4.

[6] 李大东，聂红，孙丽丽. 加氢处理工艺与工程[M]. 2 版. 北京：北京石化出版社，2016.

[7] G. Soave. Equilibrium Constants for Modified Redlich-Kwong Equation-of-state[J]. Chemical Engineering Science，1972，27：1196-1203.

[8] 傅琦文. 基于全联立方程的空分过程模拟与优化[D]. 浙江：浙江大学，2015.

[9] Aspen Plus V9 Help.

第六章　汽油吸附脱硫装置吸附剂循环输送系统

第一节　吸附剂循环输送系统的原理

汽油吸附脱硫装置中吸附剂循环输送的目的是将已吸附了硫、活性降低的待生吸附剂自脱硫反应系统输送到再生系统，同时将发生再生反应后的吸附剂自再生部分送回到反应系统，并且可以精准地控制吸附剂的循环速率。吸附剂在循环输送的过程中需要经过高压临氢和低压临氧环境的转换，吸附剂在两种环境之间的连续循环输送必须保证工艺安全与正常操作的需求。

图 6-1-1 是汽油吸附脱硫装置吸附剂循环输送示意图。图中实线为失去活性的待生剂输送路线，虚线为恢复活性的再生剂输送路线。

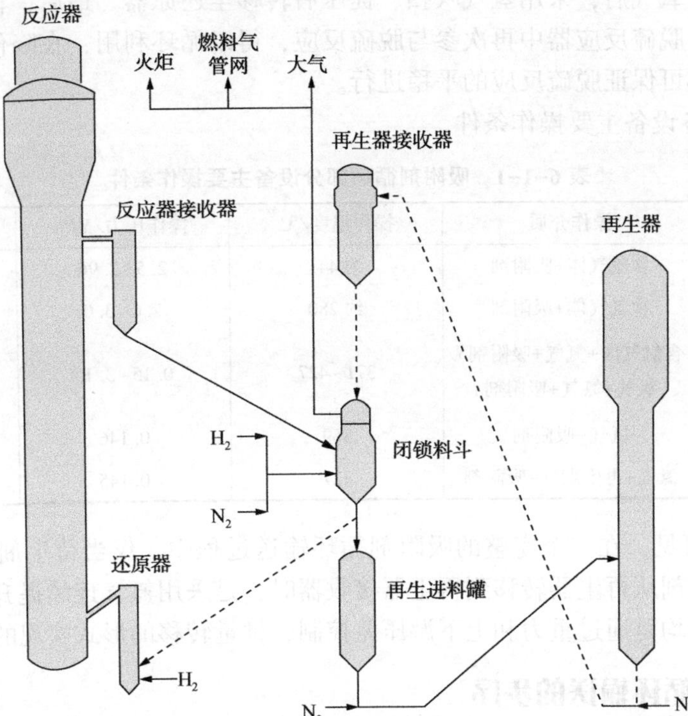

图 6-1-1　吸附剂循环输送示意图

吸附剂循环输送系统包括一系列工艺设备、控制仪表及控制系统，以及操作控制系统、闭锁料斗、料位计、氧气在线检测仪、轻烃在线检测仪、料斗压力控制器、排放气压力控制器、惰性气体流量控制器、氢气调节阀、惰性气体调节阀和排放气调节阀以及程控开关阀门等。操作控制系统根据所接收的料位信号、料斗压力信号、排放气压力信号、氧气和轻烃在线检测的浓度信号和惰性气体流量信号，按预先设定好的各步序控制程序来控制调节阀和程控开关阀门的状态。在闭锁料斗顶部设有反冲洗过滤器，当料斗向氢气环境排剂时，氢气经该过滤器滤芯上端进入料斗，可实现过滤器的自动反冲洗过程。

一、待生吸附剂循环路线

待生吸附剂输送路线为从反应器经闭锁料斗向再生器的转移输送，具体过程如下。

待生剂经脱硫反应器与反应器接收器之间连接的横管(或是经转剂线)进入反应器接收器。经过热氢气脱除吸附剂携带的反应油气后，在待生剂装剂步序进入闭锁料斗。待生剂在闭锁料斗内经卸压、氮气吹扫等步骤，清除之前所携带的烃类和氢气后进入再生进料罐。然后，待生剂经再生进料罐底部的滑阀控制流量，用氮气连续提升送入再生器进行再生。

二、再生吸附剂输送路线

在再生器内，经再生氧化反应后的吸附剂成为再生剂，经再生器底部的滑阀控制流量，再用热氮气连续提升送入再生器接收器。在再生器接收器内设有蒸汽取热盘管和氮气流化设施，用于降低再生剂的温度和氧气含量。接下来，再生剂在再生剂装剂步序进入闭锁料斗，经过氮气吹扫脱除氧气后，采用氢气吹扫、提压后转移至还原器。最后，再生剂通过还原器的流化氢气送回到脱硫反应器中再次参与脱硫反应，得以循环利用，在降低装置内吸附剂的消耗量的同时，亦可保证脱硫反应的平稳进行。

表 6-1-1 是各设备主要操作条件。

表 6-1-1　吸附剂循环部分设备主要操作条件

设备名称	操作介质	操作温度/℃	操作压力/MPa	吸附剂
反应器接收器	含氢气体+吸附剂	约 441	2.5~2.96	流化床
还原器	含氢气体+吸附剂	约 280	2.6~3.0	流化床
闭锁料斗	(含氢气体+氮气+吸附剂)/(氧气+氮气+吸附剂)	371~427	0.15~3.15	流化床
再生进料罐	氮气+吸附剂	369	0.146	移动床
再生器接收器	氮气+再生烟气+吸附剂	427	0.145	流化床

由表 6-1-1 可见，在一个完整的吸附剂循环输送过程中，仅当待生剂从再生进料罐转移到再生器、再生剂从再生器转移到再生器接收器时，是采用氮气连续提升的方式，其余的吸附剂转移过程则均是通过重力和上下游压差控制、批量转移的形式实现的。

三、吸附剂循环输送的步序

吸附剂循环输送通过闭锁料斗控制系统(Lockhopper Management System，简称 LMS)来实现。再生剂与待生剂是通过闭锁料斗实现在反应系统和再生系统之间的相互输送和氢氧环境的隔离。因此闭锁料斗的控制对于装置的安全性和正常、平稳操作至关重要，其步序和操作均是通过闭锁料斗控制系统自动控制完成。

吸附剂在高压氢气环境和低压氧气环境间转换时，依靠闭锁料斗控制系统严格控制步序进度，确保安全。吸附剂在氢氧环境间循环输送的过程主要包括 9 个步序，表 6-1-2 列出了完成一个吸附剂循环过程所需的闭锁料斗简要步序。

表 6-1-2　闭锁料斗简要步序

主步序	分步序	步序名	步序过程描述
0	0.1	准备	闭锁料斗被隔离并处于安全状态
	0.2	预启动吹扫	用 N_2 吹扫闭锁料斗以排除 O_2
1	1.1	压力调整	用循环气(H_2)向闭锁料斗充压，或由闭锁料斗向全厂燃料气系统排气，以保证闭锁料斗的压力低于反应器接收器
	1.2	从反应器接收器装料	从反应器接收器向闭锁料斗装填吸附剂，使闭锁料斗流态化并维持反应器接收器和闭锁料斗之间的差压
2	2.1	第一步泄压	从闭锁料斗向燃料气管网泄压
	2.2	第二步泄压	从闭锁料斗向火炬系统泄压
3	3	N_2 吹扫	用 N_2 将闭锁料斗内的烃类吹扫至火炬，直至在线轻烃分析仪检测到的残余烃类含量低于设定值
4	4.1	压力调整	用 N_2 向闭锁料斗加压使其压力高于再生器进料罐
	4.2	卸料	向再生器进料罐卸料，使闭锁料斗流态化并维持闭锁料斗和再生器进料罐之间的差压
5	5	等待	等待预设循环时间到达，或手动暂停指令取消
6	6.1	压力调整	从闭锁料斗向大气泄压，以保证闭锁料斗压力低于再生器接收器
	6.2	从再生器接收器装料	从再生器接收器向闭锁料斗装填吸附剂，使闭锁料斗流态化并维持再生器接收器和闭锁料斗之间的差压
7	7	N_2 吹扫	用 N_2 将闭锁料斗内的氧气吹扫至大气，直至在线氧分析仪检测到的残余氧含量低于设定值
8	8	循环气加压	用循环气(H_2)向闭锁料斗加压，使其压力高于还原器，同时对闭锁料斗过滤器 ME-102 反吹
9	9	卸料	向还原器卸料，使闭锁料斗流态化并维持闭锁料斗和还原器之间的差压

注：第 0 步仅在闭锁料斗重新启动时经过，正常操作为 1~9 步序循环。

吸附剂输送循环各步序料斗的操作条件见图 6-1-2。

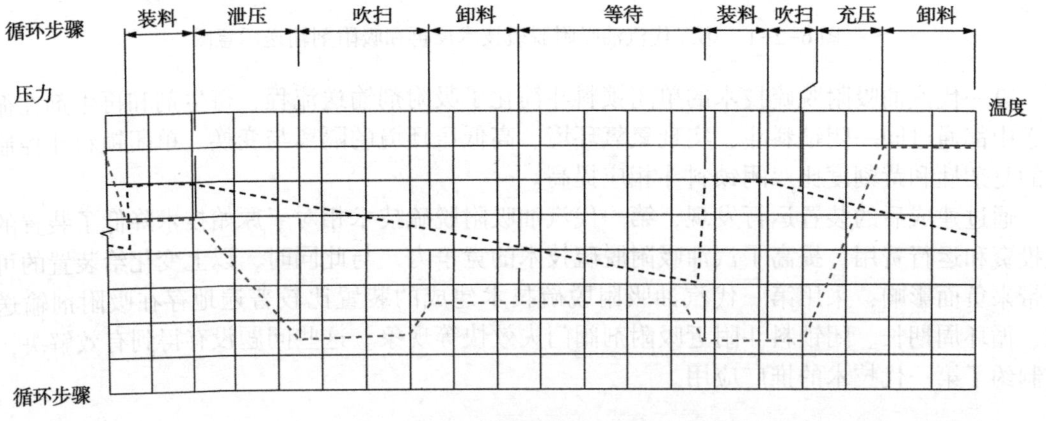

图 6-1-2　闭锁料斗循环各步序操作条件曲线图

第二节　吸附剂循环输送技术的发展

吸附剂循环输送技术的发展与汽油吸附脱硫技术的发展过程相同，主要分为两个阶段：第一阶段是美国康菲公司负责开发、应用的原汽油吸附脱硫技术。第二阶段是中国石化开发的第二代技术。

一、第一阶段的吸附剂循环输送技术

在第一阶段，原始汽油吸附脱硫技术吸附剂循环输送的特点是分别设置了两个装剂料斗——待生吸附剂闭锁料斗和再生吸附剂闭锁料斗，见图 1-2-1。其中，待生吸附剂闭锁料斗处于高压临氢环境，将待生剂向再生系统转移，而再生吸附剂闭锁料斗则处于低压临氧环境，将再生剂转移至反应系统。两个料斗分别负责待生剂和再生剂的批量转移。两个料斗及其系统带来了较高的建设投资。

第一代汽油吸附脱硫技术将原有的两个料斗融合为一个料斗，通过一个料斗便实现了待生吸附剂和再生吸附剂的交互输送，基本流程见图 6-2-1。

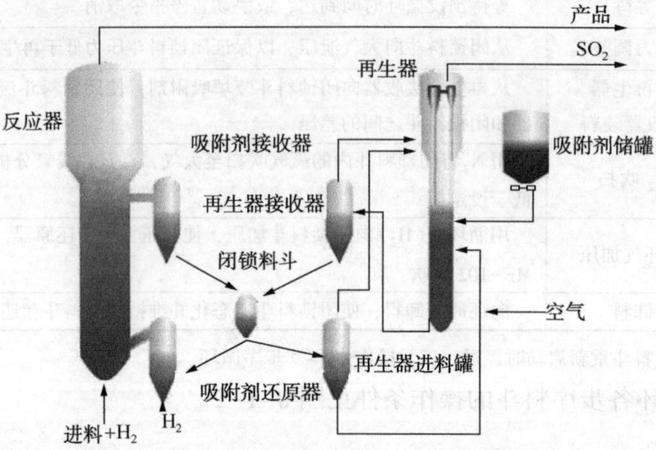

图 6-2-1　第二代汽油吸附脱硫技术反再和吸附剂输送示意图

第一代汽油吸附脱硫技术的单闭锁料斗简化了吸附剂输送流程，待生剂和再生剂在循环输送中都通过同一闭锁料斗，实现氢氧环境、高低压环境的隔离与变换。单闭锁料斗控制系统的复杂性和苛刻度比双闭锁料斗相应提高。

通过建成后的装置运行发现，第一代汽油吸附脱硫技术相对于原始技术降低了装置的建设投资和运行费用，提高了汽油吸附脱硫技术的竞争力。与此同时，以上变化给装置的可靠性带来负面影响，采用第一代汽油吸附脱硫技术建成的装置比较普遍地存在吸附剂输送困难、循环周期长、闭锁料斗附近吸附剂阀门失效快等现象。这些问题没有得到有效解决，严重制约了第一代技术的推广应用。

二、第二阶段的吸附剂循环输送技术

第二阶段对应第二代汽油吸附脱硫技术，重点是对反应器转剂动力学模型进行了优化改进。主要是优化反应器设计线速、调整转剂横管高度、增设反应器接收器返气线等，有效地解决了低脱硫负荷的转剂困难[1~2]。吸附剂循环输送技术得到了进一步提升，包括：

(1)低脱硫负荷操作的吸附剂循环输送技术

当实际原料硫含量低于设计硫含量、装置低负荷操作时，可能出现再生部分低负荷操作困难、反应器料位低、转剂不畅等问题。针对此类问题，对吸附剂循环量、待生剂与再生剂硫差、转剂措施等进行调整，在确保装置稳定运行和脱硫率的前提下优化操作参数、降低辛烷值损失、装置能耗和物耗。

低脱硫负荷操作的优化措施有：

1)适当降低反应系统压力，在保证反应器流化效果的同时降低辛烷值损失。

2)优先保证反应器与再生器吸附剂的藏量，通过调整硫差维持吸附剂循环量稳定。

3)优先采用反应器横管实现溢流转剂至反应器接收器，如装置负荷低溢流困难，应该采用反应器中部转剂线转剂。

在总脱硫量下降的情况下尤其需要保持吸附剂循环量，避免再生器因缺料而波动，进而导致 D-107/110 等料位、温度参数波动。在优先保证吸附剂循环量的前提下，通过调整待生剂与再生剂的硫差保证脱硫效果。

(2)反应器接收器与反应器压力平衡技术

为改善反应器接收器与反应器压力平衡，增设返气线连通反应器接收器顶部和反应器顶部。在压差的作用下，反应器接收器中的气体能够经返气线直接流至反应器顶部，避免在横管处出现吸附剂与气体的逆向流动。

由于该管线中携带有少量吸附剂粉尘，所以返气线采取了抗磨损措施。

(3)反应器排细粉技术

当反应器过滤器反吹频繁，通常表现为差压达到 50 kPa、反吹时间间隔不大于 20min 时，说明反应器顶部聚集了大量吸附剂细粉。这些细粉可利用反应器顶部排细粉线，经闭锁料斗排出。

排细粉操作时应调节好料斗内压力，与反应器顶部压差不大于50 kPa，避免产生压力冲击，确保操作安全。

第三节　吸附剂循环输送系统的测量与控制技术

一、概述

反应器内的吸附剂在经过一段时间的使用后，吸附脱硫效能下降，必须及时送至再生器再生以恢复活性。同时，再生器内的再生吸附剂也需要及时补充到反应器中，保证脱硫反应连续运行。吸附剂在反应器和再生器之间的循环输送简称为转剂。

反应器内的待生吸附剂从高压氢气+烃类环境下反应器，先送至同样环境下的反应器接收器，通过闭锁料斗切换环境，输送到低压含氧环境下的再生器进料罐，再由氮气提升至再生器。再生器内的再生吸附剂从低压含氧环境下的再生器，先由氮气提升至同样环境下的再生器接收器，通过闭锁料斗切换环境，输送到高压氢气环境下的还原器，再由氢气输送至反应器。为保证吸附剂在两种环境气体之间的周期性安全切换，需要采用氮气作为中间气体隔离，在正常的步续运转时通过氮气置换和加压/泄压维持环境安全。相关工艺流程简图见图 6-1-1。

整个吸附剂循环输送是通过 LMS 来实现的，LMS 可以对吸附剂输送过程进行精密控制，即使工艺、设备发生异常情况时，LMS 也能够保证整个系统置于安全状态。

二、相关重要仪表

(一) 阀门

转剂系统中最重要的仪表是各类程控阀和调节阀，它们在转剂过程中扮演着导通/切断物料、泄放/提升压力、控制流量、平衡压差等重要角色，其阀体材料的选择、执行机构力矩的计算、泄漏量的大小、阀位回讯时间的长短、阀门的重量等都与转剂过程密切相关。

包括分析仪预处理系统所带的一台 AV-1 在内，闭锁料斗周围一共有 32 台开关阀和 3 台调节阀，各阀门位置见图 6-3-1。部分装置中，PV-1A 是一大一小两台分程动作的阀门。

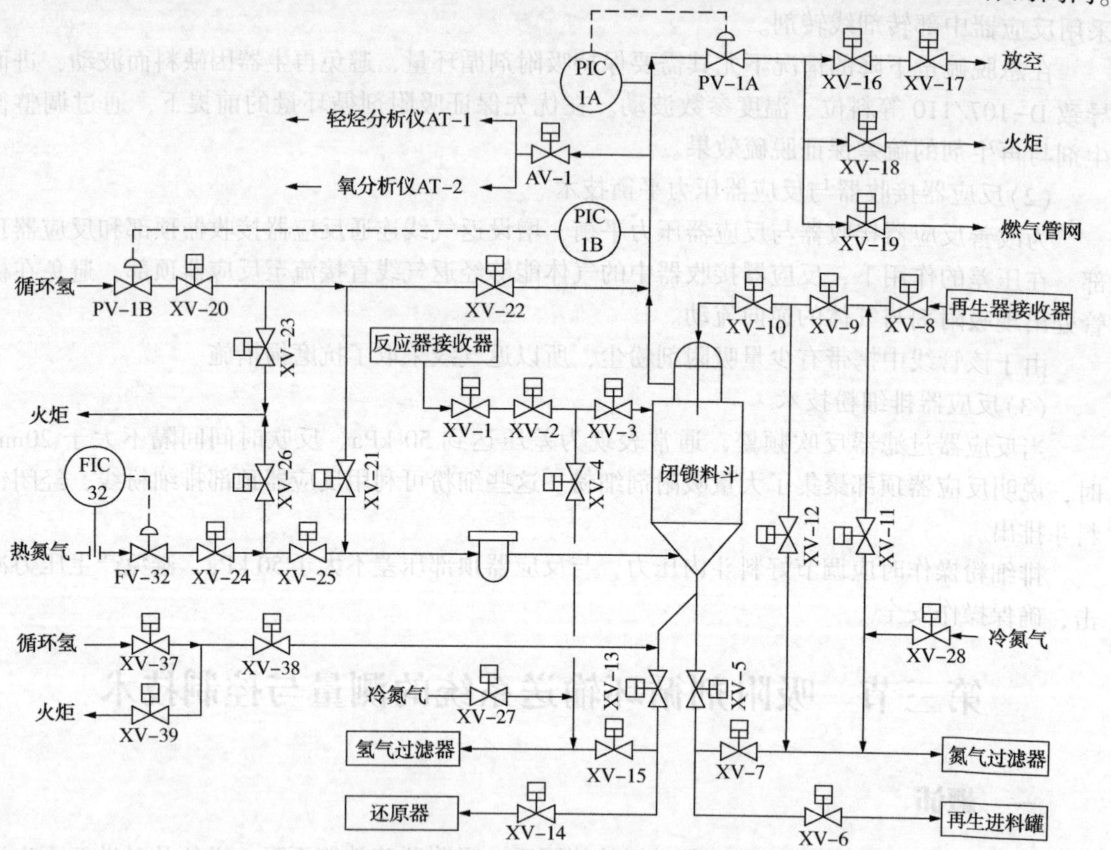

图 6-3-1　LMS 相关阀门位置示意图

(二) 分析仪

闭锁料斗顶部排气线上设置了一台在线轻烃分析仪和一台氧分析仪，分别用于监测从反应器接收器至闭锁料斗来的待生剂(含氢气和烃类)经氮气吹扫后排放气体中的残余烃类物质，以及从再生器接收器至闭锁料斗来的再生剂(含氧气)经氮气吹扫后排放气体中残余的氧气。该分析仪十分重要，其检测值是 LMS 步序切换的关键判断依据。

两套分析仪共用一个采样预处理系统，采样管路上设置了一台切断阀(AV-1)，其阀门开、关指令来自于 LMS 程序，在与采样分析无关的转剂步序中，该阀门始终关闭，只有在执行吹扫分析的步序中才打开，这样可以保证分析仪始终处于一个平稳的操作工况，还可切断闭锁料斗升压过程中流经分析仪泄漏的气量，缩短充压时间，实现减少闭锁料斗气体排放的目标。

(三) 放射性料位仪表

闭锁料斗周围一共有 2 台放射性料位变送器和 3 台料位开关，其检测位置和用途说明分别见图 6-3-2 和表 6-3-1。关于放射性料位仪表的详细说明参见第七章第六节。

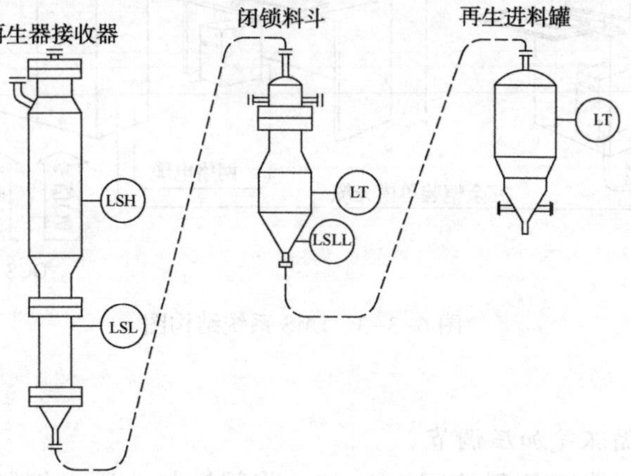

图 6-3-2　LMS 放射性料位仪表分布示意图

表 6-3-1　LMS 放射性料位仪表功能说明

检测位置	类型	用　途
再生器接收器上部	高料位开关	监测再生器接收器是否高料位
再生器接收器下部	低料位开关	监测再生器接收器是否低料位
闭锁料斗	料位变送器	监测闭锁料斗料位。(低料位)是第 1、6 步开始装料的前提条件；(高料位)是第 1、6 步停止装料的条件之一；(低低料位)是第 4、9 步停止卸料的条件之一
闭锁料斗底部	低低料位开关	监测闭锁料斗是否放空
再生进料罐	料位变送器	监测再生进料罐料位。(低料位)是第 4 步开始卸料的前提条件；(高料位)是第 4 步停止卸料的条件之一

三、闭锁料斗控制系统 LMS

(一) 系统结构

LMS 采用具有 IEC61508 SIL3 认证的安全型可编程序控制器(Programmable Logic Controller，简称 PLC)，其控制器、I/O 卡件均为三重化模式。整个系统由操作站、控制站和工程师站等组成。LMS 的控制柜、工程师站等放置在现场机柜室内，现场仪表信号电缆直接接到机柜间内相关机柜。LMS 与装置分散控制系统(Distributed Control System，简称 DCS)之间主要通过 RS485 接口、采用 MODBUS 协议进行通讯联系，DCS 以数字量输出点形式(Digital

Output，简称 DO）输出一个停车信号送至 LMS。LMS 操作站放置在中控室内，中控室与现场机柜室之间通过冗余的防鼠型铠装光缆进行连接。系统结构如图 6-3-3 所示。

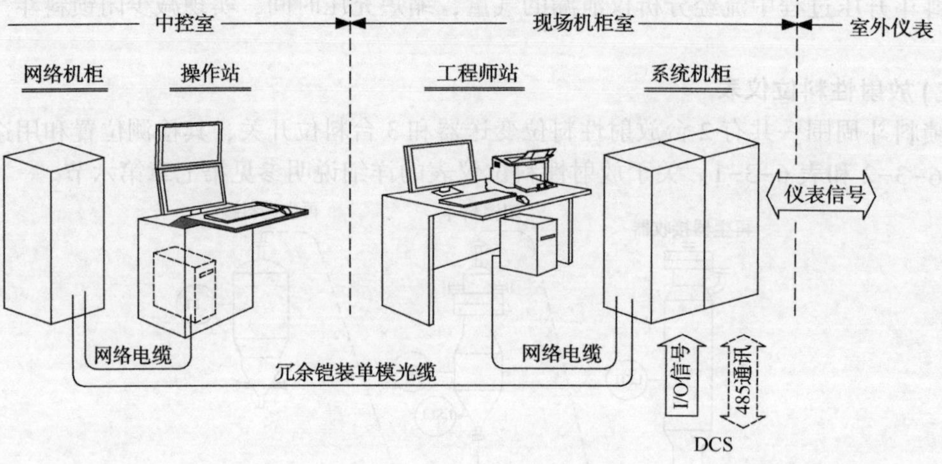

图 6-3-3　LMS 系统结构图

（二）操作说明

1. 步序 1.1——循环气加压调节

打开排放至燃料气管网的程控阀 XV-19。将闭锁料斗压力控制器 PIC-1A 设定为“自动”模式，修改设定值为一个比反应器接收器压力略低的值，循环气开始向闭锁料斗充压，直至压力达到预设值。

2. 步序 1.2——从反应器接收器装料

确认闭锁料斗处于低料位。控制器 PIC-1A 设定为“自动”模式，维持反应器接收器和闭锁料斗之间的差压。按照从下向上的顺序依次打开待生剂装料阀（XV-3→XV-2→XV-1），装料计时器开始启动，反应器接收器内的待生吸附剂在自身重力和差压的共同作用下进入闭锁料斗。当闭锁料斗装料超过某设定值，或装料计时器超出了设定时间，程序会按照从上向下的顺序依次关闭待生剂装料阀（XV-1→XV-2→XV-3），待生吸附剂停止装料。

3. 步序 2.1——泄压到燃料气管网

PIC-1A 设定为“自动”模式，修改设定值为一个比燃料气管网压力略高的值。开启第一步泄压程序，按照预设斜率平稳降压，直到闭锁料斗中的压力降至泄压设定点为止。

4. 步序 2.2——泄压到火炬

关闭燃料气管网线上的程控阀 XV-19，打开火炬线上的程控阀 XV-18。PIC-1A 设定为“自动”模式，修改设定值为一个比火炬系统压力略高的值。开启第二步泄压程序，继续按照预设斜率平稳降压，直到闭锁料斗中的压力降至泄压设定点为止。

5. 步序 3——氮气吹扫烃到火炬

PIC-A 设定为“自动”模式，维持闭锁料斗压力稳定在泄压设定点；将热氮气流量控制器 FIC-32 设定为“自动”模式，按照预设斜率平稳提升氮气至闭锁料斗的流量，保证闭锁料斗内的氮气流速不超过某设定值。启动吹扫程序计时器。在经过一个吹扫周期时间后，通过分析仪 AT-1 检测闭锁料斗排放气体中的轻烃含量，如果含量低于设定值，则进入下一步序；如果含量仍较高，程序继续吹扫。在第二个吹扫周期内，如果检测到轻烃含量低于设定值，则进入下一步序；如果第二次吹扫时间结束后，轻烃含量仍未满足要求，程序会停止运行。

6. 步序 4.1——氮气压力调整

FIC-32 设定为“自动”模式；PIC-1A 设定为“自动”模式，修改设定值为一个比再生进料罐压力略高的值，维持闭锁料斗和再生进料罐之间的差压。

7. 步序 4.2——闭锁料斗向再生进料罐卸料

确认再生进料罐处于低料位。PIC-1A 和 FIC-32 设定为“自动”模式，维持闭锁料斗和再生进料罐之间的差压。按照从下向上的顺序依次打开待生剂卸料阀(XV-6→XV-5)，卸料计时器开始启动，闭锁料斗内的待生吸附剂在自身重力和差压的共同作用下进入再生进料罐，再通过再生进料罐底部氮气的提升进入再生器。当闭锁料斗料位低于某设定值，或再生进料罐料位高于某设定值，或卸料计时器超出了设定时间，三个条件中的任何一个满足，程序会按照从上向下的顺序依次关闭待生剂卸料阀(XV-5→XV-6)，待生吸附剂停止卸料。

8. 步序 5——等待

为便于吸附剂循环速率的调整，在 LMS 中设置了程序等待步序。操作人员可以预先设定闭锁料斗转剂的完整循环时间。在步序 4.2 结束时，消耗的总循环时间如果超过了操作人员设定时间，则程序立即进入下个步序，循环时间计时器清零重新启动；如果总循环时间少于设定时间，程序会暂停，直到设定时间到达后再进入下个步序，循环时间计时器清零重新启动；如果总循环时间超过限值，循环时间计时器也会清零重新启动。该方式可以控制转剂的频率和总量。在该步序中，除了热氮气管线外，其余与闭锁料斗相关联的吸附剂阀门均处于关闭状态。

9. 步序 6.1——氮气加压调整

关闭火炬线上的程控阀 XV-18，打开放空线上的程控阀 XV-16、XV-17。FIC-32 设定为“自动”模式，PIC-1A 设定为“自动”模式，修改设定值为一个比再生器接收器压力略低的值。

10. 步序 6.2——从再生器接收器装料

确认再生器接收器处于高料位，同时闭锁料斗处于低料位，两个条件均满足的情况下，程序会启动装料步序。控制器 PIC-1A 设定为“自动”模式，维持再生器接收器和闭锁料斗之间的差压。按照从下向上的顺序依次打开再生剂装料阀(XV-10→XV-9→XV-8)，装料计时器开始启动，再生器接收器内的再生吸附剂在自身重力和差压的共同作用下进入闭锁料斗。当闭锁料斗装料超过某设定值，或再生器接收器料位低，或装料计时器超出了设定时间，三个条件中的任意一个满足，程序会按照从上向下的顺序依次关闭再生剂装料阀(XV-8→XV-9→XV-10)，再生吸附剂停止装料。

在此步序期间，程序同时检查再生器接收器的温度。如果再生器接收器出现高温，程序将停止运行，并将程序当前运行模式切换为停工卸料模式。

11. 步序 7——氮气吹扫氧气

PIC-1A 设定为“自动”模式，维持闭锁料斗压力在某设定点；FIC-32 设定为“自动”模式，按照预设斜率平稳提升氮气至闭锁料斗的流量，保证闭锁料斗内的氮气流速不超过某设定值；启动吹扫程序计时器。在经过了一个吹扫周期后，通过分析仪 AT-2 检测闭锁料斗排放气体中的氧气含量，如果含量低于设定值，则进入下一步序；如果含量仍较高，程序继续吹扫。在第二个吹扫周期内，如果检测到氧气含量低于设定值，则进入下一步序；如果第二次吹扫时间结束后，氧气含量仍未满足要求，程序会停止运行。

12. 步序8——循环气充压

关闭放空线上的程控阀XV-16、XV-17，打开燃料气管网线上的程控阀XV-19；PIC-1A和闭锁料斗压力调节器PIC-1B均设定为“自动”模式，改变设定值为一个比还原器压力略高的值，循环气开始向闭锁料斗充压，直至达到预设压力。充压开始时，循环气先从闭锁料斗顶部沿轴线从上向下穿过过滤器，将堆积在滤芯根部的粉尘颗粒吹扫下来，之后改为从底部进入闭锁料斗充压。

13. 步序9——向还原器卸料

PIC-1B设定为“手动”模式；PIC-1A依然设定为“自动”模式，维持闭锁料斗和还原器之间的差压。按照从下向上的顺序依次打开再生剂卸料阀(XV-14→XV-13)，卸料计时器开始启动，闭锁料斗内的再生吸附剂在自身重力和差压的共同作用下进入还原罐，再通过还原罐底部松动风的提升进入反应器。当闭锁料斗料位低于某设定值，或者还原器底部松动风流量低低，或卸料计时器超出了设定时间，三个条件中的任何一个满足，程序会按照从上向下的顺序依次关闭再生剂卸料阀(XV-13→XV-14)，再生吸附剂停止卸料。

(三)LMS中的差压

转剂过程当中，维持各个设备之间的压力平衡非常重要。除了闭锁料斗通风管过滤器前后管线距离很近以外，其余设备之间的距离都较远，加上吸附剂粉尘的影响，因此设备之间的差压测量没有采用差压变送器，而是通过压力变送器分别测量不同位置的压力值，然后在LMS内部通过减法运算得到相关的差压值。

LMS内部共有9个重要的运算差压值，其中前5个与LMS停车相关，后4个涉及到设备间压力平衡，详细内容见表6-3-2。

表6-3-2　LMS内部差压计算表

序号	说明	用途
1	闭锁料斗过滤器前后差压	差压高LMS停车
2	反应装料放空线与氢气过滤器之间的差压	监控XV-4阀外侧泄漏，差压高停车
3	反应卸料放空线与氢气过滤器之间的差压	监控XV-15阀外侧泄漏，差压高停车
4	再生装料放空线与氮气过滤器之间的差压	监控XV-12阀外侧泄漏，差压高停车
5	再生卸料放空线与氮气过滤器之间的差压	监控XV-7阀外侧泄漏，差压高停车
6	反应器接收器与闭锁料斗之间的差压	监控第1步压力差，操作画面指示
7	再生进料罐与闭锁料斗之间的差压	监控第4步压力差，操作画面指示
8	再生器接收器与闭锁料斗之间的差压	监控第6步压力差，操作画面指示
9	还原器与闭锁料斗之间的差压	监控第9步压力差，操作画面指示

(四)LMS中的特殊命令

1. 操作模式切换

闭锁料斗有三种运行模式，分别是“正常循环”、“开工装剂”和“停工卸剂”。

1) 正常循环模式。吸附剂在反应器和再生器之间连续循环输送，程序从第1步到第9步周而复始连续运行。

2）开工装剂模式。吸附剂只从再生器输送至反应器，程序执行第6/7/8/9/2/3/5步并循环往复。

3）停工卸剂模式。吸附剂只从反应器输送至再生器，程序执行第1/2/3/4/5/8步并循环往复。

2. 暂停指令

正常操作情况下，启动LMS之后，所有步骤均由程序控制，不需要人为干预。但如遇到特殊情况需要暂停程序运行时，可按下操作画面中的“暂停”按钮。程序运行到第5步后会自动停止，当再次按下该按钮后程序会继续运行。

3. 再生器接收器温度高高执行停工卸料模式

再生器接收器温度高高时，如果继续执行第6步卸料指令，进入到闭锁料斗内部的高温再生吸附剂在第8步临氢环境下可能会提前发生还原反应，降低吸附剂活性。因此，在再生器接收器温度高高时，程序设置了自动将操作模式切换为停工卸料模式，即只执行将待生吸附剂输送到再生器的动作，不执行将再生吸附剂输送到反应器的动作，该模式会持续到再生器接收器温度恢复正常为止。程序同时停止运行。

4. 跳过向再生进料罐排放

在闭锁料斗无料位、再生进料罐料位异常或其他特殊情况下，操作人员可人为将程序置为“跳过向再生进料罐排放”模式。

当程序置于“跳过”模式下，程序运行至第3步结束后，跳过4.1步、4.2步而直接进入第5步，不再执行调压(4.1步)和向再生进料罐卸料(4.2步)的步骤。

5. γ射线模式

放射性料位计是利用γ射线能够穿透物质，并在物质中减弱的特征对物位进行检测的。γ射线强度是一固定常量，检测器测量值根据料位的高低发生变化。在正常操作过程中，LMS相关的5台放射性料位仪表之间不会产生干扰，但是如果它们受到周边不明γ射线源干扰(如相邻装置设备探伤)，其料位测量值将产生较大误差。为了避免料位计读数错误造成程序误运行，特设置了γ射线模式。

当程序置于γ射线模式时：

(1)再生进料罐料位仪表输出信号被旁路

具体表现为：第4.1步结束后，由于无法确认再生进料罐料位是否正常，程序会一直停留在此，不会向再生进料罐卸料，直到γ射线模式取消。

(2)闭锁料斗下部料位开关被旁路

具体表现为：1)第4.2步。停止卸料的3个条件只保留再生进料罐料位高报警和超出预设时间两个，闭锁料斗下部料位开关报警这一条件取消，程序继续运行。

2)第9步。停止卸料的3个条件只保留还原器松动风流量低低和超出预设时间两个，闭锁料斗下部料位开关报警这一条件取消，程序继续运行。

(五)LMS停车

1. 停车触发条件(以下任意一个条件满足即可触发)

1)任意一台程控阀阀门故障(回讯超时、回讯逆向、开/关位置双回讯)；

2)第1步、第6步，闭锁料斗装料期间料位高高，且持续时间超过3s；

3)第3步，吹扫时间超过2倍设定时间后轻烃含量仍高于设定值；

4)第7步，吹扫时间超过2倍设定时间后氧含量仍高于设定值；

5)闭锁料斗过滤器差压高；

6)XV-4排放/氢气过滤器差压高；

7)XV-15排放/氢气过滤器差压高；

8)XV-12排放/氮气过滤器差压高；

9)XV-7排放/氮气过滤器差压高；

10)再生器接收器超温；

11)由DCS来的停车指令，包括以下触发条件：

① 再生器接收器压力高高；

② 循环氢流量低低；

③ 反应过滤器差压高高；

④ 燃料气压力低低；

⑤ 加热炉空气预热系统触发的熄火停炉指令；

⑥ 循环氢压缩机停机；

⑦ 操作人员按下盘面紧急泄压按钮；

⑧ 操作人员按下盘面紧急停炉开关；

⑨ 操作人员从DCS操作画面中人为停机。

2. 停车动作

1)程控阀1/2/3、5/6、8/9/10、13/14、16/17/18/19、20/21/22、24/25、37/38、27/28、AV-1立即关闭；

2)程控阀23/26/39打开；

3)程控阀11延时打开；

4)程控阀4/7/12/15延时打开；

5)调节器PIC-1A/PIC-1B/FIC-32设定为“程序-手动”模式，输出置零，调节阀PV-1A/ PV-1B/FV-32全关；

6)停车后，程控阀手动/程序切换按钮允许操作。

(六)程控阀手动操作

在正常运行期间，LMS处于全自动模式状态，程控阀不允许也不需要手动操作，全部指令均由LMS发出。但是在特殊情况下，例如阀门维护或更换时，必须人为对某程控阀进行打开、关闭操作，此时，需要注意以下几个问题。

1. 在满足以下两个条件后，程控阀允许手动操作，手动模式下，LMS已无联锁保护，必须注意阀门开关位置及先后次序

1)LMS停车；

2)程控阀手动/程序切换按钮改为“手动”(该按钮在程序运行期间无法操作)。

2. 恢复步骤

1)程控阀手动/程序切换按钮改为“自动”，所有阀门会自动恢复至停车时的位置；

2)LMS停车条件均消除；

3)程序复位(该按钮在阀门处于“手动”状态期间无法操作)；

4)重启LMS。

（七）同一吸附剂输送管线上的阀门开关、关闭次序

1）同一根管线上的3台切断阀打开顺序先开最下面一台，接着打开中间一台，最后打开最上面一台。

2）同一根管线上的3台切断阀关闭顺序先关闭最上面一台，等待几秒钟，接着关闭中间一台，最后关闭最下面一台。等待时间在LMS内部可以修改。该模式可以最大程度减少滞留在管道和阀门之间的吸附剂，降低阀门磨损，延长设备使用寿命。在实际使用过程中，还可以修改等待时间参数，增加吸附剂下滑的时间。

3）同一根管线上的2台切断阀关闭顺序与3台阀门类似，打开时先开下面的阀门，再开上面的阀门；关闭时先关上面的阀门，延时后再关下面的阀门。

（八）LMS的发展

LMS的进展见表6-3-3。

表6-3-3　LMS进展说明

改进内容	LMCS	LMS-I	LMS-II	LMS-III
故障操作指导画面	×	●	●	●
程控阀手动操作功能	×	●	●	●
程控阀开关计时功能	×	●	●	●
再生进料罐超温停车	×	●	●	●
工程师站维护画面	×	○	●	●
停车后XV-4、7、11、12、15延时开启	×	○	●	●
第1.2步　XV-4阀门开启泄压	×	○	●	●
第9步　XV-15阀门开启泄压	×	○	●	●
独立操作系统	×	×	●	●
独立操作站	×	×	●	●
内层循环计时器（B）时间显示保持	×	×	●	●
含氢工况停工后重启，根据压力自动选择步序	×	×	○	●
分析仪采样管路增加切断阀AV-01	×	×	×	●
第8步反吹过滤器增加频次调整	×	×	×	○
程控阀增加阀位变送器，三取二判断全开条件	×	×	×	○
闭锁料斗排气线调节阀由两台改为一台	×	×	×	○

注：×：无；○：部分配置；●：全部配置。

LMCS（Lockhopper Management Control System，简称LMCS）是原康菲公司开发的闭锁料斗控制系统，是一套独立的安全PLC控制系统。所有的过程控制功能（压力调节、流量调节）均在DCS内部完成，顺序控制及联锁保护均在LMCS内部完成，操作人员在DCS上进行操作。DCS和LMCS之间存在着大量通过DI/DO硬线往来的信号，同步性差，故障率高；所有程控阀没有手动开/关功能，只能通过现场人员在机柜内短接继电器端子电路的方式实现，维护非常不便，风险系数高。

针对原LMCS的上述问题，中国石化开发了独立的LMS闭锁料斗控制系统。LMS-I主要增加了程控阀手动操作功能和故障操作指导画面，改正了原技术方案中存在的错误。仍沿用上一代“DCS+LMS”双控制系统交互操作模式，操作人员的工作平台仍为DCS，较好地解决了DCS厂商之间因系统差异导致组态软件互不兼容的问题。

LMS-II是独立的闭锁料斗控制系统，原在DCS内部完成的各类操作功能全部移植到了LMS平台内部，LMS硬件点总数有所增加，增设了模拟量输出卡(AO)；设置了独立的操作站，DCS仅用于备用的通讯显示；增加了操作过程中常见故障的操作指南和在线帮助；修改了含氢工况停工后重启时，原记忆步序的压力与实际操作压力不符导致燃料气管网压力反窜至闭锁料斗的问题；第1(9)步卸料阀关闭后增加了打开放空阀XV-4(XV-9)的动作，消除了长期存在的阀门背压问题。LMS-II于2012年开始正式投入使用。

LMS-III主要针对分析仪采样管路长期贯通、闭锁料斗过滤器反吹频次过高、阀位回讯开关可靠性低等外部设备问题进行的程序完善。解决了LMS-II放空线上两台并联操作的调节阀容易产生泄漏、分程点(50%)处调节曲线衔接不顺滑的问题，取消了小口径调节阀，改为一台调节阀。

第四节　吸附剂循环输送系统的配管技术

吸附剂循环输送系统的管道设计是汽油吸附脱硫装置管线布置的关键。系统输送的介质为固体颗粒，为批量输送，并且温度和压力等操作条件呈周期性变化。系统管道热位移大、管径尺寸小，而且阀门集中荷载大，需要对工艺要求、管道系统柔性、施工安装和操作空间等各方面进行综合考虑，合理设计。

一、工艺要求

吸附剂循环管道是以闭锁料斗为核心，包括反应器接收器、反应器还原器、再生器进料罐、再生器接收器、反应器和再生器组成的工艺管道系统。反应器接收器和反应器还原器悬挂在反应器上。

反应器部分主要吸附剂管道设计温度470℃，设计压力4.3MPa，再生器底部出口吸附剂管道设计温度550℃，设计压力2.0MPa。

二、设备布置

为满足工艺要求，再生器接收器、闭锁料斗、再生进料罐采取立面同轴布置方式。反应器还原器、反应器接收器采取立面同轴布置的形式。同时需要保证这5台设备截面在同一平面内，如图6-4-1所示。

反应器落地布置。还原器和反应器接收器通过支架固定于反应器上。再生器接收器、闭锁料斗和再生进料罐均通过设备支座固定于反应再生构架上。

在进行设备立面布置时，需要首先确定闭锁料斗的支座高度，由此计算出还原器下部入口高度，进而确定反应器的裙座高度，再根据工艺要求的管道部件、构架平台设置、设备吊装检修高度及下部卸料高度要求等因素，综合确定关键设备的支座高度。

三、管道布置

吸附剂循环输送系统管道总体布置总的原则是管路尽量避免出现袋型、避免水平布置、管道保持竖向角度不小于45°、优选垂直管道布置、减少弯头使用，并且输送距离尽量短。

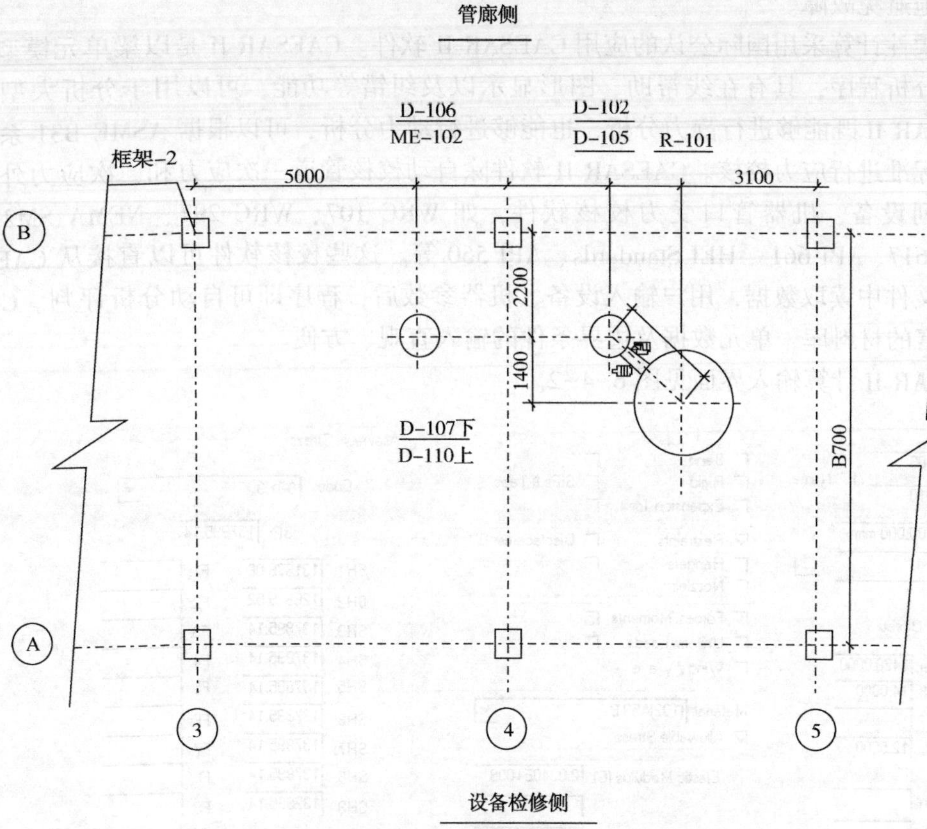

图 6-4-1　典型的吸附剂循环系统设备布置平面示意图

工程设计中采用 PDMS 模型设计吸附剂循环输送系统设备及管道。

以某装置为例，围绕闭锁料斗，吸附剂循环输送系统关键管道主要有四路。

1) 自再生接收器至闭锁料斗上部过滤器，管道 100-C-2702-11AD2-HC 垂直布置；

2) 自闭锁料斗至再生进料罐，管道 100-C-2402-11AD2-ST 垂直布置；

3) 自闭锁料斗成型斜三通至反应器还原器，管道 100-C-2401-11AD2-ST 垂直 45°安装，斜三通与还原器设备斜向上管口直连；

4) 自反应器接收器至闭锁料斗，管道 100-C-2301-11AD2-HC 设置 1 个 45°大半径弯头，斜 45°接入闭锁料斗斜向上管口。

上述四路关键管道系统仅设置 1 个 45°弯头，通过优化设备的平、竖面布置，满足工艺介质(吸附剂)输送流畅。

四、管道柔性

转剂管道的柔性分析是管道设计的重要内容和必要步骤。一方面，通过管道应力分析可提高管道设计可靠性，保证管道安全；另一方面，进行管道应力分析可优化管道设计，减低工程造价和成本。由于转剂管道实际运行中工况复杂，存在高温交变、流体瞬间冲击等引起的管道应力，这些因素均有可能引起管壁破裂或法兰泄漏，或设备发生有害变形而不能正常运转，或管道出现振动。通过管道应力分析能够比较准确地测评和掌握管道的安全裕度，采取有效措施避免故障。

管道柔性计算采用国际公认的应用 CAESAR II 软件。CAESAR II 是以梁单元模型为基础的有限元分析程序，具有在线帮助、图形显示以及纠错等功能，可以用于分析大型管系模型。CAESAR II 既能够进行静力分析，也能够进行动力分析，可以根据 ASME B31 系列以及其他国际标准进行应力校核。CAESAR II 软件除自动校核管道一次应力和二次应力外，还提供了一系列设备、机器管口受力校核软件，如 WRC 107、WRC 297、NEMA SM23、API 610、API 617、API 661 、HEI Standards、API 560 等。这些校核软件可以直接从 CAESAR II 计算结果文件中读取数据，用户输入设备、机器参数后，程序即可自动分析评判。CAESAR II 具有丰富的材料库，单元数据及边界条件的输入直观、方便。

CAESAR II 计算输入界面见图 6-4-2。

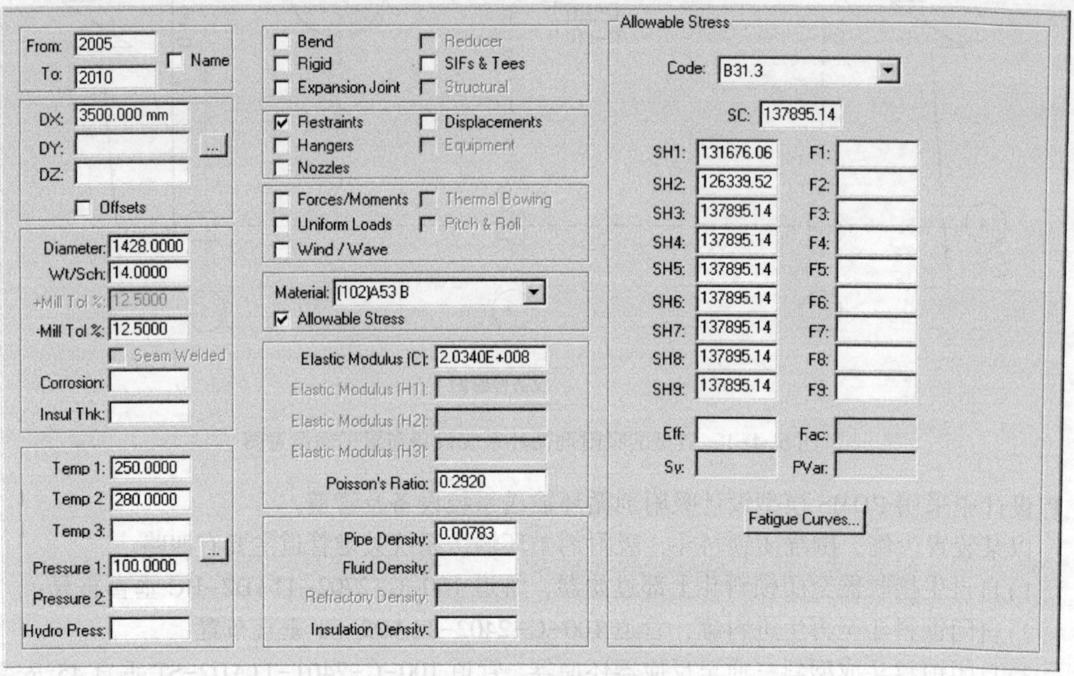

图 6-4-2 单元数据输入列表界面

吸附剂循环输送系统需要进行柔性分析计算以适应操作条件周期性的变化。

关键吸附剂管道柔性计算需要考虑不同工况，管径尺寸小，阀门集中荷载大，计算难度高。具体管道工艺参数见表 6-4-1。

表 6-4-1 管道工艺参数

管号	工作温度	隔热厚度及密度		流体物理状态		
	℃	mm	kg/m^3	气	液	固
100-C-2301	427	110	220	√		√
100-C-2702	300~427	110	220			√
100-C-2401	300~427	110	220	√		√

由表 6-4-1 可以看出，反应部分吸附剂输送管道为高压临氢环境，再生部分为低压含

氧环境，由闭锁料斗步序控制实现氢氧环境的隔离和吸附剂的输送。按设计的再生规模，每小时完成三次循环。

装置的反再部分中除了存在有高温、高压和临氢的操作工况外，还有吸附剂介质工况，管系应力分析条件苛刻。为满足工艺要求，管路要尽量短，同时还要考虑不同的操作工况，通过优化、分析管系的布置和变形情况，合理设置支吊架。典型的系统膨胀节及支吊架设置情况如下。

1）通常设置膨胀节，吸收轴向位移和横向位移以及二者的组合，避免内压推力作用于固定支架及相连接的设备。

2）设置角向型膨胀节，吸收管系角位移。

3）设置可变弹簧，以承受管道的垂直位移及管系自重荷载。

4）设置限位支架，在解决热膨胀的同时，控制固定点管嘴受力满足规范要求，确保转剂线在运行中的平稳和安全。

为了增加膨胀节的耐磨性，膨胀节内套筒采用接管内伸形式，避免因内壁不等径对吸附剂颗粒造成磨损及物料堆积；避免膨胀节内壁因冲刷不均匀造成局部磨损减薄。

管系应力分析结果表明，上述四路关键吸附剂管道所设置的支吊架及膨胀节等满足了管道柔性及设备管口允许的作用力和力矩的要求，且管道系统短、弯头数量少。计算图形如图 6-4-3 所示。

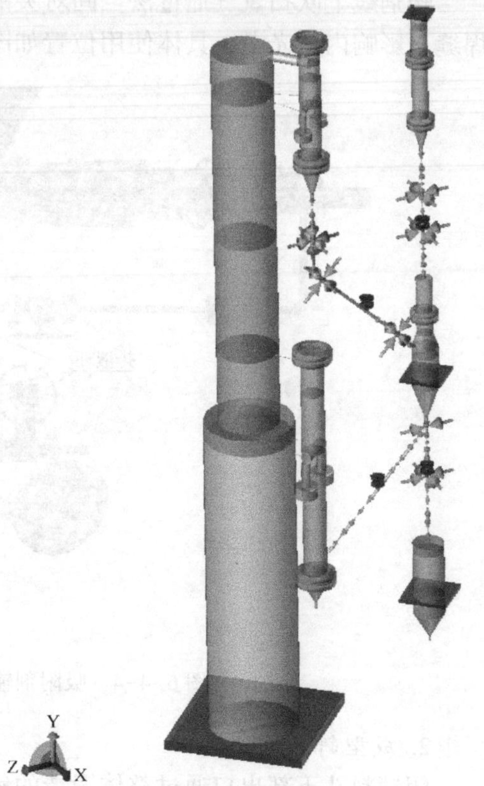

图 6-4-3　柔性分析计算结果图形

五、吸附剂管道抗磨损措施

根据吸附剂转剂系统管道输送介质特性，管道选材基本材质为 1/4Cr-1/2Mo，腐蚀裕量 3mm，以保证管道长周期运行。

由于转剂困难，有些装置有时使用反应器底部卸剂线转剂，出现卸剂线弯头处由于超负荷使用发生减薄、磨穿现象。基于此种情况，为防止管道磨穿造成安全问题，对于此卸剂管线采取了一些特殊的抗磨损措施。

1）将卸剂线壁厚由 SCH80 改为 SCH160。

2）管道弯头，加大输送半径，同时增加备件。

3）为方便更换弯头，在弯头焊缝处增设自紧式快速连接法兰。

4）必要的情况下对部分弯头外包防漏层。

六、管道特殊件

由于工艺条件苛刻，吸附剂循环输送系统的关键管件阀门需要采用特殊部件，如采用大半径弯头、自紧式快速拆卸法兰等，下面简述几种管道特殊件的使用。

1. 排液环

转剂线上吹扫氢气通过法兰间对夹的特殊排液环直接送入管道中心，避免了管道上增加焊缝，影响内壁光滑，具体使用位置如图 6-4-4 所示。

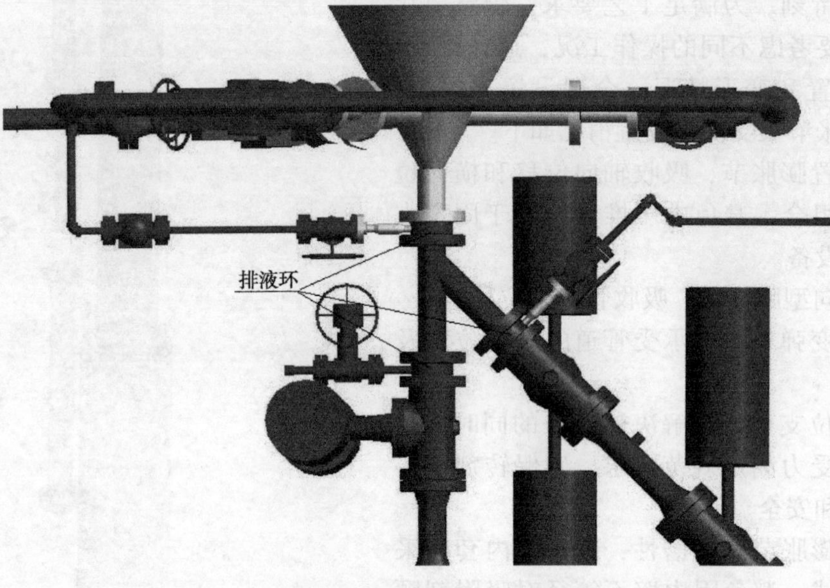

图 6-4-4　吸附剂输送管道上排液环安装位置示意图

2. 成型斜三通

闭锁料斗下部出口通过整体锻造的斜三通直接分两路与下方的再生进料罐和还原器相连接。斜三通上设计了整体处理的导向板，用于整体管道限位，具体形式如图 6-4-5 所示。

3. 斜管补强

吸附剂输送系统中，不可避免会有水平管路。采用特殊制造的斜管补强部件，保证支管垂直顺流向插入水平主管，另一水平侧接入吹扫气体，具体形式如图 6-4-6 所示。

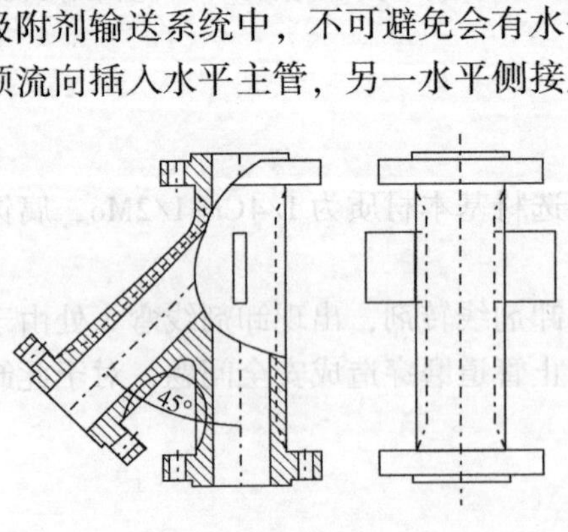

图 6-4-5　成型斜三通示意图

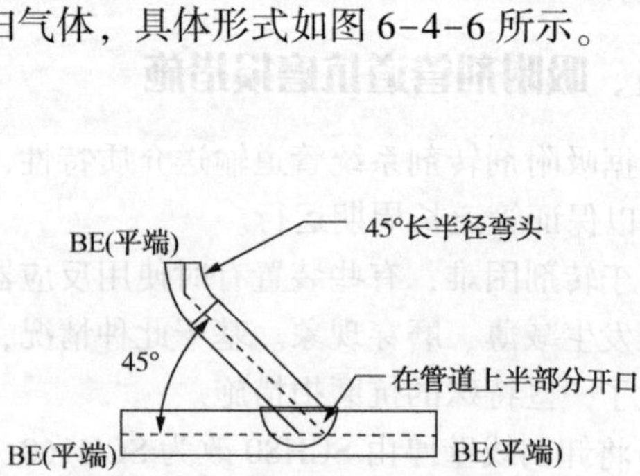

图 6-4-6　斜管补强示意图

4. 管道耐磨球阀

反再部分中除了高温、高压和临氢的操作工况外，系统中还有吸附剂介质。吸附剂固体颗粒尺寸最大为 200~300μm，最小的仅 1μm，不仅对阀门的阀体、内件及密封面具有较大的冲蚀和磨蚀，而且其苛刻的介质条件会引起阀门出现结垢、磨损、腐蚀等问题。因此，上述介质工况使用的阀门，需要选用阀内件、密封面经硬化处理的金属硬密封耐磨球阀，并且采用双向密封设计。作为常用硬化处理技术——超音速喷涂（喷涂融合）与渗硼处理成为此工况下金属密封耐磨球阀阀内件硬化处理的首选方案。

在400℃以上高温条件下，由于热胀冷缩原因，固定球阀容易卡死，必须采用浮动球，但是常规浮动球阀在含固物料情况下，只能实现单向密封。另外，高温、气体干燥物料下，活动部件之间非常容易发生金属粘接，并且阀门在高压差条件下开关时，也存在固体颗粒的冲蚀。

吸附剂阀门一般采用浮动球双向密封结构的阀球。浮动球双向密封结构为阀球上下游有对称的阀座和补偿碟簧。通过精密计算的定量浮动、有效的止位设计，无论上下游压力方向如何变化，阀座始终紧贴阀球，固体物料不会进入密封面，可防止物料堆积和弹簧失效。阀座的长度较短，防止阀座扭曲和变形，以保持弹簧力均匀，增加阀座的刚度，防止刮刀失效。应用于介质含有粉尘的阀门在使用时会因为弹簧部位积灰而失效，引起阀座卡死，造成阀门卡涩甚至卡死的现象。但该结构的阀门设置了卸灰槽，可解决阀门阀座弹簧积灰失效的问题。物料虽然会进入碟簧，但可通过卸灰槽排出碟簧后面的灰料，避免碟簧卡死。

参考文献

[1] 吴德飞，孙丽丽，等 . S Zorb 技术进展与工程应用[J]. 炼油技术与工程，2014，44(10)：1-4.
[2] 吴德飞，庄剑，等 . S Zorb 技术国产化改进与应用[J]. 石油炼制与化工，2012，43(7)：76-79.

第七章　汽油吸附脱硫装备工程

第一节　概述

汽油吸附脱硫装置主要包括进料与脱硫反应、吸附剂再生、吸附剂循环和产品稳定四个部分，装备主要包括静设备、动设备、加热炉、电器和仪表。其中脱硫反应器和再生器是反应系统和吸附剂再生系统的核心设备，稳定塔是产品稳定系统的核心设备，在吸附剂循环系统中还有众多的过滤器。

汽油吸附脱硫装置中静设备操作条件差异较大。部分设备操作温度高于420℃，有些操作温度高于200℃，同时介质含有氢气，这类静设备、管道等大多采用铬钼钢。其他温度较低操作介质中不含氢气的静设备则以碳钢为主。

汽油吸附脱硫装置一大特点是有十余台的过滤器，其作用是气固分离，是将工艺介质携带的吸附剂颗粒分离出来，在净化工艺介质的同时，使吸附剂循环使用。

汽油吸附脱硫装置动设备包括三台氢气压缩机，均为往复式，工艺泵以离心式为主。并设有一台圆筒式加热炉，用于加热进料。另有一些氢气、氮气等加热设备，由于所需热负荷较小，一般采用电加热器。

汽油吸附脱硫装置中静设备存在的主要损伤模式为应力腐蚀开裂、减薄和外部腐蚀等，主要损伤机理为氢致开裂、高温硫化物腐蚀、保温层下腐蚀和高温氢损伤等。风险评估认为风险最高的为脱硫反应器，次之为闭锁料斗过滤器。由于本工艺技术为油品深加工技术，原料中的硫化物含量较低，而且以噻吩硫为主，腐蚀强度较低，其他杂质也很少，所以高温硫化物腐蚀损伤程度要比炼油厂一次加工装置同温位容器较轻。

汽油吸附脱硫装置中的主要静设备及设计参数见表7-1-1，空冷器、动设备操作参数及型式见表7-1-2。本章后续各节将详细描述汽油吸附脱硫装置中主要装备的材料、结构特点和设计要点。

表7-1-1　典型的汽油吸附脱硫装置主要静设备设计条件和材质选择

序号	装备名称	设计条件		主体材质
		温度/℃	压力/MPa	
1	脱硫反应器	470	4.26	12Cr2Mo1MoR(H)/12Cr2Mo1MoR(H)+堆焊
2	再生器	550/210	0.35/FV	14Cr1MoR(H)
3	稳定塔	80/200	FV/0.95	Q345R
4	原料缓冲罐	125/80	0.88/FV	Q345R
5	还原器	470/80	4.26/FV	14Cr1MoR(H)
6	循环氢压缩机入口分液罐	125	3.14	Q345R
7	热产物气液分离罐	230/80	3.14/FV	Q345R

续表

序号	装备名称	设计条件			主体材质
			温度/℃	压力/MPa	
8	反应器接收器		470/80	4.26/FV	14Cr1MoR(H)
9	闭锁料斗		470/80	4.26/FV	14Cr1MoR(H)
10	再生进料罐		470/80	0.35/FV	14Cr1MoR(H)
11	吸附剂回收罐		430/80	0.35/FV	Q245R
12	再生粉尘罐		320/80	0.35/FV	Q345R
13	再生器接收器		525/80	0.35/FV	14Cr1MoR(H)
14	新鲜吸附剂罐		430/80	0.35/FV	Q345R
15	吸附剂储罐		430/80	0.35/FV	Q345R
16	反吹气体聚集器		300/80	7.3/FV	14Cr1MoR(H)
17	反吹氮气罐		260/80	0.76/FV	Q245R
18	冷产物气液分离罐		500/80	3.14/FV	Q345R
19	补充氢分液罐		125/80	2.6/FV	Q245R
20	冷凝水罐		185/80	0.64/FV	Q245R
21	非净化风缓冲罐		125/80	0.9/FV	Q245R
22	再生放空罐		240/80	0.35/FV	Q245R
23	氮气缓冲罐		125/80	1.6/FV	Q245R
24	稳定塔回流罐		125/80	0.95/FV	Q345R
25	燃料气分液罐		125/80	1.0/FV	Q245R
26	地下污油罐		240/80	0.8/FV	Q245R
27	净化风罐		125/80	1.0/FV	Q245R
28	放空罐		280/80	0.8/FV	Q245R
29	低压蒸汽分水罐		320/80	1.6/FV	Q245R
30	吸附进料换热器	管程	470	4.26	14Cr1MoR(H)
		壳程	470	4.26	
31	吸附进料换热器(B/E)	管程	310	4.26	14Cr1MoR(H)
		壳程	390	4.26	
32	吸附进料换热器(A/D)	管程	270	4.26	Q345R
		壳程	300	4.26	
33	反吹氢/反应产物换热器	管程	310	7.3	1.25Cr-0.5Mo-Si
		壳程	470	5.9	
34	吸附反应产物冷却器	管程	80	2.52	Q345R
		壳程	200	3.14	
35	再生烟气冷却器	管程	550	0.64	15CrMoR 管：316H
		壳程	550	0.8	
36	补充氢返回冷却器	管程	180	4.26	Q345R
		壳程	80	3.14	

续表

序号	装备名称	设计条件			主体材质
			温度/℃	压力/MPa	
37	再生空气预热器	管程	550	0.72	15CrMoR
		壳程	550	0.9	管：15CrMo
38	稳定塔顶后冷器	管程	80	1.9	Q345R
		壳程	200	1.9	
39	稳定塔重沸器	管程	320	1.6	Q345R
		壳程	200	1.28	
40	产品冷却器	管程	80	2.0	Q345R
		壳程	200	2.0	
41	稳定塔进料 凝结水换热器	管程	320	1.3	Q345R
		壳程	200	1.3	
42	精制汽油 热水换热器	管程	170	1.5	Q345R
		壳程	200	1.2	
43	氢气电加热器		485	4.26	1.25Cr0.5Mo 壳，加热元件 SS304
44	再生气体电加热器		555	0.35	1.25Cr0.5Mo 壳，加热元件 SS304
45	氮气电加热器		260	0.66	碳钢壳，加热元件 SS304
46	反应器过滤器		470	4.26	1.25Cr0.5Mo
47	闭锁料斗过滤器		470	4.26	1.25Cr0.5Mo
48	再生器过滤器		260	0.35	14Cr1MoR(H)
49	吸附剂储罐过滤器		430	0.35	Q245R
50	再生粉尘过滤器		260	0.35	Q245R
51	还原气过滤器		160	4.26	S30403
52	闭锁料斗氢气过滤器		430	4.26	S30408
53	闭锁料斗氮气过滤器		430	4.26	S30408
54	紧急氢过滤器		160/210	7.55	S30408
55	热氮气过滤器		260	0.74	S30408
56	氮气过滤器		120	0.74	S30403
57	闭锁料斗通气管过滤器		450	3.92	S30403
58	燃料气过滤器		100	0.9	Q345R
59	原料进料过滤器		120	0.8	*DN*300，150#，过滤精度 20Micron(98%)

表 7-1-2　典型的汽油吸附脱硫装置空冷器及动设备操作参数及型式

序号	设备名称	操作温度/℃	操作压力/MPa	主体材质
1	反应产物空冷器	入 147-出 55	2.67	管箱 Q355R，管子碳钢
2	汽油产品空冷器	入 141-出 55	0.75	管箱 Q355R，管子碳钢
3	稳定塔顶空冷器	入 72-出 55	0.73	管箱 Q355R，管子碳钢

续表

序号	设备名称	操作温度/℃	操作压力/MPa	主体材质
4	循环氢压缩机	43/76	2.61/3.7	往复式
5	反吹氢压缩机	43/127	2.61/6.63	往复式
6	补充氢压缩机	40/117	2.1/3.75	往复式
7	进料加热炉/圆筒炉	372/422	3.3	炉管 ASTM A335 P9
8	吸附反应进料泵	70/40	0.4/3.8	多级离心式离心泵 S-6
9	热水循环泵	155	0.454/0.79	离心泵 S-6
10	稳定塔回流泵	40	0.63/1.27	离心泵 S-6
11	地下污油罐抽油泵	43	0/0.65	离心泵 S-6

第二节 脱硫反应器系统

一、概述

脱硫反应器系统为一组一体化的设备组，主要包含脱硫反应器、过滤器、反应器接收器、还原器和反吹气体聚集器。由于反应器接收器、还原器和反吹气体聚集器规格都比较小，并且要求距离反应器尽可能近，所以大多采用支架形式直接支撑在反应器壳体上，见图 7-2-1。

反应器的操作压力为 3.1MPa，操作温度为 441℃，设计压力为 4.26MPa，设计温度为 470℃，操作介质为含氢油气和催化剂。由于脱硫反应器系统处于较高温度和较高氢分压的条件下操作，按照 API RP941 中的纳尔逊(Nelson)曲线进行选材，材料应具有较好的抗高温蠕变及抗高温氢腐蚀性能。脱硫反应器系统的材料均采用铬钼(CrMo)钢。

二、脱硫反应器和过滤器

脱硫反应器中为高温的气固流化床，吸附剂是固体颗粒，油气为气体。气相混氢原料油从反应器底部进入，通过设在反应器底部分配盘由下而上流动。在反应器顶部出口一般设有过滤器及其反吹设施，用于实现反应产物与吸附剂粉尘的精密分离。

脱硫反应器与过滤器的连接方式有两种。通常，装置规模在 2.0Mt/a 以内时，过滤器组件直接插入反应器顶部，反应器顶部出口法兰与过滤器法兰配对。当过滤器自动反吹时，过滤芯外表面捕获的吸附剂反吹回反应器中，见图 7-2-2。当装置规模更大时，受反应器法兰尺寸限制，过滤器与反应器分开布置，过滤器作为一台独立的设备位于框架上，与反应器通过管道连接，见图 7-2-3。

反应器顶部直接插入过滤器组件的结构工艺流程简单，但反应器顶部出口法兰直径大，保证大法兰的密封可靠是保证装置长期运行的重要因素之一。

当装置规模较大时，有时采用过滤器与反应器分开布置的结构形式，即用管线将反应器与过滤器连接。由于温度较高，热应力较大，所以这种结构过滤器与反应器之间的管线用于吸收热应力的膨胀弯较多，管线较长，布置难度较大。并且由于反应产物携带吸附剂粉尘，容易磨蚀管线。

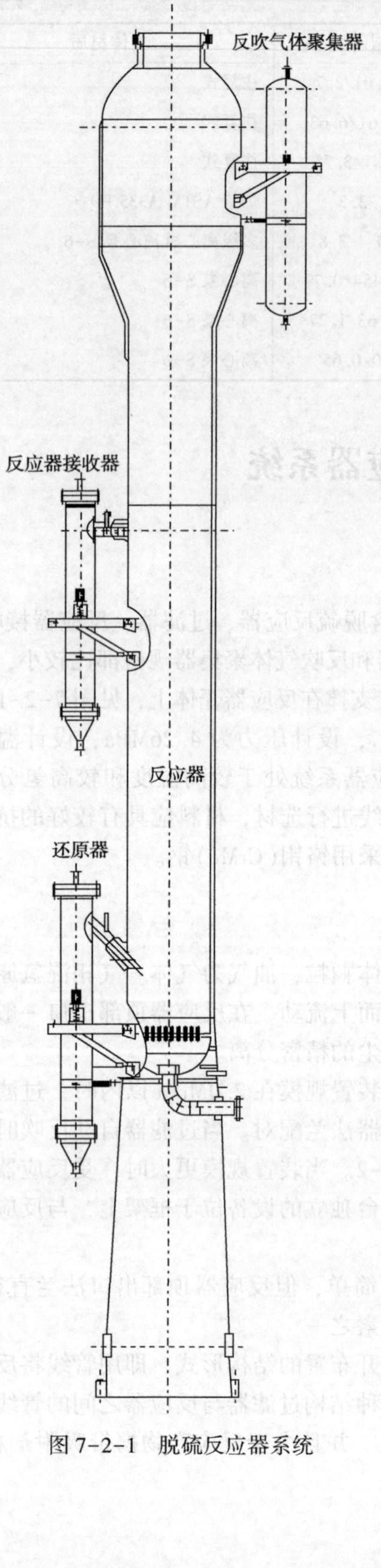

图 7-2-1　脱硫反应器系统

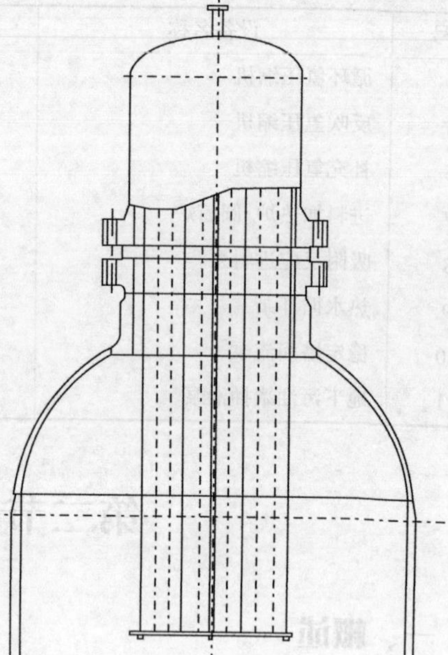

图 7-2-2　过滤器在内部的顶部结构

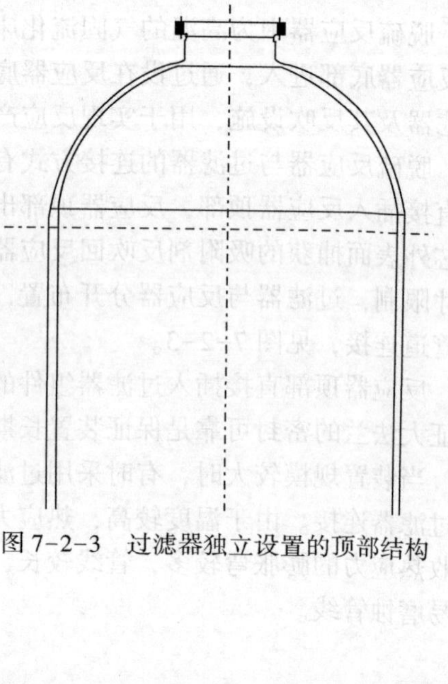

图 7-2-3　过滤器独立设置的顶部结构

目前，应用较为普遍的是反应器顶部直接插入过滤器结构。反应器顶部大法兰承受较高的温度和较高的内压，当过滤器定期反吹时，还会产生较大的压力波动。鉴于此处压力波动的范围不大，按照 JB/T 4732 的规定可免除疲劳分析。由于压力波动产生的机械振动会导致大法兰主螺栓、螺母和垫片的应力松弛，在对法兰进行设计时，法兰的计算压力要进行充分的裕量考虑。

针对垫片长期高温使用后因反弹不足而引起的泄漏问题，采用一种高性能的垫片——双金属自密封波齿复合垫。这种密封垫片由两片金属叠合后在其外圆周通过熔焊方法将两者融合在一起，然后在其上下表面加工成波齿状金属圆弧形沟槽，由此构成带同心圆弧形沟槽的波齿状金属骨架，最后在骨架的上、下表面复合上适当厚度的柔性石墨材料而构成整体结构的垫片[1]。在使用时，介质压力进入双层金属骨架之间的间隙并形成向外张开的作用力，在垫片和法兰表面形成与介质压力相当的压紧应力，封闭了泄漏通道，故称为自密封压力。该自密封压力随介质的压力增大而增加，起到垫片压紧、应力自补偿的作用。

由于主螺栓长期在高温下使用，再加上压力波动所产生的应力会使之逐渐松弛，这也是法兰长期使用后易泄漏的原因之一。通过分析总结，工程上采用双螺母和碟簧垫圈结构，有些大规模的装置开始尝试采用拉伸垫圈进行补偿。碟簧垫圈采用高弹性合金材料制作，具有低行程、高补偿的特点。能通过很小的变形提供足够的预紧载荷，吸收温度、压力波动造成的螺栓应力松弛，使螺栓的紧固力得到保持。拉伸垫圈通过内部过盈配合的螺纹环与紧固螺母螺纹产生双螺母的效果，可以握住螺栓使之不会随螺母旋转，当旋转螺母时，螺栓被轴向拉伸，使得拉伸垫圈内部螺纹环也随螺栓的伸长而上升，整个紧固过程中，这种双螺母的效果始终存在，消除了由于振动所致、不易被察觉的螺母松动。拉伸垫圈的使用需要专门的安装工具和操作人员，使用效果较好，但成本较高，目前尚未广泛推广。

大法兰密封面型式和粗糙度对法兰的密封有一定的影响。由于反应器与过滤器连接时的机械振动，采用两片凹面(FM)形式的大法兰夹持滤芯管板，可更好地固定垫片，并可降低压力波动或振动对法兰与管板密封面的影响。为了弥补热处理时法兰密封面产生变形，要求法兰密封面须在设备最终热处理后进行机加工。密封面的最终加工面应当是平均粗糙度在 3.2~6.3μm 范围内的同心圆或螺旋形锯齿面，密封面的平面度对于任何参考平面的最大偏差应不大于 0.8mm，且不得出现在小于 20°弧长范围内。

三、脱硫反应器的内构件

脱硫反应器的内构件包括降尘器和分配盘。

(一) 反应器内降尘器

中国石化工程建设有限公司采用计算流体力学技术建立了脱硫反应器三维实体反应器模型，对多种降尘器结构方案进行模拟计算对比，研究得到反应器内设置各种降尘器结构后形成的气固两相流场及相关数据。

图 7-2-4 是不同降尘器方案的反应器内的气体流场。模型 1 为无降尘器的原反应器模型，气体直接流出反应器。在分离段的直径方向形成典型的指数速度分布，中心流速高，而靠近边壁的位置流速下降。模型 2 和模型 3 设置了阻挡型降尘器以强化气固分离效果，在挡板背后形成了涡流，涡流有助于强化气固分离效果。模型 4 是一种旋流型挡板结构，设计目标是将轴向速度转换为径向速度，通过旋流将反应器出口的吸附剂颗粒分离出来。从图 7-

2-4 可以看出，旋流降尘器对气体产生了扰流，气体的周向流动得到加强[2]。

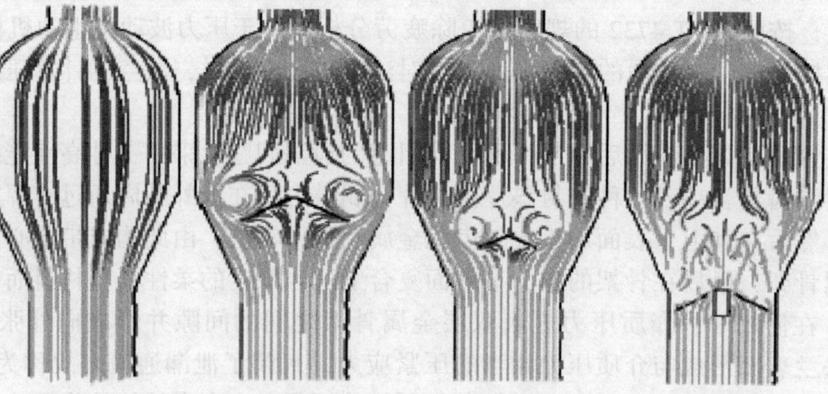

图 7-2-4　各种降尘器结构方案的气体流场

经过大量的模拟计算与分析，比较各种方案的降尘效果，在模型 2 的基础之上，创新开发出一种结构简单、降尘效率高的结构，通过进一步优化降尘器的安装位置，得到了最终的设计方案。

2009 年，降尘器首先在 1.2Mt/a 汽油吸附脱硫装置上使用，过滤器的反吹周期从原有的 5.5min 延长至 48min，并且解决了原来因过滤器压降大无法满负荷操作的瓶颈问题。改造前后的情况对比见表 7-2-1。

表 7-2-1　安装降尘器改造前后情况对比

项　目	安装降尘器前	安装降尘器后
反应器过滤器反吹时间间隔/min	~6	~48
反应器处理量/(t/h)	<143(设计)	~150
反应器过滤器压降/kPa	40~50	35(优化点)

降尘器在该汽油吸附脱硫装置上使用成功后，在各个装置上得到推广应用，取得了很好的使用效果，安装这种降尘器的装置反应器过滤器的反吹时间间隔普遍大于 90min。

反应器内降尘器的成功开发与应用，大幅延长了反应器过滤器的反吹周期，从根本上解决了长期困扰汽油吸附脱硫反应器过滤器反吹阀寿命短的最关键问题，为装置长周期操作、降低操作成本及汽油吸附脱硫工程技术的进步提供了有力的技术支撑。

(二) 反应器内分配盘

混氢原料油由脱硫反应器底部进入，为了更好地将原料均布于反应器内，使其能均匀地与吸附剂充分接触，在反应器底部设置了分配盘。分配盘由盘板、泡帽分配器、通道板等组成。反应介质通过泡帽分配器的限流孔时产生一定的压降，从而实现进料的均匀分布。每个限流孔上都有一个固定的泡帽，以减少吸附剂的磨损并防止吸附剂泄漏到分配盘下方。

泡帽分配器的材料为不锈钢，分配盘盘板则采用铬钼(CrMo)钢锻件+双层堆焊。

停工检修时发现，部分装置在反应器分配盘盘板上表面及泡帽分配器存在不同程度的磨损或结焦。还有个别装置由于通道板密封垫片失效，导致整个分配盘板全部磨穿。通过流体力学模拟等技术手段，对于分配盘的通道板结构进行了改进。改进后的结构形式见图7-2-5和图7-2-6。改进后的结构实现了分配盘的可拆性并增强了垫片的密封性，同时对泡帽分配器则增加了气体硬氮化处理，增加其硬度，提高了耐磨性能。

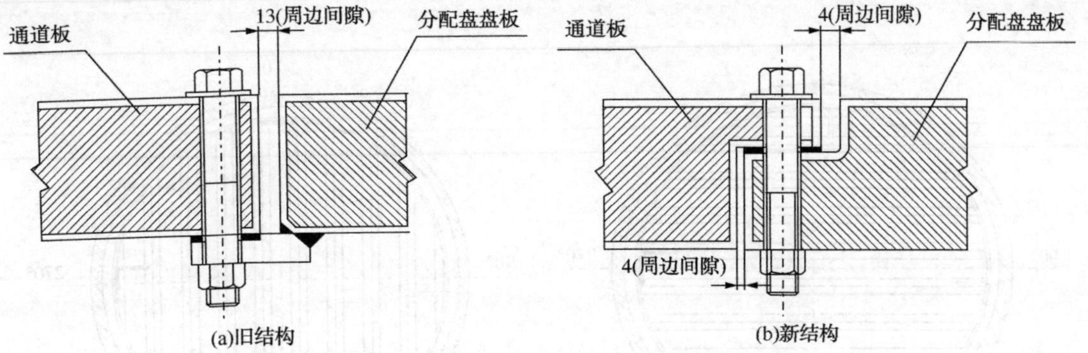

图7-2-5　分配盘通道板结构示意图

四、其他设备

反应器上同时固定或连接了反应器接收器、还原器和反吹气体聚集器。

反应器接收器用于收集来自反应器的吸附剂，为从吸附剂中脱除烃类气体提供场所，并为进入闭锁料斗的吸附剂提供缓冲空间。热氢气作为接收器内吸附剂的流化介质并对吸附剂上残余的烃进行汽提，这些氢气及汽提出的烃类气体返回反应器内，接收器内的待生吸附剂依靠重力装入闭锁料斗。

还原器用于早期的工艺流程，是吸附剂还原的场所。第二代汽油吸附脱硫工艺技术开发后，还原器仅用于输送吸附剂用。

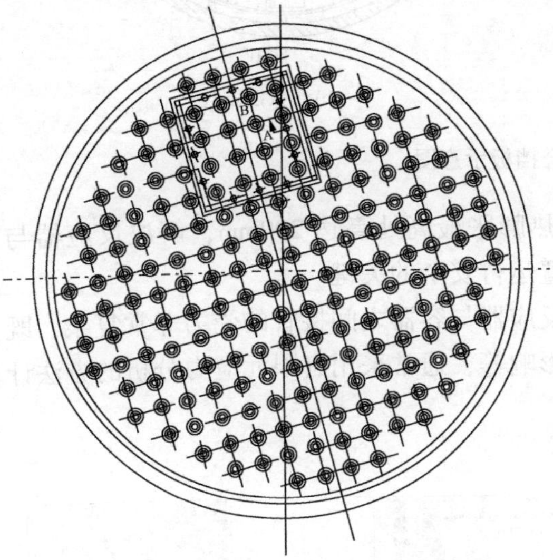

图7-2-6　反应器底部分配盘

反应器接收器和还原器沿轴向设置了组合挡板，相邻两块成90°交错布置，见图7-2-7。

反吹气体聚集器为反应器顶部过滤器提供反吹氢气，根据不同的规模优化选择设备的台数，规模较大装置的设置两台。反吹气体经过反吹气体换热器后进入反吹气体聚集器。反吹气体聚集器的容积由过滤器的负荷决定。

五、脱硫反应系统的设备紧凑化布置

反应器接收器、还原器与反应器之间的距离要尽量短，以降低催化剂转剂的难度。因此反应器接收器、还原器与反应器之间的连接方式采用接管直接焊接连接，而不再通过管道。

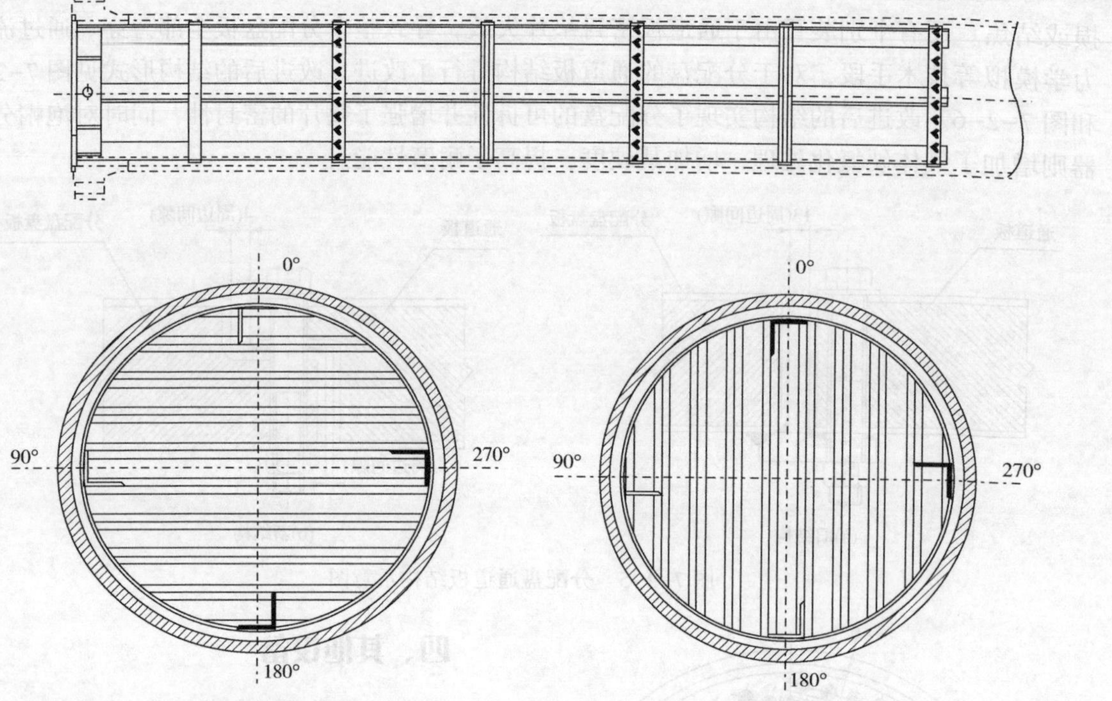

(a) 偶数挡板　　(b) 奇数挡板

图 7-2-7　组合挡板示意图

反应器操作温度较高，属于落地设备，操作时热膨胀最高处高达 200mm，解决反应器与反应器接收器、还原器之间的热膨胀差是保证装置运行安全的关键。

反应器接收器、还原器坐落在反应器上，反应器与容器之间接管的受力非常复杂，既要考虑重力的因素，又要考虑风载、地震载荷的影响等，通常采用有限元应力分析的方法计算接管的受力，见图 7-2-8。

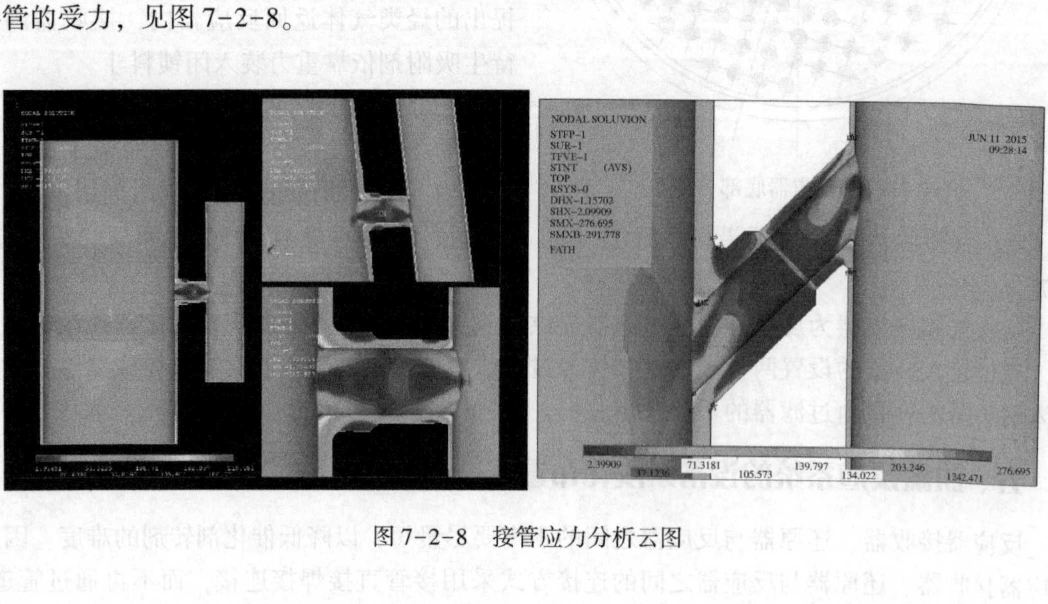

图 7-2-8　接管应力分析云图

反吹气体聚集器的布置要尽量靠近过滤器，当采用反应器顶部直接插入过滤器结构时，采用三角支架将反吹气体聚集器支撑在反应器上。当采用过滤器与反应器分开布置结构时，过滤器布置在框架上，反吹气体聚集器也布置在框架上，与过滤器相邻。

第三节　再生器

一、设备结构

（一）概述

再生器是吸附剂再生系统的核心设备，再生器内的吸附剂为流化态操作。再生器的典型操作温度为510～530℃，操作压力为0.11MPa，操作介质为氮气、二氧化碳、二氧化硫、氧气及吸附剂，设计温度为550℃，设计压力为0.35MPa。

再生器的总体结构见图7-3-1。来自再生进料罐的吸附剂由设备管嘴进入再生器，与经下部空气入口分布器进入的预热空气进行氧化再生。吸附剂氧化再生主要发生在设备下部的再生床层，此处温度最高。大部分氧化再生完毕的吸附剂在重力的作用下，向下经底部锥段及管口流出，然后进入再生器接收器。再生烟气向上流动，并夹带少量吸附剂，夹带量随向上流动而减少，在再生器上部进入旋风分离器。经旋风分离后的再生烟气从顶部管口离开再生器，进入再生烟气冷却器。经旋风分离后的固体吸附剂经料腿、翼阀进入吸附剂床层。因吸附剂的氧化再生反应为放热反应，在设备下部吸附剂的密相区设置多组内取热盘管，取走反应热，以维持吸附剂床层温度稳定。吸附剂床层的正常料位高度维持在取热盘管中部，操作中可以通过调节料位高度实现盘管取热量的调整，控制再生床层温度。

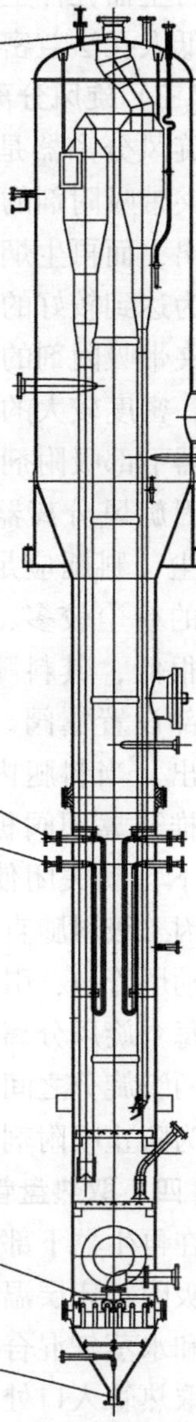

图7-3-1　再生器

（二）再生器壳体

再生器壳体外形为高径比较大，并且下部直径较小，上部直径较大。下部直径较小但长度较长，夹带吸附剂的再生烟气向上流动时间足够长，以满足吸附剂氧化充分反应的要求，同时有利于吸附剂的重力沉降分离。再生器上部直径加大，一是因为旋风分离器位于此处需要布置空间，二是因为夹带吸附剂的再生烟气向上流动扩径后线速变小，有利于吸附剂的重力沉降分离。

再生器下部轴向长度较长且直径较小，考虑到这段内件使用寿命相对较短，又没有足够的更换或维修空间，为了方便制造及检修内件对下部结构进行了改进，一是在合适位置设置人孔，二是在壳体中间设置壳体法兰。这样做可以将局部壳体连同内件整段更换便于检修和检查。但因壳体法兰尺寸较大，为满足高温下的密封要求，采用较高压力等级法兰及波齿垫片。

因再生器外形为上大下小的细长结构，且因装置流程布置需要，再生器一般安装于框架内，采用靠近上部的中间裙座支撑方式。因再生器材质为铬钼(CrMo)钢，且操作温度达510~530℃，而裙座高度较短，裙座壳轴向温度梯度很大。裙座与壳体连接采用整体锻环式对接结构，使裙座壳与壳体的连接焊缝避开了温差应力较大的区域，同时在裙座壳内顶部设置热箱，以降低局部的温差应力。

再生器下部有吸附剂流化床层流动带来的冲击，而再生器又为上部支撑，为防止下部振动，在再生器下部设置导向板，将其夹持于框架上相应平台梁处。既能满足设备热态时向下的自由膨胀，又可消除可能发生的振动。

再生器壳体上所有人孔内部空间均设置内塞筒，一是减少不必要的吸附剂滞留空间，二是降低人孔法兰密封部位的温度，有利于密封。

(三) 旋风分离器

旋风分离器是为最大限度地回收吸附剂及满足外排烟气中吸附剂粉尘含量的要求而设置。夹带吸附剂的烟气在再生器上部进入旋风分离器进行气固分离，分离下来的吸附剂从料腿排出，而再生烟气则通过再生器顶部管口排出。

为达到较好的分离效果，一般采用两级旋风分离器。根据再生烟气量可设置一组或多组。夹带吸附剂的烟气从第一级旋风分离器入口方箱进入旋流壳中高速旋转，在离心力的作用下，密度较大的吸附剂粉尘固相被甩向边壁，并在重力的作用下落至灰斗，再从料腿流到再生器下部吸附剂床层。

因旋风分离器内压力小于外部再生器腔内压力，为满足负压情况下料腿可以向下排出粉尘，料腿应足够长，以提高内外固相料位差，推动粉尘排出。一级旋风分离器分离下的粉尘较多，仅需在料腿底部设置防倒锥。进入二级旋风分离器的粉尘含量已经降得很低，其料腿下料量小，为防止烟气从二级料腿直接窜出再生器，一般在二级料腿底部设置翼阀。当料腿内粉尘料位较低时，翼阀处于关闭状态，防止底部烟气自料腿窜出。当料腿内粉尘料位积攒到足够高位时，其与料腿外部床层高度差产生足够推动力推开翼阀阀板，料腿内粉尘排出，直至推动力小于翼阀静态力，翼阀阀板在重力作用下自动关闭使料腿停止排粉尘。

因二级料腿直径较小，为防止内部吸附剂粉尘结块流化不畅，在料腿下部不同标高上设置松动风管口，引入松动风以促进吸附剂流化，松动风由再生器顶部引入。

每个旋风分离器用两个吊杆悬吊于设备顶封头。为防止底部流化床层引起的振动，一方面在两级旋分之间用拉杆连接，另一方面，在料腿下部设置导向架，滑动支撑于设备内壁。同时为防止吸附剂滞留在旋风分离器顶部，在顶部设置了斜屋顶式挡板。

(四) 取热盘管

在再生器下部设有多组取热管，利用水蒸气的汽化潜热取走吸附剂氧化反应的放热量，维持吸附剂床层温度稳定。来自于冷凝水罐的饱和水由入口进入取热管，被床层加热后，饱和水和水蒸气混合物自取热管出口返回冷凝水罐进行水汽分离。

取热管入口处金属壁温最低，出口处金属壁温最高，U 形的两程取热管将产生较大的膨胀位移差，工程设计中利用取热管的柔性来吸收此差值。操作态时，返回管可由直管自由变形为弯管，以满足其较大的热位移量引起的轴向加长。为同时防止吸附剂床层流动带来的振动冲击，对取热管仅进行两处导向固定：一处导向固定在下降管底部，防止振动的发生；另一处在返回管的顶部，承受返回管膨胀对返回水平管根部产生过大的弯矩。

因取热管内介质水温度与管外吸附剂和烟气温差近400℃，为降低由温度梯度导致的温差应力，工程设计上采取了相应措施。包括在取热管入口和出口采用套管结构，以降低取热管与壳体之间的温度梯度值；每根取热管入口与出口尽量靠近，以减小壳壁与换热管因温度不同而导致的膨胀差；合理设置取热管上的导向支撑，以充分利用取热管的柔性来吸收热膨胀，从而减小管子热应力。在生产操作方面，对于此类内取热管，一般采取足够大的水汽比，来降低管壁温，从而降低温差应力，防止干烧。在实际操作中，当再生放热量较小，为维持再生器底部吸附剂床层的温度，不能采取减少取热管进水量的操作方式，避免管壁温大幅升高，导致温差应力变大，取热管发生干烧断裂和泄漏。

（五）空气入口分布器

为使再生用空气均匀进入底部床层，再生器底部设置有树枝状结构的空气入口分布器，分布器在平面内均匀布置向下喷射的喷嘴。树枝状分布器可从人孔放入，采用法兰栓接组装，便于安装与维护。分布器两端支撑于设备内壁，均采用长圆孔可滑动结构，以满足分布器与壳体不同的热膨胀量。

（六）其他内件结构

为防止吸附剂床层压实结块不易流化，在再生器下部设置有松动挡板，以利于吸附剂的松动、均匀流化。在再生器底部吸附剂出口处，还设置有流化风喷嘴，正对出口喷射，有利于吸附剂顺畅排出再生器。

二、材料选择

由于再生器的典型操作温度为510~530℃，操作介质为氮气、二氧化碳、二氧化硫、氧气及吸附剂，设计温度为550℃，除内部的旋风分离器外，各承压和受力部件选材应考虑耐高温、耐氧化及耐吸附剂磨损等因素。

再生器壳体材料选为14Cr1MoR，既满足设计温度550℃要求；同时作为低合金钢，投资成本较低；并且热膨胀系数较奥氏体不锈钢小，对于细长型高温设备来说，有利于降低相连接管线应力。壳体厚度设计裕量方面主要考虑吸附剂磨损和介质腐蚀，在正常吸附剂床层高度以下，因吸附剂磨损较大，裕量选为6mm；在正常吸附剂床层以上的稀相，磨损较小，裕量选为3mm。

旋风分离器材料选为304型不锈钢，既满足了耐高温、耐磨损要求，同时制造加工方便，其优良表面质量也利于保持长期分离效率。

取热管材料选为1.25Cr-0.5Mo-Si换热用管，具有耐高温、热膨胀系数小的优点。

三、旋风分离系统的研究与开发

旋风分离是一种不含任何运动部件，也无需维护，结构简单的气固分离技术。旋风分离器结构大都类似，一般都包含入口管、旋流涡壳、锥体、灰斗、料腿、升气管等结构件，但不同的气固介质参数及分离要求，各结构件尺寸变化很大。决定分离性能的主要参数有入口面积、旋流涡壳直径和长度、锥筒长度、升气管直径与长度等[3]。工业上，针对不同的工艺要求、装置处理量，需开发出特定的旋风分离产品型号。

旋风分离系统是再生器的核心内件，其在低线速、低压力降下保证了绝大部分固体吸附剂的回收再利用。该技术的成功研究与开发，是汽油吸附脱硫工程装备技术的重要内容。为满足不同装置的处理量和吸附剂再生量需求，共开发和应用了六种型式的旋风系统，应用于近40套汽油吸附脱硫装置中。随着装置处理量增大，再生剂循环量及烟气量增大，还可以在同一个再生器壳内布置多组旋风分离器，以满足工艺要求。

旋风分离系统的研发满足了下列工艺要求：

1）入口线速不能大于某特定值。因吸附剂的强度较低，为避免旋风分离器内的高速流场破坏吸附剂的颗粒状态，采用远低于常规旋风分离器的入口线速，这是本旋分系统的研发关键难点之一。

2）以20μm颗粒的捕集效率为目标。再生器旋风分离器的一个特殊作用是通过分级的分离效率要求排出吸附剂细粉，避免细粉携带出再生器，影响反应器和再生器以及吸附剂输送系统的流化状态，同时回收较大颗粒的吸附剂颗粒继续使用，所以要求对于20μm以上颗粒的捕集效率不低于某特定值，20μm以下颗粒的捕集率不大于某特定值。

3）良好的操作弹性适应再生烟气量的变化。再生器旋风分离器的工作介质为再生烟气，再生烟气量受装置原料进料量和原料硫含量双重影响。装置投产后，旋分结构已不可变，但在再生烟气量弹性变化时，分离效率须满足要求。

4）本系统一组两级旋风分离器压力降须小于10kPa。

研究与开发的路线是，先采用CFD流体数值模拟技术对多个设计方案进行分析，筛选出最优结构后制作样机，然后进行冷态模拟和热态模拟试验，直至试验结果满足开发要求后，经工业试验验证后完成产品定型。

因再生器直径较小，旋分系统设计时，必须考虑如何制造、安装与后期检维修。采取的主要措施是在再生器筒体上设置壳体法兰，以方便旋风分离器装入再生器壳内；并且将所有的旋风分离器内件安装尽量在制造厂完成，既保证整体质量，也可保证后续的安装质量。

第四节　气固过滤装备

汽油吸附脱硫技术的反应和再生过程是气固流化床，为实现吸附剂颗粒与工艺介质的分离，装置中配置了多个气固过滤设备。

一、气固过滤分离原理

（一）气固分离的原理

1. 气固分离技术分类

气固分离装备是利用一种或数种气固分离的物理过程来达到分离气固混合物中固体颗粒的目的。在气固分离技术中，常见的分离机理有重力沉降、惯性力分离、拦截分离、荷电分离等，此外还有热泳力、扩散泳力、磁场力和辐射力。气固分离装备按工作温度不同，可划分为高温分离、中温分离、常温分离和低温分离；按照作用力情况进行分类，包括机械力分离、静电分离、过滤分离和湿洗分离[4]。

(1) 机械分离

机械分离主要包括重力沉降、惯性力分离、离心分离(如旋风分离器、旋转分离器)等。

重力沉降器结构简单、气速低，一般可以分离 100μm 以上的粗颗粒。惯性力分离可以分离 10μm 左右的细粒，高效的还可将 5μm 的细粒分离出来。这些靠机械力分离固体颗粒的分离器，结构简单，能在高压高温等十分苛刻的条件下运行，造价合理，维护管理简单可靠，应用广泛，但无法分离 5μm 以下的微粒。

（2）静电分离

静电分离对 0.01~1μm 颗粒有很好的分离效率，但要求颗粒的比电阻值在 $10^4 \sim 2\times10^{10}\Omega \cdot$ cm，所含颗粒浓度在 $30g/Nm^3$ 以下为宜，由于设备造价高，操作管理要求较高，所以一般大型电站采用此类分离器。

（3）湿洗分离

湿洗分离法是使气固混合物穿过液层或液膜或液滴时，其中的颗粒就黏附在液体上而被分离出来，如鼓泡塔、喷淋塔、填料塔、文式管洗涤器等。它们可以分离 1~5μm 的细粒，效率高且可靠，只是气体内会夹带液雾，而且只能在较低温度下使用，设备较大，还要有庞大的液体回收及循环系统，应用范围受到限制。

（4）过滤分离

过滤分离是各种分离方法中分离效率最高且稳定的一种，按过滤介质可进一步细分为各种织物过滤器、各种颗粒层过滤器以及多孔固体介质过滤器，并向高温应用发展。利用耐热性优良的高温过滤介质实现气固分离，达到气体净化和能源回收。可以最大程度地利用气体的物理显热，同时可以简化工艺过程，节省工艺设备投资。

2. 过滤分离的原理

按照固体颗粒被捕集的位置，气固过滤分离可分为两类：一类是表面过滤，如金属网、多孔板等，颗粒在过滤介质表面被捕集；另一类是深层过滤，如纤维毡、颗粒填充层、多孔介质等，颗粒在介质表面和层内被捕集。颗粒被捕集的机制主要是拦截效应、惯性效应、扩散效应。对于表面过滤，拦截效应和惯性效应起主导作用；对于深层过滤，三种效应都起作用。

烧结金属粉末多孔过滤芯对颗粒物的拦截属于深层过滤，其过滤特性主要有过滤精度、过滤效率、流动阻力、纳污能力、堵塞倾向、滤饼的可剥离性；机械特性主要有刚度、强度、蠕变能力、耐磨性、振动稳定性、可制造性等[5]。

（1）过滤精度

对于多孔介质的过滤芯，过滤精度一般指其过滤介质的孔径。关于多孔材料或过滤芯的孔径有诸种标称，如公称过滤精度、名义过滤精度、绝对过滤精度、过滤度、最大孔径、过滤效率 98%的 β 值、最大气泡孔径等[6]。

公称过滤精度没有统一的标准，由过滤器制造厂设定的微米数值，这个数值是根据过滤等于或大于某种颗粒尺寸的某个百分比率而设定的。目前，过滤精度定义为滤前某尺寸颗粒数与滤后同一尺寸颗粒数之比，即 β 值。β 值的计算公式见式(7-4-1)：

$$\beta = N_a / N_d \tag{7-4-1}$$

式中 β——过滤比；

N_a——滤前某尺寸颗粒数，个；

N_d——滤后某尺寸颗粒数，个。

（2）过滤效率

过滤效率(η_e)是指在给定固体粒子浓度和流量的流体通过过滤元件时，过滤器元件对大于某给定尺寸固体颗粒的滤除百分比[7]，计算公式见式(7-4-2)：

$$\eta_e = \frac{N_1 - N_2}{N_1} \times 100\% \tag{7-4-2}$$

式中 η_e——过滤效率；

N_1——滤前某给定尺寸固体颗粒数，个；

N_2——滤后某给定尺寸固体颗粒数，个。

在 GB/T 6886 中列出了 9 中不同牌号的烧结不锈钢元件(SG001~SG070)，以 SG001 为例，当过滤效率为 98%时，过滤精度为 1μm；过滤效率为 99.99%时，过滤精度为 3μm。可见过滤精度和过滤效率是一个关联的概念，利用 β 值可以计算出过滤效率，表 7-4-1 是二者的对应关系。在特定过滤效率值下阻拦固体颗粒尺寸值的测定按 ISO 16889 进行。

$$\eta_e = 1 - \frac{1}{\beta} \tag{7-4-3}$$

式中 η_e——过滤效率；

β——过滤比。

表 7-4-1 不同 β 值对应的过滤效率

β 值	1	2	20	100	200	1000	10000
过滤效率/%	0	50	95	99	99.5	99.9	99.99

(3) 面速

在过滤系统中有面速和线速两种速度概念。

面速，即滤芯迎风面的流速，指通过过滤介质面积的气流速度，反映过滤介质通过气体的能力，以 $m^3/(m^2 \cdot s)$ 表示。面速越大，过滤器设计选用的过滤面积越小。

线速，指通过过滤器断面上的气流速度，一般以 m/s 表示。

实际的流速是通过过滤介质中有效空隙的流速。但是不同的过滤介质有不同的孔径和不同的空隙率，过滤介质的实际有效面积由于被固体颗粒逐渐阻塞，通过过滤介质的流速变大。流速的增加需要更大的力量来推动，这个推动力就是指过滤器压力降 ΔP，也称过滤器压差。

(4) 过滤器压差

表示气流通过过滤器时的压力损失或压力降 ΔP。流体通过任何一台设备都将产生压力损失，工艺流程中希望压力损失越小越好。在设计过滤器时，压力降是一个非常重要的参数，在过滤器运行过程中，压降也是衡量过滤器过滤效果的关键指标。

过滤器如果没有反吹，随着过滤介质逐渐被堵塞以及表面滤饼厚度增加，过滤器压力逐渐增大，直至超过过滤介质的承受能力，过滤器被破坏或需要离线清洗。当带有反吹系统，滤芯可在线清理再生，过滤器压差稳定在一个值，图 7-4-1 是一个带反吹系统的过滤器压差趋势图。

对图 7-4-1 中几个概念说明如下：

1) 初始压差。过滤器的初始压差，也称清洁压差，指在正常操作面速时，没有形成永久滤饼前的过滤器压差。

2) 永久滤饼压差。过滤器在工作时会在表面形成一层一定厚度的滤饼，称为永久滤饼，

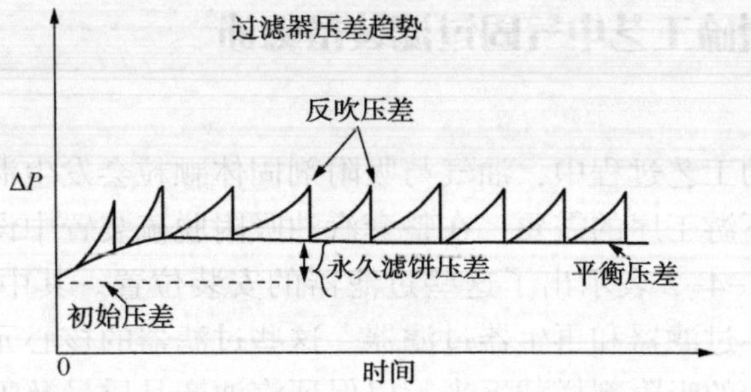

图 7-4-1　过滤器滤饼形成反吹压差变化图

永久滤饼产生的阻力降称为永久滤饼压差，其值为过滤器稳定工作时的压差减去过滤器的初始压差。

3）平衡压差。已形成稳定的永久滤饼，正常操作面速时，过滤器压差相对稳定的平衡值。

4）反吹压差。末期或污染压差，过滤器压差升高触发反吹，系统开始反吹时的过滤器压差。

过滤器初始压差 ΔP_{i} 的计算公式见式(7-4-4)：

$$\Delta P_{\mathrm{i}} = \frac{V \cdot s}{A}\left(\frac{\eta}{\alpha} + \frac{\rho \cdot V}{\beta \cdot A}\right) \tag{7-4-4}$$

式中　V——气体流量，m^3/s；

s——多孔材料厚度，m；

η——气体动力黏度，Pa · s；

A——滤芯的有效过滤面积，m^2；

ρ——流体密度，kg/m^3；

α——滤芯渗透系数，m^2；

β——气体惯性系数，m。

吸附剂层(滤饼层)的厚度与过滤器的压差直接相关。滤芯刚使用时，因其本身不规则的孔隙对流体的阻力而形成初始压差(ΔP_{i})，在一定的工况条件使用时，ΔP_{i}是一定值。

(5) 过滤芯的再生

过滤芯的再生也是一项关键技术。在过滤过程中，随着固体颗粒在过滤介质表面的积累，气体通道受到阻塞，滤饼逐渐形成，过滤压差不断增加，所以必须在压差达到一定程度时，将滤饼反吹掉，恢复过滤芯的性能，即实现过滤芯的再生。过滤芯的再生有两种形式：一种是增压反吹再生技术，另一种是文式脉冲反吹再生技术。前者对所有的过滤芯同时进行反吹再生，因此，过滤器是间歇工作的，必须采用多个过滤器切换才能实现连续操作。脉冲反吹再生技术是对单个或一组过滤芯逐次进行反吹，过滤芯实现在线再生，过滤器连续工作。所以脉冲反吹再生技术可以节省空间，节约投资。

影响过滤芯反吹的因素主要有操作参数(如反吹气体压力、反吹气体温度以及反吹气体其他特性参数的变化)、反吹气体清洁程度、反吹脉冲阀门的工况。

反吹压力是影响滤芯再生效果的关键因素，反吹压力是指反吹气储气罐的高压气体在开始反吹时的压力。随着反吹压力的增大，反吹效率提高。反吹压力越高，残余压降上升越缓慢，反吹效率的波动范围减小[8]。

二、汽油吸附脱硫工艺中气固过滤装备概述

(一) 概述

在汽油吸附脱硫的工艺过程中，油气与吸附剂固体颗粒会发生混合。为了将油气中的吸附剂拦截下来，满足下游工序的需要，在整套汽油吸附脱硫装置中设置了多台过滤器以实现气固的有效分离。图 7-4-2 表示出了这些过滤器的安装位置。其中关键过滤器主要包括反应器过滤器、闭锁料斗过滤器和再生器过滤器。这些过滤器的核心元件均是金属粉末烧结滤芯，其作用是将气体中的吸附剂拦截下来，以保证汽油产品质量及吸附剂的再生循环使用。

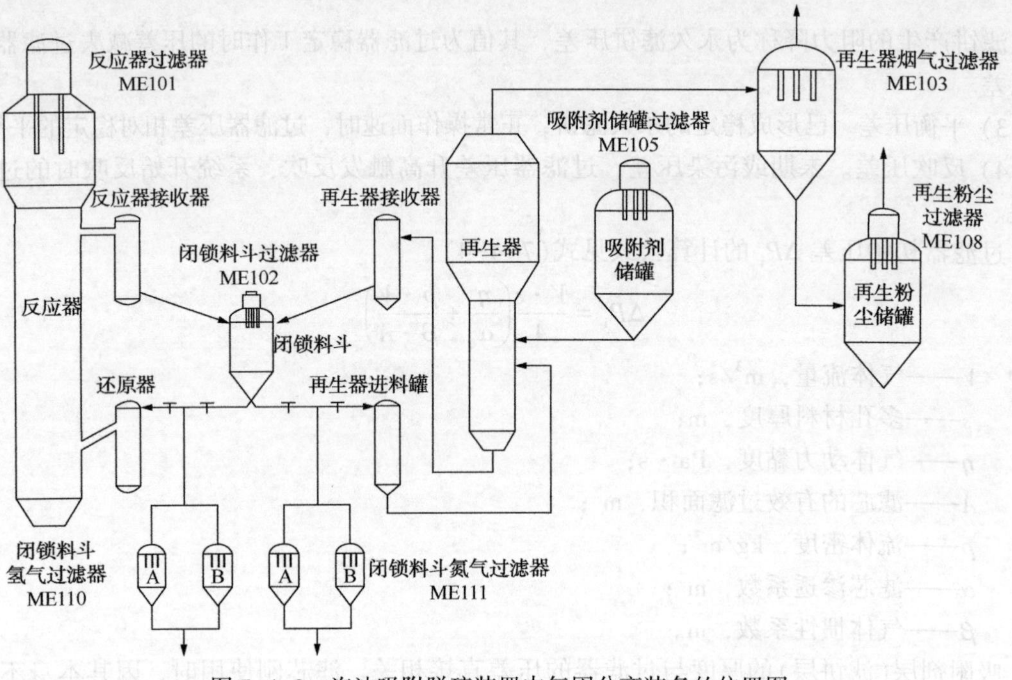

图 7-4-2 汽油吸附脱硫装置中气固分离装备的位置图

(二) 过滤器描述

1. 反应器过滤器(ME-101)

反应器是汽油吸附脱硫装置的核心设备，反应器内为气固两相、流化床操作，顶部设置精密自动反吹过滤器将吸附剂滤除[9]，顶部出口安装反应器过滤器(ME-101)，见图 7-4-3。

反应器过滤器(ME-101)通过内装的高精度滤芯组将油气中的吸附剂粉尘与反应后的油气彻底分离，是汽油吸附脱硫装置的核心设备之一。其运行效果直接关系到汽油吸附脱硫装置能否平稳、高负荷、长周期运行。

反应器过滤器(ME-101)的使用条件与反应器相同，设计温度为 470℃，设计压力为 4.26MPa。根据操作条件，反应器的壳体材料选用 14CrMoR 或 12Cr2MoR。过滤器需要拦截的粉尘平均粒径在 25μm 左右。

反应器过滤器(ME-101)外形如图 7-4-3 所示，过滤元件采用金属粉末烧结滤芯，滤芯焊接在过滤器管板上，管板夹持在过滤器法兰及反应器法兰之间，滤芯则插入反应器内部。携带吸附剂的油气经过滤器净化后进入下游设备，被拦截在滤芯外表面的粉尘回落至反应器

底部循环利用。

反应器过滤器(ME-101)设置自动反吹系统，可在不影响系统正常运行的情况下进行在线再生。当压降或时间达到设定值时即启动反吹程序。反吹再生可由 PLC 或 DCS 控制操作。

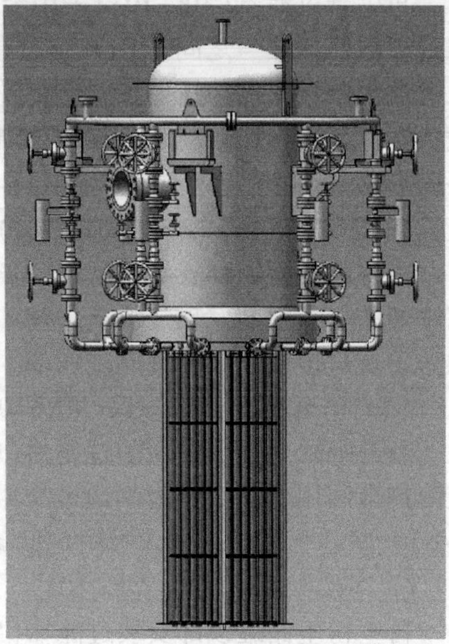

图 7-4-3　ME-101 过滤器外形图

2. 闭锁料斗过滤器(ME-102)

闭锁料斗的作用是将吸附剂从高压的反应系统输送至低压的再生系统(包括将氢/烃环境与氮/氧环境隔绝)。闭锁料斗顶部设置过滤器以防止吸附剂被排出的气体携带走[10]。在闭锁料斗中，待生和再生过的吸附剂分批地交替通过。闭锁料斗的压力在不同过程操作之间进行相应调整，造成闭锁料斗要承受压力的循环变化，需按疲劳设备设计，疲劳循环次数约为 3 次/h。闭锁料斗过滤器(ME-102)安装在闭锁料斗的顶部，见图 7-4-2，处于压力、温度和气体环境的交变工况中，主要由封头、管板、滤芯、中心管和膨胀节等组成，见图 7-4-4。滤芯用于去除气体中的吸附剂颗粒。中心管一端与封头固定在一起，一端悬伸。而膨胀节的两端分别与管板和中心管焊接在一起，当工况环境交变时，中心管会带动膨胀节产生相应伸缩。

3. 再生器过滤器(ME-103)

再生器是再生系统的核心设备，其主要作用是为脱除吸附剂上的硫和碳提供场所。以压缩空气作为再生气体，再生空气由再生器的底部进入，经气体分布器后使再生器内的吸附剂流化。再生器过滤器设置在再生器的下游，用于除去再生尾气中的吸附剂粉尘。一套完整的过滤器由过滤器筒体、滤芯组件、松动滤芯、反吹管及配套的仪表阀门组成(见图 7-4-5)。

图 7-4-4　ME-102 过滤器外形图

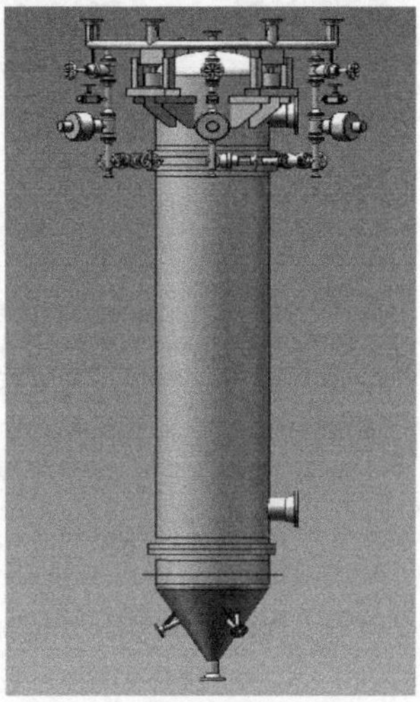

图 7-4-5　ME-103 过滤器外形图

再生器过滤器(ME-103)采用金属粉末烧结滤芯。滤芯焊接在过滤器管板上，管板夹持在过滤器筒体法兰之间。

再生器过滤器(ME-103)设置自动反吹系统，可在不影响系统正常运行的情况下进行在线再生。当压降或时间达到设定值时即启动反吹程序，对各个滤芯分区轮流反吹。反吹再生可由 DCS 控制操作。

4. 吸附剂储罐过滤器(ME-105)

吸附剂储罐顶部安装过滤器(ME-105)，将吸附剂颗粒拦截收集下来，重新进入吸附剂储罐回用。吸附剂储罐过滤器(ME-105)由上封头、法兰、管板和滤芯组成(见图 7-4-6)，滤芯下端直接插入吸附剂储罐内部。滤芯再生方式为定期进行反吹。

5. 新鲜吸附剂罐过滤器(ME-106)

新鲜吸附剂罐顶部安装过滤器(ME-106)，将吸附剂颗粒拦截收集下来，重新进入新鲜吸附剂罐回用。新鲜吸附剂罐过滤器(ME-106)由上封头、法兰、管板和滤芯组成(见图 7-4-6)，滤芯下端直接插入吸附剂储罐内部。滤芯再生方式为定期反吹。

6. 再生粉尘过滤器(ME-108)

再生粉尘储罐顶部安装过滤器(ME-108)，将吸附剂颗粒拦截收集下来，重新进入再生粉尘储罐回用。再生粉尘过滤器(ME-108)由上封头、法兰、管板和滤芯组成(见图 7-4-6)，滤芯下端直接插入再生粉尘储罐内部。滤芯再生方式为定期反吹。

7. 闭锁料斗氢气过滤器(ME-110A/B)

闭锁料斗中需要用到氢气进行升压，设置闭锁料斗氢气过滤器(ME-110A/B)的作用是净化从闭锁料斗中排出的氢气，回收吸附剂，净化后的气体排入火炬，吸附剂则输送至吸附剂回收罐或再生粉尘罐。

闭锁料斗氢气过滤器(ME-110A/B)采用一开一备操作模式，由过滤器壳体、管板及滤芯组成(见图 7-4-7)，定期进行反吹再生。

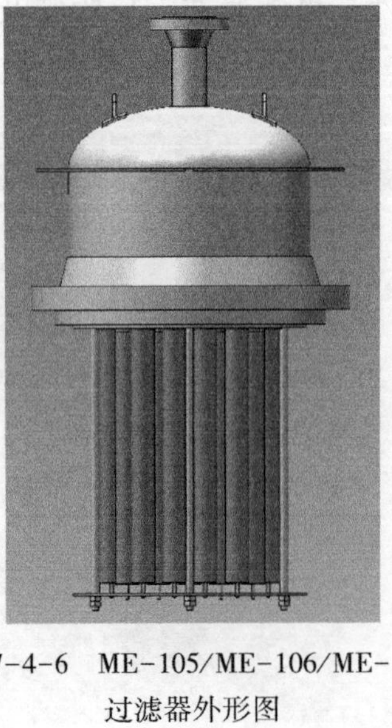

图 7-4-6 ME-105/ME-106/ME-108 过滤器外形图

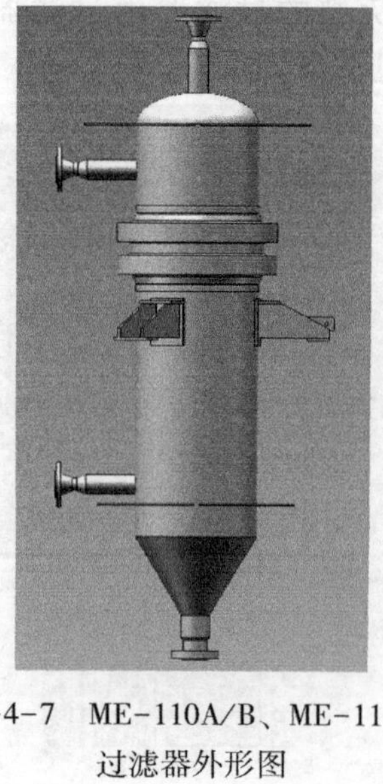

图 7-4-7 ME-110A/B、ME-111A/B 过滤器外形图

8. 闭锁料斗氮气过滤器(ME-111A/B)

闭锁料斗中需要用到氮气进行置换，设置闭锁料斗氮气过滤器(ME-111A/B)的作用是净化从闭锁料斗中排出的氮气，回收吸附剂，净化后的气体排入火炬，吸附剂则输送至吸附剂回收罐或再生粉尘罐。

闭锁料斗氮气过滤器(ME-111A/B)采用一开一备操作模式，由过滤器壳体、管板及滤芯组成(见图7-4-7)，定期进行反吹再生。

(三) 气固分离设备国产化

过滤器内装金属粉末烧结滤芯，滤芯长期处于高温、高压、临氢的苛刻工况环境下，对滤芯的耐温性能和结构强度要求极高；而且反应器中的吸附剂颗粒尺寸细小、浓度较高，这就要求滤芯孔径细小、透气性高并具有较大的过滤面积。原吸附脱硫装置全部采用进口产品，目前已全部实现国产化。

国内开发的烧结金属多孔材料精细滤芯的过滤精度已达到0.01μm，金属粉末烧结多孔材料和刚性烧结金属丝网多孔材料的过滤精度也分别达到1μm和3μm，甚至更高。

1. 滤芯组件的研究

过滤器(ME-101)金属粉末烧结滤芯是采用金属或合金粉末通过压制、高温烧结进行固化成型并经焊接等后处理工艺而制成的过滤元件，是过滤器的核心部件。一般采用烛式结构，滤芯一端封死，一端开口，开口端与管板相连接。过滤时含有吸附剂的气体从滤芯外部进入滤芯内部，过滤后的洁净气体从滤芯开口端排出，吸附剂被阻截在滤芯外表面，从而完成气体中吸附剂的去除。当过滤前后的压差达到设定值或经过一定时间的过滤后，引入与过滤方向相反的高压反吹氢气，短时间内高速进入滤芯内部进行爆破，吹掉滤芯外表面的吸附剂滤饼，实现滤芯孔隙特性的恢复。

作为过滤器(ME-101)的核心部件，烧结金属滤芯的性能直接影响到过滤与再生的效果。因过滤器(ME-101)的工作温度高(441℃)，系统压力高，待过滤的气量较大，所含固体颗粒的浓度高、粒度细小，因此对滤芯的孔径、渗透性及机械性能等的要求很高，包括三个方面：一是应具有良好的耐温性和较高的整体强度。滤芯在工作温度下应具有较高的强度，对温度的变化也不敏感。同时因滤芯的尺寸较大，因此必须从结构上加以优化设计，以减少滤芯使用时的振动和变形，提高滤芯的整体结构强度。二是应具有较小的孔径与高的渗透性。鉴于吸附剂粒度较小，而待处理的气体流量大，因此滤芯的平均孔径较小，且孔径分布均匀，同时渗透性较大、过滤面积合适，这样才能确保滤芯既具有较高的过滤精度，又具有较大的通量。三是应具有良好的耐磨损性能与再生性能。因滤芯需要频繁地进行反吹再生，因此其表面应能抵抗吸附剂的磨损以保持平整状态，这样才能通过高压反吹气体将黏附在管壁上的吸附剂尽量吹掉，保持压差恒定而延长过滤器的使用寿命。

过滤器(ME-101)滤芯的制备工艺研究有如下内容：

(1) 滤芯的材料选择

过滤器(ME-101)滤芯的工作温度高(441℃)，环境介质中含有一些腐蚀性介质。为了保证滤芯的长期稳定运行，滤芯与保护滤芯的管体及连接件的材质均选择综合性能十分优异的热强型不锈钢310S(0Cr25Ni20)。该合金属于奥氏体铬镍不锈钢，它的标准化学成分见表7-4-2。310S合金具有较高的强度，致密310S合金在室温下抗拉强度为520MPa，屈服强度为205MPa；因其Cr、Ni含量较高，因此具有良好的抗高温氧化与耐腐蚀性能；310S合金的耐热性也十分优异，在高温下具有很好的抗蠕变强度和耐磨损性能，其最高工作温度可达1100℃。

表7-4-2　310S合金的标准化学成分

元素	C	Cr	Ni	Si	Mn	S	P	Fe
含量/%	≤0.08	24~26	19~22	≤1.5	≤2.0	≤0.03	≤0.035	余量

(2) 滤芯的制备工艺

滤芯采用冷等静压成型+高温真空烧结工艺制备，该工艺的优点为：粉末体的密度比较均匀；易于实现大型、较长产品的生产加工。滤芯整体无纵向焊缝，减少了纵向焊接工序并有助于提高过滤面积。其具体工艺流程如下：

粉末原料准备→等静压成形→真空高温烧结→性能检测→校直、剪切定尺→环缝焊接→退火等后处理制成单节滤芯→冒泡检测。

制备的国产化滤芯宏观外形与微观形貌如图7-4-8与图7-4-9所示。

图7-4-8　滤芯的宏观外形

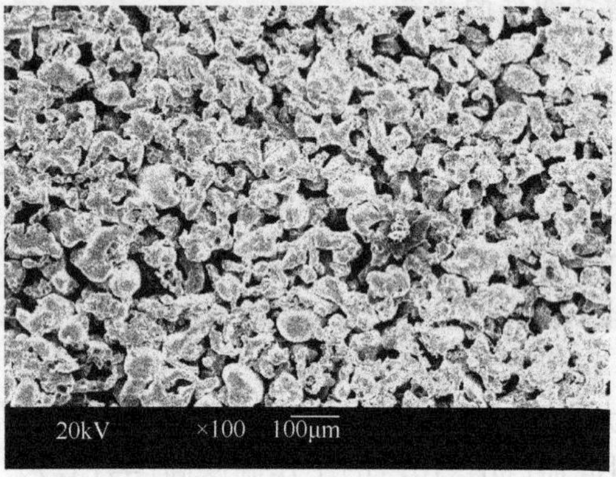

图7-4-9　滤芯的外表面微观形貌

(3) 过滤器(ME-101)滤芯的综合性能

滤芯的性能包括本体性能与使用性能两个方面。表征滤芯的本体性能主要有孔隙特性(孔径、渗透率、孔隙率)、压溃强度、拉伸强度及抗极限外压强度等指标。而表征滤芯的使用性能主要有过滤精度、过滤效率、反吹再生性能等考核指标。本节主要论述滤芯的本体性能。

滤芯的孔隙特性主要包括孔径、孔隙度、渗透率、渗透系数等参数，这些参数互相密切关联。根据国家标准GB/T 5249、GB/T 5250，采用气泡法测试实验滤芯的孔径、渗透率，孔隙率则采用称重法进行计算。测试实验委托国家钢铁材料测试中心进行，测试仪器为PBR气泡孔径渗透性测定仪与精密天平等，ME-101滤芯的孔隙特性列于表7-4-3。

表7-4-3　ME-101滤芯的孔隙特性与压溃强度

孔径/μm	渗透率/[L/(min·cm²·Pa)]	孔隙率/%	压溃强度/MPa
≤5	≥1.5×10^{-4}	≥30	≥150

压溃强度可以表征过滤管承受机械外压能力的大小，根据国标GB 6804《烧结金属衬套径向压溃强度测定法》的规定，从滤芯上截取一段环形样品(图7-4-10)，测试样品的压溃

强度。从滤芯管体及管体与连接件的焊缝处截取拉伸试样(图 7-4-11)，根据国标 GB/T 228—2002 进行测试。表 7-4-4 列出了 ME-101 滤芯的压溃强度与拉伸强度。

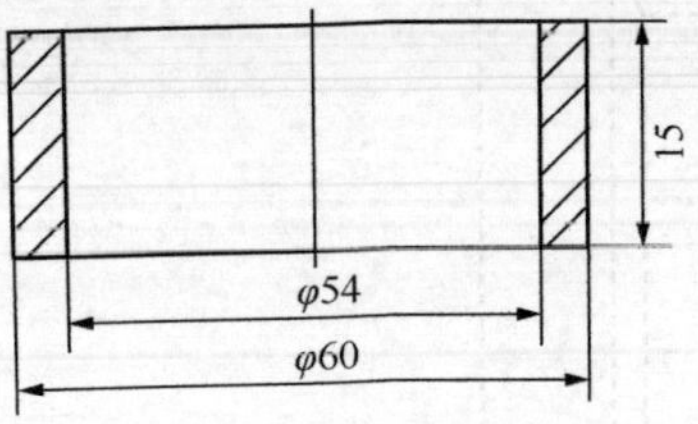

图 7-4-10　压溃强度试样示意图

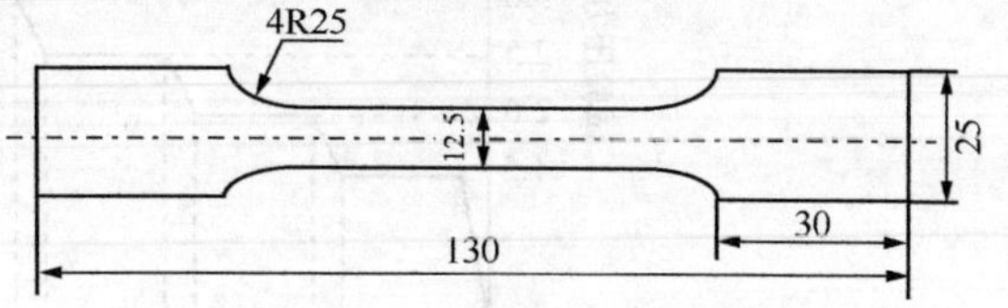

图 7-4-11　拉伸试样示意图

表 7-4-4　ME-101 滤芯的压溃强度与拉伸强度

压溃强度/MPa	抗拉强度/MPa	延伸率/%
180~220	120~140	12~15

多孔金属材料与同材质致密材料的静态抗拉强度关系可用巴尔申公式表示：

$$\sigma_b = \sigma_o \times (1-\delta)^n \tag{7-4-5}$$

式中　σ_b——多孔金属材料抗拉强度，MPa；

σ_o——致密金属抗拉强度，MPa；

δ——多孔材料孔隙度；

n——指数，一般取 3。

多孔金属一般孔隙度为 40%，可以估算多孔金属的抗拉强度大约是致密同材质金属的 0.216 倍，不足致密材料强度的 1/3。致密 310S 合金的室温抗拉强度为 520MPa，根据巴尔申公式可以估算出国产滤芯的抗拉强度约为 129MPa，这与表 7-4-4 是一致的。

为了进一步表征滤芯在完全失效下的强度性能，进行了极限压力实验。表 7-4-5 给出了实验条件。从滤芯上截取尺寸为 φ60mm×580mm 的试样管，采用逐步升压的方式，先升压至 1.5MPa 后保压 5min，再升压至 2MPa 后保压 5min，然后每升压 0.5MPa 后保压 5min，直至滤芯样品破裂或压力升至压力表的极限为止。图 7-4-12 表示出了实验过程中的加压曲线。测试结果表明，ME-101 滤芯的抗极限外压强度达到 4.3MPa 以上，可以满足汽油吸附脱硫工艺的使用要求。

表 7-4-5　极限压力实验条件

项　目	数　据	项　目	数　据
试验件尺寸(mm×mm)	Φ60×580	环境温度/℃	19
试验介质	清水	压力表量程/MPa	0~5
介质温度/℃	17	压力表精度	2.5

通过极限压力实验测试，ME-101 滤芯的抗极限外压强度为 4.3MPa，可以满足汽油吸附脱硫工艺的使用要求。

(4) 滤芯高温过滤与反吹效果评价

采用自建的高温除尘模拟评价实验装置(图 7-4-13)，对国产 ME-101 滤芯样品的过滤效果和反吹再生能力进行了实验室评价，并与进口滤芯的高温除尘与反吹再生效果进行了比

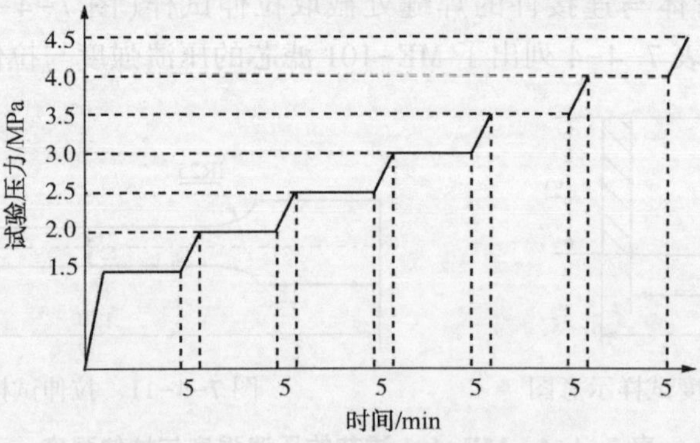

图 7-4-12　实验过程中的加压曲线

较。高温除尘模拟实验装置包括供气系统、气体加热装置、粉料加入装置、金属过滤器、脉冲反吹再生系统、过程的自动控制系统、数据的采集与显示及储存系统等。通过这套高温除尘模拟与评价实验装置，可以在实验室内实现高温含尘气体的连续过滤以及过程的自动控制和在线显示，如图 7-4-14 所示，这为项目研究提供了可靠的实验平台。

图 7-4-13　高温除尘模拟实验装置

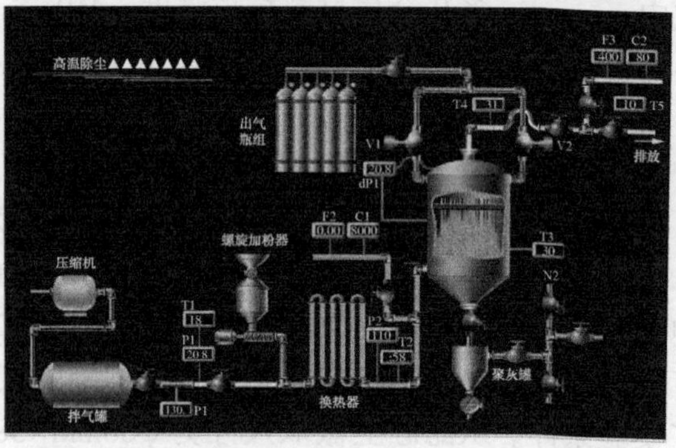

图 7-4-14　高温除尘装置的自动控制界面

因过滤芯内有许多孔隙，流体流动通过大小孔隙，在层流条件下产生阻力。当流体以 V_0 速度通过清洁的过滤芯时，V_0 与作用于过滤芯的压力差 ΔP 成正比，与流体黏度 μ 和过滤芯阻力 R_m 成反比。这些关系可用式(7-4-6)表达。

$$V_0 = \frac{\Delta P}{\mu R_m} \tag{7-4-6}$$

式中　V_0——流体穿过滤芯表面时的流速，m/s；

ΔP——作用于过滤芯的压力差，Pa；

μ——流体黏度，Pa·s；

R_m——过滤芯阻力，m^{-1}。

在同样压力差下，当污染物颗粒沉积形成滤饼后，过滤速度减少到 V_f，可用式(7-4-7)表达。

$$V_f = \frac{\Delta P}{\mu(R_c + R_m)} \tag{7-4-7}$$

式中　V_f——流体穿过滤芯表面时的流速，m/s；

ΔP——作用于过滤芯的压力差，Pa；

μ——流体黏度，Pa·s；

R_c——滤饼阻力，m^{-1}；

R_m——过滤芯阻力，m^{-1}。

式(7-4-7)中的R_c与流体中污染物颗粒浓度及其在过滤芯表面所形成的滤饼的可压缩性有关，这是假定过滤过程中介质本身阻力R_m不变的基础上讨论过滤压差的影响因素，通常对于大孔过滤介质如金属粉末，R_m较低。过滤芯使用到后期，滤饼阻力比过滤芯本身的阻力要高出无数倍。表面滤饼可以去除非常细小的颗粒。通常，较小颗粒所形成的滤饼阻力会较大。而滤饼阻力对于流体浓度、流体速度、温度等工艺参数是很敏感的。

因此，根据上述理论分析，考虑到汽油吸附脱硫工艺的实际工况以及实验室可以实现的条件，确定了表7-4-6所示的实验工艺参数。因为实际工况下的石油蒸气与H_2在实验室内难以采用，模拟气氛采用压缩空气，这对滤芯的过滤及反吹再生试验效果不会产生明显影响。其他工艺条件如气体面速、入口粉尘浓度、反吹气体等与实际工况条件接近或一致。过滤元件滤芯样品尺寸为外径为60mm，长度为500mm。

表7-4-6 高温气体除尘实验工艺条件

条　件	数　据	条　件	数　据
实验温度/℃	450	入口粉尘浓度/(mg/Nm³)	3000~20000
模拟气体	压缩空气	反吹气体	氮气
入口压力/MPa	0.4~1.1	反吹周期/min	20
气体面速/(m/min)	1.2~1.3		

模拟粉尘为某装置已使用过的反应器吸附剂颗粒，其粒度分布见表7-4-7。

表7-4-7 模拟粉尘的粒度分布

粒度	$d_{(0.1)}$	$d_{(0.5)}$	$d_{(0.9)}$
数值/μm	0.869	4.608	11.293

根据高温除尘过滤系统自动采集的数据可以发现，滤芯样品的进、出口含尘浓度均呈现明显的对应规律，即进口浓度越高，则出口浓度越高。为了精确评价滤芯在整个实验时间范围内的最终过滤效率，在含尘气体的入口与出口处均放置过滤精度为50nm的高精度采样膜片。结果表明，滤芯入口采样口的膜片增重13g，出口的膜片增重0.004g，过滤效率为1-(0.004/13)=99.969%，与进口滤芯相当。

滤芯反吹前后的压差变化情况可以反映滤芯的再生能力。图7-4-15给出了滤芯样品的压差随时间的变化曲线。

从图7-4-15可见，滤芯样品的初始压的数值较大，这主要是因为实验过程中计算机自动采集的压差数据是整个实验系统的压差，其中包括管线、仪表等因吸附剂颗粒的污染而带来的压差，因而导致初始压差偏大。滤芯反吹以后，压差降到初始压差附近，之后呈现周期性规律变化，可见因滤饼的存在而带来的残余压差很少，说明滤芯样品具有良好的反吹再生性能。

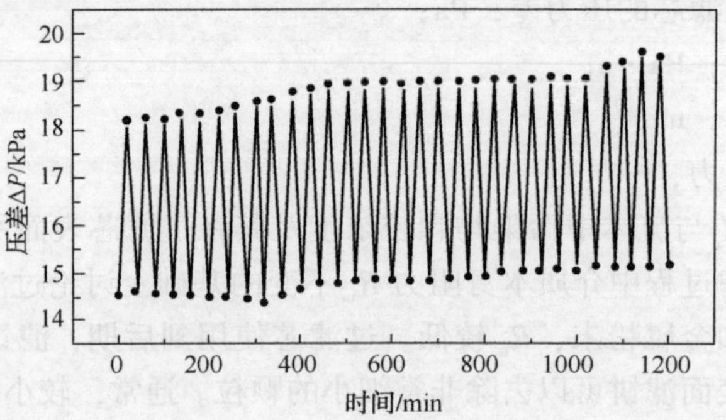

图 7-4-15　滤芯的压差与时间关系

过滤分离的关键是高性能的过滤介质[11~14]，高温过滤介质主要分为陶瓷过滤材料和金属过滤材料，其中金属过滤材料具有良好的耐温性和优良的机械性能。一般来说，常温下金属材料的强度远高于陶瓷材料，即使在700℃高温，其强度也高于陶瓷材料。另外，金属材料良好的韧性和导热性使得其具有良好的抗热震性，此外金属材料还具有良好的加工性能和焊接性能。

多孔金属材料又称泡沫材料，既是一种结构材料，又是一种功能材料。作为功能材料，实现过滤和分离是其应用的热点之一，它是用金属粉末在高温下烧结而成的多孔管材或板材，也可用单层或多层金属丝网与金属粉末一起烧结而成。通过控制金属丝的直径和粉末粒度，使孔隙控制在3~400μm。

作为过滤材料具有很多特点：渗透性能好，金属微孔孔径和空隙易于控制，过滤精度高；保持一定的金属和合金本身的特性；耐高温、抗热震、耐低温，适宜在较高或较低的工作温度和耐热冲击环境下长期工作；金属微孔孔径、孔隙度、渗透性能可通过反吹、高温热处理、化学溶剂、燃烧和超声波振动等手段清洗再生，延长了使用寿命；具有良好的机械加工性能，可进行复杂的机械成型加工和焊接。

烧结多孔金属材料主要有金属粉末烧结、烧结金属丝网、烧结金属纤维毡、金属膜。

2. 金属粉末烧结过滤器原理

汽油吸附脱硫装置中气固分离过滤系统的核心是其金属粉末烧结滤芯，金属粉末烧结过滤介质具有有效的小孔，符合适当单位过滤面积流量选型，可以有效地将固体捕获在滤芯表面或表面附近，这样就形成可渗透的固体滤饼，通过启动反向气流，在预先设定的压差下可以将滤饼除去。除去的滤饼从过滤系统中排出，可以直接返回处理过程中重新使用或者从处理气流中清除并发送到储存或收集单元，然后过滤器恢复到完全正向流，并在某一压差进行持续的工作至下一反吹周期。

在过滤的过程中，滤芯表面先形成如图7-4-16的滤饼层，当达到设计压差时开始反吹，如图7-4-17所示。反吹时间很短，通过反吹将表面的大颗粒吹落，而细小的颗粒则牢固地附着在滤芯的外表面，形成永久滤饼。永久滤饼有助于提升过滤效率，在过滤的时候能将更小的固体杂质拦截下来，而过滤器前后的压差逐渐稳定到一个恒定值，达到一个新的平衡。

过滤器再生反吹原理如下：

气固分离过滤器再生反吹系统通常有反向气流反吹（传统方式）和脉冲喷射反吹两种形式。

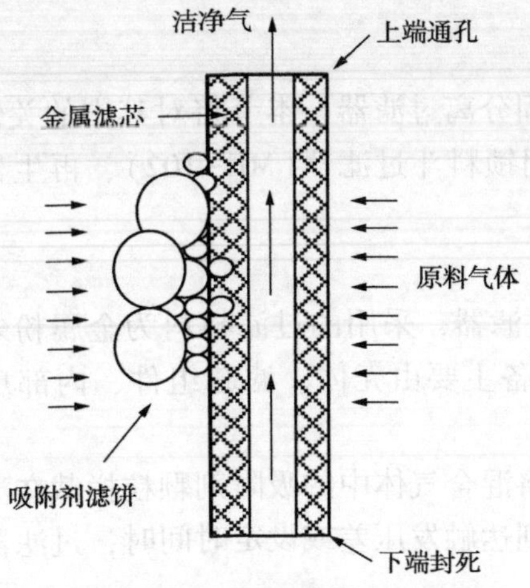

图 7-4-16　滤芯过滤示意图

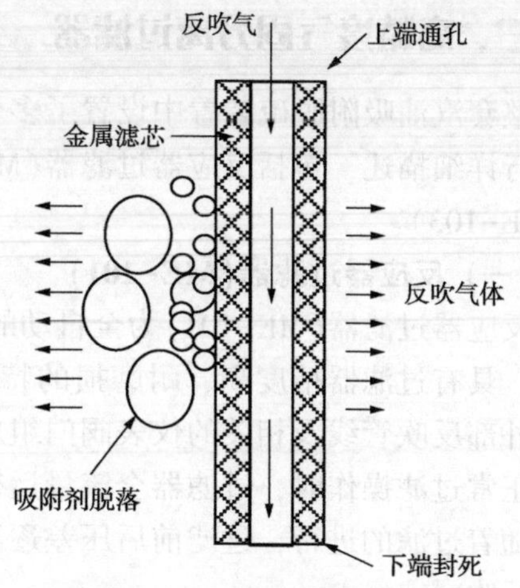

图 7-4-17　滤芯再生示意图

1）反向气流反吹系统。具备反向气流反吹功能的过滤系统使用一个或多个过滤罐进行连续的操作，当达到设定压差时，通过关闭入口和出口隔离一个过滤罐，以便清洁过滤元件。反吹气体反向流动通过过滤元件，持续时间约 2~4s，这样可以去除过滤元件上聚集的滤饼，然后将再生后的过滤罐切回过滤操作中，其余的过滤罐依次顺序进行反吹，见图 7-4-18(a)。

2）脉冲分区喷射反吹系统。脉冲分区喷射反吹系统是将过滤滤芯分成多个区域，各区域设置对应的反吹机构，待过滤气流一直保持在正常过滤状态。启动反吹时，按分区顺序通过各分区的反吹机构把高压脉冲气流引向每一个分区所对应的过滤元件，使得各分区的过滤元件依次得到反吹，脉冲持续 1.0~2.0s，反吹压力约为过滤器正常操作压力的 2~3 倍。在此期间，由反向脉冲引起的震动波可以将聚集在滤芯表面的滤饼从元件上有效去除，见图 7-4-18(b)。

当固体堆积密度小于 640kg/m^3 时，尤其是高温环境中，为了使用脉冲喷射反吹方法，可以选择下行式方法，包括一个中央管，将含有固体的气流引至管板下方，因此过滤芯周围的气流方向是向下的，这有助于释放的固体下沉到容器的底部，见图 7-4-18(c)。

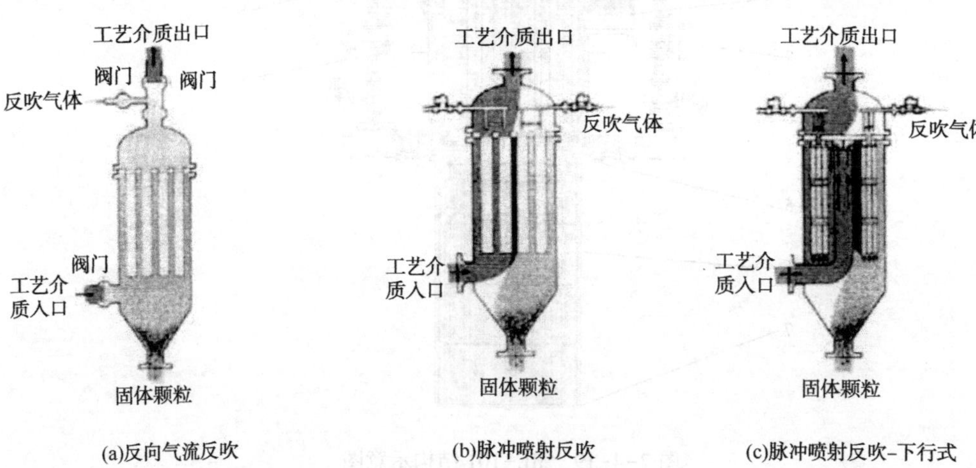

图 7-4-18　再生反吹方式

三、高精度气固分离过滤器

整套汽油吸附脱硫装置中设置了多个位号的气固分离过滤器，本节将对其中的关键过滤器进行详细描述，包括反应器过滤器(ME-101)、闭锁料斗过滤器(ME-102)、再生器过滤器(ME-103)。

(一) 反应器过滤器(ME-101)

反应器过滤器(ME-101)为全自动的在线吹扫过滤器，采用的过滤材料为金属粉末烧结滤芯，具有过滤器精度高、耐磨损的特点。成套设备主要由壳体、滤芯组件、内部反吹组件、外部反吹管线及相关的仪表阀门组成。

正常过滤操作时，过滤器全流量运行。过滤器将混合气体中的吸附剂颗粒拦截在滤芯表面。随着过滤的进行，过滤前后压差逐渐上升，当到达触发压差或设定时间时，过滤器进行脉冲反吹。

脉冲反吹时，打开快开气动阀门，由反吹储罐释放的气流经过特殊结构的喷嘴被加速至超音速或临近音速，迅速由内而外冲击滤芯，达到爆破反吹的效果，以恢复滤芯性能。所用滤芯分为 n 个分区，脉冲再生时，先打开某一分区的阀门，脉冲维持时间 1~2s，对应的成组滤芯进行再生(共 n 区)，恢复使用性能。然后关闭该阀门，间隔一定时间后，打开下一个分区的阀门，对应的成组滤芯进行再生，如此循环，以保证整个系统使用性能要求。所有分区的滤芯反吹再生完毕后，恢复正常过滤，等待下一次反吹循环。

系统操作由 DCS 全自动控制，根据实际情况也可采用手动控制，建议系统除检修开停工阶段外尽量不要用手动控制，以免影响系统的稳定运行和设备使用。反吹启动方式采用压差和时间联锁控制。

ME-101 主要结构如图 7-4-19 所示。

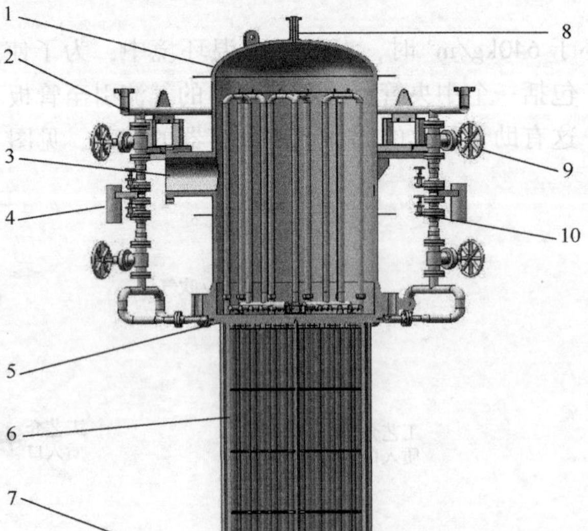

图 7-4-19 ME-101 结构示意图

1—封头；2—反吹环管；3—气体出口；4—气动阀门；5—管板；6—滤芯；7—定位花板；8—放空口；9—手动闸阀；10—导淋阀

（1）壳体

ME-101的壳体是指上封头部分（见图7-4-19），内部安装反吹组件及滤芯组件，外部安装外部管线及阀门，封头的材质及公称直径根据设计条件及装置处理量选取，按照Ⅲ类压力容器设计制造。

（2）滤芯组件

滤芯组件包括管板、滤芯、拉杆和定位花板。管板材料与封头一致，上表面堆焊不锈钢，滤芯组件夹持在筒体法兰和反应器顶法兰之间。管板上的滤芯分区设计根据滤芯数量确定。

（3）内部反吹组件

内部反吹组件分组数量与滤芯分区保持一致，单组反吹组件由两根反吹预热管和一个气体分布器组成，反吹气体由外部进入过滤器，首先经过反吹预热管，然后进入气体分布器，气体分布器上与滤芯对应的开孔位置设有喷嘴。

（4）外部反吹管线

外部反吹管线由反吹环管和分管线组成，分管线的数量与滤芯分组数量一致，反吹气体自储罐进入反吹环管，由反吹环管再通过分管线进入过滤器。每条分管线上安装有手动切断闸阀、反吹气动球阀和导淋阀。

（5）滤芯成品与配套组件的装配

滤芯成品与配套组件全部加工完毕并经检测合格之后，即可开始它们之间的相互组装，图7-4-19为装配后的过滤器。具体装配过程如下：

首先实现滤芯与管板的连接。金属滤芯与管板的连接方式主要有螺纹连接与焊接两种。螺纹连接的优点是装卸较为方便，但考虑到工作温度较高，过滤芯长期运行之后，螺纹膨胀与管板黏结在一起而难以卸下，螺纹连接的优势可能体现不出来，同时在长期振动的工况条件下，螺纹连接还容易松动，密封性相对较差。因此，为了保证滤芯与管板连接的可靠性，防止发生泄漏现象，金属滤芯与管板的连接采用焊接方式。同时为了降低现场滤芯安装与拆卸难度，在管板上堆焊不锈钢层，滤芯连接头与管板堆焊层的焊接采用角焊方式进行，拆卸时采用与滤芯外径相同的孔钻将滤芯连接头切割下来即可。

定位花板安装在滤芯末端，每组滤芯的定位销插入花板上的定位孔以实现滤芯组的固定，定位花板通过拉杆与管板连接在一起。

喷吹组件包含内部反吹支管与外部反吹集合管。反吹支管共有n组（数量与滤芯分区数量一致），包括反吹气体用配管和喷嘴，带有外部接头。反吹支管安装在管板上，按照流体动态特性曲线控制反吹系统的效率。反吹支管提供均匀分布的反吹气体，因此反吹喷嘴必须对准每支滤芯的中心线。外部反吹集合管共分为n组，并通过管板进入封头内，与预热盘管相连。

反吹预热管安装在封头内，连接外部反吹管线和内部反吹分布器，反吹预热管用来预热反吹气体，保证气体温度高于露点，避免气体中沸点较高的长链烃发生冷凝，对滤芯造成损伤。

(6) 再生反吹系统及滤饼的建立

滤芯再生反吹系统包括反吹气体缓冲罐、反吹气动阀门、反吹管线及中控 DCS 操作系统。反吹气体缓冲罐设置压力调节阀，保证反吹压力的稳定。

脉冲反吹程序的运行由 DCS 控制，操作员在中控室进行远程操作。

反吹阀装有单作用式气动执行机构，位置指示限位开关，可实现阀门快开快关。阀门的打开与关闭在 DCS 操作界面中均可监控。

ME-101 过滤器中安装的是圆筒形烛式滤芯，当过滤介质由外向内穿过滤芯的时候，固体杂质被拦截在滤芯的外表面，形成滤饼层。随着滤饼的不断加厚，过滤介质越来越难穿过滤芯，过滤器前后压差会逐渐增大，当到达触发压差或设定时间时，过滤器进行脉冲反吹。反吹会去除大部分滤饼，但滤芯的外表面还会留下薄薄一层，这部分没有被反吹去除的滤饼成为永久性滤饼。永久性滤饼会在滤芯外表面形成保护层，有效地拦截过滤介质中更细微的颗粒，缺点是会使再生后过滤器的前后压差高于初始压差。

永久性滤饼的建立可能需要经过若干个反吹周期，在滤饼的建立过程中，过滤器的再生后压差会逐渐升高，因此，需要逐步调整过滤器反吹触发压差值，注意反吹触发压差的设定要和再生后压差之间有足够的差值，以确保足够的过滤时间而形成有效的滤饼层。

当再生后压差逐渐趋于稳定，说明永久性滤饼层的建立已完成，此时反吹触发压差值也可确定下来。

(二) 闭锁料斗过滤器(ME-102)

闭锁料斗过滤器(ME-102)为疲劳设备，处于压力、温度和气体环境的交变工况中，主要由壳体、管板、滤芯、中心管和膨胀节等组成。滤芯用于去除气体中的吸附剂颗粒。过滤器(ME-102)的主要结构如图 7-4-20 所示。

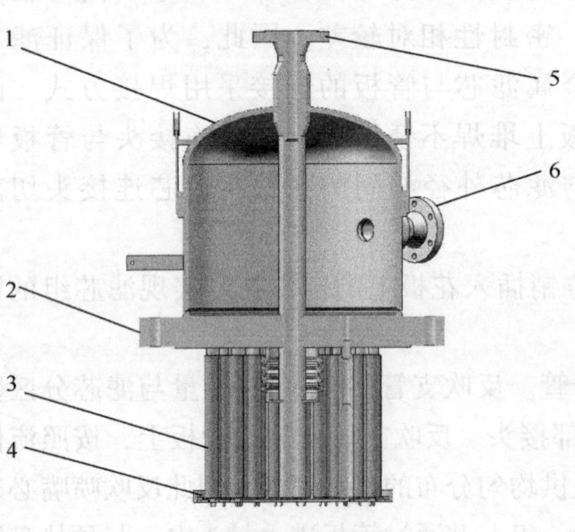

图 7-4-20　ME-102 结构示意图

1—封头；2—管板；3—滤芯；4—定位花板；5—固体入口；6—气体出口

(1) 壳体

ME-102 的壳体是指上封头部分(见图 7-4-20)，内部安装滤芯组件，封头的材质及公称直径根据装置处理量选取，按照Ⅲ类压力容器设计制造。上封头与管板之间连接方式采用焊接。承压壳体应做疲劳分析设计。

(2) 滤芯

采用 310S 不锈钢粉末烧结滤芯，滤芯与管板之间采用锥螺纹连接密封，便于滤芯的安装与更换。

(三) 再生器过滤器(ME-103)

再生器过滤器(ME-103)为全自动在线吹扫过滤器，采用的过滤材料为金属粉末烧结滤芯，具有过滤器精度高、耐磨损的特点。成套设备主要由壳体、滤芯组件、内部反吹组件、外部反吹管线及相关的仪表阀门组成。

正常过滤时，过滤器将混合气体中的吸附剂颗粒拦截在滤芯表面。随着过滤的进行，过滤前后压差逐渐上升，当到达触发压差或设定时间时，过滤器进行脉冲反吹。

系统操作由 DCS 控制，根据实际情况也可采用手动控制，建议除检修开停工阶段外尽量不要用手动控制，以免影响系统的稳定运行和设备使用。反吹启动方式采用压差和时间联锁控制，根据设定压差或时间自动启动反吹操作。

过滤器、氮气储气罐及相应管线均配有保温措施。

在操作过程中，如果出现某一路反吹故障，例如反吹阀门不能打开，则绕过该路阀门，继续对下一个分区进行反吹，同时发出故障警告。如果发现某路阀门打开后不能关闭，则发出报警，操作人员需要立即将该路反吹阀门前后的手阀关闭。一旦出现阀门故障，应当立即进行修理。

ME-103 主要结构如图 7-4-21 所示。

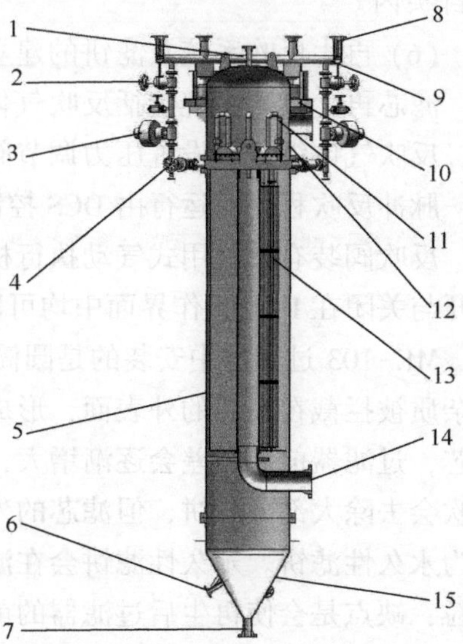

图 7-4-21　ME-103 结构示意图

1—放空口；2—手动阀门；3—气动阀门；4—导淋阀；5—下筒体；6—粉尘流化口；7—粉尘排放口；8—反吹气入口；9—气体环管；10—弹簧支架；11—反吹组件；12—上筒体；13—滤芯组件；14—气体入口；15—下椎体

(1) 壳体

ME-103 的壳体是指上封头部分(见图 7-4-21)，内部安装反吹组件及滤芯组件，外部安装外部管线及阀门，封头的材质及公称直径根据装置处理量选取，按照Ⅱ类压力容器设计制造。

(2) 滤芯组件

滤芯组件包括管板、滤芯、拉杆和定位花板。管板材料与封头一致，滤芯组件夹持在筒体法兰之间。管板上的滤芯分区设计根据滤芯数量确定。

(3) 内部反吹组件

内部反吹组件分组数量与滤芯分区保持一致，单组反吹组件由反吹管和气体分布器组成，反吹气体由外部进入过滤器首先经过反吹管，然后进入气体分布器，气体分布器上与滤芯对应的开孔位置设有喷嘴。

(4) 外部反吹管线

外部反吹管线由反吹环管和分管线组成，分管线的数量与滤芯分组数量一致，反吹气体自储罐进入反吹环管，由反吹环管再通过分管线进入过滤器。每条分管线上安装有手动切断闸阀、反吹气动球阀和导淋阀。

(5) 滤芯成品与配套组件的装配

滤芯成品与配套组件全部加工完毕并经检测合格之后，即可开始它们之间的相互组装，图 7-4-21 为装配后的过滤器。具体装配过程如下：

首先实现滤芯与管板的连接。管板共分 6 个区，每个区安装 n 支滤芯，共 $6\times n$ 支滤芯。为了保证滤芯与管板的连接的可靠性，防止发生泄漏现象，金属滤芯与管板的连接采用焊接方式。拆卸时采用与滤芯外径相同的孔钻将滤芯连接头切割下来即可。

定位花板安装在滤芯末端，每组滤芯的定位销插入花板上的定位孔以实现滤芯组的固定，定位花板通过拉杆与管板连接在一起。

喷吹组件包含内部反吹支管与外部反吹集合管。反吹支管共有6组(数量与滤芯分区数量一致)，包括反吹气体用配管和喷嘴，带有外部接头。反吹支管安装在管板上，按照流体动态特性曲线控制反吹系统的效率。反吹支管提供均匀分布的反吹气体，因此反吹喷嘴必须对准每支滤芯的中心线。外部反吹集合管共分为6组，并通过管板进入封头内。

(6) 再生反吹系统及滤饼的建立

滤芯再生反吹系统包括反吹气体缓冲罐、反吹气动阀门、反吹管线及中控DCS操作系统。反吹气体缓冲罐设置压力调节阀，保证反吹压力的稳定。

脉冲反吹程序的运行由DCS控制，操作员在中控室进行远程操作。

反吹阀装有单作用式气动执行机构，位置指示限位开关，可实现阀门快开快关。阀门的打开与关闭在DCS操作界面中均可监控。

ME-103过滤器中安装的是圆筒形烛式滤芯，当过滤介质由外向内穿过滤芯的时候，固体杂质被拦截在滤芯的外表面，形成滤饼层。随着滤饼的不断加厚，过滤介质越来越难穿过滤芯，过滤器前后压差会逐渐增大，当到达触发压差或设定时间时，过滤器进行脉冲反吹。反吹会去除大部分滤饼，但滤芯的外表面还会留下薄薄一层，这部分没有被反吹去除的滤饼成为永久性滤饼。永久性滤饼会在滤芯外表面形成保护层，有效地拦截过滤介质中更细微的颗粒，缺点是会使再生后过滤器的前后压差高于初始压差。

永久性滤饼的建立可能需要经过若干个反吹周期，在滤饼的建立过程中，过滤器的再生后压差会逐渐升高，因此，操作者需要逐步调整过滤器反吹触发压差值，注意反吹触发压差的设定要和再生后压差之间有足够的差值，以确保足够的过滤时间而形成有效的滤饼层。

当再生后压差逐渐趋于稳定，说明永久性滤饼层的建立已完成，此时反吹触发压差值也可确定下来。

四、汽油吸附脱硫工艺中气固过滤装备常见故障及原因

1. 反应器过滤器(ME-101)

(1) 压差上升快

1) 操作不当。超温、超压、细粉量异常、反应器线速过大、吸附剂藏量多等。

2) 来料性质影响。引入过量的非催化直供油，如罐区油等。

3) 反吹阀故障。仪表风压不足、阀门部件如阀座磨损等。

4) 处理量因素。长期超负荷、短时间负荷变化过大等。

5) 永久滤饼建立不当。新产品开工初期须由专业过滤工程师根据现场实际工况来建立滤饼。

(2) 吸附剂滤饼在滤芯表面架桥

1) 吸附剂粉尘浓度过高或藏量过多；

2) 反吹阀性能下降；

3）反吹压力设置不当；

4）油品性质原因导致滤饼结块。

2. 闭锁料斗过滤器（ME-102）

（1）滤芯从管板上脱落

1）长期高频振动及温度压力交变，使螺纹接口松动；

2）螺纹的加工精度不足。

（2）滤芯断裂

闭锁料斗内吸附剂料位超限造成吸附剂将滤芯部分淹没，吸附剂流动时使滤芯受侧向挤压。

3. 再生器过滤器（ME-103）

压差短时间异常升高：

1）有水汽进入过滤器，导致滤芯表面吸附剂结块；

2）由于卸料问题，吸附剂在过滤器内堆积。

第五节　其他静设备

一、吸附剂循环输送系统设备

1. 概述

吸附剂循环输送系统主要静设备包含闭锁料斗、再生进料罐和再生器接收器。这些静设备均是在较高温度下操作，工艺操作条件见表 7-5-1。

表 7-5-1　吸附剂循环部分设备主要操作条件

设备名称	操作介质	操作温度/℃	操作压力/MPa	吸附剂
闭锁料斗	（含氢气体+氮气+吸附剂）/（氧气+氮气+吸附剂）	371～427	0.15～3.15	流化床
再生进料罐	氮气+吸附剂	369	0.146	移动床
再生器接收器	氮气+再生烟气+吸附剂	427	0.145	流化床

2. 材料选择

（1）闭锁料斗

闭锁料斗的操作工况与反应器相似，属于较高温度、较高压力的临氢工况，按照 API RP941 中的纳尔逊曲线（Nelson）进行选材，壳体、封头采用 14Cr1MoR 钢，该材料具有较好的抗高温蠕变及抗高温氢腐蚀性能。考虑到介质内有氢气，所以在普通耐热 14Cr1MoR 钢的基础上，工程中对钢材中的杂质含量、钢材的韧性和无损检测等方面又提出了较高的附加要求。

（2）再生进料罐和再生器接收器

再生进料罐和再生器接收器的操作工况与再生器相似，属于高温低压的操作工况，设计压力为 0.35MPa，设计温度分别为 455℃和 525℃，考虑耐高温、耐氧化等因素，设备壳体材料选为 14Cr1MoR 钢。

3. 设备结构

(1) 闭锁料斗

闭锁料斗的主要作用是转换氢环境到氧氮环境，将待生吸附剂从高压的反应系统输送到低压再生系统，然后又转换氧氮环境到氢环境，将再生后的吸附剂从低压再生系统输送到高压反应系统中去。按此步骤循环操作，其操作过程见第六章图 6-1-2。

闭锁料斗设备上部装有过滤器，以防止排放气体时造成吸附剂的跑损。闭锁料斗底部设有 3 个锥部通气孔及通气滤芯，通过设置滤芯提高布气均匀度，同时可以防止吸附剂进入氮气管线。考虑闭锁料斗操作过程中的压力波动，通气孔的插伸接管与通气滤芯设计为焊接结构，见图 7-5-1。

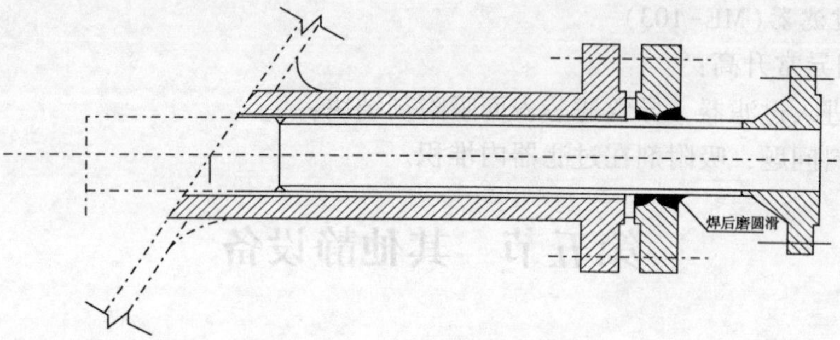

图 7-5-1　通气孔与通气滤芯

闭锁料斗属于疲劳容器，按照 JB 4732—95(2005 确认版)《钢制压力容器——分析设计标准》进行应力分析设计，其使用寿命系由操作循环次数决定的。

(2) 再生进料罐

再生进料罐的作用是将在闭锁料斗中置换合格的吸附剂缓冲并通过氮气提升至再生器。其结构见图 7-5-2。

在再生进料罐底部设有 2 个松动风口及通气滤芯，见图 7-5-3。设置滤芯目的是提高步气均匀度，同时可以防止吸附剂进入氮气管线，通气孔的插伸接管与通气滤芯设计为螺纹连接。

(3) 再生器接收器

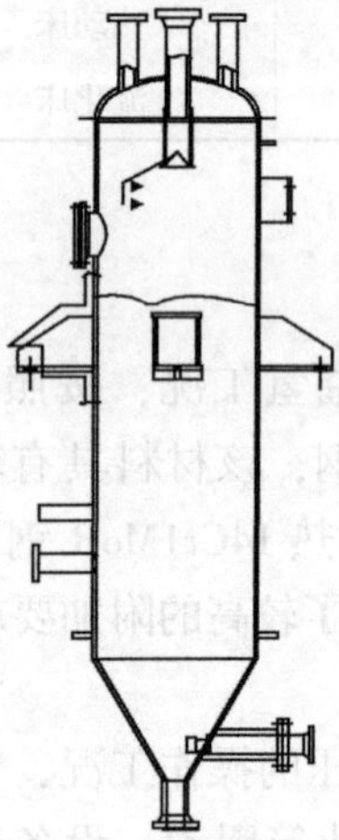

图 7-5-2　再生进料罐

再生器接收器(见图 7-5-4)用于将再生器中已再生完成的吸附剂在此冷却和缓冲，然后再送至闭锁料斗。

在再生器接收器下部设置氮气流化设施，来降低吸附剂温度和氧气含量，使氮气均匀进入吸附剂，氮气入口分布器为树枝状均匀向下的分布管。分布器的支撑板焊于内壁两端，支撑板与分布管连接板的连接为长圆孔结构，可以使支撑板与壳体之间自由地径向热膨胀量，同时便于安装。

再生器接收器在下部设置蒸汽取热盘管，用于控制再生器接收器内的温度。蒸汽取热盘管设计成长 U 形，在下部 U 形附近设置有支撑结构，支撑结构与壳体连接板为长圆孔结构，既不影响取热盘管的自由膨胀，又可以起到支撑的作用。

设备下部筒体为细长结构，为方便安装及检修蒸汽取热盘管和气体分布器，在蒸汽取热盘管上部和气体分布器下部分别设置两对

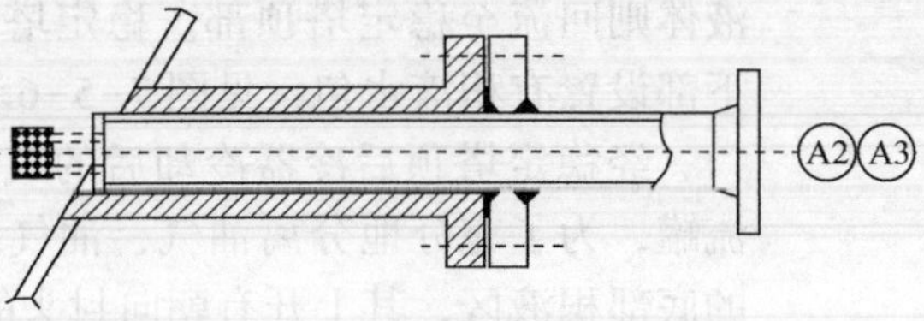

图 7-5-3　松动风口及通气滤芯

设备法兰，此两对法兰还可兼做人孔使用。

上述三台设备在内部表面有共同要求，即为防止吸附剂磨损，所有与吸附剂接触的内部焊缝均需磨光，与吸附剂接触的内部元件须去除毛刺、凸起和尖角，与吸附剂接触的设备开口应与内壁齐平，并打磨圆角。

二、产品稳定系统设备

产品稳定系统的主要作用是从处理过的汽油产品中脱除氢气及其他较轻气体。一般包括的设备有稳定塔、稳定塔重沸器、稳定塔顶后冷器、产品冷却器、稳定塔进料/凝结水换热器、稳定塔顶回流罐等。由于操作温度、压力都较低，且腐蚀情况较轻，所以产品稳定系统的设备均采用碳钢材料。

在稳定塔内，通过重沸器加热的方法，将脱硫后的汽油进一步分离出燃料气，在塔底得到汽油产品。稳定塔顶部的气体经稳定塔顶后冷器冷却后进入稳定塔顶回流罐。罐底液体回流至稳定塔顶部。塔底稳定的精制汽油产品经空冷器和水冷器冷却后，作为产品直接送出装置。

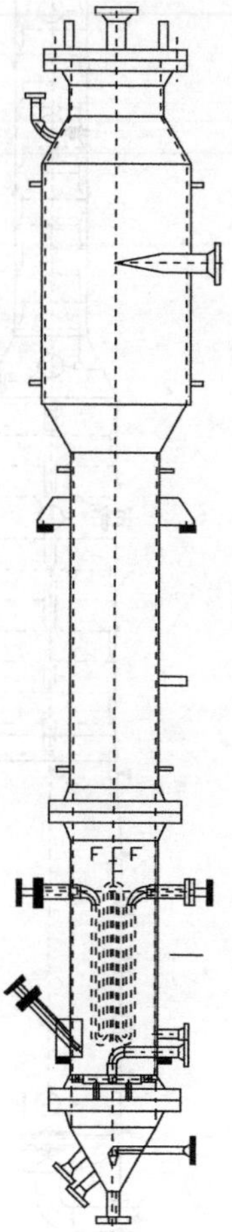

图 7-5-4　再生器接收器

1. 稳定塔

稳定塔是根据精馏原理，利用混合物中各组分挥发度的不同，使液相中的轻组分(低沸物)转移到气相中，而气相中的重组分(高沸物)转移到液相中，从而实现轻、重组分分离的目的。由于吸附脱硫技术在反应过程中不发生裂化等产生小分子的副反应，稳定塔进料的蒸气压基本同原料汽油，即稳定塔塔顶部分轻组分较少，因此塔顶不产液相产品，采用全回流操作。

由于进料液态烃组分含量较少，因此稳定塔上部气液相负荷低，一般采用单溢流塔盘；液相负荷集中在塔中部，多采用双溢流或三溢流塔盘。

稳定塔一般为变径塔，上部采用单溢流塔盘，中部则根据处理量大小采用双溢流塔盘，下部则为空的塔釜。设计压力为 0.95MPa，设计温度为 200℃，内部介质为汽油、燃料气和轻烃，壳体为 10~20mm 左右的 Q345R 钢板，容器类别为Ⅱ类，为高径比大的塔式容器，见图 7-5-5。

2. 稳定塔顶回流罐

稳定塔顶回流罐罐顶燃料气用于原料缓冲罐气封，分离出的气体送至燃料气系统，罐底

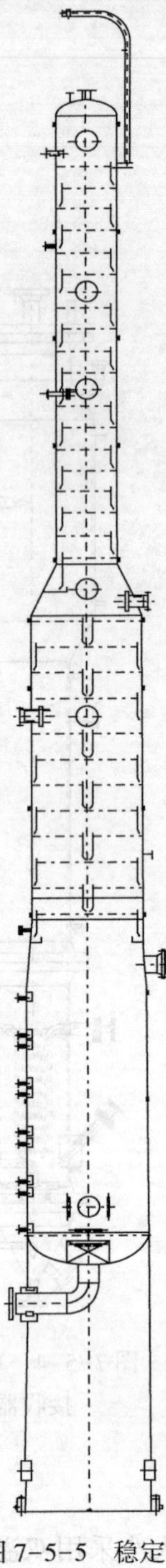

图 7-5-5　稳定塔

液体则回流至稳定塔顶部。稳定塔顶回流罐为卧式容器，其下部设置有积液水包，见图 7-5-6。

经稳定塔顶后冷器冷却后的气液混合油气自罐顶进入回流罐，为了充分地分离油气，油气入口的内伸管一直插入罐的底部积液区，其上开有朝向封头的条形槽，见图 7-5-7。

3. 其他设备

除稳定塔和回流罐外，稳定系统的设备还包括稳定塔重沸器、稳定塔顶后冷器、产品冷却器、稳定塔进料/凝结水换热器。这些设备均为碳钢材质，一般为管壳式结构的换热器。产品冷却器、稳定塔进料/凝结水换热器，均为两两重叠、串联布置。

三、换热设备

汽油吸附脱硫装置中大约有 13 个位号的换热器，其中较为重要的合金钢换热器有吸附进料换热器、反吹氢/反应产物换热器、再生烟气冷却器、再生空气预热器等，这些换热器均在高温或高温临氢条件下操作。换热器的类型不同，包括浮头式换热器、U 形管式换热器、浮头式冷凝器、固定管板式换热器和结构比较复杂的多套管式换热器。

1. 吸附进料换热器

吸附进料换热器为 U 形管式换热器结构，布置形式为双系列并联，每列采用数台换热器串联，每列换热器的台数取决于装置规模。一般情况下，1.5Mt/a 处理量以下的装置，每列为 3 台换热器；1.8Mt/a 处理量的装置，每列为 4 台换热器。目前，最大装置的处理能力为 2.4Mt/a，每列采用 5 台换热器。吸附进料换热器管程介质为混氢原料，壳程介质为吸附产物，在高温部位的换热器，管壳程均采用 14Cr1MoR 抗氢钢材，而低温部位的换热器则采用碳钢材料。

吸附进料换热器管程操作介质来自反应器顶部出口，运行时管接头处容易结焦，通过近些年的不断实践研究，除了对操作介质的严格控制，换热器的管板和夹持法兰采用了一种新型的能快速拆卸的紧固结构，便于现场换热器拆卸、清洗。

吸附进料换热器采用双壳程的结构形式。壳程流体在纵向隔板的尽头折返，在壳体内流经两次。两管程的管程介质的流向全程与壳程介质的流向完全相反，形成纯逆流传热，大大提高了换热器的传热效率。

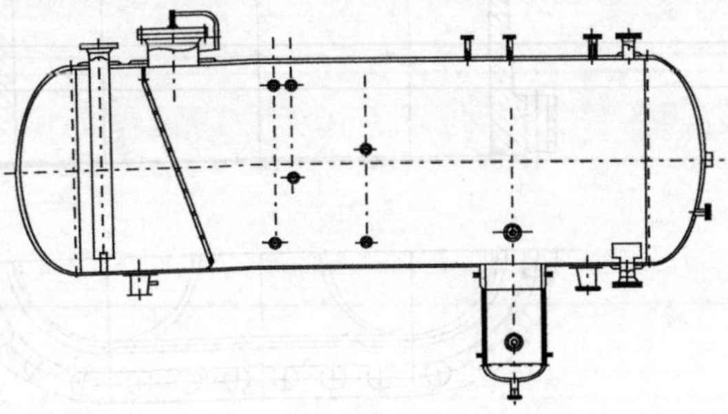

图 7-5-6　稳定塔顶回流罐

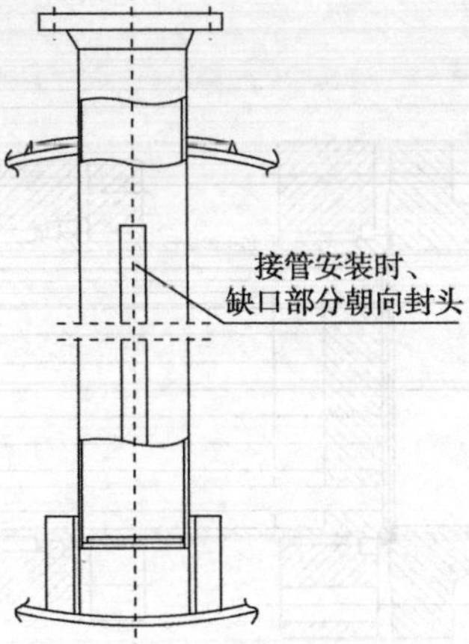

图 7-5-7　稳定塔顶回流罐油气入口结构图

2. 再生烟气冷却器

再生烟气冷却器采用多套管式换热器，见图 7-5-8。多套管式换热器压降小，换热效率高，适合于流量较小、管壳程温差较大的情况。再生烟气冷却器管程介质为再生烟气，温度高于 500℃；壳程侧为蒸汽，温度超过 300℃。为了便于管子自由地热膨胀，管束设计成 U 形。U 形外套管包裹在管束外围，实现了冷热流的纯逆流流动。壳程外套管尾部设置有异形法兰结构，便于管束拆卸，进行清洗、维护和检查[15]。

套管换热器的前端密封采用螺栓连接的可拆式结构，见图 7-5-9。这种结构管束拆装方便，但是壳程入口的死区相对较大。螺栓连接的可拆式结构通过法兰、螺栓、分瓣式卡环，层层推进压紧密封垫片，实现结构密封。每个元件间配合精密，制造加工精度要求高。

套管换热器的后端采用异形法兰结构，见图 7-5-10。异形法兰由长圆形槽面法兰、与圆筒相连的斜锥筒、法兰盖等几部分组成，异形锻件可节省原材料，拆卸方便，但材料利用率较低。

由于再生烟气中含有催化剂颗粒，为防止颗粒堆积，换热器主体采用立式安装。

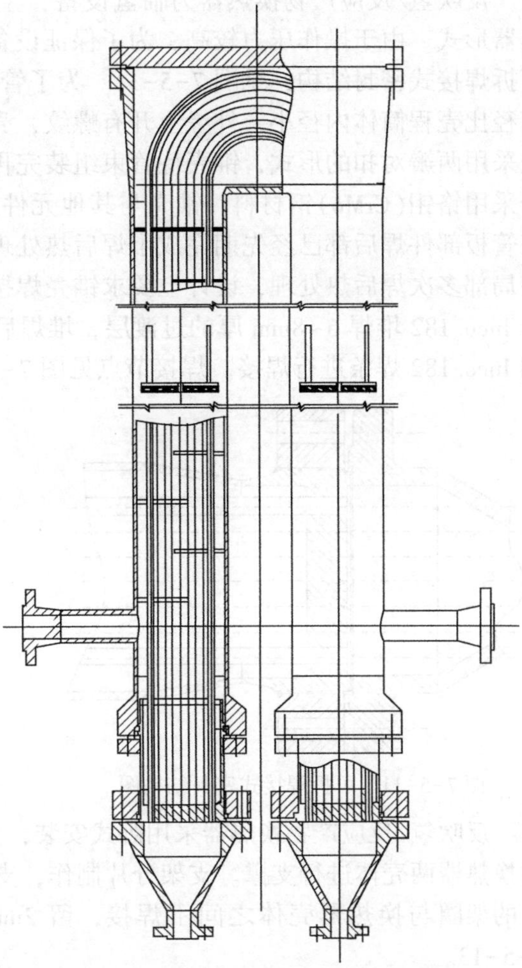

图 7-5-8　再生烟气冷却器结构图

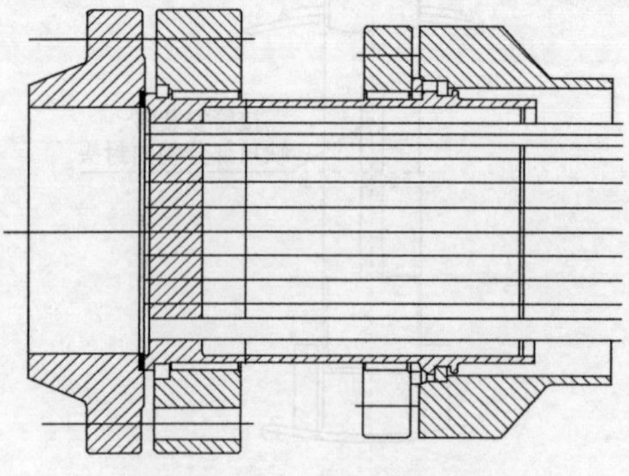

图 7-5-9　前端密封结构图

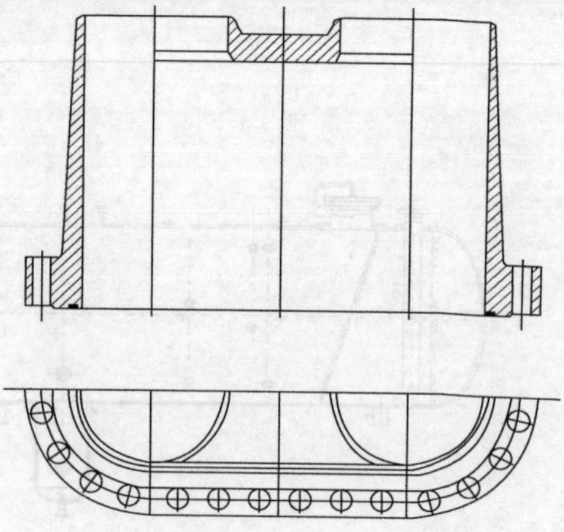

图 7-5-10　后端异形法兰结构图

3. 反吹氢/反应产物换热器

反吹氢/反应产物换热器为临氢设备，主体材料为 14Cr1MoR 抗氢钢材，采用多套管换热器形式。由于操作压力较高，为了保证设备长期可靠使用，换热器管壳程密封结构采用了可拆焊接式密封结构，见图 7-5-11。为了管束能从尾部拆出，管板采用异形结构，管板外直径比壳程筒体内径小，外缘上开有螺纹，壳程法兰通过螺纹拧在管板上。与管板相焊的锥壳采用两瓣对扣的形式，锥壳待管束组装完再将纵焊缝焊好，然后再焊 2 条环缝。由于换热器采用铬钼(CrMo)钢材料，锥壳与其他元件焊接后需要进行焊后热处理，而壳体部件和管束管板部件焊后都已经先期完成了焊后热处理，而最后才组焊锥壳的纵缝和环缝。为了避免该局部多次焊后热处理，设计上要求锥壳焊接前先在 4 条焊缝坡口上采用 Ni-Cr-Fe 合金焊条 Inco. 182 堆焊 6~8mm 厚的过渡层，堆焊后相焊的各元件分别进行焊后热处理，然后再采用 Inco. 182 焊条进行焊接。焊接节点见图 7-5-12。

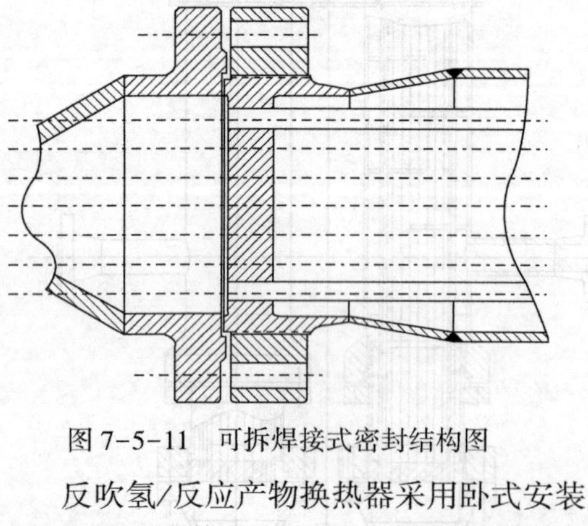

图 7-5-11　可拆焊接式密封结构图

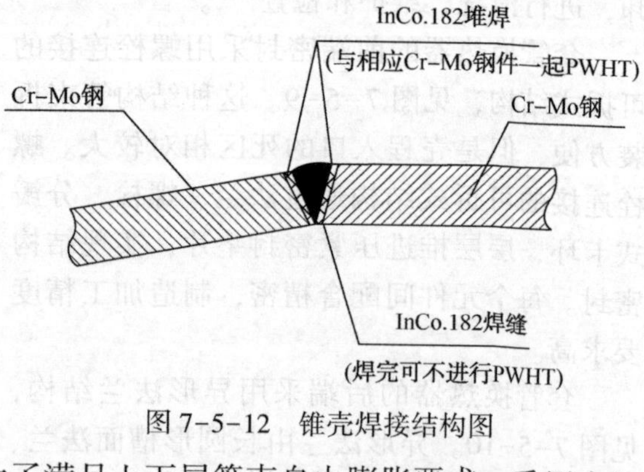

图 7-5-12　锥壳焊接结构图

反吹氢/反应产物换热器采用卧式安装，为了满足上下层管束自由膨胀要求，采用支架对换热器两壳体进行支撑。支架分片制作，支架由框架、支持板、连接板、架圈组成，支架上的架圈与换热器壳体之间不焊接，留 2mm 间隙，使壳体能自由地轴向热膨胀，见图 7-5-13。

4. 再生空气预热器

再生空气预热器为固定管板换热器形式，见图 7-5-14。壳程介质为空气，管程介质为

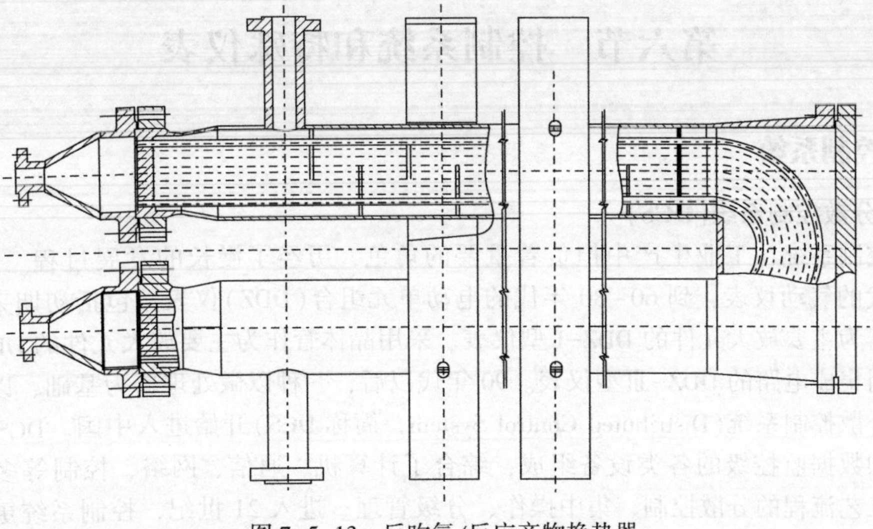

图 7-5-13　反吹氢/反应产物换热器

蒸汽，但由于操作温度较高，需采用耐高温的 15CrMoR 材料。固定管板换热器的换热管、管板和壳体焊接为一个整体，换热管与壳体间的热膨胀差引起的温差应力是设计上的控制因素。再生空气预热器管壳程的温差应力较大，需要在壳程筒体上设置膨胀节。膨胀节采用不锈钢材料。换热器壳体的焊后热处理以及膨胀节与壳程筒体之间的焊接，是制造的难点。一般采用 Ni-Cr-Fe 合金焊条 InCo. 182 对膨胀节两侧的壳程短接进行预堆边，见图 7-5-15，然后将膨胀节的左右两侧铬钼（CrMo）钢部分的筒体、管板、法兰、接管焊成一体后进行整体热处理。管子与管板的焊接接头焊完后，管接头可进行局部热处理，最后组焊膨胀节短节与壳程筒体的环焊缝。

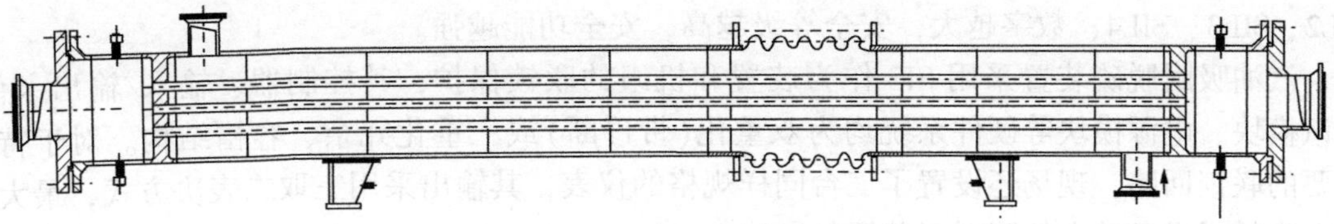

图 7-5-14　再生空气预热器

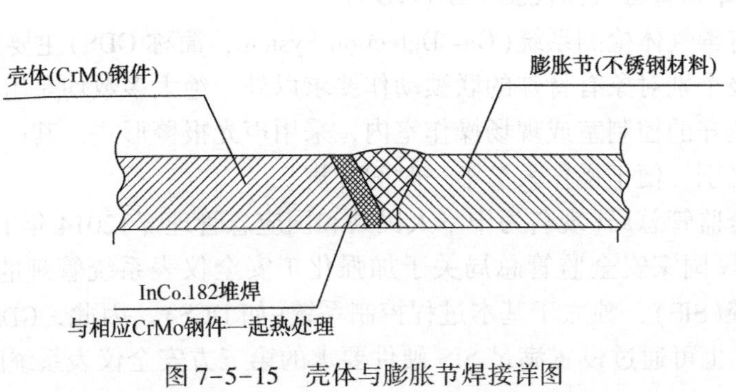

图 7-5-15　壳体与膨胀节焊接详图

第六节　控制系统和特殊仪表

一、控制系统

(一) 分散控制系统(DCS)

仪表控制系统在工业生产中担负着重要的角色，历经了漫长的发展过程。从20世纪50~60年代的气动仪表，到60~80年代的电动单元组合(DDZ)仪表，包括初期采用电子管和磁放大器为主要放大元件的DDZ-I型仪表、采用晶体管作为主要放大元件的DDZ-Ⅱ型仪表以及采用集成电路的DDZ-Ⅲ型仪表。90年代以后，一种以微处理器为基础、以通信网络为纽带的分散控制系统(Distributed Control System，简称DCS)开始进入中国。DCS系统由过程控制级和数据监控级的各类设备组成，综合了计算机、通信、网络、控制等多门技术学科，实现工艺流程的分散控制、集中操作、分级管理。进入21世纪，控制系统更是向着数字化、智能化的方向发展。

汽油吸附脱硫装置以DCS作为基本过程控制系统，内嵌了智能设备管理平台(Intelligent Device Management，简称IDM)，可实现装置内所有智能仪表的状态监测、故障诊断、校验管理和文档记录等功能。

(二) 安全仪表系统(SIS)

安全仪表系统(Safety Instrumented System，简称SIS)，之前也称为紧急停车系统(ESD)、安全停车系统(SSD)、安全联锁系统(SIS)或安全保护系统(SPS)，独立于过程控制系统，独立完成安全保护功能。当过程变量越限、机械设备故障、系统本身故障或能源中断时，安全仪表系统能自动地完成预先设定的动作(紧急情况下也可人为操作)，使工艺装置转入安全状态。安全仪表系统按照安全完整性等级(Safety Integrity Level，简称SIL)分为SIL1、SIL2、SIL3、SIL4，数字越大，安全等级越高，安全功能越强。

汽油吸附脱硫装置采用SIS作为装置和机组的联锁保护，其控制器、输入/输出卡件、通讯模块、电源模块等硬件系统均为双重化(带诊断)或三重化冗余、容错结构。对于特别重要的联锁回路，现场还设置了三台同样规格的仪表，其输出采用三取二表决方式，最大程度上降低了设备单点故障对于装置的影响。

(三) 可燃气体和有毒气体检测系统(GDS)

可燃气体和有毒气体检测系统(Gas Detection System，简称GDS)主要用于装置现场气体泄漏检测，除了极个别对象有特殊的联锁动作要求以外，绝大多数均是用于报警用途。报警系统设置在有人值守的控制室或现场操作室内，采用声光报警形式，其声光信号与过程控制系统报警信号有区别，便于操作人员第一时间分辨。

根据国家安全监管总局(现名为中华人民共和国应急管理部)2014年11月公布的安监总管三〔2014〕116号《国家安全监管总局关于加强化工安全仪表系统管理的指导意见》，GDS属于安全仪表系统(SIS)，独立于基本过程控制系统(如DCS)。因此，GDS可采用直接接入装置SIS的方案，也可通过设置满足SIS硬件要求的第三方安全仪表系统的办法来实现与基本过程系统分开。

汽油吸附脱硫装置不产生硫化氢，现场没有硫化氢检测探头，但存在可燃气体及氢气泄漏的可能性，需要根据工艺区域的划分设置可燃气体和氢气检测探头。可燃气探头安装在高于地坪（或楼地板）0.5m 左右的高度范围内，氢气检测器探头安装在释放源上方 0.5~2m 范围内[15]。除了检测器探头本体所带的蜂鸣器以外，在主要人员通道处还需要设置独立的声光报警器。

（四）闭锁料斗控制系统（LMS）

LMS 为独立于 DCS、SIS、GDS 的闭锁料斗专用控制系统，专门用于吸附剂循环输送用途，兼有过程控制和联锁保护功能。详见第六章。

二、特殊仪表

（一）阀门类

1. 程控球阀

球阀的阀芯为球体，由阀杆带动绕纵向轴线做 90°旋转运动。打开时，球阀内部通径与连接管道基本相同。与闸阀、截止阀等其他阀门相比，球阀具有流体阻力小、结构紧凑、开启迅速、操作方便的特点，特别是对于经常动作的场合，球阀的优点更为突出。

按照球体结构，球阀可分为浮动球和固定球两种。浮动球的球体底部没有固定轴支撑，在介质压力作用下，球体向下游偏移，紧压在下游端的阀座密封圈上，下游阀座是主密封阀座，介质压力越大，密封越严。阀杆与球体相互独立，不会因受压力发生侧偏而导致外漏现象，安装时有流向要求。固定球球体底部有固定轴支撑，受压后不会产生偏移，上、下游阀座后面有柱簧提供足够的预紧力压紧球体，以保证密封性，上游阀座为主要密封阀座，安装时没有流向要求。

球阀内部结构见图 7-6-1。

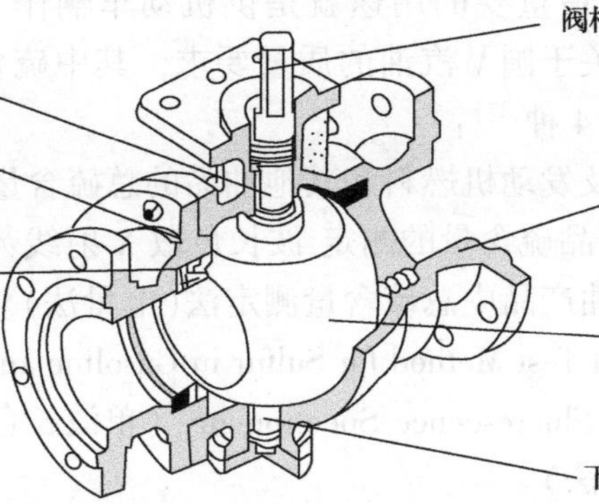

图 7-6-1　球阀内部结构简图

球阀采用气缸式执行机构，通过电磁阀通电、断电的方式改变执行机构的气路，从而实现开启、关闭阀门的目的。

程控球阀既是闭锁料斗控制系统的重要执行者，又是氢氧环境交替变换操作过程安全隔离的保证。与闭锁料斗程序控制直接相关的程控球阀共有 31 台，其中与吸附剂直接接触的有 19 台，在承载着温度、压力交替变化过程的同时，又要保证开关自如且密封严密，保证在闭锁料斗内氢、氧气体在不同步序变化过程中的严格隔断。程控球阀的质量直接关系到吸附剂循环的顺畅与否，也影响到汽油吸附脱硫装置的平稳运行。全金属硬密封结构的球阀更适合这类高温、含固体颗粒、高频次动作的工况，对于浮动球结构的阀门，安装时特别需注意流向问题，主密封端安装在低压侧。

2. 滑阀

滑阀是利用圆柱形阀芯在阀体密封面上做轴向滑动，改变流体进出口通道位置以控制流体流量的一种特殊阀门。与常规阀门相比，滑阀阀芯结构强度更高，适用于粉尘类固体输送用途。由于阀芯摩擦力大，动作不够灵敏，小流量调节性能不如普通调节阀。内部结构见图 7-6-2。

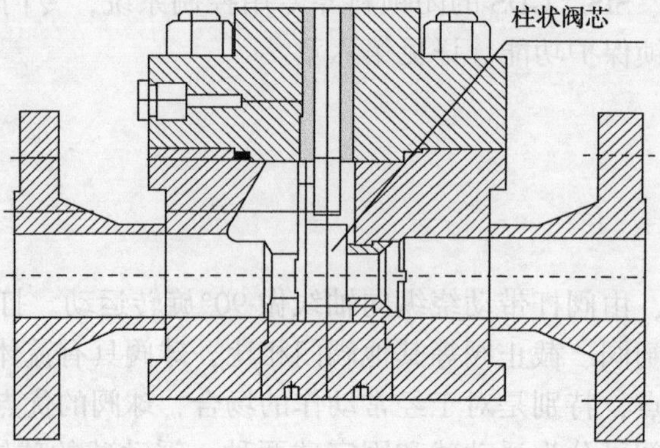

图 7-6-2　滑阀内部结构简图

汽油吸附脱硫装置中共设有两台滑阀，一台位于再生进料罐底部出口管，另一台安装于再生器底部出口管。两台滑阀的设计温度达到了 550℃，介质为固体颗粒，是吸附剂在再生过程中输送控制的执行机构，也是调节吸附剂循环速率的重要控制手段。

（二）分析仪

1. 总硫分析仪

吸附脱硫装置所产汽油最重要的用途就是供机动车辆作为燃料，其产品必须符合 GB 17930—2016《车用汽油》中关于国Ⅴ汽油的质量要求，其中硫含量不得大于 10mg/kg。检测硫含量的试验方法包括以下 4 种[17]：

1）SH/T 0689《轻质烃及发动机燃料和其他油品的总硫含量测定法(紫外荧光法)》；

2）GB/T 11140《石油产品硫含量的测定 波长色散 X 射线荧光光谱法》；

3）SH/T 0253《轻质石油产品中总硫含量测定法(电量法)》；

4）ASTM D7039Standard Test Method for Sulfur in Gasoline and Diesel Fuel by Monochromatic Wavelength Dispersive X-ray Fluorescence Spectrometry（单波长色散 X 射线荧光光谱法测量汽油和柴油中硫含量的标准方法）。

上述方法中，第③种电量法也称作库仑法，工作原理是将样品气化后与载气(氮气)混合进入燃烧段，样品中的硫转化为二氧化硫，并随载气一并进入滴定池，与电解液中的三碘离子发生如下反应：

$$I_3^- + SO_2 + H_2O \rightarrow SO_3 + 3I^- + 2H^+$$

滴定池中三碘离子浓度降低，指示-参比电极对指示出这一变化并和给定的偏压相比较，然后将此信号输入微库仑放大器，经放大后输出电压加到电解电极，电解阳极处发生如下反应：

$$3I^- \rightarrow I_3^- + 2e^-$$

被消耗的三碘离子得到补充，消耗的电量就是电解电流对时间的积分，根据法拉第电解定律即可求出样品的硫含量。该方法准确性好、使用范围广，在测定轻质油品的总硫含量方面应用较为广泛，但目前只有实验室仪器，还没有工业化在线分析仪产品。

第①种紫外荧光法是一种传统的分析方法，其工作原理是将样品在高温（1050℃左右）富氧环境中燃烧，样品中的硫化物转化为二氧化硫（SO_2）。生成的气体在脱水后经特定波长（190~230nm）的紫外光照射，二氧化硫吸收紫外光的能量，一些电子由常规轨道转向高能轨道，转变为激发态的二氧化硫（SO_2^*）。当激发态的二氧化硫衰变返回到稳定态时，过量的能量以发射特征波长（240~420nm）荧光的方式释放。荧光的强度与样品中的硫含量成正比，经滤光片后由光电倍增管接收并转换为电信号放大处理，根据信号值计算出样品中的总硫含量。

紫外荧光法是国标 GB 17930—2016《车用汽油》中汽油总硫含量分析的仲裁方法，即采用其他方法的分析结果与紫外荧光分析结果有差异，以紫外荧光法为准。但是这并不能证明紫外荧光在线分析仪比采用其他方法的在线分析仪更好，只能说明严格按照 SH/T 0689 规定的步骤、在保证各种外部条件的前提下可以获得更高的检出度并保证重复性。这些步骤和条件在实验室内是比较容易获得的，但是对于在线分析仪却需要非常大的维护工作量，必须保证连续提供绝对不能含有硫类物质的 0 级氧气（纯度不低于 99.75%）[18]；必须提供纯度不低于 99.998%的惰性气体（氩气或氦气）；必须配备干燥管以除去样品中的水分，保证水含量不大于 5mg/kg；必须定期清理石英管表面燃烧后残存的积炭；必须保证样品进料流量稳定；紫外线对人体有辐射作用。

第②种和第④种都是 X 射线荧光光谱法，其工作原理是将 X 射线照射含有硫元素的油品，当其照射能量大于硫原子某一轨道电子的结合能时，就可以从中激发一个轨道电子，从而出现一个空穴，这时处于较高能级的电子将依据一定的规则跃迁填补该空穴。这一过程将使整个原子的能量降低，并以特征 X 射线的形式从原子中发出，即产生 X 射线荧光。荧光产额的大小与硫原子在样品中的含量成一定的对应关系，通过检测荧光产额的大小就能计算出样品中的硫含量。X 射线荧光光谱原理见图 7-6-3。

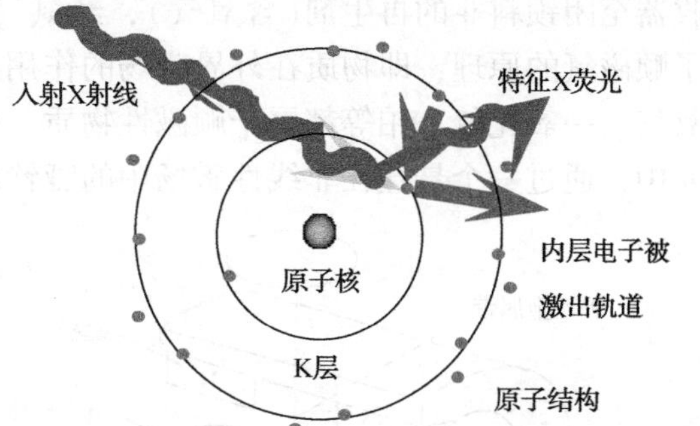

图 7-6-3　X 射线荧光光谱原理图

波长色散 X 射线荧光光谱法（方法 2）和单波长色散 X 射线荧光光谱法（方法 4）的测定极限值和精密度取决于仪器的 X 光管的功率[19]。前者属于全波长 X 射线，X 光管功率大，一般都在几百至上千瓦，荧光强度能量高，可以在较短的时间内便能达到较高的测量精度，可测介质范围很广。测量原理图见图 7-6-4。后者通过入射晶体分光器将 X 光管发射出来不同波长的 X 射线分离，转化为一束仅对激发硫原子产生 X 荧光有效的特定波长的单色 X 射线。在探测器前也增加了一组固定波长分光器，收集硫发出的 X 荧光，并用校准方程将其转换成被测样品中硫的含量。与传统的波长色散技术所用的多波长 X 射线相比，单色 X 射线减少了背景光，简化了基体校正，消除了由 X 光管引起的分散本底峰值，提高了本底比值（S/B），约为普通波长色散的 10 倍[20]。测量原理见图 7-6-5。

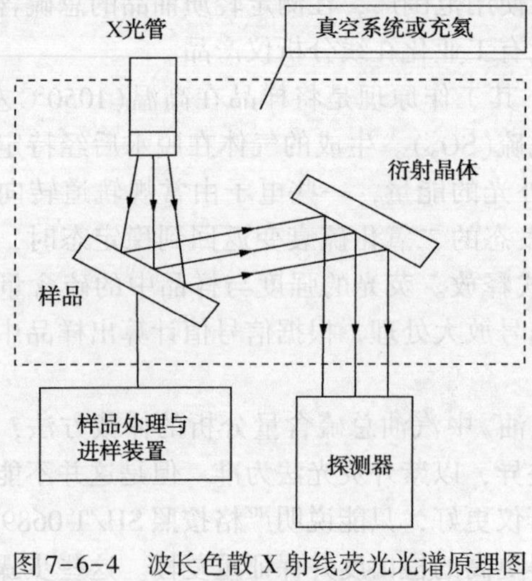

图 7-6-4　波长色散 X 射线荧光光谱原理图

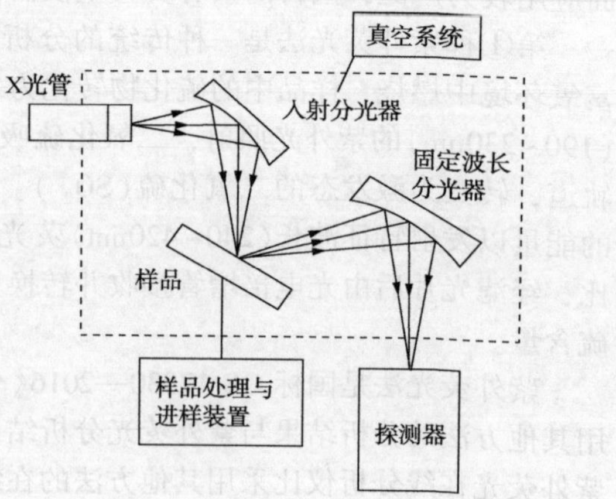

图 7-6-5　单波长色散 X 射线荧光光谱原理图

X 射线荧光光谱分析仪采用的分析方法属于元素级分析，不需要分解样品(燃烧)，不需要高纯度的氧气，维护量较紫外荧光分析仪小很多，测量响应迅速，精度可以满足使用要求。但需要注意样品应做脱水预处理，并且 X 射线有辐射作用。

2. 轻烃分析仪

汽油吸附脱硫装置设置了一台轻烃分析仪，设置在闭锁料斗顶部，用于监测反应器接收器至闭锁料斗的待生剂(含氢气和烃类)，经氮气吹扫后排放气体中的残余烃类物质。该分析仪采用的是红外分析方法，原理是利用特定波长的红外光与样品中的分子产生相互作用，该物质吸收该波长的光，产生红外吸收光谱。组分浓度不同，吸收的辐射能也不同，通过检测剩下的辐射能即可间接测量出待分析组分的浓度。

3. 氧分析仪

吸附脱硫装置一共有两台氧分析仪，其中一台设置在闭锁料斗顶部，用于监测再生器接收器至闭锁料斗的再生剂(含氧气)，经氮气吹扫后排放气体中的残余氧气。该分析仪采用了顺磁氧的原理，即物质在外界磁场的作用下会被磁化，呈现磁特性，称之为顺磁性物质。氧气、一氧化氮、铂等都属于顺磁性物质，氧气的体积磁化率比一般气体高得多。在测量单元中，通过一个悬挂在非线性磁场中的哑铃的偏转量来测量。氧气浓度越大，哑铃偏转静止位置越大，哑铃的偏转位置可以通过特定的光学装置来测定，从而检测出氧气的浓度值。原理见图 7-6-6。

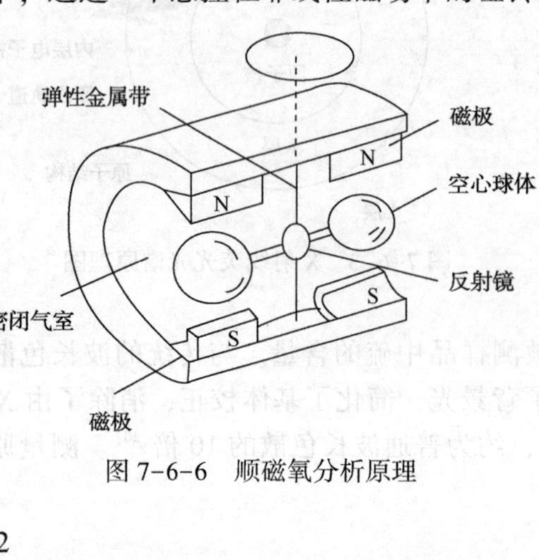

图 7-6-6　顺磁氧分析原理

这台分析仪和轻烃分析仪共用一个采样回路，采样管路上设置了一台小口径程控切断阀，该阀门根据 LMS 程序的指令在不同的运行步序中开启、关闭，以保证分析仪始终处于一个平稳的操作工况，还可切断闭锁料斗升压过程中流经分析仪泄漏的气量，实现大幅减少闭锁料斗气体排放的目标。

4. 氧化锆分析仪

氧化锆分析仪用于测量加热炉炉膛烟气中的氧含量，是监控加热炉工作效率的一个重要指标。基于固态电化学电池的原理(利用氧化锆氧浓度差)，氧化锆夹层加热到600℃，氧离子会从较高浓度的一面迁移到低浓度的一面。该迁移在两端之间产生一个电势差，通过测量该电势差就可以得到氧气的含量。

氧化锆分析仪一般设置在炉膛辐射段出口，不能设置在烟气不流动的死角，也不能安装在烟气流动很快的地方(如有些旁路气道的扩容腔内)。烟气温度不能过高，否则会影响检测器的寿命。

汽油吸附脱硫装置加热炉设置了一台氧化锆分析仪，除了通常检测氧含量[0~10%(体)]以外，同时还检测一氧化碳的含量[0~0.0002%(体)]，采用双通道模拟量输出至DCS。

(三) 放射性料位仪表

放射性料位仪表，有时也称为γ射线料位计、核料位计，是利用γ射线能够穿透物质，并在物质中减弱的特征对物位进行检测。由于测量元件不与被测介质直接接触，因此适应于高温、高压、高腐蚀、高黏度等恶劣工况。

放射性料位仪表主要由三部分组成。

1. 放射源

放射源一般采用钴-60(Co)或铯-137(Cs)。钴-60的γ射线能力为1.25MeV，铯-137的γ射线能力为0.55MeV，前者的检测精度更高，但其半衰期(5.3年)要远远低于后者(30.2年)。近年来，采用铯-137(Cs)代替钴-60(Co)作为放射源的趋势越来越明显。放射源外形尺寸很小，一般只有10mm左右见方，但为了对射线进行防护，使其通过一个狭小扇区穿过设备，需将放射源放入铅容器中。铅容器尺寸较大，质量一般会超过十几千克甚至更多。不同厂家生产的铅容器，尺寸、形状、对接法兰等规格会有不同。铅容器带有闭锁装置，不用放射源时可以关闭。

对某个特定的被测条件，放射源的选择需要经过周密计算，才能确定具体类型和活度。计算放射源时，放射源和探测器的安装位置、射线出射方向、射线扇区大小、被测物料量程、设备壁厚及材质、物料堆砌的安息角(大量颗粒状物质被倾倒于水平面上堆积为锥体，堆积物的表面与水平面所成内角)、保温层的厚度、设备内部压力及气相等都是需要考虑的重要参数。

2. 检测器

也称探测器、接收器。主要用于探测射线，并将射线产生的光信号转化为电信号。主要元器件为闪烁晶体、光电倍增管、前置电路。射线照射到闪烁晶体上，会产生光子。光子与光电倍增管表面涂的光感材料(称为光阴级)撞击，光子的能量被光阴级材料中的电子吸收，电子获得能量，离开光阴级材料。光电倍增管将光阴极接收到的电子进行倍增后，输出给前置电路进行整形、滤波、运算等处理。前置电路一般包括电压放大器、射极输出器(针对闪烁体计数器来说)，以放大信号电压和功率。

3. 转换器

转换器用于将探测器输出的电信号转换为标准4~20mA信号或开关量信号，输出给控制系统(如DCS)。转换器一般安装在现场机柜室内的专用控制柜中，带有显示面板。目前，很多放射性料位计制造厂将转换器和检测器整合为一体，这样，整个系统就只包括放射源和检测器两部分。

放射性料位仪表测量原理见图 7-6-7。

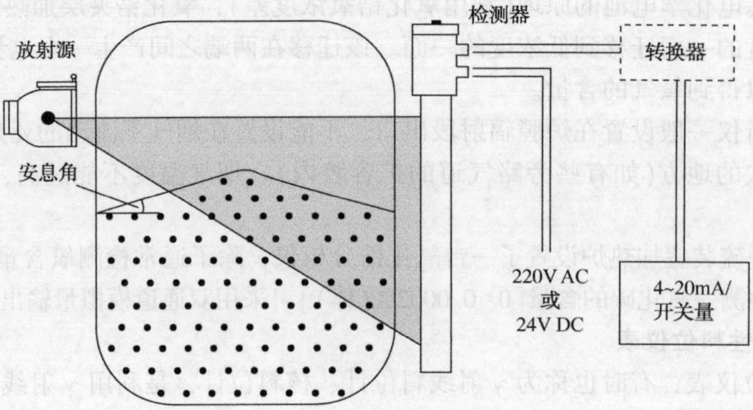

图 7-6-7　放射性料位仪表测量原理图

汽油吸附脱硫装置共有 7 套放射性料位仪表，其中 3 套为连续测量料位计，4 套为料位开关，用于测量闭锁料斗、再生进料罐等设备内吸附剂的料位高度。除了再生粉尘罐上的料位变送器和再生器接收器上的料位开关以外，其余 5 台信号均接入 LMS。

第七节　加热炉

汽油吸附脱硫装置设置一台反应进料加热炉和与之相配套的烟气余热回收系统以及一个钢烟囱，见图 7-7-1。

加热炉的作用是加热反应进料和循环氢，使进料达到反应所需的温度。烟气余热回收系统的作用是回收离开对流段烟气的余热，是提高加热炉热效率的重要节能手段。

图 7-7-1　加热炉部分的三维模型

一、加热炉工艺条件

反应进料加热炉在辐射室和对流室分别加热工艺介质(一)和工艺介质(二)，两种介质均为 100%的气相。工艺介质(一)为反应器进料，即催化汽油和循环氢的混合物；工艺介质(二)为还原器、反应接收器和闭锁料斗使用的汽提气和置换气，为循环氢气。工艺条件见表 7-7-1。

表 7-7-1　加热炉工艺介质操作条件

项　目	工艺介质(一)			工艺介质(二)
	冷进料工况	热进料工况 100%	热进料工况 110%	
入口温度/℃	约 345	约 374	约 374	约 82
出口温度/℃	420~430	420~430	420~430	约 343
入口压力/MPa(g)	3.3	3.3	3.3	3.596
允许压降/MPa	≤0.2	≤0.2	≤0.2	≤0.03

注：工艺介质(二)应根据热进料工况 100%设计，对于其他工况出口温度不大于 380℃。

二、重要的加热炉工艺参数

(一) 热负荷

管式加热炉单位时间内向管内介质传递热量的能力称为热负荷。

(二) 炉膛体积发热强度

燃料燃烧的总发热量除以炉膛体积，称为炉膛体积发热强度，简称为体积热强度，它表示的是单位体积的炉膛在单位时间里燃料燃烧所发出的热量。

(三) 辐射表面热强度

辐射炉管每单位表面积、每单位时间内所传递的热量称为炉管的辐射表面热强度，也称为辐射热通量或热流率。

(四) 对流表面热强度

含义同辐射表面热强度一样，但它针对的是对流段的炉管。

为了提高对流传热，对流炉管大量地使用钉头管或翅片管。但对流表面热强度习惯上仍按炉管外径计算表面积，而不计入钉头或翅片本身的面积。

(五) 热效率

热效率表示向炉子提供的能量被有效利用的程度，其定义可用式(7-7-1)表示。

$$\eta = \text{被加热介质吸收的有效热量} / \text{供给炉子的能量} \tag{7-7-1}$$

式中　η——加热炉的热效率,%。

热效率是衡量燃料消耗、评价炉子设计和操作水平的重要指标。随着节能的发展，现在加热炉的热效率在 92%~93%左右，而且还在不断地小幅提高。

(六) 火墙温度

火墙温度指烟气离开辐射段进入对流段时的温度，它代表炉膛内烟气温度的高低，是炉子操作中重要的控制指标。

(七) 管内流速

流体在炉管内的流速越低，即介质在炉管内停留时间也就越长，则边界层越厚，传热系数越小，管壁温度则越高。结果是介质越容易结焦，炉管越容易损坏。但是流速过高又会增加管内压降，增加管路系统的动力消耗，所以设计者会综合考虑后确定管内流速。

三、加热炉工艺计算

(一) 燃料燃烧计算

1. 燃料的组成及发热值

燃料的发热量是燃料定温完全燃烧时的热效应。依据燃烧产物中水蒸气所处的相态(液态或气态），分为高、低发热量。当燃烧产物中的水蒸气（包括燃料中所含水分生成的水蒸气和燃料中氢燃烧时生成的水蒸气）凝结为水时的反应热称为高发热量；当燃烧产物中的水蒸气仍以气态存在时的反应热称为低发热量。低发热量等于从高发热量中扣除水蒸气凝结热后的热量。

2. 理论空气用量与过剩空气系数

燃料气的理论空气用量和实际空气量按式（7-7-2）或式（7-7-3）计算。

$$V_0 = \sum X_i V_{0i} \qquad (7\text{-}7\text{-}2)$$

$$\text{或} \quad L_0 = 1.293\, V_0 / \rho_0 = \sum Y_i L_{0i} \qquad (7\text{-}7\text{-}3)$$

式中 $V_{0i}(L_{0i})$——单一气体的理论空气量，Nm^3 空气/Nm^3（kg 空气/kg）；

V_0——燃料气的理论空气量，Nm^3 空气/Nm^3；

L_0——燃料气的理论空气量，kg 空气/kg。

理论空气量计算式是根据燃烧的化学平衡方程式并以干空气为基准导出的。为了保证完全燃烧，必须有足够的过剩氧，即必须有足够的过剩空气量。实际空气量与理论空气量之比称为过剩空气系数，用 α 表示。实际空气量（L 或 V）按式（7-7-4）计算。

$$L = \alpha L_0 \quad \text{kg 空气/kg 燃料}$$

$$V = \alpha V_0 \quad Nm^3 \text{ 空气/kg 燃料} \qquad (7\text{-}7\text{-}4)$$

式中 α——过剩空气系数。

3. 燃料用量

燃料用量按式（7-7-5）计算：

$$B = Q / Q_{in} \times \eta \qquad (7\text{-}7\text{-}5)$$

式中 B——燃料用量，kg/h；

Q——加热炉热负荷，MW；

Q_{in}——燃料供给的热量，kJ/kg；

η——加热炉的热效率。

4. 烟气流量

烟气由二氧化碳（CO_2）、二氧化硫（SO_2）、水蒸气（H_2O）、氧（O_2）和氮（N_2）等组成。

对于燃料油，1kg 燃料油燃烧后产生的烟气质量包括燃料本身重、实际空气用量和雾化蒸汽的质量，按式（7-7-6）计算。

$$G_g = 1 + L + W_s \qquad (7\text{-}7\text{-}6)$$

式中 G_g——烟气量，kg 烟气/kg 燃料；

L——实际空气用量，kg 空气/kg 燃料；

W_s——雾化蒸汽量，kg 蒸汽/kg 燃料。

对于燃料气，烟气量由式（7-7-7）计算：

$$W_g = \sum W_i \qquad (7\text{-}7\text{-}7)$$

式中 W_g——烟气量，kg 烟气/kg 燃料气；

W_i——烟气中各组分的质量，kg 烟气/kg 燃料气。

(二) 加热炉管内外传热计算

1. 管内计算模型

罗波-伊万斯法是管式炉辐射段的主要设计方法之一。

罗波和伊万斯认为，辐射段中高温的火焰及烟气在单位时间内传给辐射管的热量是由两部分组成：一部分是火焰及烟气以辐射方式传给炉管的，它包括火焰及烟气以直接辐射的方式传给炉管的热量以及烟气通过反射墙间接传给炉管的热量；另一部分是烟气以对流的方式传给炉管的。

烟气对辐射段炉墙的对流传热速率和辐射段炉墙对外界的散热损失都较小，为了简化计算，可以认为两者相等。因此，由火焰及烟气以辐射方式传给炉墙的热量便由炉墙间接传至辐射管。

烟气以辐射方式对炉管的传热速率可以用式(7-7-8)计算：

$$Q_{Rr} = \sigma\alpha A_{cp}F(T_g^4 - T_w^4) = 5.72\alpha A_{cp}F[(T_g/100)^4 - (T_w/100)^4] \tag{7-7-8}$$

式中　Q_{Rr}——烟气以辐射的方式直接或通过其他反射面间接对辐射管的传热速率，W；

σ——Stefan-Boltzman 常数；

T_g——辐射段中烟气的平均温度，K；

T_w——辐射管外壁平均温度，K；

α——有效吸收因素(形状因素或角系数)，无因次；

A_{cp}——冷平面面积，m^2；

F——总交换因素，它是用于考虑火焰的黑度、反射墙的布置、辐射段的体积等一个校正因素。

烟气以对流方式对炉管的传热速率可用式(7-7-9)计算：

$$Q_{Rc} = h_{Rc}A_R(T_g - T_w) \tag{7-7-9}$$

式中　Q_{Rc}——烟气以对流方式对炉管的传热速率，W；

h_{Rc}——辐射段内烟气对炉管表面的对流传热膜系数，$W/(m^2 \cdot h)$；

A_R——辐射管外表面积，m^2。

于是辐射段的传热速率方程式可以写成：

$$Q_R = Q_{Rr}+Q_{Rc} = \sigma\alpha A_{cp}F(T_g^4-T_w^4) = 5.72\alpha A_{cp}F[(T_g/100)^4-(T_w/100)^4]+h_{Rc}A_R(T_g-T_w) \tag{7-7-10}$$

管式加热炉辐射段内以辐射传热为主，同时存在着对流传热；而在加热炉的对流段内，则以对流传热为主，同时高温烟气和炉墙也以辐射方式进行传热。

2. 管外计算模型

在辐射段中，管壁温度直接对传热和炉管材质的选择有很大的影响。

(1) 光管管壁温度的计算方法

对流管以外表面积为基准的总传热系数k_c的关系式为：

$$\frac{1}{k_c} = \frac{1}{h_i}\left(\frac{D_o}{D_i}\right) + R_i\left(\frac{D_o}{D_i}\right) + \frac{\delta}{k_w}\left(\frac{D_o}{D_i}\right) + \frac{1}{h_o} + R_o \tag{7-7-11}$$

对流段的热负荷为：

$$Q_c = K_c A_o\Delta t = \Delta t\Big/\left(\frac{1}{k_c A_o}\right) \tag{7-7-12}$$

式中 k_c——总传热系数，kJ/(m² · h · K)；

A_o——对流管外表面积，m²；

D_o、D_i——对流管外径和内径，m；

h_o——管外膜传热系数，kJ/(m² · h · K)；

δ——管壁厚度，m；

k_w——管壁导热系数，kJ/(m² · h · K)；

Δt——管内、外流体的温度差，℃。

根据稳定传热，通过各层热阻的热量是相等的，则：

$$Q_c = \frac{\Delta t_1}{\dfrac{1}{h_i A_i}} = \frac{\Delta t_2}{\dfrac{R_i}{A_i}} = \frac{\Delta t_3}{\dfrac{\delta}{k_w A_m}} = \frac{\Delta t_4}{\dfrac{R_o}{A_c}} = \frac{\Delta t_5}{\dfrac{1}{h_o A_o}} \tag{7-7-13}$$

式中 A_i，A_m——分别为管内表面积和管壁平均表面积，m²，$A_m=(A_o+A_i)/2$；

h_i，h_o——分别为管内、管外膜传热系数，kJ/(m² · h · K)；

R_i，R_o——分别为管内、管外结垢热阻，(m² · h · K)/kJ；

δ——管壁厚度，m；

k_w——管壁导热系数，kJ/(m² · h · K)。

(2) 翅片管或钉头管管壁温度的计算方法

关于翅片管或钉头管管壁温度的计算，与光管管壁温度的计算方法是相似的。

管内流体至管内壁的传热速率为：

$$Q_c = h_i{}^* A_i (t_i - t_{wi}) \tag{7-7-14}$$

管内壁至管外壁的传热速率为：

$$Q_c = \frac{k_w}{\delta} A_m (t_{wi} - t_{wo}) \tag{7-7-15}$$

翅片管光管部分外壁至管外流体的传热速率为：

$$Q_b = h_f{}^* A_t (t_{wo} - t_o) \tag{7-7-16}$$

翅片管翅片表面至管外流体的传热速率为：

$$Q_f = h_f{}^* \Omega A_f (t_{wo} - t_o) \tag{7-7-17}$$

整理得：

$$Q_o = \frac{(t_i - t_o) A_o}{\dfrac{1}{h^*} \cdot \dfrac{A_o}{A_i} + \dfrac{\delta}{k_w} \cdot \dfrac{A_o}{A_m} + \dfrac{1}{h_f{}^*} \cdot \dfrac{A_o}{A_i + \Delta A_f}} \tag{7-7-18}$$

翅片管或钉头管以光管外表面为基准的总传热系数 k_c 的关系式有：

$$\frac{1}{k_c} = \frac{1}{h_f} \cdot \frac{A_o}{A_i} + R_i \cdot \frac{A_o}{A_i} + \frac{\delta}{k_w} \cdot \frac{A_o}{A_m} + R_f + R_o \cdot \frac{A_o}{A_t + A_f} + \frac{1}{h_f} \cdot \frac{A_o}{A_t + A_f} \tag{7-7-19}$$

式中 $h_i{}^*$，$h_f{}^*$——分别表示包括结垢热阻在内的翅片管内膜和表面膜传热系数，kJ/(m² · h · K)；

h_i，h_f——分别表示不包括结垢热阻在内的翅片管内膜和表面膜传热系数，kJ/(m² · h · K)；

R_i, R_o, R_f——分别为管内、管外结垢热阻和翅片热阻，$(m^2 \cdot h \cdot K)/kJ$；

A_i, A_o, A_m——分别为管内表面积、光管外表面积和平均表面积，m^2，$A_m=(A_o+A_i)/2$；

A_t, A_f——分别为翅片管光管部分和翅片管翅片部分的表面积，m^2，

t_{wi}, t_{wo}, t_o——分别为管内壁、管外壁和管外烟气的温度，℃，

δ——管壁厚度，m；

k_w——管壁导热系数，$kJ/(m^2 \cdot h \cdot K)$；

Ω——翅片效率。

故翅片管光管部分的外表面温度为：

$$t_{wo}=Q_c\left(\frac{1}{h_iA_i}+\frac{R_i}{A_i}+\frac{\delta}{k_wA_m}\right)+t_i \tag{7-7-20}$$

式中 t_i——管内流体的温度，℃。

(三) 加热炉热效率

管式炉的燃料消耗在炼油装置能耗中占有相当大的比例，因此，提高管式炉的热效率，减少燃料消耗，对降低装置能耗具有十分重要的意义。

热效率是衡量管式炉先进性的一个重要指标。它关系着石油化工装置能耗的高低。提高加热炉热效率的方法有如下几种。

1. 降低排烟温度以减少排烟热损失

排烟损失在管式炉的热损失中占有极大的比例，因此，减少排烟热损失可以提高热效率。降低排烟温度有以下几种措施：

1）减小末端温差，即减小排烟温度与被加热介质入对流段温度之差；

2）将需要加热的低温介质引入对流段末端；

3）采用各种空气预热器用以预热空气；

4）采用烟气余热锅炉用以发生蒸汽；

5）除灰除垢，以保证管式炉长期在高热效率下运转。

从理论上讲，排烟温度可以降低到环境温度，但在工程实际中不可能实现，因为排烟温度的降低要受经济和技术两方面的限制。

随着排烟温度的降低，烟气余热回收系统的末端温差越来越小，传热效果也越来越差，回收余热的换热面积也就越来越大，投资会随之增加。

降低排烟温度在技术方面主要受烟气露点的限制。所选择的余热回收系统的换热面必须使排烟温度高于烟气的露点温度，否则会因露点腐蚀而损坏排烟系统。

2. 降低过剩空气系数以减少排烟热损失

管式炉是靠燃料燃烧供给热量的，燃料不可能在化学平衡的空气量(理论空气量)下完全燃烧，总是要在有一定过剩空气量的条件下才能完全燃烧。燃烧所用实际空气量与理论空气量之比叫作过剩空气系数。一般炼油管式炉正常的过剩空气系数在烧燃料气时为1.05~1.15，烧燃料油时为1.15~1.25。

如果过剩空气量增加，排烟时大量的过剩空气将热量带走排入大气，使排烟热损失增加，热效率降低。过剩空气带走的热量越多，对热效率的影响也就越大。由此可见，控制过剩空气系数可以有效地减少排烟损失，提高热效率。

控制过剩空气系数的办法有如下几种。

1）选用性能良好的燃烧器，保证在较低的过剩空气系数下完全燃烧；

2）确保管式炉在合理的过剩空气系数下运转，不让过剩空气量太大，也不因过剩空气不够而出现不完全燃烧；

3）做好管式炉的堵漏，防止从看火门、人孔门、弯头箱等部位泄漏进入加热炉的空气带走热量。

3. 减少不完全燃烧损失

不完全燃烧可以造成热损失，降低热效率。减少不完全燃烧损失的措施是选用性能良好的燃烧器，并及时和定期维护，使燃烧器长期保持在良好状态下运行，以保证在正常操作范围内能完全燃烧。

4. 减少散热损失

管式炉外壁以辐射和对流两种方式向大气散热，包括炉墙、烟风道和空气预热器等散失于大气中的热量。散热损失与很多因素有关，如炉墙结构、烟风道及空气预热器保温状况、大气温度、风力大小等都会影响散热损失。

四、加热炉炉型

目前，五种规模的汽油吸附脱硫装置的加热炉热负荷均小于30MW，设计采用的炉型为对流-辐射型立式圆筒炉炉型，占地小，经济合理。工艺介质(一)从加热炉的对流段进入，经过加热炉的对流段和辐射段被加热到430℃，送出辐射段。工艺介质(二)在对流段被加热到343℃，送出对流段。

五、加热炉工艺设计

加热炉的炉管管径为Φ114.3、Φ168.3和Φ219.1，加热炉的工艺设计使工艺介质(一)和工艺介质(二)的流型均为湍流流型，辐射段炉管的平均热强度约为18000~25000W/m^2，对流段加热工艺介质的炉管的平均热强度约为15000~22000W/m^2，对流段上部加热氢气的炉管的平均热强度约为6000~14000W/m^2。

在对流室烟气入口处的几排炉管，因位置在辐射室与对流室的交界处，所以，它和辐射炉管一样能接受炉膛中高温烟气的直接辐射，同时又接受了高速烟气流过时的对流传热，这几排炉管(一般是三排)称为遮蔽段。对于圆筒结构的炉型，遮蔽段的炉管正好处于辐射室的上方，既接受辐射室的辐射传热，又接受烟气流过时的对流传热。由于两种传热方式的综合作用，使得遮蔽段的炉管的管壁热强度是最高的，因而容易损坏，应当特别注意。

规模为0.9Mt/a、1.2Mt/a和1.5Mt/a的汽油吸附脱硫装置的加热炉工艺介质采用4路进料，规模为1.8Mt/a和2.4Mt/a的装置的加热炉采用8路进料，每路盘管分别设置1个管壁热电偶，以监测操作期间的管壁温度。对流段上部用于加热的循环氢气，为1路进料。

规模为0.9Mt/a的汽油吸附脱硫装置的反应进料加热炉采用4台低NO_x气体燃烧器，规模大于0.9Mt/a的汽油吸附脱硫装置的加热炉采用8台或更多的低NO_x气体燃烧器。

六、加热炉炉管材料

加热炉炉管一般都在高温、高压和腐蚀性介质中长期工作。炉管材质如果选择不当，就可能在使用过程中发生严重事故。选择炉管材质的主要依据是设计温度、设计压力和管内外介质腐蚀等。

一般炉管按照最高管壁金属温度加温度裕量计算的设计温度应不超过最高使用温度。

炉管管内介质腐蚀主要有硫、连多硫酸和氢等。炉管管外的腐蚀主要考虑高温部位的钒腐蚀和低温部位的露点腐蚀。

汽油吸附脱硫装置的加热炉炉管的最高温度不超过500℃，全部炉管材质为Cr9Mo，辐射段立管采用光管，对流段除最下面三排遮蔽管为光管外，其余均采用翅片管。详细的炉管信息见表7-7-2。

表7-7-2　反应进料加热炉的炉管尺寸

规　模	工艺介质(一)			工艺介质(二)
	辐射段炉管	对流段炉管	转油线	对流段炉管
0.9Mt/a	Φ168.3×9.53	Φ168.3×9.53	Φ168.3×9.53	Φ114.3×8.56
1.2Mt/a	Φ219.1×11.13	Φ168.3×9.53	Φ168.3×9.53	Φ114.3×8.56
1.5Mt/a	Φ219.1×11.13	Φ168.3×9.53	Φ168.3×9.53	Φ114.3×8.56
1.8Mt/a	Φ219.1×11.13	Φ168.3×9.53	Φ168.3×9.53	Φ114.3×8.56
2.4Mt/a	Φ168.3×9.53	Φ168.3×9.53	Φ168.3×9.53	Φ114.3×8.56

七、燃烧器

燃烧器通常包括燃料喷嘴、配风器和燃烧道三个部分。燃料喷嘴是供给燃料并使燃料完成燃烧前准备的部件。配风器的作用是使燃烧空气与燃料良好混合，并形成稳定而符合要求的火焰形状。燃烧道也称火道，它可以约束空气，与燃料混合而不致散溢，并且与配风器一起使气流形成理想的流型。

按照供风方式的不同，可分为自然通风燃烧器和强制通风燃烧器。

考虑到管式炉的燃料来源、工艺要求和炉型特点，设计和选用燃烧器时应注意下列几点：

1）燃烧器应与燃料特点相适应；

2）燃烧器应满足管式炉的工艺要求；

3）燃烧器应与炉型配合；

4）燃烧器应满足节能和环保要求。

汽油吸附脱硫装置的加热炉选用的是低 NO_x 排放为100mg/m^3 的燃烧器，具体排放指标的要求应满足当地的环保要求。

汽油吸附脱硫装置加热炉的辐射段应设置1台工业电视或在每台燃烧器上设置火焰监测，监测燃烧器的火焰燃烧状况。

八、炉管支承件的选材和设计原则

辐射段内部与烟气接触的管架和炉管导向架的设计原则应根据加热炉的烟气温度加100℃且不小于870℃确定支承件的材料。

对流段中间管板的设计原则应根据相接触的烟气加55℃来确定管板的材料。

九、加热炉管系的热膨胀

加热炉辐射段炉管因为暴露在较高的烟气温度中，总是存在不同程度的热膨胀。在设计中，必须考虑炉管热膨胀的影响。

汽油吸附脱硫装置的加热炉中，辐射段的炉管采用吊管的形式，在辐射段的下部必须考虑炉管向下的膨胀量。对流段的炉管采用水平管的形式，在对流段弯头箱内应考虑炉管水平向外的膨胀量。

十、衬里结构与耐火材料

炉墙的外表面温度直接关系到加热炉的散热损失。若外壁温度过高，散热损失大，炉子热效率低，同时存在安全问题；外壁温度低，散热损失小，可提高炉子热效率，但炉衬的投资会增加。一般要求，在环境温度为 27℃和无风条件下，加热炉炉本体和余热回收系统的外表面温度应不超过 82℃，辐射段炉底外表面温度应不超过 90℃。

炉衬的作用是耐火和隔热。现在管式加热炉常用的炉衬有三种结构：耐火砖结构、隔热耐火浇注料结构和耐火陶瓷纤维结构。

1. 耐火砖结构

常用的耐火砖有以下几种：

1）黏土质隔热耐火砖。通常被用在炉底衬里结构、对流段折流砖等处。

2）高铝质隔热耐火砖。加热炉附墙火焰的向火面衬里。

2. 隔热耐火浇注料结构

隔热耐火浇注料是由轻质骨料和结合剂组成的混合干料，加水或其他液体调配后使用。

3. 耐火陶瓷纤维结构

耐火陶瓷纤维结构具有密度小、可减轻加热炉总重量、导热系数小、可减少炉衬厚度且保温效果好、结构简单、施工方便等优点。耐火陶瓷纤维结构目前只用在加热炉辐射室立墙和炉顶部位，对流室、烟道和烟囱等烟气流速较高的部位仍未使用。

汽油吸附脱硫装置加热炉的辐射段立墙采用 200mm 高强低导轻质浇注料；辐射段炉顶采用背衬 40mm 陶瓷纤维毯+不锈钢铝箔+向火面 160mm 高铝陶瓷纤维模块复合衬里结构；炉底自炉底板起依次采用 50mm 憎水型耐火纤维硬板+150mm 高强低导轻质浇注料+65mm 标准耐火砖结构；对流段侧墙和炉顶采用 150mm 高强低导轻质浇注料，炉顶烟道采用 100mm 高强低导轻质浇注料。

十一、加热炉模块化制造

为了缩短加热炉现场的建设周期，汽油吸附脱硫装置的加热炉采用模块化设计、工厂化制造，现场安装与现场制造相结合的模式。其中辐射段钢结构、辐射盘管、对流段(含炉管、两端管板、中间管板、衬里)、炉顶烟道、独立钢烟囱等采用模块化设计、工厂化制造、现场安装，除此之外的辐射段衬里、梯子平台、余热回收部分的烟风道等为现场制造。

十二、余热回收系统和热效率

余热回收系统是从离开对流段的烟气中进一步回收余热的部分。目前，炉子的余热回收系统多采用空气预热方式。现在普遍采用的是单独放在地面的空气预热器。常用的预热器形式有热管式空气预热器、管式空气预热器、板式空气预热器、铸铁式空气预热器和水热媒空气预热器等。

烟气余热回收系统采用空气预热器回收烟气余热以预热燃烧空气，其中变频式空气鼓风机和烟气引风机各一台。来自反应进料加热炉对流段的热烟气经过热烟道进入空气预热器与空气换热后，由烟气引风机排入冷烟道，最后经独立钢烟囱排入大气。为了防止预热器低温露点腐蚀，设置旁通风道以调节预热器出口烟气温度。设计工况下，烟气排放温度约为120℃。冷空气由空气鼓风机送入空气预热器与烟气换热后经热风道供炉底燃烧器燃烧使用。

余热回收系统中所有烟道衬里均采用高强低导轻质浇注料，热烟道衬里为100mm高强低导轻质浇注料，冷烟道衬里为50mm高强低导轻质浇注料，热风道采用80mm厚硅酸镁纤维毯外包0.8mm铝皮进行外保温。钢烟囱衬里为100mm高强低导浇注料。

第八节　转动装备(压缩机、泵等)

催化吸附脱硫装置中的转动装备主要包括压缩机、泵和风机等，具体见表7-8-1。

表7-8-1　催化吸附脱硫装置转动设备情况

名称	台数	型式	操作条件		
			入口温度/℃	入口压力/MPa	出口压力/MPa
循环氢压缩机	2	往复式	43	2.6	3.7
新氢压缩机	2	往复式	43	2.64	6.64
反吹氢压缩机	2	往复式	43	2.0	3.75
反应进料泵	2	多级离心式	40/70	0.4	3.8
热水循环泵	2	离心式	155	0.454	0.72
稳定塔回流泵	2	离心式	40	0.63	1.27
地下污油泵	1	自吸式	40	0	0.65

一、压缩机

(一) 压缩机的概念和分类

用于压缩或输送气体状态物质的机械称为压缩机。按工作原理，压缩机可分为动力式和容积式两大类。动力式压缩机可分为喷射式和离心式两种，容积式压缩机可分为往复式和回转式两种。回转式压缩机又可分为螺杆式、液环式、滑片式、涡旋式和罗茨式等。其中往复式压缩机和离心式压缩机在炼油厂中最为常见。

按最终排气压力可分为低压压缩机，最终排气压力为0.3~1.0MPa；中压压缩机，最终排气压力为1.0~10MPa；高压压缩机，最终排气压力为10~100MPa；以及超高压压缩机，最终排气压力在100MPa以上。

按结构形式，压缩机可分为立式、卧式、角度式、对称平衡式和对置式等。

考虑到汽油吸附脱硫装置的特点，本节仅针对往复式压缩机，对于其他类型的容积式压缩机也可以做类似的参考。

(二) 往复式压缩机

1. 往复式压缩机的结构

往复式压缩机的结构见图 7-8-1。

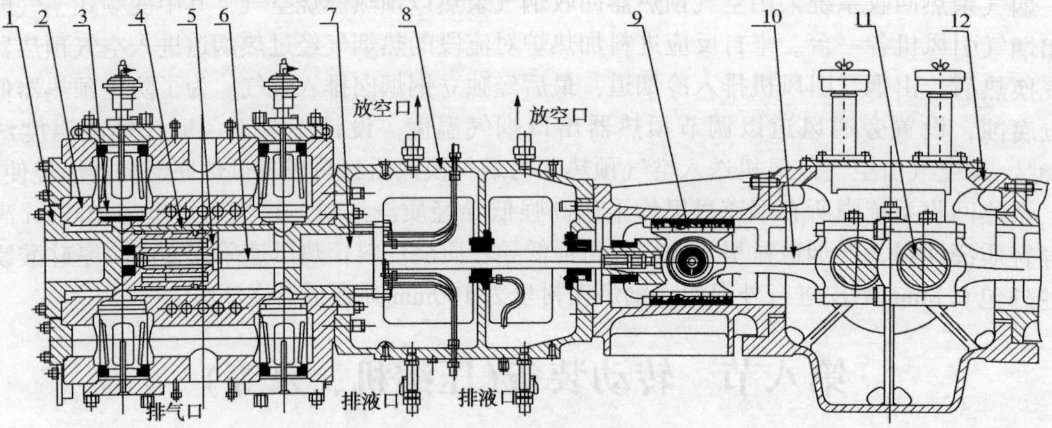

图 7-8-1 往复式压缩机的结构

1—气缸盖；2—气缸；3—气阀部件；4—气缸套；5—活塞；6—活塞杆；7—压力填料；8—中体；9—十字头；10—连杆；11—曲轴；12—曲轴箱

2. 往复式压缩机的选型

当吸气压力、排气压力、吸气温度、气体流量和介质组成确定后，就可以进行压缩机的选型。往复式压缩机的选型主要从以下两个方面考虑。

(1) 活塞速度

对于炼油装置，压缩机活塞速度一般控制在 3.5m/s 左右，功率较小的压缩机活塞速度在 4.0m/s 以内。活塞速度正比于压缩机转速和活塞行程的乘积。功率较小的可选择短行程高转速的压缩机，可有效减小压缩机的外形尺寸和降低总重量；大功率的场合需选择低转速长行程的压缩机，压缩机外形尺寸较大，重量较重，相比之下有更高的效率和可靠性。压缩机一般多为电机驱动，也有汽轮机、柴油机等驱动方式。驱动电机与压缩机多为直连。

(2) 级数的选择

级数的选择需要考虑压缩机的排气温度、压缩比和效率[21]。如果采用单级压缩时，排气温度过高，就应当采用多级压缩。对于无油润滑或气体分子量不大于 12 的富氢气体，压缩机的排气温度不应超过135℃。多级压缩时，各级的压比一般按近似等压比分配，级间需要设置冷却器和分离器。增加级数，级间设置的冷却器可使压缩过程更接近于等温过程，因而可以提高压缩机的效率。但额外的增加级数，会增加气缸、冷却器、分离器和气体管道，所以会增加压缩机的投资。

3. 往复式压缩机气量的调节

往复式压缩机在运行时通常需要调节压缩机的排气量以满足工艺需要。主要的气量调节方法有以下几种。

(1) 旁路调节

通过旁路将部分排出的气体返回至压缩机的入口，旁路上需要设置冷却器和控制阀。这种方式显著降低了压缩机的运行效率，很不经济，但是这种方式简单、可靠、投资小，非常适合在启/停阶段卸载压缩机。

(2) 开/停压缩机

这种方法主要用于空气压缩机。压缩机首先向大的缓冲罐内充气，直至罐内气体达到所需的值，然后停压缩机。当罐内压力低于某一设定值时，压缩机重新启动向罐内充压，如此循环。这种方法比较简单，但是会造成系统管网的压力波动较大，频繁的启停也会导致压缩机易损件寿命的降低。

(3) 变转速调节

通过变转速驱动机来改变压缩机的转速，从而实现排气量的调节，多用于发动机驱动的压缩机。转速的降低会导致转速波动值显著增加，会增加压缩机的振动值，对压缩机本身、压缩机基础均带来不利的影响。此外，转速的变化会改变十字头的反向角，而反向角的大小会影响十字头轴承的润滑，这一点需要特别注意。

(4) 卸荷调节

通过气阀的卸荷器将往复机气缸的某一侧卸载，从而使该侧的排气量降为零。对于均为双作用的气缸来说，可以实现 0、50%、100%三级调节。采用此方式，需要重新核算反向角。同时还需要考虑卸荷侧气缸内润滑油或工艺介质积液的问题等。

(5) 无级气量调节

通过液压执行机构延迟吸气阀的关闭时间实现气量调节。考虑到气体的温升和气阀的寿命，一般可在 30%~100%范围内调节。这种方式目前在功率较大的机组中应用较多，成熟可靠并且节能。还有一种为余隙腔调节，通过改变可移动活塞位置调节余隙腔的大小来实现气量调节。这种方式的调节范围较第一种小，工作时压缩机的效率也相对较低，可移动活塞的填料处也易泄漏。

4. 往复式压缩机的热力计算

往复式压缩机轴功率可以根据式(7-8-1)估算：

$$N_e = 10P_1 V_1 \ln\varepsilon / 3.6\eta \tag{7-8-1}$$

式中 N_e——轴功率，kW；

P_1——压缩机入口压力，MPa(a)；

V_1——入口状态下的流量，m^3/h；

ε——总压比；

η——总效率，一般取 0.6~0.7(往复机取 0.7)。

电动机功率的选择要考虑不小于最大轴功率 1.1 倍的安全系数。

5. 往复压缩机的选材

除非另有规定，压缩机结构的材料应由制造方根据规定的运行和现场环境条件选择。往复式压缩机的主要部件选材可参考表 7-8-2。

表 7-8-2 往复式压缩机零件的材料[22]

零件	材料	成形	备注
机身	铸铁	铸造	
曲轴	钢	锻造	
连杆	钢	锻造	压缩机功率>150kW
	球墨铸铁、钢	铸造	压缩机功率≤150kW

续表

零件	材料	成形	备注
十字头	钢	棒材，锻造或铸造	压缩机功率>150kW
	球墨铸铁	铸造	压缩机功率≤150kW
十字头销	钢	锻造或棒材	
接筒	铸铁	铸造	
气缸	钢	锻造	最高许用工作压力无限制
	钢	铸造	最高许用工作压力 18.0MPa
	钢	焊接结构件	最高许用工作压力 8.5MPa
	球墨铸铁	铸造	最高许用工作压力 10.0MPa
	灰铁	铸造	最高许用工作压力 7.0MPa
气缸套	钢	管材	
	不锈钢	铸造	
	耐蚀镍合金	铸造	
	球墨铸铁	铸造	
	灰铸铁	铸造	
活塞	钢	锻造，铸造，棒材或焊接结构件	
	铸铁	铸造	
	铝	锻造或铸造	
活塞杆	钢	锻造或棒材	表面喷涂耐磨材料，硬度≥RC50
	不锈钢	棒材	如 20Cr13，30Cr13，17－4PH；表面喷涂耐磨材料，硬度≥RC50

（三）吸附脱硫装置中压缩机的用途

1. 循环氢压缩机

来自冷产物气液分离罐的气体在经过循环氢压缩机入口分液罐分液后，大部分进入循环氢压缩机压缩，压缩后的气体大部分与经反应进料泵升压后的原料混合后，在吸附进料换热器中与反应产物进行换热，之后进入加热炉加热，然后进入脱硫反应器脱硫。

2. 反吹氢压缩机

为防止脱硫反应器内的吸附剂被带入到后续系统，在反应器顶部设有过滤器和反吹设施。经过循环氢压缩机入口分液罐分液后的少部分气体进入反吹氢压缩机压缩，压缩后的气体进入反吹气体聚集器，用于反应器顶部过滤器反向吹扫。

3. 补充氢压缩机

物料在脱硫反应器中反应需要消耗一定量的氢气，来自管网的新氢经补充氢压缩机升压后补入系统。

氢气管网压力足够可直接补入系统时，则不设置此压缩机。

（四）吸附脱硫装置中压缩机的选型

因流量较小、压比较大，循环氢压缩机、反吹氢压缩机、补充氢压缩机均适宜选用往复式压缩机。循环氢压缩机为两列一级，见图 7-8-2；反吹氢压缩机、补充氢压缩机适宜采用联合机组，每个压缩机一个缸，共两列两缸，见图 7-8-3。

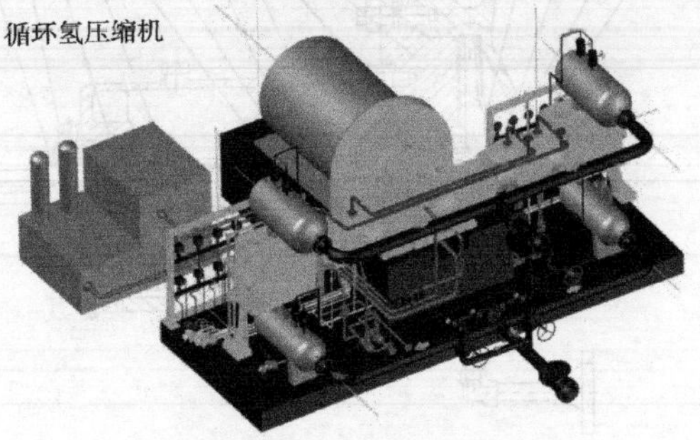

图 7-8-2　循环氢压缩机

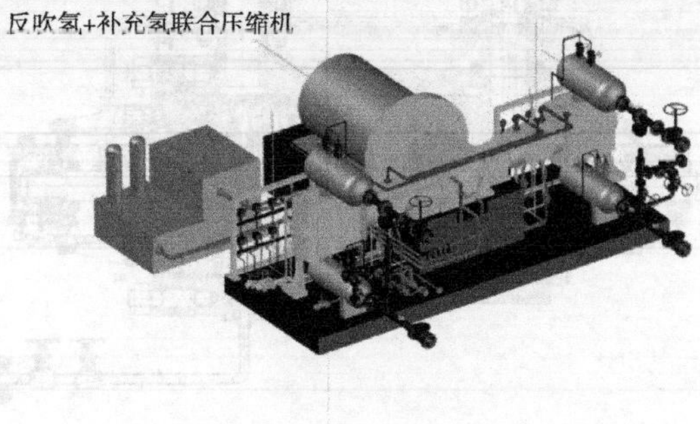

图 7-8-3　反吹氢+补充氢联合压缩机

压缩机均设计为整体撬装结构，单层布置。压缩机的油站、共用水站独立布置。

如氢气管网压力足够可直接补入系统，则不设置补充氢压缩机。此时，反吹氢压缩机为单列单缸。

考虑到压缩机的驱动电机功率较小(一般不超过 450kW)，压缩机均采用隔爆型异步电动机驱动。

为避免污染催化剂，压缩气体不允许带油，压缩机气缸和压力填料均按无油润滑结构设计，活塞的平均速度不大于 3.5m/s。

二、泵

(一) 泵的分类[23]

按照获取能量的方式不同，泵可以分为动力泵、容积泵两大类，详细分类情况见图 7-8-4。考虑到吸附脱硫装置的特点，以下的讨论内容仅针对离心泵。

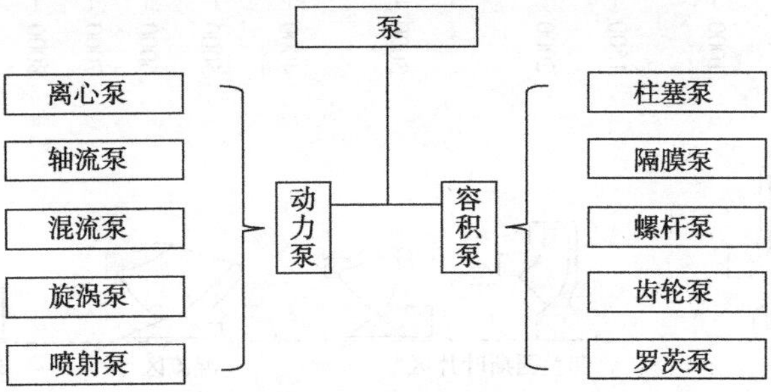

图 7-8-4　泵的分类

(二) 离心泵的结构

根据 API610 规定，离心泵可分为卧式悬臂泵、立式泵、两端支撑泵。下面主要给出两端支撑多级泵(图 7-8-5)和悬臂泵(图 7-8-6)的典型剖面图。

(三) 离心泵的几个主要特征参数

离心泵在石油、化工、市政、液体输送等各行业中有着非常广泛的应用，特别是在石化行业，正确的选型不但能提高泵的使用寿命，确保装置正常操作，而且能有效地节省能源。正确深入地理解离心泵中的几个特征参数有助于选用。

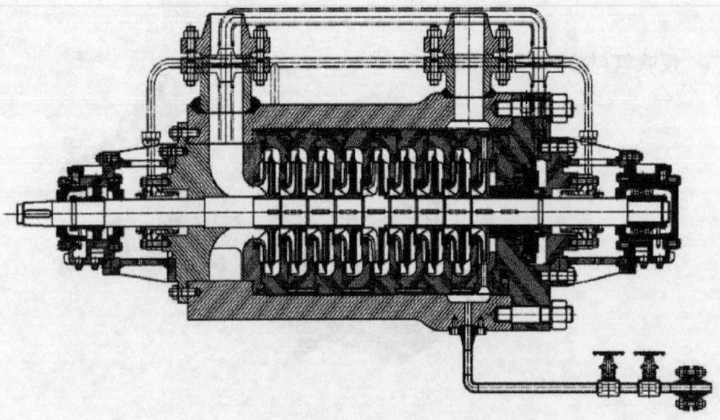

图 7-8-5　多级离心泵剖面图

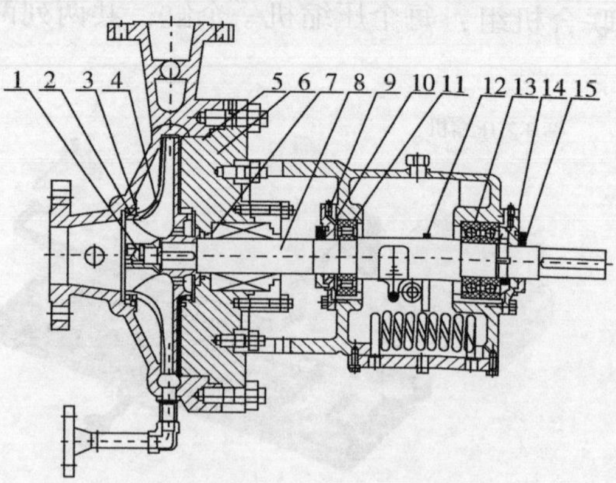

图 7-8-6　悬臂离心泵剖面图

1. 比转速 N_s 与泵型

比转速 N_s 是一个无量纲的设计参数，其计算公式如下[23]：

$$N_s = \frac{n\sqrt{Q}}{H^{3/4}} \tag{7-8-2}$$

式中　n——泵的转速，r/min；

Q——流量，m^3/s；

H——最佳效率点的单级扬程，m。

乘以系数 51.64 即可得到美制单位的比转速。

比转速是一个描述泵叶轮形状的参数，比转速可理解为在一定转速下将单位流量的介质扬程提升 1m 所需要的叶轮的几何尺寸。比转速可以反映出泵叶轮的形状、泵的效率等，如图 7-8-7 所示，叶轮出口直径 D_2 与叶轮入口直径 D_1 的比值随着比转速值增加而减小。

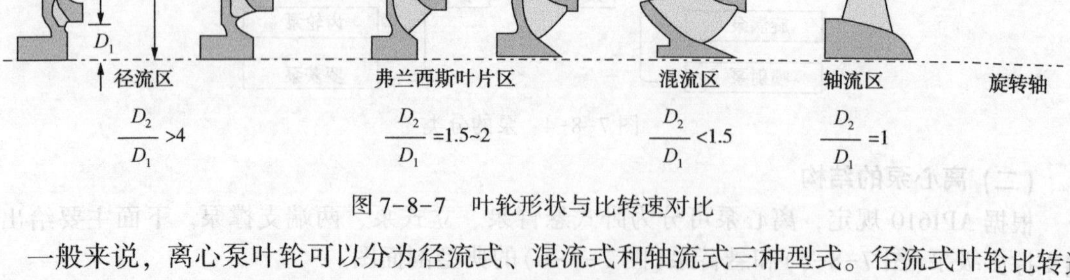

图 7-8-7　叶轮形状与比转速对比

一般来说，离心泵叶轮可以分为径流式、混流式和轴流式三种型式。径流式叶轮比转速较小，扬程提升主要通过离心力；混流式叶轮比转速较大，扬程提升一部分靠离心力，一部分靠轴向力；轴流式叶轮比转速进一步增大，扬程提升则主要靠轴向力。一个比转速大于 10000(美制单位)的轴流泵提升扬程只通过轴向力。

径流叶轮一般用于小流量高扬程泵，而轴流叶轮用于高流量低扬程泵。

图 7-8-8 描述了比转速和泵效率之间的关系，一般来说，效率会随着比转速的增加而增加。比转速相同时，效率随着流量的增加而增加。

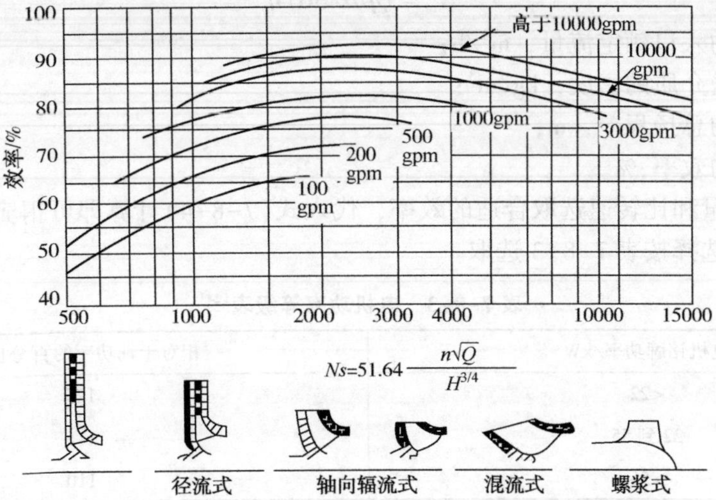

图 7-8-8　泵效率与比转速、叶轮尺寸关系[22]

注：由于比转速是在泵的最佳效率点计算而得的，往往泵的实际操作点都会偏离最佳点，所以在选取效率时，考虑 4%~8%的效率下降。

2. 净正吸入压头(*NPSH*)和吸入比转速(*S*)

水力学定义净正吸入压头(即汽蚀余量 *NPSH*)为泵入口的总压力(由系统决定)减去泵送介质的蒸气压力折算成液柱高度的值。

在泵系统设计的时候，提供足够的有效汽蚀余量(*NPSHA*)对于泵的正常操作是至关重要的，*NPSHA* 如果不足，不但会限制泵的选型，甚至会增加很大一部分系统重新设计的投入。另一方面，过大的 *NPSHA* 也会增加不必要的成本。

吸入比转速公式[24]：

$$S = \frac{n\sqrt{Q}}{NPSH3^{3/4}} \tag{7-8-3}$$

式中　n——泵的转速，r/min；

Q——泵在最佳效率点的流量(对于双吸叶轮，流量减半)，m^3/s；

$NPSH3$——泵在最佳效率点必须的汽蚀余量，m。

一般来说，对于一个给定的泵，其吸入比转速是一个常数，它不会随着泵的转速变化而变化。吸入比转速反映了泵对介质在泵体内部回流的敏感程度和长期稳定操作性。

由式(7-8-3)可以得出，当泵的流量和转速一定，那么吸入比转速也就是确定的值。经验表明，9000(美制单位)是一个合理的吸入比转速值，最小吸入比转速 9000 对于泵来说很容易达到。

实际上，由于投资和安装高度等方面的影响，装置提供的 NPSHA 有时比较苛刻，给泵的选型带来一定的困难。为了满足这些工况，泵制造商设计出较小 NPSH3 的泵，其吸入比转速可达到 11000，甚至更高，通常按 11000 考虑。此外还可以选择低转速的泵来降低 NPSH3。

(四) 离心泵的热力计算

离心泵轴功率可按式(7-8-4)计算：

$$N_e = Q\rho H/367\eta \tag{7-8-4}$$

式中 Q——泵的入口额定流量，m^3/h；

ρ——泵送介质的密度，kg/m^3；

H——泵的总扬程差，m；

η——泵的效率，%。

根据泵的流量和比转速选取合适的效率，代入式(7-8-4)计算即可得到轴功率。

电机功率的选择按表 7-8-3 选取。

表 7-8-3 电机功率等级表[24]

电机铭牌功率/kW	相对于轴功率的百分比/%
<22	125
22 到 55	115
>55	110

(五) 汽油吸附脱硫装置中的泵

该装置中 2 台反应进料泵为关键设备，其他泵为普通工艺流程泵。本部分内容主要对反应进料泵进行叙述。

1. 反应进料泵在装置中的用途

来自催化装置的汽油进入原料缓冲罐，经该泵升压后，在吸附进料换热器中与反应产物进行换热，再进入加热炉加热，然后被送至脱硫反应器中反应。

2. 反应进料泵的选型

因压力较高、流量较大，该泵选用垂直剖分双壳体结构(API610 BB5 结构)；泵的材料选用 API610 附录 H 中的 S-6 材料[24]；机械密封按照 API682 第四版选用单端面平衡型弹簧密封[25]；采用隔爆型异步电机驱动。

三、风机

吸附脱硫装置的加热炉设置鼓风机、引风机各一台。

风机均为单级悬臂离心型式，采用变频隔爆电机驱动，通过转速来调节流量。

第九节 重要电器

汽油吸附脱硫装置的重要电器包括中压(6kV 或 10kV)开关柜、6/0.4kV 或 10/0.4kV 变压器、低压开关柜、交流不间断电源 AC UPS、应急电源 EPS、直流电源成套装置、智能照明节能控制柜、防爆操作柱、防爆照明动力配电箱等电气设备。

根据汽油吸附脱硫装置用电负荷的负荷等级，该装置的典型电气主接线见图 7-9-1。设一组中压单母线分段系统，2 路中压双重电源引自上级变电所，任一路电源的容量均可满足本装置所有用电负荷的供电要求。正常时中压母联断开，当任一路中压电源线路出现故障时，母联自动投入，并设手动投入开关。

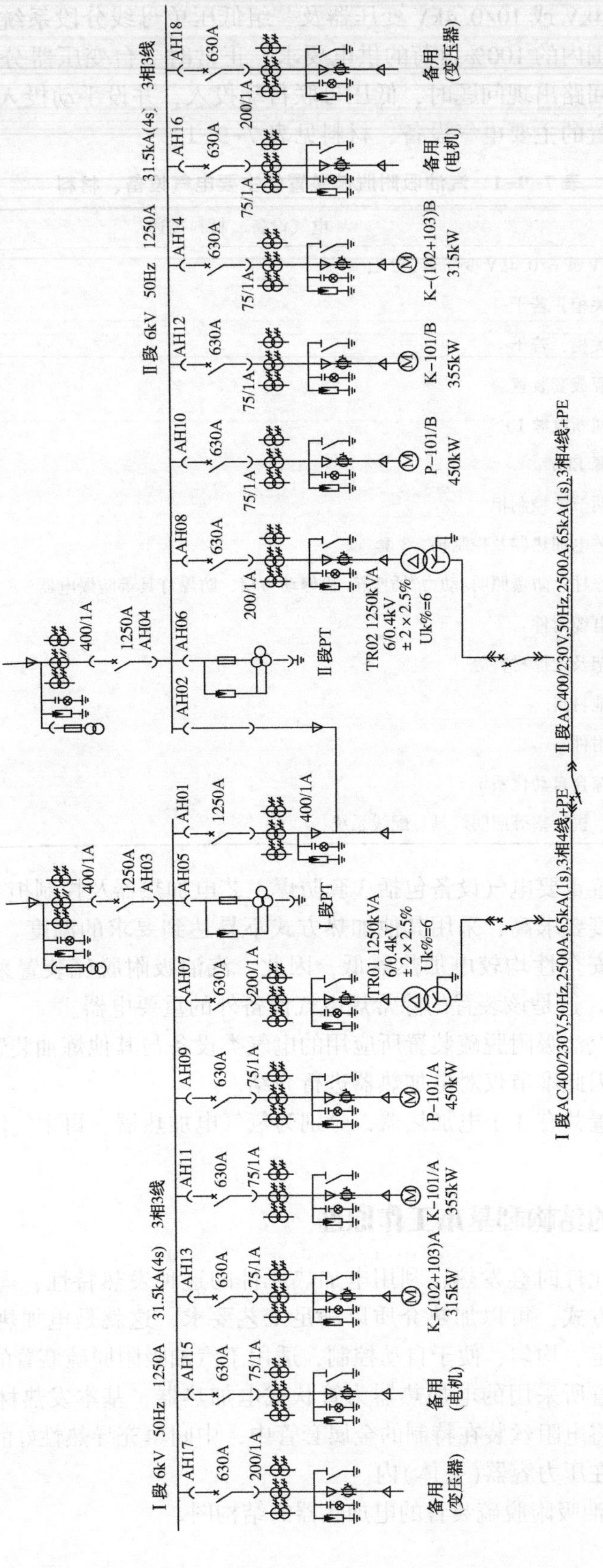

图 7-9-1　典型汽油吸附脱硫装置主接线图

装置设 2 台 6/0.4kV 或 10/0.4kV 变压器及一组低压单母线分段系统，任一台变压器的容量可满足其供电范围内的 100%负荷的供电要求。正常时 2 台变压器分列运行，低压母联断开。当任一变压器回路出现问题时，低压母联自动投入，并设手动投入开关。

汽油吸附脱硫装置的主要电气设备、材料见表 7-9-1。

表 7-9-1　汽油吸附脱硫装置的主要电气设备、材料

序号	电气设备、材料描述
1	10/0.4kV 或 6/0.4kV 变压器，2 台
2	中压开关柜，若干
3	低压开关柜，若干
4	直流电源成套装置
5	交流不间断电源 UPS
6	应急电源 EPS
7	智能照明节能控制柜
8	防爆工艺电加热器及控制柜，3 套
9	防爆操作柱、防爆照明/动力/插座箱/检修动力箱、防爆灯具等防爆电器
10	电缆及电缆附件
11	电缆桥架及支撑材料等
12	防雷接地材料
13	钢材等附件
14	变电所综合自动化系统
15	变电所、机柜室等照明灯具、配线系统

汽油吸附脱硫装置重要电气设备包括 3 套防爆工艺电加热器及控制柜。这是因为汽油吸附脱硫装置的介质温度要求高，采用其他加热方式不易达到要求的温度。介质中包含氢气，采用其他加热方式的安全性均较电加热器低，因此，汽油吸附脱硫装置采用工艺电加热器(下述简称电加热器)。这是该装置的除常规电气设备外的重要电器。

除电加热器外，汽油吸附脱硫装置所应用的电气类设备与其他炼油装置所用设备基本相同，为通用性设备。因此本节仅对电加热器进行介绍。

汽油吸附脱硫装置共有 3 个电加热器，分别为氢气电加热器、再生气体电加热器和氮气电加热器。

一、电加热器的结构和基本工作原理

电流通过电加热元件时会发热，利用电加热元件的这种发热特性，当给予其适当的电流、结合适当的控制方式，可以加热介质以满足工艺要求，这就是电加热器的基本工作原理。电加热器加热稳定、均匀、便于自动控制，适用于汽油吸附脱硫装置的介质加热。

汽油吸附脱硫装置所采用的电加热器为管状式电加热器，基本发热材料为管状电热元件。这种电热元件是将电阻丝装在特制的金属套管中，中间填充导热性好的电绝缘材料，形成电加热器芯，放置在压力容器(壳体)内。

图 7-9-2 为某汽油吸附脱硫装置的电加热器的结构图。

二、电加热器系统换热计算

根据介质温度、介质压力、压力容器材质等进行电加热器系统的换热计算。根据换热原理，总传热系数可按式(7-9-1)和式(7-9-2)进行计算：

$$K = [M \times C \times (t_2 - t_1)]/[S_i \times \Delta t_m \times 860 \times 4.18] \times 1000 \quad (7-9-1)$$

$$\Delta t_m = [(T_1 - t_1) - (T_2 - t_2)]/\ln[(T_1 - t_1)/(T_2 - t_2)] \quad (7-9-2)$$

式中　K——总传热系数，W/(m²·K)；

M——介质质量流量，kg/h；

C——介质平均比热，kJ/(kg·℃)；

t_1——介质进口温度，℃；

t_2——介质出口温度，℃；

S_i——电加热总面积，m²；

Δt_m——加热器和空气间的对数平均温度差，℃；

T_1——出口处加热元件温度，℃；

T_2——进口处加热元件温度，℃。

通过上述公式计算出口处加热元件的表面温度 T_1，应保证 T_1 小于加热元件允许的最高使用温度。加热元件的设计，应考虑工作温度变化引起电阻值增加所需要的裕量。

三、电加热器概述

一套完整的电加热器系统一般包括如下部分：

1) 电加热器芯：包括内部电热元件、测温元件和接线盒等；

2) 压力容器(壳体)；

3) 控制柜：提供电加热器的配电、电气保护和功率控制。

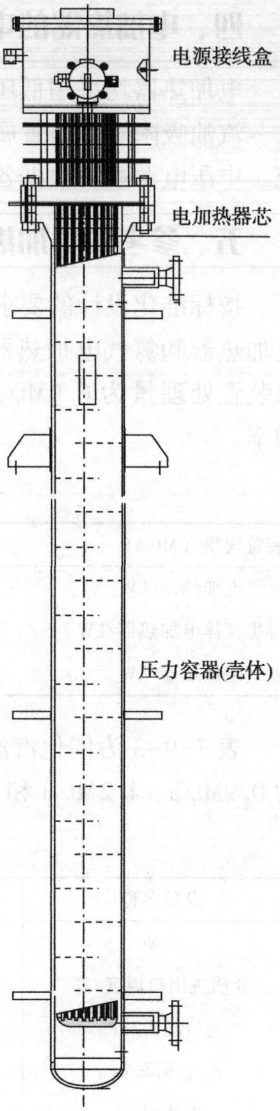

图 7-9-2　电加热器典型结构图

成套电加热器应适用于所在具体项目的环境条件，应能可靠地长期安全、稳定运行。海拔高于 1000m 的使用场所，进行电加热器系统设计时应考虑海拔高度的影响。

电加热器芯安装在压力容器内，压力容器均布置在室外。应根据室外爆炸气体危险区域的级别、介质选择合适的防爆结构、防爆等级和设备保护级别，并应符合 GB 3836 系列标准和 GB 50058《爆炸危险环境电力装置设计规范》的有关规定。所有防爆设备均应取得国家或国际权威鉴定机构认可的防爆合格证。一般情况下，电加热器选用隔爆型、设备保护级别 Gb、户外式，根据环境条件必要时可选用户外湿热带式、户外干热带式或户外加强防腐式等特殊形式。

控制柜一般布置在变电所内，选用非防爆产品。根据我国规定，低压配电控制柜应通过我国的强制性产品认证，即 CCC 认证。

四、电加热器的电源条件

电加热器均采用低压配电，多采用380V。

汽油吸附脱硫装置属于爆炸危险装置。根据相关国家标准，低压电源系统采用TN-S系统。中压电源系统根据各项目实际情况，一般采用不接地系统或电阻接地系统。

五、参考的电加热器容量和工艺设计参数

按标准化设计的要求，经过前述“电加热器系统换热计算”，氢气电加热器、再生气体电加热器和氮气电加热器的设计参数和电加热器的参考额定容量得到统一。表7-9-2分别以装置处理量为0.9Mt/a、1.2Mt/a和1.5Mt/a为例，列出三种工艺电加热器的参考额定功率。

表7-9-2　不同装置规模的电加热器参考额定容量

装置规模/(Mt/a)	0.9	1.2	1.5
氢气电加热器/kW	154	206	257
再生气体电加热器/kW	200	267	334
氮气电加热器/kW	39	52	65

表7-9-3为催化汽油吸附脱硫装置工艺电加热器的通用工艺操作条件，以装置处理量为0.9Mt/a、1.2Mt/a和1.5Mt/a为例。

表7-9-3　电加热器各种工艺操作条件的比较

设备名称	氢气电加热器	再生气体电加热器	氮气加热器
介质	氢气、轻烃	空气	氮气
介质进出口温度/℃	316/454	25/524	22/232
进口压力/kPa	3567	272	553
允许压降/kPa	≤34	≤7	≤14
壳体材质	S32168	S32168	S32168
法兰材质	S32168	S32168	S32168
加热管材质	镍基合金钢无缝管或Incoloy 800	镍基合金钢无缝管或Incoloy 800	镍基合金钢无缝管或Incoloy 800
发热元件材质	镍铬合金(Ni80Cr20)	镍铬合金(Ni80Cr20)	镍铬合金(Ni80Cr20)
安装方式	立式安装	立式安装	立式安装
热电偶数量	2	2	2

六、电加热器本体结构

(一) 电加热器本体组成

安装在室外爆炸危险区域内的电加热器的构成包括法兰式加热器芯、双支K型热电偶、压力容器(壳体)、电源接线盒和仪表接线盒。

所有接线盒均采用金属材质。为使接线盒不受加热元件热辐射影响，接线盒与法兰的最小间距建议不小于150mm。

所有部件均需适合在室外爆炸危险区域内使用，并应有相应的防爆合格证。

（二）电加热元件设计要求

加热器芯是电加热器的核心部件之一，其基本发热器材为U形高性能管状发热元件，又称电加热元件。电加热元件由发热元件、绝缘材料、电加热管等组成。

发热元件采用高性能的镍铬合金（Ni80Cr20）。绝缘材料选择高质量的高温结晶氧化镁粉。根据加热温度及介质腐蚀等要求来选择合适的电加热管材质，其密度应满足工艺的要求。电加热元件相间电阻值的平均误差应按不大于5%设计和制造，并应合理布置，保证各加热器组工作的均匀性、对称性，避免加热元件的过热氧化。

（三）压力容器设计

电加热器的壳体属于压力容器，因此电加热器的壳体及管束的设计、选材、制造、检验及验收应符合GB/T 150、GB/T 151及TSG 21的规定。

为保证安全，压力容器的抗震设计不仅是必需的而且是至关重要的。压力容器的抗震设计应符合《中华人民共和国防震减灾法》、GB 50761和SH 3048的规定。

（四）电加热器的无损检测

电加热器压力容器部分应按规范和设计文件的要求进行无损检测，这是保证电加热器质量和安全的重要措施。电加热器的无损检测至少包括如下内容：

1）筒体和封头上的A或B类焊接接头宜按照NB/T 47013.2进行射线检测，检测技术等级应不低于AB级。

2）压力容器耐压试验。

3）加热器应通过绝缘、瞬间高压试验和电阻等检测。

（五）压力容器的耐压试验

电加热器壳体制造完毕后，应使用洁净水按GB/T 150.4进行耐压试验，试验用水中氯离子含量不得超过20mg/L。

（六）电加热器的温度检测和联锁设置

为避免电加热器在运行过程中出现过热现象，避免出现损坏加热器和其内介质的情况的发生，保证电加热器的正常稳定运行，需对电加热器设置必要的温度检测和联锁。

每个加热器管束设置2支本安型“K”分度号双支热电偶，1支用于温度指示，另1支用于联锁保护。为避免接线盒出现过热现象，也可以在与接线盒连接的法兰处增设1支双支热电偶。热电偶信号均接至DCS控制系统。

热电偶安装在加热管温度最高处，以准确测量加热管的温度，同时防止加热器流量过低时出现加热管干烧损坏的情况。

热电偶在结构上应设置有接地的铬镍-铝镍合金矿物氧化物绝缘的金属套管，套管的材料同加热元件护套材料，套管的壁厚不应小于1mm。

热电偶铠装层的材质和加热管的壳体材质相同。

（七）电加热器防潮

电加热器对湿度很敏感。为避免电加热器元件受潮引起绝缘下降，一般采用如下措施：

1）生产制造时，电加热管末端的管口采用绝缘材料，进行充分的绝缘处理和防潮、密封处理。

2）加热器制造完成后，在其接线盒内放置干燥剂包，以防止电加热器在运输过程中以及通电前由于过度潮湿降低电气设备和线路的绝缘。

3）为进一步保证电加热元件的绝缘水平，主电源接线盒内可采取如下措施：设置防潮空间加热器，用于在电加热器正式上电前，加热驱散电源接线盒内的潮气，使电气设备和线路的绝缘正常，保证安全；设置备用净化风或氮气（干净惰性气体）吹扫口，用于在电源主接线盒受电前，用净化风或氮气（干净惰性气体）吹扫提高电气设备和线路的绝缘。吹扫口应配置金属防爆堵头。

（八）电加热器压力容器的防腐

碳钢件表面需按照行业标准 SH/T 3022《石油化工设备和管道涂料防腐蚀设计规范》用油漆进行防腐处理。法兰接口采取相应的防腐保护措施。

电加热器的金属零器件均应进行防腐处理或采用不锈钢等特殊材质。

（九）电加热元件与管板的连接方式

电加热器元件与管板的焊接方式，分为深口焊接（以下简称深口焊）和套管焊接（以下简称套管焊）两种形式。

深口焊又称为深孔焊、直接焊，示意图见图 7-9-3。

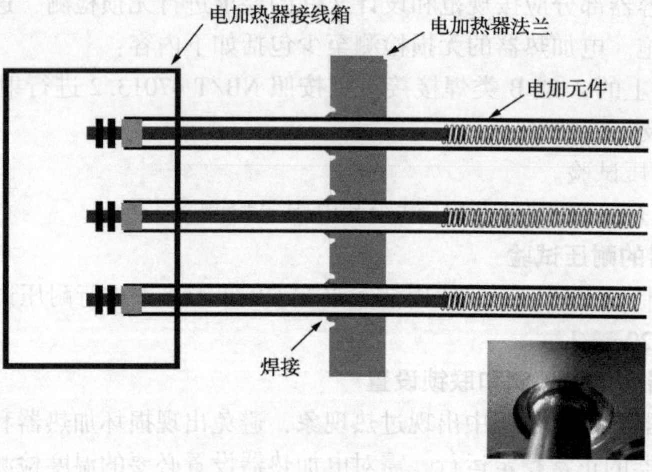

图 7-9-3　深口焊示意图

套管焊示意图见图 7-9-4。当采用套管焊时，要处理好套管与接线腔的封堵工艺，避免出现高温气体进入接线腔的现象。

采用套管焊时，电加热器接线盒（箱）应选用隔爆型。事实上，汽油吸附脱硫装置的电加热器的接线盒（箱）原则上都采用隔爆型。

（十）其他

电加热系统应设专用接地耳，并应符合现行国家标准《交流电气装置的接地设计规范》GB/T 50065 和行业标准《石油化工静电接地设计规范》SH/T 3097 的规定。每个加热器管束均需设置单独的接地耳，接地耳数量不应少于 2 个，接地耳材质需与加热器管束本体相同。电加热器应有安全可靠的防静电接地措施，配内、外专用接地螺栓，并应有明显的接地标志。

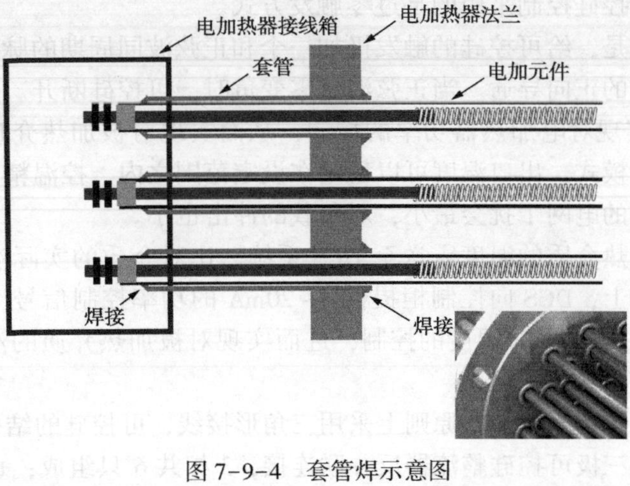

图 7-9-4　套管焊示意图

七、控制柜

每一套工艺电加热器都由一个控制柜提供配电、电气保护和功率/温度控制。控制柜是电加热器的重要组成部分和核心部件之一。控制柜的主要作用有两个：一是作为配电用，控制柜应符合《低压成套开关设备和控制设备》GB 7251、《低压配电设计规范》GB 50054 等标准的规定，并应具有 CCC 强制性认证证书的产品。控制柜对电加热器和电气线路提供必要、完善的电气保护。二是提供满足操作要求的电加热器的功率/温度控制。

（一）控制柜的电气保护、功率/温度控制和主要电气元器件

电加热器的长期安全稳定运行，离不开可靠的电气保护。按国家标准及相关行业标准，控制柜应对电加热器及其配电线路提供必要、完善的电气保护。控制柜内应至少设置如下电气保护：

1）电加热器系统应设短路保护、过载保护、接地故障保护。分支回路应设短路保护、过载保护。每一组加热管束应设置剩余电流保护。

2）应设置晶闸管可控硅过热保护。一般在总进线设置一套晶闸管可控硅，较少采用分支回路分别设晶闸管可控硅的型式。分支加热器回路如设置有电力电子功率元件，则应设置相应的过热保护。

3）电热元件设置超温保护。

为提供上述电气保护，控制柜内设置的主要元器件包括进线总断路器、分支回路熔断器、交流接触器、接地故障保护器等。对于多管束加热器，每组管束应配置一组熔断器。

控制柜的另一作用是提供满足操作要求的电加热器功率/温度控制方式。一般采用晶闸管可控硅实现对加热功率全功率范围内的调功。晶闸管功率控制器的选择需以最高电压及最大负荷为基础。汽油吸附脱硫装置的电加热器较少采用接触器分组控制方式。

为了对加热器的运行状态进行监控和指示，并对电气故障进行必要的报警，控制柜应提供必要的报警、指示功能，并设置必要的电压、电流指示。

（二）控制系统

晶闸管可控硅接收 DCS 发出的 4~20mA 调功信号，对电加热器进行功率/温度控制。汽

油吸附脱硫装置的可控硅控制采用的是过零触发方式。

过零触发的概念是，给可控硅的触发极加一个和正弦波同周期的脉冲。在过零时触发可控硅，维持一个周期的正向导通。当正弦波过零变负时，可控硅断开。控制可控硅导通的周波数(通断比)可以实现对电加热器功率的控制，从而实现对被加热介质温度的控制。可控硅采用过零触发控制模式，出口温度可以稳定在设定范围之内，控温精度满足工艺要求。且理论上过零触发引起的电网干扰会最小，对负载的冲击也小。

各电加热器被加热介质的温度需送至 DCS 系统。比对介质的实际温度和设定值，在调整换热器操作的基础上，DCS 向控制柜提供 4～20mA 的功率控制信号，用于控制可控硅的通断比，实现对电加热器功率/温度的控制，进而实现对被加热介质的温度控制。这是一个闭环反馈控制过程。

汽油吸附脱硫装置的电加热器原则上采用三角形接线，可控硅的结构形式宜采用三相三脚全控式，每相 2 只三极可控硅整流器反并联连接，3 相共 6 只组成；也可采用三相两脚控制方式。

汽油吸附脱硫装置的电加热器不采用现场操作柱控制方式，加热器的正常启动、停止均由 DCS 控制，同时仪表 ESD 具备紧急停车功能。控制柜上设就地/远方选择开关、加热器启动功能、加热器停止功能。当控制柜上转换开关设置在远方时，允许 DCS 对加热器进行控制；当转换开关设置在就地时，允许通过控制柜对加热器进行启动、停止控制，该功能主要用于调试。控制柜内设置功率变送器，将电加热器的实际功率反馈至仪表 DCS。

八、电加热器及控制柜的检维修重点

电加热器及控制柜的检维修重点有如下几方面：

1）监控控制柜，密切注意控制柜的散热。

2）检查控制柜内可控硅的运行情况。

3）检查电加热器管的绝缘电阻。

4）必要的加热器抽芯检查，特别是对出现过问题的加热器。

第十节 汽油吸附脱硫装置的材料选择与防护

汽油吸附脱硫装置的操作介质中含有氢、硫化物等腐蚀性介质，装置的反应和再生部分操作温度较高，可能出现的损伤种类很多。为满足装置的安全长周期运行要求，需重视材料选择和防护。

一、汽油吸附脱硫装置的材料损伤形式

炼油装置涉及的材料损伤形式通常包括 63 种[26]，编号从①到63。汽油吸附脱硫装置涉及的材料损伤形式共有 11 种，如表 7-10-1 所示。图 7-10-1 为在汽油吸附脱硫装置工艺流程图上标出了相关的材料损伤形式，考虑的因素包括腐蚀介质种类和含量、工艺参数(温度、压力等)和所用的材料种类等。现就几种重要材料损伤形式分述如下。

表 7-10-1　汽油吸附脱硫装置的材料损伤形式

编号	名称	编号	名称
①	高温硫腐蚀	㉕	氢脆
③	蠕变	㉚	过热
⑩	高温氢腐蚀	㉛	脆断
⑪	高温氧化腐蚀	㉟	再热裂纹
⑯	回火脆化	㊾	循环水腐蚀
⑳	冲刷腐蚀		

(一) 高温氢腐蚀

1. 高温氢腐蚀的特征

高温氢腐蚀是在高温高压条件下扩散侵入钢中的氢与不稳定的碳化物发生化学反应，生成甲烷气泡，即：

$$Fe_3C+2H_2 \rightarrow CH_4+3Fe$$

$$C+4H \rightarrow CH_4 \quad 或 \quad C+2H_2 \rightarrow CH_4$$

生成的甲烷在钢中的扩散能力很小，易在晶间空穴和非金属夹杂部位聚集，引起钢的强度、延性和韧性下降与劣化，进而导致材料破裂。这种脆化现象是发生化学反应的结果，所以它具有不可逆的性质，也称永久脆化现象[27]。

高温氢腐蚀有两种形式：一是表面脱碳；二是内部脱碳。表面脱碳不会产生裂纹，这与钢材暴露在空气、氧气或二氧化碳等一些气体中所产生的脱碳相似。表面脱碳的影响一般很轻，其钢材的强度和硬度局部有所下降而延展性提高。内部脱碳是由于氢扩散侵入到钢中反应后生成了甲烷，而甲烷不能扩散出钢外，就聚集于晶界空穴和夹杂物附近，形成了很高的局部应力，使钢产生龟裂、裂纹或鼓包，其力学性能发生显著的劣化。

高温氢腐蚀大致分为如下三个阶段。

(1) 孕育期

氢与碳反应会使钢材表面脱碳，若碳向表面扩散速度慢，脱碳会向内部发展，在晶界或夹杂界面的缝隙形成甲烷鼓包，可通过扫描电镜观察到鼓泡。

(2) 快速发展期

鼓泡长大到某一临界点后沿晶界连接起来形成微裂纹，钢的体积膨胀，强度和塑性迅速下降，超声波测厚时可能会表现为异常“增厚”。

(3) 饱和期

在显微镜下观察试样，可看到脱碳和/或微裂纹，有时现场金相分析也能观察到，裂纹彼此连接，钢材力学性能和体积变化减趋停止。图 7-10-2 为已出现内部脱碳和微裂损伤的碳钢试件的金相照片[28]。材料对应的操作温度为 421℃，氢分压为 2.93MPa，操作时间接近 65000h。

2. 高温氢腐蚀的主要影响因素

影响高温氢腐蚀敏感性最关键的因素是孕育时间、操作温度、氢分压、钢材化学成分、容器是否进行焊后热处理。

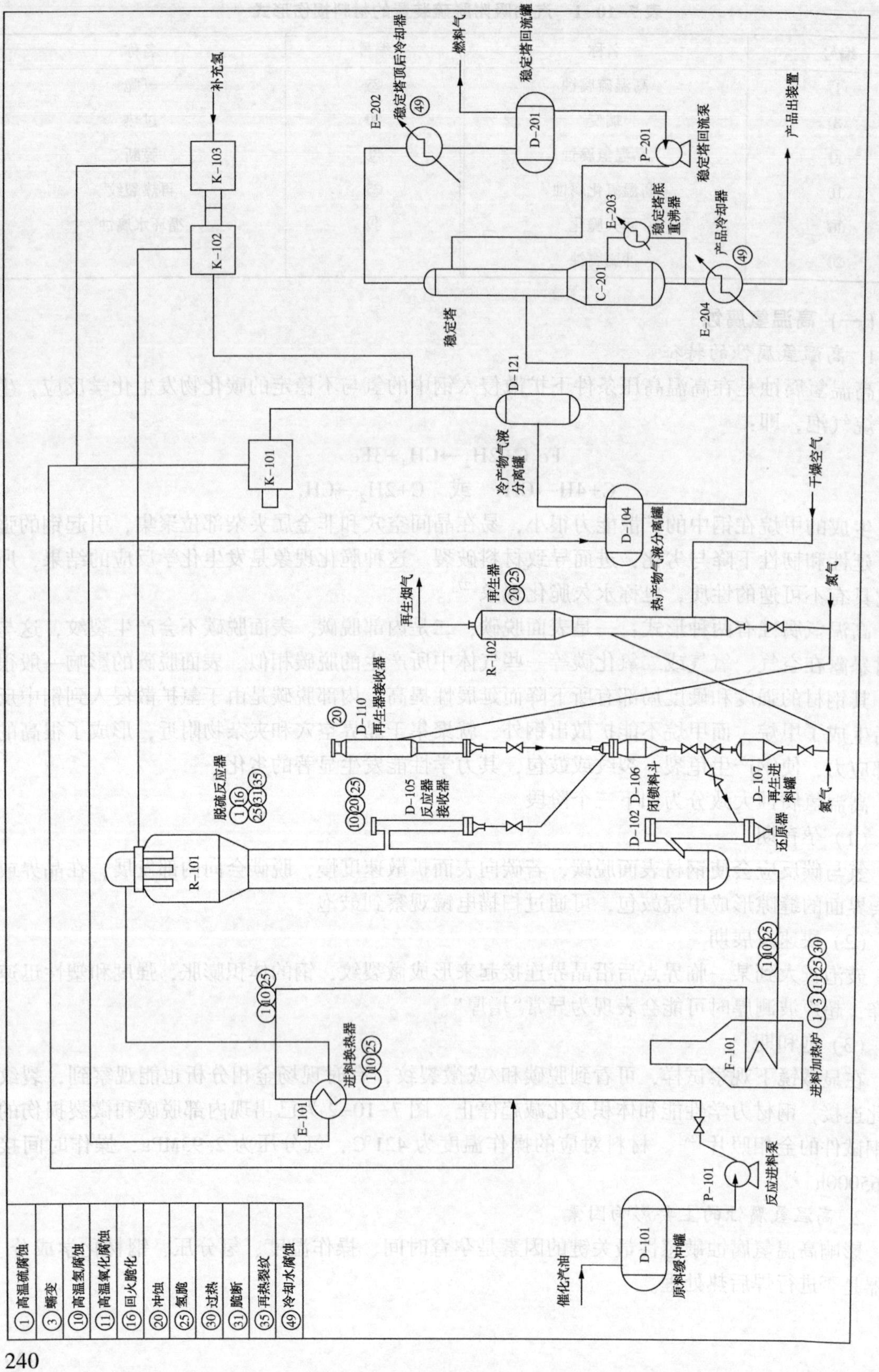

图7-10-1 汽油吸附脱硫装置的材料损伤分布图

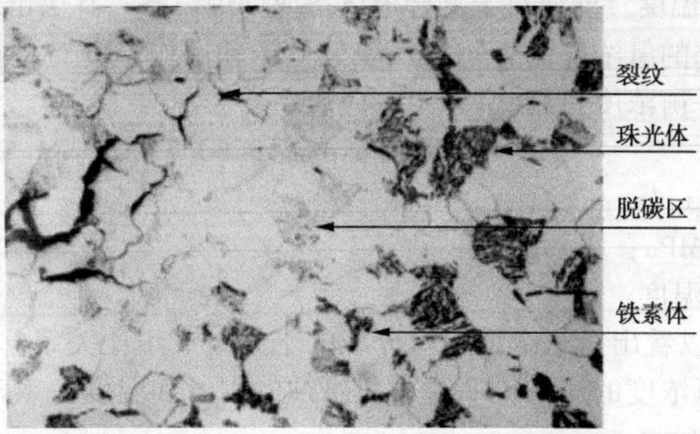

图 7-10-2　碳钢在高温氢环境中发生的内部脱碳和微裂损伤金相图

（1）孕育时间的影响

高温氢腐蚀对钢材造成损伤之前，在一段时间内用普通的力学试验方法检验不出机械性能有明显变化。经过这段时间以后，材料产生损伤而导致强度和延性下降。在能够用普通力学试验方法测出高温氢腐蚀以前的这段时间称之为孕育期。孕育期随钢的类型和暴露条件的苛刻情况而变。在极端的条件下，仅能维持几小时；而在较低的温度和氢分压下维持时间可逐渐变长。在缓和的条件下，某些钢材甚至暴露很多年后，用普通力学试验方法也检验不出有损伤情况。

孕育期的长短非常关键，它决定发生高温氢侵蚀条件下钢材的有效寿命。图 7-10-3 给出了碳钢高温氢腐蚀的孕育期曲线[28]。

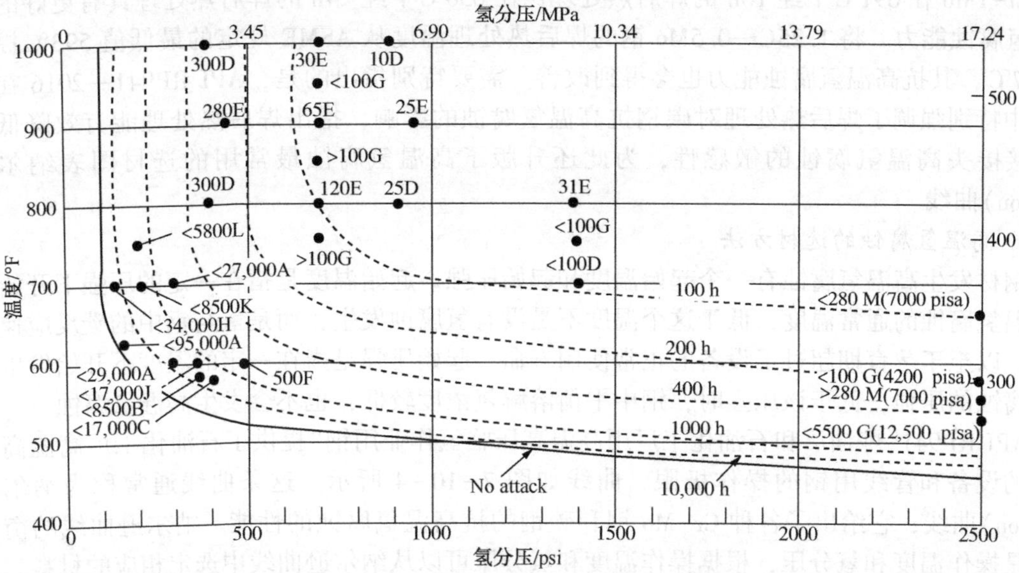

图 7-10-3　碳钢高温氢腐蚀的孕育期曲线

（2）操作温度的影响

温度越高，氢腐蚀越严重。大多数情况下，操作温度对高温氢腐蚀的影响比氢分压更大。200℃左右为界线，介质操作温度低于此值时，钢材的高温氢腐蚀不明显；高于此值时，高温氢腐蚀的程度会随着温度的提高而变重，选择的材料也应相应调整。所以在高温氢腐蚀选材时，首先要考虑操作温度。即使对于复合板设备或堆焊设备，基层也应考虑高温氢腐蚀。

对扩散入钢材内部的氢浓度的影响可反映氢分压和操作温度对材料高温氢腐蚀严重程度的影响。氢在钢中的平衡浓度可用式(7-10-1)表示：

$$C = 134.9P^{1/2}\exp(-3280/T) \quad (7-10-1)$$

式中 C——氢浓度，μg/g；

P——氢分压，MPa；

T——开式绝对温度，K。

从式(7-10-1)可以看出，氢浓度与氢分压的平方根成正比关系，而与温度成指数关系，这进一步说明温度对氢浓度的影响更明显，氢腐蚀的程度和温度关系密切。

(3) 氢分压的影响

高温氢腐蚀主要与氢分压有关，与操作总压关系不大。由式(7-10-1)可以看出，氢分压越高，高温氢腐蚀越严重。

(4) 合金元素的影响

如前所述，高温氢腐蚀是由于扩散入钢中的氢与钢中的碳元素作用，进而生成甲烷所致。为此，可在钢材中添加能形成稳定碳化物的元素，使碳的活性降低或使碳被固定，从而避免或减少能形成甲烷的碳的数量，从而提高材料抗高温氢腐蚀的能力。稳定碳化物的元素很多，主要有铬、钼、钒、钛等。

(5) 焊后热处理的影响

工业经验和试验研究都显示出焊后热处理(PWHT)可以改善钢材抗高温氢腐蚀的能力，焊后热处理稳定了合金碳化物，这样减少了与氢相结合的碳的数量。API RP941[28]指出，2.25Cr-1Mo在691℃下经16h的焊后热处理比在630℃下经24h的焊后热处理具有更好的抗高温氢腐蚀能力。将1.25Cr-0.5Mo钢的焊后热处理温度从ASME规定的最低值593℃提高到677℃，其抗高温氢腐蚀能力也会得到改善。需要特别指出的是，API RP941—2016在附录F中特别强调了焊后热处理对碳钢抗高温氢腐蚀的影响，指出焊后热处理能有效降低碳钢焊接接头高温氢腐蚀的敏感性，为此还升版了高温氢腐蚀最常用的选材图表纳尔逊(Nelson)曲线。

3. 高温氢腐蚀的选材方法

钢材发生高温氢腐蚀有一个起始温度和起始压强。起始温度是指在一定的压强下开始发生高温氢腐蚀的通常温度，低于这个温度不是没有氢腐蚀发生，而是氢与钢中的碳反应速度很慢，以至于孕育期超过了设备的正常使用寿命。起始压强是指在一定的温度下开始发生高温氢腐蚀的压强，低于该压强时，钢中平衡溶解氢浓度较低，也不会发生高温氢腐蚀。

API RP941“炼油厂和石油化工厂用高温高压临氢作业用钢”提供了石油化工厂高温高压氢气的设备和管线用钢的操作极限，曲线如图7-10-4所示。这条曲线通常称为纳尔逊(Nelson)曲线，它给出了各种Cr-Mo钢和碳钢的抗高温氢腐蚀的性能。纳尔逊曲线的衡量指标是操作温度和氢分压，根据操作温度和氢分压可以从纳尔逊曲线中选定相应的材料。在纳尔逊曲线中，操作工况处于实线的上部时表示会发生高温氢腐蚀，处于虚线上部时表示会发生表面脱碳。当操作氢分压或操作温度低于某一临界值时，高温氢腐蚀不明显。纳尔逊曲线已经成为一个单独的指导性资料，它与工程经验相结合，可作为选择高温高压临氢设备和管线的抗高温氢腐蚀材料的准则[29]。根据API RP941的建议，纳尔逊曲线在使用时应增加一定的安全裕度。

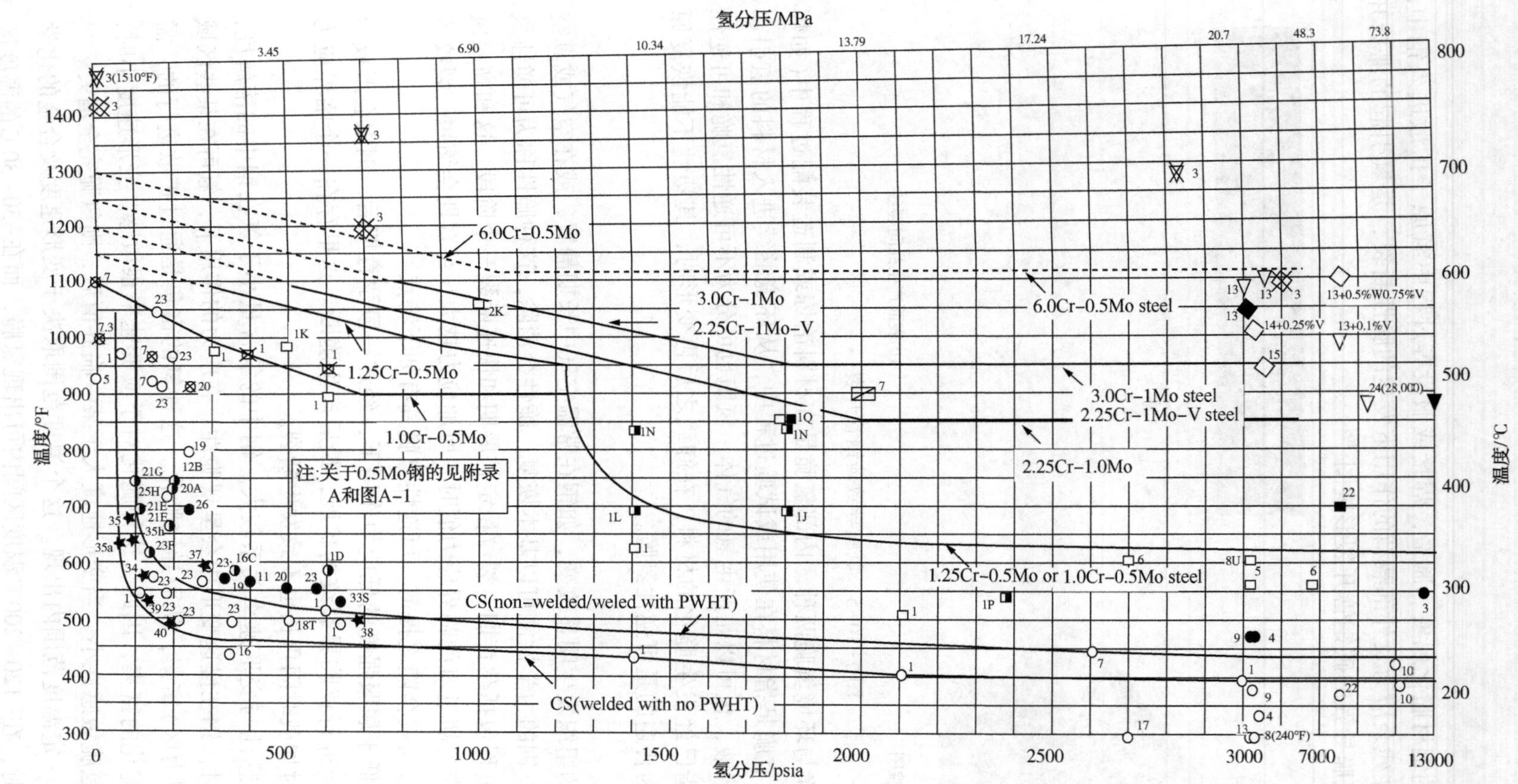

1. 曲线的极限是基于Nelson收集的操作经验,补充数据由API征集。
2. 在任何温度和氢压条件下奥氏体不锈钢一般不会脱碳。
3. 曲线的极限是基于铸钢及退火钢和正火钢采用ASME规范第Ⅷ篇第1分篇应力值的使用经验,补充资料见API941的5.3和5.4节。
4. 安全区内有几个1.25Cr–0.5Mo钢的事故点,详见API941的附录B。
5. 2.25Cr–1Mo–V钢使用极限是基于10万小时实验室结果,该合金至少等同于3Cr–1Mo钢,详见API941的参考文献22。

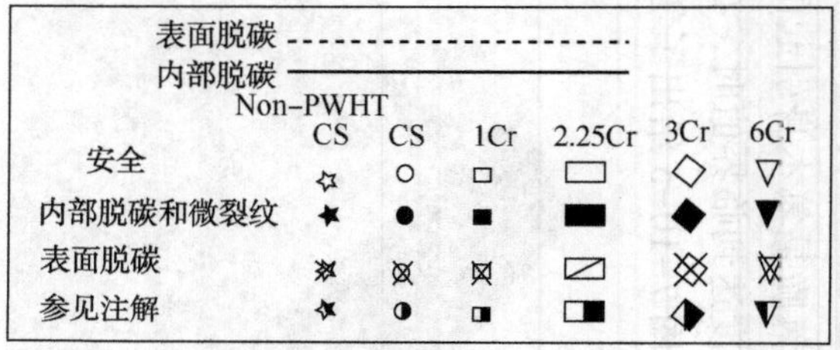

图 7–10–4　临氢作业用钢防止脱碳和微裂纹的操作极限

（二）氢脆

1. 氢脆的特征

氢脆是氢本身引起的钢材脆化现象。制造、焊接或服役等过程中氢原子扩散进入钢中，氢浓度达到临界值时，在残余应力及外部载荷的作用下发生的脆性断裂，是氢引起的滞后开裂。图 7-10-5 给出了氢脆导致的碳钢管开裂形貌图[26]。

(a)断裂形貌图

(b)表面产生晶间裂纹

图 7-10-5　氢脆导致碳钢管开裂

氢脆可分为内部氢脆与环境氢脆两种。内部氢脆是在材料冶炼或制造装配过程中(如焊接)吸收氢而造成。环境氢脆是指材料在使用或试验过程中，从环境继续进入材料的氢引起的脆化，环境可以是水溶液，也可以是产生氢的气体。氢脆也可分为不可逆性氢脆和可逆性氢脆。不可逆性氢脆是指已经发生脆化的材料，在卸载之后再变形时，其塑性不能恢复原状。在加氢装置中，更为普遍的是可逆性氢脆。

2. 可逆性氢脆

氢的溶入不会使钢的组织发生明显改变，如钢在常温空气中长期静置，或在空气或真空中短期加热，氢会逸出，钢的力学性能可以基本恢复，脆性会消除，这种脆性称为可逆性氢脆。可逆性氢脆的断裂过程包括孕育期、裂纹稳定扩展期和快速断裂三个阶段，这和高温氢腐蚀有相似之处。外加应力超过氢的临界应力值时，所加应力越大，孕育期会缩短，裂纹传播的速度会变快，断裂时间就会随之提前。可逆性氢脆具有如下特点。

1）溶有氢的钢，在低于屈服强度的低应力作用下，经过一段孕育期后，钢内会形成裂纹，在应力持续作用下会进行亚临界裂纹的扩展，最后产生脆断。这里存在一个临界应力值，当低于此临界应力时加载时间再长也不致发生断裂。

2）可逆性氢脆的敏感性与变形速率关系较大。钢中的氢含量小于氢在钢中的溶解度，即氢在钢中呈固溶状态时，钢在慢速变形中会呈现脆性。在应力的作用下，氢可在某些区域(如缺口下的三向拉伸应力区)富集，从而导致脆化。这种氢的富集是通过扩散进行的，需要一定的时间才能达到脆化的富集，因此，这种脆化对于应变速率很敏感。变形速度小时，氢脆敏感性大；反之，氢脆敏感性小。当变形速度大于某一临界值后，则氢脆完全消失。

3）可逆性氢脆只在一定温度范围内出现。这个温度范围取决于变形速度及合金的化学成分，如钢在慢速变形时，在-120~200℃温度区间内可出现氢脆，而在-30~30℃的温度区间中，脆性显得更加明显。

3. 氢脆的控制措施

氢脆的预防和控制，一方面要阻止氢自环境进入金属，去除金属中已含有的氢，另一方面是降低材料对氢脆的敏感性。阻止氢进入金属，可以使用增加涂层、堆焊不锈钢或设置其他保护衬里的方法。关于材料对氢脆的敏感性，如前所示，材料的强度水平对氢脆敏感性有着重要的影响，氢脆敏感性随着钢材强度的提高而增高，因而应优先低强度钢。使用高强度钢时，应采取多种措施降低材料对氢脆的敏感性[30]。

1）降低高强度钢氢脆敏感性的首要措施是采取适当的热处理工艺，降低钢中的氢含量。

2）在焊接过程中使用低氢型焊材，并在焊接之后应及时进行消氢或中间消除应力热处理，以去除钢材中的氢。

3）铬、钼、钨、钛、钒等碳化物形成元素能细化晶粒，提高钢的塑韧性，对降低氢脆敏感性是有利的。

4）降低能导致回火脆化的杂质，如硫、磷、砷、锡、锑等，这对抗氢脆是有利的。

5）材料及设计，若有缺口，应增加缺口根部半径；采用局部热处理等措施降低关键部位(如缺口根部)的局部强度。

（三）回火脆化

1. 回火脆化的特征

回火脆化是指低合金钢长期在343~593℃范围内使用时，操作温度下材料韧性没有明显降低，但材料组织微观结构已变化，降低温度后(如停工检修期间)发生脆性开裂的过程。汽油吸附脱硫装置中的脱硫反应器就长期操作在这一温度范围内，需重点关注。其特征如下：

1）通过目视检测难以发现回火脆化损伤，拉伸性能无明显差别，只能采用夏比V形缺口冲击试验测试，回火脆化材料的韧脆转变温度较非脆化材料升高。

2）常用的铬钼钢由于铬含量不同，获得的金相组织不同，回火脆化敏感性也不同。2.25Cr-1 Mo多获得均匀分布的细晶粒贝氏体组织，故回火脆化敏感性较高；1Cr-0.5Mo和1.25Cr-0.5Mo的金相组织以珠光体为主，几乎没有回火脆化敏感性。

3）大量实验研究表明，产生回火脆化的根本原因是铬钼在一定温度回火、回火后冷却或时效过程中P、Sn、Sb、As等有害元素在奥氏体晶界处偏聚，当材料经受冲击或拉伸时，界面能已下降的晶界处很容易首先开裂。P是最能增强回火脆化敏感性的元素，其次是Sn，再次是As和Sb。Si本身不会引起脆化，而是对P的脆化起了促进作用。

4）脆化是可逆的。严重脆化了的材料，在593℃以上加热一段时间后便可脱脆。

2. 回火脆化的评价方法

回火脆化最初都采用回火时快冷与缓冷后的室温冲击韧度的比值评价，或者以韧性状态与脆化状态的室温冲击韧度的比值评价。为了对现有钢材和焊接接头的抗回火脆化性能评价，美国SOCAL公司开发了第1号加速脆化的程序，称为步冷(Step Cooling)脆化处理程序。步冷处理工艺程序如图7-10-6所示。根据AP1934中规定的步冷试验程序如下[31]：

1）材料以任意速度加热至316℃，然后以56℃/h的速度加热至593℃、保温1h；

2）以6℃/h的速度冷却至538℃，保温15h；

3）以6℃/h的速度冷却至524℃，保温24h；

4）以6℃/h的速度冷却至496℃，保温60h；

5）以 3℃/h 的速度冷却至 468℃，保温 100h；

6）以 28℃/h 的速度冷却至 316℃，炉冷至室温。

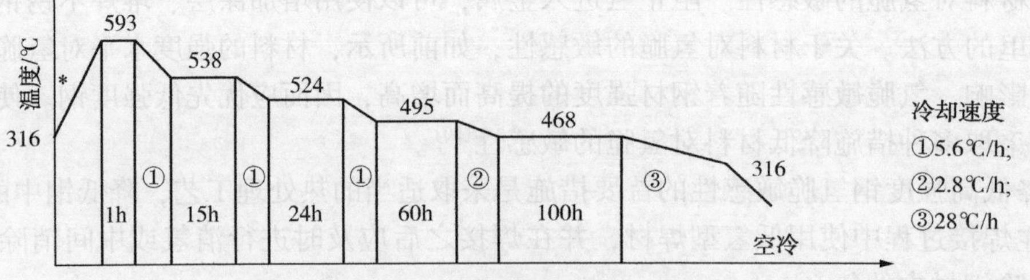

图 7-10-6　步冷脆化处理程序

＊从 316℃到 593℃加热速度为 56℃/h。

测定铬钼钢的回火脆化，需在一系列温度下进行步冷试验，将经步冷处理和未经步冷处理的材料分别进行冲击试验，分别测出 AKv 值为 54J 时的相应温度 VTr54 及其变化量 ΔTr54。ΔTr54 越大，说明材料的回火脆化敏感性越高。

通常按式(7-10-2)来判定材料的回火脆化敏感性。

$$VTr54+X\Delta Tr54<t \tag{7-10-2}$$

式中 VTr54——步冷处理前夏比冲击功为 54J 时相应的转变温度，℃；

ΔTr54——步冷工艺处理前后夏比冲击功为 54J 时转变温度的增量，℃；

X——脆化处理产生的脆化量与长期高温停留产生实际脆化量的差别的调整系数；

t——钢材长期高温停留后允许的脆化转变温度，℃。

API934 推荐的 X 和 t 值分别为 2.5 和 10。随着炼钢技术的不断提高，钢材抗回火脆化的能力已经大大改善，已经允许 X 值增加到 3，t 值降低到 0℃。

3. 回火脆化的控制措施

化学成分及金属元素含量对于铬钼钢回火脆化影响很大，铬钼钢应对有害元素进行严格的控制，尽量降低其含量。日本渡边等人根据相关的研究结果，提出了 Cr-Mo 钢的脆化敏感系数，称为 J 系数，如式(7-10-3)所示。

$$J=(Si+Mn)(P+Sn)\times 10^4 \tag{7-10-3}$$

式中元素以质量分数代入，如 0.12%应以 0.12 代入。

伯拉斯柯托提出了预计焊缝金属脆化敏感性系数，如式(7-10-4)所示。

$$\overline{X}=(10P+5Sb+4Sn+As)\times 10^{-2} \tag{7-10-4}$$

式中元素以质量分数(μg/g)代入，如 0.012%(质)应以 120μg/g 代入。

随着国内外炼钢技术的不断提高，钢材的纯净度能达到较好的控制指标，人们对钢材脆化敏感性系数提出更严格的要求。目前多数工程公司对于 2.25Cr-1Mo 钢一般要求为 $J\leqslant 100$，$\overline{X}\leqslant 15$。

在设计设备应选用磷、锡、锑和砷等杂质元素含量低的材质，进行适当的焊后热处理，适当降低材料强度等级。在役设备则应避免在材料回火脆化温度范围内服役。装置开车过程中，若设备温度低于最低升压温度时，操作压力应至少降至最低设计压力的 25%。采用焊补修复的部位应加热至 620℃并快速水冷，回火脆化能得到暂时逆转。

(四) 高温硫腐蚀

1. 高温硫腐蚀的特征

高温硫腐蚀是指在高温时(通常是240℃以上)硫化物与钢中的铁发生反应生成硫化亚铁的腐蚀，这种腐蚀属于化学腐蚀。温度在240~340℃时，有机硫化物开始分解，生成H_2S，开始对设备腐蚀，腐蚀速率往往随温度升高而增大。在温度为350~400℃的环境中，低级硫醇能直接与铁反应发生腐蚀，反应式为：

$$Fe+RCH_2CH_2SH \rightarrow FeS+RCH=CH_2+H_2$$

高温硫腐蚀多为均匀腐蚀，腐蚀发生后部件表面减薄，当减薄到一定程度时，可能会导致设备或管线发生破裂。图7-10-7给出了碳钢管线发生高温硫腐蚀后严重减薄，最终破裂的形貌图[32]。

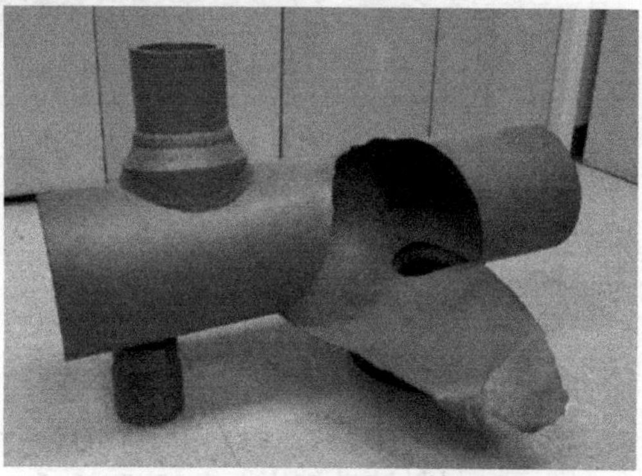

图7-10-7　碳钢管线发生高温硫腐蚀减薄的破裂形貌图

2. 高温硫腐蚀的主要影响因素

影响高温硫腐蚀的主要影响因素有介质温度、硫化物浓度、介质流速和流态。

(1) 介质温度

温度的影响表现在两个方面：一是温度升高，促进了硫、硫醇、硫化氢等活性硫化物与金属的化学反应；二是温度升高会促进非活性硫化物的分解。通常情况下，当温度高于240℃时，随着温度的升高，高温硫腐蚀逐渐加剧，在350~400℃分解最快，430℃左右腐蚀速率达到最高值。

(2) 硫化物的浓度

硫化物的腐蚀速率随介质中活性硫化物的浓度增加而提高，即活性硫化物的浓度越大，腐蚀速率也就越大。由于不同原油或分馏油的活性硫化物在总硫中所占的比例不相同，难以准确定量，而且非活性硫化物在一定条件下也能部分转变为活性硫化物，所以工程设计中通常以介质中的总硫含量为依据来估算腐蚀速率。

(3) 介质的流速和流态

介质的流速越高，流态越不稳定，腐蚀速率往往就越大。较高的流速或不稳定的流态易使不太牢固的硫化亚铁保护膜脱落，从而失去其对钢材表面的保护作用。

3. 高温硫腐蚀的控制措施

材料耐硫化物腐蚀性能取决于反应产生的硫化物膜保护能力。铬能有效提高钢材耐高温硫腐蚀的性能，这是因为含铬钢在表面能生成双层垢，外层为多孔的硫化亚铁，内层为致密的Cr_2O_3，阻止或减缓高温硫化物的发生。根据高温硫腐蚀的程度，可以从碳钢、Cr5M、Cr9Mo、不锈钢等材料中选取合适的材料。

(五) 冲刷腐蚀

1. 冲刷腐蚀的特征

固体、液体、气体或其任意之间组合发生冲击或相对运动，造成材料表面层机械剥落加速的过程。冲刷能导致大面积减薄，也可以在很短的时间内造成材料局部严重损失，典型情况有冲刷形成的坑、沟、槽、孔和波纹状形貌，且具有一定的方向性。图7-10-8给出了Cr9Mo弯头的冲刷腐蚀形貌图。冲刷腐蚀根据流动介质不同，可以分为气固冲刷腐蚀、液

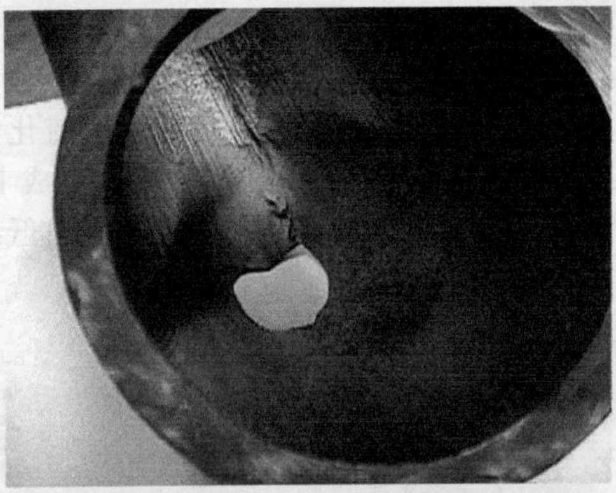

图 7-10-8 Cr9Mo 弯头的冲刷腐蚀形貌图

固冲刷腐蚀、液滴冲刷腐蚀等。汽油吸附脱硫装置的冲刷腐蚀以气固冲刷腐蚀为主，主要磨蚀损伤表现在吸附剂转剂线管道的转弯处。

2. 冲刷腐蚀的主要影响因素

影响气固冲刷硫腐蚀的主要影响因素有流速、磨粒本身、冲刷角度等[33]。

（1）流速

研究发现，气固相的冲刷腐蚀与磨粒的动能有直接的关系，其磨损量与磨粒的速度之间存在以下关系式：

$$E = K \cdot v^n \tag{7-10-5}$$

式中 E——磨损率，mg/g；

K——常数；

v——磨粒的冲蚀速度，m/s；

n——速度指数，一般情况下 $n=2\sim3$；韧性较好材料波动较小，$n=2.3\sim2.4$；脆性材料波动较大，$n=2.2\sim6.5$。

对每种环境-材料组合，一般都会有一个流速临界值，低于这个数值时不产生明显的冲刷腐蚀，大于这个值时流体冲击就会造成金属损失，在临界值以上的流速越高金属损失越快。

（2）介质组分

介质组分的相态及夹带颗粒的尺寸、密度和硬度均影响冲刷腐蚀的能力。一般冲蚀磨损率与磨粒硬度指数呈线性关系。磨粒形状对冲刷腐蚀形貌也有一定的影响，尖角形的磨粒比圆球性磨粒在同样条件下产生更大的冲刷腐蚀磨损量。当圆球形磨粒冲蚀时，形貌以犁沟变形为主，而多角形磨粒则以切削为主。随着磨粒尺寸的增大，冲刷腐蚀磨损量往往也会随之增大。

（3）材料硬度

硬度低的合金易发生冲刷腐蚀，高流速时冲刷腐蚀尤其严重；硬度高的合金耐冲刷能力强。

3. 冲刷腐蚀的控制措施

冲刷腐蚀需要综合控制。对气固相的冲刷腐蚀可从以下角度考虑。

1）设计优化，增加设备和管道直径降低介质流速，加大弯管的弯曲半径，采用流线型弯头等。

2）改进设备结构，在设备介质进口加设防冲板，加厚易承受冲刷腐蚀部位的有效壁厚，并使之易于更换。

3）选择合适的材料，采用耐蚀金属、耐磨金属，形成更致密的保护膜；增设耐磨衬里；进行表面强化处理等。

（六）循环水腐蚀

1. 循环水腐蚀的主要腐蚀类型

循环水腐蚀是由溶解盐、气体、有机化合物和微生物活动引起的碳钢和其他金属的腐蚀。图 7-10-9 为在 30℃下碳钢换热管内壁循环水腐蚀的典型形貌图。循环水腐蚀包括多种腐蚀类型，包括均匀腐蚀、点蚀、微生物腐蚀、应力腐蚀开裂、垢下腐蚀、冲蚀等。

2. 循环水腐蚀的主要影响因素

循环水腐蚀实际上是众多腐蚀类型的组合，因而其影响因素非常多，主要包括如下几方面。

1）温度。循环水出口温度或工艺物料侧入口温度的升高会增加腐蚀速率和结垢倾向。工艺物料侧的温度高于60℃时，循环水还存在结垢倾向，工艺物料侧温度继续升高或循环水入口温度升高时，这一倾向更加明显。循环水如果是半咸水或盐水，出口温度高于46℃时就会结垢严重。

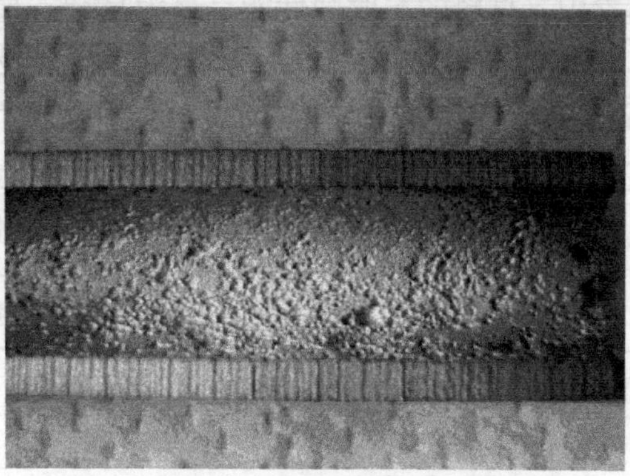

图 7-10-9　碳钢换热管内壁循环水腐蚀的典型形貌图

2）氧含量。随循环水氧含量升高，碳钢的腐蚀速率增大。

3）结垢。垢层可由矿物沉淀、淤泥、悬浮的有机材料、腐蚀产物、氧化皮、海水和微生物生长形成，造成垢下腐蚀。

4）流速。流速足够高时可减少结垢，并冲出沉积物，但流速过高可能导致冲刷腐蚀。循环水用于冷却器的壳程时，介质流动死区或滞留区部位腐蚀加剧，比管程腐蚀更为严重。

5）钛和其他阳极材料连接可能发生严重的钛氢化，温度高于82℃时较为常见。

3. 循环水腐蚀的控制措施

循环水的防腐需要可以从pH值、流速、选材、腐蚀检监测等几方面综合开展工作[34]。

（1）提高循环水的pH值

铁、铜等金属氧化物易溶于酸性溶液中，而在碱性条件下溶解较慢，因此提高pH值可以减缓阳极此类金属的溶解速率，同时由于循环水中OH^-浓度的提高，也可以抑制阴极溶解氧的反应过程，从而使金属腐蚀速率大大降低。

（2）添加缓蚀剂

添加缓蚀剂是一种行之有效的方法，只要缓蚀剂选用得当，一般都能把腐蚀率控制在允许的范围内，并且还能与阻垢结合起来选用药剂，既达到缓蚀的目的，又达到阻垢的目的。

（3）水冷器的管束防腐

循环水腐蚀最为严重的位置是水冷器的管束。一般水冷器常用材质有碳钢、低合金钢、奥氏体不锈钢、钛、双相钢、Monel等。由于循环水浓缩导致系统氯离子高，因此选择不锈钢时要注意。对于微生物腐蚀，选材可以按照以下顺序进行：钛>不锈钢>黄铜>纯铜>硬铝>碳钢。

目前国内水冷器出于经济方面考虑，通常采用碳钢+表面处理的方式。表面处理方法有涂料、镍磷镀等。其中涂料防腐应用比较成功，常用冷却器用涂料有SHY-99、TH-901等。采用表面处理技术要注意施工质量管理，同时要防止针孔等现象的发生。汽油吸附脱硫装置的水冷器采用的就是此方法。

二、汽油吸附脱硫装置主要设备的材料选择

汽油吸附脱硫装置在选材时，需要考虑的因素很多，包括材料的承压能力、材料的相容

性、材料的制造加工工艺性能、材料的成本、材料的可获得性、材料的抗腐蚀性等。在众多因素中，材料的抗腐蚀性能是最为复杂、最应该得到重视的。

汽油吸附脱硫装置的反应再生部分设备在高温临氢条件下操作，原料还含有500～700μg/g的硫化物，选材时应考虑耐高温腐蚀性能、抗氢腐蚀性能、抗高温硫腐蚀性能。低温部位的水冷器的水侧还需要考虑循环水防腐蚀措施等。表7-10-2给出了典型的汽油吸附脱硫装置主要静设备、动设备、炉管的选材。

表7-10-2　汽油吸附脱硫装置主要设备推荐用材

类别	设备名称	设备部位	设备主材推荐材料	备注
反应器和塔器	脱硫反应器	底封头、底部筒体	Cr-Mo① +堆焊不锈钢347	
		顶封头、其他筒体	Cr-Mo①	
		内构件		
	再生器	壳体	14Cr1MoR	
		旋风分离器	304H	
		内构件		
	稳定塔	壳体	碳钢	
		塔盘	碳钢	
容器	还原器	壳体	14Cr1MoR	
	反应器接收器	壳体	14Cr1MoR	
	闭锁料斗	壳体	14Cr1MoR	
	再生进料罐	壳体	14Cr1MoR	
	再生器接收器	壳体	14Cr1MoR	
	反吹气体聚集器	壳体	14Cr1MoR	
	热产物气液分离罐	壳体	碳钢	须焊后热处理
	冷产物气液分离罐	壳体	碳钢	须焊后热处理
	再生粉尘罐	壳体	碳钢	
	冷产物气液分离罐	壳体	碳钢	
	稳定塔回流罐	壳体	碳钢	
换热器	吸附进料换热器	壳体	碳钢	操作温度<204℃
			14Cr1MoR	操作温度≥204℃
		管子	碳钢	操作温度<204℃
			14Cr1Mo	操作温度≥204℃
	再生烟气冷却器 再生空气预热器	壳体	15CrMoR	
		管子	316H	
	稳定塔底重沸器	壳体	碳钢	
		管子	碳钢	
	稳定塔顶后冷却器 产品冷却器	壳体	碳钢	
		管子	碳钢	水侧需涂料防腐

续表

类别	设备名称	设备部位	设备主材推荐材料	备注
空冷器	反应产物空冷器稳定塔顶空冷器汽油产品空冷器	管箱	碳钢	
		管子	碳钢	
进料加热炉		炉管	Cr9Mo	
泵	吸附反应进料泵热水循环泵稳定塔回流泵	泵壳	碳钢	
		叶轮	12% Cr	

① 壳体材质视具体设计厚度选择 14Cr1MoR 或者 12Cr2Mo1R。

下面对脱硫反应器的选材进一步做补充说明。

(一) 脱硫反应器的材料选择

典型的汽油吸附脱硫装置的脱硫反应器的操作温度为 425~440℃，操作压力为 2.4~3.1MPa，设计温度为 470℃，设计压力为 4.26MPa，氢分压约为 0.7MPa(按照操作压力 3.1MPa，氢气的摩尔含量 22.5%计算)。操作介质为汽油、氢气和脱硫吸附剂，其中汽油中总硫含量为 500~750mg/kg[即 0.05%~0.075%(质)]。

由于介质中含有氢气，且操作温度较高，需考虑高温氢腐蚀。高温氢腐蚀的选材把纳尔逊曲线作为准则。根据计算，对应的点在碳钢的曲线以上，使用碳钢不满足高温氢腐蚀的要求，因而脱硫反应器的壳体需选择 Cr-Mo 钢。

脱硫反应器应优先使用 14Cr1MoR 作为壳体基层，其成本更低，制造难度也小。在装置规模较大时，当所需基层厚度较大，受 14Cr1MoR 淬透性较低的影响，钢板芯部力学性能(延伸、冲击等性能)可能会出现大幅下降，应考虑使用铬含量更高的 12Cr2Mo1R。使用 12Cr2Mo1R 应注意以下问题：

(1) 严格热处理规范

12Cr2Mo1R 的正火最高温度不得超过 968℃，最低回火温度不得低于 675℃，焊后热处理(PWHT)温度一般定为(690±14)℃，且保温时间不能太低。若温度过低，保温时间过短，可能导致发生开裂或引起冲击韧性明显下降的现象；若温度过高，保温时间过长，将可能导致受压元件的强度达不到要求。

(2) 控制回火脆化敏感性

12Cr2Mo1R 的回火脆化敏感性较高，应注意控制：尽可能提高钢材的纯净度，减少杂质和痕迹元素含量；使用标准的步冷(Step Cooling)脆化处理程序评价材料的抗回火脆化性能。

由于原料中含有 0.05%~0.075%(质)的硫，反应器还需考虑高温硫腐蚀。脱硫反应器的原料从底部进入，经过吸附剂后硫含量大幅降低，因而仅反应器底部需考虑高温硫腐蚀。仅使用 14Cr1MoR 或 12Cr2Mo1R 作底部壳体的话，腐蚀速率过高，因而反应器底部筒体和底部封头须堆焊不锈钢 347。

(二) 再生器的材料选择

典型汽油吸附脱硫装置的操作温度为 510~530℃，操作压力为 0.11MPa，设计温度为

550℃，设计压力为 0.35MPa。操作介质为氧气、氮气、二氧化碳、二氧化硫及吸附剂，相态为气相和固相。选材时需要考虑的因素包括：

1）设计温度为 550℃，超出碳钢的最高使用温度（475℃），需选用 Cr-Mo 钢或不锈钢。

2）再生器中含有固相的吸附剂，内构件和再生器壳体需考虑防冲刷腐蚀。

3）由于介质为气相和固相，无液相水出现的可能，二氧化碳和二氧化硫腐蚀都不需要考虑。

综合以上因素，再生器壳体选用材质 14Cr1MoR，旋风分离器等内构件选用材质 304H。

（三）进料加热炉的材料选择

典型汽油吸附脱硫装置进料加热炉的入口温度约为 340℃，出口温度约为 420℃。根据工艺计算，加热炉最高壁温在 500℃左右。选材时需要考虑的因素包括：

1）为保证换热效率，炉管的最大腐蚀裕量往往取 3，按照 10 万小时寿命计算，最大允许的腐蚀速率为 0.26mm/a。

2）最高壁温在 500℃左右，超出碳钢的最高使用温度（475℃），需选用 Cr-Mo 钢或不锈钢。

综合以上因素，进料加热炉的炉管选用材质 Cr9Mo。

参 考 文 献

[1] 许伟．脱硫反应器大法兰泄露原因分析与改进[J]．石油化工设计，2012，29(2)：62.

[2] 吴德飞，庄剑等．S Zorb 技术国产化改进与应用[J]．石油炼制与化工，2012，43(7)：76-79.

[3] 王明东，齐万松，尚纪兵，等．S Zorb 装置再生器旋风分离器故障分析[J]．炼油技术与工程，2017，47(3)：45.

[4] 钱伯章．生产清洁汽油和柴油催化技术发展[J]．工业催化．2003，11(3)：1-6.

[5] 丁启胜，王唯一．新型实用过滤技术[M]．北京：冶金工业出版社，2005.

[6] 张清，张正德，魏海荣．多孔材料过滤精度表征方法[J]．过滤与分离，2000，10(1)：33-37.

[7] GB/T 6886—2008 烧结不锈钢过滤元件．

[8] JI Zhongli，JIAO Haiqing，CHEN Honghai. Image Analysis on Detachment Process of Dust Cake on Geramic Candle Filter[J]. Chinese Journal of Chemical Engineering. 2005，13(2)：178-183.

[9] 侯晓明，庄剑．S Zorb 催化汽油吸附脱硫装置技术手册[M]．北京：中国石化出版社，2013.

[10] 陈尧焕．汽油吸附脱硫(S Zorb）装置技术问答[M]．北京：中国石化出版社，2015.

[11] 顾临，邱世庭，赵扬．金属多孔滤材技术综述[J]．流体机械，2008，35(3)：246-251.

[12] 秦如意，张晓静，刘金龙．FCC 汽油吸附脱硫工艺的研究[J]．石油炼制和化工，2003，34(3)：24-28.

[13] 崔立永．S-Zorb 技术生产低硫汽油、低硫柴油[J]．山东化工，2004，33(4)：37-39.

[14] 沈泊宏．汽油吸附脱硫技术开发研究发展[J]．天津化工，2008，22(5)：21-24.

[15] 张铁钢．多套管式换热器的设计探讨[J]．化工设备与管道，2010(9)：16-19.

[16] GB/T 50493—2009 石油化工可燃气体和有毒气体检测报警设计规范．

[17] GB 17930—2016 车用汽油．

[18] SH/T 0689—2000 轻质烃及发动机燃料和其他油品的总硫含量测定法(紫外荧光法)．

[19] GB/T 11140—2008 石油产品硫含量的测定波长色散 X 射线荧光光谱法．

[20] 庄海棠，陈庆渺，俞玉萍，等．燃油硫分分析方法研究进展[J]．环境工程，2009，27：547-549.

[21] Paul C. Hanlon. Compressor Handbook[M]. First Edition.

[22] API618-2007，Reciprocating Compressors for Petroleum，Chemical，and Gas Industry Services.
[23] Igor J. Karassik，Joseph P. Messina，Paul Cooper，Charles C. Heald. Pump Handbook[M]. Third Edition.
[24] API610-2010 Centrifugal Pumps for Petroleum，Petrochemical and Natural Gas Industries.
[25] API682-2014 Pumps-Shaft Sealing Systems For Centrifugal and Rotary Pumps.
[26] API RP 571-2011 Damage Mechanisms Affecting Fixed Equipment in the Refining Industry.
[27] 孙家孔. 设备腐蚀与防护手册[M]. 北京：中国石化出版社，2001.
[28] API RP 941-2016 Steels for Hydrogen Service at Elevated Temperatures and Pressures in Petroleum Refineries and Petrochemical Plants.
[29] 宗瑞磊. 炼油装置抗腐蚀选材系统的开发[J]. 石油化工设备技术，2013，34(6)：55.
[30] 李杰. 大型锻件氢脆损伤机理的研究[D]. 秦皇岛：燕山大学，2016.
[31] API RP 934-A-2008 Materials and Fabrication of 2¼Cr-1Mo，2¼Cr-1Mo-1/4V，3Cr-1Mo，and 3Cr-1Mo-1/4V Steel Heavy Wall Pressure Vessels for High-temperature，High-pressure Hydrogen Service.
[32] API RP939-C-2009 Guidelines for Avoiding Sulfidation(Sulfidic) Corrosion Failures in Oil Refineries.
[33] 刘新宽，方其先. 液固两相流冲刷腐蚀研究[J]. 水利电力机械，1998，10(5)：33.
[34] 李国柱，丛海涛，罗宗仁. 循环水系统水冷设备腐蚀原因及对策[J]. 石油化工腐蚀与防护，2003，20(5)：37.

第八章　汽油吸附脱硫装置的集成化工程设计与建造

第一节　汽油吸附脱硫装置的基于数字化的集成化设计

现代化的石化企业正逐渐向“集成化、智能化、集约化”的方向发展，数字化是该发展方向的前提和基础。工程公司必须充分应用先进的设计技术和数字化技术，创新设计方法，变革设计模式，促进石化工程设计和管理向集成化、协同化和智能化的方向转变，持续为石化企业的转型升级和可持续发展以及由大到强的转变赋能。

石化工程数字化是应用信息通讯技术，将工程设计、采购、施工等信息转变为结构化数据和非结构化数据，建立数据组织模型，并运用计算机进行表达、传输和处理的过程[1]。石化工程数字化设计则是通过石化工程数字化，对设计工具、设计知识、工作方式等进行整合、集成和创新，是一个跨学科且资源、过程和知识高度集成的设计理念和方式，在创新开发工艺技术、提高工程设计效率、为石化企业提供数字化服务等方面发挥重要作用。本节主要介绍汽油吸附脱硫装置在集成化设计、数字化交付等方面所做的实践与进展。

一、集成化设计[1,2]

石油化工工程设计是一项复杂的工作，需要工艺、设备、仪表、配管等多专业协同进行方案研究、工艺包设计、基础工程设计以及详细工程设计等一系列活动。随着科学技术的快速发展，先进的设计软件(如流程模拟软件、三维工厂设计系统等)在工程设计过程的普及和应用使设计的内容和方式发生了根本的变革，设计工作的水平和效率得到显著提高。但是，即使在计算机技术高速发展的今天，工程设计的传统工作流程却没有得到根本改变，依然是基于一个个“信息孤岛”，设计工作的集成化、协同化的程度较低。

以数字化技术为支撑，通过信息集成，整合现有资源，形成具有高度智能性和灵活性的集成系统是提高设计效率、降低设计成本、提高市场竞争力的有效途径。汽油吸附脱硫装置在工程设计过程中，积极转变观念，率先实施集成化设计，提高了设计效率，减少了设计变更，取得良好的经济和社会效益。

(一) 集成化设计的目标和总技术路线

1. 目标

针对项目传统工程设计模式的缺点，确定如下的集成化设计目标。

1) 在优化的工作流和信息流的基础上，构建贯穿项目工程设计全过程的集成化设计平台，变革工程设计模式，实现工程设计的标准化、集成化、协同化和智能化，促进企业管理水平的进一步提升，增强市场竞争力。

2）通过资源集成，消除“信息孤岛”，实现数据同源，信息同根，确保工程质量，提高设计效率。

3）建立资料完备的汽油吸附脱硫装置数据库。

2. 总技术路线

传统工程设计存在的“信息孤岛”、协同工作程度不高等严重影响设计效率的问题，其根本原因在于各个设计软件自成系统，信息不能有效提取和交叉应用，因此软件集成是集成化设计必须解决的问题。此外，石化工程设计是一项复杂的系统工程，涉及的专业全、软件多，单靠一个平台难以进行全设计过程的集成和协同。

基于此，结合集成化设计目标，确定了包含部分工作流和信息流的总技术路线，如图8-1-1所示。该技术路线的核心是信息的互通和共享，以及工艺设计集成化平台(简称i-Process)、工程设计集成化平台(简称i-Engineering)和三维设计协同化平台(简称i-3D)的构建。这三个平台自身及其相互间均以工程实体为核心进行信息的组织、存储和关联，并最终形成一个互为贯通、有机联系的整体。

由此可见，集成化设计需解决的关键技术难题包括工程设计过程信息流和工作流的优化，i-Process、i-Engineering和i-3D设计集成化平台的构建，以及与各专业软件的集成等。

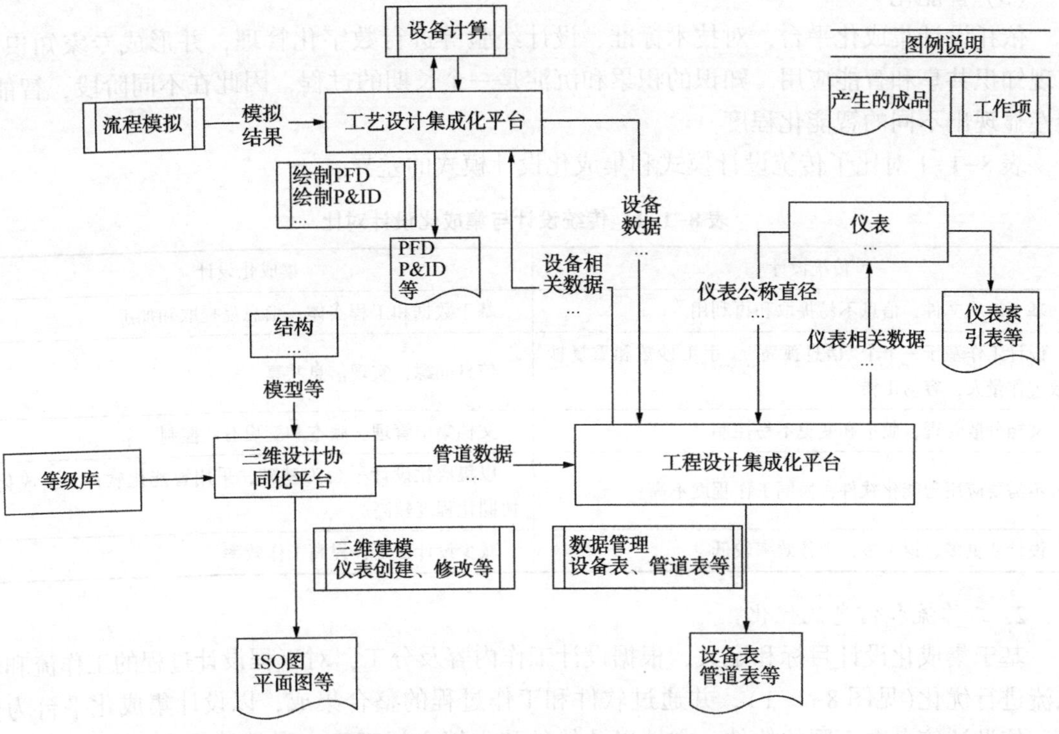

图8-1-1　集成化设计总技术路线

(二) 集成化设计方案

1. 石化工程集成化设计定义

石化工程集成化设计是指通过数字化技术，将设计过程的各项工作集中在一个或多个基于数据库的设计平台中完成，实现数据同源和共享，减少因互提资料因素造成的上下游专业的设计偏差，达到设计内容在整个设计周期的一致性。它具有以下“五化”特点。

(1) 标准化

集成化设计需要对各设计软件或平台中的设备、管道、仪表、建构筑物等具有编号可独立识别的工程实体进行标准化的分类和属性定义，并建立标准化的数据模板或模板库。

(2) 数字化

集成化设计是应用数字化技术，将传统的图形和符号信息转化为结构化或非结构化数据，并建立数据组织模型的过程，为项目实施和工厂运维提供有效的数据支撑。设计过程采用智能 P&ID、三维建模等智能化设计工具，可实现信息数字化。

(3) 集成化

集成化设计将工程设计过程使用的各个设计软件通过标准的数据接口集成在一个或多个设计集成化平台，并以工程实体为核心对信息进行统一组织、集中存储和智能关联。

(4) 协同化

上下游专业在设计集成化平台中通过内置工作流进行资料互提，实现协同工作。

(5) 智能化

依托设计集成化平台，对技术标准、设计经验等进行数字化管理，并形成专家知识库，实现知识共享和智能应用。知识的积累和沉淀是一个长期的过程，因此在不同阶段，智能化特性显现出不同的智能化程度。

表 8-1-1 对比了传统设计模式和集成化设计模式的差异。

表 8-1-1　传统设计与集成化设计对比

传统设计	集成化设计
基于纸质文件，信息不易提取和再利用	基于数据和工程实体，信息易提取和加工
设计工作基于一个个“信息孤岛”，手工抄数和重复抄数工作量大，容易出错	信息同源，实现信息共享
文档分散管理，版本和变更不易控制	文档集中管理，版本和变更有效控制
不需要应用智能化软件，协同工作程度不高	以集成化设计平台为基础，采用智能化软件，集成化、协同化程度较高
设计变更多、返工多，工作效率较低	减少设计变更，提高工作效率

2. 工作流和信息流优化

基于集成化设计目标和定义，根据设计工作内容及分工，对工程设计过程的工作流和信息流进行优化(见图 8-1-1)，并通过软件和工作过程的整合集成，以设计集成化平台为依托，使设计信息在不同的软件、文档以及软件和文档之间正确、高效地传递，实现多专业、多部门、多参与方之间信息的共享，以及项目信息的过程跟踪与管理。

根据设计专业分工规定，将所有设计信息按专业分类，并与用户权限关联，实现对不同专业设计内容的严格划分。不同专业之间的协同工作则通过信息发布和接收实现，即某一专业的设计信息经校审并发布后，其他专业才能开展与本专业相关的设计工作。

3. 集成化设计方案

由图 8-1-1 可知，石化工程项目的集成化设计包含工艺设计集成化和工程设计集成化。汽油吸附脱硫装置工程设计过程涉及大量的工程实体(包括设备、仪表、管道和阀门等)和海量的工程设计信息，为确保信息的高效沟通和正确应用，必须在集成化设计之前进行标准化定义。

(1) 标准化定义

标准化定义的主要内容包括定义各软件或系统必须遵循的工程实体分类和描述，建立标准化的模板库，统一计算软件和编码体系等。

1) 建立统一的工程实体分类和描述(类库)。为实现设计信息的正确提取和再利用，需对该装置涉及的具有编号的工程实体及其属性进行统一的分类和描述。例如，在汽油吸附脱硫装置中，可以将设备分为容器类、反应器类、塔类、热交换器类、空冷器类、工业炉类、泵类、压缩机类、过滤器类等。而每一类设备则具有相同的属性及其描述，如容器类设备均具有设备名称和用途这两个属性，且这两个属性的描述分别为 Name 和 Service。

2) 建立工厂分解结构。工厂分解结构是指根据工艺流程或空间布置，按照一定的分类原则和编码体系进行组织，形成反映工厂对象的树状结构，它是集成化设计的前提，工程实体、文档和数据等应与工厂分解结构建立管理关系。

3) 标准的工作流和信息流。通过数字化技术，基于优化后的工作流和信息流，在 i-Process、i-Engineering 和 i-3D 三大平台中定义标准化的工作流和信息流，使信息管理更有效，工作流程更高效。

4) 统一装置的编码体系。编码体系涵盖装置的设计文件、设备、仪表、管线、控制系统等各个方面，编码体系的统一对集成化设计具有重大影响。为此，统一设备、仪表和管道的编号原则以及文档编号规则；材料专业的编码体系也执行统一的标准。

5) 统一工艺和工程计算软件。工程设计中的大量计算分别由相应的计算软件完成，但同样功能的计算存在不同的软件和版本。这种差异不仅增加集成化工作的难度，更重要的是对计算结果的一致性产生一定影响。为消除这种差异，规定汽油吸附脱硫装置工程设计项目的工艺流程模拟、单体设备计算(换热器、空冷器、稳定塔、吸附剂输送设备)、管线水力学等关键设计计算分别采用相同的软件。例如，工艺流程模拟统一采用 Aspen Plus，吸附剂输送设备采用 SPREADSHEET 等，为集成化设计奠定坚实的基础。

6) 建立标准化模板库。根据相关标准，建立了标准化模板库(包括文档模板、图例库、材料等级库和模型库等)，使设计工作更加规范和统一。

(2) 工艺设计集成化方案

工艺设计作为石化工程设计的源头，贯穿整个工程设计的全过程，是设备、仪表、配管及加热炉等专业开展设计工作的数据来源和基础，其质量决定着产品的合格性以及装置运行的安全性、平稳性和经济性。

1) 流程模拟过程的集成化。流程模拟是装置工艺设计的核心和关键。汽油吸附脱硫技术较为复杂，为获得更准确的模拟结果，综合应用多学科知识，将自主开发的反应动力学模型和反再系统计算模型与 Aspen Plus 流程模拟软件集成(见本书第五章第八节)，实现工艺设计过程的一体化建模和全流程模拟。

2）工艺设计集成化方案。基于石化工程集成化设计定义和优化后的设计流程，构建工艺设计集成化平台 i-Process。平台集成该项目工艺专业的常用软件，如流程模拟软件、设计计算和智能 P&ID 等，可进行工艺流程图（PFD）和工艺管道及仪表流程图（P&ID）的绘制、流程模拟数据导入、设备计算等工作，并自动生成 PFD 和 P&ID 等资料。

i-Process 通过整合并集成工艺设计主要设计软件、技术标准和工作流程，将工艺设计各项活动集中在一个设计平台上进行，实现对工艺设计工作流程的优化和创新，将工艺工程师从繁琐的数据录入和校对工作中解放出来，将更多的时间关注于技术方案的优化和创新，促进了工艺技术的进步和发展。

（3）工程设计集成化方案

工程设计集成化的关键是多专业的信息集成，以及三维建模工作的集成和协同，其难点也是不同专业设计软件的集成。汽油吸附脱硫装置工程设计使用的软件来自不同的软件商或为自主开发软件，但这些软件均提供了与其他软件的数据交换接口。

基于项目特点，定义了汽油吸附脱硫装置工程设计集成化方案。

1）采用 i-Engineering 作为工程设计集成化平台，并与设备、仪表等专业设计软件以及 i-Process 集成，形成多专业协同工作和信息共享平台，实现专业间数据和文档的有效管理。

2）采用 i-3D 作为多专业（配管、仪表、电气、结构等）三维集成化建模平台，并建立与结构建模软件的信息交换接口，实现钢结构模型的自动导入和碰撞检查，以及建模工作的集成化和协同化。

4. 集成化设计内容

根据工程集成化设计方案，汽油吸附脱硫装置在工程设计阶段实施了全专业集成化设计，主要内容包括：

（1）工艺设计集成化

工艺专业完成流程模拟后，将计算结果导入 i-Process 后，在 i-Process 中完成 PFD 和 P&ID 设计、设备单体计算，以及工艺条件的完善和补充。以吸附进料换热器 E-101 的设计为例，计算所需物性数据从 i-Process 中自动获取，计算完成后，计算结果自动返回 i-Process，工作效率较传统工作模式提高至少 20%~30%。

（2）工艺、设备、仪表和配管等多专业协同设计

工艺、设备、仪表和配管等专业在 i-Engineering 中协同工作，工艺专业将各专业所需的工艺信息直接发布至 i-Engineering，其他专业从中提取相关数据至本专业设计软件，或直接在其中开展设计工作。以工艺和仪表的协同工作为例，仪表名称及其工艺信息（包括调节阀、节流装置、流量计和液位仪表等）从 i-Process 自动发布至 i-Engineering；在 i-Engineering 中，工艺专业完善仪表工艺数据后形成完整的仪表条件，仪表专业提取相关数据至本专业设计软件开展仪表设计工作，并将仪表相关数据通过 i-Engineering 回传至 i-Process，自动更新 P&ID 中的信息。较传统设计模式，该项工作的设计效率提高至少 50%。

（3）多专业三维建模协同设计

仪表、配管（含材料）、结构等专业在 i-3D 中基于统一的材料等级库协同进行三维建模工作。结构等专业通过三维钢结构建模软件和 i-3D 的集成，将结构模型导入 i-3D 实现碰

撞检查，并在 i-3D 中将结构建模软件不能实现三维建模的部分(如梯子、平台等)，进行三维建模和碰撞检查；仪表、电气等专业直接在 i-3D 中建模。较传统设计模式，现场工程实体碰撞大幅减少。

此外，在 i-3D 中直接查看 P&ID，并通过其内置的校验规则进行二三维校验，确保二三维的一致性，实现精准建模。

(三) 集成化设计效果

汽油吸附脱硫项目采取集成化设计工作模式后，设计效率提高至少 25%，设计变更大幅减少，达到以下效果：

1) 变革了传统的设计模式，优化了工作流程，提高了工作效率。利用先进的信息化手段，整体提升了智能设计软件应用范围和深度，大大提高了数字化设计水平。基于集成平台定制了标准化的工作程序与流程，建立统一的工程设计集成化平台，实现多专业、多部门、多参与方之间信息的共享和高效传递，取代目前尚存的手工数据输入与传递方式，提高了专业间的沟通与协同效率。

2) 基于标准化的工程实体分类和属性定义，通过设计集成平台，发布和交换信息(数据、文档和模型)，及时有效地将上游专业的数据和文档传递至下游专业软件，减少数据冗余，提高数据的一致性、正确性和安全性，保证整个项目的设计标准化，推进了“标准化设计、标准化采购、模块化施工”的进程。

3) 减少设计变更，提升工程设计质量，降低工程建设投资。通过有效的版本控制，对项目信息的过程跟踪与管理，保证了各种设计数据和文件的一致性和可追溯性。

4) 有效整合了工程项目执行过程中的各种信息资源(数据、文档和模型)，构建了项目数据仓库，形成工程项目大数据管理，为公司在优化设计、信息利用、投标报价、辅助决策等方面提供支撑。

二、以集成化设计为源头的数字化交付[1,2]

数字化交付是以工程实体为核心，对工程项目建设阶段产生的静态信息进行数字化创建直至移交的工作过程，涵盖信息交付策略制定、信息交付基础制定、信息交付方案制定、信息整合与校验、信息移交和信息验收。

在工程建设之初，参与项目建设的各单位往往缺乏统一的信息标准，缺乏完备的信息交付依据，缺乏先进的信息数字化手段，使工艺设计、工程设计、物资采购和施工管理等阶段的信息不能形成有效的、数字化的信息，企业的数字化工厂建设需对海量信息再加工，建设周期长，成本高。

优秀的设计创造优秀工厂的智能基因，数字化交付则是这些基因在工厂生产运维过程发挥作用的基础和前提。基于同一标准的集成化设计和数字化交付是信息数字化的有效途径和重要手段，可贯穿工厂全生命周期信息流，使之变成宝贵的虚拟资产，为工厂的日常精准运行与维护、安全防护管理提供合理的信息支撑，实现工厂的精细化管理。

汽油吸附脱硫装置在流程模拟、工艺和工程技术研发以及智能三维设计等方面取得一系列成果。为助力企业智能化进程，该装置除了在工程设计过程积极推进集成化设计外，还进行了以集成化设计为源头，同步构建数字化交付平台(简称 i-Ship)，同步建设实体工厂与数字化工厂的实践。

（一）内涵和特点

以集成化设计为源头的数字化交付是指在工程项目设计阶段基于设计集成化平台进行工作，通过信息的整合和校验，将设计成品通过数据接口直接发布至 i-Ship 的过程。它除了具备集成化设计所拥有的特征外，还具有以下特点。

1. 以工程实体为核心进行信息组织

如本节第一部分所述，集成化设计实现了传统的以文档为核心的设计模式向以工程实体为核心的设计模式的转变，相应地，信息也转变为以工程实体为核心来进行组织、存储和关联。

2. 以集成化设计为基础

传统设计过程的数字化交付大多以手工方式进行数据的整合和校验，工作量巨大。以集成化设计为源头的数字化交付因在设计阶段即对信息进行了有效组织、存储和关联，显著提高了交付的效率和质量。

3. 实现数字化工厂与实体工厂的同步建设

以设计集成化为基础的数字化交付，实现了工程设计、工程建设、工厂运维的有机衔接，确保实体工厂和数字化工厂信息的一致性。通过数字化交付，企业可以获得与实体工厂相对应的数字化工厂，不再需要重构三维模型和图纸等重复性数字化工作，降低数字化工厂和智能工厂建设的成本和周期。

（二）以集成化设计为源头的数字化交付实践

本章第一节介绍了汽油吸附脱硫装置在集成化设计方面所做的工作，这部分主要介绍基于集成化设计，装置在数字化交付，包括信息交付流程制定、i-Ship 构建以及信息的整合和校验等方面的实践。

1. 信息交付流程

数字化交付的关键是确保信息的完整性、准确性和一致性。其中完整性是指交付信息涵盖工程建设过程产生且用于运行维护的相关内容，包括设计信息、采购信息和施工信息；准确性是指工程实体属性的值及计量单位准确，文档内容正确，以及各种关联关系正确；一致性是指交付信息在特定的工厂或装置中具有唯一性，与实体工厂信息一致。

为实现上述目标，建立如图 8-1-2 所示的信息交付流程，由图中可以看出，信息交付有如下特点。

1）交付的信息包括数据、文档和三维模型。

2）信息交付基础是数字化交付的基础，在工程设计开始之前制定。其中，类库建立、工厂分解结构建立以及工程实体和文档的编码规定可参看本节集成化设计部分标准化定义中的相关内容；交付物规定是数字化交付的具体内容，与企业需求密切相关；质量审核规定则是交付信息的质量保证。

3）具体且可执行的信息交付方案是数字化交付顺利实施的保障，主要内容包括：①明确各相关方组织机构及界面关系；②编制数字化交付规定程序，包括《项目数字化交付策略》、《项目数字化交付总体实施方案》、《项目工厂对象分类及属性移交规范》(类库)、《项目文档编码规定》、《三维模型内容规定》、《智能 P&ID 规定》等；③制定数字化技术方案，

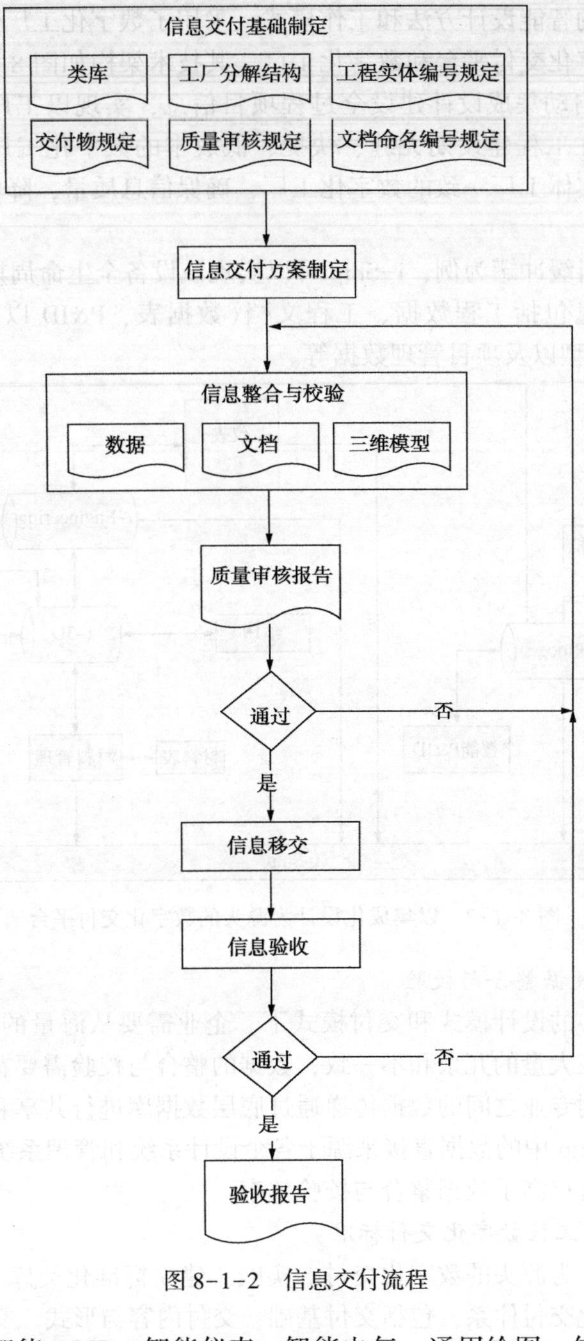

图 8-1-2　信息交付流程

包括三维工厂设计、智能 P&ID、智能仪表、智能电气、通用绘图、信息集成平台、文档管理等软件或系统的选择，以及信息的组织、存储和关联；④数字化交付要求，如三维模型交付要求、项目文档要求等。

4）信息整合与校验是数字化交付的关键环节，它不是数据的简单堆积和罗列，而是在对数据进行系统分析和集成的基础上，在一个平台上形成有效信息的过程。

2. i-Ship 构建

基于标准类库和以工厂对象为核心的信息模型，实践了以集成化设计为源头同步建设实体工厂与数字化工厂的智能设计方法和工作模式，采用了数字化工厂信息总线方式进行信息集成，并最终形成数字化交付平台和数字化工厂，其技术架构如图 8-1-3 所示。可以看出，通过 i-Ship 的建立，自动集成设计建设全过程项目信息，实现以工厂对象为核心的信息管理和智能关联，达到在工程建设期无缝、快捷、低成本的数字化工厂建设；通过数字化移交，企业可以获得和实体工厂一致的数字化工厂，确保信息质量，降低数字化工厂建设的成本和周期。

以实体工厂的原料缓冲罐为例，i-Ship 可以实现该设备全生命周期的数字化信息的智能关联，这些数字化信息包括工程数据、工程文档(数据表、P&ID 以及 ISO 图、采购文档、施工资料等)、三维模型以及项目管理数据等。

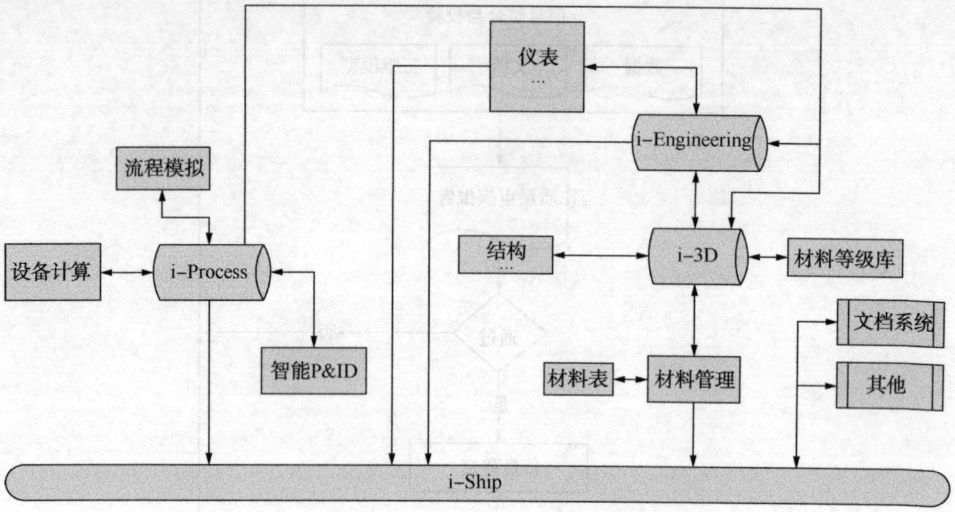

图 8-1-3　以集成化设计为源头的数字化交付平台

3. 集成环境下的数据整合与校验

传统以文档为核心的设计模式和交付模式下，企业需要从海量的信息中(主要是文档)整理和采集数据，存在大量的冗余和不一致，数据的整合与校验需要花费大量的人工时。设计集成化模式下，不同专业之间的数据传递通过底层数据库进行共享和自动传递，保证数据同源、信息同根；i-Ship 中的数据直接来源于各个设计系统和管理系统，从源头上解决了数据冗余和不一致，显著提高了数据整合与校验效率。

4. 编制《石油化工工程数字化交付标准》

结合以集成化设计为源头的数字化交付的实践，建立标准化类库，吸收相关研究成果，形成一套完整的数字化交付体系，包括交付基础、交付内容与形式、交付过程以及数字化工厂建设等。在此基础上进行总结和提炼，编制国家标准《石油化工工程数字化交付标准》。

(三) 社会效益和经济效益

1) 通过集成化设计形成了标准化的工作流和信息流，探索出了基于集成化设计为源头进行数字化交付和数字化工厂建设的模式，并编制国标《石油化工工程数字化交付标准》，推进了石油化工工程建设行业数字化交付的标准化进程。

2) 通过以集成化设计为源头的数字化交付，显著提高了交付质量和效率，降低了交付成本，提升了设计和管理水平，增强企业竞争力。

3）实现了传统的以文档为核心的交付到数字化移交的变革，以及数字化工厂与实体工厂的同步建设。集成化设计可实现快捷、低成本的数字化移交，同时将工程建设阶段的数字化信息管理延伸到工厂的运维阶段，为工厂运维提供信息化和数字化支撑，实现工厂全生命周期信息管理，为智能工厂奠定基础。

三、其他数字化设计技术

随着信息通讯技术的高速发展，数字化设计技术在工厂的本质安全生产和集约化管理等方面发挥日益重要的作用。汽油吸附脱硫装置将充分应用数字化设计技术，进一步提升工艺技术和工程设计水平的先进性。

(一）数字化动态模拟技术

稳态模拟主要模拟装置平稳运行时的状态，即模拟结果不随时间变化。然而在实际化工过程中，总是存在各种情况的变化和条件的波动，如装置的开停车、原料的变化、设备的结垢、事故的发生等都将影响装置的稳定状态，对装置的安全运行和经济效益有较大影响。

上述变化或波动造成的整个过程的一系列动态响应是无法凭借稳态模拟进行识别和分析的。动态模拟是描述过程变量随时间的变化规律，以及在外部条件干预下引起的一系列变化[3]，可定量分析变化对过程的影响，是研究石化过程动态特性的有力手段。

通过自主开发模型和Aspen Plus的整合和集成，汽油吸附脱硫装置的稳态流程模拟已较为完善，在此基础上可开展以下动态模拟研究。

1）数字化各活跃变量对生产装置的物质流、能量流和信息流的动态影响，实现装置的集约化建设，并从设计源头阻断可能发生的生产事故，确保装置安全、稳定、高效地运行。

2）研究开停车特性，指导开停车过程，降低物质和能量等的消耗，避免误操作或可能产生的事故，减少不合格产品，取得最佳经济效益。

3）研究单体设备泄放及泄放叠加效果，降低工厂建设投资。

4）研究可能存在的水锤作用并提出解决方案，避免安全事故的发生。

5）基于以上研究，开发操作员在线培训系统。

(二）数字化实时优化技术

实时优化技术[4,5]是通过监测生产过程的运行状况，在给定的约束条件下及时调整操作，最大化经济效益的一项技术，主要解决装置的过程优化问题，其主要功能包括：定期自动更新关键工艺参数的设定值，使整个装置达到总体经济效益最大；对原料、公用工程以及设备等的变化及时作出响应，保证装置始终在最优工艺参数匹配下运行；当产品、原料的价格等因素发生变化时，及时对有关工艺参数和产品产量作出调整，保证在变化的情况下，装置的总体经济效益最大；监督设备性能等。

随着流程模拟技术精度的提高，高性能控制系统、数据校正技术和操作参数的一致性检验等实时优化配套技术的深入发展，加上工厂现场检测水平的提高，实时优化技术在国内外石化工业得到日益广泛的关注和应用。

汽油吸附脱硫装置正在开展以下三方面的实时优化工作。

1）结合模拟技术，提高装置的模拟准确度和精度，以及模型的收敛速度。

2）结合工厂实时信息，建立有效反映生产过程的特点及规律的机理模型，促进装置与其“界面”间的物质流网络、能量流网络和信息流网络的沟通和传递、衔接和匹配等，实现工艺装置的先进控制和优化运行，为全厂总流程模型和全厂能量集成模型奠定基础。

3）确定合理的目标函数，并建立优化算法，实现快速、高效的核查和自动反馈。

综上所述，通过动态模拟、实时优化等先进技术的应用，可以促进工厂和装置的物质流、能量流、信息流的优化和协同，以及资源的集约化利用，为建设安全、环保、集约型的现代化石化智能企业奠定坚实的基础。

第二节　汽油吸附脱硫装置的标准化设计与建造

随着我国汽油质量升级的进程不断加快，特别是在国三至国五阶段以降低硫含量为主要目标的过程中，对汽油脱硫的加工能力需求急剧增加。汽油吸附脱硫技术凭借脱硫率高、辛烷值损失小、氢耗少、能耗低的优点成为炼油企业的普遍选择。中国石化开发了汽油吸附脱硫装置标准化工艺与工程技术[6]，实现了工艺、工程和装备标准化的设计与建设。

一、汽油吸附脱硫装置标准化设计的工艺方案

工艺方案标准化是汽油吸附脱硫装置标准化设计的首要技术挑战。经过创新开发，新一代汽油吸附脱硫技术工艺日臻完善，对以催化裂化汽油为主要成分的各种汽油原料有良好的适应性，实现了工艺方案的基本定型。在此基础上，针对各企业汽油原料组分、硫含量、装置规模、公用工程配套条件的差异，进行了工艺方案适应性的进一步完善。

汽油吸附脱硫装置主要分为吸附脱硫反应、吸附剂循环与再生、反应产物分离、产品稳定等部分。每个部分工艺方案标准化的控制因素存在区别，其中反应产物分离和产品稳定部分主要受装置规模的水力学因素控制，吸附剂循环与再生部分主要受脱硫量因素控制，吸附脱硫反应部分同时受到装置规模和脱硫量两个因素的控制。根据各部分控制因素的不同，开发了相应的工艺方案标准化技术。

（一）吸附脱硫反应部分的工艺方案标准化

吸附脱硫反应同时受到装置规模和脱硫量两个因素的控制，其中受影响最大的是脱硫反应器。对于同等规模的脱硫反应器，其反应段主要受脱硫量的控制。例如，当原料硫含量高于600mg/kg(高含硫)时，需要采用更低的空速以保证脱硫效果，所需吸附剂藏量较大，反应段直径选用较大尺寸，而且为保证充足的反应时间，反应段高度较高；而当原料硫含量低于600mg/kg(低含硫)时，通常可以选择较高的空速，吸附剂藏量相对较小，反应段直径和高度选用较小尺寸。

在具体的工程设计中，经过详细的工艺计算，考虑各种工况的需要和工程实施的标准化，对不同规模装置的反应器，均形成了高硫含量和低硫含量两档标准化设计方案，见表8-2-1。

表 8-2-1　反应器标准化工艺方案

装置规模	反应段工艺方案(直径)/mm		沉降段工艺方案(直径)/mm	
	高硫含量	低硫含量	高硫含量	低硫含量
0.9Mt/a	2100	1900	3600	3100
1.2Mt/a	2200	2000	3700	3700
1.5Mt/a	2400	2200	4000	4000

吸附脱硫反应部分的其他工艺设备普遍根据上述方式实现了标准化。

(二) 吸附剂循环与再生部分的工艺方案标准化

吸附剂循环与再生部分主要受脱硫量因素的控制。以规模为1.2Mt/a装置为例，当原料硫含量高于600mg/kg时，每小时脱除约80kg硫，在正常操作时以硫差7.5%计算，每小时在反应和再生部分之间循环的吸附剂量约1100kg。吸附剂循环量直接影响吸附剂循环与再生部分的工艺方案。

中国石化开发了四种规格的标准化吸附剂循环与再生部分的工艺方案，见表8-2-2。

表 8-2-2　吸附剂循环与再生部分标准化工艺方案

工艺方案	脱硫量/(kg/h)	吸附剂循环量/(kg/h)
规格 1	80	1100
规格 2	100	1300
规格 3	130	1700
规格 4	160	2200

每种规格的方案对应一套吸附剂循环与再生部分的工艺设计。当装置设计条件确定时，根据脱硫量和吸附剂循环量数据直接确定吸附剂循环与再生部分的工艺方案，实现标准化设计。

(三) 反应产物分离和产品稳定部分的工艺方案标准化

反应产物分离和产品稳定部分主要受装置规模的水力学因素控制，当装置的规模确定，即可基本确定该部分的工艺方案。相对而言，该部分的工艺方案标准化设计最容易实现。

此外，在公用工程等配套条件的设计中，各企业的条件变化较大，需根据具体数据进行调整工艺条件。由于该部分工程量仅占很小的部分，对装置的整体设计影响较小。

在上述工艺方案标准化的基础上，当汽油吸附脱硫装置的设计条件确定后，能够快速实现整体装置的标准化工艺方案的确定。

二、汽油吸附脱硫装置标准化设计的工程和装备方案

工程和装备方案在汽油吸附脱硫装置标准化设计的工艺方案基础上进行，采用标准化的设备、仪表自控、配管、电气、结构、电信等专业的工程设计，实现装置的各个部分都有标准工程设计模块应用。

标准化设计的工程和装备方案包括统一装置工程设计标准和技术规定，规范各工程专业的设计，确保各专业采用一致的技术规定作为设计依据，为标准化工程设计奠定坚实的技术基础。

在工程设计中统一装置的编码体系，涵盖了装置的设备、仪表、管线、控制系统等各个

工程设计专业的内容，其中工艺设备、主要控制仪表的编号见本书附录1和附录2。编码体系的统一是装置的标准化设计、标准化采购和模块化施工的基础。

标准化设计的工程和装备方案的直接体现是统一装置的三维布置，三维配管最大限度的模块化设计，使装置反再、稳定两个主体框架结构基本保持不变，提高设计标准化率。

汽油吸附脱硫装置的平面布置采取统一模式。装置成条形布置，配电室、机柜室布置在装置界区外。按0.9Mt/a、1.2Mt/a、1.5Mt/a、2.4Mt/a装置平面占地分别为85m×45m、90m×45m、100m×45m、135m×60m。装置的主管廊沿长方向布置在中部，两侧为设备区。一侧依次布置稳定塔、分馏框架、反应器再生框架和加热炉；另一侧依次布置放空罐、污油罐、原料罐和压缩机厂房；压缩机采用半敞开式厂房布置，机泵采用露天布置。

在标准化设计的工程和装备方案的基础上，汽油吸附脱硫装置实现了标准化的三维工程设计。图8-2-1是汽油吸附脱硫装置的标准化三维工程模型。

图8-2-1　汽油吸附脱硫装置的标准化三维工程模型

三、汽油吸附脱硫装置标准化设计的建造

在汽油吸附脱硫装置工程设计和建设过程中，同样工艺性能的设备可以有多种技术方案，这些方案的可选择性和不确定性为标准化的工程设计和建设带来困难。标准化设计需要通过物资采购标准化减少这种可选择性和不确定性。

物资采购标准化是实现汽油吸附脱硫装置标准化设计和建设的一个重要前提，需要工程设计、物资采购双方的共同努力。在采购程序允许的前提下，最大限度地详细规定各种工艺性能、设计条件、材料选择、适用标准、特殊要求，在技术询价书中对技术方案进行适当的限定。物资采购方需要根据询价书要求严格筛选供货商，在同等性能要求和报价的基础上，优先选择具备标准化设计条件的供货商，为汽油吸附脱硫装置的标准化设计和建设创造条件。

在标准化设计的基础上，汽油吸附脱硫装置建设过程实现了主要物资的标准化采购，包括压缩机、泵、过滤器、各类阀门、膨胀节、在线总硫分析仪、电加热器、闭锁料斗控制系统、DCS和SIS共十类物资。这十类物资在标准化设计和采购的基础上进一步实现统一采购、统一储备，进而由供应商在供应物资统一设计、统一生产的模式下核算、细化成本组成，大幅度降低报价。标准化采购实施后，实现了多套装置同类物资的需求集成，形成了较大规模的采购。在此基础上，联合谈判确定的主要物资采购价格同比显著降低。以规模为1.50Mt/a的汽油吸附脱硫装置为例，相同规模装置标准化后采购价格和标准化前采购价格相比大幅下降，体现了标准化、规模化采购的优势。在目前市场情况下，以标准化设计和采购为基础实施的统一备品备件，单套装置减少备件储备超过1000万元，打破了每套装置单独分散储备的格局，降低企业库存和运行成本。

通过标准化设计和采购，作为项目建设控制节点的反应器、再生器、反应器过滤器等长周期设备订货缩短采购周期3个月以上，大幅缩短设计和建设周期。

标准化设计有效提高设计质量。通过统计和分析施工现场反馈的信息，先期施工装置暴露的设计问题被及时解决，并在标准化设计系统中被同步修改，后期施工装置不会重复出现相同的问题。因此，随着先期施工装置的陆续深入，后期施工装置的现场问题越来越少。

汽油吸附脱硫装置的标准化设计与建设在保证工艺需求的基础上，大幅减少建设投资和备品备件投资，提高了设计质量和工程建设效率。

通过标准化设计，同时兼顾各装置设计条件差异，实现了30余套装置高效、优质的设计、建设，为我国汽油质量升级迅速实现提供了重要保障。

参考文献

[1] 孙丽丽等. 石油化工工程数字化交付标准[S]. GB/T 51296. 北京：中国计划出版社，2018.

[2] 孙丽丽. 创新构建集成化设计为源头的工程数字化交付平台[C]. 北京：中国石油炼制科技大会，2017.

[3] 王基铭. 过程系统工程词典[M]. 北京：中国石化出版社，2011.

[4] 游晓艳，段伟. 炼化过程系统优化技术发展趋势[J]. 石油石化节能，2012，(4)：11-14.

[5] 陆恩锡，张慧娟. 化工过程模拟-原理与应用[M]. 北京：化学工业出版社，2011.

[6] 吴德飞，黄泽川. 批量S Zorb装置的标准化设计与建设[J]. 石油化工设计，2014，31(3)：37-38.

第九章 汽油吸附脱硫装置操作方法及生产优化

第一节 汽油吸附脱硫装置开停工

汽油吸附脱硫的工艺较复杂、设备种类繁多、操作关联度紧密。本节以某厂1.2Mt/a汽油吸附脱硫装置为例，阐述开停工方法，相关设备和控制仪表编号参见附录1和附录2。本节所列参数等仅供参考，实际操作中应该根据所在装置的具体设计情况适当调整、进一步优化。

一、汽油吸附脱硫装置的开工

（一）开工前的风险评估及开工准备

1. 开工前的风险评估及措施

装置开工过程中主要风险及预防措施见表9-1-1。

表9-1-1 装置开工风险评估及预防措施一览表

风险	预防措施
装置开工前未认真检查，开工时管线和设备出现多处泄漏	严格按照工艺流程图和开工方案对管线和设备进行检查，每项检查必须落实到人并确认
装置吹扫时，蒸汽烫伤、氮气窒息	对管线吹扫时，应按照开工方案进行，注意对管线出口的防护，并在可能产生危险的地方拉好警示标志
在系统升压过程中，未控制好，导致系统超压	在操作过程中严格按照操作规程进行，现场压力表和DCS压力测点一一校对，同时装置开工过程中应对可能产生超压的压力测点设定报警值
加热炉烘衬里质量差，开工后衬里大面积脱落	在开工过程中，根据开工方案来开展各项工作，将开工方案张贴在操作室醒目位置，开工烘衬里前先按照设备人员提供的升温要求画好升温曲线。升温过程严格按照升温曲线进行升温和恒温操作，控制好升温速度，保证恒温时间
开工过程中，核料位仪辐射	对核料位仪的放射区域做好警示标志，进入该生产区域必须带好辐射报警仪。在闭锁料斗投运前全程关闭料位仪
装吸附剂时，吸附剂散落，造成人员吸入引起中毒	装剂工人必须戴好防尘面罩，其他装置操作人员必须戴好口罩，装剂时，最好进行密闭装填，如达不到也要做好防护，防止吸附剂飞扬
系统升温过程中热膨胀导致部分设备、管线变形	装置人员拿到图纸后，认真分析施工图纸，检查平面布局。现场施工后，装置人员要在施工过程中及时检查、及时反馈、及时整改 在升温操作过程中，要注意平稳进行，并加强巡检
进料过程中反应器“飞温”	进料前，应先用开工汽油（为防“飞温”，宜用组分中基本无烯烃的汽油，如重整汽油或直馏汽油等。以下同。）进行预硫化，降低反应器内吸附剂活性。 利用好原料泵出口返料线，保证装置的最小进料量 进料过程中，一定要控制进料速度，待反应器内各床层温度平稳再缓慢提量，每次提量1~2t，提量间隔15min左右

2. 开工准备

开工工作在开工指挥部统一指挥下进行，并联系生产调度、相关罐区、分析中心、维修、电气、仪表、压风站、安全部门，做好试运准备工作，以便使试运工作顺利进行。具体准备工作如下：

1）编制好开工方案并经有关部门确认、会签，操作人员熟练掌握开工方案，开工方案上墙。编制好开工阶段的组织体系，明确分工。

2）联系生产调度按要求配制开工用原料油，并做好原料油的全分析，做好开工用原料油、瓦斯、氢气等的调配工作，做好氮气、氢气的供应联系工作以及做好其他生产调度工作。

3）相关罐区准备好精制汽油、不合格汽油的储罐，以及将开工所需用油料储备好。

4）联系分析中心及时配合，做好油品、吸附剂和烟气的分析工作。

5）维修部门切实做好设备保运工作，设备发生故障及时处理，保证正常运转。

6）电气及时做好电气设备的维护和启动，做到每台电机使用良好。

7）仪表保证仪表调试良好，装置联锁调试完好，确保DCS、SIS和LMS系统工作正常，显示正确。

8）动力部门按装置开工要求，按质、按量做好水、汽、风的供应工作，并引至装置边界。

9）联系供应部门按开工计划进度要求将吸附剂、硫化剂等送至装置内。

10）联系消防队做好消防器材、消防设施的检查，并装好各处的消防蒸汽皮带。

11）准备好各种工具、各类通讯设备、操作记录、交接班日志、操作条件确认表、巡检牌。

（二）开工原则

开工原则为所有人员必须服从命令听指挥，严格执行开工方案。具体包括安全原则、环保原则、质量原则、设备原则、工艺原则。

1. 安全原则

1）开工人员上岗必须按有关规定着装。

2）装置现场，禁止踩、踏窨井盖和地沟翻板。

3）正确使用灭火器、消防蒸汽等消防器材。

4）开工过程中不允许向环境排放含烃气体。

5）严格按盲板清单加、拆盲板，并执行盲板作业票制度、签字登记制度。

6）严格执行核料位计管理和使用制度。

7）在管架和平台作业操作时，要注意安全，执行各项安全保护规定，严禁从高空向下掉、扔东西。

8）开工要做到：不窜油、不跑油、不着火、不爆炸，设备不损坏，不发生安全事故。

2. 环保原则

装置开工过程中容易发生污染事故，所以在开工时应遵循以下原则：

1）开工过程中，不得随地排放油、氢气、瓦斯、污水、吸附剂等有毒有害和含污染物的液体、气体和固体等。

2）开工中认真检查流程，做到不跑油、不窜油、不窜气、不窜水。

3）含硫含碱污水不得排入明沟。水联运后，水按规定联系环保处理。

4）在引瓦斯、油、氢气前，泄压线必须要改入火炬线，并确认全程贯通。

3. 质量原则

装置开工过程中为保证汽油质量，应遵循以下原则：

1）开工期间要避免退污油时窜到合格产品线中，检查流程要细致，各系统要有合理的隔离手段。

2）在反应系统进原料油开工前，稳定单元各系统尽量按设计正常条件控制，以便于产品尽早合格，减少不合格产品量，提高装置开工效率。

3）外送污油时要及时和生产调度、罐区联系，防止出现油品互窜。

4）原料及产品应严格按照质量指标控制并以书面形式下发到班组。

4. 设备原则

装置开工过程中，应遵循以下设备原则：

1）严禁设备超温、超压，防止损坏设备。

2）在引蒸汽时，要先检查管线，引汽时要缓慢，放尽存水，防止水击。

3）转动设备在启动和运转过程中，要严格执行操作规程，做到及时检查，及时发现问题，及时解决问题。

4）进入设备作业除先办理各种相关作业票证外，还应通知相关部门做好设备外的放射源的隔离工作，并安排专人确认。

5. 工艺原则

装置开工过程中，应遵循以下工艺原则：

1）对外联系工作要按对外联系表进行，并由专人负责，要及时、准确并有记录，特殊情况要及时通告开工指挥。

2）开工流程检查要细致，要严格执行“三级复查”制度。

3）在各单元进物料时，要加强检查，保证开工过程的安全、顺利进行。

4）开工过程发现问题要及时向有关技术人员直至开工指挥反映，要及时进行处理，保证开工过程的安全。

（三）开工步骤

1. 汽油吸附脱硫装置基本开工步骤

汽油吸附脱硫装置基本开工步骤见图 9-1-1。

2. 汽油吸附脱硫装置开工步骤说明

（1）施工结束后（完全中交）状态确认

装置施工结束后应对如下方面进行确认：施工项目、现场状态、机泵、处于盲位盲板、反应器与再生器、压缩机、塔与容器、冷换设备、工艺管线、加热炉、安全、仪电、开工所需物资、物料流程条件。

（2）公用工程物料的引入

包括：新鲜水、循环水、除氧水、1.0MPa 蒸汽、净化风、非净化风、氮气、燃料气。

（3）各系统贯通吹扫试压

需贯通吹扫试压的系统包括：原料罐系统、反应与循环氢系统、再生系统、稳定系统、新氢与反吹氢系统、水系统、蒸汽系统。

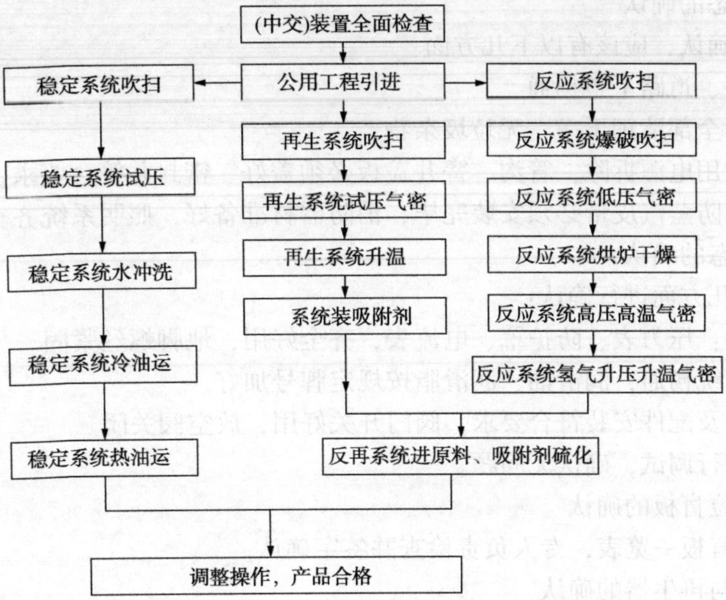

图 9-1-1 汽油吸附脱硫装置开工进程图

(4) 反应系统烘炉

烘炉步骤包括两个步骤：步骤一，反应系统氮气循环；步骤二，点炉按升温曲线升温。

(5) 反应系统引氢气置换升温

界区引新氢入装置置换氮气，开循环氢压缩机建立氢气循环，点加热炉升温。

(6) 建立吸附剂循环

准备投用闭锁料斗，再生系统空气贯通，再生系统升温，吸附剂储罐收剂，再生器装剂及循环。

(7) 稳定系统水联运

引新鲜水至原料缓冲罐，开原料泵引水至稳定塔进行水冲洗，调整稳定塔压力，建立水循环。

(8) 稳定系统油联运

引开工汽油至原料缓冲罐，开原料泵引油至稳定塔后建立循环，稳定塔升温，热油联运。

(9) 进料、预硫化、吸附剂再生

结束进料稳定油联运，原料油进反应系统，逐步提量至目标值；开注硫泵向反应系统注硫；吸附剂注硫结束后，引催化汽油；待生吸附剂载硫达到目标值后，再生系统升温再生。

(10) 正常调节

(四) 开工操作(以某 1.2Mt/a 汽油吸附脱硫装置为例)

1. 开工前确认

(1) 施工后状态的确认

装置施工结束后，应对如下方面进行确认：施工项目的确认；施工质量情况符合标准；施工项目完成。

（2）现场状态的确认

现场状态的确认，应该有以下几方面：

1）装置地坪、道路平整畅通。

2）施工废料全部清理干净，无垃圾杂物。

3）施工临时用电源拆除，管沟、窨井盖板必须盖好、密封并符合要求。

4）各处的消防蒸汽皮带必须安装完毕，消防器材准备好，照明系统齐全好用。

（3）机泵状态的确认

应该对以下几方面进行确认：

1）各泵附件：压力表、防护罩、电流表，齐全好用，地脚螺丝紧固。

2）冷却水系统畅通，润滑油、润滑脂按规定牌号加好。

3）工艺管线及配件安装符合要求，阀门开关好用，放空阀关闭。

4）机泵已进行调试，确认无问题。

（4）处于盲位盲板的确认

具有明确的盲板一览表，专人负责检查并签字确认。

（5）反应器与再生器的确认

反应器与再生器作为装置的关键设备，应该作如下确认：

1）检查设备规格、型号、材质等是否符合设计要求；设备资料是否齐全，准确。

2）设备安装质量是否符合设计要求，设备附件是否齐全完好。

3）防腐、保温是否符合设计要求，有无遗漏。

4）检查反应器及再生器现场安装是否正确，管线流程无误，保温及固定支撑部件符合设计要求。

5）检查反应器及再生器内构件是否按设计要求安装，其开孔尺寸(如开口个数，孔径等)、位置是否符合设计要求，是否有堵塞。

6）各热电偶及热电偶套管是否按设计要求安装好。

7）反应器接收器、还原器、再生器接收器、再生器进料器按照设计安装完好，其内部构件符合设计要求，无杂物、无堵塞。

8）各现场及远程仪表安装正确且功能正常。

9）各容器的铭牌与设计要求是否吻合。

10）各容器的内部构件是否齐全、材质与安装是否符合设计要求，有保温的容器，保温是否完整。

11）各容器内外附件是否齐全，如：放空阀、安全阀、液位计、测温点、测压点等。

12）各容器所属人孔、法兰、垫片、防冲板等安装是否符合要求。

13）各容器内是否有杂物，尤其注意抽出口。

（6）压缩机的确认

在压缩机投用前，应对以下方面进行检查确认：

1）检查机身油池(包括粗滤油器、加油器)并确认无杂物。

2）检查油站辅助油泵、油冷却器、细滤油器、精滤油器及细精滤油器手动切换是否良好。

3）各油压、油温等就地一次表功能正常。

4）检查各个气缸和油冷却器进、排水管、阀门和管路附件(弯头、三通、接头等)，并确认冷却水走向无误。

5）各部进水压力和进排水温度就地一次表完好。

6）检查进排气缓冲器和管道及管路的附件是否完好。

7）检查气体的走向是否符合工艺流程要求。

8）检查旁路、放空、排凝等是否符合工艺流程要求。

9）显示进排气压力和温度的就地一次表功能正常。

10）各阀门及止回阀的安装方向和介质流向应一致，严禁反装。

11）管线应有的支架和吊架是否齐全。

12）检查气量调节系统装置是否有缺陷，顶开吸气阀动作是否灵敏。

13）检查所有紧固件均已上好并紧固，盘车无阻涩或撞击等异常现象，安全设施齐全。

14）电气系统良好，绝缘接地合格。

(7）塔与容器的确认

1）根据总装图，检查塔的开口、方位及数目规格等级是否相符。

2）检查与塔相连接的出入口管线、阀门(特别是单向阀的流向)的安装是否正确，压力表、液位计、安全阀、放空阀等安装是否齐全、好用。安全阀铅封是否完整并符合工艺要求、操作方便。

3）检查平台、梯子的安装是否符合要求，有无妨碍操作和施工。

4）检查外壁及接管的焊缝是否无裂纹、无夹渣、无密集气孔和砂眼。

5）检查浮阀是否灵活好用，有无卡涩、活动不灵和断腿变形漏装现象。

6）检查塔内安装时用的脚手架及其他的杂物是否清理干净。

7）检查塔盘的密封片是否装好，螺栓卡子是否紧固，螺纹有无损坏，其他如升气管分配盘、喷液管的位置是否正确。

8）检查塔保温是否良好，铝皮是否完整可靠，油漆是否符合要求。检查地脚螺栓是否双螺母，有无不满扣、滑扣现象。检查塔体及各部件有无碰撞痕迹、损坏或严重锈蚀。

9）检查静电接地情况。铭牌是否完好，所标内容是否与设备相符。

(8）冷换设备的确认

1）设备及其零部件材质，出入口法兰、垫片，安装质量是否符合设计要求。

2）有关技术资料是否齐全、准确。

3）设备基础、支座是否完整、无下沉和裂缝；所有螺栓应满扣、紧固。

4）设备附件，例如温度计、热电偶、压力表、设备铭牌等是否齐全，是否符合设计要求。

5）空冷风机应功能正常，符合生产要求。

6）管壳程试压是否符合设计要求。

7）主体整洁无杂物；油漆、保温应符合设计要求。

(9）工艺管线的确认

1）按施工图的工艺流程认真对照检查与现场实际安装是否一致，有无错接、漏接、多接的现象。

2）工艺管线及管件、阀门、法兰、螺栓、垫片、孔板等是否符合设计规定与材质要求。

特别对于高压部位管线、设备及其本体法兰、垫片，更需认真检查，做好记录。

3）阀门、法兰的螺栓是否旋紧，螺栓是否满扣，各阀门是否开关灵活(所有阀门均应开、关各一次)，操作是否方便。单向阀、截止阀、蝶阀等有方向性的阀门是否安装正确。重点检查进口阀门情况。

4）管线规格是否符合设计要求，各弹簧吊架、托架是否符合设计，齐全牢固可靠。

5）温度计、热电偶、压力表等计量表是否齐全，是否符合设计要求。

6）检查各下水井、地漏是否完好、畅通。

7）各种施工档案资料应齐全，准确无误。

8)工艺管线的介质名称、流向是否标明，特别是进出装置处、各分配器处。

(10）加热炉的确认

1）加热炉炉膛及烟囱内是否有杂物，炉管表面是否清洁。

2）加热炉保温层、附火层及膨胀缝是否符合要求，炉体是否严密。

3）炉管及各部件材质、结构是否符合设计要求。

4）加热炉各测温计、测压计等是否符合设计要求。

5）看火门(孔)、防爆门、自然通风门的开关是否灵活、严密可靠，符合设计要求。

6）各风道蝶阀、烟道挡板是否开关灵活，实际开度与标志开度是否相符，开关方向是否明确。

7）加热炉消防蒸汽是否畅通，阀门开关是否开关灵活。

8）加热炉专用“8”字盲板是否符合工艺安装要求。

9）各燃烧器型号及安装是否符合设计要求，火嘴安装是否正确，各零部件是否齐全；各燃烧器瓦斯阀是否开关灵活，操作方便。

10）加热炉系统所属人孔、法兰、垫片、螺栓安装是否符合要求。

(11）安全的确认

1）安全阀型号、定压值、安装位置是否符合设计及生产要求；铭牌齐全、准确。

2）各消防蒸汽、消防水是否符合设计及生产要求，安装是否合理。

3）各安全排空线、排空口安装是否正确合理。明沟、各污水线、窨井是否畅通，是否符合设计要求。

4）可燃气体报警器、火灾报警点、现场电话安装是否符合设计要求。

5）各种灭火器具、安全防护用具是否齐全完好，并放在指定地点。

6）各设备、框架、房屋接地导线是否完好可靠。

(12）仪电的确认

1）以电气部门为主，对装置所有电器系统进行全面检查，装置配合。

2）装置所有电器设施齐全完好，符合设计要求。

3）电器设备均应有额定铭牌，是否符合设计及生产要求。其防爆标志、出厂合格证是否齐全。

4）启动、保护装置齐全，灵活好用；电缆不漏电，符合设计要求。

5）单机试运技术资料是否齐全、准确，各运行参数符合生产需要。

6）各电器设备外观整洁，继电保护齐全、动作可靠，联锁、接地导线等零部件安全可靠。

7）通讯、照明是否合理，是否方便操作。

（13）开工所需物资确认

在装置开工前，应准备好下列开工物资：罐容≮5000m³的不合格汽油罐；反应系统气密检测用氢气检测仪(至少1台)；一定数量的气密用喷壶、洗涤液、记录本；各处用的压力表和温度计；机泵加好润滑油、润滑脂，并点试合格；注硫剂5t(具体用量根据注硫要求)、磷酸三钠120kg；开工用吸附剂；点火用具(点火棒)及各种规格的阀门扳手(临氢部位用铜扳手)；开工注硫所需要的原料油，约500t(开工汽油)；操作室各种记录。

（14）物料流程条件确认

装置在开工前，应确认上下游装置间的进出装置物料管线及附属设备(装置界区内)施工完毕，对下述关于流程内容进行确认：罐区汽油进装置线及返回线、催化汽油进装置线、补充氢进装置线、液态烃出装置线、精制汽油出装置线、燃料气进、出装置线、再生烟气线、闭锁料斗排放气至装置外管网线、污油出装置线、放空总管去火炬线、氮气进装置线、蒸汽进装置线、凝结水出装置线、净化/除氧/新鲜水进装置线、净化/非净化风进装置线、含氨污水出装置线、循环水进/出装置线、含油污水出装置线、生活用水进装置线、消防用水进装置线。

2. 公用工程物料引入

（1）引新鲜水

装置新鲜水引入应该按下述步序进行：

1）检查装置内新鲜水流程是否正确，按流程检查法兰、螺栓、垫片，是否完整上紧。

2）联系生产调度确认新鲜水的引入时间。

3）从工厂管网引入新鲜水，进装置总阀后新鲜水表前法兰拆开排污，排污后接通法兰，通过新鲜水流量表将水引至各现场服务点和各用水设备处。

4）各现场服务点逐一打开阀门冲洗排污，冲洗干净后关闭阀门以备用。

5）各用水设备入口阀后拆“8”字盲板或法兰逐一冲洗排污，设备一端用铁皮盖住。

6）冲洗干净后可将盲板翻通接上，拆开法兰处接上进行试压查找漏点。

（2）引循环水

1）检查装置内循环水流程是否正确，按流程检查法兰、螺栓、垫片，是否完整上紧。

2）联系生产调度确认循环水的引入时间。

3）从工厂管网引入循环水进装置总阀后法兰拆开排污，排污后接通法兰，拆管道流量计孔板，排污后回装，引至各使用设备。

4）各用水设备入口阀后法兰拆开，逐一冲洗至设备前，设备一端用铁皮盖住。

5）待水质见清后将拆开处连接上，回水总管线拆阀前法兰排污，冲洗干净后装上法兰，将水经回水管线引出装置。

6）整个管线冲洗干净后，装上压力表、温度计对循环水系统进行试压查找漏点，合格为止。

（3）引除氧水

1）从工厂管网引入除氧水，进装置除氧水总阀后法兰拆开排污，排污后接通法兰。

2）拆除氧水流量计孔板，排污后回装，将水引至其控制阀阀组处。

3）拆控制阀排污后走副线，将水引至除氧水罐。

4）除氧水罐进口法兰拆开排污，设备一端用铁皮盖住，排污清后接通法兰，将水引进除氧水罐。水罐顶安全阀副线打开，以免憋压。罐底排污阀和阀后排凝打开排污，排污清洁后关阀。

5）冲洗干净后，对除氧水系统进行试压，合格为止。

（4）引 1.0MPa 蒸汽

1）引蒸汽前要仔细检查 1.0MPa 蒸汽系统流程，各支线的阀门关闭，管线阀门、法兰、垫片、螺栓安装符合要求。引蒸汽时要先排凝，并且暖管线，引进速度要慢，以防止水击。

2）联系生产调度，从工厂管网引入 1.0MPa 蒸汽，缓慢开蒸汽总阀，拆蒸汽流量计孔板排污后引至蒸汽分水罐。

3）拆蒸汽分水罐进口法兰吹扫排污，设备一端用铁皮盖住，吹扫干净后接通法兰至蒸汽分水罐。在蒸汽进蒸汽分水罐之前，先打开罐顶放空阀和罐底排凝阀，见汽后逐渐关小放空阀和排凝阀，最后全部关闭。

4）沿蒸汽流程将蒸汽引至各总、分管，然后逐一引至各使用设备，各使用设备的吹扫阀后拆法兰吹扫排污，设备一端用铁皮盖住，吹扫干净后关闭阀门，接通法兰，流程中的“8”字盲板翻通。

5）沿流程将各服务点蒸汽阀打开吹扫排污，吹扫干净后关阀。

6）各蒸汽伴热线凝结水管线上的疏水器拆下吹扫排污，吹扫干净后关阀。

7）蒸汽引至蒸汽闪蒸罐前控制阀，拆控制阀排污后走副线，引至闪蒸罐前拆法兰前排污，注意保护闪蒸罐，后接入闪蒸罐，打开顶部安全阀副线阀以免憋压。

8）蒸汽分水罐底管线上疏水器拆下吹扫排污，吹扫干净后接短管。凝结水出装置处“8”字盲板拆开进行吹扫排污，吹扫干净后出装置阀关，接通法兰，“8”字盲板翻通。从蒸汽分水罐底引蒸汽至凝结水总管倒吹，将所有伴热蒸汽凝结水管线的疏水器拆下处吹扫排污，吹扫干净后疏水器复位。

9）利用 1.0MPa 蒸汽，将本装置再生系统取热发低压蒸汽流程吹扫干净。

10）吹扫干净后将所有拆开处接上，对 1.0MPa 蒸汽系统进行试压，合格后投入使用。

（5）引净化风

1）联系生产调度后，从工厂管网引入净化风，进装置总阀后法兰拆开排污，排污后接通法兰。

2）在净化风进净化风罐之前，拆开净化风罐入口法兰排污，设备一端用铁皮盖住，吹扫干净后接通法兰，向罐内吹扫。

3）打开罐底排污、罐顶放空，罐顶去装置法兰出口用盲板先盲好，放干净后关闭阀门。

4）拆孔板流量计，将净化风引至各现场排污点排污后逐一引至各使用设备、管线的吹扫阀后拆法兰排污，流程中有“8”字盲板的翻通。

5）吹扫干净后将所有拆开处接上，对净化风系统进行试压，合格为止。

（6）引非净化风

1）联系生产调度后，从工厂管网引入非净化风，进装置总阀后法兰拆开排污，排污后接通法兰。

2）拆孔板流量计，排污后接好。

3）在非净化风进非净化风罐之前，拆开非净化风罐前控制阀阀前法兰排污后走副线去净化风罐入口法兰处，法兰设备一端用铁皮盖住，吹扫干净后接通法兰，向罐内吹扫。

4）打开罐底排污、罐顶放空，放干净后关闭阀门。

5）从非净化风缓冲罐将风引至再生空气预热器前控制阀和旁路控制阀前拆阀排污，走副线，引至再生器前法兰处，拆开法兰排污。

6）通过总管将非净化风引至各服务点，各服务点打开阀门排污，放干净后关闭阀门。各使用设备和管线的吹扫阀后拆法兰排污，放干净后接通法兰，流程中有“8”字盲板的翻通。

7）吹扫干净后将所有拆开处接上以备使用。

8）吹扫干净后，对非净化风系统进行试压，合格为止。

（7）引氮气

1）联系生产调度后，从工厂管网引入氮气，进装置总阀后法兰拆开排污，排污后接通法兰。

2）在氮气进氮气缓冲罐之前，拆开罐前入口法兰排污，设备一端用铁皮盖住，吹扫干净后接通法兰，向罐内吹扫。

3）打开罐底排污、罐顶放空，罐顶去装置法兰出口用盲板先盲好，放干净后关闭阀门。

4）拆罐顶盲板及后路流量计孔板，将氮气引至各现场排污点排污后并逐一引至各使用设备、管线用氮点，阀门阀后拆法兰或“8”字盲板排污，排污后阀门关闭，法兰接通，日常不用的地方用盲板盲断，待用氮时再翻通。各现场服务点阀门打开排污，排污后阀门关闭。

5）氮气引至氮气反吹罐前，拆管线上流量计孔板排污后接好，有控制阀走副线，扫线至罐前，后引入罐内。打开罐顶放空、安全阀副线和罐底排污，待吹扫干净后将罐出口阀打开引入系统。

6）氮气引至热氮气过滤器和氮气过滤器前，所有控制阀拆开吹扫干净后走副线，流量计拆开排污后短管连接。在进过滤器前将法兰拆开，吹扫干净后通过过滤器，进各设备前和流量计前法兰拆开排污，待干净后接通。

7）吹扫干净后将拆开处连接上，进行试压查找漏点，合格后关闭氮气进装置阀，盲板盲断，待用氮时再翻通。

8）吹扫时，注意安全，防止窒息。氮气进装置后，凡需进入容器内必须进行氧含量分析，与氮气管线相连的其他工艺介质管线、容器用盲板或双阀隔离，双阀之间的放空打开。

（8）引燃料气

燃料气系统应先吹扫，待要用时再翻通界区盲板，把燃料气引入装置。

1）吹扫：

① 燃料气引用前，应用蒸汽吹扫燃料气系统管线和设备，清除垃圾杂物，检查流程是否正确、畅通。吹扫前，拆下调节阀、气动阀、减压阀、孔板、阻火器、长明灯、火嘴，有副线走副线，无副线接短管。

② 打开加热炉燃料气管线管端放空、低点排凝及瓦斯系统所有低点排凝。

③ 燃料气边界处引蒸汽吹扫，拆流量计孔板吹扫排污，吹扫干净后接好。拆燃料气分液罐前控制阀吹扫排污，吹扫干净后走副线至燃料气分液罐进口前法兰处吹扫排污，设备一端用铁皮盖住，吹扫干净后接通法兰。

④ 引蒸汽进燃料气分液罐，打开罐顶部放空及底部排凝阀，吹扫干净并且无水后关闭。

⑤ 拆罐顶安全阀吹扫干净，引汽走安全阀副线贯通火炬线，在放空罐进口拆法兰放空，设备一端用铁皮盖住。吹扫完毕后，恢复安全阀并投用，关闭副线阀。

⑥ 引蒸汽吹扫燃料气分液罐底放空总管，在地下污油罐进口拆法兰处放空，设备一端用铁皮盖住，干净后关闭燃料气分液罐底阀门。扫线干净后，关闭蒸汽吹扫线，打开燃料气线上各处放空阀、排凝阀，然后引氮气将系统内水吹扫干净。系统吹干后，关闭各处放空阀、排凝阀，接好燃料气火嘴软管或短节。

⑦ 引蒸汽从燃料气分液罐前控制阀副线处倒吹扫至冷产物分离罐和原料缓冲罐顶法兰处，拆开法兰，吹扫后重新装好。

⑧ 吹扫结束，将所有拆下的阀、法兰装好。注意蒸汽吹扫时燃料气系统的压力(以长明灯阻火器前现场压力表为准)，不要超过0.7MPa。

2）试压：

蒸汽吹扫结束后，关闭燃料气线上所有放空阀、排凝阀以及火嘴、长明灯前手阀，燃料气系统用氮气充压至0.7MPa进行气密试验。

3）氮气置换：

① 从稳定塔回流罐顶上引氮气，经过罐顶压控阀副线至燃料气系统进行进一步的吹扫和置换。

② 打开加热炉各火嘴手阀向炉膛内吹扫排放。

③ 采样分析燃料气系统内氧含量小于0.5%后，氮气置换结束。

④ 燃料气系统氮气置换完毕后，关闭各火嘴手阀，系统保持微正压，将各氮气扫线及蒸汽扫线关闭，准备燃料气引进装置。

4）引燃料气

① 打开燃料气界区阀门引燃料气进装置，燃料气引进后及时投用燃料气分液罐蒸汽伴热，将分液罐内液相排除。

② 沿流程将燃料气引加热炉火嘴放空，同时打开加热炉的炉膛蒸汽进行吹扫，5~15min后关闭各燃料气阀门，蒸汽再吹扫5min后关闭，用测爆仪测量各炉膛内可燃气体，合格后可进行点炉。若燃料气还未引到火嘴，可重复以上步骤，直到火嘴点燃。

3. 装置贯通吹扫试压

(1) 新鲜水系统

新鲜水系统管线冲洗结束后，将水引至各服务站及用水处，进行系统管线水试压，以新鲜水进口压力表为准，试压到0.4MPa，如果压力不够可联系生产调度提高管网压力。

(2) 循环水系统

循环水管线冲洗结束后，各管线上附件复位，关好阀门，进行系统管线水试压，以循环水进出口压力表为准，试压到0.5MPa。

(3) 除氧水系统

除氧水管线吹扫结束后，将所有拆开部位装好，引除氧水进系统，以管道上压力表压力为准，充水进行试压到0.5MPa。

(4) 1.0MPa蒸汽系统和凝结水系统

蒸汽系统管线吹扫结束后，拆疏水器，直至吹至凝结水出装置处，然后各附件复位，引蒸汽试压，凝结水至凝结水管线。蒸汽试压至 1.1MPa，凝结水管线试压至 0.35MPa，以各管线压力表为准。

(5) 稳定塔系统

稳定塔试压前，引新鲜水冲洗设备及管道。冲洗时先拆开法兰排污干净后，再装好后引入设备，遇流量计拆开后接短管，遇控制阀阀前拆开，排污后走副线，如无副线则接短管，如遇单向阀拆开后，排污接短管。

冲洗结束后，稳定回流罐顶引氮气，而后引至稳定塔，从稳定塔和稳定塔回流罐分别引至各支路。系统充压气密升压到 1.0 MPa。

(6) 原料系统

从反应进料泵入口引新鲜水，倒灌至原料罐，从原料罐底排放，对原料罐进行冲洗。冲洗干净后，原料继续进新鲜水，待原料罐液位超 50%后，可以开启反应进料泵将新鲜水输送至稳定系统，进行冲洗。从原料缓冲罐顶压力平衡线引氮气对原料罐冲压，通过罐顶压力表充压到 0.6MPa 进行气密。

(7) 氢气系统

从新氢压缩机、循环氢压缩机、反吹氢压缩机出口引氮气，分别对各自对应的氢气系统进行扫线气密。氮气引入设备前，先拆开法兰排污干净后，再装好后引入设备，遇流量计拆开后接短管，遇控制阀阀前拆开，排污后走副线，如无副线则接短管，如遇单向阀拆开后，排污接短管。设备吹扫时低点排污和放空打开，有安全阀拆安全阀吹扫后走副线去火炬。吹扫完毕后，将所有拆除部位复位，系统充压气密。

从循环氢压缩机出口引氮气吹扫时，要涵盖包括反应器在内的主要临氢设备，必要时要进行憋压打靶吹扫，以保证临氢系统的吹扫质量。在进行气密时以冷产物分离罐顶压力为准。首先将临氢系统压力缓慢升至 1.0MPa 气密，然后通过循环氢压缩机开机将系统(冷产物分离罐顶)压力升到 2.0MPa 和 2.9MPa 两个阶段进行气密。

反吹氢气系统开反吹氢压缩机单独试压，以反吹气体聚集器顶压力为准，分阶段升压气密。一般情况下氮气试压达不到操作压力 5.7MPa，因而反吹氢气系统试压至反吹氢压缩机出口氮气条件下最高压力。

(8) 再生系统

从氮气罐引氮气至氮气电加热器前进行吹扫，管线吹扫干净后，投用氮气减压阀将氮气压力减至 0.58MPa，然后将减压后氮气引至再生器、再生进料罐、再生器接受器、吸附剂储罐等再生系统设备进行吹扫，同时开启松动氮气线、仪表反吹线进行吹扫，由于再生系统操作压力较低，因此在吹扫时不要憋压。吹扫干净后，对再生系统进行气密，再生进料罐和再生器接收器试压至 0.3MPa，其他再生系统设备试压至 0.2MPa。

4. 烘炉

(1) 烘炉的目的

装置在装入吸附剂前必须烘炉，以除去吹扫、试压和气密过程中残留在系统中的水。而且加热炉建成正式投用前，一定要进行烘炉。烘炉目的是为了除去加热炉管和炉墙中存在的水分，防止在开工升温过程中炉膛出现温度急升，水分大量蒸发，体积膨胀，从而导致加热炉衬里开裂甚至倒塌现象。通过烘炉，可以检查炉子的质量情况，“三门一板”、火嘴、阀门、仪表等是否灵活好用；也可以检查瓦斯系统是否存在漏洞等。通过烘炉，能够提高加热炉使用寿命，保证加热炉在正常生产中的安全。

（2）准备工作

1）与生产调度联系准备好合格的氮气。

2）压缩机单机试运完并处于完好状态。

3）装置送电，并引入循环冷却水。

4）装置气密工作结束，遗留问题处理完毕。

5）加热炉施工项目全部完毕并已经验收合格。

6）加热炉炉膛、烟囱、烟道系统等已经进行彻底清扫，烟道挡板开关灵活。

7）瓦斯、蒸汽系统具备应用条件，鼓风机送风正常。

8）设备、仪表处于良好状态，满足烘炉的应用。

9）烘炉前加热炉已经自然通风5天以上。

10）反应系统的吹扫、初气密工作已经完成。

11）压缩机已经负荷试车完毕，投入正常使用。

12）反应产物空冷器已经投用。

13）在吹扫线上检查盲板位置正确，同时全部放空阀都已关闭。

14）检查装置所有采样阀关闭。热、冷产物气液分离器的液位计已经启用。

（3）烘炉要求

1）按烘炉流程的要求，接好燃料气、主物料和循环氢的临时管线，并加好相关的盲板，使烘炉期间各操作介质流程通畅，不跑料、不窜料。

2）现场检查长明灯、火嘴的管线和瓦斯喷口不堵塞。

3）DCS投用正常，可以显示加热炉内温度、压力及炉顶氧含量。如果DCS不能投用，应在现场设置临时控制检测系统，将加热炉所有压力、温度点及烟道气氧含量指示出来，以便在烘炉过程中进行控制。

（4）系统干燥、烘炉的具体步骤

1）冷氮气密结束后，系统压力降至1.0MPa时，保持氮气流通。

2）启动反应产物空冷器和吸附反应产物冷却器。

3）炉管内气体运行正常后，按照点炉程序点燃两只对称的火嘴。控制加热速度，保持加热炉低负荷。未点燃的火嘴和长明灯要检查确认截止阀关闭，防止瓦斯漏入加热炉内，每4h轮流将火嘴切换到另两只，保持炉内均匀加热。当加热炉负荷逐步提高后，根据升温速度的需要，将四只火嘴全部点燃。

4）点燃两只火嘴后，烘炉正式开始，在最初升温过程中，一定要控制升温速度为5~10℃/h。升温程序表见表9-1-2。当炉内温度达到150℃后，恒温24h。150℃恒温结束后，以10~15℃/h的速度将炉膛温度升至315℃，然后恒温24h，每小时从分离罐切水计量一次，当分离罐连续两次切不出水来时，以20~25℃/h的速度将炉膛温度升至540℃，然后恒温24h。程序加热是一个烘炉的过程，在540℃恒温阶段看分离罐是否有水，如有水要切出并计量，直至分离罐连续两次切不出水。

表 9-1-2 F101 烘炉炉膛升温程序表

温度范围/℃	升温速度/(℃/h)	时间/h
常温~150	5~10	20
150 恒温		24
150~315	10~15	16
315 恒温		24
315~540	20~25	12
540 恒温		24
540~常温	≤25	24

5）烘炉和反应系统干燥结束。然后以不大于 25℃/h 的速度降温至反应器温度指示 60℃以下。当反应器入口温度降至 60℃时，停压缩机，卸压。

(5) 注意事项

1）烘炉和干燥期间，严格按照要求进行升温、恒温、降温，班组操作员每 30min 记录一次各个温度点的温度。烟道、风道挡板根据氧含量、负压情况、加热炉炉膛实际燃烧情况进行及时调节。

2）恒温时，火嘴要对称切换，保证每个火嘴都能使用。当加热炉熄火后，且温度小于 60℃后，关闭加热炉的烟道档板、风道档板、看火窗门，防止水汽进入加热炉。

3）当烘炉干燥结束后，打开循环氢压缩机入口分液罐放空控制阀和各个低点放空，将系统压力卸至 0.05MPa，扫净各个低点存水。

4）烘炉和干燥结束后，有关人员对加热炉内部进行详细检查，对发现的问题及时整改。

5）认真做好系统热膨胀检查标线及尺寸的测量。

(6) 反应系统热膨胀检查

反应系统热膨胀检查的目的：检查高温管线、设备在热状态下是否有偏移现象，以便在开工前消除这些隐患，保证设备、管线安全平稳运行。

反应系统热膨胀检查的方法：反应器主体横向、竖向标线以现场平台、框架为参照物，做好现场标线及尺寸的测量。

(7) 烟气余热回收投用

当加热炉烟囱排烟温度超过设计值时，准备投用加热炉烟气余热回收系统：

1）确认空气预热系统投用的准备工作已经完成。

2）按规定启动鼓风机，检查运行正常，逐渐打开入口蝶阀。缓慢关闭炉底自然通风门，检查炉膛压力，注意观察炉膛负压变化，控制入口蝶阀的开度。

3）按规程启动引风机。检查运行正常后，逐渐打开入口蝶阀，炉内通风量会有所变化，检查炉膛压力，注意观察炉膛负压变化，控制入口蝶阀的开度。

4）注意检查加热炉辐射段顶部压力和火焰情况。

5）必要时调节加热炉烟道挡板以控制炉膛负压。

6）此时空气预热器已自然投用。

5. 反应系统氢气置换升温

(1) 引氢气

1）系统热氮气密结束后，逐步降低温度，当反应器入口温度降至 60℃时，停压缩机，泄压。对加热炉进行检查，整改加热炉存在问题。

2）反应系统如果没有问题，可以保留微正压氮气在系统内。

3）开始通入氢气，用氢贯通反应器，经火炬集合管，直至氢气到达火炬，然后关闭通往火炬集合管的阀门。

4）继续通入氢气，当临氢系统压力达到 1.0MPa 时，对临氢系统进行气密，气密合格后，可启动循环氢压缩机，并检查循环氢流量。

5）启动循环氢压缩机后，可根据氮气气密时的压力梯度，在氢气环境下再次气密，反应系统氢气最高气密压力为 2.9MPa。

6）反吹系统 2.9MPa 气密合格后，可启动反吹氢压缩机，及时检查反吹氢流量，缓慢升压至 6.7MPa，在升压过程中及时对反吹系统进行气密查找漏点。

7）通过氢气流量检查所有反应器仪表反吹系统。

8）检查反吹氢流化线路从反吹气体聚集器到反应器出口管线。

9）按需要调节循环氢流量并维持稳定。

(2) 升温

1）装置在冷态氢气气密无异常后，可按正常程序点加热炉。

2）按加热速率为 25℃/h 开始加热反应器，达到反应器操作温度后，进行热氢气气密。后按照 25℃/h 的速率降低反应器入口温度，降至约为 360℃，准备进料预硫化。

3）当反应器的温度已经达到所需的正常开工温度时，维持此条件恒定。维持反应器压力接近于其最低操作压力。

6. 系统装吸附剂、建立循环

(1) 准备投用闭锁料斗

1）在装置进行氮气气密前，要先将打开闭锁料斗底部的排液阀，排净内部存水，用氮气吹扫进出闭锁料斗的所有管线。

2）在装置进行氮气气密时，要将闭锁料斗系统与反应系统连通，同时进行气密、升温。检查无问题后，在氢气系统进行气密、升温时，也要连带闭锁料斗同时进行，及时消除闭锁料斗系统存在的漏点。

3）为确保正确操作，在闭锁料斗装剂前先让闭锁料斗空负荷完全循环运行多次，及时解决运行中存在的问题，确保所有分析仪器功能正常并已校准。

(2) 再生系统空气贯通

1）氮气吹扫气密结束后，确保查找漏点完毕，氮气吹扫线连接正常，各吹扫点正常仪表反吹正常。

2）通入空气并按照正常操作程序控制最小空气流量。

3）打开再生烟气系统中通向大气的排风口。

4）增加进入再生器的空气流量达到正常流量。

5）打开再生剂进料罐到再生器吸附剂提升管线上的滑阀。

6）打开从再生进料罐到再生器的提升阀。

7）确保从再生进料罐到再生器上的连通线阀门打开。

8）打开从再生器到再生器接收器的吸附剂提升管线上的滑阀。

9）打开从再生器到再生接收器上的提升气氮气阀。

10）确保从再生器到再生接收器管线上的隔断阀打开。

11）打开向再生器接收器的流化氮气阀。

12）缓慢调节系统压力到达正常再生系统操作压力。

13）打开所有设备的最低排液阀，排干所有存水，检查完毕后，关闭所有排液阀。

14）再次对系统查找漏点，如发现漏点及时消除。

需要注意的是，如果系统中有积水，会对生产造成不良后果，在开工前要全力排除积水。

（3）再生系统升温

1）开启再生空气电加热器，对再生空气进行加热。

2）以10～24℃/h的速度加热再生系统到200℃，恒温一段时间，或者用加热器厂家提供的程序加热，使再生系统内存水用热的再生空气加热蒸发掉。然后进入再生烟气排出系统。

3）在加热过程中，需对管线受压情况、弹簧支架及弹簧进行常规检查。

4）在再生温度到达360℃后，进行恒温保持，确保所有再生容器都有热空气流通。

5）再次对系统检查泄漏并进行处理，同时确认再生系统每个容器都已完全干燥。

6）投用除氧水系统，冷凝水罐从再生器吸收足够的热量并产生蒸汽输送到低压蒸汽集合管或就地排放。

需要注意的是，这时非净化风持续通入，再生系统已经加热到启动条件，装置开始准备装吸附剂。

（4）吸附剂储罐收剂

1）停止氮气进入吸附剂储罐。

2）将吸附剂储存罐过滤器出口压力降至大气压。

3）确保吸附剂储罐和操作设备完全隔绝、阀门关闭、系统卸压，开始准备装吸附剂。

4）确保员工装载吸附剂时临时设施牢固可靠，装吸附剂的员工穿戴合适的劳动保护用品。

5）将吸附剂装入吸附剂储罐内。

6）检查确认吸附剂装填完毕。

7）打开氮气阀通入锥底松动氮气吹扫吸附剂储罐，打开吸附剂储罐过滤器出口放空阀，将罐内气体排出。

8）将吸附剂储罐内氧气吹扫干净后，通过罐顶压力控制阀来控制罐内压力不超压。

9）打开氮气充压阀输送氮气到吸附剂储罐。

10）吸附剂储罐开始升压，将压力控制阀设置为使吸附剂储存罐压力稍大于正常的再生器操作压力，准备向系统装吸附剂。

（5）再生器装剂及循环

1）在吸附剂储存罐的以下位置通入氮气：顶部管线、储罐锥底部、罐体各松动点管线。

2）通过吸附剂储罐顶部冲压线和压控阀调整吸附剂储罐压力高于再生器压力。

3）开始从吸附剂储罐向再生器装吸附剂时接通转剂线，关闭从再生器底部到再生接受器转剂线上的滑阀；打开再生器入口管线上的阀门；打开吸附剂转剂线上的提升阀；打开吸附剂储罐底部的阀门，开始将吸附剂转移至再生器。

4）经转剂线从吸附剂储罐向再生器装吸附剂，通过调节提升气和吸附剂切断阀来控制装剂速度。

5）向再生器装吸附剂，再生器料位指示计须预先标定，以便确定料面线。

吸附剂装载高度的控制在再升器升温期间十分重要，应保证料位控制在二级旋风器料腿底部以上，同时不能高于取热盘管底部。

6）随着吸附剂高度在再生器内的增加，再生器温度略降，可能降到316℃以下。这时吸附剂随总量的增加，冷却盘管开始从再生器里取走部分热量。如果这种情况出现，并且这时电加热器处在最大加热能力（如果再生空气预热器没有旁路），可停止除氧水循环（每次停用一组冷却盘管）。这将减少从再生器的取热，再生器温度将开始回升。需要注意的是，当确保再生器温度不再下降而重新启动冷却盘管时（比如吸附剂开始再生时），需缓慢地用最低流速引进除氧水（每次开启一组冷却盘管），以减少冷却盘管震动。接通从再生器到再生接受器的吸附剂转剂线，投用再生接受器压控阀，确保再生接收器保持合适压力接收来自再生器的吸附剂。打开流向再生接收器的氮汽提升风线上的流控阀；使滑阀的压降显示器处于工作状态，打开滑阀，保证从再生器到再生接受器的吸附剂输送。

7）开始填装再生接受器，调节提升氮气流量，确保吸附剂能顺利转移。

8）继续往再生器转移吸附剂，当再生接受器料位达到高报时，控制再生器进料速度来保证料位维持一定高度。

9）投用闭锁料斗的氧气和烃分析仪。

10）确保所有进出闭锁料斗的管线畅通。

11）将闭锁料斗置于“开工装剂”模式，并开始将吸附剂转移至闭锁料斗。

12）这时调节好所有闭锁料斗的仪表，打开所有控制回路。

13）设定闭锁料斗料位来控制吸附剂转移速率和数量，并控制好闭锁料斗循环时间。

14）从闭锁料斗开始往还原器转移吸附剂。

15）继续装填还原器，直到吸附剂溢出至反应器。

16）继续装填反应器，直到预定藏量。

17）把闭锁料斗从“开工装剂”模式切换到“正常循环”模式，并使控制器处于自动控制状态。

18）通过反应器底部卸剂线提升吸附剂至反应器接收器，通过闭锁料斗开始填装再生器进料罐。

19）从再生进料罐向再生器转移吸附剂。

20）建立吸附剂反应-再生循环，停止从吸附剂储存罐向再生器装剂，保持反应器和再生器料位平衡。

21）继续让吸附剂在所有容器内保持循环（反应系统开始进油前停止闭锁料斗转剂循环）。这时装置所需要吸附剂已经装填完闭，所有设备已经加热到合适温度，按要求的流速在合适的压力下操作，等待原料汽油进入反应系统预硫化。

7. 稳定系统水联运

（1）装置水联运的目的

1）进一步清除冲洗原料稳定系统设备、管线中的铁锈、焊渣等脏物。

2）较长时间考察机泵、设备、管线、阀门和仪表的安装质量和使用性能。

3）熟悉掌握DCS的操作，考查DCS系统是否正常完好。

4）以水代油贯通流程，检查设备、管线的泄漏情况。

5）进一步加强职工的技术培训，使操作人员熟悉操作流程，掌握正常操作和事故处理方法，达到实际操练的目的。

6）测试原料和加热炉低流量联锁。

（2）装置水联运前的准备工作

装置水联运前工程方面需达到的状态：

1）装置的吹扫试压、单机试运中发现的问题已经处理完毕。

2）按工艺流程要求检查关闭有关阀门，水联运系统（原料稳定系统）与不水联运系统（反应系统）已经加盲板隔离，并有专人检查挂好标记，做好记录。

3）在吹扫拆除的部件按照要求回装完毕，包括流量孔板、流量计、控制阀、压力表，参与水联运的控制阀及仪表系统在水联运过程中要投用。

4）有关机泵已备用，入口过滤网已经装好。

5）操作员熟悉岗位流程、操作规程和水联运方案，水联运流程已经改好，检查各设备、管线的底部放空已关闭。堵好含油污水地漏，水联运放空水按规定流向处理。

6）监视录像系统达到正常使用条件。

（3）注意事项

1）水联运过程中要由专人负责检查改好流程，防止跑、冒、窜水。

2）反应临氢系统、新氢系统、（非）净化风、氮气、燃料气系统、火炬线、蒸汽管网不参与水联运，注意与水联运系统的隔断。与水联运流程相接的吹扫介质三阀组，双阀关闭，排凝打开。

3）因水密度比油大，水联运过程中，应注意各机泵电流不能超过限定值，防止电机超负荷，水联运过程中加强现场巡检并记录机泵电流。

4）装水和水联运过程中原料缓冲罐及稳定塔回流罐顶部压力控制阀后路打通，稳定塔回流罐充氮气控制压力防止憋压或抽负压。装水后控制好各塔容器液位40%~70%，由底部排出脏水污物，确认无脏物后关闭放空点。

5）注意放空罐、地下污油罐内，有无存水，若有要及时排空，防止倒窜入反应系统。

6）冲洗时控制阀主副线经常切换，注意控制阀是否卡住或堵塞。

7）各机泵与备用泵要切换使用，每台泵至少连续运行8h以上，并经专业组验收。

8）水联运一般进行两次，第一次水联运结束后，打开各设备低点排空，要将各容器底排空，控制阀处排空，各泵出入口排空，打开排放一段时间以带出杂质，排净存水，处理完发现的问题，再进行第二次水联运。水联运结束后，将系统及工艺管线中存水排净，拆除各机泵入口过滤网清除杂质，应冲洗所有连通线和未循环的盲肠线。

9）水联运合格的标准：各排水点排水清洁，各机泵不堵塞。

(4) 装置水联运过程说明

1) 装水过程：首先打开反应进料泵入口新鲜水阀前排空，干净后引水，水靠自压力进入原料缓冲罐内，打开液位计引液阀和排放阀冲洗液位计，罐低点排放干净，待液位达到70%，开反应进料泵，通过开工循环线向稳定塔装水，同时冲洗液位计，塔低点排放干净，装水至塔底液位50%。其次，在稳定塔顶空冷器前注新鲜水，水靠自压力进入稳定塔回流罐内，打开液位计引液阀和排放阀冲洗液位计，罐低点排放干净，待液位达到50%，开稳定塔回流泵，由顶回流控制阀向稳定塔装水。

2) 塔底循环过程：向稳定塔里装水，打开塔底排空，干净后关闭，塔底液位达到30%时，打开稳定塔回流罐开工充氮气线，将稳定系统充压至0.7MPa，维持稳定。

3) 原料及稳定系统循环过程：稳定塔底液位50%，打开开工循环线至原料缓冲罐手阀，向原料缓冲罐装水，同时冲洗液位计，罐低点排放干净，待装水至液位70%，开反应进料泵通过开工循环线返回稳定塔，进行循环，待稳定塔回流罐液位达到50%，开泵稳定回流泵，由顶回流控制阀向稳定塔打水，控制较小流量。每0.5h打开各设备管线低点排空，采样线排污。反应进料泵和稳定回流泵，每4h切换一次。

(5) 水联运结束后的系统处理

1) 排放管线、容器、稳定塔中的存水。

2) 处理水联运过程中发现的问题。

3) 稳定系统氮气充压，准备下一步引油进行冷油联运。

4) 将装置内和装置外管线置换干净(氧含量<0.5%)。

5) 做好引油前准备工作。

8. 原料稳定系统油联运

(1) 冷油联运

稳定系统水联运结束后，处理完水联运过程中发现的问题后准备进行冷油运。

1) 准备工作：

① 可燃气报警仪和硫化氢分析仪投用正常。

② 稳定回流罐顶至原料缓冲罐冲压线联通好，通过稳定回流罐顶氮气冲压及排放控制阀来调整稳定系统压力，原料缓冲罐顶的控制系统来调整原料缓冲罐压力。

③ 原料流量计和产品流量计启用，并在投用前记录好原始读数，地下污油罐、放空罐现场液位正常，存水已退干净，地下污油泵备用。

④ 投用油运流程中各控制阀及仪表。

⑤ 准备工作确认表，根据工作确认表对所做工作进行消项。

2) 引油：

① 利用稳定塔回流罐顶冲氮线充氮进入稳定系统，将稳定系统的水顶出系统，压力在0.7MPa左右。通过产品返回线，将原料和稳定系统的水基本顶干净，系统保持微正压。

② 先引原料进原料缓冲罐，最初排至地下污油罐，地下污油罐现场液位专人负责，液位超过40%，开地下污油泵送至污油罐区。

③ 原料缓冲罐的油干净后，收至液位在60%，打开反应器进料泵的低流量控制阀，设

定控制器在可以接受的最低流量。开反应器进料泵，通过开工循环线向稳定塔装油，最初塔底油排至地下污油罐，油干净后，收至液位达到50%左右。当稳定塔的液位接近50%时，液位控制阀投自动并检查开工循环线至原料缓冲罐流程，整个循环建立后，可关闭原料进料线。

④ 反应器进料泵出口的流量控制阀投用，循环量控制在装置满负荷的50%左右。稳定塔液控阀投用，控制液位50%。

⑤ 继续检查漏点，发现问题及时处理，等待下一步热油运。

注意事项：油运时，原料缓冲罐要每1h切水一次，地下污油罐现场液位专人负责，及时外排。要监测放空罐现场液位，不得发生窜油、跑油。

（2）建立进料稳定系统热油循环

1）投用稳定塔顶部的冷凝器、底部的冷却器以及产品冷却器正常工作。

2）投用稳定系统再沸器，缓慢加热系统，防止存水空沸损坏塔盘，缓慢加热到正常操作温度，并调整压力接近正常。

3）通过增加原料量使稳定塔塔底维持50%的液位。

4）确保稳定塔顶部的液体产品管线至边界阀关闭。

5）在稳定塔塔顶回流罐建立液位，通过循环量来维持稳定系统底部的液位。

6）当稳定塔回流罐在50%~60%的液位时，打开回流控制阀。开启稳定塔顶回流泵，部分排出系统，稳定塔顶回流罐维持在50%的液位。

7）保持从反应进料泵向稳定塔的循环，并经开工管线返回到反应进料泵入口。

9. 进料、预硫化、吸附剂再生

（1）反应器进料和预硫化

1）在反应器进料之前，对开工汽油进行分析，确保原料合格。

2）停止闭锁料斗中吸附剂循环。

3）把循环氢气流速调到接近最大，确保反应系统压力处于接近或最小操作压力（循环氢气压缩机能够操作的压力），在汽油进料之后，这些调节能使反应器的放热为最小。引入足够补充氢来维持反应系统压力。

4）冷产物气液分离器出口压力控制器应投自动控制，将排放气排到燃料气管网。

5）确保加热炉出口温度处在最小或接近最小操作温度（316℃是理想温度），这有利于在汽油进料之后发生放热反应时保持反应器温度总低于设备设计温度。此外，确保加热炉出口温度不至于低于原料的露点温度（露点温度应在开工前计算）。

6）关闭从反应器进料泵出口到稳定塔的汽油开工线。

7）保持反应器进料泵工作和确保反应器开工进料流量控制阀接通并在设定的最小流量范围。确保汽油进料控制阀关闭，直到20%~25%正常设计进料量时才启用该控制阀。

8）打开汽油开工进料流量控制阀开始进料，以尽可能最小量进料，观察进料汽油流量计的读数以确定其开始进入容器，开始密切观察所有反应器温度指示。

9）监视加热炉出口温度和火嘴，燃料气压力控制平稳。

10）冷、热产物气液分离器的料位控制器以便把料位控制在50%时，打开热产物气液分离器和冷产物气液分离器上的稳定塔进料控制阀，当液位上升时，开始从两个分离器往稳定塔输送汽油。

11）用开工进料流量控制阀逐步的、缓慢的增加汽油进料量，每增加一次至少停顿一段时间，密切观察反应器的各点温度，直到反应器温度达到稳定，继续缓慢地增加汽油进料量，直到进料达到正常进料量的20%~25%左右。

12）如果反应器温度相对稳定，逐步打开汽油进料控制阀，同时关闭开工进料流量控制，逐步提高汽油进料量。

13）通过稳定塔液位控制，保持稳定塔液位与原料缓冲罐液位稳定，建立装置内大循环。

14）开始缓慢增到需要的汽油进料量，并保持炉出口温度在316℃左右。

15）逐步向原料中注入硫化剂，注意反应器床层温升，及时调整加热炉出口温度。

16）观察冷产品分离器和塔顶回流罐的界面显示，及时进行切水。

17）注硫结束后，逐步从外界引入催化汽油，根据催化汽油引入量，开启汽油出装置控制阀并关小稳定大循环控制阀，保持液位稳定。

18）催化汽油引入后要及时调整炉出口温度。

19）逐步将催化汽油提升至所需要的处理量，同时调整操作压力及反应温度。

（2）吸附剂再生

1）装置处理量达到要求后，开启闭锁料斗正常循环。

2）确保再生器的压力在正常操作压力，再生气流量正常，再生器的温度在316~343℃。

3）吸附剂再生后，通过调整再生器内取热盘管除氧水量及再生器内吸附剂藏量来保持再生器内温度稳定。

4）如再生接受器内温度超过规定值，应及时开启取热盘管。

5）吸附剂开始正常再生之后，关闭再生气电加热器。

6）再生器温度范围达到500~525℃后，把吸附剂循环速率增加到正常状态。

7）观察再生器的温度，当循环速率增大时要做相应调整。

8）调节空气流量使再生吸附剂的硫含量维持理想状态，逐渐减少进入再生器的再生气（空气），使得再生器出口气体的氧含量接近于零。

10. 正常调节

1）各岗位按巡回检查路线，认真检查流程、管线、单体设备、仪表运行是否正常。

2）按照装置操作条件进行调节，按生产要求提处理量，精心调整产品质量。

3）调整各机泵冷却水。

4）控制再生器和反应器料位稳定。

5）控制再生器温度稳定。

6）控制反应器温度稳定。

7）控制反应系统压力稳定。

8）控制各罐、塔液位。

9）装置内所有自控仪表投用自动，投不上及时联系仪表处理，并对PID参数进行调节，控制参数正常。

10）调节各参数，控制在工艺卡片控制指标内。

二、汽油吸附脱硫装置的停工

（一）正常停工

1. 停工准备工作及应达到的标准

1）联系生产调度，准备好产品、不合格产品和残存油的退油路线与油罐。准备好停工用的蒸汽和氮气。

2）如果在冬季停工，则要制定好防冻防凝措施，确保装置内外油品管线不凝。

3）根据停工要求，详细制定出具体的相应停工措施。

4）按停工施工项目要求制定出安全所需要的全部盲板的数目和规格，并按要求准备好所有盲板。编制出需要加、拆的盲板表。

5）停工后进行各项程序所需的备品材料均准备妥当。

6）消防器材准备齐全，并经安全员检查好用。

7）停工用的胶皮带等准备充足。

8）停工方案已经得到批准。

9）停工操作人员全部到位，各项工作准备就绪。

10）检查吸附剂储罐的空高，以备接收系统所需卸出的吸附剂。如果没有足够的空间来装吸附剂，则将储罐里的吸附剂转移到备用容器。

11）此时状态：停工准备工作完成，可以按要求进行全装置停工。

2. 停工原则

（1）安全原则

1）要服从命令听指挥，严格执行停工方案。

2）停工人员上岗必须按有关规定着装。

3）禁止踩、踏窨井盖和地沟翻板。

4）正确使用灭火器和消防蒸汽。

5）停工过程中不允许向环境排放有机气体。

6）严格按盲板工作票加、拆盲板，并严格实行签字登记制度。

7）在管架和平台作业操作时，要注意安全，执行各项安全保护规定，严禁从高空向下掉、扔东西。

8）停工要做到：不窜油、不跑油、不着火、不爆炸，设备不损坏，不发生安全事故。

（2）环保原则

装置停工过程中容易发生污染事故，所以在停工时应遵循以下原则：

1）停工过程中，不得随地排放油、水、瓦斯、污水等有毒有害含污染物的液体和气体。

2）停工过程要认真检查流程，做到不跑油、不跑气、不跑水、不窜气。

（3）清洁停工原则

装置停工过程中容易对周围的环境造成污染，影响清洁生产要求，因此在停工时应遵循以下原则：

1）停工过程扫线中，用节能、环保的介质进行吹扫，要注意密闭吹扫，扫净即关阀。

2）停工过程中，对于污染物的排放，要事先申请，现场排放要做好处理措施。合理利用资源，做好清洁停工。

（4）设备原则

1）停工过程严禁设备超温、超压，防止损坏设备。

2）转动设备要严格执行操作规程，在启动和停运转过程中，做到及时检查，及时发现问题，及时解决问题。

（5）工艺原则

1）人员要服从指挥，严格执行停工方案。

2）停工中要做到不跑油、不窜油、不超温、不超压、不着火、不爆炸、不损坏设备，不发生人身伤害事故。

3）停工流程检查要细致，要坚持执行“三级复查”的制度。

4）停工过程发现问题要及时向有关技术人员反映，要及时进行处理，保证停工过程的安全。

3. 停工步骤

（1）反应系统停进料

1）汽油停止进料：

① 当反应器出口温度降温低于380℃，将汽油产品送到不合格线。

② 开始缓慢降低汽油进料量，保持循环氢的正常流量。随着进入装置进料的减少，进入热分离器、冷分离器以及稳定塔的流量也相应降低。

③ 在降低原料进料以后，进料加热炉出口油温会上升，调整加热炉炉膛压力，缓慢关小瓦斯火嘴，保持出炉油气温度稳定。

④ 反应器进料泵出口流量达到其设计最低流量时，停泵，反应器停止进料。

⑤ 关闭至反应器的汽油进料流控阀。

⑥ 继续使循环氢按正常流量循环，保持反应器温度。

⑦ 继续吸附剂的循环再生。

⑧ 根据稳定塔液位相应调整产品出装置量。

2）反应器热氢气循环：

① 装置进料切断后，还原器底的还原气及反应器接受器底的流化介质气均应保证正常操作流量，同时要确保仪表反吹气流量正常，确保测量仪表不被吸附剂颗粒堵塞。

② 反应器停进料后，反应器床层温度由420℃逐步降温到320℃，降温速度不超过25℃/h。

③ 当反应器床层温度保持320℃恒定后，应该保持循环氢最大循环量，以带走油气。

④ 反应器接受器床层温度控制在300℃以上，避免带油。

3）停闭锁料斗循环：反应器进料停止30min后，停止闭锁料斗循环。

4）再生器恒温：停闭锁料斗循环后，降低主风量，维持再生温度在300℃左右，当反应系统卸剂至再生器内时能及时燃烧，保证吸附剂活性。用电加热器加热保持再生器床层温度恒温。

5）高分罐维持液位：反应器停进料后，热产物气液分离罐液位保持50%，根据反应进料的减少逐步关闭调节阀。冷产物气液分离罐液位保持50%，根据反应进料的减少逐步关闭调节阀。

6）稳定塔的处理：

① 进装置1.0MPa蒸汽停，塔底停止加热。

② 稳定塔停进料后，塔底液位全部排空。

③ 保持塔顶压力为0.70MPa，必要时开氮气充压。

④ 当稳定塔回流罐液位空时，停稳定塔回流泵。

(2) 系统卸吸附剂

1) 系统卸剂的条件：

① 反应-再生系统的所有吸附剂都要通过再生器接收器卸出，反应系统吸附剂先通过闭锁料斗输送到再生器，最后通过再生器接收器卸出。

② 反应系统已经停止进料，循环氢继续循环。

③ 从反应器进入到再生器的吸附剂继续进行再生，控制再生后吸附剂上含硫量6%~8%之间。

④ 再生器接收器降温到420℃以下(吸附剂储罐设计温度为430℃)。

2) 系统卸吸附剂：

① 开始卸出吸附剂至吸附剂储罐之前，确保再生器接受器中的吸附剂温度低于吸附剂储罐的最高允许温度。

② 将闭锁料斗置于"停工卸剂"模式。这样，吸附剂将只从反应器卸出，不会从再生器经过闭锁料斗回到反应器。

③ 将反应器接受器中的吸附剂转至闭锁料斗，直至反应器接受器通过正常溢流无法收到吸附剂。

④ 使用反应器的底部到闭锁料斗的卸剂线，将吸附剂由反应器底部卸至闭锁料斗。用热循环氢作为提升吸附剂管的提升气，继续将反应器底部余下的吸附剂卸至闭锁料斗，直到反应器清空。使用还原器底部的卸剂线，将还原器中的吸附剂卸至闭锁料斗，直至还原器清空。但在实际操作过程中，汽油吸附脱硫装置停工卸剂多数并不顺畅，特别是卸剂中后期，这也使得反应卸剂成为装置停工的一个非常关键的节点。在停工卸剂不畅时，建议考虑某汽油吸附脱硫装置自主开发的汽油吸附脱硫卸剂"半自动手枪"操作法进行卸剂，具体详见后文。

⑤ 当待生吸附剂从再生器进料罐进入再生器时，待生吸附剂会发生燃烧，应该及时控制再生温度不要过高，避免吸附剂进入再生器接收器后温度过高。再从再生器接受器向吸附剂储罐转移吸附剂。

⑥ 通过此单路流程逐步将系统内的吸附剂转移至吸附剂储罐，直至系统内吸附剂转空。

⑦ 在停车过程操作中，要保持再生器内取热盘管供水正常，并保持再生器接受器的冷却盘管中的蒸汽流通。

⑧ 卸剂完成后，关闭闭锁料斗。吸附剂输送管线吹扫一段时间后，先关闭吸附剂管线阀门后再关闭提升气体管线阀门。

3) 汽油吸附脱硫卸剂"半自动手枪"操作法：

① 闭锁料斗在停工卸剂模式下运行至步序1.2步(闭锁料斗从反应器接受器装料，参见第六章第三节)，停闭锁料斗。

② 闭锁料斗改手动控制，依次按下列步骤开关阀门：开XV-2419、关XV-2423、开XV-2421、开XV-2420。

③ PIC-2401A 投自动，设定压力 2.3MPa(此压力根据反应系统压力变化，比反应系统压力小 0.2~0.3MPa 即可)。

④ PIC2401B 手动开启(开度视情况而定，能充压即可)。

⑤ 待闭锁料斗压力达到 2.3MPa 时，关 XV-2415，开 XV-2413、开 XV-2414。

⑥ 待闭锁料斗装剂至 60%时，关 XV-2414、关 XV-2413、开 XV-2415、关 XV-2420、关 XV-2421、开 XV-2423、关 XV-2419。

⑦ 完成上述操作后，闭锁料斗切至自动，复位后模式继续运行，以完成 1 斗卸剂。

⑧ 重复步骤①~⑦，直至清空反应系统。按此操作法，以某 1.2Mt/a 汽油吸附脱硫装置为例，整个卸剂过程控制在 8h 之内完成。

4) 反应器系统降温：

① 吸附剂转剂结束后，继续维持热氢循环 4h 以上，确保冷、热产物气液分离罐液位不发生上涨，然后降低进料加热炉出口温度，降温速率≤38℃/h,。缓慢关闭瓦斯阀，以保持瓦斯阀前压力。

② 当最后一个火嘴关闭时，关闭所有的长明灯阀。

③ 使循环氢气继续循环直至反应器出口温度降到 80℃以下。

需要指出，此时反应器冷却至 80℃以下，循环氢压缩机继续循环。

5) 反应系统氢气卸压及氮气置换：

① 反应器出口温度下降达到规定值后，停循环氢压缩机、反吹氢压缩机和新氢压缩机。关闭进装置氢气总阀门。

② 控制热产物气液分离器的汽油去稳定塔的流量，控制液位不低于 40%。控制冷产物气液分离器中的汽油去稳定系统，控制液位不低于 40%。排净冷产物气液分离器底部的水。

③ 反应器系统及反吹系统开始卸压。当压力降低到 1.0MPa 时停止卸压，将冷、热产物气液分离器内的汽油全部排往稳定塔。冷、热产物气液分离器内的汽油排空后，再吹扫一段时间，带走管道内的残油，然后关闭冷、热产物气液分离器去稳定系统控制阀及上下游手阀。

④ 通过冷产物气液分离器将反应系统压力放空到瓦斯总管，当系统压力与瓦斯管网压力一致时，关闭到瓦斯管网手阀。通过冷产物气液分离器将反应系统压力继续放空到火炬线，缓慢卸压，压力达到 50kPa 时，关闭放空。

⑤ 在循环氢压缩机出口用氮气对系统充压至 0.5MPa。通过冷产物气液分离器排放至火炬，对系统卸压到 50kPa，然后关闭放空。由于放空气体中氮气含量较高，放空过程要缓慢，避免影响火炬系统。

⑥ 多次加压、减压进行氮气置换，直至反应系统和反吹系统中的烃及氢含量低于 0.5%。置换结束后，关闭氮气及放空，系统压力保持。对于火炬系统的气体返回瓦斯管网的应通知调度，注意对瓦斯系统的影响。

⑦ 置换过程中，要注意对整个反应系统(包括反吹气系统)一些管线死角进行置换。

6) 反应器、还原器、反应接收器要达到的条件：

① 将反应器、还原器和反应接受器卸压至常压。

② 确保反应器、还原器和反应接受器充分冷却，并达到人可以进入作业的工作条件。

③ 进入容器前，要严格确认关闭料位指示器的放射源，并对关闭的放射源做好禁动标志，防止在进人过程中，有人误动放射源开关。

④ 进入容器前，必须进行氧含量和有毒有害气体分析，并严格执行进入设备作业相关规定。

7）反应器反吹系统要达到的条件：

① 将反应器反吹系统卸压至常压。

② 确保所有工艺及公用管线与反应器反吹系统隔离断开。

8）热产物气液分离器和冷产物气液分离器要达到的条件：

① 确保热产物气液分离器和冷产物气液分离器已经完全排液。

② 将热产物气液分离器和冷产物气液分离器卸压至大气压。

③ 确保所有工艺及公用管线与分离器隔离断开。

9）稳定系统要达到的条件：

① 关闭去稳定塔再沸器的蒸汽。

② 关闭稳定塔顶部空冷器和底部空冷器。

③ 关闭稳定塔产品冷却器的冷却水。

④ 将稳定塔底部的汽油排净，可以用氮气向后路压油。

⑤ 将稳定塔底产品空冷前的手阀关闭，将产品线截断，将空冷后部至产品流量计间的存油排净。

10）闭锁料斗要达到的条件：

① 用氮气吹扫闭锁料斗。

② 将闭锁料斗压力降至常压。

③ 关闭反应器接收器、再生器接收器、再生器进料器、还原器与闭锁料斗连接的四个器壁阀，同时确保所有与闭锁料斗连接的工艺管线及公用工程管线与闭锁料斗隔离。

④ 严格隔离料位指示器的放射源，现场将料位计和料位开关关闭，并对关闭的放射源做好禁动标志，防止在进人过程中，有人误动放射源开关。

11）再生器冷却系统要达到的条件：

① 停用热水循环泵及每个冷却盘管的入口阀，并使每个冷却盘管的出口阀处于打开状态。

② 关闭从冷凝水罐到每个再生接受器冷却盘管的蒸汽手阀。

③ 以不超过38℃/h 的速率降低再生器的温度至常温。

④ 切断再生器电加热器的电源，停用电加热器。

12）停用进再生器的非净化风：

① 关闭去再生器的非净化风。

② 将再生系统压力通过放空卸压至常压。

13）再生器进料罐、再生器、再生接受器要达到的条件：

① 确保所有的工艺管线及公用工程管线与再生器进料罐，再生器和再生接受器（包括冷却盘管）隔离。

② 将再生器进料罐、再生器和再生接收器的压力降至常压。

③ 严格隔离料位指示器的放射源，现场将料位计和料位开关关闭，并对关闭的放射源做好禁动标志，防止在进人过程中，有人误动放射源开关。

14）停车后的扫线及应达到的标准：管线吹扫的目的是把装置内的烃类、可燃、易爆气体、有毒气体、可燃氧化物、硫化物等清除出去，保证装置动火施工、清扫检查的安全。

扫线时的要求与注意事项：

① 根据具体情况，在装置技术管理人员和班长的统一指挥下，统筹安排各方面工作，保证按时按质地完成吹扫质量。

② 管线吹扫中，要求先副线后正线，最后同时吹扫。管线有支路时(如炉管)，要求先并联，再分支，再并联，直到吹扫干净。需要注意的是，吹扫介质不能通过流量计。

③ 系统吹扫时与之连通的污油线、排凝线、火炬线、放空线、连通线、液位计等均要吹扫干净。

④ 吹扫时为防止互窜，不要把污油等吹扫到已完成吹扫的系统中。如果必须吹扫到已完成吹扫的系统，那么扫完后应对该区域重新吹扫。

⑤ 吹扫时不能使蒸汽窜入反应-再生、吸附剂储存和火炬系统。吹扫前将要进蒸汽的系统与以上系统加盲板隔离。

⑥ 加强吹扫登记，不要漏线，不能留有死角。系统吹扫时应联系仪表管理人员同步处理有关的仪表引线。

⑦ 加强检查分析，保证吹扫质量。同时排空口要有专人监视，以免伤人。

⑧ 蒸汽吹扫或煮塔时，低温玻璃液位计引线阀关闭，打开放空口。蒸汽吹扫冷换设备时，另一程必须有排空点，防止憋压。空冷器吹扫时，要注意检查每组是否畅通，防止短路。

⑨ 热的存油向污油罐排放时，要用蒸汽掩护，污油罐加强脱水、排油。

⑩ 已经吹扫干净的管线，要联系装置安全员加好界区盲板。管线吹扫完毕，应切断与其他系统的连接，打开低点排凝，防止造成负压及积水。

⑪ 管线吹扫完毕后要有吹扫人员签字。交接班记录要清楚、详细。

4. 停车后的处理应达到的标准

1) 所有工艺管线和各设备中的物料必须退完并吹扫干净，不能存在任何死区或盲区。

2) 所有施工和停工需要加的盲板已经按要求加完，由工艺和安全检查确认合格。

3) 需要进入的设备已经按安全要求与系统隔离，已经按安全和设备方面的要求打开人孔。

4) 所有污水井已经按要求封闭。

5) 所有机泵、空冷、压缩机和电加热器已经停电。

6) 循环水、除氧水已经停供(如果在冬季停工，需要打开副线循环，以防止管线冻裂)。

7) 装置停车处理合格后，经装置仔细认真检查，确认符合要求。

8) 停工和施工期间做好吸附剂的保护工作，吸附剂罐用氮气保护，防止受潮。

9) 停工后所有的放射源料位计全部关闭，并进行检测是否有放射线泄漏，检测正常后挂禁动标志牌。必要时，将放射源拆走密闭存放。

(二) 紧急停工

1. 紧急停工原则

1) 装置发生重大事故，经努力处理而不能解决事故，也不能维持循环，或外装置发生重大事故，严重威胁本装置安全生产，应进行紧急停工。

2）遇到关键设备或管线严重漏油、漏氢气无法维持正常生产时，遇到不能切断火源的火灾、炉管破裂、重要机泵故障无法修复而备用设备又长时间启动不了时，可进行紧急停工。

3）长时间停电、停风、停水、ESD及DCS瘫痪，可紧急停工，但应尽量按正常停工步骤进行。

4）临氢系统压力超过设计值，但原因不明。

5）有高压窜低压现象，但原因不明。

2. 紧急停工步骤

1）停反应进料泵并且关闭泵出口手阀及控制阀。

2）停闭锁料斗。

3）停加热炉，关闭加热炉所有瓦斯阀。

4）当反应器床层温度超过455℃，使用冷产物气液分离器顶紧急放空阀，通过放火炬将反应系统泄压到直至反应器床层温度恢复到正常值。

5）停循环氢、新氢、反吹氢压缩机，关闭新氢压缩机回流阀。

6）打开通往反应器的流化氢气阀门以及前后手阀。

7）关闭去反应接受器的流化气阀门和还原器的还原气阀门。

8）关闭热产物气液分离器至稳定装置的进料控制阀及下游手阀。

9）关闭冷产物气液分离器至稳定装置的进料控制阀及下游手阀。

10）关闭进稳定塔再沸器的蒸汽阀。

11）闭锁料斗的控制处在事故状态下的安全位置。

12）关闭进再生器的非净化风阀。

13）打开流化氮气去再生器入口阀以及前后手阀，保持再生器内流化。

14）当烟气中氧气含量大于规定值，联系硫黄装置或相应的接收装置，确认已将再生烟气切换到烟囱。

15）关闭再生进料罐底部滑阀和再生器底部滑阀。

第二节　汽油吸附脱硫装置操作方法

装置正常生产中，反应系统、再生系统、进料稳定系统、吸附剂使用及设备电仪维护，在操作中各装置间存在一定的差异，为提高装置运行平稳率，实现“安、稳、常、满、优”运行，需要统一操作方法。

一、装置正常生产

1. 反应系统

（1）反应系统关键控制参数

影响脱硫效果及辛烷值损失的反应系统关键参数包括反应温度、反应压力、质量空速、反应器藏量、循环氢量、氢油比(氢分压)、闭锁料斗循环量(装填料位)、反应温升、吸附剂载硫量。各参数在不同的控制范围对精制汽油硫含量、精制汽油辛烷值损失有不同的影响。

反应器接收器的主要作用是汽提从反应器溢流来的吸附剂表面的汽油，主要影响汽提效果的因素是反应器接收器汽提氢气量。

反应器过滤器差压的高低直接关系到装置长周期运行，影响反应器过滤器差压的主要因素有反吹氢气压力、反吹氢气温度及反吹控制系统参数的控制。

(2) 脱硫反应的操作控制

1) 脱硫负荷：脱硫负荷按装置进料(FIC-1101)×原料硫含量(以Lims数据为准)计算，以当前处理量178t/h为例，原料硫含量与脱硫负荷对应关系见表9-2-1。

表9-2-1 原料硫含量与脱硫负荷对应关系

处理量/(t/h)	原料硫含量/(mg/kg)	脱硫负荷/(kg/h)
178	200	35.6
178	250	44.5
178	300	53.4
178	350	62.3

装置脱硫负荷的高低直接影响反应的脱硫深度，从而影响反应系统各个参数的控制值。因此要掌握两个平衡的概念：“大”平衡为脱硫负荷的平衡，即单位时间内进入系统的硫与再生系统配风的平衡，需严格执行；“小”平衡为吸附剂循环量及时间的微调平衡，如闭锁料斗核料位仪低报故障导致步序9.0跳过卸剂，反应温升下降，此时正确做法是减少步序1.2收剂料位，增加步序6.2收剂料位(视温升情况可手动多转一次)维持吸附剂的平衡，而不是增加再生风量破坏“大”平衡。同理，由于原料分析滞后，若在操作过程中发现反应温升下降，而吸附剂循环正常，反应再生系统藏量正常时，可适当考虑增减再生风量，但此时需计算增减再生风的量，待原料分析成绩出来后，在执行“大”平衡配风的基础上，适当的进行增补再生风的操作。

2) 反应温度：通常情况下，当超过操作温度(399~438℃)时，烯烃加氢反应转化率及产品辛烷值会随温度的升高而降低。反应器内温度升高，烯烃加氢反应转化率降低，因此温升的幅度随温度升高而减小。需要指出，温度升高导致气体产量增加，温度超过426℃时更显著。当气体量大幅度超过设计值时，将会影响到稳定塔的操作。根据脱硫负荷，对反应温度的控制指标进行了规定，见表9-2-2。

表9-2-2 脱硫负荷与反应温度对应关系

脱硫负荷/(kg/h)	反应温度TI2103/℃	脱硫负荷/(kg/h)	反应温度TI2103/℃
20~30	420~424	40~50	424~428
30~40	422~426	50及以上	426~432

注：吸附剂循环过程中，反应温度会随再生剂进入反应系统而出现周期性上下波动，故规定反应温度上下限范围进行控制。表中数据对不同原料、不同脱硫率的工况差异较大。

3) 反应压力：在保持氢油比不变时，增加反应器压力将使氢气分压增加，从而使烯烃加氢反应的速率增加。反之，降低压力使烯烃加氢反应速率降低。同时，反应压力根据装置处理量进行动态调整，某装置的具体控制指标见表9-2-3。

表 9-2-3　处理量与反应压力对应关系

处理量/(t/h)	反应压力控制/MPa	处理量/(t/h)	反应压力控制/MPa
120	2.1	160	2.5
130	2.2	165	2.55
140	2.3	170	2.6
150	2.4	175	2.65
155	2.45	180	2.75

4）反应温升：装置原料性质一般情况下较为稳定，以硫含量250mg/kg、烯烃含量25%(体)为基准，反应总温升控制14~18℃(烯烃含量越高温升相对越大，烯烃含量越低，温升越低)，原料硫含量每上升50mg/kg，反应温升提高2℃。

5）循环氢量：根据反应器中部温度(TI-2103)与反应器顶部温度(TI-2104)之差控制循环氢量。若温差为负值，循环氢量适当降低；温差为正值，循环氢量适当提高。

6）氢油比(氢分压)：氢油比(氢分压)增加使反应速率增加。在反应器总压力不变的情况下，通过增加组分中氢气的浓度或比例，可使反应速率增加，同时增加氢耗。与反应器的压力变化相同，氢分压增加使辛烷值降低。反之，降低氢气分压会降低脱硫率及减少辛烷值的损失。综合考虑反应器脱硫效果及辛烷值损失，控制反应氢油比在0.19~0.24之间。

7）反应藏量：由于吸附剂循环，反应系统藏量需满足脱硫需要的同时满足D-105反应器接收器横管能够实现溢流操作，具体藏量数同床层密度关联。

8）吸附剂循环量及闭锁料斗填充料位：吸附剂循环量过大，易导致反应系统水分压高，从而造成硅酸锌生成速率加快，因此操作中严格控制吸附剂最大循环量不大于设计负荷的1.3倍。同时为保护ME-102闭锁料斗过滤器的长周期运行，闭锁料斗填充料位≯90%为宜。

(3) 还原反应

1）还原反应温度：还原反应是吸热反应，由吸附剂和循环气体的温度为反应提供热量。如果温度太低(低于371℃)会导致反应不完全，进入反应器的吸附剂活性降低，反应器内吸附剂的脱硫效率降低。但是，还原反应会生成工艺水，使还原器(D-102)内水分压过高，特别是系统内有过氧硫酸锌时，促进硅酸锌的生成，吸附剂易失活。反应器内的操作温度可以满足吸附剂的还原反应要求，只是相对氢分压较低，还原反应速率低。结合装置吸附剂循环是间歇进行的特点及生产实际经验，还原器温度控制在260℃以下，将还原反应尽可能转移至反应器中发生，有利于减少吸附剂失活。

2）还原器内的停留时间：通过调节还原氢气流量来改变还原器内氢气线速，控制吸附剂在还原器内的停留时间。正常还原器氢气流量控制在(1000±100)Nm³/h。

(4) 反应器接收器(D-105)

反应器接收器(D-105)的作用是为待生吸附剂去闭锁料斗提供缓冲容器。没有料位控制，吸附剂料位随闭锁料斗循环的填充步骤波动。吸附剂从反应器淹流到被热氢气流化的反应器接收器中，吸附剂表面的汽油被热氢气汽提后，靠重力离开反应器接收器到闭锁料斗。

反应接收器没有温度控制，其温度受来自反应器的热吸附剂、用于流化和汽提的热氢气影响。正常操作时其温度为400~415℃，当反应器接收器温度过低，说明反应器接收器收料不畅。

反应接收器(D-105)没有压力控制，其压力即反应系统压力。但是反应器接收器(D-105)压力过低或者压力下降速率过快，说明反应器接收器内物料已排空。正常操作时，反应器接收器底部压力减去反应器顶部压力。反应系统参数控制范围见表9-2-4。

表9-2-4　反应系统参数控制范围

参　数	参数控制范围	参　数	参数控制范围
反应器线速/(m/s)	0.30~0.37	循环氢流量/(Nm^3/h)	9000~10500
反应氢油比	0.19~0.24	吸附剂循环量	≯设计值1.3倍
反应温度/℃	420~435	还原氢氢气流量/(Nm^3/h)	1000±100
反应总温升/℃	16~20脱硫负荷及烯烃含量有关	还原器温度/℃	240~280
反应压力/MPa	2.20~2.75	反应器接收器流化氢气流量/(Nm^3/h)	900±100

(5)反应器过滤器(ME-101)

当气相介质通过过滤器时，气相夹带的吸附剂颗粒会聚集在过滤器滤芯表面，形成滤饼。随着滤饼层厚度的逐渐增加，气相通过过滤器的压降也逐渐增加，当压降达到一个预先设定的压力降(称为启动差压，首次的启动差压由厂家通过试验方法确定)时，必须立刻启动快速反吹。如果启动反吹过慢，可能形成过量的滤饼，导致反吹脉冲无效，引起滤芯永久性堵塞，此时只能停工，拆下滤芯离线清洗。

在反吹开始以后，反吹气会除去大部分滤饼，只在滤芯上留下薄薄的一层，称为“永久性滤饼”，反吹结束后的系统压差称为“回复差压”。永久性滤饼需要经过若干个反吹周期才能形成，在这个预操作阶段，必须在回复压差不断增大的过程中，逐渐提高启动差压，且启动差压和回复差压之间必须有足够的差值，以便形成有效的滤饼(差值由厂家通过试验方法确定，如差值过小，将导致细小的颗粒渗过滤材的小孔，虽然回复差压不断增加，但没有形成永久滤饼)。在若干个周期之后，回复差压会稳定下来，不需要再调整启动差压。

影响吸附脱硫装置长周期运行的关键因素是反应器过滤器ME-101差压，而影响差压的主要因素包括反吹氢气压力、反吹氢气温度及反吹控制系统参数。

1)反吹氢气压力：正常反吹氢压力随反应压力的提高需适当提高，保证反吹氢压力是反应压力的2.0~2.2倍。

2)反吹氢气温度：反吹氢气温度的高低在一定程度上影响反吹效果，但需同时兼顾反吹阀设备使用要求，通常控制反吹氢气温度在240~260℃。

3)反吹控制系统参数：反吹控制参数主要有反吹脉冲时间、反吹周期、反吹前后压降等。反吹脉冲时间即反吹阀门开启反吹过滤器的时间；反吹周期即6组反吹阀门反吹完毕后至下一轮开始反吹的间隔时间；反吹前后压降为单个反吹阀门反吹前后过滤器差压的差值。ME-101反吹系统参数控制见表9-2-5。

表9-2-5　ME-101反吹系统参数控制

项　目	数　值	备　注
反吹温度/℃	240~260	
反吹脉冲时间/s	1.0~1.3	

续表

项 目	数 值	备 注
反吹周期/min	10~180	根据过滤器反吹前后压降进行调整
反吹压力/MPa	5.8	反应器压力的2.0~2.2倍
恢复差压/kPa	3~5	

为提高反应器过滤器反吹系统的反吹效果，对反吹系统操作参数调整原则如下：

① 随着反应器过滤器差压上升，反吹周期逐步缩短。提高反吹频率，抑制反应器过滤器差压上升速率。

② 随着反应器过滤器差压上升，反吹脉冲时间适当延长。目的在于增加单个阀门反吹时间，提高反吹效果。同时，要保证反应系统平稳：

③ 控制反应器处理量保持平稳，严禁短时间大幅调整。提降量过程中遵循先提压后提量，先降量后降压的原则。

④ 当新氢管网压力波动时，及时调节系统压控阀，维持系统压力平稳。

(6) 反应系统参数超出控制范围时汇报制度

在生产过程中会出现原料性质、负荷大幅变化、装置设备故障等情况时，反应系统的参数控制超出范围，需及时联系汇报相关技术人员，以便及时判断，正确应对，确保装置平稳生产。

2. 再生系统

(1) 再生系统操作

1) 再生系统吸附剂活性的影响因素：

① 氧浓度：当再生器出口气体氧浓度保持最低水平时，即为再生器最适宜的操作条件。要完成吸附剂氧化反应必须有足够的氧气，但过量的氧气会促使副反应发生，比如锌的硫氧化物的形成。空气也同时是流化介质。

② 温度：一般再生器温度的操作范围为480~532℃。当再生温度低于480℃时，将影响吸附剂再生速率，使吸附剂再生不完全。当再生温度超过532℃时，吸附剂再生速率高，再生吸附剂活性过高，不利于反应部分的温度控制；另外，操作温度过高会导致设备的变形或损坏。

③ 水蒸气分压：进入再生器空气中含有水分，同时氧气燃烧也会产生水蒸气，水分不会直接影响吸附剂的氧化反应，但再生器内过多的水蒸气会使吸附剂发生不可逆的化学反应而降低脱硫活性。目前用来降低水蒸气分压的方法是：在空气进入再生器前设置干燥器；强化待生吸附剂汽提、氮气置换，防止进入再生器的待生吸附剂带烃；加强再生器取热盘管检查，及时切除有泄漏情况的盘管。

2) 再生系统操作控制：

① 再生器温度控制：

控制范围：480~ 532℃。

控制方式：再生器底部温度控制由控制器TIC-2607实现。控制器TIC-2606本身为分程控制，其输出的0%~50%控制调节阀TV-2607A、TV-2607B，TIC-1006输出信号的0%~50%对调节阀TV-2607A、TV-2607B的控制为反向控制，即：TIC-1006输出信号的

0%~50%对应 TV-2607A 的开度为 100%~0%，对应 TV-2607B 的开度为 0%~100%；控制器 TIC-2607 输出信号的 50%~100%部分放大到 0%~100%，再与控制器 TIC-3111 进行低选控制，低选后的输出信号去控制电加热器 EH-102 的加热功率。

注意：当 TIC-2607 的输出大于 50%后，TV-2607A 的开度总保持在 0%，TV-2607B 的开度总保持在 100%；当 TIC-2607 的输出小于 50%后，电加热器负荷总是为 0，当 TIC-2607 的输出大于 50%后，才能与 TIC-3111 形成低选控制电加热器负荷。

再生操作正常调整见表 9-2-6，再生操作异常调整见表 9-2-7。

表 9-2-6　再生操作正常调整

影响因素	处理方法
再生空气量	根据再生器温度适当调整再生风量
再生空气温度	通过再生空气电加热器和再生空气换热器来调节再生空气温度
再生器料位	改变再生器料位，即改变了再生器取热盘管取热负荷
再生取热水量	增减取热水量，改变再生器取热盘管取热负荷

表 9-2-7　再生操作异常调整

异常现象	原因	处理方法
再生器温度高	待生吸附剂硫碳含量高	减少吸附剂的硫吸附，降低反应强度
		降低再生器入口温度
		降低再生空气流速，并应保持足够高的气体流速(以氮气补充)以保证良好的流态化
		降低再生进吸附剂量，减缓进料速度
		分析汽油进料的质量，确定进料中硫含量变化，如有需要降低
	吸附剂再生程度高于设计值	降低吸附剂的再生强度，减慢吸附剂循环速率
	再生气加热器设定值太高	相应降低再生器加热器的设定值
	再生通气量不足，热量积聚，带出不畅	精确检查再生介质流量表和氧分析仪。如果是气量不足，补充进气量(包括再生风、氮气)，同时注意控制烟气氧含量；如果是仪表问题，尽快处理
	再生器堆积密度一定的情况下，料位较低	控制吸附剂进料量及出料将再生器的料位控制在正常位置；同时适当开大取热盘管的进水量，取走多余热量
再生器温度低	再生气电加热器设定值偏低	通过提高电加热器设定值，提高再生器入口温度
	进气量偏低	提高送风量，改善再生气体含氧量
	进气量一定的情况下，料位过高，取热盘管淹没面积过大	通过控制再生进料罐和再生器滑阀开度，调节再生器的进料量，从而降低再生器料位，到达正常位置，同时适量关小取热盘管进水量

② 再生器料位控制：

a. 涉及回路：LIC-2601、PDIC-2607、HIC-2634；涉及阀门：HV-2634。

b. 操作说明：再生器的料位控制可以采用手操器 HIC-2634 直接控制，也可以采用串级回路 LIC-2601、PDIC-2607 控制。手动控制和串级控制的切换在阀门 HV-2634 上，点击阀门 HV-2634，仪表连线变色标识控制器的切换。

控制器 LIC-2601、PDIC-2607 组成串级控制回路，主控制器为 LIC-2601，副控制器为 PDIC-2607。

控制器 LIC-2601 的作用方向为：当再生器料位偏高，LIC-2601 输出增加，当再生器料位偏低，LIC-2601 输出减小；控制器 PDIC-2607 的作用方向为：当差压 PDI-2607 偏高，PDIC-2607 输出减小；当差压 PDI-2607 偏低，PDIC-2607 输出增加。

③ 再生器底部温度控制：

a. 涉及回路：TIC-2607、TIC-3111；涉及阀门：TV-2607A、TV-2607B。

b. 操作说明：控制器 TIC-2607 本身为分程控制，其输出的 0%～50%控制调节阀 TV-2607A、TV-2607B，TIC-2607 输出信号的 0%～50%对调节阀 TV-2607A、TV-2607B 的控制为反向控制，即：TIC-2607 输出信号的 0%～50%对应 TV-2607A 的开度为 100%～0%，对应 TV-2607B 的开度为 0%～100%；控制器 TIC-2607 输出信号的 50%～100%部分放大到 0%～100%，再与控制器 TIC3111 进行低选控制，低选后的输出信号去控制电加热器 EH102 的加热功率。

注意：当 TIC-2607 的输出大于 50%后，TV-2607A 的开度总保持在 0%，TV-2607B 的开度总保持在 100%；当 TIC-2607 的输出小于 50%后，电加热器负荷总是为 0，当 TIC-2607 的输出大于 50%后，才能与 TIC-3111 形成低选控制电加热器负荷。

控制器 TIC-2607 作用方向为：当再生器底部温度 TI-2606 偏低，控制器 TIC-2607 输出增加，当再生器底部温度 TI-2606 偏高，控制器 TIC-2607 输出减小；控制器 TIC-3111 作用方向为：当电加热器 EH-102 出口空气温度 TI-1027 偏低，控制器 TIC-3111 输出增加，当电加热器 EH-102 出口空气温度 TI-1027 偏高，控制器 TIC-3111 输出减小。

④ 再生进料罐和再生器的差压控制：

a. 涉及回路：PDIC-2502、PI-2603、PI-2502；涉及阀门：PDV-2502A、PDV-2502B。

b. 操作说明：PDIC-2502＝PI-2502-PI-2603，PDIC-2502 必须保持一定的正压差才能确保吸附剂自再生进料罐循环到再生器内。控制器 PDIC-2502 和阀门 PDV-2502A、PDV-2502B 构成分程控制，控制器 PDIC-2502 输出的 0%～50%对应着阀门 PDV-2502A 开度的 100%～0%，控制器 PDIC-2502 输出的 50%～100%对应着阀门 PDV-2502B 开度的 0%～100%。

控制器 PDIC-2502 的作用方式为：当差压 PDI-2502 偏低，控制器 PDIC-2502 的输出减小，当差压 PDI-2502 偏高，控制器 PDIC-2502 的输出增加。

⑤ 再生进料罐和再生器的差压控制：

a. 涉及回路：PDIC-2702、PI-2603、PI-2702；涉及阀门 PDV-2702。

b. 操作说明：PDIC-2702＝PI-2603-PI-2702，PDIC-2702 必须保持一定的正压差才能确保吸附剂自再生器循环到再生进料罐内。控制器 PDIC-2702 和阀门 PDV-2702 组成单回路控制。

控制器 PDIC-2702 作用方向为：当差压 PDI-2702 偏高，控制器 PDIC-2702 输出减小，当差压 PDI-2702 偏低，控制器 PDIC-2702 输出增加。

⑥ 再生取热冷凝水罐 D-123 压力控制：

涉及回路：PIC-3301；涉及阀门：PV-3301A、PV-3301B。

操作说明：控制器 PIC-3301 和调节阀 PV-3301A、PV-3301B 组成分程调节，其中控制器 PIC-3301 输出的 0%~50%对应 PV-3301A 开度的 100%~0%，控制器 PIC-3301 输出的 50%~100%对应 PV-3301A 开度的 0%~100%。

控制器 PIC-3301 的作用方向为：当 D-123 压力偏高，控制器 PIC-3301 的输出减小，当 D-123 压力偏低，控制器 PIC-3301 的输出增加。

⑦ 再生取热冷凝水罐 D-123 液位控制：

a. 涉及回路：LIC-3301；涉及阀门：LV-3301A、LV-3301B。

b. 操作说明：控制器 LIC-3301 可以选择调节阀 LV-3301A 或 LV-3301B 进行控制，通过点击操作画面中选择按钮，按钮中出现"选择 LV-3301A"或"选择 LV-3301B"，控制器 LIC-3301 与选中的阀门构成单回路液位控制，未被选中的阀门关闭。

控制器 LIC-3301 的作用方向为：当再生取热冷凝水罐液位偏高，LIC-3301 的输出减小，当再生取热冷凝水罐液位偏低，LIC-3301 的输出增加。

3）再生烟气过滤器 ME-103：

① 再生烟气过滤器 ME-103 工作界面说明：

a. 阀门操作说明：再生烟气过滤器 ME-103 包括 6 个反吹阀门，即 XV-2946A~F，以及一个联锁控制阀门 XV-2952，上述 7 个阀门均具有手动和自动两种模式。点击阀体在弹出的细目画面中选择 PROGRAM 时，阀门即为自动模式，在自动模式下，阀门不能进行开启或关闭等人为操作，阀门的开启和关闭只能由程序控制；当选择 OPERATOR 时，阀门即为手动模式，在手动模式下，程序将不控制阀门的开关，阀门的开关可以手动将其打开或关闭。当阀门处于手动模式下，控制程序执行到处于手动状态的阀门时，将跳过该阀，直接控制下一个阀门进行动作。因为 6 个反吹阀各自对应 1 个反吹区域，当反吹阀改手动后，此区域将不再进行自动吹扫，若该区域长时间得不到吹扫，则可能导致该区内滤芯间的滤饼架桥，最终导致滤芯受损，因此，严禁随意将反吹阀改为手动状态；若 XV-2952 长时间改手动后，吸附剂粉尘中携带的 SO_2 会大量积存于吸附剂细粉罐内，对吸附剂细粉罐正常的卸剂操作带来不便。

b. 现场操作柱 HK2960 状态指示：HK2960 的状态分为卸料和自动两种状态。在 DCS 画面中只显示其状态，不能对其进行控制。它的状态只能通过现场的操作来实现。在 HK2960 处于自动位置时，如果过滤器没有进行反吹，XV-2952 常开；如果过滤器启动正常反吹(非 CLEANOUT)，此时在开启 A 阀门前先关闭 XV-2952，当关闭 A 阀后，再重新打开 XV-2952，然后等待一个区间反吹间隔，再开启下一个分区反吹阀门。B、C、D、E、F 分区同 A。在 HK2960 拨到卸料位置时，XV-2952 要求一直关闭，此时过滤器立即停止一切正在进行的动作，关闭所有阀门，现场操作确认可以开启过滤器反吹时，点击画面自动运行按钮，重新启动过滤器反吹。这期间 XV-2952 不再与 HK2960 处于自动位置时随同反吹阀门 A~F 的动作而动作，XV-2952 会一直处于关闭状态，直到 HK2960 再次回到自动状态。

② ME-103 工作状态指示：该部分分为自动状态指示、手动停止指示、过滤器未能反吹报警指示，以及过滤器反吹过程中分区反吹与否的指示。

当过滤器在运行状态时，自动运行状态灯变绿；

当过滤器没有在运行状态时，手动停止灯变绿；

当过滤器满足反吹启动要求时，即过滤周期到或者压差达到设定的反吹压差，而过滤器此时却没有进行反吹工艺，该指示灯会变红；

当过滤器正在进行分区反吹时，分区反吹指示灯会按照A—B—C—D—E—F的顺序进行反吹，反吹过的区域会变绿，指示该区被反吹过。在一个反吹过程结束后，A~F区的状态指示灯都恢复为灰色。直到下次反吹进行同上所述的步骤。

③ ME-103参数控制面板：

a. 反吹等待时间：反吹等待时间为反吹启动的条件之一，该时间为上一个反吹结束开始到下次反吹启动的时间，即可理解为上次反吹F区结束到下次反吹A区开始的这段等待时间，可根据实际情况进行适当调整。

b. 区间反吹间隔：此时间为两个分区反吹之间的时间间隔。可根据实际情况进行适当调整。

c. 过滤系统压差：该值是反吹启动的一个启动条件，在过滤系统运行时，压差达到设定值，反吹程序立即启动。该压差的设定值需要根据过滤器建立滤饼的实际情况进行现场的调整。

d. 反吹气罐压力：该项显示当前的反吹气压力值，当反吹气压力低时，会影响反吹效果。

e. 反吹阀门开启时间：该值为反吹脉冲阀门开启的时间，即分区反吹时间。

④ ME-103系统报警指示：

a. 反吹气压力低PAL2901，当反吹气压力低于设定值时，报警灯变红。

b. 反吹气压力低低PALL-2901，当反吹气压力低于设定值时，报警灯变红，压力低低已经影响到过滤器的正常反吹，会造成滤芯反吹无效，时间过长滤芯会严重堵塞。要求操作人员立即排除低低报警原因。

c. 过滤器压差高PDAH-2903，当过滤器压差高与该值时，报警灯变红，指示当前压差偏高。

d. 过滤器压差高高PDAHH-2903，当实际压差高与高高报警值，报警灯变红，此时滤芯堵塞较严重，需要立即手动采取Cleanout进行反洗，如果反吹后仍然没有效果，需要检查当前工况，并将过滤器切出，进行检修。由于工艺联锁中过滤器压差联锁值分别为41kPa，因此在不修改联锁动作值的前提下，该报警不会发生，此值可作为修改工艺联锁报警值的参考上限。

e. 点击查看报警一览表按钮：点击该按钮可以弹出系统详细的报警表。

f. 阀门未能开关报警：是指反吹阀没有在设定时间内关闭或打开，整个开或关的行程时间为500ms，此时间在程序编写中进行了设定，在操作界面中无法进行更改，当开/关行程超限时，则报警信号灯闪烁提示，但不会中止反吹循环程序，一旦发现阀门开关报警，必须立刻进行处理，进行问题排查，查看是回讯问题还是阀体本身的机械故障，防止对应分区滤芯吹扫不到位，而致使滤芯受损。

⑤ ME-103操作模式选择按钮：

a. 系统运行按钮：点击按钮时弹出确认对话框，当选择OK时系统进入运行状态，按钮变绿。这时系统会自动检测是否满足反吹条件，进行相关的反吹工艺。

b. 系统停止按钮：点击按钮时弹出对话框，选择OK时，系统将停止一切阀门动作。如果停止时间超过设定的反吹时间或者压差高于设定值时，过滤器未能反吹，指示灯会变红，提示操作人员过滤停止时间过长，或者停止期间出现高压差。

c. 启动 Cleanout 按钮(快速反吹)：在系统运行状态下，如果没有对分区进行反吹时，此按钮可见，并可以点击进入快速反吹工艺，快速反吹工艺只进行一次循环；如果系统处于停止状态或者过滤器分区正在进行反吹时，该按钮被隐藏禁用。Cleanout 启动时，XV-2952 阀门一直处于关闭状态，反吹从 A 区进行到 F 区。

3. 进料稳定系统

(1) 原料与稳定系统操作

1) 操作调整原则：

① 根据分析出的原料硫含量以及烯烃含量的变化，指导调整进料量与反再系统吸附剂循环量的关系，以防止反应器温度飞温或者造成汽油辛烷值的较大损失。

② 严格监控原料带水量，防止带水原料进入反应部分，造成吸附剂的损失。

③ 控制好全段的热量平衡，提高加热炉效率，防止进料温度宽幅波动。

④ 反应进料量的连续稳定是反应系统平稳操作的重要保证，进料量的突升、突降都会导致反应器温度、压力的波动，甚至造成反应器的飞温现象，同时进料量波动也会影响反应油气的脱硫率、辛烷值以及蒸气压等物性指标。

⑤ 控制好原料缓冲罐界面，防止界面过高使反应进料带水威胁反应操作，界面过低会使排放污水带油，超过环保指标。

⑥ 当罐区来料较少，原料缓冲罐液位较低或异常情况下需降量操作时，通常为了保护原料进料泵，会采取开大泵出口返回线控制阀 FV-1005，以保证原料缓冲罐的液位相对稳定，同时调整反应进料阀门 FV-1101，以稳定反应进料流量。

⑦ 根据进料量、反应深度来调整操作，合理控制稳定塔底再沸器的操作温度，在保证精制汽油产品蒸气压、初馏点等指标的同时，减小损耗，以保障较高的汽油收率。

⑧ 有效控制进料、塔顶以及塔底的温度，有效控制稳定塔压力，有效控制稳定塔液位及塔顶回流罐液位，防止稳定塔操作发生淹塔、液泛、雾沫夹带等塔器操作异常现象。

⑨ 稳定塔液位的相对平稳，有利于对稳定塔的压力、温度的控制。液位太高容易使塔底热量上升受阻，塔内的传热效果差；且液位太高也容易造成物沫夹带、液泛等异常操作现象，造成塔盘上双向传质传热无法进行；同时，液位过高影响塔底物料在提馏段的汽化，也容易造成汽油产品的蒸气压参数不合格。

⑩ 发生事故时，要冷静分析，查出原因，果断处理，并做好与有关岗位的联系。

2) 原料系统操作调整：

① 原料缓冲罐压力控制：控制好原料油缓冲罐压力，防止压力过高跳安全阀或者损坏设备，压力过低使进料泵抽空或者反应进料量波动。原料油缓冲罐的压力控制是通过分程控制系统调节燃料气的补入和泄放量来实现的。原料缓冲罐的正常和异常操作方法见表 9-2-8 和表 9-2-9。

控制范围：0.38~0.42MPa。

控制目标：0.40MPa。

相关调节阀：PV-1001A、PV-1001B。

控制方式：调节阀 PV-1001A、PV-1001B 为分程控制 PIC-1101 输出值的 0%~50%对

应调节阀 PV-1001A 开度的 100%～0%，PIC-1001 输出值的 50%～100%对应调节阀 PV-1001B 开度的 0%～100%。当 PIC-1001 输出大于 50%时，PV-1001A 关闭，PV-1001B 在 0%～100%之间调整，当 PIC-1001 输出小于 50%时，PV-1001B 关闭，PV-1001A 在 100%～0%之间调整。

控制器 PIC-1001 的作用方向为：当原料缓冲罐压力偏低，控制器 PIC-1001 输出减小，当原料缓冲罐压力偏高，控制器 PIC-1001 输出增大。

表 9-2-8　原料缓冲罐正常调整

影响因素	处理方法	影响因素	处理方法
缓冲罐液位波动	保持缓冲罐液位稳定	控制阀故障	改控制阀副线控制、联系仪表人员处理

表 9-2-9　原料缓冲罐异常调整

异常现象	原因	处理方法
压力偏高	罐顶 PV1001B 阀故障	改控制阀副线控制、联系仪表人员处理
	液位快速升高	保持缓冲罐液位稳定
压力偏低	罐顶补氮气阀故障	改控制阀副线控制、联系仪表人员处理
	液位快速降低	保持缓冲罐液位稳定

② 原料缓冲罐液位控制：控制好原料油缓冲罐液位，防止液位过低造成反应进料泵抽空或者液位过高而冒罐。保持对原料缓冲罐液位的有效控制，应该经常与仪表部门联系校对液位计，防止假液位。

控制范围：30%～80%。

控制目标：50%。

相关调节阀：FV-1003、FV-1004。

控制方式：缓冲罐液位 LIC-1001 与 FIC-1003 或者 FIC-1004 串级控制。

缓冲罐液位正常调整见表 9-2-10，缓冲罐液位异常调整见表 9-2-11。

表 9-2-10　缓冲罐液位正常调整

影响因素	处理方法	影响因素	处理方法
来料量发生变化	维持来料量的稳定	进料控制阀故障	改控制阀副线控制、联系仪表人员处理

表 9-2-11　缓冲罐液位异常调整

异常现象	原因	处理方法
液位偏高	来料量大幅增加	联系上游装置，询问来料变化原因，稳定输送量
	P-101 输出量减少	调节泵出口流量控制阀 FV-1101，并适当调节泵出口返回副线流量控制阀 FV-1005，稳定流量
液位偏低	来料量大幅降低	联系上游装置，询问来料变化原因，稳定输送量
	ME-104 差压偏高	切换进料过滤器
	进料控制阀故障	改控制阀副线控制、联系仪表人员处理

③ 加热炉出口温度控制：加热炉出口温度是必须按工艺要求严格控制的工艺参数。炉出口温度的平稳程度，直接体现着炉子操作水平的高低。它是通过插在炉出口管线上的热电

偶和燃料气压控来监测控制的。

控制范围：405~410℃。

控制目标：408℃。

相关调节阀：PV-1603。

控制方式：加热炉出口物料温度调节器 TIC-1606 的输出与手操器 HIC-1602 的输出进行高选，高选之后的输出作为瓦斯压力控制器 PIC-1603 的设定值，即：TIC-1606 与 HIC-1602 为高选控制，高选之后再与 PIC-1603 形成串级控制，控制 PV-1603 的实际开度。实际上，HIC-1602 可以理解为 PV-1603 的低限锁定，也就是说，当 TIC-1606 温度偏高需要降低输出以关小调节阀 PV-1603 时，关到一定程度后，TIC-1606 的输出会低于 HIC-1602 的输出，此时 HIC-1602 起作用，使阀门 PV-1603 不再关小，避免 PV-1603 关得太小造成加热炉熄灭，从而导致安全问题。

控制器 TIC-1606 的作用方向为：当 TI-1606 温度偏低，TIC-1606 的输出增加；当 TI-1606 温度偏高，TIC-1606 的输出减小；控制器 PIC-1603 的作用方向为：当 PI-1603 压力偏低，PIC-1603 的输出增加；当 PI-1603 压力偏高，PIC-1603 的输出减小。

注意：只有在串级投用的条件下，HIC-1602 才会对调节阀 PV-1603 起到低限锁定的作用，如果不投用串级控制，PV-1603 只受控制器 PIC-1603 的控制。

表 9-2-12 和表 9-2-13 列出影响炉出口温度的主要因素及调节方法。

表 9-2-12　影响炉出口温度的主要因素及调节方法(供热)

供热方影响因素	调节方法	供热方影响因素	调节方法
瓦斯压力波动	将各炉瓦斯量稳定在原来的量上	喷嘴堵塞	清扫火嘴
瓦斯组分变化	根据炉膛温度的变化增加或减少瓦斯量	瓦斯带油	加大排凝，严重时可灭掉几个火嘴
炉膛负压变化	调节供风和烟道挡板稳定负压	仪表失灵	联系仪表校表
燃料燃烧不充分	增大供风量		

表 9-2-13　影响炉出口温度的主要因素及调节方法(取热)

取热方影响因素	调节方法	取热方影响因素	调节方法
进料量波动	稳定进料量，调节瓦斯量	进料带水	加强脱水，增加瓦斯量
进料组分变化	依据轻重情况调节瓦斯量		

3）稳定系统操作调整：稳定塔的操作要保证把反应产物中的轻烃及冷、热高分液相溶解轻组分从塔顶蒸出，稳定塔操作参数的调节要根据塔底油采样分析结果(是否含有轻组分)确定。正常的塔压不宜大幅改变，塔操作的稳定性由温度调整控制。可以控制塔底重沸器出口的温度，也可以控制塔顶气、塔顶冷凝器出口的温度、馏出液体和塔底液体的温度，这些温度与产品质量和蒸发程度直接相关。塔进料温度需合理控制，如果温度过高，进料会大量蒸发，并由于提馏段塔板各组分不合理的分离，使塔的分馏效率降低。当进料提供的热量或塔分馏程度不足时，应升高重沸器出口温度，因为塔底温度是精馏效果的决定因素。塔底温度的高低很大程度上表现了塔底液体中轻组分的浓度，如果塔底温度过高，必须在允许范围内加大塔顶回流量，或减少塔顶液体的排出量，或调整重沸器负荷。塔顶气温度是塔顶

产品中重组分浓度的主要指标，如果塔顶温度过高，必须加大回流量或减少塔顶液体排出量。

① 稳定塔压力控制：塔压对产品汽油的蒸气压有直接影响，随着塔压的升高，产品汽油的蒸气压也会升高，以致于产品不合格。为了避免混乱或事故，不要迅速变更 PIC-5001 的给定值，正常的塔压不宜大幅改变。压力的控制方法见表 9-2-14 和表 9-2-15。

控制范围：0.68～0.72MPa。

控制目标：0.70MPa。

相关参数：PIC-5001。

控制方式：塔顶压力的控制是通过塔顶回流罐去燃气管网的气体量来控制，塔顶压力控制为 0.70MPa 左右。对塔压进行调节时，必须首先找出引起压力波动的主要影响因素。当需要开塔顶排气阀来调节塔压时，应使调节阀缓慢开启，先开一定开度，保持一段时间，监视压力变化，然后再调节，直至正常。

表 9-2-14　稳定塔压力正常调整

影响因素	处理方法
进料量变化	控制好冷、热高分罐液位，稳定进料
进料温度波动	适度调节进料前各空冷、水冷及换热器
进料性质不稳	联系反应系统控制好生成油质量
顶温突然变化	当压力温度下降时可以减少回流量
回流(包括进料)带水	加强原料罐、高分罐、顶回流罐脱水
塔底温度波动	稳定塔底重沸器的操作
回流量和回流罐液位变化	调整塔底加热和塔顶压力，稳住回流量和回流罐位
控制仪表不好用	查明原因，联系仪表处理

表 9-2-15　稳定塔压力异常调整

异常现象	原因	处理方法
压力快速升高	空冷故障	检查空冷运行情况，开备机维持回流温度
	压力控制阀失灵	开副线维持塔压，联系仪表尽快修复
压力快速下降	回流控制阀失灵	控制阀改副线减小回流量，联系仪表尽快修复
	回流温度过低	可停空冷或者水冷，降低回流温度

② 稳定塔顶温度控制：稳定塔顶的温度是一个非常重要的参数。温度的高低直接影响着产品的质量和塔的稳定操作，塔顶温度高，产品偏重。其控制方法见表 9-2-16 和表 9-2-17。

控制范围：55～65℃。

控制目标：60℃。

相关参数：TI-5004。

控制方式：塔顶温度控制是通过调节塔顶回流量、进料热性质、塔底温度等因素来控制的。塔顶温度应该控制在 60℃左右。

表 9-2-16　稳定塔顶温度正常调整

影响因素	处理方法	影响因素	处理方法
进料量变化	控制好冷、热高分罐液位，稳定进料	回流温度波动	调节塔顶空冷和水冷保证塔顶气相冷后温度
进料温度波动	适度调节进料前各空冷、水冷及换热器	塔压变化	查明原因稳定塔压
进料性质不稳	联系反应系统控制好生成油质量	塔底温度波动	调整稳定塔底重沸器的进气量
回流量不稳	稳定回流量	进料带水	加强原料罐、高分罐、顶回流罐脱水

表 9-2-17　稳定塔顶温度异常调整

异常现象	原　因	处 理 方 法
塔顶温度快速下降	回流控制阀失灵	控制阀改副线减小回流量，联系仪表尽快修复
	回流温度过低	可停空冷或者水冷，降低回流温度
塔顶温度快速升高	压力控制阀失灵	开副线维持塔压，联系仪表尽快修复
	空冷故障	检查空冷运行情况，开备机维持回流温度

③ 稳定塔底温度控制：稳定塔底温度高，蒸发量大；温度过高容易造成雾沫夹带现象，但是塔底温度偏低时，轻组分蒸发不完全，产品组成轻，塔底泵容易气蚀，损坏设备。操作中应注意塔釜温度不能过低，避免过量的轻组分留在塔底而影响产品质量和塔的稳定操作；塔釜温度也不能过高，以免造成稳定塔顶气相负荷过大，产品液相收率降低且产品的初馏点偏高。其控制方法见表 9-2-18 和表 9-2-19。

控制范围：120~130℃。

控制目标：125℃。

相关参数：TIC-5001A、TIC-5001B、FIC-5001A、FIC-5001B。

控制方式：塔底温度控制是通过塔底温度控制器 TIC-5005A/B 与塔底重沸器加热蒸汽流量调节器 FIC-5001A/B 串级控制调节实现的。塔底重沸器返塔温度控制在 147℃左右。塔底温度决定塔的分离效果，操作中应注意塔釜温度不能过低，避免过量的轻组分留在塔底而影响产品质量和塔的稳定操作；塔釜温度也不能过高，以免造成稳定塔顶气相负荷过大，产品液相收率降低且产品的初馏点偏高。

其中，控制塔底温度的控制器 FIC-5001A/B、TIC-5005A/B 为串级控制，通过以塔底温度为依据控制塔底重沸器的蒸汽量，进而控制塔底温度。其中 TIC-500A/B 为主控制器，FIC-5001A/B 为副控制器，主控制器 TIC-5005A/B 的输出为副控制器 FIC-5001A/B 的设定值，副控制器 FIC-5001A/B 的输出控制阀门 FV5001A/B。当不投串级时，副控制器 FIC-5001A/B 和调节阀 FV-5001A/B 组成单回路流量控制。

表 9-2-18　稳定塔底温度正常调整

影响因素	处理方法
进料量变化	根据进料量变化情况，再调整稳定塔各部分负荷分配，保证各部分稳定
塔液位变化	调整稳定汽油出装置量或重沸器加热量，维持塔底液位
重沸器蒸汽流量、压力波动	控制蒸汽流量平稳，压力频繁波动，应联系调度平稳蒸汽压力

表 9-2-19 稳定塔底温度异常处理

异常现象	原因	处理方法
塔底温度快速升高	塔压快速升高	降低回流温度、检查压力控制阀运行情况
	蒸汽加热量太大	减少蒸汽加热量
塔底温度快速降低	塔压快速降低	提高回流温度
	蒸汽控制阀故障	现场切副线运行，同时联系仪表人员尽快处理

④ 稳定塔回流罐液位控制：稳定塔回流罐液位的相对平稳，有利于对稳定塔压力的控制。液位过高多为上游装置汽油蒸气压控制过高，影响装置汽油产率。其控制方法见表 9-2-20 和表 9-2-21。

控制范围：30%～80%。

控制目标：50%。

相关参数：FIC-5103、LIC-5101。

控制方式：通过液位调节器 LIC-5101 控制轻烃出装置及控制顶回流量来调节回流罐液位。控制器 LIC-5101 可以选择 FIC-5103、FIC-5104 中的一个，组成串级控制回路，主控制器为 LIC-5101，副控制器为 FIC-5103、FIC1204 中被选中的控制器，选择开关在 DCS 画面中，通过点击画面中的选择按钮，按钮中出现“选择 FIC-5103”或“选择 FIC-5104”，未被选中的控制器与相应的阀门组成单回路流量控制。

在操作中要保持回流罐液位的稳定，以便于控制好塔顶温度。通常液位控制在 40%～60%之间为好。液位不能超高或超低，以防止压力上升或回流泵抽空，影响系统正常操作。

表 9-2-20 稳定塔回流罐液位正常调整

影响因素	处理方法	影响因素	处理方法
塔顶温度变化较大	查明原因稳定塔顶温度	发生严重冒塔或冲塔事故	迅速查明原因紧急处理
塔底温度变化较大	查明原因稳定塔底温度	D-201 液控调节阀失灵	改副线控制，仪表处理
P-201 故障、抽空或停泵	查明原因迅速启动备泵		

表 9-2-21 稳定塔回流罐液位异常处理

异常现象	原因	处理方法
液位快速下降	回流控制阀故障全开	联系仪表尽快处理，现场走副线控制
	回流温度大幅升高	开空冷或者水冷降低回流温度
液位快速升高	回流泵故障	联系仪表人员处理
	塔顶回流温度大幅下降	停空冷或者关水冷，提高回流温度

4. 吸附剂使用

(1) 吸附剂的装卸

1) 装填吸附剂：装置新鲜吸附剂储罐向再生系统装剂的步骤如下：

① 外操打开新鲜吸附剂储罐顶冲压氮气手阀。

② 开平衡吸附剂储罐和新鲜吸附剂储罐底吸附剂输送氮气阀，稍开再生器器壁阀吹扫输送管线内残留吸附剂。

③ 待氮气流量上升后开大再生器器壁阀，调节输送氮气阀控制平衡吸附剂储罐输送氮

气量在 $75Nm^3/h$ 左右。

④ D-112 输送氮气适当开度，开 D-112 底部第二道阀至 2 格开度，开始输送吸附剂至再生器，输送正常一般 20min 后可添加 500kg 吸附剂。

2）卸吸附剂：停工过程中系统卸吸附剂的步骤如下：

① 反应系统：当反应器切断进料后，将闭锁料斗置于"只从反应接受器卸出吸附剂"模式。将闭锁料斗循环时间改至最小值（10min），节约卸剂时间。

反应器吸附剂卸剂流程如下：

D-102→R-101→D-105→D-106（卸剂模式）→D-107→FV-2501→R-102→FV-2601→D-110→卸剂线→D-113。

当从反应器接收器的正常溢流无法接剂时，切换流程从反应器底转剂线向反应器接收器提升反应器内剩余的吸附剂。

流程：输送氢气线自 EH-101→R-101 底部卸剂线→D-105→-D-106（卸剂模式）→D-107→FV-2501→R-102→FV-2601→D-110→卸剂线→D-113。

具体步骤：

a. 调节好 PIC-1301 与 PIC-1202 之间的差压，确保吸附剂卸剂过程中有足够的推动力。

b. 开卸剂线器壁阀门处松动氢气线，确认流程畅通。

c. 开卸剂线下部弯管处松动氢气线，确认流程畅通。

d. 开输送氢气流程截止阀门，打通输送氢气流程。控制输送氢气流量在（$100\sim150Nm^3/h$）。

e. 开卸剂线至反应器接收器器壁处球阀及前面球阀，开反应器底部卸剂流程上球阀，通过观察 ΔP=PI-2301-PI-2101 及输送氢气量 FI-2002 流量变化情况来判断反应器接收器收料情况。

f. 当反应器接收器收不到料，而反应器仍有藏量时，将底部转剂线改手动间断向闭锁料斗卸剂，至反应系统吸附剂卸完。

g. 还原器内残存吸附剂通过向闭锁料斗反向卸剂卸出。即调整闭锁料斗压力低于还原器压力，打开闭锁料斗 XV-2413、XV-2414 阀反向卸剂，直至闭锁料斗收不到吸附剂为止，反应系统卸剂结束。

② 再生系统：反应器卸剂后，视再生剂硫含量情况来决定再生器是否继续维持吸附剂的再生反应。

如再生吸附剂硫含量过低[S<6%（质）]，则停止吸附剂的再生。降低再生风量（控制 $50Nm^3/h$），并将再生器温度控制再生温度在 300℃恒温；若再生器温度难以维持，则控制氮气流量为 $200Nm^3/h$，同时开电加热器 EH-102 来维持再生器温度。

如再生吸附剂硫含量高[S>10%（质）]，卸剂期间仍应该注意控制再生温度在 360～450℃之间，继续进行烧硫反应。

再生系统卸剂流程：D-107→FV-2501→R-102→FV-2601→D-110→卸剂线→D-113。

维持现场流程不变，再生系统内的吸附剂最终转移至平衡吸附剂储罐，卸剂结束后关闭再生接收器至平衡吸附剂储罐卸剂流程。

再生进料罐、再生器和再生接收器卸剂结束的判断依据：

a. 再生进料罐料位 LI-2501 降至 0%且差压无法建立，则再生进料罐卸剂结束。

b. 再生器藏量显示为 0，且再生滑阀前后压差 PDI-2606 和压差 PDI-2607 维持较小的数值不变；同时再生接收器差压 PDI-2704 未呈上升趋势，则说明再生器卸剂结束。

c. 再生接收器顶底差压 PDI-2704 降低至接近于 0，且现场输送氮气转子流量计不波动，同时卸剂线至平衡吸附剂储罐器壁放空处无吸附剂放出，则说明再生接收器卸剂基本结束。

(2) 吸附剂的保护

1) 吸附剂品质监控：在日常生产过程中，监控吸附剂品质的主要参数有吸附剂的筛分和硅酸锌含量。其中，吸附剂筛分主要考察吸附剂的粒度分布，监控系统中吸附剂细粉含量。而吸附剂硅酸锌含量主要表征吸附剂的脱硫能力，吸附剂硅酸锌含量越高，代表吸附剂脱硫能力越低。

2) 吸附剂硅酸锌生成的原因：

① 系统外带水：系统中存在水是促进吸附剂生成硅酸锌的主要诱因。可以通过排查系统与水相连的管线、取热盘管及物料带水情况检查系统中是否带水，如表 9-2-22 所示。

表 9-2-22　物料带水情况检查

序号	可能带水的管线	可采取措施
1	1#催化汽油进装置蒸汽吹扫线	加盲板
2	罐区汽油进装置蒸汽吹扫线	加盲板
3	2#催化汽油进装置蒸汽吹扫线	加盲板
4	稳定顶气至催化界区吹扫蒸汽线	加盲板
5	精制汽油自低温热回界区吹扫蒸汽线	加盲板
6	ME-104 蒸汽吹扫线	加盲板
7	ME-104A/B 底部排污管线	断开一侧法兰
8	原料采样器冷却水线	断开一侧法兰
9	D-101 顶氮气充压线	加盲板
10	D-101 出口蒸汽、新鲜水吹扫线	加盲板
11	E-101 入口新鲜水吹扫线	加盲板
12	E-101 入口氮气吹扫线	加盲板
13	E-101 入口蒸汽吹扫线	加盲板
14	循环氢压缩机入口抽空器蒸汽线	加盲板
15	E-104 内漏	循环水侧导凝打开检查是否带气
16	E-106 内漏	循环水侧导凝打开检查是否带气
17	E-202 内漏	循环水侧导凝打开检查是否带气
18	E-204 内漏	循环水侧导凝打开检查是否带气
19	R-102 取热盘管	关闭取热水出入口阀，打开导凝放空检查是否带气
20	D-110 取热盘管	
21	E-105 内漏	导凝打开检查是否带气
22	E-111 内漏	导凝打开检查是否带气
23	E-203A 内漏	导凝打开检查是否带气
24	E-203B 内漏	导凝打开检查是否带气

续表

序号	可能带水的管线	可采取措施
25	C-201 底蒸汽吹扫线	加盲板
26	D-201 底新鲜水线	加盲板
27	D-201 底蒸汽吹扫线	加盲板
28	D-201 顶氮气充压线	加盲板
29	R-102 松动管线	导凝打开检查是否带水
30	R-102 反吹管线	导凝打开检查是否带水

物料含水的分析主要包括循环氢水含量、原料汽油水含量、再生空气干燥器后水含量及氮气进装置水含量，可通过专业仪器进行检测。

② 系统工艺水：

a. 再生系统过氧：再生系统短时间内配风过多时，会导致再生器氧含量超标，进而导致过氧硫酸锌的生成，生成的过氧硫酸锌在还原器内还原生成部分水，生成的水会促使硅酸锌的生成。

b. 循环氢量过大：循环氢气量过大后对反应的危害主要表现在：一是加剧烯烃饱和反应，造成辛烷值损失增加；二是循环氢带水偏多，则大量的循环氢会携带较多的水进入反应器，易于促进硅酸锌生成。

c. 吸附剂循环量过大：在保持较高脱硫负荷(脱硫负荷大于 50kg/h)的过程中，为保证产品质量合格，往往通过增加吸附剂循环量的办法，但过大的吸附剂循环量，会导致再生系统中的氧化镍大量进入反应系统，单位时间内被氢气还原生成的工艺水增加，促进硅酸锌的生成。

d. 吸附剂短时添加量过大：短时间内向系统中添加过多的新鲜吸附剂，新剂在储存运输途中所带结晶水，亦将导致系统水含量增多，促进硅酸锌的生成。

③ 防止吸附剂硅酸锌生成的措施：

a. 原料缓冲罐加强排水，防止原料汽油带水至反应系统。为了防止原料汽油带水进入反应系统，正常操作过程中，密切关注原料缓冲罐界面与现场玻璃板界面变化情况，严格控制原料缓冲罐界面≯10%。若原料带水导致原料缓冲罐界面明显变化时，及时联系调度、上游装置及技术人员，同时外操及时加强切水；若带水严重时，经领导同意后考虑切断原料进装置，稳定产品打循环来维持生产。

b. 加强现场反应与再生系统蒸汽与水线盲板管理。为了防止蒸汽管线或者水线阀门内漏窜入系统，将所有可能导致系统带水的相关管线加装盲板并挂盲板牌。

c. 规范操作，防止循环氢水含量升高。一是严格控制冷产物气液分离罐入口温度，控制 TI-1203≯40℃，同时注意冷产物气液分离罐切液；二是循环压缩机入口分液罐加强切液，严格控制循环压缩机入口分液罐液位≯20%。

d. 严格控制还原器温度。因还原器体积较小，导致内部水分压较大，控制还原器底部氢气为 1000Nm^3/h，减少吸附剂在还原器中的停留时间，将还原反应后移至反应器中进行，同时控制还原器温度 240~260℃，减少生成硅酸锌的可能。

e. 防止待生吸附剂带氢和烃。为排除反应器内的少量氢和烃通过闭锁料斗进入到再生器内，与再生器内氧气反应生成水，需采取以下两方面的措施：一是反应器接收器汽提气量控制在 1000Nm³/h，增加反应器接收器内吸附剂的汽提效果，尽量减少吸附剂上残存的油气，同时控制温度 400~420℃，强化汽提效果；二是闭锁料斗控制程序中 3.0 步吹烃时间控制在 300s 以上，同时吹扫氮气量控制 110~150 Nm³/h，增强吹烃效果。

f. 再生空气水含量监控。为防止再生空气水含量异常，加强再生空气干燥系统监控，要求控制再生空气露点温度≯-70℃。

g. 控制再生空气，防止过烧。根据进料硫含量及处理量计算脱硫负荷，通过脱硫负荷及时调节再生风量，保证吸附剂载硫载碳，在吸附剂表面形成“保护膜”。严格控制再生风量的调节速率，避免再生风大幅度超标；若反应温升下降，可适当提高再生风量，每次调整不超过 50Nm³/h；若温升仍持续下降，在装置技术人员的指导下，缓慢地继续提高再生风量。控制再生氧含量≯0.7%(体)，防止过氧，生成过氧硫酸锌。

h. 加强再生系统取热盘管监控。班组在日常操作过程中，再生取热水流量调整要缓慢，防止出现水击的情况。同时巡回检查中要加强监控，若发现异常要立即判断是否出现取热盘管内漏情况，若发现内漏要立即将其切出，防止大量的取热水进入再生器。

取热盘管检查办法：将取热盘管单根切出，在进口阀导凝处加装压力表，关闭进口阀，稍开出口阀，利用取热水罐中压力维持管内约 0.4MPa 压力，关闭出口阀，观察压力表压力变化，若 20min 后压力略有下降，约为 0.25MPa，此为正常管线散热损失(再生器压力 0.18MPa)；此时继续将管线内压力卸至 0.15MPa，10min 后压力下降至约 0.13MPa，可证明取热盘管不漏。同理检验其余取热盘管及再生器接收器取热盘管。

i. 严格控制吸附剂循环量。在保证产品质量合格的前提下，控制吸附剂的循环量在设计 1.3 倍以内，尽量减少吸附剂中氧化镍的还原量，减少系统内水的生成。

j. 加大尾氢外排量。进入夏季后，气温逐渐升高，冷产物气液分离罐入口温度由冬季时 20~25℃上升至 35~40℃，导致循环氢纯度降低，为保证足够的脱硫率，需加大尾氢的外排量，确保循环氢纯度>85%(体)，否则较低的循环氢纯度将导致反应脱硫效率下降，此时产品硫含量升高且易被误判为再生强度不足，提高再生风量将导致再生过氧，导致硅酸锌的生成。

k. 适当增加新鲜吸附剂补入量。因日常生产中工艺水及系统微量带水无法避免，以上各项措施仅能通过尽量减少系统中水的带入或生成，来降低吸附剂中硅酸锌的生成速率。吸附剂硅酸锌的生成属于不可逆的反应，且系统中已生成的硅酸锌会加速硅酸锌的生成，而降低系统中硅酸锌含量的方法只有通过添加新鲜吸附剂进行置换，因此，适当增加新鲜吸附剂补入量，可有效抑制硅酸锌含量的上升。

(3) 吸附剂的日常管理

1) 新鲜吸附剂添加频率为周二、周五，每次 0.5t。

2) 再生吸附剂载硫控制≮6%(质)，当再生吸附剂载硫<6%(质)后，停止补充新鲜吸附剂，同时进一步降低再生风量提高吸附剂载硫。

3) 定期检查再生器、再生器接收器取热盘管，每半月一次。

4) 巡回检查中加强原料缓冲罐切水，每日白班至少一次，遇原料罐界位上升时加强切水频率。

5) 吸附剂硅酸锌分析频次：每月 10 日、20 日、30 日采样，送催化剂公司分析。

6）正常生产操作中控制循环氢量≯9000Nm³/h，闭锁料斗填充料位≯80%，减少系统生成水。

7）生产操作中再生风量严格按照公式计算，再生风量控制超出公式计算值 50Nm³/h 时及时汇报。

8）正常生产工艺参数参考见表 9-2-23～表 9-2-25。

表 9-2-23　反应系统控制参数

项　目	控制值	项　目	控制值
反应温度 TI-2104/℃	420～435	循环氢量/(Nm³/h)	8500～9000
还原器温度 TI-2801/℃	250～280	反应器接收器温度 TI-2301/℃	≮410
反应压力 PIC-1202	根据处理量	R-101 藏量/t	23～25
反应器线速	0.30～0.37	PI-2301-PI-2101/kPa	50
还原氢 FIC-2801/(Nm³/h)	1000±100	汽提氢 FIC-2301/(Nm³/h)	900±100

表 9-2-24　再生系统控制参数

项　目	控制值	项　目	控制值
再生温度 TIC-2607/℃	500～530	再生压力 PIC-2601/MPa	0.10～0.15
再生线速/(m/s)	0.2～0.3	再生器藏量/t	3.5～4.5
烟气氧含量/%(体)	≯0.5	再生空气露点温度/℃	≯-70

表 9-2-25　稳定系统控制参数

项　目	控制值	项　目	控制值
稳定塔冷进料温度/℃	45～60	稳定塔回流温度/℃	尽可能降低
稳定塔底温度/℃	115～125	稳定塔压力/MPa	0.70～0.75

5. 设备电仪维护

(1) 往复式压缩机的日常维护与保养

良好的维护保养是使压缩机组安全运行、延长使用寿命并降低运行成本的基本保证。为此，机组的维护保养应按正确的操作规程进行。压缩机组的维护保养分为预防性维护、每班、每旬、半年、一年、三年维护保养。每次保养作业后应认真做好保养记录。

装置压缩机为两列一组，对称平衡式压缩机、汽缸为无油润滑双作用水冷式。

1）预防性维护保养：

① 在维护保养中，首先应做到清洁，无论是润滑油还是冷却水，都应保持其清洁。

② 应保证曲轴箱注油器内有足够的润滑油，并防止水或杂质进入润滑系统。

③ 冷却系统应充满冷却水，不允许有气阻或泄漏。

④ 机组启动前盘车，以预润滑活塞杆。

⑤ 对于刚启动的机组，启动后不要马上加载，应使其空载，待机组升温后再加载。

⑥ 在机组的运行过程中，应避免超载运行。

⑦ 对运转中发出的不正常响声和泄漏，应停机查找原因，排除后再启动运行。

2）每班维护保养：

① 检查并消除机组油、气、水泄漏现象，保持设备表面和环境的清洁。

② 监视检查润滑油油箱、注油器、曲轴箱油位、机油泵工作情况；机组各部位运转有无异响和振动。

③ 检查压缩机系统进排气压力、温度和油压是否正常。

④ 检查机组地脚螺栓和各连接部位紧固情况。

⑤ 检查并排除分离器积液。

⑥ 检查各控制仪表工作是否正常。

⑦ 检查电气设备工作是否正常。

⑧ 每周三白班负责将压缩机润滑油位补至上看窗两红线之间。

⑨ 每周四白班负责压缩机空腔切油(直接从导凝切，不打开去地下罐阀门)。

⑩ 每周五夜班压缩机盘车。

⑪ 每月1日、15日白班压缩机水箱换水。

3）每旬维护保养(250h)：

① 每班维护保养的全部内容。

② 检查联轴器连接情况。

4）每月维护保养(700h)：

① 每旬维护保养的全部内容。

② 检查润滑油储油箱油位，适当补充新油。

③ 检查润滑油滤清器压力降，允许压力降不大于0.042MPa，超过该值时应对滤清器滤芯进行清洗。

④ 给水泵轴承加注规定牌号的润滑油脂。

⑤ 检查清洗压缩机进、排气阀，更换损坏零件。

⑥ 检查十字头销、活塞杆锁紧螺母的松紧程度。

⑦ 检查清晰分离器滤芯及分离器排污装置。

5）半年维护保养(4000h)：

① 每月维护保养的全部内容。

② 检查所有安全保护装置和仪控、电控系统工作可靠性、灵敏度，并予以调校。

③ 检查调整压缩缸活塞死点间隙，使缸头端为曲轴端间隙(冷态)的两倍。

④ 更换曲轴箱内全部机油，清洗呼吸器。

⑤ 检查、调整联轴器的对中情况。

⑥ 清除压缩缸、活塞、活塞环以及排气口上的积灰，检查记录活塞环、气缸磨损情况及活塞环开口间隙及侧向间隙，必要时进行修理或更换。

6）一年维护保养(8000h)：

① 半年维护保养的全部内容。

② 清洗检查润滑装置、润滑系统管路及阀、泵等零部件，更换修理损坏件。

③ 检查主轴承盖螺栓、连杆螺栓锁紧情况。

④ 检查压缩缸活塞环及进排气阀钢垫和气阀弹簧，更换磨损及损坏件。

⑤ 消除散热器、冷却器内外污物，检查有无泄漏及堵塞现象，并予以清除。

⑥ 检查记录活塞杆磨损情况。

⑦ 检查活塞杆填料的磨损和密封情况，更换磨损件。

⑧ 检查记录十字头导承滑道间。

⑨ 检查更换水泵密封和其他易损件。

7）三年维护保养(24000h)

① 一年维护保养的全部内容。

② 检查主机各主要零部件，例如轴瓦、轴颈、连杆、连杆铜套、十字头、十字头销、十字头滑道、活塞及拉杆、气缸、余隙缸等磨损情况及其损坏情况，并按需要进行修理和更换。

③ 检查各管道系统、压力容器、阀件的腐蚀情况和损坏情况，并按压力容器安全管理规定对压力容器及管道进行内外部检验和水压试验。

8）长期封存机组的维护保养

① 放尽冷却系统的冷却水。

② 排尽曲轴箱内润滑油，排尽清洗箱内、十字头导承内等部位的油污，并在曲轴箱、十字头导承、连杆、十字头、活塞杆及填料等各部位均匀涂上优质防锈油油脂。

③ 清洗压缩缸及各气阀，并涂以防锈油。

④ 清晰压缩缸及活塞，并涂以清洁润滑油。

⑤ 在机组所有金属裸露外表面涂上防锈油油脂。

⑥ 采取必要的措施防止机组日晒雨淋及风沙或大气中的有害气体的侵蚀。防止零件和工具的丢失与损坏。

9）启封后的维护保养：

① 拆下曲轴箱顶盖，检查曲轴和曲轴箱是否清洁，并按定量加入规定牌号的润滑油。

② 在各轴承、十字头及中体和活塞杆上注上润滑油。

③ 清洗密封环，并上油。

④ 排除注油器内旧的润滑油。加入新油后，拆开每一根油管，手动注油器，检查润滑油是否能顺利到达每一注油点。

⑥ 检查各重要螺栓、螺母是否松动。

10）常见故障的原因及处理：

常见故障的原因及处理见表 9-2-26。

表 9-2-26　循环氢压缩机常见故障的原因及处理

序号	出现问题	原因	解决的办法
1	排气量不足	1. 气阀泄漏 2. 填料、活塞环泄漏 3. 管路泄漏	停机，联系钳工检查以下方面： 1）检查气阀弹簧阀片，如损坏及时更换 2）检查填料、活塞环密封情况，如损坏及时更换 3）检查法兰密封情况
2	功耗大	1. 气阀阻力过大 2. 吸气压力过底 3. 气体内泄漏 4. 吸气压力过高	1. 检查工艺系统 2. 检查吸排气压力、各级排气温度是否正常 如以上均无问题，则停机，联系钳工检查以下方面： 1）检查气阀通道是否阻塞，气阀弹簧力是否恰当 2）检查进气过滤器是否堵塞

续表

序号	出现问题	原因	解决的办法
3	压力超过正常值	1. 进气压力高 2. 吸排气阀不良 3. 活塞环泄漏	检查工艺系统，如无问题，停机，联系钳工： 1. 检查气阀，更换损坏部件 2. 更换活塞环
4	压力低于正常值	吸排气阀不良	停机，联系钳工检查气阀，更换损坏部件
5	排气温度超过正常值	1. 吸气温度过高 2. 排气阀泄漏	检查工艺流程，开大冷却水上水阀，如无问题，停机，联系钳工检查气阀，更换损坏部件
6	运动部件发出异常声音	1. 连杆螺栓、轴承盖螺栓、十字头处螺母松动或断裂 2. 主轴承、连杆大小头、十字头、滑道间隙过大 3. 曲轴与连轴器和电机轴键配合松动	停机，联系钳工检查： 1. 紧固或更换损坏部件 2. 修理或更换薄壁瓦 3. 修理连接键
7	气缸内发出异常声音	1. 气阀损坏，弹簧或阀片有故障 2. 异物进入气缸 3. 活塞螺母松动	停机，联系钳工： 1. 检查气阀，更换损坏部件 2. 打开气缸，清除异物 3. 紧固松动的螺母
8	气缸过热	1. 冷却水量不足或中断 2. 异物进入气缸拉伤气缸	检查冷却水情况，如无异常，停机，联系钳工检查气缸，并采取相应的措施
9	轴承或十字头滑道发热	1. 配合间隙过小 2. 润滑油质量不好或油压低或断油	检查油泵和油路，润滑油质量，如无问题，停机，联系钳工调整间隙
10	气阀盖过热	吸气阀不严	停机，联系钳工修理吸气阀
11	油泵油压低	1. 油池内润滑油少 2. 滤油器堵塞 3. 吸油管路不严，管内有空气 4. 吸油管路堵塞	添加新润滑油 如是 2~4 的情况，应停机，检查滤油器和油路系统，清除杂物，消除故障

(2) 反应器过滤器 ME-101

1) 日常在线巡检内容及注意事项：

① 日常在线巡检时，注意检查并记录差压值，及时按应对方案处理并做记录。

② 注意观察反吹管道是否存在震动、检查反吹阀门与管道连接螺栓是否有松动，检查阀门本体紧固件是否松动，及时按应对方案处理并做相关记录。

③ 在线巡检时，检测反吹阀门是否出现外漏，及时按应对方案处理并做记录。

④ 日常在线巡检时，注意检查反吹压力在反吹前后压力的差值，出现异常后及时分析原因并确定解决方案。

⑤ 定期采样分析产品汽油中微固含量，观察滤芯是否存在内漏情况。

2) 反应器过滤器的使用情况及延长使用寿命的方法：反应器过滤器安装在反应器顶部，用于实现反应产物与吸附剂颗粒的分离，要求过滤精度为 1.3μm，过滤效率为 99.97%(质)，反应器过滤器的过滤元件采用烧结金属粉末滤芯，这种过滤介质的渗透性能好、耐高温、抗热震，金属微孔孔径、空隙度、渗透性能可通过反吹、高温热处理等手段再生，具有良好的机械加工性能，但是制造成本高，投运和维护难度大。为提高使用寿命，保证装置长周期运行，根据某装置五台 ME-101 的使用情况，总结出影响反应器过滤器 ME-101 使用寿命的关键因素及解决办法。关键因素包括：原料汽油进料量、进料量平稳时间、反吹压力、反吹时间、反吹阀门开关时间、反应压力、反吹周期及反吹阀门故障率。表 9-2-27 列举了五台过滤器的使用情况。

表 9-2-27　某厂反应器过滤器 ME-101 与影响差压的关键参数数据统计表

反应器过滤器 ME-101	反吹阶段	原料汽油进料量/(t/h)	进料量平稳情况	反吹压力/MPa	反吹周期/min	反吹阀门故障次数
第一台 2012.08~2014.02	第一阶段	178	平稳	5.9	180	无
	第二阶段	120~178	波动较大	6	180	无
	第三阶段	120~192	波动较大	6.1	60	无
	第四阶段	120~192	波动较大	6.5	10	无
	无					
第二台 2014.02~2016.09	第一阶段	178	平稳	5.9	180	无
	第二阶段	120~178	波动较大	6	180	无
	第三阶段	120~192	波动较大	6.1	60	无
	第四阶段	120~192	波动较大	6.5	10	无
	无					
第三台 2014.09~2017.12	第一阶段	178	平稳	5.9	180	无
	第二阶段	160~178	平稳	6	180	无
	第三阶段	160~178	平稳	6.1	60	2
	第四阶段	140~178	波动较大	6.5	10	4
	第五阶段	130~170	波动较大	6.6	5	7

根据装置反应器过滤器 ME-101 的使用情况来看，进料量平稳，在 80%~90%进料量的时候，反应器线速 0.35m/s 左右，流化床内吸附剂颗粒的析出率会明显减少，反应器过滤器差压变化较小，运行时间明显延长；反吹压力越大，形成的滤饼越薄，所以建立滤饼初期要尽量降低反吹压力；反吹时间在 1s 时，反吹效果较好，条件允许的条件下，尽量缩短反吹时间；反吹阀门开关时间越短，反吹效果越好；反吹周期是根据不同时期 ME-101 的差压来制定的，反吹周期设计越合理，差压增长越慢；尤其到后期，反吹阀门故障次数越多，差压增长越快。

根据某装置使用情况，制定了最优的关键参数组合，共计分为五个阶段：第一个阶段为滤饼建立期，建议在低处理量，平稳进料，反吹压力 4.5MPa，反吹时间 1s，阀门开关时间在 0.8s 以内，反吹周期 220min，反吹阀门完好。第二个阶段为低差压稳固期，建议处理量 150~160t/h，平稳进料，反吹压力 5.0MPa，反吹时间 1s，阀门开关时间在 0.8s 以内，反吹周期 180~220min，反吹阀门完好。第三个阶段为差压缓慢增长期，建议处理量 150~160t/h，平稳进料，反吹压力 5.5MPa，反吹时间 1s，阀门开关时间在 0.5s 以内，反吹周期 120~180min，反吹阀门完好。第四个阶段为差压反复增长期，建议处理量 150~160t/h，平稳进料，反吹压力 6MPa，反吹时间 1.3s，阀门开关时间在 0.5s 以内，反吹周期 60min，反吹阀门完好。第五个阶段为差压快速增长期，建议处理量130~140t/h，平稳进料，反吹压力6.5MPa，反吹时间1.5s，阀门开关时间在0.5s以内，反吹周期10min，反吹阀门完好。不同时期进行不同的设置方案，保证ME-101长周期运行。以上参数以1.5Mt装置为例，供其他装置参考。

(3) 管道的维护和保养

1) 日常在线巡检内容及注意事项：

① 日常在线巡检时，注意检查并记录管线方向有无变化、支吊架是否完好、是否存在应力集中的地方、有无泄漏及保温是否完好。

② 注意观察管道是否存在震动，检查阀门与管道连接螺栓是否有松动，检查阀门本体紧固件是否松动，及时按应对方案处理并做相关记录。

③ 现场巡检时，检测阀门及相关管件是否出现外漏，及时按应对方案处理并做记录。

④ 现场巡检时，注意管线是否存在异响。

2) 吸附剂管线的使用情况及针对出现问题的解决方法：吸附剂管线泄漏主要集中在装置再生进料罐吸附剂输送线弯管段、水平段及再生器至再生接收器吸附剂输送线弯管段、再生器下料水平线、闭锁料斗顶部出口线弯管。管线介质是吸附剂，材质P11；泄漏的原因是吸附剂冲蚀。针对不同的泄漏部位，主要的解决方法是在线包套。

(4) 程控阀的日常维护和保养

1) 日常在线巡检内容及注意事项(检测记录以日志形式记录)：

① 日常在线巡检时，注意检查并记录阀门的开关是否顺畅、是否存在异响，及时按应对方案处理并做记录。

② 注意观察管道是否存在震动、检查阀门与管道连接螺栓是否有松动，检查阀门本体紧固件是否松动，及时按应对方案处理并做相关记录。

③ 在线巡检时，检测阀门是否出现外漏，及时按应对方案处理并做记录。

④ 现场实时监测阀门的开关时间情况并检测限位开关的位置，做详细记录。

⑤ 在线巡检时，重点关注阀门开关的气源压力值，需要调整气源压力时，需做详细记录，阀门在线打开时，减压阀气源压力值超过5bar时，如果排除气缸及气路问题，阀门内部可能有异常，有条件时，需下线检修。

⑥ 个别阀门出现严重故障时，如有备阀前提下，可单独下线检修。

⑦ 定期(建议每15日)汇总分析日常巡检记录，以便判断装置系统各阀门的运行状态，确定系统阀门的大检周期(系统阀门全部下线检修)。

2) 检修周期与内容：系统阀门检修时，所有阀门全部下线，对每台阀门的性能进行系统检测，检测内容包括：阀门开关检测、阀门泄漏检测、阀门外观及零部件检测、气缸及气路附件检测。

① 检修周期：根据程控球阀使用寿命，建议阀门下线检修周期24个月(甚至更短)。原则上检修周期根据阀门的状态适时调整，保证阀门在出现大故障前及时检修，这样阀门相关零件不会出现结构性损坏，有利于降低检修时间和检修成本。

② 下线检修内容(检测并拍照记录)：

a. 阀门下线前，记录阀门位号、阀门安装方向以及阀门的仪表风压，为后续阀门回装提供依据。

b. 阀门下线前，熟悉程控球阀的结构，根据阀门的结构图，并掌握程控球阀的整阀检测流程；合理规划阀门的拆装顺序，拆装前准备相应的拆装工具。

程控球阀下线检测流程见表 9-2-28。

表 9-2-28 程控球阀下线检测流程

序号	检验步骤	试压及检验内容
1	外观检查	检查阀门是否存在损坏(球座密封面拉伤、流道冲刷等)，检查是否物料堆积，并记录损坏情况
2	开关试验	气源压力调至 0.4MPa，动作 5 次，检测阀门是否开关正常，并记录
3	外泄漏试验	阀门半开，阀门通入 1.1 倍工况压力气压，检测阀门填料、密封垫处是否出现外漏
4	内泄漏试验	阀门关闭，分别从阀门入口和出口通入 1.1 倍工况压力气压，检测阀门内密封是否符合要求

③ 阀门整阀检测完毕后，对检测达标的阀门做记录备案，并打上检测标记，按原位号及安装方向回装管道；对于未达标阀门，做拆解准备工作。

④ 对于检测未达标阀门，拆卸前，了解并记录阀门各零件的安装位置，必要时拍照记录(用于阀门回装时参考)。准备拆解阀门，根据两个品牌阀门的结构图，逐步拆卸阀门，并在拆卸过程中逐步记录(开关是否到位、是否物料堆积、填料是否磨损、阀杆是否存在偏离等)；阀门拆卸时，注意尽量保证阀门各零件的完整性，以便分析阀门的故障原因。

⑤ 阀门拆解后，对阀门各零件、气缸及气路附件进行检测，判断阀门零件的损坏情况，并作如下两种处理方案。

a. 阀门各零件、气缸及气路附件无结构性损坏时，对阀门各零件进行清洗，球座现场配研，并更换维修包，参考结构图重新组装阀门。

阀门组装后，要进行整阀检测，如检测符合要求，则记录并打上现场维修标志，回装管道；如检测不符合要求时，则需要发回阀门厂维修。

b. 阀门各零件、气缸及气路附件损坏，无法保证阀门的正常使用性能或现场不具备维修条件时，发回阀门厂家维修。

程控球阀故障处理方案见表 9-2-29。

表 9-2-29 程控球阀故障处理方案

零件名称	损坏类型	处理方案
阀体、阀帽	内腔及流道冲刷严重	冲刷处堆焊后加工；更换新的阀体、阀帽
球体	球体冲刷严重	补焊缺陷后重新硬化；球体更换
	密封面划出深沟	去除旧硬化层，重新硬化
阀座	阀座冲刷损坏	阀座更换
	密封面划出深沟	阀座更换
阀杆	阀杆划伤、变形	原阀杆修复；更换新阀杆

续表

零件名称	损坏类型	处理方案
轴承	轴承磨损划伤	更换
碟簧	碟簧变形、断裂	碟簧更换
气缸	气缸窜气、漏气	气缸维修保养，更换密封件
气路附件	气路附件损坏	更换气路附件

⑥ 阀门发回阀门厂维修时，由厂家出具详细的维修方案，待业主确认后启动维修，维修完成后按标准提供详细的试压检验记录，在阀门上打维修标记后，包装好发回业主现场，回装管线前做相关检测试验。

3）常见故障与解决方案：程控球阀故障解决方案见表 9-2-30。

表 9-2-30　程控球阀故障解决方案

现象	问题原因	解决方案
(1)阀门内泄漏超标	阀芯密封面损坏	下线维修，阀芯重新硬化
	阀座密封环损坏	下线检修，更换密封件
	阀门内腔冲刷严重	下线检修，更换损坏零件
	阀门开关不到位	调试气缸限位块，气缸与阀门分开重新装配
	碟簧/波形弹簧损坏	下线检修，更换损坏零件
(2)阀门外漏	填料螺柱未上紧	在线上紧螺柱
	填料损坏	下线检修更换填料
	密封垫损坏	下线检修更换密封垫
	阀门外密封处冲刷	下线检修，更换损坏零件
(3)阀门卡涩、异响	阀芯密封面损坏	下线维修，阀芯重新硬化
	阀杆轴承磨损	下线检修，更换或修复损坏零件
	气缸损坏	下线检修，维修或更换气缸、阀门检修
	阀门内腔堆积物料	下线检修，清除阀门内腔堆积物料
(4)阀门开关不到位/位置指示异常	球体变形	下线检修，更换或修复损坏零件
	气缸损坏	下线检修，维修或更换气缸
	气缸漏气、窜气	气缸下线检修保养
	支架紧固件松动	重新上紧支架紧固件
	内腔物料卡死	下线检修，清除内腔堆积物料，检修相关零件
	阀杆、轴承磨损	下线检修，更换或修复损坏零件
	气路堵塞，仪表风压不足	检修阀门气路及各气控元件
	限位开关损坏阀位指示不准	限位开关检修或更换
	管道震动	管道增加减震措施
(5)阀门开关时间不达标	气缸漏气、窜气	气缸下线检修保养
	气路堵塞，仪表风压不足	检修阀门气路及各气控元件
	填料损坏，扭矩增加	下线检修更换填料
	球座密封面损坏，扭矩增加	下线检修，更换或修复损坏零件
	阀杆、轴承磨损，扭矩增加	下线检修，更换或修复损坏零件
	限位开关损坏、回讯滞后	限位开关检修或更换

(5) 加热炉的日常维护与保养

加热炉的操作直接关系到整个装置的平稳生产。炉出口温度是否平稳、符合要求，直接影响到装置产品质量合格与否；同时，加热炉火嘴燃烧的好坏，是关系到能否安全生产、降低能耗、延长加热炉寿命和开工周期的重要因素。维护和保养的主要任务是保持炉出口温度平稳并严格控制在指标规定范围内，在保证安全正常操作的前提下节能降耗。

1）日常检查内容：

① 室内与室外操作人员要互相配合，按工艺要求操作，使加热炉炉出口温度平稳。

② 经常检查炉管、焊接头、法兰、回弯头、胀口、堵头有无泄漏情况。

③ 加热炉进料要保持流量平稳，根据各支路出口温度来调节各分支流量，防止走短路结焦。

④ 炉子的防爆门、通风门、烟道挡板不能随便开放，看完火后，要立即关闭看火窗。

⑤ 加热炉的炉膛温度要定期校对。严格控制炉膛温度一律不能超过800℃，同一炉膛内两点热偶温差不能大于20℃。

⑥ 燃料气分液罐要定时脱液。

⑦ 经常观察炉膛内各点温度变化情况，做到心中有数。

⑧ 尽可能点燃全部火嘴，保持多火嘴，短火苗，火苗应不偏，长短整齐并不“舔”炉管，炉管应明亮，烟囱无黑烟。

⑨ 认真按照炉氧含量、炉膛负压来调节炉的火嘴燃烧。

⑩ 加热炉出现不正常现象要及时处理并报告。若发生事故要冷静沉着，密切配合，保证人身、设备、生产安全。

⑪ 要注意检查设备管线的保温、伴热是否正常好用。

⑫ 检修炉子烧焦时，操作员要掌握好烧焦操作。

⑬ 开关烟道挡板、风门时，动作要缓慢，以免烟道气压力急剧波动。

⑭ 辐射段的烟气温度不能过高，如果过高会引起管壁结焦或造成火嘴火焰过长。

⑮ 要注意工艺介质压力和炉管表面温度的变化情况，防止炉管内结焦。

⑯ 主火嘴和长明灯火嘴每月定期检查，发现堵塞及时清理。

2）加热炉系统日常操作要求：

① 严格执行工艺指标、操作规程和各项制度，服从指挥，努力搞好平稳操作，使各项温度、压力稳定在工艺指标内，为装置各系统的正常操作提供条件。

② 努力降低能耗，加强“三门一板”的调节，保证炉子热效率不小于设计值。

③ 对操作中发现的问题或事故要及时报告，采取果断措施，避免事故发生，保证加热炉的安、稳、长、满、优生产。

④ 严格按巡检路线和巡检要求检查，定时对设备运转情况、燃料气加热器、燃料气分液罐、炉子火焰以及各阀门的开关、泄漏等情况进行认真检查。

⑤ 按时认真、如实地进行操作记录。

⑥ 搞好本系统的卫生，保持现场清洁。

⑦ 按照交接班制度的内容，写好交接班日记，做到字迹工整、规范、无涂改。

第三节　汽油吸附脱硫装置不正常情况处理

一、一般典型事故处理

（一）停仪表风

1. 现象

1）仪表风罐压力逐渐降低；

2）DCS 报警；

3）控制阀失灵，风关阀全开，风开阀全关。

2. 处理

1）仪表用风中断包括安全仪表系统的失效，装置联锁系统启用。

2）按照装置紧急停工步骤处理。

（二）停循环水

1. 现象

1）循环水流量及压力下降；

2）塔顶系统温度升高；

3）各压缩机气缸入口、泵轴承及轴瓦温度升高；

4）产品出装置温度升高。

2. 处理

1）如短时间停循环水，则增开空冷并全开空冷百叶窗，同时使用新鲜水对 D-122、E-106 本体及管线进行淋水冷却，并尽快联系恢复供水。

2）如长时间停循环水，进行上述处理后，如温度仍持续升高则装置可适当降低处理量。如温度仍超标，则按照装置紧急停工步骤处理。

（三）停蒸汽

1. 现象

1）塔 C-201 压力下降；

2）塔 C-201 底温度降低。

2. 处理

1）尽快联系调度，并通知相关部门尽快恢复供汽。

2）关注 C-201 的塔顶压力，如压力下降则通过氮气充压。

3）装置进料停止，稳定塔产品进行装置大循环。或者原料不中断，产品从不合格线出装置。

4）关闭蒸汽进装置阀。

（四）停燃料气

1. 现象

1）燃料气压力、流量下降；

2）加热炉炉膛温度下降。

2. 处理

1）关瓦斯手阀，并向炉膛吹入蒸汽，全开烟囱挡板排空。

2）维持循环氢循环，注意保持反应系统压力。

3）关闭热产物分离器至稳定塔的进料控制阀及下游手阀。

4）关闭冷产物分离器至稳定塔的进料控制阀及下游手阀。

5）关闭产品出装置阀。

6）观察原料缓冲罐液位，当液位过高及时返罐。

7）如短时间燃料气恢复，则重新点燃加热炉火嘴；如长时间停燃料气，按紧急停工处理。

（五）停氢气

1. 现象

1）氢气进装置压力、流量下降；

2）系统压力降低。

2. 处理

1）短时间能恢复，则降低处理量减少氢耗，视情况延长闭锁料斗运行时间或停运闭锁料斗。

2）长时间不能恢复，则按紧急停工处理。

（六）停氮气

1. 现象

1）氮气罐压力下降，出口流量减小；

2）闭锁料斗停运；

3）D-107、R-102 的氮气提升流量逐步降低为零。

2. 处理

1）短时间中断，则停维持再生器温度，氮气恢复则投用再生系统及闭锁料斗。

2）长时间中断，则按紧急停工处理。

（七）停电

装置跳电后，汇报生产调度，并确认跳电范围。

1. 现象

1）压缩机、泵、空冷风机、烟气引风机等动设备停运。各泵出口和压缩机出口压力、流量指示骤降。

2）炉出口、反应器温度有上升趋势。

3）反应系统压力将下降。

4）加热炉联锁熄火。

5）各容器、塔液位波动。

6）各塔顶、各空冷器出口温度升高。

7）电加热器停用。

8）装置所有的照明熄灭，不间断电源（UPS）启用。

2. 处理

（1）瞬时闪电

1）循环机未停，则迅速启动所有停运的动设备，将已联锁熄掉的加热炉重新点火，并注意控制系统温度平稳，逐渐恢复到正常操作。

2）若循环机已停，此时加热炉出口和反应器温度会上升，加热炉联锁熄灭。冷产物顶紧急放空阀打开泄压降温，反应器紧急氢线打开保持流化。若能马上恢复循环机且温度已得到控制，则可停止放空泄压然后点炉，恢复正常操作。整个过程都要密切注意各反应器床层温度。

3）注意调整好各塔和容器液位。

4）根据实际情况调整好稳定系统操作。

（2）长时间停电

当装置发生长时间停电时，应按照装置紧急停工步骤处理。

（八）反应器大法兰泄漏

发现火情后，联系装置管理人员，汇报生产调度。

1. 现象

装置现场反应器顶法兰面处泄漏油气或有明火。

2. 处理

（1）事故可控

1）适度降低装置处理量、反应系统压力、混氢流量并平稳控制加热炉出口温度。

2）判断风向并开启反应器大法兰面保护蒸汽阀门。判断着火点位置，接蒸汽皮带至着火点处重点保护。

3）停反应器过滤器 ME-101 控制程序，并监控好反吹过滤器压差，如超过设定值可手动反吹；停闭锁料斗程序；观察原料缓冲罐液位，当液位过高时及时返罐；观察再生烟气氧含量，通过调节再生风量，控制再生烟气氧含量。

4）联系紧漏。

（2）泄漏严重

如泄漏严重，应按照装置紧急停工步骤处理。

（九）原料换热器封头泄漏

发现火情后，联系装置管理人员，汇报生产调度。

1. 现象

装置现场原料换热器封头处泄漏高温油气混合物或泄漏着火。

2. 处理

（1）事故可控

1）适度降低装置处理量、反应系统压力；观察原料缓冲罐液位，当液位过高时及时返罐；观察再生烟气氧含量，通过调节再生风量，控制再生烟气氧含量。

2）判断风向、着火点位置，使用现场蒸汽皮带灭火。着火点熄灭后，同时关泄漏换热器组管壳程进出口阀，开管壳程安全阀旁路排火炬，泄漏换热器组压力低于 1.0MPa 后，开管壳程氮气手阀，向进料换热器中补入氮气。

3）完成后检查 E-101 周边设施是否完好，对反应系统进行检查，避免衍生事故。

4）联系紧漏。

（2）火势较大

如火势较大，应按照装置紧急停工步骤处理。

（十）装置 DCS 失效

1. 现象

因断电、雷击及自身故障引起 DCS 屏幕发生黑屏、工艺数据不刷新等现象失效时，就无法通过 DCS 屏幕对装置现场各参数进行监控和调节。

2. 处理

（1）短时间失效

1）在出现该状态时要及时向作业部和调度汇报，并联系仪表排除故障。

2）密切注意各主要就地压力表、液位计，流量可参考就地一次表读数（量程乘上百分数），严防设备超温超压和高压窜低压，确保装置安全。

（2）长时间失效

如果无法在短时间内恢复，装置需紧急停工。

（十一）再生器取热盘管泄漏

1. 现象

1）ME-103 差压上升。

2）再生系统吸附剂循环不畅。

3）差压表引压管内有少量水。

4）吸附剂活性降低。

2. 原因

取热水量低于设计值，每根取热管进水量过少，在管出口端往往大量汽化，造成取热盘管因水击而振动，导致取热盘管焊缝开裂泄漏。

3. 措施

1）将泄漏盘管切出，两端加盲板，避免水进入再生系统，造成吸附剂结块，堵塞过滤器等。

2）操作中严禁全开全关取热水调节阀，避免出现盘管干烧、水击现象，待停工检修时更换泄漏的盘管。

（十二）再生器过滤器压差高

1. 现象

再生器过滤器压差逐步升高。

2. 原因

1）再生系统负荷过大，细粉量增多。

2）滤芯架桥。

3）ME-103 底流化不好，吸附剂长时间积累，导致 ME-103 内粉尘增多，从而造成堵塞。

3. 措施

1）不触发再生风量低低联锁的情况下尽可能降低再生风量，打开 D-109 压力安全阀副线放空，打开 ME-103 至 D-109 下料阀 XV-2958、XV-2951，开启 ME-103 快速反吹，重复反吹。

2）严重时，需停再生系统进行清理。

（十三）ME-102 损坏泄漏

1. 现象

PV-2401A1/A2 阀芯磨损。

2. 原因

1）ME-102 滤芯与管板直接采用螺纹连接方式，D-106 内压力和温度波动较大，滤芯的稳固性较差，在晃动过程中，螺纹松动，吸附剂进入吸螺纹连接处造成冲蚀，造成螺纹穿孔，甚至发生滤芯掉落。

2）闭锁料斗料位过高，吸附剂对 ME-102 造成冲击。

3. 措施

1）对所有滤芯进行满焊加固处理。

2）降低 D-106 设定料位，减少对 ME-102 的冲击。

（十四）D-105 至 D-106 转剂异常

1. 现象

闭锁料斗 1.2 步收剂很少或收不到剂。

2. 原因

1）D-105 汽提温度过低，汽提量过小，吸附剂流化不起来，D-105 至 D-106 的下料不畅、1.2 步收料少等长期累积，导致 D-105 的料封太多、压实，造成 D-105 压差过大。

2）循环速率过快，料封未能很好的建立而将 D-105 的料逐渐拉空；反应藏量偏低或反应线速度不高，横管收料不多，未能建立好正常的料封，造成 D-105 压差过小。

3. 措施

1）D-105 压差过大造成转剂不畅：适当提高 D-105 汽提温度，同时加大 FV-2301 的流量进行松动后。

2）D-105 压差过小造成转剂不畅：①适当提高反应器藏量，提高线速；②适当降低 D-105 汽提量，待收量正常后恢复；③调整闭锁料斗转剂循环速率。

（十五）闭锁料斗通气滤芯断裂

1. 现象

1）闭锁料斗 4.2 步卸剂超时。

2）过滤器 ME-115 导淋排出大量吸附剂。

2. 原因

1）D-106 内压力和温度波动较大，通气滤芯在闭锁料斗运行过程中，吸附剂对通气滤芯造成冲蚀，导致通气滤芯磨损严重引起断裂。

2）三路通气滤芯对称插入闭锁料斗底部，但是其中一路相对离气源较远，造成通气时气量不足，压力偏低，导致此根通气滤芯磨损严重引起断裂。

3. 处理

停闭锁料斗并完成置换后加盲板隔离，对通气滤芯进行更新并补焊加固。

（十六）闭锁料斗程控阀门故障

1. 现象

1）程控阀门开关回讯超时。

2）程控阀门内漏。

2. 原因

1）闭锁料斗输送介质为吸附剂/油气，部分吸附剂可能卡塞在球阀内部，造成无法开关或开关不到位的情况。

2）球阀承压端装反或密封不严密，造成吸附剂慢慢渗进密封面造成阀门磨损无法开关。

3）仪表风压力变化或管线破损，导致风压过低，造成无法顺利执行开关命令。

4）程控球阀仪表元件故障。

5）程控球阀长时间运行磨损，导致程控球阀内漏。

3. 处理

对现场程控球阀进行判断，确认仪表风压是否正常、阀门开关是否正常、是否内漏。若阀门正常，联系仪表维修处理，阀门故障联系更换阀门。

二、影响装置长周期运行的典型问题处理

（一）进料换热器结垢导致换热能力下降

1. 现象

1）进料换热器前后压差变大。

2）进料换热器管程出口温度降低，壳程出口温度升高。

2. 处理

1）在装置正常运行下，可适当降低处理量，停其中一组换热器进行抽芯清洗。

2）在停工的情况下，可抽换热器滤芯进行高压水清洗处理，清除结垢。

3. 预防措施

1）加强对催化汽油的胶质含量监控，尽可能执行催化汽油直供料。

2）如无法保持催化汽油直供料，原料汽油罐应安装氮封设施。

（二）再生器吸附剂结块阻塞正常转运循环

1. 现象

1）再生器底部不下剂，或下剂不畅。

2）拆再生滑阀上短管或过滤器发现有大量吸附剂结块颗粒。

2. 处理

1）可关闭再生滑阀下游手阀，借输送氮气向再生器底部椎体进行反吹。

2）在具备装置停运闭锁料斗及再生系统停运的情况下，或者反吹后无效的情况下，核算反应器内吸附剂活性保证产品合格时间，根据时间确定拆再生滑阀上短管或过滤器清理部分结块还是拆再生器椎体大法兰清理结块。

3. 预防措施

1）适当提高非净化风罐压力。

2）同时要对干燥器进行改进，必须确保干燥器出口空气露点低于-70℃。

3）在日常生产中，操作人员必须定时打开干燥器底部排水阀放水，确保空气干燥器能有效工作。

4）条件允许，对再生风进行变更改造，将非净化风变更为净化风。

(三) 反应器过滤器压差高

1. 现象

反应器过滤器压差逐步升高。

2. 处理

1) 前期可适当减少反吹时间，缩短反吹间隔，提高反吹压力，增加反吹压差。

2) 后期可提高反应压力来降低反应器线速，或者在条件允许的情况下降低处理量来降低线速，同时可适当降低反应压力来增加反吹压差，提升反吹效果。

第四节　汽油吸附脱硫装置生产操作优化

汽油吸附脱硫装置生产的目标是，确保产品汽油硫含量合格的前提下，尽可能降低辛烷值损失，并实现装置长周期运行。为达成上述目标，在装置生产运行管理过程中，通过对反应机理的深入研究，对脱硫反应系统、再生系统、稳定系统进行相应的操作优化，以及长周期运行方面的操作优化。本节以某厂 1.5Mt/a 汽油吸附脱硫装置操作及优化为例进行介绍。

一、反应系统的操作优化

待生吸附剂活性、反应器氢分压及反应器温升等参数是影响反应效果的关键变量。

1. 待生吸附剂活性

控制待生吸附剂活性的余量对反应操作至关重要。其余量大，则脱硫率高，辛烷值损失大，余量过小，则脱硫率低，辛烷值损失小。

(1) 影响吸附剂载硫能力的因素

一些系统操作不当原因会导致有效锌的流失，例如：再生过程中生成硫酸锌；吸附剂使用及循环过程中产生细粉，且细粉中锌含量分数大于新鲜吸附剂等。另外，生产过程中也会生成微量过氧硫酸锌，会造成吸附剂不能完全达到理论活性。因此，在实际生产中，取吸附剂最大载硫经验值 11.5%(质)。平衡剂中硅酸锌质量分数增加 1%，减少吸附剂载硫 0.295%(质)。在装置运行中需控制好吸附剂品质，减少吸附剂硅酸锌的生成，使待生吸附剂具有可控范围较大的载硫能力，为提高吸附剂载硫降低活性、降低产品辛烷值损失提供保障。

部分装置操作中采用超过 12.5%的最大载硫量，应加强对循环氢中 H_2S 含量的检测，避免发生问题。不推荐采用过高的载硫量长期操作。

(2) 平衡吸附剂硫差

装置吸附剂再生采用的是不完全再生形式，反应系统吸附剂吸附的硫同再生系统脱除的硫相等，那么吸附剂硫差与吸附剂循环速率关联式为：

$$硫差 = 硫脱除量(kg/h)/吸附剂循环速率(kg/h)$$

在硫脱除量一定的前提下，提高吸附剂的循环速率(即“小硫差”)可以达到提高吸附剂硫含量的目的。因此，在正常操作中若采取大循环速率(设计值 110%)、“小硫差”的操作方法，可获得较高的待生吸附剂与再生吸附剂载硫，降低吸附剂活性。

(3) 事例应用

某装置反应器系统吸附剂藏量 25.5t，进料 170t/h，原料硫含量 305mg/kg，产品硫含量

5mg/kg。待生吸附剂载硫量 11.2%(质)，再生吸附剂载硫量 8.1%(质)，吸附剂硅酸锌量 10%(质)，吸附剂循环速率 1500kg/h。

1）装置脱硫负荷：

$$170\times1000\times300\div1000000=51\text{kg/h}$$

2）每小时吸附剂载硫增加：

$$51\div25.5\div1000\times100\%=0.2\%(\text{质})$$

3）硫差：

实际硫差：(11.2-8.1)%=3.1%(质)

平衡硫差：51÷1500=3.4%(质)

4）待生吸附剂载硫余量：

$$[16.5-11.2-(0.295\times10)]\%=2.35\%(\text{质})$$

在保证精制汽油硫含量合格的前提下，待生吸附剂载硫余量越少，反应器脱硫余量小，抗操作波动能力低。但由于吸附剂活性低，烯烃加氢反应程度小，产品汽油辛烷值的损失减少。因此根据装置脱硫负荷情况，控制适宜的待生吸附剂载硫余量，降低精制汽油辛烷值损失。在实际生产中一般控制约2%的载硫余量较为合理。上例中为11.75h，有进一步优化的空间。

(4) 新鲜吸附剂的加注

新鲜吸附剂按“分期分批”的模式进行系统加注，即按照实际生产需要，一般按每周两次的频率加注。因为新鲜吸附剂一般加注到D-110，然后直接转入反应器，若短时大量的新鲜吸附剂加入，对反应系统操作带来一定影响。为维持整个系统内吸附剂藏量的稳定，要定期自吸附剂粉尘罐D-109卸吸附剂细粉，必要时卸出部分平衡剂至吸附剂储罐。以上操作可以保证反应系统内吸附剂性质稳定，既可以防止因长期不加剂反应器内吸附剂吸附剂活性降低影响产品质量，又可以防止大量加剂后反应器内吸附剂活性太高造成产品RON损失过大。

当系统平衡吸附剂因意外造成硅酸锌含量高，需短时大量置换吸附剂时，遵循以下操作原则：

1）每次加入新鲜吸附剂量约500~700kg，补新鲜剂间隔4~5h；

2）降低吸附剂循环量至800kg/h左右；

3）根据吸附剂循环量的变化，及时调整再生配风，防止再生吸附剂“过氧化”；

4）适当降低反应器氢油摩尔比，即降低循环氢流量；

5）最大限度的降低D-121温度，同时在D-121出口处排放尾氢。

以上操作调整的目的：最大限度的降低反应器水分压，防止在系统置换吸附剂过程中，因反应器水分压高增加吸附剂生成硅酸锌的风险，造成吸附剂置换达不到预期效果，同时造成经济损失。

2. 反应氢分压的控制

氢分压表征了装置脱硫反应和烯烃加氢饱和反应的推动力。反应器氢分压过大，汽油脱硫率高，但烯烃加氢反应速率也随之增大，辛烷值损失和氢耗增加。大量实际生产数据表明，反应氢分压控制在0.45~0.5MPa，可以满足脱硫反应的需要。在部分装置，由于原料汽油硫含量低(<100mg/kg)，反应器控制较低的氢分压，当反应器氢分压小于0.4MPa，极易强化汽油的叠合反应趋势，造成精制汽油干点上升，叠合反应进行的较少时干点会上升

2~3℃，极端的情况可上升6℃以上。

3. 反应器各段温升的控制

反应器内的各化学反应都是放热反应，其不同位置温升的变化表征着各反应的强度。从装置生产实践中分析验证，反应器底部温升的变化更多地表征吸附剂活性的变化，温升越大，吸附剂活性越高；反应器顶部温升变化更多地表征反应器氢分压的变化，温升越大，氢分压越高；反应器中部温升的变化是吸附剂活性及氢分压变化的综合表征。在实际操作过程中，核心是观察其趋势性变化速率，通过综合判断，及时针对性地调整。

二、再生系统的操作优化

1. 再生风量的控制——系统硫平衡

再生风量与系统硫平衡密切相关。整个系统硫平衡的计算公式为：

原料量×原料硫含量-产品量×产品硫含量=再生烟气中的硫含量+系统内吸附剂上含硫量的变化量

由公式可以看出，在已知原料量、原料硫含量、产品量及产品硫含量的前提下，只要控制好再生器内吸附剂的再生量(即再生烟气中的硫含量)，即可保证系统吸附剂硫含量的稳定。再生器内吸附剂的再生量是通过调节再生风量来实现的，因此控制好再生风量对系统硫平衡有至关重要的作用。

吸附剂再生是氧化过程，其发生的反应有镍的氧化、硫的燃烧生成二氧化硫、碳的燃烧生成二氧化碳和少量的一氧化碳。此外在正常操作条件下，当氧浓度较高时，还生成少量的硫酸根及过氧化物。由于变量多且控制困难，通过计算的方法目前难以取得精确的数据。因此，通过大数据反证法摸索再生风量的控制与吸附剂硫含量的变化关系，总结出以下控制再生风量的计算方法：

(原料量×原料硫含量-产品量×产品硫含量)kg/11kg×100Nm^3/h=再生风量(Nm^3/h)

即以100Nm^3/h的再生空气可以烧掉11kg硫为操作基点。此公式适用的条件：

1）再生器温度TIC-2607控制480~530℃；

2）再生器线速控制0.2~0.3m/s；

3）待生剂硫含量在10%(质)左右，碳含量4%(质)左右；

4）再生烟气氧含量0.2%~1.0%(体)之间。

2. 再生温度控制

通过再生器料位控制再生取热负荷，以期控制再生温度，在实际操作中有较大的局限性，且容易造成再生系统运行状态的不稳定。

再生器温度的控制分为两种：一是再生负荷变化较小时，通过调节进入取热盘管的水量控制；二是再生负荷变化较大时，通过增减取热盘管数量来控制。

硫的燃烧速率在450℃时存在最大值，碳的燃烧速率是随温度的升高而增大。因此，再生温度的控制既要保证硫的燃烧速率，同时兼顾碳的燃烧速率。在实际操作中，其温度控制在480~530℃范围内；结合再生烟气氧含量的控制，可以实现吸附剂硫含量的调节。通过温度控制，可以实现吸附剂碳含量的调节。

再生器在贫氧操作的状态下，其轴向温差的变化表征再生器内吸附剂的再生强度的变化。在不同的再生负荷情况下，通过轴向温差的变化，及时调节再生风量和温度，避免出现再生吸附剂过烧或再生效果持续变差的情况。

3. 再生器下料改进

再生器下料不畅，甚至出现不下料的现象，在实际生产中时有发生。特别是因各种原因造成再生器吸附剂循环中断后恢复时及装置开工初期时，易出现再生器下料不畅。

(1) 造成此现象的原因

1) 再生器内吸附剂细粉含量低，流化性能差。多发生在再生吸附剂载硫、载碳含量高，且再生器不平稳操作时。

2) 再生器底部吸附剂密度高，吸附剂流动性能变差。装置脱硫负荷低，再生器配风量少，即再生器操作线速低时，其底部吸附剂密度高且吸附剂循环速率低时。

3) 再生空气量过大，吸附剂下料量不足。装置脱硫负荷高，再生器配风量大，即再生器操作线速高时，且吸附剂循环速率高时。

4) 再生器内吸附剂结块，堵塞过滤器、滑阀。

5) 再生器下料中断，下料管内吸附剂脱气量大，造成下料管吸附剂密度大，在恢复循环时下料困难。在开工初期由于再生器温度低，气体黏度小，下料管内吸附剂脱气量大，也会造成再生器下料不畅。

(2) 优化措施

由于再生滑阀通径尺寸小，且在滑阀前未设补气设施，易造成吸附剂下料不畅。通过新增一再生滑阀跨线，同时增设补气设施(松动点)，见图 9-4-1。在上述影响再生器吸附剂下料不畅情况出现时，可作为临时再生器下料操作手段，为处理赢得时间，同时保障反应器的平稳操作。

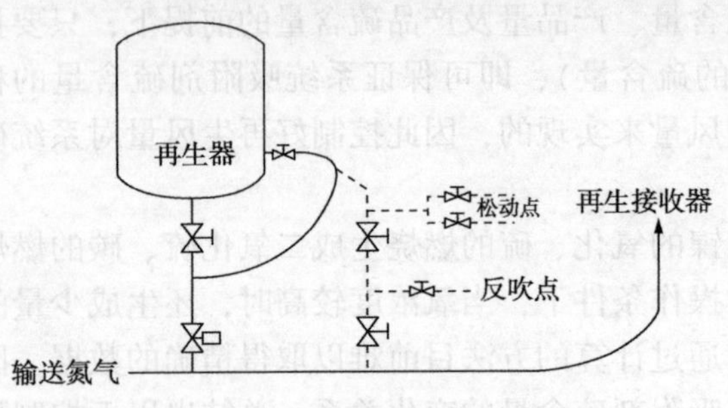

图 9-4-1　再生器下料改进示意图

三、稳定塔的操作优化

1. 稳定塔的操作优化

稳定塔的主要作用是脱除冷、热高分汽油中的溶解氢及少量的轻烃。其塔顶液相产品不采出，只采出气相产品。同时因为氢气在油品中溶解度的特性(温度越高溶解度越大)，稳定塔的温度参数同原设计值有较大变化。实际操作中冷进料同 E-205 少换热或不换热，作为冷流进塔，从而控制较低的塔顶温度，其一般控制在 40~50℃，回流罐温度视条件尽可能控制低，一般冬季 10~20℃，夏季 20~30℃。回流罐液相正常自循环，根据液面变化少量返塔。1. 5Mt/a 装置的塔顶气量由初始值 1516Nm^3/h 降低至 1022Nm^3/h(平均值)，提高了精制汽油收率，同时减少了精制汽油辛烷值损失。

调整前后稳定塔顶气中 C_5和 H_2含量分别见图 9-4-2 和图 9-4-3。

从图 9-4-2 可以看出，操作调整前后稳定塔顶气中 C_5 含量由 9.2%(体)(平均值)降至 0.6%(体)(平均值)，且调整后塔顶气中 C_5 含量较先前趋于稳定。

如图 9-4-3 所示，操作调整前后稳定塔顶气中 H_2 含量由 31%(体)(平均值)提高至 77%(体)(平均值)，且调整后顶气中 H_2 含量较先前趋于稳定。操作调整后稳定塔底精制汽油增加量为：

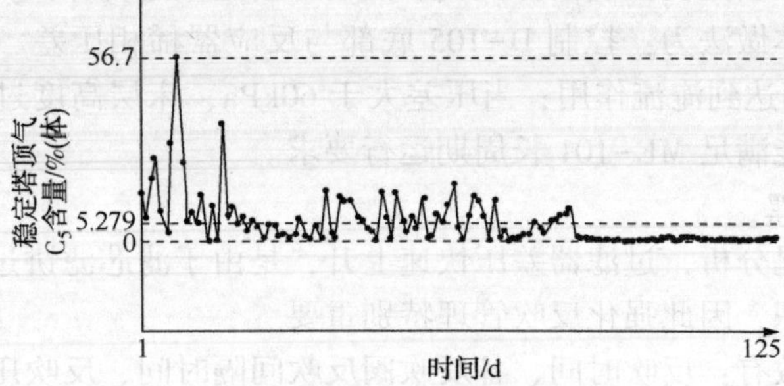

图 9-4-2　调整前后稳定塔顶气中 C_5 含量

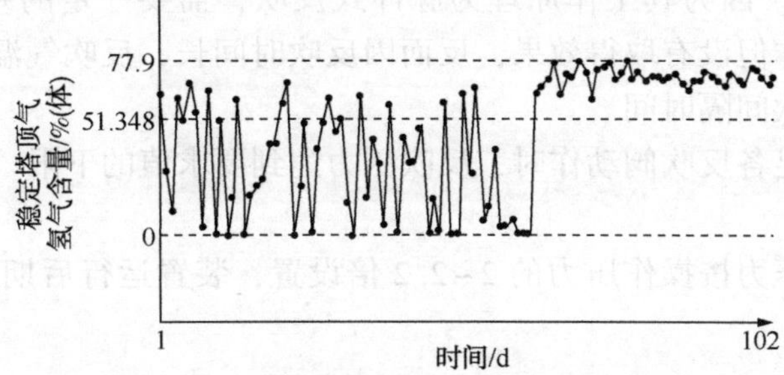

图 9-4-3　调整前后稳定塔顶气中 H_2 含量

$$1516Nm^3/h\times1.14g/m^3-1022Nm/h\times0.91kg/m^3=798kg/h$$

注：①上式中 1.14g/m³为设计密度，0.91g/m³为化验分析密度。

②上式中 1022Nm³/h 为各工况平均值。

装置处理量为 190t/h 时，优化后精制汽油收率提高 0.42%。

2. 稳定系统关键控制参数

1）稳定塔冷进料温度控制 40~50℃；

2）稳定塔回流温度控制尽可能低；

3）稳定塔底温度控制 115~125℃；

4）稳定塔压力控制 0.70~0.75MPa。

稳定塔底设计蒸汽用量为 4.11t/h，调整后蒸汽平均用量为 2.1t/h。按照装置处理量为 190t/h 计算，则蒸汽用量的减少可节省能耗 0.80kgEO/t。

四、长周期运行

制约装置长周期稳定运行的主要因素是反应过滤器 ME-101 差压高。而过滤器 ME-101 差压随运行时间的延长呈不断增高的趋势。为控制反应器过滤器 ME-101 差压升高速率，主要从反应器内吸附剂床层高度控制、强化过滤器反吹管理及反应器操作管理三方面着手。

1. 反应器吸附剂床层高度控制

ME-101 差压的上升速率受到反应器吸附剂床层高度的影响：若床层高度过高，ME-101 滤芯处吸附剂细粉浓度高，ME-101 差压上升速率快、装置运行周期短；若床层高度过低，反应器内吸附剂料位低于转剂横管，造成反应器接收器 D-105 收剂困难，影响装置的正常运行。

反应器内吸附剂床层高度控制的原则是：在保证反应器接收器 D-105 正常收料的前提下尽量减小该值。具体做法为：控制 D-105 底部与反应器稀相压差。通过计算发现，当压差大于 40kPa，横管即达到淹流作用；当压差大于 60kPa，床层高度过高，造成过滤器入口吸附剂浓度过大，不能满足 ME-101 长周期运行要求。

2. 过滤器反吹管理

通过实际运行情况分析，过滤器差压快速上升，是由于滤芯滤饼过厚，油气在滤饼上结焦，减少滤芯流通面积，因此强化反吹管理特别重要。

反吹系统设置参数有：反吹时间、各反吹阀反吹间隔时间、反吹压力、反吹周期。

(1) 反吹时间

其设定为 1~1.3s。因为其工作原理为脉冲式反吹，需要一定的差压，设定时间过长，差压不能满足要求，非但没有取得效果，反而因反吹时间长，反吹气温度低带来负面影响。

(2) 各反吹阀反吹间隔时间

其间隔时间应满足各反吹阀动作时，反吹压力达到要求值的下限。

(3) 反吹压力

装置运行前期其压力按操作压力的 2~2.2 倍设置，装置运行后期其压力按操作压力的 2.2~2.4 倍设置。

(4) 反吹周期

以过滤器恢复差压 3~5kPa 为依据，随装置运行时间的延长，逐步缩短反吹周期。同时避免过滤器差压短时出现趋势性上升。根据操作经验，其趋势性上升必须在 72h 内，通过有效的反吹抑制其发展，并分析其上升的原因，有针对性地解决。

3. 反应器操作管理

反应器操作必须以平稳为原则，特别是装置提降负荷过程中的平稳操作。装置提降负荷，必须以反应器线速基本不变为原则，做到提量先提压，分次缓慢进行，确保反应器线速平稳。

第十章 汽油吸附脱硫装置安全生产技术

第一节 汽油吸附脱硫装置安全生产技术特点及防范措施

汽油吸附脱硫技术采用全馏分催化汽油一次通过脱硫工艺，不产生硫化氢，原料汽油中的硫随再生烟气以二氧化硫方式排出。反应器内发生流化床吸附脱硫反应，再生器发生流化床氧化反应。反应部分为高压临氢环境，再生部分为低压含氧环境。

与常规炼油工艺技术相比，汽油吸附脱硫技术除吸附剂在高压反应和低压再生系统之间循环输送存在窜压或爆炸介质互窜的安全风险外，其过程的安全生产技术特点与其他石油化工过程相似。

汽油吸附脱硫技术生产过程为全密闭系统，从原料的输入、加工直至产品的输出，所有可燃、易燃易爆物料始终密闭在各类设备和管道中，各个连接处采用可靠的密封措施。处理含烃、有毒及有害物料设备的安全阀均设有副线，装置吹扫气体通过副线密闭送入放空管网。检修时产生的污油、污水通过密闭管线回收，集中处理。可燃气体放空管道内的凝液密闭回收，不随地排放。装置区的含油污水井内设置水封措施，尽量消除火灾隐患。

针对汽油吸附脱硫装置的工艺技术特点，采取了针对性的防范措施。

1. 自动安全仪表系统

汽油吸附脱硫吸附剂在反应和再生系统循环输送的控制是关键。吸附剂在再生器中再生过程的氧化操作处于氧气环境，而在还原区的还原操作处于氢气环境，通过闭锁料斗实现两种环境的变换，采用氮气和特殊阀门进行隔离。由闭锁料斗的管理控制系统(LMS)自动控制吸附剂在反应和再生系统之间的输送速率和氢氧环境的隔离及过滤器的在线清扫的全过程，包括吸附剂在反应器与再生器间的交互输送、吸附剂输送的逻辑控制及安全联锁保护。

为保证装置安全运行，避免、消除、减小事故危害，汽油吸附脱硫装置采用独立于 DCS 设置的安全仪表系统(SIS)，用于装置的联锁保护。安全仪表系统采用三重化容错技术，具备高可靠性。安全仪表系统包括紧急停车系统、紧急切断系统和一些重要的安全控制回路，保护装置在事故时按次序安全停车或采取安全切断措施，从而保护人员、设备的安全。

2. 防泄漏设计

设计过程对压力设备的安全、防止可燃性物料的泄漏和防止可燃性物料在生产环境中的积聚等方面都做了充分的考虑，并根据装置进行有针对性的采取特定的防泄漏措施，可以从根源上对可燃性物料进行有效控制以防止产生爆炸气源。

汽油吸附脱硫工艺生产过程带压的设备均设有压力调节和控制系统以及泄压安全阀，可以有效地避免因系统超压而引发爆炸等事故。泄压排出的气体在火炬气柜进行回收、排入火炬，避免易燃、易爆气体在装置内的积聚。

根据操作条件以及操作介质的不同，从选材、连接方式、设备选型等方面确保密封良好以防止泄漏。按有关规定，确定和选择塔器、容器、泵等设备自身的密封和与管线连接处的密封型式和方法。综合考虑介质的操作条件、腐蚀性、冲击力、热应力以及承重等因素，并结合防振、防腐、防热膨胀等特殊要求，优化设计管线和容器的连接型式、布置方式及几何尺寸，并对重要管线作应力计算和配管研究。连接法兰端面密封采用优质垫片，保证长周期运行的要求。

汽油吸附脱硫工艺的闭锁料斗管线系统十分复杂，操作工况多，操作压力、温度和介质呈现周期性的变化，并且变化幅度很大。系统承受的应力也随操作条件的变化而变化。如果系统设计有缺陷就会导致操作过程发生管线和阀门等变形、连接部位开裂泄漏、阀门运动件卡死等问题，导致安全生产事故。因此，对该系统进行特殊设计，设置特殊膨胀节和支吊架系统等，可以有效防止在操作过程中发生上述问题。

汽油吸附脱硫装置在反应器顶部设置有反应器与反应产物过滤器的连接法兰。该法兰规格尺寸大，所处的操作条件为高温高压，且介质为易泄漏的含氢烃类。在操作时还要承受过滤器反吹时开关阀门的震动力，因此极容易泄漏。针对这种特殊情况，采取了有针对性的措施，提高法兰压力等级，采用防泄漏的双金属自密封波齿复合垫片等。

3. 防磨蚀设计

汽油吸附脱硫工艺过程的吸附剂需要在反应和再生系统间循环，设有大量的吸附剂输送管线，大多用气体输送，有些工艺介质中也含有一定量的吸附剂。由于吸附剂的颗粒硬度较大，在正常操作时会对管线、阀门和设备有磨蚀，容易造成管线磨穿泄漏。

另外，含有吸附剂的工艺管线大多与反应器相连接，由于反应器的操作温度高并且操作压力也相对较高，含有工艺介质的管线被磨穿泄漏后容易着火，存在重大的安全隐患。磨蚀最严重的部位大多为管线的弯头部位。设计上采取了诸多防范措施，如优化管线布置、尽可能采用大曲率转弯、在容易磨蚀的部位增加材质厚度、采用抗磨材质及内衬耐磨材料等。

4. 物料防窜措施

为了防止物料反窜，在管线上适当部位设置可靠性高的止回阀。如泵出口、压缩机出口等常规设置止回阀以防物料倒流。

为防止工艺介质反窜至公用工程系统，所有与工艺管线和设备相连接的公用工程管线上都设置止回阀，并要求止回阀的位置尽可能地靠近与之相连的设备或管线。

为防止因各种情况而导致循环氢反窜至原料缓冲罐导致超压爆炸，在反应进料泵和循环氢压缩机出口分别设置双止回阀。在进料油管线和循环氢管线上分别设置紧急停车联锁切断阀。当压缩机流量低、反应进料泵和反应炉停运等工况出现时自动切断进料汽油和循环氢，以防氢气窜入原料缓冲罐或原料油倒流至压缩机。

为防止反应器中的高温高压油气反窜回进料系统，在反应器进料管线上设置止回阀。

为防止加热炉炉膛积聚燃料气发生燃爆，在反应加热炉燃料气系统设置长明灯、燃料气低压联锁停炉系统以及炉膛灭火蒸汽系统。为防止开工点炉时燃料气中含有惰性气体无法引燃，而导致燃料气进入炉膛积聚爆燃，在每个火嘴设置燃料气排空系统。

5. 防腐设计

对金属容器外表面、管架等喷防腐涂料进行设备外表面防腐保护。在管道弯头、接头、焊缝、泵出口阀、密封材料等易腐蚀处进行防腐特殊处理。仪器仪表选用抗腐型号。

6. 防静电、防爆设计

为防止产生静电火花，工艺设备、塔、管架、管线、框架、电气设备正常不带电的金属外壳及建筑物均按相关规范进行接地和防雷设计。工艺管线进出装置处设防静电接地，塔、容器的壁厚大于4mm的作为接闪器，只做防雷接地，其他需要接地的均接入共同的接地系统，接地电阻不大于4Ω。

装置内动力及电动机采用电缆配电，敷设方式主要为阻燃电缆沿桥架架空敷设，局部电缆采用电缆沟或直埋敷设方式。电缆进出开关柜处用防火件密封，进防爆电器时用隔离密封措施，导线进防爆电器处用防爆隔离密封管接头，电缆桥架进出建筑物处用防火填料堵死。

为防触电事故发生，设置公共接地系统，保证等电位连接。对于高电压设备设置单相接地保护。对于移动电器设备的插座设置漏电保护装置。为电器维修人员配备绝缘工作服和专用工具。在高压电气设备附近设置警示标志。

7. 火灾报警及通信系统设计

为有效预防火灾，及时发现和通报火情，保障安全生产，设置火灾自动报警系统。

为了能够及时观察重要设备和重点部位的运行情况，保证安全平稳运行，设置电视监视系统，主要监视对象包括室外装置区的反应器过滤器、机泵、压缩机、炉区等。

为了满足开工、检修、巡回检查时的移动性通讯联系的需要，设本安型防爆无线对讲电话机。

为满足在高噪声环境下装置区各生产操作岗位之间、控制室与装置区生产操作岗位之间及时准确的通讯联系，设无主机扩音对讲电话系统。

8. 防护用具和用品的配备

根据岗位的不同危险因素配置各种必须的防护用具和用品，包括过滤式防毒面具、空气呼吸器、安全防护眼镜、防护鞋、防化学手套、防噪声耳塞、安全帽、防护服等。同时按需要配备必需的便携式SO_2检测仪、便携式可燃气体检测器及药品柜等，所配备的防护用具和用品可以满足操作人员正常操作的劳动保护及事故情况下的自救和互救的需要。

第二节　汽油吸附脱硫装置主要安全联锁控制

催化汽油吸附脱硫装置工艺过程涉及的主要介质为汽油、氢气、空气、燃料气等，属于易燃易爆的危险装置，因此从装置设计到实际操作运行，都应将装置的安全生产放在第一位。

正常情况下，装置操作人员可通过DCS以及本技术特有的LMS控制系统对装置进行调控和监视。当装置出现异常，如关键设备出现故障，可能导致重要的工艺参数超过正常值。为了避免造成重大人员伤亡和财物损失，应通过安全联锁系统SIS启动装置自我保护程序。操作人员应同时关注装置的重要参数，必要时通过人为干预，手动操作启动相关安全联锁系统。

一、进料加热炉停炉联锁

自动触发进料加热炉停炉联锁的情况较多，包括：反应进料催化汽油流量低低三取二，反应进料泵停，燃料气压力低低三取二，紧急泄压阀联锁，循环氢流量低低三取二，循环氢压缩机停机联锁，反应器过滤器压差高高，仪表风故障，装置停电等。在进料加热炉现场附近应同时设置紧急停炉按钮。

另外，进料加热炉自身、鼓风机、引风机等也设置了温度和压力停炉联锁，包括对流室出口温度高高三取二、对流室出口压力高高三取二、空气预热器空气侧出口温度低低三取二、空气预热器烟气侧入口温度高高三取二、引风机入口温度高高三取二等也将触发停炉联锁。其中引风机入口温度高高触发停加热炉引风机，同时自动触发打开烟气挡板。

二、循环氢压缩机的安全联锁

循环氢压缩机是吸附脱硫装置反应回路唯一的氢气循环动力来源，同时也是装置最大的转动设备。一般情况下，在其他联锁触发时，也应保证循环氢系统正常运行，以带走装置系统内残留的油气，同时也避免了油气在反应器中聚集液化，导致吸附剂凝结等。

吸附脱硫装置循环氢流量较低，因此一般采用往复压缩机作为循环氢压缩机。除了压缩机自身的振动过高、润滑油压力低低等导致其联锁停机外，还有其他非设备自身因素导致循环氢压缩机联锁停机，这些参数异常包括了压缩机入口分液罐液位高高三取二联锁、压缩机进出口切断阀关闭、反应器过滤器(ME-101)压差高高、紧急泄压开关阀开启等均自动触发循环氢压缩机停机联锁。

当循环氢压缩机发生停机联锁时，为了防止纯油气甚至带液油气进入反应器以及加热炉炉管结焦等异常，自动触发进料加热炉停炉联锁和进料泵停泵联锁。另停机联锁将触发吸附剂转剂控制系统 LMS 自动联锁和紧急氢系统启动，其中紧急氢在反应器底部进入，用于维持吸附剂床层有少量的气体流动，防止“死床”。同时为了避免反应器过滤器永久滤饼厚度过大而影响装置恢复正常操作后的长周期运行，补充氢去反吹氢聚集器的开关阀应根据差压情况适时启动冲压，维持过滤器的部分反吹功能。

三、反应进料泵的安全联锁

自动触发反应进料泵的停泵联锁的情况有：进料泵出口流量低低三取二，反应器过滤器差压高高，紧急泄压联锁，循环氢流量低低三取二，循环氢压缩机停机联锁，进料加热炉停炉联锁等。

四、补充氢和反吹氢压缩机的安全联锁

吸附脱硫装置设置了补充氢压缩机和反吹氢压缩机，根据其流量及压比匹配等特点，一般采用共用电机的形式，形成二合一机组。补充氢分液罐液位高高三取二、循环氢压缩机停机联锁、紧急泄压联锁、压缩机自身的振动过高、润滑油压力低低等均触发补充氢和反吹氢压缩机停机联锁。每台压缩机在现场均设置了紧急停机开关，以便巡检人员发现意外情况时在现场第一时间进行处置。

五、料位联锁动作

吸附脱硫装置除了常规的液位外，还有较为特殊的吸附剂料位监控和联锁。吸附脱硫工艺在闭锁料斗、再生进料罐、再生器接收器及再生粉尘罐设置了核料位计，为减少核料位计

的使用，再生器和反应器料位通过差压及其他参数进行计算得出。当再生器料位高高时，关闭再生进料罐吸附剂输送阀门，置为0%；而当再生器料位低低或再生器接收器料位低低时，则将再生器底部滑阀关闭，置为0%。

六、再生器压力高高联锁动作

再生器可能发生燃烧过于剧烈导致压力高高联锁，此时将产生以下联锁动作：首先关闭再生气体电加热器，切断外部热源；考虑到可能是换热盘管破裂引起再生器压力升高，故应切断冷凝水罐补水阀；切断去再生器空气阀，减少进入再生器的助燃物；再生器底部的温度控制阀置手动并设为0%；同时减少外部挟带“燃料”的含硫含碳吸附剂，即再生进料罐底滑阀关闭；另压力高高联锁触发了再生器及相关设备的自我保护联锁，包括再生器氮气流化线阀开启、热水循环泵停泵等一些列措施和联锁。

七、再生器温度和烟气过滤器差压联锁

吸附脱硫装置再生器内主要发生吸附剂硫化物、吸附剂夹带的烃和碳在空气作用下发生氧化燃烧等。当再生器温度高高或再生烟气过滤器差压高高导致烟气外送困难时，需要关闭再生气体电加热器、空气阀置为手动并将输出置为0%，即关闭了外部热源和燃烧反应的氧气来源；同时应将再生器进料罐和再生器底部滑阀也置为手动，并将输出置为0%。此外，为了防止吸附剂在再生器内温度发生“死床”，应打开氮气流化线阀门。

八、紧急泄压开关阀

紧急泄压阀是装置最重要的安全保障之一，主要用于装置出现超压、超温等异常情况时启动该阀，以避免出现对装置生产和恢复造成严重的后果。

紧急泄压阀打开时，将触发加热炉主燃料气联锁、进料泵停泵联锁、进料汽油关阀联锁、循环氢压缩机停机联锁、补充氢和反吹氢压缩机停机联锁、闭锁料斗吸附剂循环停止；同时还将触发紧急氢压力控制启动以及反应器底部流化阀启动；补充氢也会适时启动去反吹气聚集器的阀门等。

在装置实际操作中，应在关键设备如反应器发生超温、反应系统发生超压等可能引起重大安全事故时，启动该阀，吸附脱硫装置联锁停车。

九、其他连锁动作

吸附脱硫装置还有一些其他联锁动作：

1）主燃料气压力低低时，切断加热炉主燃料气，长明灯保留。

2）反应器过滤器压差高高时，切断加热炉主燃料气，停加热炉、停汽油进料、停循环氢压缩机、停补充氢和反吹氢压缩机、停反应进料泵、停闭锁料斗循环、打开反应器紧急流化阀。

3）再生器烟气含氧量高高时，再生器底部温度控制阀手动设为0%；再生器进料罐滑阀手动设为0%；再生器滑阀手动设为0%。

第三节 装置安全及消防技术规程

一、安全

(一) 装置主要危害因素

1. 物料的火灾、爆炸危险

汽油吸附脱硫生产过程中的原料、产品主要包括汽油、氢气、轻烃等，均是易燃、易爆的液体和气体。生产过程中吸附剂要在高压氢环境和低压氧环境之间转换操作。转换操作频率高、逻辑关系复杂，对仪表和控制系统要求高，实现这一过程的核心设施和控制系统是闭锁料斗控制系统。吸附剂再生和还原分别在空气和氢气环境下进行，反应、再生、还原过程是连续的。因此，工艺过程的设计如考虑不周或在生产过程中操作不正确，则存在发生火灾和爆炸事故的可能性，防火防爆是本工艺安全防护的重点。

汽油吸附脱硫装置为甲类火灾危险性装置，所涉及的物料特性及火灾危险类别见表 10-3-1。

表 10-3-1 汽油吸附脱硫装置主要物料的特性及火灾危险类别

物料名称	爆炸危险类别		爆炸极限/%(体)	闪点/℃	自燃点/℃	火灾危险类别	灭火剂种类
	组别	类别					
汽油	T3	ⅡA	1.1~5.9	<-20	255~530	甲 B	雾状水、泡沫、干粉
氢气	T1	ⅡC	40~75.6	气体	270	甲	雾状水、泡沫、干粉
燃料气			1.1-1.6	气体		甲	雾状水、泡沫、干粉
硫化剂				15	339	甲 B	雾状水、泡沫、干粉

2. 毒性危害

汽油吸附脱硫装置有毒性危害的物质有汽油等烃类物质。吸附剂再生尾气中含有约 2%~5%(体)的二氧化硫，也属于毒性物质。几种物质工作场所空气中接触限值见表 10-3-2。不同程度的接触这几类物质对人体都有不同程度的危害。

表 10-3-2 毒性物料的危害分级及职业接触限值

物料名称	使用条件	时间加权平均允许浓度/(mg/m^3)	短时间接触允许浓度/(mg/m^3)
汽油	密闭	300	450
燃料气	密闭	5	10
硫化剂	密闭		

此外，由于汽油吸附脱硫的反应过程不生成硫化氢，在反应物流中没有硫化氢，同时吸附反应过程采用的氢分压较低，没有硫醇生成，所以装置不存在硫化氢和硫醇的毒性危害。

装置所使用的硫化剂，在装置首次开车和全新装入吸附剂时使用。在装置开车后，在每 2~3 年装置更换全部吸附剂时使用一次，使用完后将用过的泵和罐清空，在其余的操作时间内，装置内没有硫化剂。也即除首次开车和换剂外，在正常操作周期内没有硫化剂的毒性危害。

(1) 烃类物质

主要来源是汽油、轻烃等易挥发物质，烃属于低毒物质，主要有麻醉和刺激作用，通常通过呼吸及皮肤接触吸收进入人体。挥发烃对人的皮肤、眼睛及黏膜有一定刺激作用，并对人的中枢神经也有影响。

侵入途径：吸入、皮肤接触、食入。

急救措施：皮肤接触应脱去污染的衣着，用肥皂水及清水彻底冲洗，就医。眼睛接触应立即翻开上下眼睑，用流动清水或生理盐水冲洗至少 15min，就医。吸入应迅速脱离现场至空气新鲜处，保温休息。呼吸困难时给输氧，呼吸停止时立即进行人工呼吸，就医。食入误服者立即漱口，饮牛奶或植物油，洗胃并灌肠，就医。

(2) 二氧化硫

汽油吸附脱硫装置吸附剂再生尾气中的二氧化硫对眼睛及呼吸道黏膜有强烈刺激作用。

急性中毒：轻度中毒时，发生流泪、畏光、咳嗽、咽喉灼痛等呼吸道及眼结膜刺激症状；严重中毒可在数小时内发生废水肿，并可导致呼吸中枢麻痹；极高浓度吸入立即引起喉痉挛、水肿而窒息。重度中毒可并发气胸、纵隔气肿。

慢性影响：长期低浓度接触，可有头痛、头昏、乏力等全身症状以及慢性鼻炎、咽喉炎、支气管炎、嗅觉及味觉减退等，少数有牙齿酸腐症。

二氧化硫在有水和水蒸气存在时有较强的腐蚀性。

侵入途径：吸入。

皮肤接触：立即脱去污染的衣服，用大量流动清水冲洗。使用清洁、干燥的敷料包扎。如有不适感，就医。

眼睛接触：提起眼睑，用流动清水或生理盐水冲洗。如有不适感，就医。

吸入：迅速脱离现场至空气新鲜处。保持呼吸道通畅。如呼吸困难，给输氧。呼吸、心跳停止，立即进行心肺复苏。就医。

(3) 硫化剂

汽油吸附脱硫装置使用的硫化剂，其蒸气对鼻、喉有刺激性，引起咳嗽和胸部不适。持续或高浓度的吸入出现头疼、恶心和呕吐。对眼睛有刺激性，可引起皮炎。

3. 粉尘危害

吸附剂定期密闭补充时，袋装的吸附剂通过料斗加入，内设为负压系统，储罐顶设有过滤器，在吸附剂加入过程中可防止粉尘溢出操作环境，造成粉尘危害。另外，在每天进行的吸附剂采样过程中，也要注意进行自我防护，防止粉尘危害。

4. 噪声危害

(1) 噪声的产生

装置产生噪声的设备有机泵、加热炉、空冷器、压缩机等，其噪声级为 80~91dB(A)。

长期接触噪声对听觉系统产生损害，从暂时性听力下降至病理永久性听力损失，还可引起头痛、头晕、耳鸣、心悸和睡眠障碍等神经衰弱综合症。此外对神经系统、心血管系统、消化系统、内分泌系统等产生非特性损害，同时对心理有影响作用，使工人操作时的注意力、身体灵敏性和协调性下降，工作效率低，容易发生生产和工伤事故。汽油吸附脱硫装置噪声源典型噪声值见表 10-3-3。

表 10-3-3　汽油吸附脱硫装置噪音一览表

噪声源名称	减噪措施	降噪后噪声值/dB(A)	备注
机泵	低噪声电机	85~90	连续
加热炉	低噪声火嘴	85	连续
空冷器	低噪声风机、电机	90	连续
压缩机	低噪声电机，管线减震	90	连续
吹扫放空	消声器	100	间断

（2）噪声防治

设计中严格执行《工业企业噪声控制设计规范》，选用低噪声设备，在工作条件允许的情况下，对噪声较大的电机加隔声罩，加热炉采用低噪声火嘴，反应器框架及压缩机房内排空管线加装消音器。装置生产噪声对环境的影响符合《工业企业厂界噪声标准》的要求。

5. 放射线危害

在存有吸附剂的部分容器上设有放射性料位变送器和放射性料位开关，用于测量设备内吸附剂的料位高度，料位计放射源采用 137Cs。

（1）137Cs 源料位计原理

137Cs 源料位计由 137Cs 源、源盒、一体化变送器、γ 信号调制器等部分组成。测量原理为 γ 射线穿过物质时能量会衰减，用探测穿过装有被检测物质装置后 γ 射线强度的变化来计量料位、液位、密度或浓度等。γ 射线测量可用于生产中不同的任务。料位计原理见图 10-3-1。

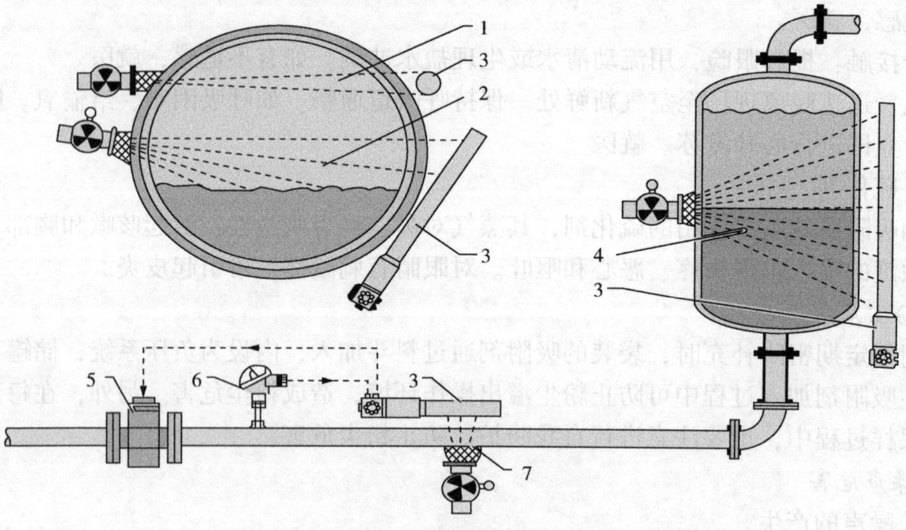

图 10-3-1　密度计测量装置图

1—限位检测；2—连续物位测量；3—γ 射线检测器；4—界面测量；
5—体积流量计；6—温度传感器；7—密度测量或浓度测量

1）连续液位测量：放射源和探测器安装在容器的相对侧。探测器基于辐射强度计算液位(百分比)。通过选择不同长度的探测器，满足系统的测量范围要求。此外，可以级联多个探测器。

2）界面测量：放射源和探测器安装在容器的相对侧，安装高度应保证能辐射到两种液体。此外，放射源还可以安装在容器内。探测器基于接收到的辐射强度计算界面层高度。数值在0%（可能的最低位置）和100%（可能的最高位置）之间。

3）密度测量或浓度测量：放射源和探测器安装测量管的相对侧。探测器基于接收到的辐射强度计算密度或浓度。连接其他温度传感器时，探测器能考虑介质的热膨胀，因此，不会直接输出密度测量值。相反，输出基于用户自定义的标准温度计算转换后的介质密度。此外，探测器的密度信号还可以与体积流量计信号配套使用。基于这两个信号可以计算质量流量。

（2）放射性职业病危害因素

137Cs源半衰期为30.17年，衰变时发射能量为511.6keV（94.6%）和1173.2keV（5.4%）的β射线，其衰变产物为137mBa和137Ba，137mBa衰变产生能量为661.66keV（85%）的γ射线。137Cs源的衰变纲图见图10-3-2。

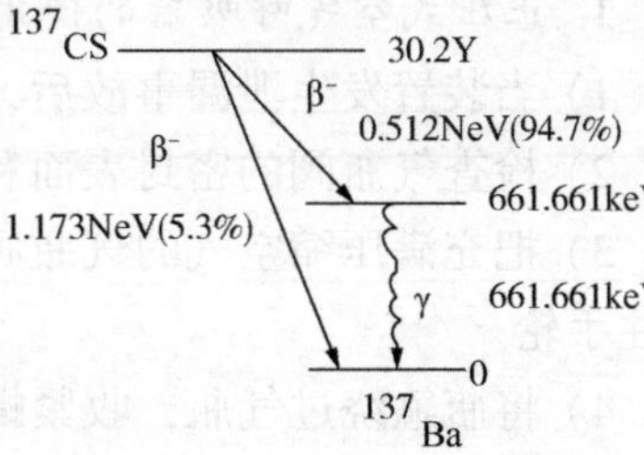

图10-3-2　137Cs源衰变纲图

（二）装置主要危险岗位及危险特征

1. 主要危险岗位及危险特征

汽油吸附脱硫装置主要危险岗位及危险特征情况见表10-3-4。

表10-3-4　主要危险岗位及危害特征

危险岗位或设备	危险物料	危险危害特征
反再区	氢气、二氧化硫、汽油、氮气、放射性仪表	火灾、爆炸、中毒、高温、射线危害
产品稳定区	燃料气、汽油	火灾、爆炸、中毒
压缩机区	氢气、轻烃	火灾、爆炸、中毒、机械伤害
加热炉区	氢气、汽油、燃料气	火灾、爆炸、中毒、高温、噪声
泵区	汽油	火灾、爆炸、中毒、噪声、噪声、机械伤害

2. 工作场所职业病危害因素

汽油吸附脱硫装置工作场所职业病危害因素情况见表10-3-5。

表10-3-5　工作场所职业病危害因素清单

设备	危害因素	尘毒接触限值/(mg/m^3)	噪声高温限值/dB(A)
加热炉	硫化氢	10	
外操室	总烃	450	
再生器	粉尘	16	
产品汽油采样处	总烃	450	
原料油泵	噪声		85
氢压机	噪声		85

二、消防

汽油吸附脱硫装置配备灭火器、稳高压箱式消火栓、消防水炮、消防竖管等消防设施，用于扑救装置各类初起火灾。装置还配有固定式可燃气体报警仪、固定式氢气报警仪、火灾报警仪、监控器、消防应急广播等现场消防气防设施。为操作人员配备便携式可燃气体报警仪，配置有便携式 H_2S 报警仪，用于监察装置环境及操作人员随时检测现场情况。

各类消防器材的使用包括下列四种：

1. 正压式空气呼吸器的使用

1）当装置发生泄漏事故后，打开空气呼吸器箱子，取出空气呼吸器。

2）检查气瓶阀的密封表面和高压密封圈。

3）把充满压缩空气的气瓶阀向上对准减压器接口，然后用手旋紧接口螺纹，用锁紧件锁住手轮。

4）将瓶箍绕过气瓶，收紧螺杆进入叉口，然后用手旋紧。

5）把供气阀上的快速接头插入减压器上快速接头插座内，直到锁紧，拧紧保险环。

6）把供气阀中压导气管放入左肩带上的固定带中固定，按下供气阀上的红色按钮，关闭供气阀。

7）背上装具，通过拉肩带上的自由端调节肩带的松紧，直到感觉舒适为止，然后扣紧腰带。

8）完成以上操作后，打开气瓶阀，在压力表读数不小于 22MPa 即可使用。

9）佩戴全面罩：把下巴放入凹形处，把带子放到头上，先收紧颈带，然后收紧边带。

10）使用结束后，先将供气阀卸下，揿下供气阀上红色按钮，关闭供气阀，然后松开面罩系带，先松颈带，后松头带，从后向上脱下面罩，关闭气瓶阀。

使用注意点：使用过程中听到报警声(压力降到 5MPa)时，要立即撤离现场。在毒区严禁摘下面罩。

2. 稳高压系统箱式消火栓操作方法说明

1）消火栓、水带、水枪，连接时应内口对接好转动到位，防止充水后水带转动而接口脱开。

2）铺设水带时应避免骤然曲折、扭转，防止降低耐水压的能力。

3）充水后应避免在地面上强行拖拉，需要改变位置的要尽量抬起移动。

4）箱式消火栓阀按逆时针方向旋转开启，开启时应缓慢操作，防止水枪充水过快，防止产生后座压力而危及到人员的安全。

5）经常检查箱式消火栓、水枪、水带是否齐全完好，有无生锈、漏水、接口垫圈是否完整无缺，如有损坏应及时报告消防队。

3. 固定消防炮操作说明、维护

1）手柄式固定消防炮在转动角度前应松开锁紧手轮，转到相应位置后再用锁紧手轮锁紧即可保证在该角度进行喷射。(消防炮的回转角度可 360°任意转动，仰角最大可到+70°，俯角最大可到-40°，炮头可调雾状或直流)。

2）开启或关闭固定水炮阀门时，应缓慢操作，防止产生水锤现象而损坏水炮部件。

3）发现喷射压力过高（正常工作压力为0.8MPa，可在消防炮压力表观察）或射程很近时，应及时检查喷头处是否有堵塞物，若有应及时清除。

4）定期检查水炮活动件，注意是否灵活，发现漏水或操作不灵活及时报告消防队。

5）若使用较长时间后，应对消防炮进行相应的表面处理

4. 干粉灭火器的使用

1）干粉灭火器适用于扑救可燃液体、带电设备的火灾，特别适用于扑救可燃气体的火灾。

2）手提式干粉灭火器在使用时，首先拔去保险销，手握喷筒，压下压把，对准火源根部平射。在室外使用时，人员应站在上风向。干粉灭火器喷射距离短，操作人员应尽量靠近火源，并迅速摇摆喷嘴左右横扫，不让火焰窜回。

3）推车式干粉灭火器应二人操作，在使用时，一操作人员应迅速拉出喷枪，把枪口对准着火源并打开手阀。另一操作人员应迅速打开保险销，拉起手柄（开阀）。

4）注意事项：在扑救可燃液体火灾时，管枪不可直接冲击液面，以防把燃烧的液体溅出。二名操作人员应相互配合好，以免发生伤害。

第四节 安全隐患分析及消除

汽油吸附脱硫装置生产过程中的原料、产品均是易燃、易爆的液体和气体，都有发生火灾和爆炸事故的风险。物料的危险特性及火灾危险类别见上节。

汽油吸附脱硫工艺技术基于本质安全理念进行开发，用基于风险进行安全设计的理念指导设计过程并将其落实到各个环节。

本质安全设计的概念是在2010年发布的国家安全标准《化工建设项目安全设计管理导则》AQ/T 3033—2010[2]提出的。在该标准中，本质安全设计的定义是："在设计过程中，采用削减、缓解、替代、简化等手段，使工艺过程及其装备具有内在的能够从根本上防止事故发生的功能"。

在工程设计过程中，随着设计的全面展开和不断深入，组织开展一系列有组织的、系统的危险辨识和风险评估活动。根据风险分析评估的结果提出有针对性的风险控制措施，并在设计过程中得到有效的落实，以保证整个项目的过程安全。基于风险进行安全设计的理念贯穿在各专业设计中，以此提升设计的本质安全水平、实现风险削减和风险控制的目的。

（一）风险识别和评估

汽油吸附脱硫工艺设计全过程始终贯穿风险识别和风险评价。明确各阶段的风险识别和风险评估的程序、方法和工具，识别安全、环境、健康方面的危害，明确危害产生的原因和可能对人、环境、资产和声誉带来的后果。

汽油吸附脱硫应用的风险评估工具和方法有6种。

1. 危险源辨识（HAZID）

在建设项目初期进行危险源的辨识，早期识别设计过程中或建成后可能存在的主要风险，为早期调整工艺方案、优化总图布置、提升本质安全水平提供依据。建设项目可能造成作业人员伤亡的危险和有害因素，如粉尘、窒息、腐蚀、噪声、高温、低温、物理伤害、放

射性辐射等。

建设项目外部或环境危险源，如建设项目所在地的自然灾害、极端恶劣天气、周边设施、周边环境等的不利影响等方面开展有关安全、环保、健康的重大危险源和危险有害因素辨识；同时针对火灾爆炸危害、工艺危害、公用工程系统进行危险源辨识，通过辨识避免由于早期风险识别不足导致后期增设补救措施、增加大量变更、追加安全投资等项目执行风险的增加。

2. 工艺过程危险分析(PHA)

由于汽油吸附脱硫过程在一定的温度与压力下操作，其处理的化学品具有毒性和可燃性，发生事故就可能造成人身伤害、健康损害、财产损失、环境破坏等严重后果，因此在设计早期阶段开展 PHA 初步的风险识别和风险分析以帮助进行工艺技术路线选择、工艺过程的危险有害因素分析。通过削减、替代、缓解、简化等方法，优化工艺过程，尽可能降低工艺过程本身的安全风险。

3. 健康风险评估(HRA)

对项目现场操作人员潜在的健康危害进行识别和分析评估，识别可能使劳动者暴露于健康危害下的工作类型、识别健康危害的特征，基于工作类型评估可能暴露于健康危害下的频率和时间，并对暴露程度进行分级，进而提出对于存在的健康危害采取控制、减缓和消除措施。

4. 危险与可操作性分析(HAZOP)

危险和可操作性分析是对工艺过程的危险和操作性问题进行系统的分析，识别出所有可能对安全、操作和环境造成的不良后果的与设计意图的偏差内容，分析可能的原因、后果和已有保护措施，提出建议措施，从而降低装置风险，使装置更加安全可靠。

5. 安全仪表完整性等级评估(SIL)

对具有安全仪表功能的仪表控制或联锁回路进行半定量化的风险分析和评估，按照安全仪表系统失效概率的方法[1]为安全仪表功能的仪表回路确定相应的安全完整性等级。通过 SIL 验证确定 SIL 回路是否能够达到预先设定的等级。

6. 定量风险分析(QRA)

定量风险分析(简称 QRA)通过对系统或设备失效概率和失效后果的严重程度进行评价，在分析过程中不仅要求对事故的原因、过程、后果等进行定性分析，而且要求对事故发生的频率和后果进行定量计算，并将计算出的风险与风险标准相比较，判断风险的可接受性，提出降低风险的建议措施。

定量风险分析包括危险源辨识与分析、频率估算、重大事故后果计算和影响范围分析、评价结果和个人风险及社会风险分析的区域定量风险评价等。通过定量风险分析，可以对设计进行优化，主要体现在以下几个方面：

1）厂区选址、厂区设计和平面布置过程中，确定界区内以及界区外的安全防护距离。

2）为有针对性地采取相应的安全措施提供参考。

3）厂区内人员集中建筑物的抗爆设计。

4）为制定应急救援计划提供依据。

（二）风险控制

风险控制措施主要包括DCS自动控制系统、SIS安全仪表系统、火灾报警系统、设备可靠性、安全设施等。

汽油吸附脱硫装置采用分散控制系统（DCS）进行过程控制和检测，分散控制、集中操作、集中管理。DCS系统既能实现常规控制，又是实现先进控制的基础，并为全厂信息网提供实时数据信息，并可为实现先进控制、优化控制和先进管理打好基础。

汽油吸附脱硫装置采用SIS安全仪表系统，根据装置不同的特点，重要的安全联锁保护、紧急停车系统及关键设备联锁保护应设置安全仪表系统，SIS数据通讯至DCS系统。

汽油吸附脱硫装置的安全设施包括安全阀、爆破片、防雷防静电接地系统、漏电保护、防火堤、防火涂料、配备个人防护用品等。

汽油吸附脱硫装置的设备本质安全化是运用本质安全评价方法，找出装置或设备在设计时未能消除的危险源，适当添加保护层，使设备具有较完善的防护和保护功能，以保证设备和系统能够在规定的运转周期内安全高效地运行。同时，对设备实施风险管理，运用RBI、RCM、RAM、故障自愈调控等技术在设备层面上降低风险，是保证工艺、防止事故的主要手段。

（三）安全审查

在汽油吸附脱硫装置基础工程设计阶段，对安全设计影响重大的设计文件进行安全审查，包括对总平面布置图、装置设备布置图、爆炸危险区域划分图、工艺管道和仪表流程图等图纸的审查，以及对安全仪表系统、可燃及有毒物料泄漏检测系统、火炬和安全泄放系统等安全系统的审查。

对安全审查意见全部能够落实到设计当中，对于和安全审查相关的设计变更有严格的变更管理要求。

（四）安全设计过程管理

1. 设计安全策划

汽油吸附脱硫设计的安全策划[3]包括设计管理策划、设计HSE审查及评审策划、HSE法规、标准规范及其他要求的识别、设计项目危险源辨识、设计项目环境因素识别、安全、环保设施设计策划。

（1）前期设计阶段

1）工艺技术危险性分析和本质安全设计审查；

2）总图布置方案比选，分析评估拟建项目与周边设施的安全防护距离；

3）危险源早期辨识HAZID和初步风险分析；

4）根据危险源辨识和风险分析结果制定初步的安全设计方案及对策措施。

（2）基础工程设计阶段

1）工艺包设计文件安全审查，主要进行工艺技术的危险性分析，提出安全对策措施；

2）落实安全评价报告提出的措施和建议；

3）进一步开展过程危险源辨识、分析和风险评价；

4）分析外部依托条件及相邻装置的相互影响；

5）组织开展安全设计审查。

（3）详细工程设计阶段

1）落实《建设项目安全设施设计专篇》和行政部门的审查意见；

2）落实各项安全设计审查提出的设计整改措施；

3）根据设计变更情况及供货商的资料开展必要的危险源分析和安全审查；

4）对于重大设计方案变更按变更管理规定履行变更手续。

2. 设计输入评审

汽油吸附脱硫设计安全审查和评审包括工艺危害分析与风险评价、安全专篇的审查。设计现场服务包括安全相关要求设计交底、设计现场职业健康安全危险源辨识和风险评价、现场设计代表安全培训、影响设计安全性能的重大变更控制。

第五节　事故案例分析

某企业汽油吸附脱硫装置发生氢气泄漏着火事故。事故无人员伤亡，无环境污染，未造成重大财产损失，未发生次生事故。

1. 事故经过

操作人员将正在运行的循环氢压缩机 A 切换至 B，并对 A 机进行例行检查。切换后循环氢流量由 $11000Nm^3/h$ 降至 $7000Nm^3/h$，还原氢流量由 $1100Nm^3/h$ 降至 $200Nm^3/h$ 左右。切换后约 1h，还原氢电加热器壳体突然破裂泄漏着火。约 1h 后现场明火完全熄灭。

2. 事故原因

事故的直接原因是由于循环氢压缩机切换后氢气流量降低，并且还原氢流量降低幅度较大，致使氢气介质从还原氢电加热器取热量大幅度减少，导致电加热器电阻丝元件超温。而该加热器电阻丝元件超温保护联锁被解除，是本次泄漏着火的直接原因。

引发本次事故的客观原因有如下几方面：

1）未严格执行停工方案。按照装置停工计划及经过审批通过的停工方案，拟解除反应进料联锁、循环氢低流量联锁、加热炉燃料气压力低低联锁三个工艺联锁以及进料泵运行状态改为旁路，不包含解除电加热器电阻丝超温保护联锁。但在执行过程中，解除了电加热器电阻丝超温保护联锁。

2）未严格落实联锁保护系统管理规定。未严格执行该企业《联锁保护系统管理规定》，在未履行联锁保护系统解除手续的情况下，将电加热器电阻丝超温保护联锁解除，违反联锁保护系统管理规定。

3）操作人员技术素质不够。电加热器加热元件温度发生高高报警后，操作人员先请示技术人员处理方法，并在长达 3min 的时间内才逐渐将电加热器负荷降低，采取措施不果断，导致电加热器电阻丝温度超过最高量程约 7min，造成电加热器损毁。处置过程时间过长，错过了最佳时机，暴露出操作人员技术不过关，处置紧急事故的方法不正确。

导致发生事故的根本原因是管理不到位。对解除还原氢加热器电阻丝超温保护联锁引起的后果未进行风险辨识，没有采取风险控制措施。

参考文献

[1] 保护层分析(LOPA)应用指南. GB/T 32857—2016.
[2] 国家安全生产管理总局. 化工建设项目安全设计管理导则(AQ/T 3033—2010)2010-09-06.
[3] 国家安全生产管理总局. 化工企业工艺安全管理实施导则(AQ/T 3034—2010)2010-09-06.

第十一章　汽油吸附脱硫装置节能与环保技术

第一节　汽油吸附脱硫装置节能技术

汽油吸附脱硫装置的能耗较低，普遍在6.5～7.5kg标油/t进料之间，部分低温热利用充分的装置能耗能够达到5.0kg标油/t进料以下(折合为209.5MJ/t)[1]。汽油吸附脱硫装置对炼厂全厂的综合能耗贡献率约为1个单位。

一、用能分析

(一) 装置能耗

汽油吸附脱硫装置能耗的差别主要是由于进料方式和低温热利用方式不同造成的。以某厂1.2Mt/a汽油吸附脱硫装置为例，各项公用工程消耗量及能耗计算见表11-1-1。装置年操作时数按8400h计算，装置进料量为142.857t/h。

表11-1-1　汽油吸附脱硫装置能耗计算[2]

序号	项　目	消耗量		能耗指标			设计能耗/(kg标油/t)
		单位	数量	单位	数量	kg标油/h	
1	电力	kW·h	973	kg标油/kW	0.22	214.06	1.498
2	除氧水	t/h	1	kg标油/t	6.5	6.5	0.046
3	循环水	t/h	320	kg标油/t	0.06	19.2	0.134
4	加热设备凝结水	t/h	-3.45	kg标油/t	6.0	-20.7	-0.0145
5	燃料气	kg/h	535	kg标油/t	176.6	602.3	4.216
6	0.4MPa级蒸汽	t/h	-1	kg标油/t	66	-66	-0.462
7	1.0MPa级蒸汽	t/h	3.65	kg标油/t	76	277.4	1.942
8	净化风	Nm^3/h	600	kg标油/Nm^3	0.038	22.8	0.160
9	氮气	Nm^3/h	600	kg标油/Nm^3	0.15	90	0.630
10	原料汽油70℃热进料	MJ/h	961				0.160
11	精制汽油低温热利用	MJ/h	-5896				-0.99
	合计						7.18

注：1. 负值为产出量；

2. 原料汽油70℃热进料的能耗为高于60℃部分能量；

3. 精制汽油低温热利用按照50%的折能系数计算；

4. 燃料气低热值按47.147MJ/kg计。

根据表11-1-1的计算可知，装置的能耗为45991MJ/h，折合单位能耗为321.93MJ/t进料。该能耗值远低于其他类催化汽油脱硫技术的能耗值，有显著的优势。

(二) 公用工程用途及所占能耗比例

(1) 电力

装置内主要的用电设备包括压缩机、离心泵、电加热器、空冷器及磷酸盐加药装置等。另外，电力还用于驱动引风机和通风机以及仪表用电、照明用电和暖通用电等。电能约占总用能的20%。

(2) 新鲜水

新鲜水主要是生活用水及冲洗装置地面等时使用，大部分为间断使用，用量较小。其占总用能的比例可忽略不计。

(3) 循环水

循环水作为装置内一部分冷却器的换热介质，以及少量用于压缩机。循环水折合的能耗约占总用能的1.8%，占比较少。

(4) 加热设备凝结水

主要产自稳定塔重沸器和伴热后的输出物料。对装置的能耗贡献是负的，但贡献不大，约为-0.2%。

(5) 燃料气

燃料气用于反应进料加热炉，占总能耗的60%左右，是装置能耗的主要部分。

(6) 蒸汽

通常，装置采用1.0MPa(g)蒸汽作为稳定塔重沸器的加热热源，1.0MPa(g)蒸汽折合的能耗约占总用能的27%。

在再生器内设置蒸汽盘管用于取出再生时的热量，产生压力为0.4MPa的低压蒸汽，所产低压蒸气有利于降低能耗，约为-6.5%。

(7) 净化风

净化风主要用于吸附剂的再生，占总能耗的2%左右。净化风在全装置内还作为仪表风使用。

(8)氮气

氮气是吸附剂输送循环过程中的提升气体、吸附剂设备松动气体，以及该过程中所需的用于氢氧环境隔离的置换气体，占总能耗的8%左右。

(三) 用能分析

从汽油吸附脱硫装置能耗计算与分析可知，装置能耗所占比例最大的公用工程主要集中在燃料气、电力和蒸汽三个方面，分别为60%、27%和20%。

燃料气用于进料加热炉加热原料，满足反应所需的温度条件。电力主要用于反应进料泵、气体压缩机的驱动。蒸汽主要用于稳定塔重沸器热源。

由于汽油吸附脱硫装置采用热进料的方式，并且对稳定塔底汽油产品的低温热也进行了不同方式的回收，对装置能耗的降低做出贡献。低温热回收的热量占能耗总量的14%左右。

二、节能设计基本原则及主要节能途径

(一) 节能设计基本原则

汽油吸附脱硫装置节能设计的基本原则是尽可能降低公用工程消耗量、最高效地利用能量、最有效地回收能量、最大程度地减少物料消耗。

1）采用先进可靠的工艺技术、优化工艺流程；

2）使用高效设备，如高效加热炉、高效分离塔盘等；

3）注重全厂性的用能优化，主要装置之间、系统之间、装置与系统之间的用能优化；

4）做好蒸汽系统的逐级利用与平衡；

5）做好水的合理利用、循环使用，减少污水排放量，节约水资源；

6）所有节能措施经济合理；

7）尽可能回收工艺等物流的余热。

（二）主要节能途径

1. 设计节能型的工艺流程

选择优化的工艺技术路线和先进可行的能量综合利用方案是建设节能型装置的关键。

（1）热进料

上游催化裂化稳定塔底汽油不经空冷器冷却直接进入装置，设计温度普遍在70℃左右，减少加热炉负荷。

（2）优化进料系统，减少燃料用量

装置中燃料气的能耗占总能耗比例接近60%，所占比例最大，所以降低能耗应首先从提高加热炉效率、减少燃料消耗入手。具体的措施为，一方面从工艺流程优化角度出发，尽量优化反应温度、压力、塔的回流比等操作条件，以降低燃料气的消耗量；另一方面，有效地回收加热炉烟气余热，设置余热回收系统，降低烟气排放温度，提高加热炉系统热效率，使其达到92%以上。

（3）优化蒸气系统，逐级高效利用

充分利用稳定塔重沸器1.0MPa蒸汽凝结水的热能，将稳定塔重沸器产生的凝结水再用于加热进入稳定塔的冷产物分离器的轻油。换热后的冷凝水再补充到冷凝水罐用于再生器取热发生蒸汽，实现了蒸汽的串级逐级高效利用。

（4）充分利用再生余热

吸附剂再生过程为放热过程，为充分利用此热量，在再生器内设置蒸汽盘，管用于取出再生时的热量，蒸汽盘管内的取热介质为稳定塔底重沸器加热蒸汽凝结水，再生器蒸汽盘管产生压力为0.4MPa(g)的低压蒸汽，此低压蒸汽用温度较高的再生尾气预热后再去再生空气换热器加热再生用冷空气，最后送出装置。

（5）充分利用物料的低温余热

稳定塔底汽油与塔进料换热后的温度为135~150℃，对此低温热进行回收利用，可大幅度降低装置能耗。通常采用加热低温介质和低温发电两种回收方式。

采用加热低温介质的方式，可产生温度120℃的热水，可用作其他装置或系统的热源或用于采暖等。

采用稳定塔底稳定汽油余热发电是节能的最有效方式。以某厂1.2Mt/a吸附脱硫装置为例，采用稳定塔底低温稳定汽油作为ORC发电机组的蒸发热源进行发电。发电机组运行可适应装置60%~100%负荷操作弹性要求。设计工况下，ORC发电机组系统净发电量平均为550kW，其净发电量占全装置用电量的50%以上，可使装置能耗降低1个单位以上。在此基础上，产品汽油空冷器风机可全部停用，节省电力，节能效果显著。

目前，采用稳定塔底稳定汽油余热进行发电的技术在燕山石化、长岭炼化两套汽油吸附脱硫装置得到成功应用，是进一步降低装置能耗的最有效措施，具有推广应用的良好前景。

2. 选用高效节能的设备

1）在塔器设计中，通过采用高效浮阀塔盘，提高分离精度，降低回流比和塔底的重沸热负荷。

2）在泵的选型过程中，通过采用不同的叶轮、叶片形式来尽可能提高其效率；对离心泵，限定泵额定流量和正常流量应在最佳效率点流量附近的一定范围之内，以保持较高的效率；根据泵的实际扬程考虑叶轮的大小，在设计阶段就充分做到量体裁衣。同时选用高效率电机，以节省能量。

3. 其他主要节能途径

1）从节约用水和降低能耗综合考虑，装置内需冷却的物料尽量选用空气冷却，对于产品的冷却，通常空冷至55℃以下再进行水冷，以最大限度地节省用水。

2）根据工艺和安全要求，高温管线和设备采取保温措施。

3）节电措施：根据工艺条件，选用变频调速，如装置的空冷风机，采用电动调角以提高风机效率，降低能耗。此外引风机、鼓风机等选用变频调速，降低电耗。选用高效的电气设备。此外，在供配电系统方面考虑节能措施，例如，提高系统运行功率因数，在35kV变电所安装集中电容补偿装置，采用无功补偿后，功率因数提高到0.92~0.95；为降低能耗，在设计中精确计算设备的负载率，提高设备负载率，变压器负荷率按50%选择；变电所尽可能靠近装置负荷中心位置，以缩短线路的长度，减少线损。

4）为节约用水，尽量减少新鲜水用量，加强管理，实行用水计量。新鲜水管道进装置入口处设置切断阀及计量设施；循环冷水管道、循环热水管道进出装置前设置切断阀及计量设施。

三、节能效果

本装置通过采用上述综合节能措施，汽油吸附脱硫工艺的设计能耗远低于采用其他催化汽油脱硫技术的能耗，为其他脱硫技术的30%~40%，是高效节能型工艺技术。

由于汽油吸附脱硫能耗较低，公用工程的消耗量远低于其他催化汽油脱硫技术。汽油吸附脱硫技术的完全操作费用比其他催化汽油脱硫技术降低45%~60%，而公用工程消耗占汽油吸附脱硫完全操作费用的三分之一，因此与其他催化汽油脱硫技术相比，仅节省公用工程消耗就使得完全操作费用降低15%~20%。

第二节　汽油吸附脱硫装置环保技术

一、环保全过程控制

汽油吸附脱硫技术基于吸附作用原理对汽油进行脱硫，脱硫后的精制汽油满足车用汽油(Ⅵ)排放标准的要求，大幅提高了车用汽油的清洁性。

汽油吸附脱硫工艺副产少量含H_2的气体，可作为加热炉的清洁燃料；含有SO_2的再生尾气送至硫黄回收装置回收硫黄，或送至催化烟气脱硫等设施进行处理；产生的少量含氨污水送酸水汽提净化后回用，避免了对环境的影响。

汽油吸附脱硫工艺技术所采用的节能降耗、污染预防和全过程污染控制、废物循环利用和资源再生等方面的技术措施均体现了“减量化、再利用、再循环”的循环经济理念。

二、污染物来源、分布及性质

汽油吸附脱硫技术采用全馏分催化汽油一次通过脱硫工艺，生产过程不产生硫化氢和硫醇，反应器内发生流化床吸附脱硫反应；再生器发生流化床氧化反应，原料汽油中的硫随再生尾气以二氧化硫方式排出；反应部分为中压临氢环境，再生部分为低压含氧环境，通过步序控制由闭锁料斗系统实现吸附剂在反应系统和再生系统之间的循环输送和氢氧环境的隔离。

汽油吸附脱硫装置的主要污染物是含硫废气、含油(氨)污水、废吸附剂等。废气主要是再生尾气及加热炉烟气，固废主要为废吸附剂。

该技术典型的污染物排放流程见图 11-2-1。

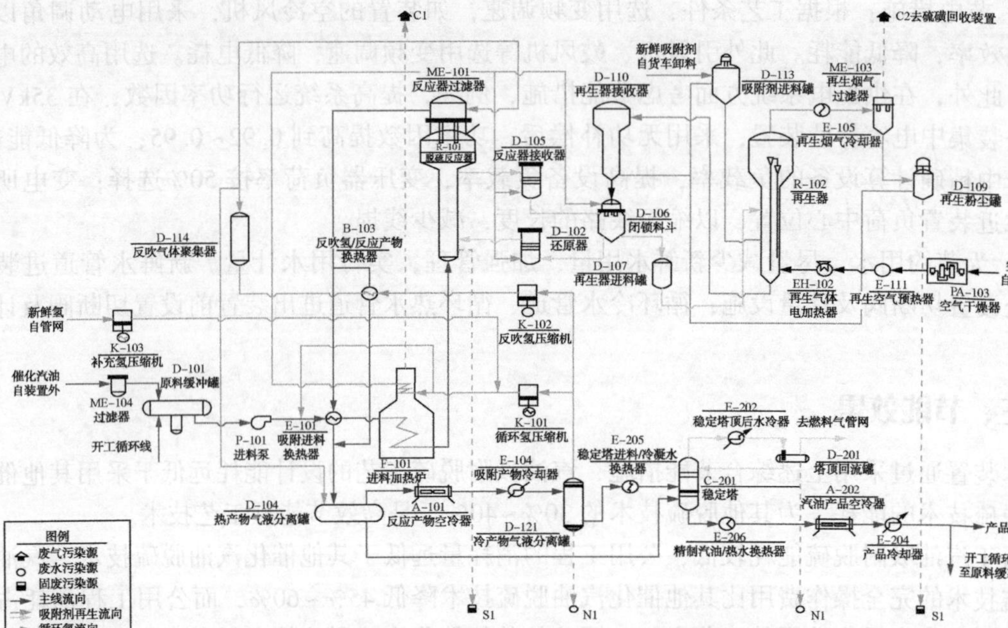

图 11-2-1 典型的汽油吸附脱硫污染物排放流程

(一) 废气

该工艺过程正常生产时排放的废气包括有组织排放和无组织排放废气。

1. 有组织排放

正常生产排放的主要是加热炉烟气和工艺废气，工艺废气主要有闭锁料斗置换排气和再生器顶部排出的吸附剂再生尾气。

(1) 加热炉燃烧烟气

来源为反应进料加热炉，正常操作时连续排放。

反应进料加热炉用于加热反应进料，一般以厂内统一脱硫后的燃料气为燃料，燃料气的硫含量一般为 $20mg/m^3$ 左右。连续排放的燃烧烟气的产生量与燃料用量成正比。主要污染物为 SO_2、NO_x、烟尘，通过烟囱高空达标排放。

(2) 再生尾气

再生过程是以空气中的氧作为氧化剂的氧化反应过程，在再生器中将吸附剂上吸附的硫氧化为SO_2，随再生尾气排出再生器。离开再生器的再生尾气先经过滤器过滤掉所携带的吸附剂粉尘，然后再送到硫黄回收装置回收硫，也可送至催化烟气脱硫或其他碱洗设施进一步处理。

在正常生产时，再生尾气连续排放，排放量视装置规模不同而不同，一般在800~1700m^3/h之间，主要成分为N_2、CO_2和SO_2。尾气中SO_2含量与原料催化汽油的硫含量相关，常见组成见表11-2-1。某些苛刻工况时，再生尾气中SO_2的含量可能到达5.0%。

表11-2-1　典型的再生尾气组成

组　分	含量/%(体)	组　分	含量/%(体)
H_2O	2.20~2.80	CO_2	1.60~2.30
O_2	0.10~0.50	SO_2	1.20~2.50
N_2	90.0~92.0		

(3) 闭锁料斗排放气

为了维持吸附剂活性，装置设有吸附剂连续再生系统。闭锁料斗系统是实现吸附剂在高压氢环境的反应部分与低压含氧环境再生部分之间循环输送的关键系统。通过压力的变化，实现高低压间的转换。采用氮气作为氢、氧环境隔离的中间介质，再生与待生吸附剂通过闭锁料斗实现反应系统和再生系统的相互输送和氢氧环境的隔离，步序和操作由闭锁料斗控制系统完成。按特定的程序控制步序，并根据在线分析仪检测分析的排放气组成，在自动控制下，用氮气按步骤分别从闭锁料斗里置换出氢气/烃、O_2、CO_2。置换出的含氢/烃气体送到燃料气管网或火炬，置换出的N_2和空气排入大气。其流程示意见图11-2-2。

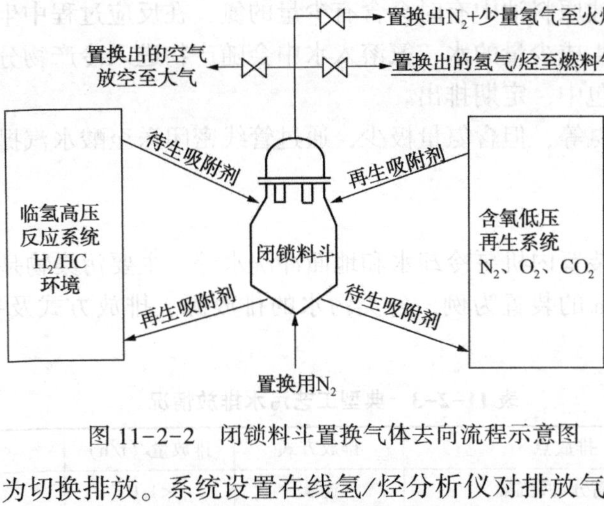

图11-2-2　闭锁料斗置换气体去向流程示意图

闭锁料斗排气为切换排放。系统设置在线氢/烃分析仪对排放气进行在线监测分析，根据分析仪检测的置换排放气的氢/轻烃含量并根据设定的步序程序，将排放气排放至相应的系统。

在置换从反应系统来的待生吸附剂时，置换排放气的主要组分为氮气、氢气和少量烃类。在置换的前期阶段，排放气中的氢/烃含量高，排放至燃料气管网；置换的后期阶段，排放气中的氮含量高，含少量氢气，排放至全厂火炬系统。在置换从再生系统来的再生吸附剂时，置换排放气的主要组分为氮气和少量的 O_2、CO_2，排放到大气。

2. 无组织排放

(1) 无组织污染源 VOCs

无组织排放源主要为生产过程跑、冒、滴、漏等逸散的烃类物，其损失主要来自各类机泵、压缩机及阀门等的动静密封点的泄漏挥发、原料罐的大小呼吸等。通过强化生产过程的管理，此类无组织污染源 VOCs 排放被严格控制。

(2) 非正常工况

在操作不正常或开停工时的吹扫置换气，个别塔或容器的压力超高，引起安全阀启跳而排放各种烃类气体，均密闭排放到全厂火炬系统。

以处理量为 1.5Mt/a 的装置为例，废气排放源、排放方式及去向见表 11-2-2。

表 11-2-2 典型废气排放情况

排放源及类别	排放方式	排放高度/m	主要污染物	排放去向
加热炉烟气	连续	40~60	SO_2、NO_x、颗粒物	大气
闭锁料斗排放气	连续	30~35	O_2：0.5%~1%，N_2：99%~100%	大气
再生尾气	连续		H_2O、O_2、N_2：>90.3%， CO_2、SO_2：1.2%~5.0%，	硫黄回收装置、催化装置或烟气净化设施

(二) 废水

装置排放的工艺废水按照水质可分为含氨污水和含油污水。非工艺废水为污染雨水和生活污水。

1. 含氨污水

来自催化裂化的汽油原料油中有时会含有少量的氮，在反应过程中生成氨。由于原料带入少量水，反应过程也生成少量的水，氨溶入水中会随产物进入冷产物分离罐和稳定塔顶回流罐，积聚在底部分水包中，定期排出。

含氨污水中含油、氨等，但含氨量极少，通过管线密闭送至酸水汽提装置或污水处理场进一步处理。

2. 含油污水

含油污水主要来自装置内机泵冷却水和地面冲洗水等。主要污染物是石油烃类。

以处理量为 1.5Mt/a 的装置为例，各类污水的排放源、排放方式及排放量及去向见表 11-2-3。

表 11-2-3 典型工艺污水排放情况

废水类别	排放点	排放方式	排放量/(t/h)	去向
含氨污水	冷高分/回流罐	连续	<1.0	酸性水处理
含油污水	机泵冷却水和地面冲洗水	间断	1	污水处理场

(三) 固废

1. 固废

固体废物排放源主要是脱硫反应器和再生粉尘罐排放的废吸附剂，每 1~2 周排放一次，废吸附剂为危险废物，主要成分为氧化铝、氧化镍、氧化锌等。废吸附剂排放情况见表 11-2-4。

表 11-2-4 典型废吸附剂排放情况

排放源	废渣类别	排放频次	排放量	主要组分	废物类型
脱硫反应器再生粉尘罐	废吸附剂	1 次/1~2 周	0.3~0.8t/次	氧化铝、氧化镍、氧化锌	危废

2. 放射源

在反应-再生系统存有吸附剂的部分容器上设有放射性料位变送器和放射性料位开关，用于测量闭锁料斗、再生进料罐等设备内吸附剂的料位高度。放射性仪表清单见表 11-2-5。料位计放射源采用 Cs-137，强度一般小于 1000mBq，均设置安装及防护附件，如防护铅板等。密封放射源仪表使用年限为 15~20 年。放射性仪表清单见表 11-2-5。

表 11-2-5 典型放射性仪表清单

检测位置	说明	控制系统	放射源类型	放射源外壳材质	放射源数量
闭锁料斗	连续测量	LMS	点源	铅封，环氧粉末涂层	1
再生器进料罐	连续测量	LMS	点源	铅封，环氧粉末涂层	2
再生粉尘罐	连续测量	DCS	点源	铅封，环氧粉末涂层	3
闭锁料斗下方	开关量测量	LMS	点源	铅封，环氧粉末涂层	1
再生器接收器高高料位	开关量测量	DCS	点源	铅封，环氧粉末涂层	1
再生器接收器高料位	开关量测量	LMS	点源	铅封，环氧粉末涂层	1
再生器接收器低料位	开关量测量	LMS	点源	铅封，环氧粉末涂层	1

(四) 噪声

主要噪声源是压缩机、机泵、加热炉、风机等。加热炉声压级约为 85dB(A)；机泵声压级约为 85~93dB(A)；空冷声压级约为 90~95dB(A)；压缩机、鼓风机，其声压级约为 90~95dB(A)；开停工期间的吹扫放空噪声较高，约为 105dB(A)。

除选用低噪声设备外，采用消声器、隔声罩；加热炉采用低噪声火嘴等减噪措施；汽油吸附脱硫装置噪声源、减噪措施及噪声值情况见表 11-2-6。

表 11-2-6 装置噪声源、减噪措施及噪声值情况

序号	噪声源的名称	运行规律	防治措施	减噪效果噪声值/dB(A)
1	压缩机	连续	低噪声电机	90~95
2	泵	连续	低噪声电机	<85
3	风机	连续	低噪声电机	<85
4	加热炉	连续	低噪声燃烧器	<85
5	空冷器	连续		<90
6	气体放空	间断(开停工)	消声器	<90

三、执行环保标准

汽油吸附脱硫装置的设计、建设和生产运行遵守国标、行业标准及地方标准，且满足项

目环评及批复的要求。

(一) 废气

1. 加热炉烟气

加热炉烟气最高允许排放浓度执行《石油炼制工业污染物排放标准》(GB 31570—2015)中对工艺加热炉的要求，厂界污染物排放浓度执行《石油炼制工业污染物排放标准》(GB 31570—2015)，厂界恶臭污染物的排放浓度执行《恶臭污染物排放标准》(GB 14554—2008)。本工艺技术废气排放采用的标准限值见表 11-2-7。

表 11-2-7 废气排放采用的标准限值

污染物		最高允许排放浓度/(mg/Nm^3)		厂界限值/(mg/Nm^3)
		一般地区	重点地区	
有组织	二氧化硫	100	50	
	氮氧化物	100	50	
	颗粒物	20	20	
无组织	非甲烷总烃			4.0
	H_2S			0.06
	NH_3			1.5
	甲硫醇			0.007
	甲硫醚			0.07
	颗粒物			1
标准来源		《石油炼制工业污染物排放标准》(GB 31570—2015)		《石油炼制工业污染物排放标准》(GB 31570—2015)、《恶臭污染物排放标准》(GB 14554—2008)

2. 再生尾气

汽油吸附脱硫装置产生的再生尾气含有 SO_2，需要送到硫黄回收装置或催化裂化烟气脱硫/脱硝设施去处理。

硫黄回收装置尾气焚烧炉排放的废气污染物的排放浓度执行《石油炼制工业污染物排放标准》(GB 31570—2015)中对酸性气回收装置的要求；催化裂化装置烟气经脱硫脱硝处理后的排放气执行再生尾气排放标准限值。

硫黄回收和催化再生尾气排放具体限值见表 11-2-8。

表 11-2-8 硫黄和催化再生尾气脱硫尾气排放限值

主要污染物	硫黄回收装置尾气焚烧炉/(mg/Nm^3)		催化裂化再生尾气/(mg/Nm^3)	
	一般地区	重点地区	一般地区	重点地区
二氧化硫	400	100	100	50
氮氧化物			200	100
颗粒物			50	30

注：《石油炼制工业污染物排放标准》(GB 31570—2015)。

(二) 废水排放标准

汽油吸附脱硫装置产生的污水量较少，基本为含油污水，送至污水处理场处理，含氨污水送酸水汽提装置。污水处理场处理后的废水执行《石油炼制工业污染物排放标准》(GB 31570—2015)。其限值见表11-2-9。

表11-2-9　主要水污染物排放限值

项　目	pH值	主要污染物/(mg/L)					
		COD_{Cr}	挥发酚	SS	氨氮	石油类	硫化物
一般地区排放限值	6~9	60	0.5	70	8	5.0	1.0
重点地区排放限值		50	0.3	50	5	3	0.5

注:《石油炼制工业污染物排放标准》GB 31570—2015。

(三) 厂界噪声

根据项目归属的不同声环境功能区，厂界噪声执行《工业企业厂界环境噪声排放标准》(GB 12348—2008)3或4类标准，其限值见表11-2-10。

表11-2-10　厂界噪声限值

类别	昼间/dB(A)	夜间/dB(A)
3	65	55
4	70	55

(四) 固体废物相关标准

本工艺的废吸附剂为危险废物，其分类鉴别及存储需执行《国家危险废物名录(2016)》、《危险废物鉴别标准》、《危险废物贮存污染控制标准》(GB 18597—2001)等。

(五) 环境监测及其他

执行《固定源废气监测技术规范》(HJT397)、《排污许可证申请与核发技术规范石化工业》(HJ-853 2017)等。

第三节　汽油吸附脱硫装置污染物防治与生产操作

一、大气污染防治措施

(一) 加热炉烟气

汽油吸附脱硫设置一座反应进料加热炉，采用对流-辐射型立式圆筒炉型，对流室加热氢气作为吸附剂还原用气，辐射室被加热的工艺介质为汽油+氢气混合物，在辐射室加热到反应温度后送至反应器。设置烟气余热回收设施，燃烧热效率不小于92%。

1. 低硫燃料气

加热炉采用工厂脱硫燃料气作为燃料，燃料气全部经过脱硫处理，脱硫后的燃料气中总硫含量20~50mg/Nm^3，为加热炉提供清洁的气体燃料，从根本上减少SO_2的排放。

2. 低氮燃烧

为减少燃烧过程中产生的NO_x，加热炉采用低氮燃烧器、分级燃烧技术，避免火焰集中、火焰中心区温度过高，产生大量热力学 NO_x，从而降低氮氧化物的产生及排放。如必要，可采用选择性还原法脱硝工艺进一步降低氮氧化物排放。

3. 余热回收

采用高效率空气预热器回收烟气余热来预热助燃空气，节约燃料量、降低能耗。烟气出口温度根据所用燃料气含硫量的情况确定，以避免露点腐蚀。

4. 高空排放

加热炉烟气一般由 40~60m 高烟囱排放，烟气中污染物排放符合《石油炼制工业污染物排放标准》(GB 31750—2015)标准限值的要求。

加热炉烟囱按照相关标准设置固定人工采样口、采样平台及采样折梯或旋梯，根据地方政府要求设置 CEMS 或预留在线分析仪接口。

(二) 再生尾气处理

吸附剂再生尾气压力较低并且含有 SO_2、少量 SO_3 和水，不适宜远距离输送。为避免腐蚀输送管线，输送温度需要高于露点温度(一般大于 190℃)。再生尾气经装置内除尘后，按就近的原则送硫黄装置回收硫或催化装置进行脱硫处理。在硫黄装置或催化装置距离较远无法输送或没有余量来处理此废气时，也可采用碱洗等脱酸性气设施处理尾气，使尾气达标排放。

利用制硫装置回收再生尾气中的硫，一方面避免 SO_2 直排大气，减轻对大气环境的影响；另一方面，可以将 SO_2“变废为宝”，生成硫黄产品，进行资源化利用。从资源综合利用角度，尾气送硫黄装置处理最符合循环经济的要求。

1. 尾气除尘

再生尾气主要成分为氮气、二氧化碳和三氧化硫并携带少量吸附剂粉尘。再生尾气中夹带的吸附剂粉尘大部分先经设置在再生器内的二级旋风分离器去除，然后再经再生尾气过滤器除去剩余部分更细的粉尘。除尘后的尾气送出装置进行后处理。旋风分离器分离出的粉尘颗粒直接返回再生器内循环使用，其分离精度根据反应部分对颗粒度需要设定，由再生尾气过滤器拦截的细粉尘，经反吹收集在粉尘收集罐中，定期排出，送出装置外按危废集中处理。

2. 再生尾气送硫黄装置处理

根据再生尾气的特点并结合硫黄回收的工艺及各部分的接收能力，可以送入硫黄回收装置不同的位置：

1）与硫黄装置原料酸性气体混合后进入制硫燃烧炉；

2）与制硫炉后的过程气混合后进入制硫反应器；

3）与硫黄尾气一起引入硫黄尾气加氢反应器，因吸附脱硫再生尾气中含有氧(通常小于 1%)，因此需采用低温耐氧高活性尾气加氢催化剂。

采用第三种方案，即将再生尾气送至硫黄尾气加氢反应器经济效果较好，应用广泛。再生尾气与硫回收装置制硫单元的尾气混合，再通过进料加热炉升温后混入富氢气，然后进入加氢还原反应器。加氢还原反应器装填加氢/水解催化剂，在此 SO_2、COS、CS_2 及液硫、气态硫等均被转化为 H_2S。具体方程式为：

$$SO_2+2H_2 = H_2S+2H_2O$$

$$2H_2S+3O_2 = 2SO_2+2H_2O$$

从反应器出来的高温尾气发生低低压蒸汽后进入急冷塔的下部，尾气在急冷塔中被急冷水冷却，急冷水经冷却后循环使用。尾气在急冷过程中产生的酸性水送至酸性水汽提装置处理。尾气离开急冷塔顶后进入吸收塔，其中的 H_2S 气体被复配脱硫溶剂吸收，吸收了酸性气的富胺液自吸收塔底送至溶剂再生塔。溶剂再生塔顶的含 H_2S 酸性气再返回硫黄回收的制硫部分，制成硫黄产品。吸收塔顶的净化尾气进入尾气焚烧炉。在焚烧炉内，尾气与外补燃料气及燃烧空气混合燃烧，炉膛温度约为650℃。尾气中剩余 H_2S 和其他硫化物在尾气焚烧炉内进行燃烧并转化为 SO_2，其他可燃物如烃类、氢及 CO 等也同时被完全氧化。离开炉膛的高温烟气进入尾气焚烧炉废热锅炉，通过发生中压蒸汽及过热装置其他自产蒸汽来回收热量。从废热锅炉流出的烟气最后经烟囱排大气。

再生尾气的氧含量控制在2%以内，如果氧含量过高，会造成反应器床层温度升高。如果再生尾气尘含量较高，易导致进酸性气燃烧炉的管线堵塞。再生尾气中的烃浓度出现波动时，酸性气燃烧炉易超温。因此，控制再生尾气的氧、烃含量和粉尘含量是保证硫黄装置平稳运行的关键。

再生尾气引入硫黄回收装置进行硫回收，实现了硫黄资源回收利用。以0.9Mt/a的汽油吸附脱硫装置为例，将再生尾气引入硫黄回收装置进行硫回收，可每年减排 SO_2 960~1000t，由此可以改善环境质量，实现清洁生产，环保和社会效益显著。

3. 再生尾气送催化烟气脱硫设施处理

再生尾气也可送至催化裂化烟气脱硫/脱硝设施进行处理。相对于催化再生烟气来说，汽油吸附脱硫再生尾气的气量相对较小，除增加碱液消耗外，对催化烟气脱硫设施操作和达标排放影响不大。

以催化烟气脱硫采用氢氧化钠的湿法烟气洗涤技术为例，利用 NaOH 吸收催化裂化和汽油吸附脱硫再生尾气混合烟气中的 SO_2，得到 Na_2SO_3 溶液，再经净化、氧化等工序生成含 Na_2SO_4 的污水，进入含盐废水系统处理达标后外排。

如果采用干法脱硫，则含硫产物为 $CaSO_4$，硫最终进入固废。

4. 再生尾气采用碱洗工艺处理

当硫黄回收或催化烟气脱硫设施没有条件处理吸附脱硫再生尾气时，也可设置碱洗设施处理此尾气。

再生尾气进入碱洗塔，当碱液浓度下降至5%以下或排气不达标时，补充新鲜碱液，废碱排到酸碱中和池，最后送污水处理场处理。

当再生尾气含硫波动和吸附剂循环波动时，碱洗单元排水 pH 值控制难度较大，年消耗碱液量较大，产生含盐污水较多。

（三）闭锁料的排放气

为防止闭锁料斗排放气携带吸附剂粉尘，在闭锁料斗顶部设置了粉尘过滤器，达标排放至大气。

（四）无组织排放 VOCs

汽油吸附脱硫装置采用了先进的环保设计理念和先进的 VOCs 治理技术措施，使得正常生产和开停工时的无组织排放量达到最小，对环境污染最小。

1. 吸附剂密闭装卸，避免装卸过程粉尘污染

生产期间会不定期向吸附剂储罐补充吸附剂，再由吸附剂储罐定期密闭补充进反应系

统。补充吸附剂时，袋装的吸附剂通过料斗加入，内设负压系统。储罐顶设有过滤器，在吸附剂加入过程中可防止扬尘，避免污染操作环境。

卸剂时，吸附剂可通过卸剂回路密闭输送至吸附剂储罐，避免粉尘外逸。

2. 采用密封性能好的阀门和设备等，减少无组织排放量

含有烃类物质的工艺管线，除与阀门、仪表、设备等连接可采用法兰外，螺纹连接管道均采用密封焊；检漏井设置井盖封闭；所有输送含烃类物质的工艺管线和设备的排净口都用管帽或法兰盖或丝堵封堵；接触烃类介质的设备法兰及接管法兰的密封面和垫片提高密封等级。

3. 设置密闭采样系统，减少无组织排放量

分析采样时，严禁将物料随地排放或将有害气体放空，将其排放到密闭排放系统。

4. 污水收集池密闭，废气达标排放

污水提升池密闭，水封井井盖采用密封井盖，通气管设阻火器，采用活性炭吸附处理，活性炭一次填充量不小于3个月，吸附饱和的活性炭送外委处理，或就近送催化氧化或蓄热氧化处理。

5. 地下污油密闭排放系统

在装置内设置密闭的污油收集系统，该系统包括污油收集管线系统和地下污油罐，收集正常生产采样、洗瓶废样、开工排放、停工时容器底部存油排放、检维修设备存油排放等，收集的油品通过收集管线自流至地下污油罐。地下污油罐安装抽油泵和自动开启泵的液位检测控制系统。当液位检测系统检测到液位高时，自动开启泵将罐内的液体抽出，送到全厂轻污油罐再进一步加工处理。在地下污油罐顶设置不凝气密闭排放和充氮系统，不凝气排放至火炬系统。

6. LDAR 泄漏检测及修复系统

在装置正常运行时，需要对泵、压缩机、释压设施、取样连接系统、阀门、开口阀门及管线、法兰定期检测。若发现设备或管线组件有挥发性有机物泄漏，及时发现及时修复。

7. 火炬

装置开停工或操作不正常时，安全阀排放的含烃气体、闭锁料斗的含 H_2 废气、原料罐和污油罐氮封后的大小呼吸排气等，均可密闭排入火炬系统并通过火炬气柜进行回收作燃料，既可回收资源，又减少污染物的排放。

8. 停工检修

为确保装置停工检修时无污染气体和液体排出，实现绿色环保检修，所有设备和管线进行密闭置换和吹扫密闭排放。可分别采用冷、热水或酸、碱浸泡、洗涤处理，使用氮气吹扫，以及用蒸汽吹扫或密闭蒸罐、热空气吹扫等。吹扫蒸汽进冷凝器冷凝，不凝气或热吹扫空气送火炬；含油污水送污水场处理。

二、废水污染防治措施

1. 工艺污水

污水收集系统清污分流，污污分治；含油废水水量比较小，没有异于其他炼油装置的特征污染物，因此一般不设置单独预处理或处理设施。当进料中含有氮时，从冷高分和回流罐底间断排出的含油污水中会含有极少量的氨。视原料氮含量情况，送酸水汽提设施进行净化

或送污水处理场含油系列处理并回用。

除工艺污水外，装置的污染雨水和生活污水也送污水处理场处理。

2. 事故水收集

防范水体风险是保护环境的重要举措，为防止和控制石化企业发生事故时和事故处理过程中产生的物料泄漏，造成事故(含油品)污水对周边水体环境污染和危害，确保突发性大量污染水不外排，依托厂区公用应急事故池对污水进行收集。对装置事故污水进行三级防控体系管理，可以有效容纳消防废水，防止污染水体环境。

来自装置区事故废水、雨水、泄漏的工艺物料可通过工厂雨水沟重力流入事故储存池储存。收集、储存的事故废水根据水质情况回收污染介质或去污水处理场处理。

三、固废防治措施

1. 废吸附剂

本工艺的固体废物只有正常生产排出和停工时卸出的废吸附剂，废弃的废吸附剂含金属Ni，根据《国家危废名录》进行甄别，属于危险固体废物HW46，送界区外全厂固废处置中心进行处理，或者外委有资质单位进行处置。

2. 危废暂存

根据环保管理程序的要求，从塔器中卸除的固废应依托全厂危废暂存设施暂存，及时转运处理。

装置内设置废吸附剂罐，用于收集和密闭储存从装置各处排出的废吸附剂，废吸附剂罐设置氮封，储存在罐中的废吸附剂在冷却降温后定期装桶或密封打包外送有资质单位回收或处理。

3. 废弃放射性元件

放射线料位计和放射性开关约7套，使用年限为15~20年。检修更换下的废放射性元件，按《放射环境管理办法》规定，送省级环境保护行政主管部门批准的省市放射性废弃物库贮存。

四、噪声控制

在总图规划、设备平面布置时，高噪声设备需远离厂界，合理布局，以减少高噪声源对厂界外环境的影响。

装置噪声主要来自转动设备，如压缩机、大功率泵等，这些设备的噪声减噪前在90dB(A)以上，除尽量选用低噪声燃烧器、低噪声电机外，采用消声器、隔声罩；放空管线设置消声器等减噪措施，保证操作区噪声和厂界噪声满足职业卫生及《工业企业厂界噪声排放标准》(GB 12348—2008)标准要求。

五、地下水及土壤防护措施

依据《石油化工工程防渗技术规范》(GB 50934—2013)，地下水污染防治措施按照“源头控制、末端防治”相结合的原则，以主动防渗漏措施为主，被动防渗漏措施为辅，人工防渗措施和自然防渗条件相结合，防止地下水受到污染。

典型的汽油吸附脱硫装置区分为一般污染区、重点污染区；重点污染区主要是污水和污染雨水收集池/井及地下污油罐、地下管道等。以“分区防渗”为原则，地下水防护措施需符合《石油化工工程防渗技术规范》要求。定期进行地下水质采样和监测。污染防治分区情况见表11-3-1。

表11-3-1　典型汽油吸附脱硫装置污染防治分区

序号	装置(单元、设施)名称	防止地下水污染区域及部位	污染防治区类别
1	地下管道	生产污水(污染雨水)、污油、各种废溶剂等地下管道	重点
2	地下罐	地下污油罐等基础的底板及壁板	重点
3	生产污水井及各种污水池	生产污水的检查井、水封井、渗漏液检查井、污水池和初期雨水提升池底板及壁板	重点
4	生产污水沟	机泵边沟、油站、除盐水站边沟和生产污水明沟的底板及壁板	一般
5	变配电	油池及事故油池	重点
6	装置区地面		一般

六、环境监测

对装置外排口的废水、加热炉排放烟气及工艺废气排放口进行常规监测。对厂界噪声、地下水定期监测，并建立监测档案，及时掌握排污情况。

含油污水出装置处设有流量计，对出装置的污水水量进行计量。

在加热炉烟囱上设置采样口或CEMS(当加热炉额定功率≥14MW时)、采样平台及爬梯。

汽油吸附脱硫装置典型的排放口监测点、监测项目及监测频率见表11-3-2。

表11-3-2　监测内容及频率

监测物种类	监测点	监测项目	监测频次	备注
废水	装置排放口	水量、石油类、COD_{Cr}、氨氮	1次/月	人工
废气	加热炉烟囱	废气排放量、NO_x、SO_2、颗粒物	1次/季	在线或人工

七、环境风险及防控

在生产试运行、装置开车、停车和局部设备故障时，由于处于非正常生产状态，废气和废水有较大变化，为此，汽油吸附脱硫装置设置了相应的处理系统，并可采取相应的应急处理措施。

装置的压力容器均设有安全阀，在装置内设有放空系统，一旦发生超压时，工艺介质可密闭排入放空系统。当开停工、检修或设备故障时，需放空或吹扫，亦通过放空系统将排放的油气通过火炬油气回收系统回收，并经处理后送入燃料气系统回收利用。非正常工况产生的废气为放空气，主要成分为H_2、烃类物质，该放空气全部排入火炬系统。遇装置紧急放空时，火炬系统有足够的能力焚烧处理放空气体。

非正常工况排放以及开停工或检修时排出的污水也送污水处理场进行处理。此时水量、水质变化较大，但相对于其他装置，排放量较小，污水处理场均质罐和调节池可以进行调节。此外，在污水处理场末端设置监控池，对排放的污水监测把关，不合格污水返回污水处理系统。

参考文献

[1] 吴德飞，孙丽丽 . S Zorb 技术进展与工程应用[J]. 炼油技术与工程，2014，44(10)：1-4.

[2] GB/T 50441—2016. 石油化工设计能耗计算标准[S]. 北京：中国计划出版社，2016.

[3] 侯晓明，庄剑 . S Zorb 催化汽油吸附脱硫装置技术手册[M]. 北京：中国石化出版社，2013：3-5.

第十二章　汽油吸附脱硫装置技术经济分析

汽油吸附脱硫装置是我国汽油质量升级的重要手段，是炼油厂生产硫含量不大于10mg/kg清洁汽油的核心装置，其装置规模和原料产品方案决定炼油厂生产国V汽油的投入和成本，进而影响到全厂的经济效益和同业竞争实力。

通过对汽油吸附脱硫装置的技术经济特性的分析，可以认知和掌握影响其效益的各种因素，从而在实践中趋利避害，不断优化项目效益，提高整体竞争力。

为使读者对汽油吸附脱硫装置的经济性有一个全面的了解，本章将介绍投资估算及财务评价的基本知识和方法，并从投资分析、成本分析和财务分析这三个方面入手，详细阐述该装置的技术经济特性。

第一节　概　　述

一、投资估算基本知识

(一) 总投资的构成及表达方式

项目总投资由建设投资、建设期利息和流动资金构成[1]。

1）建设投资是指在项目筹建与建设期间所花费的全部费用。按概算法分类包括工程费用、工程建设其他费用和预备费用。其中工程费用包括建筑工程费、设备购置费和安装工程费；预备费用包括基本预备费和涨价预备费。也可将建设投资按照形成资产法分类，分为形成固定资产的费用、形成无形资产的费用、形成其他资产的费用(分别简称固定资产费用、无形资产费用、其他资产费用)和预备费用四类。目前炼油行业投资估算一般选择后者，即按形成资产法分类。

2）建设期利息是债务资金在建设期内发生的，按照相关规定应计入固定资产原值的利息。包括借款(或债券)利息以及手续费、承诺费、管理费等其他融资费用。

3）流动资金是项目运营期内长期占用并周转使用的营运资金。

项目总投资的构成(按形成资产法分类)，即投资估算的具体内容如图12-1-1所示。

项目总投资在内资项目、中外合资经营项目(包括中外合资/合作、外商独资项目)中的表达方式有所不同。内资项目中将包含建设投资、建设期利息、流动资金的投资概念，称为项目总投资；中外合资经营项目中将包含建设投资、建设期利息、流动资金的投资概念，称为项目投资总额。

内资项目总投资按用途又可分为评价总投资与报批总投资。评价总投资包含建设投资、建设期利息和流动资金；而报批总投资则包含建设投资、建设期利息和铺底流动资金(为全额流动资金的30%)。依据国家有关规定，新建、扩建项目必须将项目建成投产后所需的30%的流动资金(称为铺底流动资金)纳入投资计划。凡铺底流动资金不落实的，国家不予批准立项，银行不予贷款。因此，项目流动资金分为30%的自筹流动资金和70%的流动资

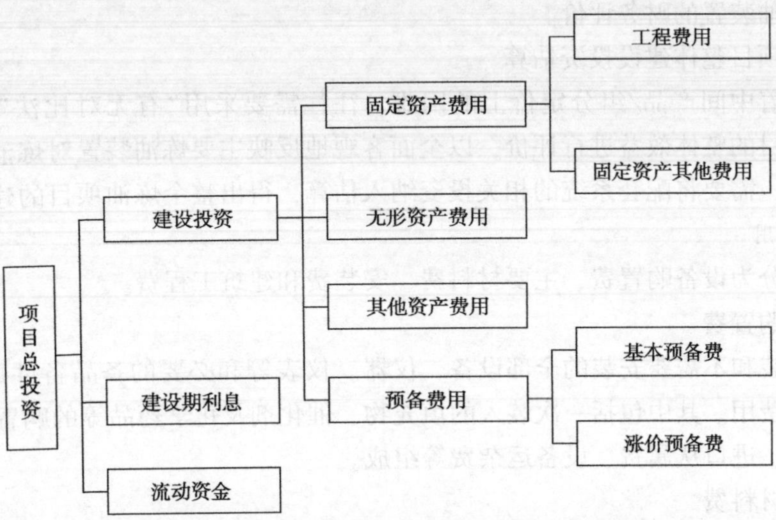

图 12-1-1 项目总投资构成(按形成资产法分类)

金借款。需要注意的是，中外合资项目的投资总额没有评价投资总额与报批投资总额的区别。

从2009年开始，国家实行消费型增值税政策，投资中所含的设备材料增值税进项税额可与项目运营期进项税额一并进行抵扣。从2016年开始，我国全面推行营业税改征增值税(简称“营改增”)试点，并从2018年5月1日开始实施“营改增”政策。因而，项目总投资按是否含税也可分为含进项税额的总投资和不含进项税额的总投资。

(二) 建设投资估算

1. 建设投资估算方法

炼油装置建设投资的估算方法很多，包括单位生产能力估算法、生产能力指数法、比例估算法(以拟建项目的设备购置费或工艺设备投资为基数进行估算)、系数估算法(包括朗格系数法、设备及厂房系数法)和各类指标估算法等。其中指标估算法根据指标制定依据的范围和粗略程度又分为估算指标法、概算指标法等多种。可行性研究阶段，要求的投资估算精度较高，一般需通过工程量的计算，采用相对准确的估算方法进行分类估算，实践中根据所掌握的信息资料和工作深度，也可将上述几种方法结合使用[2]。

2. 建设投资的估算步骤

建设投资估算，应针对其构成分类估算，即对工程费用(含设备购置费、主要材料费、安装费和建筑工程费)、固定资产其他费用、无形资产费用、其他资产费用和预备费(含基本预备费和涨价预备费)分类进行估算。

(1) 单个炼油装置建设投资估算

1) 估算炼油装置所需的设备购置费、主要材料费、安装费和建筑工程费。

2) 在工程费用的基础上估算固定资产其他费用、无形资产和其他资产费用。

3) 以工程费用、固定资产其他费用、无形资产和其他资产费用为基础估算基本预备费。

4) 在确定工程费用分年投资计划的基础上估算涨价预备费。

5) 加总求和得出建设投资。

单个炼油装置建设投资不包括配套系统的相关投资，主要用于装置方案比选/操作费用估算和单个炼油装置的财务评价。

(2) 炼油项目整体建设投资估算

由于存在着中间产品/组分定价上的困难，往往需要采用“有无对比法”，在项目范围内，对炼油项目的整体效益进行评价，以全面客观地反映主要炼油装置对炼油项目整体效益的影响。此时，需要将配套系统的相关投资纳入估算，得出整个炼油项目的建设投资。

3. 工程费用

工程费用分为设备购置费、主要材料费、安装费和建筑工程费。

(1) 设备购置费

指需要安装和不需要安装的全部设备、仪器、仪表等和必要的备品备件购置及工器具、生产家具购置费用。其中包括一次装入的填充物、催化剂及化学药品等的购置费。设备购置费由设备原价、进口从属费、设备运杂费等组成。

(2) 主要材料费

主要材料费由材料出厂价、运杂费和税金三部分构成。主要材料费根据编制投资估算时所依据的工程量和价格计算。

(3) 安装费

指各单项工程中需要安装的工艺设备、机械设备、动力设备及电气、电信、自控仪表、管道、填料、衬里防腐、隔热、电缆等的安装费。安装工程费由直接工程费、间接费、利润、税金及特定条件下发生的费用等组成。

(4) 建筑工程费

指建设项目设计范围内的建设场地平整、竖向布置土石方工程费；各类房屋建筑及其附属的室内供水、供热、卫生、电气、燃气、通风空调、弱电等设备及管线安装工程费；各类设备基础、地沟、水池、冷却塔、烟囱烟道、水塔、栈桥、管架、挡土墙、围墙、厂区道路、绿化等工程费；铁路专用线、厂外道路、码头等工程费。建筑工程费由直接工程费、间接费、利润、技术装备费、税金等组成，一般按造价指标估算。如建筑物可按元/平方米估算，总图竖向布置和构筑物按砼元/立方米、土石方元/立方米、道路元/平方米估算。条件不具备的，也可参照历史资料，并考虑物价上涨因素、不同地区及地质条件，按其占工程费用的百分比估算。

4. 固定资产其他费用

固定资产其他费用是指建设投资中除设备购置费、主要材料费、安装费、建筑工程费以外，为保证工程建设顺利完成和交付使用后能够正常发挥效用而发生的，同时按相关规定又可在项目竣工时与工程费用一道形成固定资产原值的各项费用。在投资构成中，固定资产其他费用与工程费用合称为固定资产费用。主要包括土地使用费、超限设备运输特殊措施费、特殊设备安全监督检验费、进口设备材料国内检验费、工程保险费、工程监理费、建设管理费、前期工作费、勘察设计费、研究试验费、环境影响评价费、劳动安全卫生评价费、临时设施费、市政公用设施建设及绿化费、联合试运转费等。

固定资产其他费用的具体科目及取费标准，应根据有关规定并结合项目的具体情况确定。上述各项费用并不是每个项目都必定发生的费用，可根据项目具体情况选择估算。

5. 无形资产费用

无形资产费用是指按规定应在项目竣工时形成无形资产原值的费用。按照相关规定，工业产权费用(包括专利权费用、商标权使用费等)、专有技术使用费、商誉(除合并企业外，商誉不能作价计入投资)、土地使用权出让金及契税等应计入无形资产费用。

6. 其他资产费用

其他资产费用(原称递延资产)是指按规定应在项目竣工时形成其他资产原值的费用。按照有关规定，形成其他资产原值的费用主要有生产准备费(包括提前进厂人员费、培训费、办公和生活用具购置费)、出国人员费用(包括培训费)、外国工程技术人员来华费用、银行担保费、图纸资料翻译复制费等开办费性质的费用。

7. 关于建设投资中的增值税进项税额

根据《关于全国实施增值税转型改革若干问题的通知》(财税[2008]170号)的规定，自2009年1月1日起，我国增值税一般纳税人购进(包括接受捐赠、实物投资)或者自制(包括改扩建、安装)固定资产发生的进项税额，可根据《中华人民共和国增值税暂行条例》(国务院令第538号)和《中华人民共和国增值税暂行条例实施细则》(财政部、国家税务总局令第50号)的有关规定，凭增值税扣税凭证从销项税额中抵扣。也就是说，从2009年1月1日开始，我国增值税税收政策正式由生产型转变为消费型。

从2016年开始，我国全面推行营业税改征增值税试点。根据《国务院关于废止《中华人民共和国营业税暂行条例》和修改《中华人民共和国增值税暂行条例》的决定》(国务院令第691号)、《财政部、税务总局关于调整增值税税率的通知》(财税[2018]32号)等规定，从2018年5月1日开始，工程项目投资构成中的建筑安装工程费、设备购置费、工程建设其他费用中所含增值税进项税额，应根据国家增值税相关规定实施抵扣。

建设投资估算应对可抵扣增值税进项税额进行测算并单独列示，以便财务评价中正确计算各类资产原值和应纳增值税。

8. 预备费用

(1) 基本预备费

基本预备费(也称不可预见费)是指在项目实施中可能发生、但在项目前评价阶段难以具体估算的，需要事先预留的费用，又称工程建设不可预见费。一般由下列三项内容构成：

1) 在批准的设计范围内，技术设计、施工图设计及施工过程中所增加的工程费用；经批准的设计变更、工程变更、材料代用、局部地基处理等增加的费用；

2) 一般自然灾害造成的损失和预防自然灾害所采取的措施费用；

3) 竣工验收时为鉴定工程质量对隐蔽工程进行必要的挖掘和修复费用。

基本预备费以固定资产费用、无形资产费用与其他资产费用之和为基数计取。计算公式为：

$$基本预备费=(固定资产费用+无形资产费用+其他资产费用)\times基本预备费费率 \tag{12-1-1}$$

或

$$基本预备费=(工程费用+工程建设其他费用)\times基本预备费费率 \tag{12-1-2}$$

注：工程建设其他费用是指建设投资中除建筑工程费用、设备购置费、安装工程费以外

的，为保证工程建设顺利完成和交付使用后能够正常发挥效用而发生的各项费用。工程建设其他费用由固定资产其他费用、无形资产费用和其他资产费用构成。

炼油装置基本预备费费率通常可按以下标准计取：

项　目	人民币	外　汇
可行性研究阶段	10%~12%(综合及无同类装置) 8%~10%(已建有同类装置)	2%~4%
预可行性研究阶段	12%~15%	4%~6%

（2）涨价预备费

涨价预备费(也称价差预备费)是对建设工期较长的项目，由于在建设期(含准备期)内可能发生材料、设备、人工、机械台班等价格上涨引起投资增加，需要事先预留的费用，亦称价格变动不可预见费、价差预备费。涨价预备费一般以分年的工程费用为计算基数，计算公式为：

$$PC = \sum_{t=1}^{n} I_t [(1+f)^t - 1] \tag{12-1-3}$$

式中 PC——涨价预备费；

I_t——第 t 年的工程费用；

f——建设期(含准备期)价格上涨指数；

n——建设期(含准备期)；

t——年份。

建设期价格上涨指数执行政府主管部门的有关规定，没有规定的由工程咨询人员合理预测。目前炼油装置一般取0%，但特殊情况下可适当考虑。

(三) 流动资金估算

流动资金是指项目运营期内长期占用并周转使用的营运资金，不包括运营中临时性需要的资金。项目评价中需要估算并预先筹措的是从流动资产中扣除流动负债(即短期信用融资，包括应付账款和预收账款)后的流动资金。流动资金估算的基础主要是营业收入和经营成本[2]。

流动资金估算可按前期研究的不同阶段选用扩大指标估算法或分项详细估算法估算。

1. 扩大指标估算法

扩大指标估算法简便易行，但准确度不如分项详细估算法，一般在项目建议书、预可行性研究阶段可采用扩大指标估算法。

扩大指标估算法是参照同类企业流动资金占营业收入的比例(营业收入资金率)、流动资金占经营成本的比例(经营成本资金率)、单位产量占用流动资金的数额来估算流动资金。计算公式分别为：

$$流动资金=年营业收入额\times营业收入资金率 \tag{12-1-4}$$

$$流动资金=年经营成本\times经营成本资金率 \tag{12-1-5}$$

$$流动资金=年产量\times单位产量占用流动资金额 \tag{12-1-6}$$

2. 分项详细估算法

分项详细估算法工作量较大，但是准确度较高，一般项目在可行性研究阶段应采用此法。

分项详细估算法是对流动资产和流动负债主要构成要素(即存货、现金、应收账款、预付账款、应付账款、预收账款等项内容)分项进行估算，最后得出项目所需的流动资金数额。计算公式为：

$$流动资金=流动资产-流动负债 \tag{12-1-7}$$

$$流动资产=应收账款+预付账款+存货+现金 \tag{12-1-8}$$

$$流动负债=应付账款+预收账款 \tag{12-1-9}$$

$$流动资金本年增加额=本年流动资金-上年流动资金 \tag{12-1-10}$$

流动资金估算的具体步骤是，首先确定各分项的最低周转天数，计算出各分项的年周转次数，然后再分项估算占用资金额。

3. 流动资金估算应注意的问题

1）投入和产出的成本估算中采用不含增值税销项税额和进项税额的价格时，流动资金估算中应注意将该销项税额和进项税额分别包含在相应的收入和成本支出中。

2）炼油装置投产初期所需流动资金在实际工作中应在装置投产前筹措。为简化计算，项目评价中流动资金可从投产第一年开始安排，并随运营负荷的增长而增加。

3）采用分项详细估算法估算流动资金时，运营期各年的流动资金数额应依照上述公式分年进行估算，不能简单地按100%运营负荷下的流动资金乘以投产期运营负荷估算。

4）炼油装置的建设期有时会有 n 年+m 个月的情况，这种情况下投产当年(顺序年)包含了 m 个月的建设期和(12-m)个月的生产期。对该年流动资金的测算，应考虑装置一个生产周期与(12-m)个月(即该年的生产月数)的大小，若一个生产周期小于等于该年的生产月数，则当年的流动资金就应当计为全额流动资金；反之，当年的流动资金可按生产月数与生产周期的比值打折计算。由于炼油装置的一个生产周期往往不足一个月，半年生产期(投产当年)的流动资金就应按全额考虑。

(四) 建设期利息估算

建设期利息是债务资金在建设期内发生的，按照相关规定可计入固定资产原值的利息，包括借款(或债券)利息及手续费、承诺费、发行费、管理费等融资费用[2]。

我国于2009年增值税转型和2018年“营改增”之后，允许从项目销项税额中抵扣投资所含增值税进项税额。需要注意的是，投资中所含可抵扣增值税进项税不得计入各类资产原值。

1. 建设期利息估算的前提条件

进行建设期利息估算，必须先完成以下各项工作：

1）建设投资估算及其分年投资计划；

2）确定项目资本金(注册资本)数额及其分年投入计划；

3）确定项目债务资金的筹措方式(银行贷款或企业债券)及债务资金成本率(银行贷款利率或企业债券利率及发行手续费率等)。

2. 建设期利息的估算方法

估算建设期利息应注意有效利率和名义利率的区别。

项目在建设期内如能用非债务资金按期支付利息，应按单利计息；在建设期内如不支付利息，或用借款支付利息应按复利计息。

项目评价中对当年借款额在年内按月、按季均衡发生的项目，为了简化计算，通常假设借款发生当年均在年中使用，按半年计息，其后年份按全年计息。

对借款额在建设期各年年初发生的项目，则应按全年计息。

建设期利息的计算要根据借款在建设期各年年初发生或者在各年年内均衡发生的情况，采用不同的计算公式。

1）借款额在建设期各年年初发生，建设期利息的计算公式为：

$$Q = \sum_{t=1}^{n} [(P_{t-1} + A_t) \times i] \tag{12-1-11}$$

式中 Q——建设期利息；

P_{t-1}——按单利计息，为建设期第 t-1 年末借款累计；按复利计息，为建设期第 t-1 年末借款本息累计；

A_t——建设期第 t 年借款额；

i——借款年利率；

t——年份。

2）借款额在建设期各年年内均衡发生，建设期利息的计算公式为：

$$Q = \sum_{t=1}^{n} \left[\left(P_{t-1} + \frac{A_t}{2}\right) \times i\right] \tag{12-1-12}$$

项目评价中估算建设期利息，一般采用借款额在各年年内均衡发生的建设期利息计算公式；根据项目实际情况，也可采用借款额在各年年初发生的建设期利息计算公式。

有多种借款资金来源，每笔借款的年利率各不相同的项目，既可分别计算每笔借款的利息，也可先计算出各笔借款加权平均的年利率，并以此年利率计算全部借款的利息。

（五）投资计划与资金筹措

估算出项目建设投资、建设期利息和流动资金后，应根据项目计划进度的安排，编制分年投资计划表，如表 12-1-1 所示。该表中的分年建设投资可以作为安排融资计划、估算建设期利息的基础。由此估算的建设期利息列入该表。流动资金本来就是分年估算的，可由流动资金估算表转入。分年投资计划表是编制项目资金筹措计划表的基础[2]。

表 12-1-1 分年投资计划表

序号	项 目	人民币			外币		
		第 1 年	第 2 年	……	第 1 年	第 2 年	……
1	建设投资						
2	建设期利息						
3	流动资金						
	项目总投资（1+2+3）						

注：单位一般为万元或万美元。

实际工作中往往将项目分年投资计划表和资金筹措表合二为一，编制“项目总投资使用计划与资金筹措表”。

项目建设期资金使用计划应根据项目实施规划进行安排，在未做出具体实施安排时，炼油装置的建设投资可参照下列比例分配：

项目建设期	分年投入比例
二年	40%，60%
三年	20%，50%，30%
四年	15%，30%，35%，20%

二、财务评价基本知识

财务评价，也称财务分析，是项目前评价中为判定项目财务可行性所进行的一项重要工作。

财务评价是在现行会计规定、税收法规和价格体系下，通过财务效益与费用(收益与支出)的预测，编制财务报表，计算评价指标，考察和分析项目的财务盈利能力、偿债能力和财务生存能力，据以判断项目的财务可行性，明确项目对财务主体及投资者的价值贡献。

财务评价的作用体现在：财务评价是项目前评价的重要组成部分，是投资项目决策的重要依据，在项目或方案比选中起着重要作用，也可配合投资各方谈判，促进平等合作等。

财务评价的内容主要包括：选择分析方法；识别财务效益与费用范围；选定基础数据，估算财务效益与费用；编制财务评价报表和计算财务评价指标进行财务评价，主要包括盈利能力分析、偿债能力分析和财务生存能力分析；进行盈亏平衡分析和敏感性分析。常常需要将财务评价的结果进行反馈，优化原初步设定的建设方案，有时需要对原建设方案进行较大的调整。

财务评价应遵循的基本原则包括：费用与效益计算口径的一致性原则；费用与效益识别的有无对比原则；动态分析与静态分析相结合，以动态分析为主的原则；基础数据确定的稳妥原则。

财务评价的步骤以及各部分的关系，包括财务评价与投资估算和融资方案的关系，见图12-1-2。

投资估算和融资方案是财务评价的基础。在实际操作过程中，三者互有交叉。首先要做的是融资前的项目投资现金流量分析，其结果体现项目方案本身设计的合理性，用于投资决策以及方案或项目的比选。也就是说用于考察项目是否基本可行，并值得去为之融资。

如果第一步分析的结论是“可”，那么才有必要考虑融资方案，进行项目的融资后分析，包括项目资本金现金流量分析、偿债能力分析和财务生存能力分析等。融资后分析是比选融资方案、进行融资决策和投资者最终出资的依据。

如果融资前分析结果不能满足要求，可返回对项目建设方案进行修改；若多次修改后分析结果仍不能满足要求，甚至可以做出放弃或暂时放弃项目的建议。

(一) 财务效益与费用估算

1. 营业收入

营业收入是指销售产品或提供服务所取得的收入。对于炼油装置，营业收入即为销售收入。在评价中，通常假定当年的产品(扣除自用量)当年全部销售，即当年商品量等于当年销售量。

(1) 合理确定运营负荷

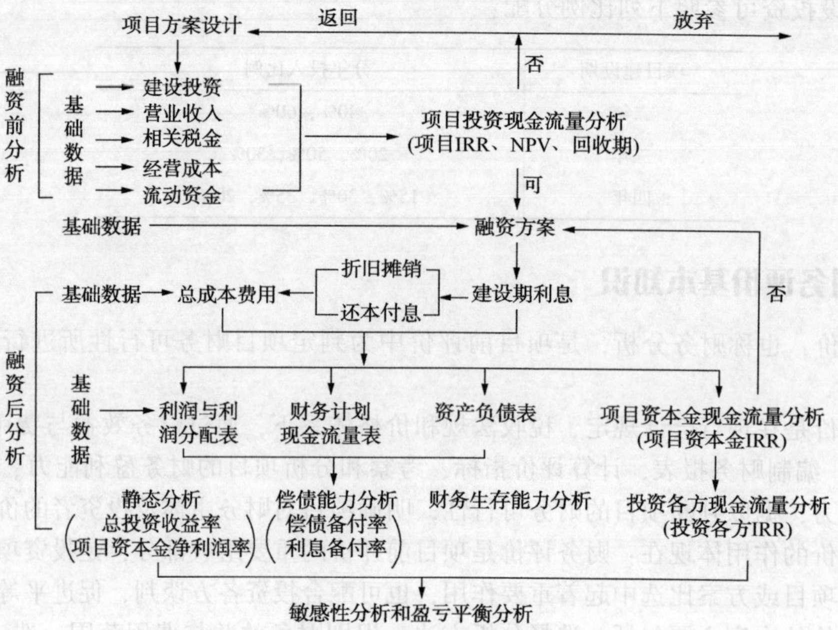

图 12-1-2　财务评价图[2]

运营负荷(或称生产能力利用率、开工率)是指项目运营过程中负荷达到设计能力的百分数，其高低与项目复杂程度、产品生命周期、技术成熟程度、市场开发程度、原材料供应、配套条件、管理因素等都有关系。在市场经济条件下，如果其他方面没有大的问题，运营负荷的高低应主要取决于市场。

(2) 编制营业收入估算表

炼油项目营业收入的估算依据，主要包括全厂及装置的物料平衡流程图、产品数量及规格(含性状、质量及用途等)、产品销售价格等。

产品价格应为企业出厂价格，并应注明是否含税(增值税销项税)，同时保证投入(原料等)与产出(产品)的价格口径一致。作为财务评价所用的产品销售价格，原则上应采用以现行价格体系为基础的预测价格，即销售价格按预测到项目投产期初的水平计取。

2. 成本与费用

(1) 成本与费用的种类

项目评价中，成本与费用按其计算范围可分为单位产品成本和总成本费用；按成本与产量的关系分为固定成本和可变成本；按会计核算的要求有生产成本(或称制造成本)和期间费用；按财务评价的特定要求有经营成本。

(2) 成本与费用估算要求

1) 成本与费用的估算，原则上应遵循国家现行《企业会计准则》和/或《企业会计制度》的相关规定，同时应遵循有关税收法规中准予在所得税前列支科目的规定。当两者有矛盾时，一般应按从税的原则处理。

2) 结合运营负荷，分年确定各种投入的数量，注意成本费用与收入计算口径对应一致。

3) 合理确定各项投入的价格，并注意与产出价格体系的一致性。

4) 各项费用划分清楚，防止重复计算或低估漏算。

(3) 总成本费用估算

总成本费用是指在一定时期(项目评价中一般指一年)为生产和销售产品或提供服务而发生的全部费用。财务评价中总成本费用通常有以下两种表达方法:

1) 生产成本加期间费用法:

$$总成本费用=生产成本+期间费用 \tag{12-1-13}$$

其中:

$$生产成本=直接材料费+直接燃料和动力费+直接工资或薪酬+其他直接支出+制造费用 \tag{12-1-14}$$

$$期间费用=管理费用+财务费用+营业费用 \tag{12-1-15}$$

项目评价中财务费用一般只考虑利息支出,上式可改写为:

$$期间费用=管理费用+利息支出+营业费用 \tag{12-1-16}$$

2) 生产要素估算法:

$$\begin{aligned}总成本费用=&外购原材料、燃料及动力费+工资或薪酬\\&+折旧费+摊销费+修理费+利息支出+其他费用\end{aligned} \tag{12-1-17}$$

企业财务核算中,制造费用、管理费用和营业费用中均包括多项费用,为了估算简便,财务评价中可将其归类估算,上式其他费用系指由这三项费用中分别扣除工资或薪酬、折旧费、摊销费、修理费以后的其余部分。

(4) 总成本费用各分项的估算

以生产成本加期间费用法为例,按生产成本、管理费用、财务费用和营业费用分别进行估算。

1) 生产成本。

① 原材料:炼油项目原料及主要材料包括经过加工构成产品实体的各种原材料和外购半成品(包括添加剂等)。

原料及主要材料的价格,原则上采用预测到项目投产初期的价格水平,并按到厂价计列,一般可按如下原则确定:国内采购的为其出厂价加运杂费;进口原料及主要材料的价格按到岸价加各种税费及国内运杂费等确定。

需要说明的是,大宗原材料的成本估算应该考虑途耗和库耗问题,考虑方式主要有两种,一是在消耗中考虑,二是在价格上考虑。

② 辅助材料:炼油项目辅助材料包括催化剂、化学药剂、包装物等,计算基础包括按品种、规格区分的辅助材料消费量及使用寿命,辅助材料的计价原则与原料计价原则一致。

③ 燃料和动力:燃料动力费用的计算应基于燃料动力的消耗指标,并需注明项目自产自用部分的数量;一般考虑为外购的燃料和动力,项目范围内自产自用的燃料和动力在财务评价中通常既不作为成本,也不作为收入,即经项目平衡后的缺口部分计入成本费用,燃料动力的单价一般根据企业提供的实际价格确定。

④ 工资及福利费:工资及福利费(或人员费用)包括职工工资、奖金、津贴和补贴以及职工福利费等,其标准由企业提供或参照企业人员最近的水平确定。工资及福利费(或人员费用)可按全部定员计算,此时在其他制造费用与其他管理费用中不再计取。

⑤ 制造费用:制造费用包括企业各个生产单位(分厂、车间)为组织和管理生产所发生

的各项间接费用。财务评价中，制造费用按大类分为折旧费、修理费和其他制造费用。

a. 折旧费：固定资产在使用过程中的价值损耗，通过提取折旧的方式补偿。

石化行业炼油项目一般采用年限平均法，对某些机器设备也可采用快速折旧法，包括双倍余额递减法或年数总和法等。其中，年限平均法的折旧计算公式为：

$$年折旧额=固定资产原值\times年折旧率 \tag{12-1-18}$$

$$年折旧率=\frac{1-预计净残值率}{折旧年限}\times100\% \tag{12-1-19}$$

$$固定资产原值=固定资产费用+预备费+建设期利息 \tag{12-1-20}$$

应注意的是，我国增值税转型改革后，允许抵扣部分固定资产进项税额。该部分可抵扣的固定资产进项税额不得计入固定资产原值。

项目的折旧年限一般可按国家规定的资产分类确定。在项目的装置种类较多，折旧年限各不相同时，也可按综合折旧年限。在不具备确定折旧年限的条件下或为简化计算时，折旧年限可取 10~15 年或参照企业现行的综合折旧率计算项目的折旧费。

固定资产预计净残值应根据行业规定及企业性质予以确定。目前，中国石化、中国石油炼油项目预计净残值均按固定资产原值的 3%计取。

b. 修理费：修理费是指为保持固定资产的正常运转和使用，充分发挥其使用效能，在运营期内对其进行必要修理所发生的费用。修理费应按行业标准并结合项目具体情况计算，也可参照企业现行的修理费实际水平计取。计算公式为：

$$修理费=固定资产原值(扣除建设期利息)\times修理费费率 \tag{12-1-21}$$

中国石化炼油项目的修理费适用费率为 3%~6%[3]；中国石油炼油项目的修理费适用费率为 2%~3%[4]。

c. 其他制造费用：为简化计算，对于新建企业，除折旧费、修理费以外的其他制造费用，合并计算。

$$按照中国石化规定：其他制造费用=总定员\times其他制造费用定额 \tag{12-1-22}$$

中国石化炼油装置目前其他制造费用定额标准为 12600~46400 元/(人·年)[3]。

$$按照中国石油规定：其他制造费用=固定资产原值\times其他制造费费率 \tag{12-1-23}$$

中国石油炼油装置目前其他制造费费率标准为 1%~3%[4]，其中新建单套炼油装置取低限。

式中其他制造费用定额(费率)可根据行业标准及项目具体情况予以确定。现有企业的项目应根据企业的实际情况计取其他制造费用。

2) 管理费用：财务评价中，管理费用按大类分为摊销费和其他管理费用。

① 摊销费：摊销费包括无形资产摊销和其他资产摊销。无形资产和其他资产均按规定期限平均摊销，在不具备确定摊销年限的条件下，无形资产可按不少于 10 年分期摊销，其他资产可按不少于 5 年分期摊销。

② 安全生产费用：根据财政部、安全监管局关于印发《企业安全生产费用提取和使用管理办法》的通知(财企[2012]16 号)，在中华人民共和国境内从事矿山开采、建筑施工、危险品生产及道路交通运输的企业以及其他经济组织应当建立安全生产费用管理制度。安全生产费用是按照规定标准提取并在成本中列支，专门用于完善和改进企业安全生产条件的资金。

炼油厂属于危险品生产企业，其安全生产费用按式(12-1-24)计取。

安全生产费用=安全生产费用计算基数×费率 (12-1-24)

安全生产费用按超额累退方式考虑，计费基数及费率见表12-1-2。

表12-1-2 安全生产费用计取标准

序号	项目 危险品生产企业(逐月提取)	计费基数	费率
1	1000万元以下(含)	年度实际营业收入	4%
2	1000万~10000万元(含)		2%
3	10000万~100000万元(含)		0.5%
4	100000万元以上		0.2%

表12-1-2中炼化企业的营业收入，仅包括与危险品生产相关的收入，炼油与化工业务分别计提，炼油与化工之间互供的收入不计提安全生产费用。

由于中国石化、中国石油大多数炼油石化企业年营业收入均超过100000万元，为简化计算，可直接按营业收入的0.2%提取。

③ 其他管理费用：为简化计算，对于新建企业，除摊销费、安全生产费用等以外的其他费用可按下式计取：

其他管理费用=总定员×其他管理费用定额 (12-1-25)

中国石化炼油项目其他管理费用定额为28000~63000元/(人·年)[3]。中国石油炼油项目其他管理费用定额为30000~50000元/(人·年)[4]。

式中其他管理费用定额应依据行业标准及项目具体情况予以确定。现有企业的项目应根据企业实际情况计取其他管理费用。

3）财务费用：财务费用包括企业生产经营期间发生的利息净支出(包括长期借款利息、流动资金借款利息和短期借款利息)、汇兑净损失、金融机构手续费以及筹资发生的其他财务费用等。

4）营业费用：营业费用的估算应根据产品价格的内涵及项目的具体情况予以确定，也可参照同类企业营业费用占营业收入的比例确定。

中国石化炼油项目的营业费用可按汽油、煤油、柴油、石脑油产品(直供销售公司)之外自销产品部分的营业收入计取，费率一般为0.5%~1%[3]；中国石油炼油项目的营业费用可按汽油、煤油、柴油、石脑油产品(直供销售公司)之外自销产品部分的营业收入计取，费率为1%。

(5) 经营成本

经营成本是经济评价的现金流量分析所采用的一个特定概念。经营成本与融资方案无关，其计算公式如下：

经营成本=外购原材料费+外购辅助材料费+外购燃料及动力费+工资或薪酬+修理费+其他费用 (12-1-26)

或 经营成本=总成本费用-折旧费-摊销费-利息支出 (12-1-27)

(6) 固定成本与可变成本

根据成本费用与产量的关系，可以将总成本费用分解为可变成本、固定成本和半可变

(或半固定)成本。固定成本是指不随产品产量变化的各项成本费用，可变成本是指随产品产量增减而成正比例变化的各项成本费用。有些成本费用属于半可变(或半固定)成本，如工资或人员费用、营业费用和流动资金利息等，需要进一步分解，最终划分为可变成本和固定成本。

在炼油项目财务评价中，通常将外购原材料、辅助材料、燃料及动力费和计件工资等列入可变成本，将工资或人员费用(计件工资除外)、折旧费、摊销费、修理费、利息费用和其他费用等列入固定成本。

固定成本与可变成本的划分为进行盈亏平衡分析创造了条件。

(7) 维持运营的投资费用

在运营期内发生的固定资产更新费用，应计作维持运营的投资费用，并在现金流量表中将其作为现金流出。

(8) 成本与费用估算的有关表格

编制成本费用估算表，包括总成本费用估算表和各分项成本费用估算表。为了编制总成本费用估算表，还需配套编制下列表格："外购原材料费估算表""外购燃料和动力费估算表""固定资产折旧费估算表""无形资产和其他资产摊销费估算表""长期借款利息估算表"(可与"借款还本付息计划表"合二为一)等。

3. 相关税费估算

项目财务评价应考虑的税种主要有增值税、营业税金及附加和所得税

(1) 增值税

增值税的计算公式为：

$$增值税=(当期)销项税-(当期)进项税 \qquad (12-1-28)$$

销项税以按出厂价格估算的不含税营业收入为计税基础，参照相应税率计算，对于炼油产品，税率一般为16%(但液化气等为10%)。

进项税以原辅材料、燃料动力的不含税费用为计税基础，参照相应税率计算，目前税率通常为16%(除新鲜水、天然气、煤气、蒸汽、自来水、热水等为10%外)，但运输费用的税率为6%。

根据《关于全国实施增值税转型改革若干问题的通知》，自2009年1月1日起，我国增值税税收政策正式由生产型转变为了消费型，即允许企业将投资中所含设备材料进项税从企业销项税中抵扣。有些企业(如中国石化、中国石油等)发布了与此对应的处理办法，可参照执行。

从2011年开始，我国进行营业税改征增值税(简称"营改增")改革的试点。从2016年开始，我国全面推行营业税改征增值税试点，并从2018年5月1日开始实施"营改增"政策。在2009年增值税转型改革的基础上，炼油项目投资中可抵扣增值税的范围扩大了，数额有所增加，对项目财务效益的正向影响也增大了，应按相关规定正确计算。

(2) 税金及附加

炼油项目税金及附加包括消费税、城市维护建设税、教育费附加和地方教育附加。

1) 消费税：从2014年11月开始，国家对成品油消费税几经调整，按照《财政部、国家税务总局关于提高成品油消费税的通知》(财税[2015]11号)，对于一般石化企业，目前应税产品及税额归纳如表12-1-3所示。

表 12-1-3 目前应税产品及税率

序号	应税产品名称	标准税额/(元/L)	计量换算标准/(L/t)	实际税额/(元/t)
1	汽油	1.52	1388	2109.8
2	柴油	1.20	1176	1411.2
3	航空煤油	1.20	1246	1495.2(暂缓征收)
4	石脑油	1.52	1385	2105.2
5	溶剂油	1.52	1282	1948.6
6	润滑油	1.52	1126	1711.5
7	燃料油	1.20	1015	1218

自2011年10月1日起，生产企业自产石脑油、燃料油用于生产乙烯、芳烃类化工产品的，按实际耗用数量暂免征消费税；对使用石脑油、燃料油用于生产乙烯、芳烃类化工产品的企业购进并用于生产乙烯、芳烃类化工产品的石脑油、燃料油，按实际耗用数量暂退还所含消费税。

自2009年1月1日起，对利用废弃的动植物油生产纯生物柴油，生产原料中废弃的动物油和植物油用量所占比重不低于70%，生产的纯生物柴油符合国家《柴油机燃料调和生物柴油(BD100)》标准的，按财税部门规定执行免征消费税政策。

2）城市维护建设税以增值税和消费税之和为计税基础，根据项目所在地的不同，在市区、县城或镇，或不在市区、县城或镇的，税率有所不同，一般分别为7%、5%或1%；

3）教育费附加以增值税和消费税之和为计税基础，税率为3%；

4）地方教育附加以增值税和消费税之和为计税基础，税率为2%。

对其他税额极微的税种，如房产税、车船使用税、印花税等，允许简化处理，一般可包含在建设单位管理费及管理费用中其他管理费内，不必单独计算。

5）所得税：所得税基准税率为25%，以应纳税所得额为基础计取。计算公式如下：

利润总额=营业收入-增值税(如有)-税金及附加-总成本费用+补贴收入 (12-1-29)

应纳税所得额=利润总额-弥补以前年度亏损 (12-1-30)

所得税=应纳税所得额×所得税税率 (12-1-31)

(二) 盈利能力分析

盈利能力分析的主要指标包括内部收益率、净现值、投资回收期、总投资收益率、资本金净利润率、占用资本收益率等。

1. 项目投资财务净现值(*FNPV*)

项目投资财务净现值是指按设定的折现率 i_c 计算的项目计算期内各年净现金流量的现值之和。计算公式为：

$$FNPV = \sum_{t=1}^{n} (CI - CO)_t (1 + i_c)^{-t} \tag{12-1-32}$$

式中 CI——现金流入；

CO——现金流出；

$(CI-CO)_t$——第 t 年的净现金流量；

n——计算期年数；

i_c——设定的折现率，通常可选用财务内部收益率的基准值(可称财务基准收益率、最低可接受收益率等)。

项目投资财务净现值是考察项目盈利能力的绝对量指标，它反映项目在满足按设定折现率要求的盈利之外所能获得的超额盈利的现值。项目投资财务净现值等于或大于零，表明项目的盈利能力达到或超过了设定折现率所要求的盈利水平，该项目财务效益可以被接受。

2. 项目投资财务内部收益率(*FIRR*)

项目投资财务内部收益率是指使项目在整个计算期内各年净现金流量现值累计等于零时的折现率，它是考察项目盈利能力的相对量指标。其表达式为：

$$\sum_{t=1}^{n}(CI-CO)_t(1+FIRR)^{-t}=0 \tag{12-1-33}$$

式中　*FIRR*——欲求取的项目投资财务内部收益率。

一般通过计算机软件中配置的财务函数计算，将求得的项目投资财务内部收益率与设定的基准参数(i_c)进行比较，当 $FIRR \geqslant i_c$ 时，即认为项目的盈利性能够满足要求，该项目财务效益可以被接受。

炼油行业项目投资财务基准收益率代表行业内投资项目应达到的最低财务盈利水平，是炼油项目财务内部收益率的基准判据，也是被用作计算财务净现值的折现率。

国家相关部门给出的炼油行业财务基准收益率参考值为12%(税前)，而各石油公司内定的炼油项目的项目投资财务内部收益率基准值各不相同，如中国石化为10%(税后)[3]，中国石油为12%(税后)[4]。

3. 项目投资回收期(P_t)

项目投资回收期是指以项目的净收益回收项目投资所需要的时间，一般以年为单位。其表达式为：

$$\sum_{t=1}^{P}(CI-CO)_t=0 \tag{12-1-34}$$

项目现金流量表中累计净现金流量由负值变为零时的时点，即为项目投资回收期。其计算公式为：

$$P_t=\text{累计净现金流量开始出现正值的年份数}-1+(\text{上年累计净现金流量的绝对值/当年净现金流量}) \tag{12-1-35}$$

财务评价中测算的项目投资回收期通常为静态投资回收期。当投资回收期小于或等于设定的基准投资回收期时，表明投资回收速度符合要求。如中国石化炼油项目的投资回收期基准值为：项目总投资10亿元以下为6年，10亿~70亿元为8年，70亿元以上为9年(年数均包括建设期)。

4. 总投资收益率

总投资收益率表示总投资的盈利水平，是指项目达到设计能力后正常年份的年息税前利润(*EBIT*)或运营期内年平均息税前利润与项目总投资的比率。其计算式为：

$$\text{总投资收益率}=\frac{\text{年息税前利润}}{\text{项目总投资}}\times100\% \tag{12-1-36}$$

式中

$$\text{息税前利润}=\text{利润总额}+\text{支付的全部利息} \tag{12-1-37}$$

或

$$\text{息税前利润}=\text{营业收入}-\text{营业税金及附加}-\text{经营成本}-\text{折旧和摊销} \tag{12-1-38}$$

总投资收益率不低于同行业的收益率参考值，表明用总投资收益率表示的盈利能力满足要求。

5. 项目资本金净利润率

项目资本金净利润率表示项目资本金的盈利水平，是指项目达到设计能力后正常年份的年净利润或运营期内年平均净利润与项目资本金的比率。其计算式为：

$$项目资本金净利润率=\frac{年净利润}{项目资本金}\times 100\% \tag{12-1-39}$$

项目资本金净利润率高于同行业的净利润率参考值，表明用项目资本金净利润率表示的盈利能力满足要求。

6. 占用资本收益率(*ROCE*)

占用资本收益率表明企业(或全厂性项目)在一定资本和融资结构情况下的税后利润收益状况，是体现企业(或全厂性项目)资源运用效率的综合指标。其计算式为：

$$占用资本收益率=税后经营利润/已占用资本 \tag{12-1-40}$$

(三) 偿债能力分析

偿债能力分析主要是通过编制相关报表，计算利息备付率、偿债备付率等比率指标，分析企业(项目)是否能够按计划偿还为项目所筹措的债务资金，判断其偿债能力。

1. 利息备付率

利息备付率是指在借款偿还期内的息税前利润与当年应付利息的比值，它从付息资金来源的充裕性角度反映支付债务利息的能力。息税前利润等于利润总额和当年应付利息之和，当年应付利息是指计入总成本费用的全部利息。计算公式如下：

$$利息备付率=\frac{息税前利润}{应付利息额} \tag{12-1-41}$$

利息备付率应分年计算，分别计算在债务偿还期内各年的利息备付率。

利息备付率表示利息支付的保证倍率，对于正常经营的企业，利息备付率至少应当大于1，一般不宜低于2，并结合债权人的要求确定。利息备付率高，说明利息支付的保证度大，偿债风险小；利息备付率低于1，表示没有足够资金支付利息，偿债风险很大。

2. 偿债备付率

偿债备付率是从偿债资金来源的充裕性角度反映偿付债务本息的能力，是指在债务偿还期内，可用于计算还本付息的资金与当年应还本付息额的比值，可用于计算还本付息的资金是指息税折旧摊销前利润(*EBITDA*，息税前利润加上折旧和摊销)减去所得税后的余额；当年应还本付息金额包括还本金额及计入总成本费用的全部利息。

$$偿债备付率=\frac{自税折旧推销前利润-所得税}{应还本付息额} \tag{12-1-42}$$

如果运营期间支出了维持运营的投资费用，应从分子中扣减。

偿债备付率应分年计算，分别计算在债务偿还期内各年的偿债备付率。

偿债备付率表示偿付债务本息的保证倍率，至少应大于1，一般不宜低于1.3，并结合债权人的要求确定。偿债备付率低，说明偿付债务本息的资金不充足，偿债风险大。当这一指标小于1时，表示可用于计算还本付息的资金不足以偿付当年债务。

3. 资产负债率

资产负债率是指企业的某个时点负债总额同资产总额的比率，项目财务评价中通常按年末数据进行计算。其计算公式为：

$$资产负债率=(负债总额/资产总额)\times 100\% \quad (12-1-43)$$

资产负债率表示企业总资产中有多少是通过负债得来的，是评价企业负债水平的综合指标。适度的资产负债率既能表明企业投资人、债权人的风险较小，又能表明企业经营安全、稳健、有效，具有较强的融资能力。过高的资产负债率表明企业财务风险太大；过低的资产负债率则表明企业对财务杠杆利用不够。

(四) 财务生存能力分析

财务生存能力分析是在利润与利润分配表及某些相关辅助报表的基础上，通过编制财务计划现金流量表，考察项目计算期内各年的投资、融资和经营活动所产生的各项现金流入和流出，计算净现金流量和累计盈余资金，分析项目是否能为企业创造足够的净现金流量以维持正常运营，进而考察实现财务可持续性的能力。

财务生存能力分析应结合偿债能力分析和利润分配计划进行，包括以下两个方面：分析是否有足够的净现金流量维持正常运营；各年累计盈余资金不出现负值是财务上可持续的必要条件。

(五) 不确定性分析

不确定性分析是对影响项目的不确定性因素进行分析，测算它们的增减变化对项目效益的影响，找出最主要的敏感因素及其临界点的过程。

1. 敏感性分析

敏感性分析用以考察项目涉及的各种不确定因素对项目基本方案经济评价指标的影响，找出敏感因素，估计项目效益对它们的敏感程度，粗略预测项目可能承担的风险。

敏感性分析通常是改变一种或多种不确定因素的数值，计算其对项目效益指标的影响，通过计算敏感度系数和临界点，估计项目效益指标对它们的敏感程度，进而确定关键的敏感因素。敏感性分析包括单因素敏感性分析和多因素敏感性分析。

(1) 敏感度系数

敏感度系数是项目效益指标变化的百分率与不确定因素变化的百分率之比，反映项目效益对该不确定因素变动的敏感程度，计算公式如下：

$$E=(\Delta A/A)/(\Delta F/F) \quad (12-1-44)$$

式中 E——评价指标 A 对于不确定因素 F 的敏感度系数；

$\Delta A/A$——不确定因素 F 发生 $\Delta F/F$ 变化时，评价指标 A 的相应变化率，%；

$\Delta F/F$——不确定因素 F 的变化率，%。

$E>0$，表示评价指标与不确定因素呈同方向变化；$E<0$，表示评价指标与不确定因素呈反方向变化。$|E|$ 较大者敏感程度高。

必要时还应进行双因素或多因素敏感性分析，用以测算两个或多个因素同时变化时给项目效益指标带来的影响。

(2) 临界点

临界点是指不确定因素的极限变化，即不确定因素的变化使项目由可行变为不可行的临界数值，也可以说是该不确定因素使内部收益率等于基准收益率或净现值变为零时的变化率，临界点也可用该百分率对应的具体数值(称临界值或转换值，Switching Value)表示。

临界点的高低与设定的基准收益率有关，对于同一个投资项目，随着设定基准收益率的提高，临界点的绝对值就会变小(即临界点表示的不确定因素的极限变化变小)；而在一定的基准收益率下，临界点的绝对值越小，说明该因素对项目效益指标影响越大，项目对该因素就越敏感。

2. 盈亏平衡分析

(1) 盈亏平衡分析的定义

盈亏平衡分析是根据达到设计生产能力时的成本费用与收入数据，求取盈亏平衡点，即企业盈利与亏损的转折点，称为盈亏平衡点(BEP，Break-even Point)。在这一点上，销售收入(扣除销售税金与附加)等于总成本费用，刚好盈亏平衡。

(2) 盈亏平衡分析的作用

通过盈亏平衡分析可以找出盈亏平衡点，考察企业(或项目)对市场变化的适应能力和抗风险能力。盈亏平衡点越低，表明企业抗风险能力越强。

盈亏平衡分析只适宜在财务评价中应用。

(3) 盈亏平衡点的计算方法

1) 公式计算法：

盈亏平衡点计算公式：

$$BEP(\text{生产能力利用率})=\text{年总固定成本}/(\text{年销售收入}-\text{年总可变成本}-\text{年税金与附加})\times100\% \quad (12-1-45)$$

$$BEP(\text{产量})=BEP(\text{生产能力利用率})\times\text{设计生产能力} \quad (12-1-46)$$

$$BEP(\text{产品售价})=(\text{年总固定成本}/\text{设计生产能力})+\text{单位产品可变成本}+\text{单位产品销售税金与附加}) \quad (12-1-47)$$

注：以上计算公式中的收入和成本均为不含增值税销项税额和进项税额的价格(简称不含税价格)。如采用含税价格，式(12-1-45)分母中应再减去年增值税；式(12-1-47)中应加上单位产品增值税。

2) 图解法：盈亏平衡点可以采用图解法求得，见图12-1-3。

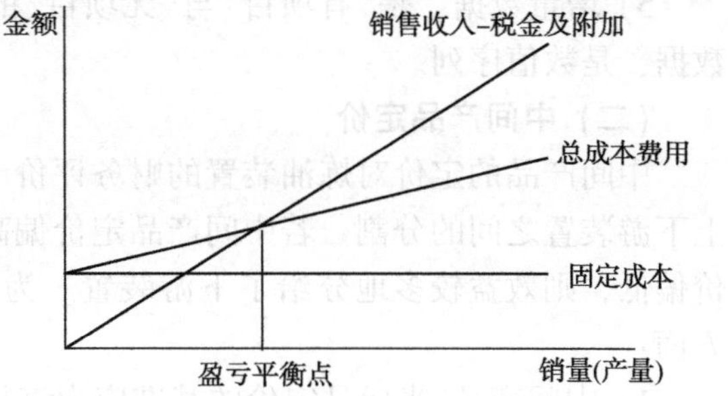

图 12-1-3 盈亏平衡分析图

图中销售收入线(如果收入和成本都是按含税价格计算的，销售收入中还应减去增值税)与总成本费用线的交点即为盈亏平衡点，这一点所对应的产量即为 *BEP*(产量)，也可换算为 *BEP*(生产能力利用率)。

三、炼油装置财务评价方法

(一) 炼油装置财务评价采用的方法

炼油装置的经济效益可以从两个方面得到证明：一方面是从该装置本身的角度看，以装置的投入产出进行分析，简称“单装置评价”；另一方面是从整个企业的角度出发，按“有无对比”方法，对企业建设该装置与不建设该装置的情况进行分析，进而得出该装置建设对企业效益的贡献[5]。

“单装置评价”方法又分为新建装置法和(装置)直接增量法。新建装置法主要适用于新建的炼油装置，依据该装置的直接投入和产出对其进行评价；(装置)直接增量法则是针对装置改扩建情况下的一种评价方法，一般以该装置为评价范围，将装置改造后数据与不改造的情况进行对比，采用增量投资和增量投入产出直接进行分析评价。“单装置评价”方法比较直观明了，在条件具备的情况下多采用此方法。需要说明的是，此处所称“单装置评价”，既包括对单个炼油装置的直接评价，也可以包括几个炼油工艺装置整体的直接评价。

但是该方法的最大问题在于中间产品/组分该如何定价。由于大多数炼油装置的原料来源于企业上游装置，属于中间产品/组分；同时大部分产品并不是直接出厂销售，而是供给下游装置进行进一步的加工，也属于中间产品/组分，市场一般没有这些中间产品/组分的形成价格。因此，中间产品/组分的评价价格和流转税金都不好确定，或者说评估价格受到人为因素的影响较大，难以客观公正。因此，为了全面客观地测算炼油装置的经济效益，正确评价装置的主要经济指标，往往是采用“有无对比法”对全厂(或项目范围内)进行分析。

“有无对比法”是通过对“有项目”和“无项目”两种情况效益和费用的比较，求得增量的效益和费用数据，并计算效益指标，作为投资决策的依据。因此可能涉及以下五套数据：

1)“现状”数据。反映项目实施起点时的效益和费用情况，是单一的状态值。现状数据的时点应定在建设期初。

2)“无项目”数据。指不实施该项目时，在现状基础上考虑计算期内效益和费用的变化趋势(其变化值可能大于、等于或小于零)，经合理预测得出的数值序列。

3)“有项目”数据。指实施该项目后计算期内的总量效益和费用数据，是数值序列。

4)新增数据。是“有项目”相对“现状”的变化额，即有项目效益和费用数据与现状数据的差额，例如新增投资，加上现状数据得出有项目数据。

5)增量数据。是“有项目”与“无项目”的效益和费用数据的差额，即“有无对比”得出的数据，是数值序列。

(二)中间产品定价

中间产品的定价对炼油装置的财务评价十分重要，其定价的高低直接影响到效益水平在上下游装置之间的分割。若中间产品定价偏高，则效益较多地分给了上游装置；中间产品定价偏低，则效益较多地分给了下游装置。为了做到对中间产品的合理定价，应该注意以下方面：

1)中间产品/半成品定价的基准应为该物料的品质，即优质优价、低质低价。

2)中间物料/半成品的价格可在最接近的合格物料/产品的价格的基础上加减加工费用。如未脱硫柴油组分的价格可按脱硫后柴油价格扣减脱硫的单位费用计取；而超低硫柴油组分的价格可按正常硫含量的柴油(标准品)价格加上一个品质差价，这个品质差价可以考虑为标准品进一步脱硫的单位加工费用。而汽油吸附脱硫装置的进料催化汽油的价格，也可在脱硫后合格汽油价格的基础上扣减该装置的单位加工费用。

3)混合物料的价格可按其中主要物料品种的占比加权计算，并扣减分离费用。如抽余C_4中含40%的丁烯，则其价格可按40%的丁烯与60%的液化气加权计算，并扣减分离丁烯的单位费用。

4)如果中间物料由于上下游装置的合作关系而实现产品升值，而上下游装置属于互为条件的关系，即由于下游装置的综合利用而使中间物料的价值增值，而上游装置的存在是其物料来源的前提，则中间物料的增值部分可考虑在上下游装置间分享。如中外合资的化工厂从炼油装置来的富含乙烯的干气中提取乙烯，并返回剩余干气给炼油装置作为燃料，则干气至乙烯的增值部分可由两家均摊，干气中乙烯组分的价格据此考虑为：干气价格+(乙烯价格-干气价格-单位分离费用)/2，而富含乙烯的干气价格可按此乙烯组分价格与干气价格加权计取。

5)炼油项目的财务评价一般可选择大型石油公司内部的项目测算统一价格，如中国石化和中国石油分别发布了用于项目评价的“项目效益测算价格”，可分别作为两大公司炼油项目财务评价的首选价格体系(含产品及原料价格)，价格中没有的品种(多为中间产品)可按品质比率综合确定。

四、炼油装置技术经济特性指标

不同炼油装置由于其原料产品不同、在炼油厂工艺流程中所起的作用不同，各自具有其与投资、成本和效益相关的独特的技术经济特性[5]。

1. 投资费用

炼油装置最为重要的投资指标是单位能力建设投资，由装置建设投资除以装置加工能力求得。炼油装置的一次性初始投资(建设投资)将在生产期转化为项目的固定成本，如直接形成折旧、摊销，同时也决定了修理费、保险费和财务费用等的高低。

除建设投资外，炼油装置流动资金也是总投资的重要组成部分，而进出物料的储备费用和在产品占用的资金是其流动资金的主要构成。一般采用“分项详细估算法”测算炼油装置的流动资金，按中间物料及在产品的储备天数、应收(付)账款天数等计算。虽然炼油厂的流动资金是企业整体运营的需要，但计取单个炼油装置的流动资金可以视为对全厂流动资金的分摊。如果扣除中间物料的重复计算，各装置流动资金相加应该等于全厂流动资金总额。

2. 成本费用

对于炼油装置的成本费用，一般重点考察其单位操作费用，包括完全操作费用和现金操作费用。炼油装置的单位操作费用越低，反映其在同类装置中的竞争力越强。

炼油装置的操作费用一般分为完全操作费用和现金操作费用。计算公式分别为：

完全操作费用=(辅助材料+外购燃料+外购动力+工资及福利费+折旧费+修理费+其他制造费用+管理费用+财务费用)/原料加工量 (12-1-48)

现金操作费用=(辅助材料+外购燃料+外购动力+工资及福利费+修理费+其他制造费用+其他管理费用)/原料加工量 (12-1-49)

由上述公式可看出，完全操作费用反映了项目对加工单位原料的总费用支出(总成本费用中仅扣除了原料费用和营业费用)；现金操作费用则只考虑生产经营中直接付现的部分，即在完全操作费用的基础上，不考虑折旧费、摊销费(列支在管理费用项下)和财务费用等先期因素，以反映企业现实的生产管理水平。

3. 财务效益

对炼油厂装置的财务评价，通常首选的方法是进行全厂“有无对比”分析，以客观反映装置建设对全厂的影响和贡献。在对全厂进行了整体规划和整体经济评价(全厂新建或有无对比分析)的情况下，单个装置的财务评价可以不再进行。但往往在实际工作中，上述情况难以做到，单装置财务评价的需求还是广泛存在的。

需要注意的是，有的装置从单装置评价的角度看，效益不好(有时也与中间物料的定价有关)；但从全厂整体角度而言，该装置却是获取整体效益必不可少的重要组成部分，其效益水平体现在以全厂为评价范围的整体经济效益中，单个炼油装置(特别是对全厂物料及流程影响较大的装置)的财务评价有时并不能客观反映该装置的效益情况[6]。

第二节　汽油吸附脱硫装置投资特性分析

一、建设投资分析

新建汽油吸附脱硫装置的建设投资与装置规模、原料性质、产品要求、工艺技术和建设现场条件有关。按2013年国内价格计算，一套1.5Mt/a汽油吸附脱硫装置，单位加工能力建设投资在180元/t左右(不含增值税)；一套2Mt/a汽油吸附脱硫装置，单位加工能力建设投资在160元/t左右(不含增值税)。

典型汽油吸附脱硫装置建设投资中各种投资费用的比例如图12-2-1所示。

由图12-2-1可见，汽油吸附脱硫装置装置建设投资中，固定资产投资是主体，占92%；无形资产约占2%；其他资产约占1%；预备费约占5%。建设投资中通常也含有占比为百分之十几的外汇部分，主要集中在引进设备材料及催化剂等方面。

对于汽油吸附脱硫装置改扩建而言，其建设投资因情而异，差别较大。一般而言，装置的改扩建或利用增量调动存量；或因脱瓶颈而贯通流程，扩大装置加工规模；或改变产品方案；或为适应原料油性质变化等而进行的改扩建，其需要的投资费用也有很大差别。通常，在汽油吸附脱硫装置改扩建项目的投资结构中，工艺设备的增加或更换是主要内容。

二、工程费用分析

工程费用是建设投资中的主要部分和其他费用的计算基础，约占建设投资的87%，是影响投资高低的决定性因素。工程费用中各项费用的构成比例各项目不尽相同，但差别不大。以一套2Mt/a汽油吸附脱硫装置为例，静止设备费用占38.04%，自控仪表占21.90%，构筑物占12.54%，工艺管道占9.18%，电气占5.30%，机械设备占5.24%，工业炉占3.98%，建筑物占1.52%，其他占2.30%，如图12-2-2所示。

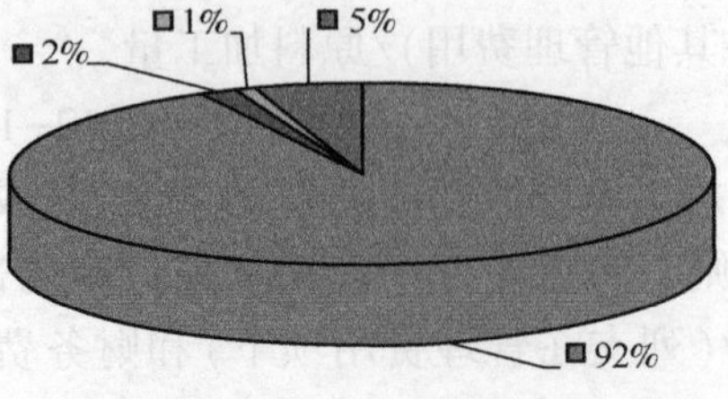

图12-2-1　汽油吸附脱硫装置建设投资费用构成

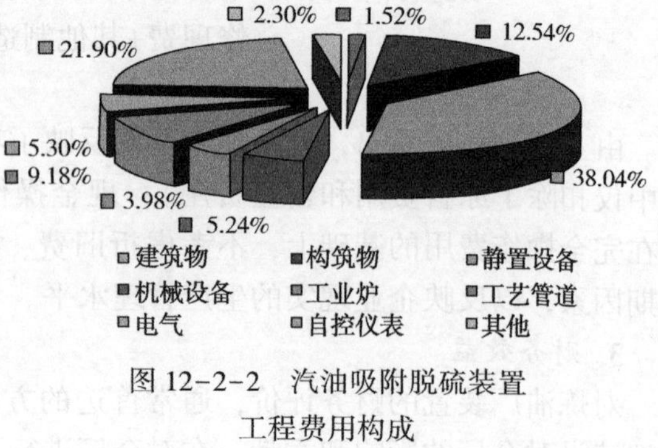

图12-2-2　汽油吸附脱硫装置工程费用构成

从上述分析来看，降低投资的重心主要在于降低工程费用。工程费用中各种动、静设备费用占比超过40%，其次是自控仪表、构筑物、工艺管道等，各占10%~21%左右。对设计者来说，在满足工艺要求的前提下，首先要想方设法降低设备费用。要让设备少一些、小一些、造价低一些，同时还要尽量减少占地面积以节约管道和土建投资。其次降低仪表电气费用对汽油吸附脱硫装置也有重要的意义。

三、影响投资的主要因素分析

影响汽油吸附脱硫装置投资的因素很多，综合来看，主要分为内在因素和外在因素两类。

1. 内在因素

(1) 原料性质

汽油吸附脱硫装置的投资与所加工原料的性质有关。原料含硫量越高，相关设备催化剂费用也越高。

(2) 装置规模

建设装置首先要确定的就是装置规模。由于规模对投资的影响较大，因此，应根据市场需求和工厂加工总流程的安排，实事求是地科学地确定。对于技术条件及其他参数相同，仅仅由于装置规模不同的A、B两套装置(单条线)，其投资关系可以用下式表示：

$$\frac{C_A}{C_B}=\left(\frac{Q_A}{Q_B}\right)^x \tag{12-2-1}$$

式中 C——建设投资；

Q——装置规模；

x——生产能力指数，也叫作规模指数，汽油吸附脱硫装置的生产能力指数通常取0.7。

上述公式也反映出一个基本规律，就是汽油吸附脱硫装置的投资与其规模呈曲线正相关关系。即装置规模越大，其单位加工能力的投资就越低。

(3) 产品要求

由于炼厂加工总流程对汽油吸附脱硫装置的加工方案和产品要求各不相同，因而，虽然同是汽油吸附脱硫装置，但其流程长短和机械、设备等的多少及大小等常常有较大的差别，因此对投资也有很大影响。

(4) 技术方案

装置采用的技术方案对投资的影响有正负两种可能性。有些技术的改进对降低投资是有利的，如采用先进化学药剂、简化流程、紧凑布置设备、采用高效换热设备等，既提高了技术水平又降低了投资。另外有些技术改进，其目的是提高产品收率或者节能，能否降低投资就不一定，大多数情况下投资需要增加，但综合经济效益应当是有利的。

(5) 新建与改、扩建

利用老装置改、扩建，充分挖掘现有设备的潜力，对节约投资是十分有利的，在有条件的炼厂应当优先予以考虑。当然，改、扩建与新建相比究竟能否节省投资和节省多少投资，与具体条件有关。如老装置的设计余量、新技术的选择、场地条件等。不是所有装置都具备相同的条件，应具体问题具体分析。

(6) 设备国产化

汽油吸附脱硫装置流程长、设备多，设备价格高低对投资影响很大。在目前条件下国产设备通常比引进设备便宜，因此，在性能基本相当的情况下，应当优先考虑采用国产设备。目前国内设备制造能力已具备相当高的水平，汽油吸附脱硫装置的绝大部分设备都可以由国内制造供应。设备国产化是节约投资的重要途径，具有重要的经济效益和社会效益。

2. 外在因素

(1) 物价因素

装置的投资水平受到物价因素的影响，由于不同年份的设备材料和劳动力价格水平的不同，同一地点工程内涵相同的两套装置的工程造价在不同时期会体现出较大的差异。为测算这种差异的大小，中国石化工程建设有限公司采用"炼化项目工程费用价格指数(Capex Escalation Index，简称 CEI)"来表示。所谓炼化项目工程费用价格指数，是基于不同时间(不同年份、月份等)价格水平测算的炼化项目的投资水平之比。

图 12-2-3 列出了近年来炼化项目工程费用价格指数(CEI)及与其关系密切的消费者物价指数(CPI)、生产者物价指数(PPI)的走势。

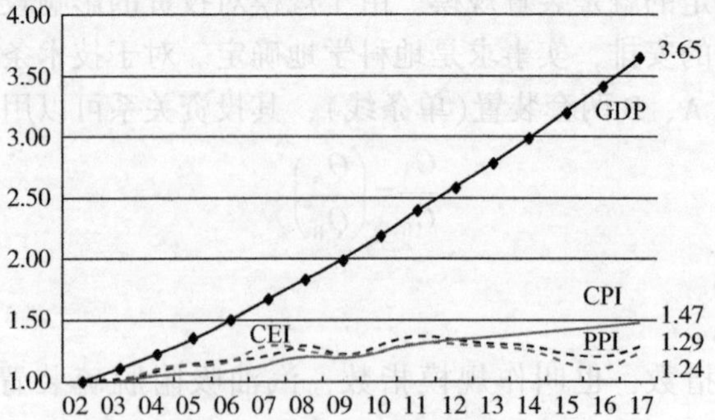

图 12-2-3　2002~2017 年同比价格指数对比

可以看出，工程费用价格指数(CEI)与消费者物价指数(CPI)、生产者物价指数(PPI)的走势是基本一致的。总体上看，随着我国国民生产总值 GDP 的不断增长，CPI、PPI 及 CEI 也呈现总体上升趋势。

以 2010 年为例，相对于 2002 年，CPI 增加 19%，PPI 增加 29%，而 CEI 增加 25%(CEI 在 2007 年增加 30%，但由于受到美国金融危机影响，2008 年、2009 年 CEI 比 2007 年有所下降)。也就是说，基于 2010 年年底价格测算的炼油厂的工程费用比 2002 年增加 25%左右。

以 2017 年为例，相对于 2002 年，CPI 增加 47%，PPI 增加 29%，而 CEI 增加 24%，也就是说，基于 2017 年年底价格测算的炼油厂的工程费用比 2002 年增加 24%左右。

(2) 地区因素

装置的投资水平也受到地区因素的影响。由于各地区自然环境的差别、地区经济和行业经济发展的不平衡、人员素质及工资水平的差异，以及税收政策等投资环境各不相同，从而导致不同地区的建安材料价格、设备材料的运输条件、劳动力价格水平及管理费用不同，以及土地费用、地质条件和气候条件等的不同。因而，同一时期工程内涵相同的两套装置的工程造价在不同地区会体现出一定的差异。这种差异的大小可以用"地区因子调整系数"来表示。

在我国，除边远地区之外，炼化装置建设投资的地区差异主要体现在建安材料价格、设备材料的运杂费和劳动力价格等方面。因此，在各地区发布的建筑材料预算价格、人工费用单价及运杂费率的基础上，可大致估算出同类装置建设投资在不同地区的差异程度，也就是地区因子调整系数的大小。有关测算及统计数据表明，我国炼化装置的地区因子调整系数一般都在10%以内。即除特殊情况外，我国不同地区建设的同类炼化装置的建设投资的差异基本上不超过10%。

而在国际上，由于各国的国情差异很大，一般而言，地区因子对在不同国家建设的同类炼化装置的投资造成的差异要大得多。如相关研究及测算也表明，我国炼化装置的投资水平大体相当于采用美国海湾价格投资的50%~70%。需要说明的是，一般来说，如果国产化率较高，引进设备材料较少，可能会接近低限(50%)；如果国产化率较低，引进设备材料较多，可能会接近高限(70%)。

四、应在设计与实施过程中严格控制投资

汽油吸附脱硫装置的投资水平的高低，将直接影响企业未来完全操作费用中的折旧费、修理费、保险费等，对项目的经济效益会产生直接的影响。因此，应严格控制投资，特别是要加强项目设计与实施过程中的投资控制：首先要把好设计关(设计阶段决定了项目工程造价的75%以上，是有效控制工程造价的关键)，应实行限额设计。各专业设计人员都应具备基本的经济概念，掌握价值工程的分析方法。以技术先进、稳妥可靠、经济合理的原则选择技术、设备和材料，坚决去掉那些不必要的设计余量和超过需要的标准；对于采购和施工，应充分依托当地条件，对采购与施工实行公开招标，从中选优；同时费用控制工程师应严把投资审核关。

同时，也要搞好质量控制和进度控制。工程承包方应严把设备、材料采购关；实行建设监理，对设备、材料选购和施工作业进行全面的跟踪和控制，避免以次充好、偷工减料，避免“豆腐渣工程”，避免企业未来生产中的非计划停减产损失和修理费的大幅增长；在进度控制方面，应避免各种人为因素的影响，准备好对主要可能发生的不可抗力影响的应对预案，力争早投产、早见效益。

第三节　汽油吸附脱硫装置成本特性分析

一、成本构成要素

汽油吸附脱硫装置的总成本费用包括以下内容：

① 原料费用：根据装置原料进料量及其价格计算；

② 辅助材料费：包括催化剂和化学药剂消耗的费用；

③ 燃料动力费：根据水、电、蒸汽、燃料、压缩空气等的用量及价格计算；

④ 工资及福利费：人员工资及福利费用；

⑤ 制造费用：包括折旧费、修理费和其他制造费；

⑥ 管理费用：包括无形资产及其他资产摊销、其他管理费，一般为分摊费用；

⑦ 财务费用：包括流动资金借款利息和长期借款利息；

⑧ 营业费用：一般按营业收入的一定比例计取(按全厂分摊考虑)。

汽油吸附脱硫装置的成本中绝大部分是原料费用，而其他各项，如上述②~⑧项均可归集到加工费的范畴(相当于广义的完全操作费用)。

二、原料费用

在炼油厂的成本构成中，原料费用占比超过90%；而在汽油吸附脱硫装置的成本构成中，原料费用约占95%以上。但由于汽油吸附脱硫装置的主要原料费用为催化汽油，主要产品为脱硫汽油，两者的价格高度相关，单独装置的经济效益主要体现在脱硫汽油相对于催化汽油的毛利与操作费用的相对关系。因此，原料价格仅对流动资金会有一些影响，对装置的经济效益影响不大。

三、操作费用分析

当前，操作费用指标在炼油项目的经济效益分析中受到越来越多的重视。客观上说，(单位)操作费用反映了一个炼油项目在生产中对于加工(单位)原料的总费用支出。在项目产品方案已定的前提下，操作费用的降低直接体现为装置税前利润的增加，体现为装置竞争力的增强。作为主要技术经济指标之一，操作费用的高低目前已成为衡量一个炼油装置在同类型装置中先进性的重要尺度[7]。

操作费用一般分为完全操作费用和现金操作费用。计算公式分别为：

完全操作费用=(辅助材料+外购燃料+外购动力+工资及福利费+折旧费+修理费+其他制造费用+管理费用+财务费用)/原料油加工量

现金操作费用=(辅助材料+外购燃料+外购动力+工资及福利费+修理费+其他制造费用+其他管理费用)/原料油加工量

由上述公式可看出，完全操作费用反映了项目对加工单位原料的总费用支出(总成本费用中仅扣除了原料费用和营业费用)；现金操作费用则只考虑生产经营中直接付现的部分，即在完全操作费用的基础上，不考虑折旧费、摊销费(列支在管理费用项下)和财务费用等先期因素，以反映企业现实的生产管理水平。

对于汽油吸附脱硫装置的成本费用，一般重点考察其单位操作费用，包括完全操作费用和现金操作费用。

(一) 操作费用构成分析

以下以一套2Mt/a装置为例，测算其操作费用及其明细构成。

1. 测算采用参数

1）装置建设地点考虑为中国东部及东南部沿海地区；

2）装置建设期为2年，生产运营期为15年；

3）装置每年开工率均为100%；

4）装置年开工时间为8400h；

5）装置投资为2013年价格水平，已扣除可抵扣增值税进项税；

6）不考虑借贷资金，所有投资均按自有资金考虑；

7）人员工资按10万元/人·年计算；

8）原料及产品评估价格基于布伦特原油离岸价80美元/桶考虑；

9）公用工程价格为近年东部及东南部炼油企业均价（但燃料油价格基于布伦特原油离岸价80美元/桶考虑）；

10）以上价格均包含增值税，但不含消费税；

11）总生产成本=总现金成本+折旧=原材料费用+化学品催化剂费用+公用工程费用+直接固定成本+分摊固定成本+折旧，按年计算；

12）完全操作费用（含增值税）=（氢耗费用+化学品催化剂费用+公用工程费用+直接固定成本+分摊固定成本+折旧）/主要原料加工量；

13）现金操作费用（含增值税）=（氢耗费用+化学品催化剂费用+公用工程费用+直接固定成本+分摊固定成本）/主要原料加工量；

14）完全操作费用（不含增值税）=（氢耗费用+化学品催化剂费用+公用工程费用+直接固定成本+分摊固定成本+折旧-前三项所含进项税）/主要原料加工量；

15）现金操作费用（不含增值税）=（氢耗费用+化学品催化剂费用+公用工程费用+直接固定成本+分摊固定成本-前三项所含进项税）/主要原料加工量。

2. 测算结果

测算结果详见表12-3-1及图12-3-1。

表12-3-1 某2Mt/a汽油吸附脱硫装置操作费用估算表

序号	项目	单位	数量	单价/（元/基本单位）	总额/万元	备注
	估算基础					
	开工率	%	100			
	开工时数	h/a	8400			
1	投资	万元	32600			
1.1	界区内投资	万元	32600			不含可抵扣增值税
1.2	装置外设施	万元				
	固定投资合计	万元	32600			
2	产品收入	kt	2006.7			
	脱硫汽油	kt	1986.2			硫含量不大于10mg/kg
	干气	kt	2.05			
3	原材料费用	kt	2006.6		8090	
	催化汽油	kt	2000			硫含量172mg/kg
	氢气	kt	6.6	12258	8090	
4	辅助材料				1140	
5	公用工程费用				5189	
	燃料油（折合标油）	kt	8.3	3503	2925	
	中压蒸汽	kt	50.4	180	907	
	低压蒸汽	kt	-15.1	165	-249	
	循环水	kt	3603.6	0.35	126	
	新鲜水	kt	25.2	3.00	8	

续表

序号	项　　目	单位	数量	单价/（元/基本单位）	总额/万元	备注
	凝结水	kt	-22.7	10.00	-23	
	电	10^4kW·h	1695	0.60	1017	
	氮气	10^4Nm^3	504	0.70	353	
	仪表空气	10^4Nm^3	504	0.25	126	
6	直接固定成本	万元			1328	
	人员工资	万元/人	20	10	200	
	直接管理费（人员工资的75%）	万元			150	
	维修费（界区内投资的3%）	万元			978	
7	分摊固定成本	万元			990	
	全厂管理费（直接固定成本的50%）	万元			664	
	财产税/保险（固定投资合计的1%）	万元			326	
8	总现金成本（3+4+5+6+7）	万元			16738	
9	折旧（界区内投资的6.7%+装置外投资的5%）	万元			2184	
10	总生产成本（8+9）	万元			18922	
11	完全操作费用（含增值税）	kt	2000		18922	万元
		kt	2000		94.61	元/t
12	现金操作费用（含增值税）	kt	2000		16738	万元
		kt	2000		83.69	元/t
13	完全操作费用（不含增值税）	kt	2000		16853	万元
		kt	2000		84.27	元/t
14	现金操作费用（不含增值税）	kt	2000		14669	万元
		kt	2000		73.34	元/t

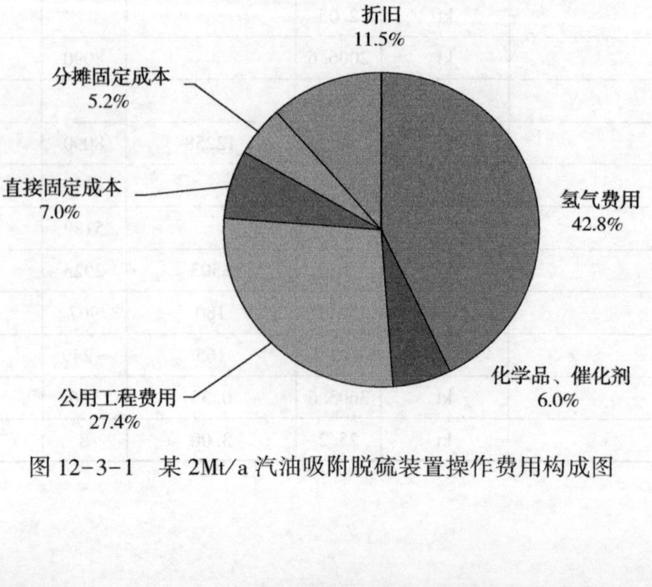

图 12-3-1　某 2Mt/a 汽油吸附脱硫装置操作费用构成图

由表12-3-1及图12-3-1可知，一套2Mt/a汽油吸附脱硫装置，其单位完全操作费用(含增值税，不含财务费用)为94.61元/t，单位现金操作费用(含增值税，不含财务费用)为83.69元/t，单位完全操作费用(不含增值税、财务费用)为84.27元/t，单位现金操作费用(不含增值税、财务费用)为73.34元/t。上述数据仅供参考，不同装置的实际数据有差异。

在汽油吸附脱硫装置完全操作费用的构成中，费用最高的前5位分别为氢耗费用、公用工程费用(燃料动力费用)、折旧费、辅助材料费(催化剂化学药剂费)和直接固定成本中的修理费。其中，项目氢耗费用由氢气消耗和氢气价格(与氢气来源有关)决定；燃料动力费用由燃料动力消耗量及其价格决定；折旧费由项目投资形成的固定资产转化而来，项目的投资水平直接决定了年均折旧费的高低，受各种条件影响，同规模装置的投资水平也存在一定差异；催化剂化学药剂的费用则与工艺方案和原料硫含量密切相关；修理费则由项目的投资水平和采用的大修方式决定。

(二) 降低操作费用的途径分析

以下对汽油吸附脱硫装置的完全操作费用各分项构成逐一进行分析，探讨降低装置操作费用的有效途径。

1. 氢耗费用

在汽油吸附脱硫装置完全操作费用的构成中，氢耗费用约占43%。为降低氢耗费用，应努力降低氢气消耗量和氢气价格。在项目设计阶段，应优化流程设计，减少氢气消耗，尽可能选择乙烯氢、重整氢等较为廉价的副产氢气。在操作中应通过精细操作避免过度耗氢增加不必要的氢耗[8]。

2. 辅助材料费

在汽油吸附脱硫装置完全操作费用的构成中，催化剂和化学药剂约占6%。在项目设计阶段，应对项目主要工艺专利技术及化学药剂费用进行技术经济比选，在达到项目产出要求的前提下，选择性价比高、年费用少的化学药剂。

3. 燃料动力费

汽油吸附脱硫装置一般需要外供燃料，外供燃料品种应因地制宜，一般是单位热值价格较低的燃料气、天然气、燃料油等。

汽油吸附脱硫装置所需动力消耗主要是水、电、汽、风等，其中以电和蒸汽的消耗最大。为降低配套投资、节省费用，全厂公用工程有众多技术方案可供选择。例如：设在当地工业园区的企业，如有条件可充分依托园区的公用工程中心；炼化一体化企业可共享公用工程设施；有条件的企业可考虑采用煤、石油焦或天然气自发电等。当然，降低燃料动力费用的根本途径还是在于节能降耗。

4. 人员工资及福利费

采用新厂新模式，优化定员配置，实行一专多能，严格控制装置定员，减少工资总额支出。

5. 折旧费

在装置完全操作费用的构成中，折旧费约占11%。影响折旧费的因素是装置形成的固定资产原值，而固定资产原值包括工程费用、预备费及建设期内发生的利息。在固定资产原值既定的情况下，虽然采用不同的折旧办法，如直线折旧法、年数总和法、双倍余额递减法等，可以改变不同年份的折旧额，但寿命期内的折旧总额是不会改变的，因此降低折旧费用的根本办法就是降低项目的一次性投资。为此，应进行全员动员、全过程投资控制，以有效控制和降低项目工程造价。

6. 修理费

在装置完全操作费用的构成中，修理费(大修费)约占5%。修理费的高低与项目的固定资产原值、大修间隔年数、采用的大修方式等有关。为此，在设计、采购环节应以设备的寿命周期费用最低为原则选用设备。也可采用外委的方式进行大修(更加专业并节省费用)，注重日常中小修理，延长连续开工时间。

7. 摊销费

摊销费主要是无形资产(专有技术费用、土地使用权出让金等)和其他资产(生产准备费、出国人员费用、银行担保费等待摊费用)的分期摊销。应从设计和工程管理的角度，控制和降低费用的发生。

8. 其他费用

其他费用包括其他制造费用(车间级管理费用)和其他管理费用(分摊的企业级管理费用)，主要有办公费、差旅费、运输费、保险费、公司经费、工会经费、职工教育经费、劳动保险费、咨询费、土地使用费、土地损失补偿费、业务招待费等。费用的高低与定员多少相关，与管理体制相关。

9. 财务费用

财务费用主要是汇兑损益和生产年份发生的借款利息，包括(建设投资借款形成的)长期借款利息和(流动资金借款形成的)短期借款利息。在控制建设投资和流动资金总额的基础上，适当增加资本金的比例，可有效地降低财务费用，增强抗风险能力。此外，由具有资质的集团公司出面为下属企业集中供贷，一般可获得贷款银行的优惠利率。

从前述分析可以看出，对操作费用影响最大的是氢耗费用，其次是燃料动力费，而辅助材料费也排在了第四位。因此，节能降耗无疑是降低装置操作费用的首选措施；折旧费和修理费随投资的变化而变化，因而，有效地控制投资也是降低操作费用的重要措施；工资及福利费则与装置定员有关。

第四节 汽油吸附脱硫装置财务特性分析

一、基于单装置的财务评价

对汽油吸附脱硫装置而言，由于催化汽油和脱硫汽油均为中间产品，其价格或价差不好确定，因此，单装置评价的经济效益仅用于测算催化汽油和脱硫汽油的临界点价差(即单装置评价所得税后内部收益率达到行业基准值10%时，催化汽油和脱硫汽油的价差水平)，其客观经济效益应在全厂增量分析中体现。

（一）案例一

1. 评价方法

拟对某 10Mt/a 级炼油厂的 2Mt/a 汽油吸附脱硫装置进行单装置评价，评价范围以该装置边界为限，评价范围内与外界的物料及公用工程消耗均按买断考虑。

2. 评价采用参数与数据

1）装置建设地点考虑为中国东部及东南部沿海地区；

2）装置建设期为 2 年，生产运营期为 15 年；

3）装置每年开工率均为 100%；

4）装置年开工时间为 8400h；

5）装置投资为 2013 年价格水平，已扣除可抵扣增值税进项税；

6）项目资本金按报批总投资的 30%考虑；

7）项目融资方式考虑为股东担保贷款，长期贷款利率(5 年以上期)为 4.90%，流动资金贷款利率为 4.35%；

8）人员工资按 10 万元/人·年计算；

9）原料及产品评估价格基于布伦特原油离岸价 80 美元/桶考虑；

10）公用工程价格为近年东部及东南部炼油企业均价(但燃料油价格基于布伦特原油离岸价 80 美元/桶考虑)；

11）以上价格均包含增值税，但不含消费税；

12）项目基准收益率为所得税前 12%、所得税后 10%。

3. 采用的评估价格

原料及产品的价格拟采用中国石化集团公司经济技术研究院推荐的“项目经济效益测算价格(2018 版)”。该价格体系的定价基准为布伦特原油离岸价 80 美元/桶。

主要原料、产品及其评估价格(含税价)见表 12-4-1。

表 12-4-1　原料、产品及其评估价格

项　目	数量/(kt/a)	价格/(元/t)	备　注
原料:			
催化汽油(硫含量 172mg/kg)	2000	基准-差价	不含消费税
氢气	6.6	12258	乙烯氢
产品:			
脱硫汽油(硫含量不大于 10mg/kg)	1986.2	基准	不含消费税
干气	20.5	2800	

4. 评价结果

测算结果详见表 12-4-2。数据仅供参考，不同装置数据有差异。

表 12-4-2 某 2Mt/a 汽油吸附脱硫装置财务指标汇总表

序号	项目名称	单位	数值	备注
一	财务评价数据			
1	项目总投资	万元	35989	
1.1	建设投资	万元	32600	不含可抵扣增值税
1.2	建设期利息	万元	643	
1.3	流动资金	万元	2746	
2	项目资本金	万元	10220	
3	营业收入	万元	1184851	生产期均值
4	营业税金及附加	万元	374	生产期均值
5	增值税	万元	3115	生产期均值
6	总成本	万元	1178400	生产期均值
7	利润总额	万元	2962	生产期均值
8	所得税	万元	741	生产期均值
9	净利润	万元	2222	生产期均值
二	项目财务盈利能力指标			
1	项目投资财务内部收益率			
	所得税前	%	12.74%	全部投资
	所得税后	%	10.00%	全部投资
2	项目投资财务净现值			
	所得税前	万元	1257	全部投资　折现率=12%
	所得税后	万元	0	全部投资　折现率=10%
3	项目投资回收期	年	9.57	所得税后　含建设期 2 年
4	资本金财务内部收益率	%	16.12%	

注：催化汽油与脱硫汽油差价按 195 元/t 计。

由表 12-4-2 可知，基于单装置评价，该 2Mt/a 汽油吸附脱硫装置的项目投资内部收益率(所得税后)达到基准值 10%时，催化汽油与脱硫汽油差价为 195 元/t。

(二) 案例二

在上例评价参数下，对某 20Mt/a 级炼油厂的 2.4Mt/a 汽油吸附脱硫装置进行单装置评价。其中，催化汽油硫含量 300mg/kg，脱硫汽油硫含量不大于 10mg/kg。结果显示，该装置项目投资内部收益率(所得税后)达到基准值 10%时，催化汽油与脱硫汽油差价为 181 元/t。

需要说明的是，以上技术经济分析是在假定的数据及参数条件下的测算结果，仅供参考。对不同企业、不同规模、不同工艺要求下的汽油吸附脱硫装置，应分别进行测算。

二、基于全厂有无对比增量分析的财务评价

对汽油吸附脱硫装置而言，由于产品对全厂汽油的调和带来决定性的影响，其对全厂经济效益的贡献应以全厂增量分析综合体现。在我国汽油产品升级的过程中，由于各炼油厂汽

油产品占全厂产出的比例不同，汽油中催化汽油的占比不同，相应汽油吸附脱硫装置对全厂效益的贡献也有较大差异。

对几个典型炼油厂的汽油吸附脱硫装置进行有无对比增量分析的结果表明，其增量投资所得税后内部收益率均大幅超过行业基准收益率 10%，具有良好的经济效益。

汽油吸附脱硫装置对各企业效益的贡献，还应根据其具体情况具体分析，分别进行测算，切不可一概而论。

三、行业及社会效益分析

（一）行业效益分析

汽油吸附脱硫装置解决了我国汽油质量升级过程中最重要的脱硫问题。汽油吸附脱硫装置的经济性突出表现在以下三个方面：

第一，汽油吸附脱硫装置能够一步到位实现从国Ⅲ到国Ⅵ阶段对硫含量的要求。在不同阶段考虑装置经济性，通过调整操作的脱硫苛刻度就能够灵活满足各阶段的硫含量要求。不需要进一步对装置进行适应性改造。

第二，汽油吸附脱硫原理在满足高清洁汽油对硫含量的情况下减小辛烷值损失，避免其他技术因脱硫过程辛烷值损失太大而必须在调和中增购大量高辛烷值组分。

第三，汽油吸附脱硫装置的操作能耗仅为其他技术的三分之一。燃动费用远低于其他技术，不仅经济效益好，而且更加符合绿色低碳的要求。

相对而言，汽油吸附脱硫装置对催化汽油进料的单位完全操作费用，在同类装置中成本费用最低，通常可节省超过 60 元/t。

从炼油行业整体来看，目前，我国已运行的汽油吸附脱硫装置为 35 套，每年处理的催化汽油约为 45Mt。按单位能力节省成本 60 元/t 计，每年可节约成本费用约 27 亿元；如果追加考虑汽油吸附脱硫装置辛烷值损失较少的潜在效益，其总量也相当可观。

（二）社会效益分析

近年来我国汽车拥有量急剧上升，机动车尾气污染已成为一个不可忽视的污染源，大气污染也在向煤烟与机动车尾气混合污染发展。随着二氧化硫和氮氧化物排放量的不断增大，我国酸雨污染面积也在不断扩大，酸雨已占整个国土的 30%，而且我国的酸雨污染还呈扩大与加重之势。二氧化硫的惊人排放量与酸雨造成的巨额经济损失相对比，我国二氧化硫的排污治理工作明显滞后。

从 2018 年 1 月 1 日起，《中华人民共和国环境保护税法》开始施行。根据该环境保护法及其实施条例中税目税额相关规定，大气污染物每污染当量税额为 1.2～12 元，二氧化硫的污染当量值为 0.95kg，可推算出排放二氧化硫的税额为 1.26～12.63 元/kg，合 1260～12630 元/t。

从汽油吸附脱硫装置来看，目前我国已运行的汽油吸附脱硫装置约为 35 套，每年处理的催化汽油约为 45Mt，相应每年可减少二氧化硫排放超过 26kt。如按二氧化硫环境保护税 1260 元/t 计，每年可节省环境费用 3276 万元；若按二氧化硫排放的环境成本 12630 元/t 计，每年可节省环境费用 32838 万元。

总体来看，汽油吸附脱硫装置提供了一步到位的汽油超深度脱硫解决方案，为我国汽油质量快速、低成本升级做出了卓越贡献。同时，该技术的开发与实施，是开放创新和自主创新有机融合取得突破性进展的示范，是践行“科技创新成果转化为现实生产力”的生动案例，创造了突出的经济和社会效益。

四、提高汽油吸附脱硫装置经济效益的途径分析

1. 装置规模应符合经济规模

工艺流程相似的汽油吸附脱硫装置如果加工规模相差很大，其操作费用也会有较大差异。由于规模经济的作用，规模大的装置单位加工能力的投资较低，单位能耗和固定费用也较低。经测算，工艺流程相同的 1.5Mt/a 和 2Mt/a 汽油吸附脱硫装置，仅仅由于规模的不同，两者的完全操作费用相差约 10 元/t，现金操作费用相差约 8 元/t。

2. 降低氢耗和公用工程消耗

汽油吸附脱硫装置的氢气消耗约占其完全操作费用的 40%，燃料动力等公用工程消耗约占装置完全操作费用的 30%。因此，降低装置的氢气消耗和公用工程消耗，减少氢气、燃料、电和蒸汽等的用量，对提高经济效益具有重要意义。为此，需要优化工艺过程，重点关注提高加热炉效率和新型节能技术与设备的利用，提高装置的热利用效率。

3. 提高装置设备可靠性

提高设备可靠性和完好率，实现安、稳、长运行，延长装置生产操作周期等，对降低生产成本和持续获得加工增值效益都具有重要意义。因此，它是提高技术经济效益的一个重要方面。

4. 提高产品收率，尽可能减少辛烷值损失，减少加工损失

汽油吸附脱硫装置的目的是降低全厂汽油调和的重要组分催化汽油的硫含量，为全厂提供大量合格的低硫汽油组分，除此之外，脱硫后催化汽油的辛烷值损失也是越低越好。由于汽油单位辛烷值在 92~98 之间的价值较大，通常会超过 100 元，因此，催化汽油脱硫后辛烷值降低越少，带来的经济效益就越大。

另外，原料加工损失率也是装置主要技术经济指标之一。加工损失率高，一方面影响了综合商品率的提高，影响了项目的经济效益，另一方面也造成了环境污染。在实际的生产操作中，原料的加工损失或多或少是客观存在的。但通过优化和完善工程设计、加强生产管理等，可尽量避免上述损失的发生，从而为汽油吸附脱硫装置及全厂带来经济效益。因此，改善产品质量，提高产品收率，减少加工损失也是增强汽油吸附脱硫装置经济效益的一个重要方面[9]。

参考文献

[1] 国家发展改革委，建设部．建设项目经济评价方法与参数(第三版)[M]．北京：中国计划出版社，2006.

[2] 全国注册咨询工程师(投资)资格考试参考教材编写委员会．项目决策分析与评价(2016 年版)[M]．北京：中国计划出版社，2016.

[3] 中国石油化工项目可行性研究技术经济参数与数据 2018. 中国石油化工集团公司经济技术研究院，2018，06.

[4] 中国石油天然气集团有限公司投资项目经济评价参数(2018). 中国石油规划总院工程经济研究所，2018，05.

[5] 李志强 . 原油蒸馏工艺与工程[M]. 北京：中国石化出版社，2010.

[6] 赵文忠 . 谈炼油化工项目总工艺流程方案比选的技术经济分析[J]. 当代石油石化，2009，17(2)：29-33.

[7] 赵文忠、孙丽丽 . 对炼油项目操作费用指标的思考[J]. 当代石油石化，2006，14(9)：28-30.

[8] 李大东，聂红，孙丽丽 . 加氢处理工艺与工程[M]. 北京：中国石化出版社，2016.

[9] 赵文忠 . 提高炼油项目经济效益的途径分析[J]. 当代石油石化，2005，13(6)：34-37，44.

附录1 汽油吸附脱硫装置工艺设备编号说明

序　号	设备编号	设备名称
1	R-101	脱硫反应器
2	R-102	再生器
3	C-201	稳定塔
4	D-101	原料缓冲罐
5	D-102	还原器
6	D-103	循环氢压缩机入口分液罐
7	D-104	热产物气液分离罐
8	D-105	反应器接收器
9	D-106	闭锁料斗
10	D-107	再生进料罐
11	D-108	吸附剂回收罐
12	D-109	再生粉尘罐
13	D-110	再生器接收器
14	D-112	新鲜吸附剂罐
15	D-113	吸附剂储罐
16	D-114	反吹气体聚集器
17	D-116	反吹氮气罐
18	D-121	冷产物气液分离罐
19	D-122	补充氢分液罐
20	D-123	冷凝水罐
21	D-124	非净化风缓冲罐
22	D-125	再生放空罐
23	D-126	硫化剂罐
24	D-130	氮气缓冲罐
25	D-201	稳定塔回流罐
26	D-203	燃料气分液罐
27	D-204	地下污油罐
28	D-205	净化风罐
29	D-206	放空罐
30	D-208	低压蒸汽分水罐
31	E-101	吸附进料换热器
32	E-103	反吹氢/反应产物换热器
33	E-104	吸附反应产物冷却器

续表

序　号	设备编号	设备名称
34	E-105	再生烟气冷却器
35	E-106	补充氢返回冷却器
36	E-111	再生空气预热器
37	E-202	稳定塔顶后冷器
38	E-203	稳定塔重沸器
39	E-204	产品冷却器
40	E-205	稳定塔进料/凝结水换热器
41	E-206	精制汽油/热水换热器
42	A-101	反应产物空冷器
43	A-201	稳定塔顶空冷器
44	A-202	汽油产品空冷器
45	K-101	循环氢压缩机
46	K-102	反吹氢压缩机
47	K-103	补充氢压缩机
48	F-101	进料加热炉/圆筒炉
49	P-101	吸附反应进料泵
50	P-105	热水循环泵
51	P-201	稳定塔回流泵
52	P-202	地下污油罐抽油泵
53	P-203	精制汽油泵
54	EH-101	氢气电加热器
55	EH-102	再生气体电加热器
56	EH-103	氮气电加热器
57	ME-101	反应器过滤器
58	ME-102	闭锁料斗过滤器
59	ME-103	再生器过滤器
60	ME-104	原料进料过滤器
61	ME-105	吸附剂储罐过滤器
62	ME-106	再生粉尘过滤器
63	ME-109	还原气过滤器
64	ME-110	闭锁料斗氢气过滤器
65	ME-111	闭锁料斗氮气过滤器
66	ME-112	紧急氢过滤器
67	ME-113	热氮气过滤器
68	ME-114	氮气过滤器
69	ME-115	闭锁料斗通气管过滤器
70	ME-201	燃料气过滤器

附录2 汽油吸附脱硫装置控制仪表编号说明

序号	仪表位号	检测位置	仪表名称
1	AT-1001	P-101A/B 出口	总硫分析仪
2	AT-2401	D-106 放空气 HC(总)含量分析	轻烃分析仪
3	AT-2402	D-106 放空总管 O_2 含量分析	氧分析仪
4	AT-2903	再生烟气排放管 O_2 含量分析	氧分析仪
5	AT-5201	FV-5202 前后	总硫分析仪
6	AT-6001A	炉 F-101 对流室	氧化锆氧分析仪
7	AT-6001B	炉 F-101 对流室	CO 分析仪
8	AT-6201	干燥器气体出口	露点分析仪
9	DT-2001	R-101	智能差压变送器
10	FV-1003	催化汽油自催化来进装置管	调节阀
11	FV-1005	P-101A/B 出口回流线	调节阀
12	FV-1101	P-101A/B 出口	调节阀
13	FV-1102	循环氢压缩机出口去混氢点	调节阀
14	FV-1104	进料调节阀旁路	调节阀
15	FV-1201	D-104 底部出口管	调节阀
16	FV-1202	D-121 顶部去燃料气管	调节阀
17	FV-1203	D-121 至稳定塔管线	调节阀
18	FV-2301	D-105 循环氢入口管	调节阀
19	FV-2432	D-106 热氮气置换	调节阀
20	FV-2501	D-107 底提升氮气	调节阀
21	FV-2601	R-102 底吸附剂排放提升气	调节阀
22	FV-2702	D-110 N_2 流化气管	调节阀
23	FV-2801	还原器流化热循环气	调节阀
24	FV-3101	空气去 E-111	调节阀
25	FV-3103	氮气去 E-111	调节阀
26	FV-3305	P-105A/B 出口总管	调节阀
27	FV-5001A	E-203A 凝结水管程出口管	调节阀
28	FV-5001B	E-203B 凝结水管程出口管	调节阀
29	FV-5103	P-201A/B 出口管去稳定塔	调节阀
30	FV-5104	P-201A/B 出口轻烃出装置管	调节阀
31	FV-5202	精制汽油出装置	调节阀

续表

序号	仪表位号	检测位置	仪表名称
32	FV-5203	精制汽油去进料缓冲罐	调节阀
33	HV-2533	D-107出剂线	气动滑阀
34	HV-2634	R-102卸剂线	气动滑阀
35	HV-6001	鼓风机入口挡板	长行程调节机构
36	HV-6002	空气预热器旁通风道	长行程调节机构
37	HV-6003	引风机入口挡板	长行程调节机构
38	HV-6005	风道总管	长行程调节机构
39	HV-6006	F-101烟道出口挡板	长行程调节机构
40	LSH-2702	D-110高料位	放射性料位开关
41	LSHH-2701	D-110高高料位	放射性料位开关
42	LSL-2703	D-110低料位	放射性料位开关
43	LSLL-2402	D-106低低料位	放射性料位开关
44	LV-1203	D-121下污水出口管	调节阀
45	LV-3301A	除氧水进装置管	调节阀
46	LV-3301B	凝结水去D-123管	调节阀
47	LV-5102	D-201水包底出口管	调节阀
48	MV-1301	K-101A/B入口管	电动阀
49	MV-1302	K-101A/B出口管	电动阀
50	MV-1401	K-102A/B入口管	电动阀
51	MV-1402	K-102A/B出口管	电动阀
52	MV-1501	K-103A/B入口管	电动阀
53	MV-1502	K-103A/B出口管	电动阀
54	MV-5101	P-201入口管	电动阀
55	PDT-1002	P-101A入口过滤器差压	智能差压变送器
56	PDT-1003	P-101B入口过滤器差压	智能差压变送器
57	PDT-1004	ME-104A/B出入口	智能差压变送器
58	PDT-2001	R-101底格栅上下压差	智能差压变送器
59	PDT-2102	ME-101进出口差压	智能差压变送器
60	PDT-2103A	ME-101进出口差压	智能差压变送器
61	PDT-2103B	ME-101进出口差压	智能差压变送器
62	PDT-2103C	ME-101进出口差压	智能差压变送器
63	PDT-2104	R-101床层压降	智能差压变送器
64	PDT-2409	D-106反吹氮气过滤器压差	智能差压变送器
65	PDT-2503	D-107底排放滑阀压差	智能差压变送器
66	PDT-2604	R-102床层压降	智能差压变送器
67	PDT-2605	R-102底压差	智能差压变送器

续表

序　号	仪表位号	检测位置	仪表名称
68	PDT-2606	R-102 底排放滑阀差压	智能差压变送器
69	PDT-2608	R-102 床层压降	智能差压变送器
70	PDT-2704	D-110 放空线差压	智能差压变送器
71	PDT-2903	ME-103 进出口差压	智能差压变送器
72	PDT-2904	ME-103 进出口差压	智能差压变送器
73	PDT-2906	ME-108 过滤器差压	智能差压变送器
74	PDT-3002	ME-105 压差	智能差压变送器
75	PDT-3502	ME-109 过滤器差压	智能差压变送器
76	PDT-3503	紧急氢气总管过滤器差压	智能差压变送器
77	PDT-3601	热氮气过滤器差压	智能差压变送器
78	PDT-3602	冷氮气过滤器差压	智能差压变送器
79	PDT-7404A	K-101A 油过滤器差压	智能差压变送器
80	PDT-7404B	K-101B 油过滤器差压	智能差压变送器
81	PDT-7804A	K-(102+103)A 油过滤器差压	智能差压变送器
82	PDT-7804B	K-(102+103)B 油过滤器差压	智能差压变送器
83	PDV-2502A	再生器进料罐补氮线	调节阀
84	PDV-2502B	再生器进料罐排气线	调节阀
85	PDV-2702	再生器接收器顶去再生器气体	调节阀
86	PV-1001A	D-101 补气管	调节阀
87	PV-1001B	D-101 顶部放空管	调节阀
88	PV-1202	K-103A/B 出口返回管	调节阀
89	PV-1301	K-101A/B 出口压控回流管线	调节阀
90	PV-1603	F-101 燃料气入口管	调节阀
91	PV-2105	ME-101 反吹氢返回线	调节阀
92	PV-2401A	闭锁料斗放空线	调节阀
93	PV-2401B	闭锁料斗充氢线	调节阀
94	PV-2601	再生烟气出装置线	气动蝶阀
95	PV-2902	反吹热氮气返回管	调节阀
96	PV-3001	吸附剂储罐 D-113 顶排气	调节阀
97	PV-3101	D-124 再生空气入口管	调节阀
98	PV-3301A	E-105 旁路管	调节阀
99	PV-3301B	补充蒸汽线	调节阀
100	PV-3501	紧急氢气总管	调节阀
101	PV-3901	D-112 顶出口放空管	调节阀
102	PV-5101	D-201 顶部出口管	调节阀
103	PV-9002	燃料气进装置	调节阀

续表

序　号	仪表位号	检测位置	仪表名称
104	TV-1607	F-101循环氢热旁路管	调节阀
105	TV-2101	反应产物去E-103	调节阀
106	TV-2207	氢气自管HG-3504来	调节阀
107	TV-2607A	E-111热旁路	气动蝶阀
108	TV-2607B	E-111壳程入口管	气动蝶阀
109	TV-2702	D-110取热蒸汽出口调节	调节阀
110	TV-3102	E-105壳程出口线	调节阀
111	UV-1101	P-101A/B出口	开关阀
112	UV-1201	D-121顶部放空管	开关阀
113	UV-1601	F-101长明灯管线	开关阀
114	UV-1602	F-101燃料气总管	开关阀
115	UV-6001A	燃烧器火嘴空气线1	气动蝶阀
116	UV-6001B	燃烧器火嘴空气线2	气动蝶阀
117	UV-6001C	燃烧器火嘴空气线3	气动蝶阀
118	UV-6001D	燃烧器火嘴空气线4	气动蝶阀
119	UV-6002	烟囱挡板	气动蝶阀
120	UV-6003	烟气去空气预热器挡板	气动蝶阀
121	UV-9101	D-204顶部出口管	开关阀
122	XV-2031	紧急氢去R-101底吹扫	开关阀
123	XV-2130A~F	ME-101反吹阀	开关阀
124	XV-2235	补充氢去E-103	开关阀
125	XV-2401	D-106待生剂装料管(上)	开关阀
126	XV-2402	D-106待生剂装料管(中)	开关阀
127	XV-2403	D-106待生剂装料管(下)	开关阀
128	XV-2404	D-106待生剂装料管放空	开关阀
129	XV-2405	D-106待生剂卸料管(上)	开关阀
130	XV-2406	D-106待生剂卸料管(下)	开关阀
131	XV-2407	D-106待生剂卸料管放空	开关阀
132	XV-2408	D-106再生剂装料管(上)	开关阀
133	XV-2409	D-106再生剂装料管(中)	开关阀
134	XV-2410	D-106再生剂装料管(下)	开关阀
135	XV-2411	D-106再生剂装料管N_2吹扫	开关阀
136	XV-2412	D-106再生剂装料管放空管	开关阀
137	XV-2413	D-106再生剂卸料管(上)	开关阀
138	XV-2414	D-106再生剂卸料管(下)	开关阀
139	XV-2415	D-106再生剂卸料管放空	开关阀

续表

序　号	仪表位号	检测位置	仪表名称
140	XV-2416	D-106N_2置换放空去大气管(上游)	开关阀
141	XV-2417	D-106N_2置换放空去大气管(下游)	开关阀
142	XV-2418	D-106置换N_2/H_2去火炬管	开关阀
143	XV-2419	D-106减压放空H_2去燃料气系统管	开关阀
144	XV-2420	循环气去D-106管	开关阀
145	XV-2421	D-106循环气置换管	开关阀
146	XV-2422	循环气去D-106反吹管	开关阀
147	XV-2423	D-106循环气放空管	开关阀
148	XV-2424	D-106N_2置换管(上游)	开关阀
149	XV-2425	D-106N_2置换管(下游)	开关阀
150	XV-2426	N_2去D-106反吹放空管	开关阀
151	XV-2427	N_2去D-106吹扫管	开关阀
152	XV-2428	N_2去D-106吹扫管	开关阀
153	XV-2629	N_2去R-102流化气管	开关阀
154	XV-2754	D-110蒸汽入口管	开关阀
155	XV-2946A	ME-103反吹线	开关阀
156	XV-2946B	ME-103反吹线	开关阀
157	XV-2946C	ME-103反吹线	开关阀
158	XV-2946D	ME-103反吹线	开关阀
159	XV-2946E	ME-103反吹线	开关阀
160	XV-2946F	ME-103反吹线	开关阀
161	XV-2951	ME-103料斗底出口管	开关阀
162	XV-2952	D-109松动风	开关阀
163	XV-2958	ME-103料斗底出口管	开关阀
164	XV-3444	R-102取热盘管切断阀	开关阀
165	XV-3445	R-102取热盘管切断阀	开关阀
166	XV-3446	R-102取热盘管切断阀	开关阀
167	XV-3447	R-102取热盘管切断阀	开关阀
168	XV-3537	循环气去火炬/D-106总管	开关阀
169	XV-3538	循环气去D-106线	开关阀
170	XV-3539	循环气去火炬线	开关阀
171	XV-3859	D-125喷淋水切断阀	开关阀